STRUKTUR DER MATERIE IN EINZELDARSTELLUNGEN

HERAUSGEGEBEN VON

M. BORN-GÖTTINGEN UND **J. FRANCK**-GÖTTINGEN

XII

DER SMEKAL-RAMAN-EFFEKT

VON

DR. K. W. F. KOHLRAUSCH

O. Ö. PROFESSOR DER PHYSIK

AN DER TECHNISCHEN HOCHSCHULE GRAZ

MIT 85 ABBILDUNGEN

BERLIN

VERLAG VON JULIUS SPRINGER

1931

Trotz — oder vielleicht wegen — dieser Lücken ist das Experiment der Auslegung weit voraus. Nicht ein Zehntel dessen, was aus den Schwingungsspektren der Moleküle herausgelesen werden könnte, wurde bisher ausgenützt; und auch dabei handelt es sich zum Teil um tastende Deutungsversuche, von denen vielleicht manche der späteren Kritik und Erfahrung nicht standhalten werden können.

So ist dieses Buch zwar wahrscheinlich an einer Stufe der Entwicklung dieses neuen Forschungsgebietes, aber an einer unteren Stufe geschrieben worden und kann nichts Abgeschlossenes geben. Sein Zweck ist, als Hilfs- und Nachschlagebuch zu dienen für diejenigen, die sich mit Ramanspektren und den aus ihnen für den Molekülbau zu gewinnenden Aussagen befassen wollen; es soll dem Anfänger den Überblick über die verstreute Literatur und die bereits bestehende Vielheit von Erfahrungen erleichtern und soll zeigen, wie das Tatsachenmaterial bis jetzt zu Schlüssen verwendet wurde. Und endlich soll das Buch zur Mitarbeit einladen und um Helfer werben; insbesondere um Helfer aus den Kreisen der Chemiker, deren Erfahrung und Intuition unentbehrlich ist in einem Arbeitsgebiete, das wie kaum ein anderes zur Hoffnung berechtigt, quantitative Aufschlüsse über den Bau auch der vielatomigen Moleküle zu erhalten.

Diesen so skizzierten Aufgaben des Buches wurden die Auswahl des Stoffes, die Gewichtsverteilung auf die einzelnen Abschnitte und die Darstellung nach Tunlichkeit angepaßt. Es wurde versucht, mit möglichst wenig theoretischen Vorstellungen und mit einfachen mechanischen Bildern auszukommen. Für diejenigen, die sich für den Zusammenhang mit anderen Erscheinungsformen der Wechselwirkung zwischen Licht und Materie interessieren, wurden im Abschnitt VIII am Schlusse des Buches die Grundlagen der klassischen Anschauung, die nach Ansicht des Verfassers derzeit für ein näheres Verständnis noch unentbehrlich sind, sowie andere theoretische Ergänzungen zusammengestellt. Daß diese Art der Behandlung des Gegenstandes auch Nachteile mit sich bringt, liegt auf der Hand.

Von einer ins einzelne gehenden Parallelführung der Ergebnisse des S.R.E. und der ultraroten Absorptionsversuche wurde abgesehen mit Rücksicht auf das in der gleichen Sammlung (Struktur der Materie X) erschienene Buch „Das ultrarote Spektrum" von SCHAEFER-MATOSSI. In diesem sowie in Band II (Atommechanik von BORN) und IX (Elementare Quantenmechanik von BORN-JORDAN) findet man auch viele der hier nur kurz gestreiften theoretischen Erwägungen ausführlich behandelt.

Den Herausgebern dieser Sammlung, den Herren Professoren M. BORN und J. FRANCK ist der Verfasser für manchen wertvollen Rat zur Verbesserung der Darstellung zu Dank verpflichtet, der Verlagsbuchhandlung JULIUS SPRINGER, für vieles Entgegenkommen bei der Drucklegung und für die Sorgfalt der Ausführung. Vor allem aber möchte der Verfasser die Gelegenheit benützen und seiner Dankbarkeit Ausdruck geben einerseits gegenüber der österreichischen Unterrichtsbehörde, deren verständnisvolle Unterstützung die äußeren Möglichkeiten zu einer intensiven Mitarbeit an den in diesem Buche behandelten Problemen schuf; andererseits gegenüber seinen unermüdlichen Helfern und Beratern, Ing. H. CONRAD-BILLROTH, Doz. Dr.-Ing. A. DADIEU, Frl. Dr. F. JELE. Doz. Dr.-Ing. A. PONGRATZ und Prof. Dr. M. RADAKOVIC, die auch bei der Abfassung mancher Abschnitte des Buches und bei der Korrekturarbeit wertvollste Hilfe geleistet haben.

Graz, im Juni 1931.

K. W. FRITZ KOHLRAUSCH.

Inhaltsverzeichnis.

I. Einführung und Übersicht.

§ 1. Wesen des Effektes.

Entwirft man, wie es Abb. 1 schematisch im Grundriß darstellt, mit Hilfe einer Linse ein reelles Bild einer Lichtquelle L im Innern eines durchsichtigen Körpers, z. B. eines mit klarer Flüssigkeit gefüllten Gefäßes, so zeigt sich dem freien Auge auch bei Verwendung „optisch leerer“ (von Fremdkörpern weitestgehend befreiter, homogener) Substanzen ein schwach leuchtender „Tyndallkegel“. Bei Verwendung weißen Lichtes hat dieses von allen Seiten sichtbare, also aus der ursprünglichen Richtung nach allen Seiten gestreute Licht schwach bläuliche Farbe. Die Farbänderung kommt, wie RAYLEIGH gezeigt hat, dadurch zustande, daß das Streuvermögen für die kurzwelligen Strahlen des primären Lichtgemisches größer ist, als für die langwelligen; daher überwiegen erstere an Intensität im Streulicht, dessen spektrale Zusammensetzung im übrigen gleich der des Primärlichtes ist. Dies ist jene altbekannte Erscheinung, der z. B. der Himmel seine blaue Farbe verdankt; sie wird als „Tyndall“- oder „Rayleigh“-Streuung bezeichnet und bildete, an trüben Medien hervorgerufen, als „Urphänomen“ einen Ausgangspunkt für Goethes Ansichten über Licht und Farbe.

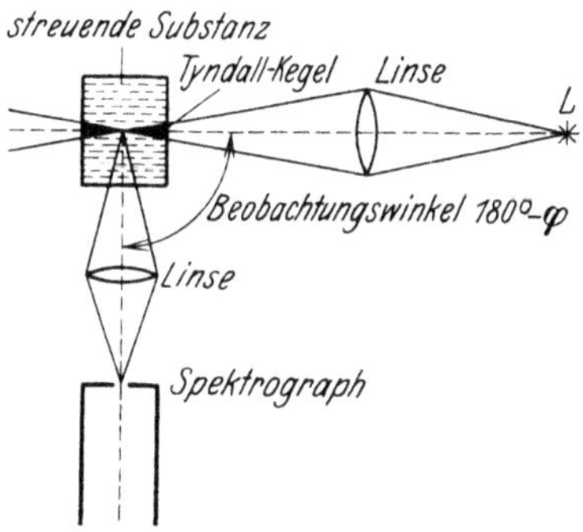

Abb. 1. Schematische Darstellung des Streuversuches.

Verwendet man an Stelle des weißen Lichtes L eine monochromatische Lichtquelle oder mindestens eine solche mit diskontinuierlichem Spektrum (z. B. Quecksilberdampflampe) und analysiert man das z. B. unter dem Beobachtungswinkel $\varphi = 90°$ seitlich gestreute Licht dadurch, daß man mit Hilfe einer zweiten

Linse den hellsten Teil des Tyndallkegels auf den Spalt eines Spektrographen abbildet, dann erhält man nach hinreichend langer Exposition (40 bis 100 Stunden; das Streulicht ist sehr lichtschwach) den von Sir C. V. RAMAN am 28. II. 1928 mit gleicher Anordnung zum erstenmal beobachteten Effekt: *Das Spektrogramm enthält außer dem Linienspektrum des Erregerlichtes noch andere Linien, deren Zahl, Lage und Intensität variiert, wenn die Streusubstanz variiert wird.* Das durch die Wechselwirkung zwischen einfallendem Licht und bestrahltem Molekül entstehende Streulicht ist also zum größeren Teil unverändert geblieben — dieser mit dem Primärlicht identische Teil des Streuspektrums (Tyndallstreuung) ist auf dem Spektrogramm überexponiert —, zum kleineren Teil verändert worden und liefert in letzterem Falle die neuen, sehr lichtschwachen Trabanten, die „verschobenen Streulinien".

Unabhängig von RAMAN haben auch andere Experimentalphysiker, wie CABANNES, ROCARD, LANDSBERG-MANDELSTAM, in der gleichen Richtung gearbeitet. Der Usus, die erste Publikation als Entdeckung gelten zu lassen, hat zur Benennung „RAMAN-Effekt" für diese neue Erscheinung bei der Streuung des Lichtes geführt.

§ 2. SMEKALS Voraussage.

A. SMEKAL[1] gebührt das Verdienst, als erster mit aller Deutlichkeit auf die Möglichkeit des geschilderten Effektes hingewiesen zu haben, der in diesem Buche als „Smekal-Raman-Effekt" (abgekürzt S.R.E.) bezeichnet und besprochen wird. Man stelle sich auf den Standpunkt der extremen Lichtquantentheorie und fasse die Wechselwirkung zwischen Licht und Materie als einen Stoßvorgang auf, wobei ein Lichtquant mit der Energie $h\nu$ und dem Impuls $h\nu/c$ auf ein Molekül der Masse m im Energiezustand E_p und mit der augenblicklichen Translationsgeschwindigkeit v auftreffe. Es wird eine gewisse Wahrscheinlichkeit bestehen, daß das Molekül infolge des Zusammenstoßes in einen Energiezustand E_q übergeht und seine Geschwindigkeit gleichzeitig nach Richtung und Größe in v' ändert; dabei sollen Energie- und Impulssatz Gültigkeit haben. Dann folgt aus dem Energiesatz:

$$\frac{m v^2}{2} + E_p + h\nu = \frac{m v'^2}{2} + E_q + h\nu'.$$

Nimmt man nun den Impulssatz hinzu, dann berechnet man leicht, daß dem Molekül für Zwecke der Änderung der Translationsenergie bestenfalls („gerader Stoß“) der Bruchteil β der einfallenden Energie $h\nu$ zur Verfügung gestellt werden kann, wobei β gegeben ist durch

$$\beta \equiv \frac{2\alpha}{1+2\alpha} \sim 2\alpha\,; \qquad \alpha = \frac{1}{m} \cdot \frac{h\nu}{c^2} = \frac{\text{„Masse“ des Lichtquants}}{\text{Masse des Moleküls}}\,.$$

Werden darin für m und ν die Werte eingesetzt, die der Masse eines Moleküls und der Frequenz des sichtbaren Lichtes entsprechen, so wird $\alpha \sim 10^{-9}$. Daher wird die Änderung der kinetischen Energie $\Delta\frac{m v^2}{2}$ vernachlässigbar und man erhält *unabhängig* von der Beobachtungsrichtung

$$E_p + h\nu = E_q + h\nu' \qquad \text{oder} \qquad \nu' = \nu - \frac{1}{h}(E_q - E_p)\,.$$

In Worten: das einfallende Licht ändert seine Richtung, es wird gestreut: unabhängig von der Richtung hat das Streulicht die Frequenz ν', die sich von der Erregerfrequenz ν unterscheidet um die „Verschiebung“ $\Delta\nu$:

$$\Delta\nu \equiv \nu - \nu' = \frac{1}{h}(E_q - E_p) \equiv \nu_{qp}\,. \tag{1}$$

$\Delta\nu$ kann in dieser Schreibweise größer, gleich oder kleiner als Null sein, je nachdem ob die Energie im Endzustand E_q größer, gleich oder kleiner ist als E_p, die Energie im Anfangszustand. Im ersten Fall wurde die Energie des Moleküls um $h\Delta\nu$ vermehrt; dazu mußte dem Erregerlicht die gleiche Energie entzogen werden, und das um diesen Betrag energieärmere Streulicht hat kleinere Frequenzen als das Primärlicht, es ist nach Rot verschoben. Im zweiten Falle war der Stoß elastisch, das Lichtquant prallt mit unveränderter Energie am Molekül ab, das Streulicht ist unverschoben und liefert die klassische Tyndall- oder Rayleighstreuung (unverschobene oder „Grundlinien“). Im dritten Fall ist der Stoß „überelastisch“, die Energie des Moleküls vermindert sich, die des Lichtquantums vermehrt sich um $h\Delta\nu$, das Streulicht erhält größere Frequenz und ist gegen die Grundlinie nach Blau verschoben (sog. „anti-STOKES'sche“ Streuung). In den Fällen, bei denen $\Delta\nu \neq 0$ ist, spricht man von „Kombinationsstreuung“ zum Unterschied von der altbekannten klassischen Streuung; $\Delta\nu$ mißt Differenzen zwischen möglichen Energiezuständen des Moleküls, und Gleichung (1) ist die Grundbeziehung, nach der aus der gemessenen Verschiebung $\Delta\nu$ die Energiestufenänderung berechnet wird, die im Molekül induziert und auf Erregung der Eigenfrequenzen ν_{qp} verwendet wurde.

Über den Mechanismus des Streuvorganges kann eine solche nur auf Energie- und Impulsbilanzen zugeschnittene Überlegung naturgemäß nichts aussagen, daher auch nichts über Polarisations- und Intensitätsverhältnisse; bezüglich der letzteren ist allerdings noch ein Schritt weiter möglich. Die ganze Art der Denkweise schließt es in sich, daß die Intensität der Streustrahlung proportional der Zahl der eintretenden Streuprozesse, also der Zahl der Moleküle im Ausgangszustand zu erwarten ist. Vergleicht man nun speziell die Häufigkeit jener Prozesse, die zu einer gleich großen Verschiebung nach Rot und Blau führen und daher zu Übergängen $E_p \leftrightarrows E_q$ gehören, so kann man unter der plausiblen Annahme, daß die Übergangswahrscheinlichkeit nach beiden Richtungen gleich groß ist, sofort voraussagen, daß die Intensitäten J_b und J_r sich verhalten müssen wie die Zahl der Moleküle im Zustand E_q und E_p, d. i. nach dem MAXWELL-BOLTZMANN-EINSTEINschen Verteilungsgesetz wie:

$$r \equiv \frac{J_b}{J_r} = e^{-\frac{E_q - E_p}{kT}} = e^{-\frac{h\Delta\nu}{kT}}, \tag{2}$$

worin k die BOLTZMANNsche Konstante, T die absolute Temperatur ist. Eine Aussage, die aber, wie sich zeigt, noch etwas verfeinert werden muß.

§ 3. Das „Zwischenniveau“.

HERZFELD[2], der versuchte, den extremen Standpunkt der „Nadelstrahlung“ auch gegenüber jenen Erscheinungen (Brechung, Dispersion, Streuung) beizubehalten, deren Beschreibung bis dahin nur der klassischen Wellenanschauung möglich war, ergänzte die SMEKALschen Energieüberlegungen durch eine Vorstellung über den Mechanismus des Vorganges, die bereits einen wesentlichen Zug aller späteren Theorien besitzt: Durch das auftreffende Quantum wird ein *Elektron* so gehoben, daß die Systemenergie vom Ausgangspunkt E_p aus *vorübergehend* in den „Zwischenzustand“ $E_x = E_p + h\nu$ — SMEKAL[4] nennt solche Zwischenzustände, die nicht zu den ausgezeichneten stationären Zuständen der BOHRschen Energieschalen gehören, „metastationäre“ Zustände -- gelangt (vgl. hierzu neuerdings PLACZEK[191]); hier hat das Elektron eine Verweilzeit von der Größenordnung $^1/_\nu$ (bei sichtbarem Licht etwa 10^{-15} sec, statt 10^{-8} wie in den BOHRschen Niveaus) und fällt dann wieder zurück entweder in den Ausgangszustand E_p unter Abstoßung des ganzen Quantums $h\nu$ als Streustrahlung oder in einen anderen Zustand E_q unter Abstoßung des veränderten Quantums $h\nu' = h\nu - (E_q - E_p)$. Daraus folgt sofort, daß wegen des Umweges des Elektrons über ein Zwischenniveau der in der Kombinationsstreuung *scheinbar* auftretende Übergang $E_p \to E_q$ *nicht direkt* beschritten wird und daher auch nicht „erlaubt" zu sein braucht; er kann in Emission oder Absorption verboten sein und kann sich doch in der Kombinationsstreuung durch die Energiedifferenz der erlaubten Übergänge $E_p \to E_x$, $E_x \to E_q$ bemerkbar machen.

§ 4. Die klassische Anschauung.

Nach der klassischen, für die Erklärung der Rayleighstreuung mit Erfolg angewendeten Vorstellung kommt die unverschobene Streustrahlung dadurch zustande, daß durch das elektrische Wechselfeld des Erregerlichtes im streuenden Molekül ein Dipolmoment $\mathfrak{m}(\nu)$ induziert wird, das in erzwungener Schwingung nach den Gesetzen der Elektrodynamik eine gleichfarbige kohärente Streustrahlung aussendet. Wegen dieser Kohärenz und der Interferenz der von den einzelnen Molekülen ausgehenden Elementarwellen kommen meßbare Streuintensitäten nur zustande, wenn durch äußere Umstände (thermische Schwankungen der Dichte und der räumlichen Orientierung der anisotropen Moleküle) die Kohärenz gestört wird. Der Tyndalleffekt ist ein „Schwankungs"-Phänomen: seine Intensität ist cet. par. nicht der Dichte (Zahl der Moleküle in der Volumeneinheit), sondern den *Dichteschwankungen* proportional. Der Anisotropie des Moleküls wird dadurch Rechnung getragen, daß im Molekül drei zueinander senkrechte Richtungen mit ausgezeichneten Werten der Polarisierbarkeit eingeführt werden und alle räumlichen Orientierungen des Moleküls, zufällig verteilt, zugelassen werden.

Es handelt sich, wenn man auf den gleichen Grundgedanken auch die Entstehung der verschobenen Streustrahlung zurückführen will, nun darum, einen Mechanismus zu finden, demzufolge

* Sogenannte „Smekalsprünge".

nicht nur gleichfrequente Momente $\mathfrak{m}(\nu)$, sondern auch Momente $\mathfrak{m}(\nu \pm \omega_i)$ induziert werden, wobei die ω_i Eigenfrequenzen des ungestörten Moleküls sind. Vor 50 Jahren hat bereits E. LOMMEL* einen solchen Mechanismus aufgezeigt, indem er die Schwingungen der Atome im Molekül anharmonisch ansetzte und aus der Theorie der erzwungenen Schwingung eines anharmonischen und gedämpften Oszillators mit der Eigenfrequenz ω_i die Notwendigkeit des Auftretens von Frequenzen $\nu \pm \omega_i$ beim Bestrahlen mit Licht der Frequenz ν ableitete; LOMMEL hat diese Theorie zur Erklärung gewisser „*Fluorescenzerscheinungen, deren Farbe von der Natur des Körpers sowohl als von der Frequenz des erregenden Lichtes abhängt*", herangezogen. Ähnlich verwies SCHAEFER[100] (und SCHAEFER-MATOSSI[IV]) darauf, daß im Fall eines asymmetrischen Gesetzes für die rücktreibende Kraft dieser Molekülschwingungen, die unverschobene Frequenz ν im Streuspektrum der Intensität nach in erster Ordnung, die Kombinationsfrequenzen $\nu \pm \omega_i$ in zweiter und die Obertöne $\nu \pm 2\,\omega_i$ in dritter Ordnung zu erwarten seien, wobei die Ordnung der Kombinationsfrequenzen durch Potenzen des kleinen Asymmetriekoeffizienten im Kraftgesetz bestimmt sind. Auf diese und andere Theorien wird in Abschnitt VIII etwas näher eingegangen werden; hier wird nur vorausgeschickt, was zum Verständnis der einzelnen Denk- und Ausdrucksweisen nötig ist.

§ 5. Die Dispersionsformel von KRAMERS-HEISENBERG.

2 Jahre nach der Voraussage des Effektes durch SMEKAL und 3 Jahre vor der Entdeckung durch RAMAN haben KRAMERS-HEISENBERG[3] die vollständige Theorie der gewöhnlichen und der Kombinationsstreuung ausgearbeitet. Das Ergebnis wurde von allen neueren Theorien bestätigt. Ganz wie bei der klassischen Vorstellung wird angenommen, daß durch die ankommende Welle das System gestört wird und nun seinerseits Sekundärwellen aussendet. Der Unterschied besteht nur in der Berechnung des strahlenden elektrischen Momentes, das bei KRAMERS-HEISENBERG klassisch bestimmt und durch korrespondenzmäßigen Übergang auf den Quantenstandpunkt übertragen wurde; in den späteren Theorien wird das Moment direkt als Störungsproblem quanten- oder wellenmechanisch gerechnet. In allen Fällen treten

* LOMMEL, E., Wiedemanns Ann. d. Phys. **3**, 251, 1878.

an Stelle der klassischen Eigenfrequenzen und ihrer die Intensität bestimmenden Amplituden bzw. „Oszillatorenstärken" die Energie*übergänge* und die zugehörigen Übergangswahrscheinlichkeiten in die Formeln ein.

Es seien E_p, E_q, E_x drei mögliche Energieniveaus des streuenden Systems (Moleküls), von denen E_x sowohl mit E_p als mit E_q kombinieren kann (Abb. 2); es sei $E_x - E_p = h\nu_{xp}$, $E_x - E_q = h\nu_{xq}$, $E_p - E_q = \pm h\nu_{pq}$: das Vorzeichen wechselt, je nachdem $E_p \gtrless E_q$. Für $E_p = E_q$ wird daher $\nu_{pp} = 0$. Wird in diesem System durch eine monochromatische (ν), polarisierte Welle eine Streustrahlung der Frequenz $\nu + \nu_{pq}$ erregt, wobei $\nu_{pq} \gtreqless 0$ sein kann (blauverschobene, unverschobene, rotverschobene Linie), dann ist dieselbe nach klassischer Anschauung auf eine durch das elektrische Wechselfeld erzwungene Veränderung der normalen elektrischen Ladungsverteilung im Molekül, auf ein „induziertes Dipolmoment" zurückzuführen, das mit der Frequenz $\nu + \nu_{pq}$ schwingt;

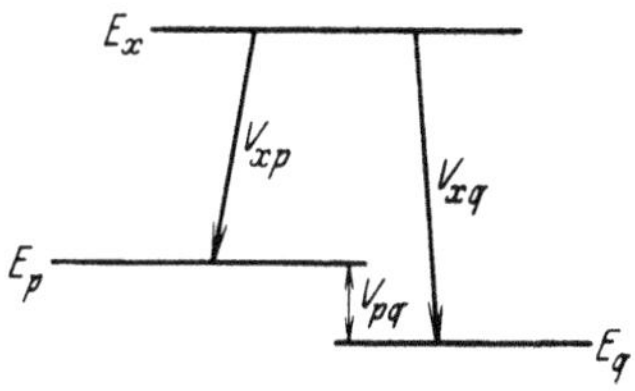

Abb. 2. Schema des Energieüberganges im S.R.E.

wird seine Amplitude mit $\mathfrak{m}_{pq}$ bezeichnet, so gilt nach klassischen Grundsätzen der folgende Zusammenhang zwischen der Gesamtstreuung in der Zeiteinheit und dieser Amplitude:

$$S_{pq} = \frac{64\pi^4}{3c^2}(\nu + \nu_{pq})^4 |\mathfrak{m}_{pq}|^2. \tag{3}$$

Für $\mathfrak{m}_{pq}$ wird nun nach den verschiedenen Berechnungsmethoden übereinstimmend ein Ausdruck gefunden von der folgenden Form:

$$\mathfrak{m}_{pq} = \frac{e^2\mathfrak{E}}{2h}\sum_x A_{px}A_{xq}\left|\frac{1}{\nu_{xp} - \nu} + \frac{1}{\nu_{xq} + \nu}\right|. \tag{4}$$

Die beiden Ausdrücke (3) und (4) gelten in dieser einfachen Form nur für isotrope Moleküle; für anisotrope muß das induzierte Moment für jede der drei Hauptachsen der optischen Polarisierbarkeit getrennt gerechnet werden, wobei sich dann die Depolarisation der Streustrahlung ergibt. In Gleichung (4) ist $\mathfrak{E}$ die primäre Feldstärke, deren Quadrat der Intensität des Primärlichtes proportional ist: die A_{px} und A_{xq} messen im wesentlichen die Übergangswahrscheinlichkeit für die durch die Indices angezeigten Übergänge. Der Klammerausdruck enthält die sog. „Resonanznenner“; es macht sich in ihnen gewissermaßen als Überbleibsel von der klassischen Anschauung das „Ansprechen“ der Eigenfrequenzen des Systems auf die einfallende Welle ν geltend, indem bei Annäherung an den Resonanzfall ($\nu = \nu_{xp}$) der Klammerausdruck und daher auch $\mathfrak{m}$ sehr groß wird. Die Summe ist über alle möglichen Zwischenniveaus x zu nehmen, so daß x als Inbegriff aller variationsfähigen Quantenzahlen des Systems auftritt.

In Gleichung (4) kommt die Indexkombination pq bzw. der Übergang $E_p \leftrightarrows E_q$ überhaupt nicht vor, und es spielt keine Rolle, ob er „erlaubt“ ist oder nicht; nur mit dem Zwischenniveau E_x muß jeder der beiden Zustände kombinieren können. Damit irgendein Glied dieser Summe zur Streuintensität des Moleküls beitragen kann, müssen die Größen A_{px}, A_{xq} entweder beide von Null verschieden sein (verschobene Streustrahlung) oder es muß für unverschobene Streustrahlung ($A_{px} = A_{qx}$) nur eine endlich bleiben. Formel (3) gibt die Streuintensität *eines* Moleküls; die Gesamtintensität erhält man durch Multiplikation mit der Zahl der Moleküle im Anfangszustand p, also mit N_p, wenn N die Zahl der Moleküle im cm^3 bedeutet.

Bezüglich der Diskussion dieser Dispersionsformel wird auf § 72 verwiesen.

§ 6. Die Entdeckung des Effektes durch Raman.

Erst $4^1/_2$ Jahre nach der eingangs genannten Zuschrift Smekals an die „Naturwissenschaften“ gelangte die erste Nachricht über den einwandfreien experimentellen Nachweis des vorausgesagten Effektes in die Öffentlichkeit. Am 16. März 1928 konnte Sir C. V. Raman[7] der South Indian Science Association in Bangalore berichten, daß es ihm und seinen Mitarbeitern K. S. Krishnan und S. Venkateswaran gelungen sei, im Streuspektrum einer großen Anzahl von Substanzen das Vorhandensein von verschobenen Linien, die das Linienspektrum der Primärstrahlung als Trabanten begleiten, spektrophotographisch festzustellen. Über die Fortschritte in den Versuchen und in den Anschauungen der indischen Forscher wurde in einer Reihe von kurzen Mitteilungen fortlaufend an die „Nature“[5, 6, 8, 14, 19, 26, 43, 49] und etwas später eingehend in zwei zusammenfassenden Veröffentlichungen[12, 37] berichtet.

Die RAMANsche Entdeckung geht zurück auf Versuche, die viele Jahre früher in seinem Laboratorium angestellt worden waren; dabei wurde aus gewissen Eigentümlichkeiten, die die Polarisation des an staubfreien Flüssigkeiten gestreuten Lichtes zeigte, von K. R. RAMANATHAN* und später von K. S. KRISHNAN** geschlossen, daß die verwendeten Substanzen eine schwache, bisher nicht bekannte Fluorescenz besitzen. Die bekannte Entdeckung A. H. COMPTONs, daß Röntgen- und γ-Strahlung beim Zusammenstoß mit Elektronen eine Frequenzänderung erleiden können, bestärkten RAMAN in seiner Anschauung, daß diese schwache Fluorescenz in Wirklichkeit eine ganz neue Art von Sekundärstrahlung sei, und veranlaßten ihn, die Versuche gemeinsam mit K. S. KRISHNAN neu aufzunehmen.

Zunächst wurde unter Verwendung von unzerlegtem Sonnenlicht als Strahlungsquelle mit Hilfe der „Methode der komplementären Filter" für etwa 80 verschiedene Flüssigkeiten die Existenz einer solchen angeblichen Fluorescenz nachgewiesen; in den Gang des einfallenden Sonnenlichtes wurde ein blauviolettes, in den Gang der zu beobachtenden Streustrahlung ein komplementäres grünes Filter gebracht: nur wenn im Streulicht andere Wellenlängen als im einfallenden Licht vorhanden sind, kann das grüne komplementäre Filter von Licht passiert werden. In der Tat zeigten alle untersuchten Flüssigkeiten deutlich diesen vermuteten Effekt; ebenso eine Anzahl von organischen Gasen und Dämpfen, sowie Krystalle und amorphe Körper, so daß damit die Universalität dieser Zusatzstrahlung, die sich, wie die Versuche ergaben, qualitativ durch viel stärkere Polarisation und durch weit geringere Intensität von gewöhnlicher Fluorescenz unterschied, nachgewiesen war.

Volle Gewißheit darüber, daß es sich bei dieser universellen Erscheinung nicht um eine Fluorescenz, sondern um eine neuartige Sekundärstrahlung handelt, wurde aber gewonnen, als an Stelle der gefilterten kontinuierlichen Lichtquelle eine monochromatische bzw. diskontinuierliche (Quecksilberdampflampe) und an Stelle der Beobachtung mit dem freien Auge der Spektrograph verwendet wurde. Abb. 3 zeigt eine so erhaltene Aufnahme RAMANs betreffend das Streulicht von Tetrachlorkohlenstoff.

* RAMANATHAN, K. R., Proc. Ind. Assoc. Cultn. Science **8**, 190, 1923.
** KRISHNAN, K. S., Phil. Mag. **50**, 697, 1925.

Das Ergebnis — um diese Hauptsache nochmals zu wiederholen — solcher Versuche ist: Wird das Licht einer Hg-Dampflampe mit Hilfe eines Kondensators auf den zu untersuchenden Körper konzentriert und das seitlich, z. B. unter 90° ausgestrahlte Streulicht im Spektrographen spektral zerlegt und photographiert, so zeigt bei hinreichend langer Exposition (bis zu 100 Stunden) die photographische Platte außer den schon bei relativ kurzer Belichtung erhältlichen, bei langer Belichtung stark überexponierten bekannten Linien des Hg-Lichtes eine Anzahl neuer

Abb. 3. Oben: Spektrum des einfallenden Lichtes (Quecksilberdampflampe). Unten: Spektrum des an CCl_4 gestreuten Lichtes (aus C. V. RAMAN, K. S. KRISHNAN[12]).

Linien, die gewöhnlich viel weniger intensiv sind. Ihre Lage im Streuspektrum wird am einfachsten an einem konkreten Beispiel erläutert.

Wären aus dem primären Hg-Licht alle Linien mit Ausnahme der starken violetten Linie* k (Wellenlänge $\lambda = 4047$ Å, Frequenz $\nu = 24705\ \mathrm{cm}^{-1}$) weggefiltert, so könnte im Streuspektrum z. B. des Benzols nur diese Linie als „unverschoben gestreute" Hg-Linie erscheinen; neben dieser Linie k würden im Falle des Benzols auf der photographischen Platte noch die in Abb. 4, Nr. 1 eingezeichneten Trabanten auftreten, die oberhalb der Abbildung der Reihe nach mit 1 bis 7 numeriert und gegenüber der Erregerlinie k um bestimmte Differenzen $\Delta\nu$ verschoben sind. Wären

* Über die Bezeichnung der Hauptlinien des Quecksilberdampfes durch Buchstaben vgl. Tab. 2, S. 19.

andererseits alle Linien des Primärlichtes bis auf die Linie e ($\lambda = 4358$ Å, $\nu = 22938\ \mathrm{cm}^{-1}$) weggefiltert worden, dann entstünde das mit Nr. 1 ganz gleich gebaute Spektrum Nr. 2, bestehend aus der unverschoben gestreuten Primärlinie e und den um die gleichen $\Delta\nu$-Beträge verschobenen Trabanten $1'$ bis $7'$, wäre aber entsprechend der Distanz $k \to e$ nach niedrigeren Frequenzen gerückt. Sind im Erregerlicht beide Linien e und k zugleich und ungefähr gleich stark vorhanden, dann entstünde durch Überlagerung das Spektrum Nr. 3, das aber nicht $2 \times 8 = 16$ Linien, sondern nur 15 aufweist, weil der von k erregte Trabant 6 in diesem besonderen Falle mit dem von e erregten $4'$ zusammenfällt. In Wirklichkeit sind gewöhnlich viel mehr Hg-Linien im Spektrum, von denen einige stark genug sind, um die

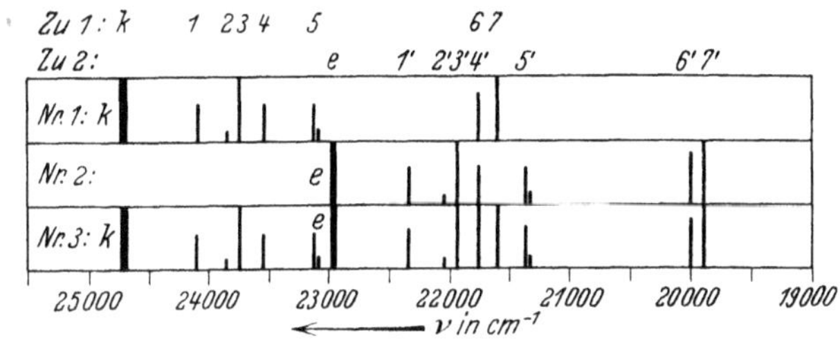

Abb. 4. Struktur des Streuspektrums.

leichter erregbaren Trabanten hervorzurufen, so daß man unter Umständen sehr linienreiche Streuspektren erhalten kann. In Abb. 4 sind überdies der Einfachheit wegen nur solche Trabanten eingetragen, die gegenüber der Erregerlinie nach dem roten Teil des Spektrums, also nach kleineren Frequenzen verschoben sind. Kommen, wie dies z. B. im Falle des CCl_4 Abb. 3 sehr deutlich zeigt, auch blauverschobene, sog. „anti-STOKES'sche" Trabanten vor, so werden die Spektren noch linienreicher.

Diese in Abb. 4 geschilderte Entstehung eines Streuspektrums, das den S.R.E. zeigt, macht den Unterschied der neuen Streustrahlung gegenüber einer Fluorescenz sofort klar. Während das Fluorescenzlicht eine für den Körper charakteristische Lichterscheinung darstellt, deren Farbe bzw. Lage im Spektrum von der Frequenz des erregenden Lichtes, sofern diese nur überhaupt fluorescenzerregend wirken kann, unabhängig ist, ist beim S.R.E. nicht die absolute Lage der Trabanten entlang der Skala der Wellenzahlen, sondern ihre relative Entfernung $\Delta\nu$ gegen die Erregerlinie charakteristisch für die streuende Substanz. Das Spektrum Nr. 2 in Abb. 4 ist einfach ein nach einem anderen Frequenzbereich verschobener Abklatsch des Spektrums Nr. 1 und bringt nichts grundsätzlich Neues. Um daher das Wesentliche von dem Unwesentlichen zu trennen, sind aus einem Streuspektrum der Art von Abb. 3 oder Nr. 3 in Abb. 4 durch Rechnung die wiederholt auftretenden, jeweils um den gleichen Betrag $\Delta\nu$ gegen ihre Erregerlinie verschobenen Trabanten herauszusuchen (über diesen Vorgang der „Zuordnung“ vgl. § 20); die Gesamtheit dieser so ermittelten $\Delta\nu$-Werte, der sog. „Ramanlinien“, bildet das „Ramanspektrum“, das durch Zahl, Anordnung, Polarisation und Intensitätsverhältnisse der auftretenden Linien (Verschiebungen $\Delta\nu$) typisch ist für die streuende Molekülart.

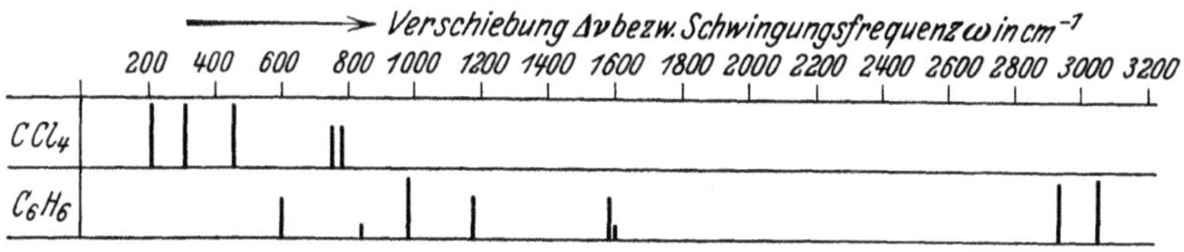

Abb. 5. Ramanspektrum von CCl_4 und C_6H_6.

Es ist üblich geworden, für das Ramanspektrum eine graphische Darstellung zu wählen, wobei die $\Delta\nu$- bzw. ω_i-Werte entlang der Skala der in cm^{-1} ausgedrückten Frequenzen (besser „Wellenzahlen“) als Linien aufgetragen werden, deren Höhe ein ungefähres Maß der gewöhnlich nur subjektiv aus der Linienschwärzung auf der photographischen Platte schätzungsweise bestimmten relativen Intensität ist (aus Darstellungsgründen wird dabei häufig auf die Unterscheidung von Intensitäten unter 1 und über 5 verzichtet). Es würden also z. B. die Streuspektren der Abb. 3 und 4 zu den in Abb. 5 gezeichneten Ramanspektren der Substanzen CCl_4 und C_6H_6 führen.

Auch die richtige Deutung des Effektes wurde von RAMAN schon in seiner ersten Mitteilung[7] gegeben, und zwar ganz im Sinne der SMEKALschen Voraussage, allerdings nicht unter Bezugnahme auf sie, sondern auf die KRAMERS-HEISENBERGsche Dispersionsformel. „Zur versuchsweisen Erklärung könnte man sich der Sprache der Quantentheorie bedienen und sagen, daß das einfallende Strahlungsquantum teilweise vom Molekül absorbiert und der nicht absorbierte Rest gestreut wird; dann muß die *Differenz* zwischen dem einfallenden und gestreuten Quantum einem Absorptionsquantum des Moleküls entsprechen. Die Ausmessung der neu auftretenden Frequenzen eröffnet also einen neuen Weg zur Erforschung der Molekularspektren, und zwar insbesondere im ultraroten Gebiet."

§ 7. Allgemeine Versuchsergebnisse.

Die meisten der im folgenden zusammengestellten allgemeinen Aussagen über den S.R.E. sind, mindestens qualitativ, in den ersten ausführlichen Publikationen Ramans und seiner Mitarbeiter mit aller Klarheit herausgearbeitet und ausgesprochen worden; diese Arbeiten sind mustergültige experimentelle Analysen eines neuen Effektes.

1. Die *unverschobene Streustrahlung* weist eine im allgemeinen unsymmetrische, die längerwellige Seite bevorzugende Verbreiterung auf, die nicht allein auf Überexposition zurückzuführen ist. Bei geeigneten Substanzen (kleines Trägheitsmoment bei Rotation des Moleküls) löst sich ein Teil dieses Kontinuums bei flüssigem sowohl als gasförmigem Zustand der Substanz in eine Anzahl äquidistanter Linien auf; die Verschiebung $(\Delta\nu)'$ dieser Linien steht in einfacher Beziehung zu den Rotationsfrequenzen ω_r (im fernen Ultrarot) der Moleküle. Ein anderer (engerer) Bereich dieser Verbreiterung scheint sich bei festen und flüssigen Körpern auf eine Art Modulation des einfallenden Lichtes durch Überlagerung der elastischen Wärmewellen zurückführen zu lassen. Ein dritter Teil stammt von Überexposition. Ob damit alle Ursachen der Verbreiterung der Grundlinien erschöpft sind, ist fraglich.

2. Die um verschiedene Beträge gegen die Grundlinie verschobenen „*Ramanlinien*" weisen Werte dieser Verschiebung $\Delta\nu$ auf, die mit den Schwingungsfrequenzen (nahes Ultrarot) der Atome im Molekül gegeneinander zunächst der Größenordnung nach übereinstimmen. Ober- und Kombinationstöne kommen nur äußerst selten vor.

3. Die Streustrahlung mit den Verschiebungen $(\Delta\nu)'$ und $\Delta\nu$ ist *inkohärent*. Demnach ist die Intensität der Linien cet. par. der Zahl der Moleküle, also im wesentlichen der Dichte proportional und nicht wie die klassische Streuung (Grundlinien), der

Dichteschwankung; daher sind die Grundlinien in Krystallen relativ schwach, die Ramanlinien stark, und in Gasen ist es umgekehrt.

4. Der für eine bestimmte Substanz und für eine bestimmte Linie auftretende Wert $\Delta\nu$ *ist völlig unabhängig* von dem Wert der Erregerfrequenz; er ist auch — aber nur in grober Näherung — nahezu unbeeinflußt durch Nachbarmoleküle, also nahe von gleichem Wert in verschiedenen Aggregatzuständen, in verschiedenen Lösungen oder Mischungen (ungestörte Superposition der Spektren), und bei verschiedenen Temperaturen, vorausgesetzt natürlich, daß nicht durch diese Umstände die Schwingungsmöglichkeit überhaupt (z. B. durch Dissoziation) verloren geht.

5. Der *Polarisationszustand* ist im allgemeinen von Linie zu Linie verschieden, ist unabhängig von der Erregerfrequenz und für die betreffende Schwingungsform des Moleküls charakteristisch. Bei Krystallen kann der beobachtete Depolarisationsgrad von der Orientierung des Krystalles relativ zu Einstrahlungs- und Beobachtungsrichtung abhängen. Der Depolarisationsgrad kann dann größer oder kleiner sein als der der Grundlinien.

6. Die *relative Intensität* der um gleiche Beträge $\Delta\nu$ nach Blau bzw. Rot verschobenen „homologen" Linien ist im wesentlichen durch das Verhältnis der Zahl der Moleküle in den betreffenden Ausgangszuständen, also durch die Energieverteilung nach Gleichung (2) bestimmt und ist daher temperaturabhängig. Die Intensität eines bestimmten um $\Delta\nu$ verschobenen Trabanten wächst mit der vierten Potenz der Erregerfrequenz, ebenso wie die Intensität der Grundlinien; daher bleibt das Intensitätsverhältnis von Trabant zu Grundlinie nahe unabhängig von der spektralen Lage. Der Einfluß der Temperatur auf dieses Verhältnis entspricht ungefähr den Erwartungen, die aus Inkohärenz bzw. Kohärenz beider Streustrahlungstypen zu folgern sind.

7. Die Verschiebungen $\Delta\nu$ können der Größe nach mit den Frequenzen der ultraroten *Absorptionsbanden* übereinstimmen, müssen es aber nicht. Z. B. machen sich die im Absorptionsspektrum nicht auftretenden „inaktiven" Schwingungen im Ramanspektrum meist sehr stark bemerkbar, während umgekehrt manchmal ultrarote Absorptionsstellen im Streuspektrum nicht oder nur schwach angedeutet vorkommen.

Diese Zusammenstellung zeigt, daß die Aussagen des eigentlichen S.R.E. sich auf die dem Molekül eigentümlichen Rotations-

und Schwingungsfrequenzen beziehen; dies sind Aussagen, die im wesentlichen, in mancher Beziehung sogar mit mehr Einzelheiten, auch der Ultrarot- und Bandenspektroskopie entnommen werden können. Die außerordentlich einfache experimentelle Technik beim S.R.E. und die Eindeutigkeit und relativ leichte Lesbarkeit des Ergebnisses ermöglichen es aber, mit seiner Hilfe schneller und sicherer jenen Überblick über die Tatsachen zu gewinnen, der einer ökonomischen experimentellen und theoretischen Behandlung der Feinstruktur des Objektes vorauszugehen pflegt. Wie in allen Fällen, wo ein Untersuchungsobjekt mehrere Erscheinungsformen besitzt, wird durch das Zusammenarbeiten aller verfügbarer Methoden der größte Nutzeffekt erzielt werden.

Da sich die Energiezustände E_p und E_q, deren durch h dividierte Differenz die „Verschiebung $\Delta\nu$" im Ramanspektrum liefert, im allgemeinen auf Energiewerte beziehen, die das Molekül im normalen, nicht angeregten *Elektronengrundzustand* durch Veränderung des Schwingungszustandes der Atome annehmen kann, so ist zu erwarten, daß sie sich als Ausgangszustand bei Absorptionsvorgängen, als Endzustand bei Prozessen der Emission oder Fluorescenz bemerkbar machen; so kommt es, daß man das Ramanspektrum unter günstigen Umständen bei Bandenfluorescenz und Absorption im Ultraviolett wiederfindet, bzw. die Kenntnis des Ramanspektrums zu einer Analyse dieser Erscheinungen verwerten kann (vgl. COTTON[18], POSEJPAL[64, 160], LANGSETH[143], SHAPIRO[163], BLACK*).

Der neu entdeckte Effekt wurde auch bald zur Erklärung gewisser optischer Erscheinungen herangezogen, die bisher eine Aufklärung nicht gefunden hatten. Es wurde dies z. B. versucht für das Viellinienspektrum des Wasserstoffs (ALLEN[80], DEODHAR[145], FINKELNBURG[195], KAPLAN[201]), für die Erklärung des Zodiakallichtes (RAMDAS[15]), für das Spektrum der Sonnencorona (MECKE-WILDT[190]), für schwache ungeklärte Linien im Zn- und Hg-Spektrum (VENKATESACHAR-SIBAIYA[198], dazu WOOD[236]), für FRAUNHOFERsche Linien (KOTHARI[137], BORYSCHANSKAJA-LANDSBERG[225]).

§ 8. Historische Ergänzung.

Nach dieser ersten Übersicht, die sich in bezug auf die Deutung der Erscheinung auf die Überlegungen SMEKALs, in bezug auf die

* BLACK, I. A., Nature **125**, 274, 1930.

experimentellen Ergebnisse mit wenigen, aus Gründen der Vollständigkeit vorweggenommenen Ausnahmen auf die Arbeiten RAMANs stützt, seien noch einige Bemerkungen, die für die Entwicklungsgeschichte des S.R.E. von Interesse sein dürften, nachgetragen.

Unmittelbar nach den ersten Mitteilungen RAMANs haben sich französische und russische Physiker in der gleichen Angelegenheit zum Wort gemeldet; wie häufig scheint auch diesmal die Entdeckung des neuen Effektes an mehreren Forschungsstätten gleichzeitig vorbereitet gewesen zu sein. Y. ROCARD[9] und J. CABANNES[10], zwei Forscher, die sich ebenso wie RAMAN seit Jahren mit den Problemen der Lichtzerstreuung befaßt haben, berichten in den Heften der C. R. vom 23. IV. und 30. IV. 1928 unabhängig voneinander, daß sie auf Grund einfacher Überlegungen über die Einwirkung einer Lichtwelle auf schwingende Dipole schon vor längerer Zeit die Möglichkeit des Auftretens von neuen, im Primärlicht nicht enthaltenen Frequenzen im Streulicht errechnet hätten; speziell CABANNES erwähnt auch vergebliche diesbezügliche Versuche, die er an Gasen vornahm, offenbar in der Erwartung, daß die zu suchende Strahlung, ebenso wie die bereits bekannte Tyndallstreuung, in Gasen leichter gefunden werden könne; eine Erwartung, die aber nur für die kohärente, von Zustandsschwankungen herrührende „klassische" Streustrahlung, nicht aber für die inkohärente verschobene Streustrahlung zutrifft. Zur Prüfung, ob die Forderungen der klassischen Theorie bezgl. der Eigenschaften der verschobenen Streustrahlung erfüllt werden, sind kurz nach RAMANs erster Mitteilung eine experimentelle Arbeit von CABANNES-DAURE[17] (C. R. 4. VI. 1928) und eine besprechende Auswertung dieser Arbeit von CABANNES[21] bzw. CABANNES-ROCARD[51] erschienen, wobei gezeigt wurde, daß die klassische Anschauung den beobachteten Intensitätsverhältnissen nicht gerecht werden kann.

Endlich veröffentlichten die Moskauer Physiker G. LANDSBERG und L. MANDELSTAM[11] in den Naturwissenschaften vom 13. VII. 1928 (mit Zuschrift vom 6. V. 1928) eine Notiz, derzufolge sie unabhängig von den bisher genannten Beobachtern verschobene Linien bei der Streuung an krystallinem Quarz und Kalkspat gefunden hatten (vgl. dazu RAMAN*).

* RAMAN, C. V., Nature **123**, 50, 1929.

II. Experimentelle Technik.

Nach dem in der Einleitung Gesagten besteht also bei den einschlägigen Versuchen das Wesentliche an Versuchsanordnung, Versuch und Verwertung des Ergebnisses in folgendem: Das Licht einer monochromatischen oder mindestens spektral diskontinuierlichen Quelle wird auf den zu untersuchenden Körper konzentriert; das von diesem ausgehende Streulicht wird spektral zerlegt und photographiert. Das erhaltene Spektrum wird auf Frequenzwerte der Streulinien umgerechnet und aus diesen das Ramanspektrum abgeleitet. Je nach dem Aggregatzustand des Streukörpers sind die Versuchsanordnungen verschieden, wenn auch natürlich kein grundsätzlicher Unterschied besteht. Apparatur, Versuchstechnik und Verwertung der Aufnahmen werden im folgenden einzeln besprochen.

1. Lichtquellen, Spektrographen, Filter.

§ 9. Lichtquellen *.

Abgesehen von den ersten Versuchen RAMANS[7] und seiner Mitarbeiter, die zu ihrer Methode der komplementären Filter Sonnenlicht verwendeten, kommen der Natur der Sache nach für quantitative Versuche nur Lichtquellen mit diskontinuierlichem Spektrum in Betracht. Und zwar wurde in der überwiegenden Mehrzahl der Fälle mit der Quecksilberdampflampe, einige Male mit dem Helium-Rohr und einmal mit dem Cd-Bogen gearbeitet.

Von den z. B. von Heräus in Hanau in den Handel gebrachten Quecksilberdampflampen seien als für die einschlägigen Versuche in Betracht kommenden Modelle erwähnt: Eine für Gleich- und Wechselstrom (in letzterem Falle mit Spezialtransformator) verwendbare Quarzglaslampe mit waagerecht liegendem Leuchtrohr von 7 bis 12 cm Lichtbogenlänge und 1000 bis 3000 HK Intensität. Eine nur für Gleichstrom verwendbare Quarzglaslampe für horizontal und vertikal einstellbaren Brenner mit 1500 oder 3000 HK und 7 bis 12 cm Bogenlänge. Endlich eine Niederdruck-Quarzlampe für Gleichstrom mit Wasserkühlung und bis zu 40 cm langem Leuchtrohr, die besonders kräftige Strahlung im Gebiet der kürzesten Wellenlängen unter 2800 Å liefert, von denen insbesondere die Resonanzlinie 2538 kräftig hervortritt. Die Ver-

* Vgl. dazu Hdb. d. Physik **19**, 386ff.

wendbarkeit der letzteren Lampe wird wohl eine beschränkte sein, denn die meisten Flüssigkeiten zersetzen sich infolge photochemischer Reaktionen unter dem Einfluß von Wellenlängen kleiner als 3000 Å. Für Gase aber kann diese Lampe, wie die Versuche von RASETTI zeigen, sehr wertvoll sein, da das Streuvermögen ungefähr mit der vierten Potenz der Erregerfrequenz zunimmt und daher durch Verwendung von Primärlicht kleiner Wellenlänge der Ausfall an Streuintensität, der durch die geringe Dichte der Gase entsteht, einigermaßen wieder eingebracht werden kann. Spezielle Formen der Hg-Lampe beschreiben WOOD[83, 343, 402] (vgl. Abb. 6, S. 25) und LANGER-MEGGERS[189] * (vgl. auch HULUBEI-CAUCHOIS[401]).

Die wichtigsten Linien des Hg-Spektrums, die bei den für die Aufnahme des Streuspektrums nötigen Expositionszeiten als unverschobene Streulinien auf der Platte erscheinen, sind in Tabelle 1 unter Angabe der in cm^{-1} gemessenen Frequenz (besser „Wellenzahl") und unter Angabe einer recht willkürlichen Intensitätsschätzung, die nicht mehr als einen ganz ungefähren Anhaltspunkt geben soll, zusammengestellt.

Tabelle 1. Frequenzen (in cm^{-1}) im Quecksilberdampfspektrum.

ν	J	ν	J	ν	J	ν	J	ν	J
27388	100	25897	3	23039	20	19812	2	18012	2
27353	50	25665	1	22995	40	19593	1	17609	4
27293	30	25621	10	22938	100	19513	3	17328	40
27166	2	25592	30	20897	1	19452	1	17265	20
26988	3	25098	10	20742	1	18799	3	17059	2
26647	3	24705	100	20442	2	18665	4	16965	2
26511	2	24516	30	20336	10	18627	3		
26379	3	24335	5	20154	3	18568	2		
26297	3	24143	2	20065	1	18495	2		
26168	3	23177	2	19890	2	18308	100		

In Tabelle 2 sind die Hauptlinien nochmals aufgezählt unter Beisetzung der Wellenlängenwerte in Å (3. und 7. Spalte) und unter Angabe der in Europa üblich gewordenen Abkürzung (1. und 5. Spalte); die mit einem Stern bezeichneten Frequenzen kommen unter besonders günstigen Verhältnissen noch als erregende Primär-

* Eine Spezialausführung der Hg-Lampe für Untersuchungen des S.R.E. wird von W. ULBRICH, Jena, angekündigt.

linien in Betracht. Die mit zwei Sternen bezeichneten Frequenzen bringen die intensiveren Ramanlinien bei normaler Exposition häufig zur Erregung. Die mit drei Sternen bezeichneten Frequenzen spielen die Hauptrolle als Erregerlinien. Die Linien ohne Stern (*l*, *h*, *d*) kommen als erregend nicht in Betracht. Die Frequenz 17265 wurde mit dem Anfangsbuchstaben des Alphabets bezeichnet, weil Linien niedrigerer Frequenz kaum als Erregerlinien in Frage kommen werden, während man nach der Seite der hohen Frequenzen noch Spielraum mit den Buchstaben behält. Leider haben sich die indischen Autoren diese Bezeichnungsweise nicht zu eigen gemacht, sondern erst kürzlich[285] eine andere Bezeichnungsweise eingeführt, die in den Spalten 4 und 8 angegeben ist.

Tabelle 2. Bezeichnung der Hg-Linien.

Bez.	ν	λ	(Bez.)	Bez.	ν	λ	(Bez.)
*q****	27388	3650	(*a*)	*g**	23039	4339	(*f*)
*p***	27353	3655	(*b*)	*f***	22995	4348	(*g*)
*o**	27293	3663	(*c*)	*e****	22938	4358	(*h*)
*m**	25592	3906		*d*	20336	4916	
l	25098	3984		*c****	18308	5461	(*k*)
*k****	24705	4047	(*d*)	*b**	17328	5770	
*i***	24516	4078	(*e*)	*a**	17265	5791	
h	24335	4108					

Erwähnt sei auch an dieser Stelle noch, daß die Hg-Dampflampe, insbesondere im heißen Zustand, ein zwischen der *e*- und *d*-Linie gelegenes kontinuierliches Spektrum liefert, das bei ungefähr 22070 cm^{-1} sein Maximum hat. Auf die Störungen durch dieses kontinuierliche Spektrum wird weiter unten noch zurückgekommen werden. Und endlich sei auf folgende Eigenschaft des Spektrums der Hg-Dampflampen (wenigstens solcher, die im Laboratorium des Verfassers verwendet wurden) aufmerksam gemacht: Schon bei geringer Überexposition zeigt sich auf direkten Spektralaufnahmen (nicht Aufnahmen des Streulichtes), daß die starke Hg-*e*-Linie ($\lambda = 4358$ Å) des blauen Tripletts eine deutliche, sich über rund 100 cm^{-1} erstreckende Verbreiterung nach langen Wellen mit ziemlich scharfer Grenze aufweist, eine Verbreiterung, die sich bei Verlängerung der Expositionsdauer wesentlich nur in der Intensität, nicht in der Breite ändert. Überdies erscheint um 148 cm^{-1} verschoben auf der roten Seite ein schwacher

Trabant. Bei den starken Expositionen, welche die unverschoben gestreuten Primärlinien bei der Aufnahme eines Streuspektrums notwendigerweise erfahren, tritt die rote Verbreiterung sowohl als der Trabant so kräftig hervor, daß z. B. die Intensität des letzteren vergleichbar wird mit der Intensität der kräftigeren der verschoben gestreuten Linien. Hier liegt eine Quelle für Irrtümer, da dieser Trabant, dessen Ursprung dem Verfasser unbekannt ist, häufig für eine Ramanlinie gehalten wird. Auch bei den Linien k, o, p, q treten bei Exposition in der direkten Aufnahme Verbreiterungen nach der roten Seite mit gut definierter Grenze auf.

Heliumbeleuchtung wurde zuerst von WOOD[71, 136, 343] empfohlen. Ein mit He gefülltes Rohr von 3 m Länge und 6 mm Durchmesser wird um das Versuchsgefäß herumgewickelt. Das He-Rohr hat Kupferelektroden und wird mit 20000 Volt Transformatorspannung bei 25 mA betrieben. Zwischen dem spiralig aufgewickelten He-Rohr und dem Versuchsgefäß wird ein Nickel-Oxyd-Glasrohr zwischengeschaltet, das wesentlich nur für die ultraviolette He-Linie $\lambda = 3889$ durchlässig ist, so daß man es mit nahezu monochromatischer Erregung zu tun hat. Die Intensität des Primärlichtes ist, wie WOOD erwähnt, geringer als bei den üblichen Anordnungen und bei Verwendung der Hg-Lampe, so daß 8 bis 16 Stunden Expositionsdauer benötigt werden. Eine andere Form der He-Lampe beschreiben REYNOLDS-BENFORD[250]; sie hat gestreckte Form und kann in eine Anordnung von der Art der Abb. 12, S. 33 eingebaut werden. Auch diese Autoren verwenden als Filter eine Ni und Co enthaltende Glassorte; bei 4 Stunden Exposition erscheinen jedoch im Streuspektrum trotz dieses Filters sämtliche He-Linien, wenn sie auch vielleicht nicht erregend wirken können.

KRISHNAMURTI[336] verwendete als Primärlicht den Cadmiumbogen, der zwei starke grüne Linien bei 4800 und 5086 Å sowie eine starke rote Linie bei 6439 besitzt. Im Anschluß an die Angaben von BATES-TAYLOR* werden die Elektroden aus einem 50proz., unter 200° schmelzenden Cd-Sn-Amalgam hergestellt, bei dessen Erstarren das Quarzrohr nicht springt. Vor dem Zünden muß das Amalgam durch eine Heizspirale zum Schmelzen gebracht und das Leuchtrohr evakuiert werden; der Bogen brennt

* BATES, J. R., HUGH S. TAYLOR, Journ. Amer. Chem. Soc. **50**, 771, 1928.

mit 6 bis 7 A; die photographischen Platten müssen gegebenenfalls für Rot sensibilisiert werden, wozu KRISHNAMURTI Dicyanin A für Agfa-Normal-Platten verwendet. Die Expositionsdauer (bei Versuchen mit Krystallpulver) betrug etwa 4 Stunden. Diese Lichtquelle ist besonders geeignet für Fälle, bei denen die zu belichtende Substanz im blauen und blaugrünen Spektralteil absorbiert und die in diesem Gebiet etwa erregten Ramanlinien nicht aus der Substanz austreten könnten.

§ 10. Spektrographen.

Im allgemeinen werden keine besonderen Anforderungen an den Spektrographen gestellt; ein insbesondere im Ausland sehr häufig verwendetes Instrument ist der HILGERsche Quarzspektrograph E_2. Es genügen aber für die meisten Zwecke vollkommen kleinere Modelle für das sichtbare Spektrum, und in des Verfassers Laboratorium wurde z. B. mit bestem Erfolg der Zeisssche sog. „Lehrspektrograph“ mit Rutherford-Prisma verwendet; die Durchlässigkeit unter 4000 Å ist gering, jedoch kommt dieses Gebiet aus verschiedenen Gründen ohnedies gewöhnlich nicht in Betracht (photochemische Veränderungen der bestrahlten Substanz usw.). Auch ein festarmiger Leiss'scher Spektrograph hat gute Dienste geleistet.

In speziellen Fällen allerdings, z. B. bei der Beobachtung an Gas, können hohe Anforderungen an die Lichtstärke gestellt werden. Mit improvisierten Apparaturen haben u. a. RAMDAS[27], RASETTI[89], DAURE[200] gearbeitet. RAMDAS verwendete als Kollimatorlinse ein photographisches Objektiv mit der relativen Öffnung 1/5 und als Objektiv in der Kamera eine Linse (Ernostar, $f = 15$ cm) mit dem Öffnungsverhältnis 1/1,5. RASETTI benutzte als Kamera-Objektiv einen Zeiss-Tessar mit der Öffnung 1/2,7 und DAURE[61] ein Spezialobjektiv mit der relativen Öffnung $D/f = 1/1{,}8$.

In allerjüngster Zeit werden besonders lichtstarke Spektrographen von den Firmen Zeiss, Kipp-Zonen und Leiss in den Handel gebracht. Erstere Firma liefert zu dem „Spektrograph für Physiker“ (FÖRSTERLINGscher Prismensatz, Kollimator mit $f = 30$ cm, und Öffnung 1/6) eine Spezialkamera mit der Öffnung 1/1,9 für das Plattenformat $4{,}5 \times 6$ cm. Kipp-Zonen annoncieren einen Spektrographen mit einem Flüssigkeitsprisma (Äthylcinnamat), Kollimatorlinse mit 6,5 cm Durchmesser und 60 cm Brennweite und Kameralinse von 6,5 cm Durchmesser und 13 cm Brennweite; das Plattenformat ist ebenfalls $4{,}5 \times 6$.

Im übrigen darf wohl auf die große Literatur über spektroskopische Apparate und Technik hingewiesen werden*. Vielleicht dient aber zur Vermeidung anfänglicher Mißerfolge doch die Bemerkung, daß die Notwendigkeit von stundenlangen Expositionen ein sehr sorgfältiges Abdichten des ganzen Spektrographen (z. B. Umwickeln mit schwarzen Tüchern) nötig macht; häufig muß ein besonderer Schutz gegen die bei gewöhnlichen Spektralaufnahmen gar nicht störenden schwach leuchtenden Ränder der im Kollimatorrohr angebrachten Blenden vorgesehen werden.

§ 11. Filter.

Bei den zur Ermittlung des Ramanspektrums bestimmten Versuchen tritt häufig die Notwendigkeit auf, bestimmte Partien im Spektrum des Primärlichtes entweder wenigstens so weit in der Intensität herabzudrücken, daß sie in den für die ungeschwächten Linien nötigen Expositionszeiten nicht mehr als Erregerlinien in Frage kommen, oder aber sogar so weit zu unterdrücken, daß sie trotz der langen im allgemeinen nötigen Expositionszeit auch nicht unverschoben gestreut zum Vorschein kommen.

Der letztere Fall wird aktuell, wenn es sich z. B. um die Unterdrückung des im Blaugrünen gelegenen kontinuierlichen Spektrums der Hg-Lampe handelt; dieses gibt infolge von Tyndallstreuung einen kontinuierlichen Untergrund, auf dem die oft nur sehr schwachen verschobenen (von Hgk oder Hge erregten) Linien sich nur schlecht abheben. Insbesondere bei Versuchen mit gasförmigen Substanzen, bei denen die Tyndallstreuung stärker, der S.R.E. schwächer ist, wird eine solche Abfilterung des kontinuierlichen Hg-Spektrums notwendig sein. KRISHNAMURTI[248] verwendet zur Schwächung dieses Spektralteiles konzentrierte Didymchloridlösung. WOOD empfiehlt Fluorescein oder eine nicht zu starke Lösung von Kobaltsulfocyanat; auch Kühlen der Lampe durch einen Ventilator ist wirksam.

---

* Vgl. z. B. E. v. ANGERER in Bd. **21** des Handb. f. Experimentalphysik. Über Lichtstärke des Spektrographen und die mögliche Lichtausbeute vgl. J. RUD NIELSEN, J. O. S. A. **20**, 701, 1930.

Für die Isolierung einzelner Partien des Hg-Bogens verweist F. WEIGERT* auf die Angaben von JUNG** und führt selbst u. a. folgende Filter (mit Literaturangabe) an:

Für das gelbe Dublett Hg *a*, Hg *b* ($\lambda = 5791$ und 5770): Chrysoidin + Eosin oder eine dicke Schicht von gesättigtem Kaliumbichromat.

Für die grüne Linie Hg *c* ($\lambda = 5461$): Kaliumbichromat in geringer Dicke + Neodymnitrat in getrennten Cuvetten.

Für das blaue Triplett Hg *e*, *f*, *g* ($\lambda = 4358, 4348, 4339$): dickes Kobaltglas + Äsculin; oder plus 3proz. Lösung von Chininsulfat in 1 cm Schichtdicke. (Das Chininsulfat muß wegen Gelbfärbung von Zeit zu Zeit erneuert werden.)

Für die violette Linie Hg *k* ($\lambda = 4047$): sehr dunkles Kobaltglas + 0,05% Chininsulfat.

Für das ultraviolette Triplett Hg *o*, *p*, *q* ($\lambda = 3663, 3655, 3650$): sehr verdünntes Methylviolett 4 R (Agfa) + Nitrosodimethylanilin.

Zur Abfilterung des blauvioletten bei Durchlassung des übrigen sichtbaren Teiles kann z. B. „Chinosol" (ebenfalls nicht ganz lichtbeständig) in entsprechender Konzentration verwendet werden (DADIEU-KOHLRAUSCH[274]) oder Kaliumbichromat (vgl. insbesondere WOOD[343]). Weitere Anweisungen bei WOOD[402].

§ 12. Plattenmaterial.

Auch diesbezüglich ist nichts Grundsätzliches dem hinzuzufügen, was in den spektroskopischen Handbüchern an Anweisungen zu finden ist. Es ist selbstverständlich, daß man angesichts der geringen Intensität des Effektes möglichst empfindliche und mit Rücksicht auf die spektrale Zerlegung möglichst spektral gleichmäßig empfindliche Plattensorten wählen wird; die Platten müssen lichthof-frei sein, denn sie haben ohne gegenseitige Störung einerseits die lichtschwachen verschobenen, andererseits die viel lichtstärkeren unverschobenen Streulinien aufzunehmen.

* WEIGERT, F., Optische Methoden der Chemie, Akd. Verlagsges., Leipzig.

** JUNG-STÄHLER-TIEDE, Hdb. d. anorgan. Arbeitsmeth. II. 2, S. 1530 bis 1533.

2. Versuchsanordnungen.

§ 13. Versuchsanordnungen für gasförmige Substanzen.

Da die Intensität des verschoben gestreuten Lichtes unter sonst gleichen Umständen der Zahl der streuenden Elemente, also der Zahl der Moleküle pro Volumeneinheit $\left(\varrho \frac{L}{M}\right.$, wenn ϱ die Dichte, L die LOSCHMIDTsche Zahl und M das Molekulargewicht ist), proportional ist, so liegt die Schwierigkeit bei Versuchen mit gasförmigen Substanzen darin, daß infolge der gegenüber der flüssigen oder festen Form geringen Dichte die ohnedies geringe Intensität des Effektes noch wesentlich (für Normaldruck und Temperatur rund auf den 1000sten Teil) herabgesetzt wird. Dieser Nachteil ist durch Verbesserung der Lichtverhältnisse (größere Beleuchtungsstärke, größere Lichtstärke des Spektrographen) bzw. durch Vermehrung der Zahl der streuenden Moleküle (dickere Schicht der streuenden Substanz, Vergrößerung der Dichte durch erhöhten Druck) nur teilweise behebbar, so daß das Arbeiten mit gasförmigen Substanzen meist große Expositionsdauer und alle damit verbundenen experimentellen Unannehmlichkeiten mit sich bringt. Daher kommt es wohl auch, daß die Zahl der bisher ausgeführten Versuche eine relativ geringe ist, obwohl gerade die Ergebnisse an gasförmigen Substanzen wegen Wegfallens der zwischenmolekularen Kräfte die theoretisch einfachsten wären und das größte Interesse beanspruchen.

Sieht man von den qualitativen Versuchen von RAMAN-KRISHNAN[5] nach der Methode der komplementären Filter ab, so liegen nur Beobachtungen von RAMDAS[27], WOOD[83], RASETTI[86], BHAGAVANTAM[413], SALANT-SANDOW[379], VENKATESACHAR-SIBAIYA[364], SEGRÈ[318] an Substanzen im gasförmigen Zustand vor.

RAMDAS arbeitete mit der „klassischen" Anordnung, konzentrierte das Licht einer starken Hg-Lampe (3000 HK) mit Hilfe eines Kondensors von 20 cm Öffnung auf ein Gefäß mit bei Zimmertemperatur gesättigtem Ätherdampf und analysierte das seitlich gestreute Licht mit einem lichtstarken Spektrographen eigener Konstruktion ($f = 15$ cm, Öffn. Verh. 1/1,5). Allerdings waren zur Erreichung eines verwertbaren Streuspektrums Expositionszeiten von 184 Stunden nötig.

R. W. WOOD (vgl. [83, 91, 124, 135, 327]) vergrößerte die Zahl der an der Streuung beteiligten Moleküle durch Vergrößerung des streuenden Volumens. Abb. 6 zeigt die von ihm verwendete Versuchsanordnung. Als Lichtquelle dient eine Cooper-Hewitt-Quecksilberlampe aus Glas mit etwa 170 cm langem Leuchtrohr. Nur durch Asbest-Zwischenlagen von ihr getrennt wird fast unmittelbar anliegend das mit dem Gas von Normaldruck (HCl, NH_3) gefüllte Versuchsrohr angebracht: über beide sind federnde Al-Manschetten als Reflektoren geklemmt. Das Versuchsrohr ist, wie die Abbildung im oberen Teil zeigt, rückwärts konisch ausgezogen, aufwärts gebogen und geschwärzt, eine von Wood besonders bevorzugte Art, Reflexionen an der Hinterwand des Rohres zu verringern. Als Streukörper dient das im Teil *A* (Länge etwa 140 cm, innere Weite 5 cm) befindliche Gas; durch eine Verjüngung des Rohres wird eine Al-Blende *D* (Diaphragma mit 4 mm Öffnung) festgehalten. Dahinter erweitert sich das Rohr wieder zu einem geschwärzten Teil *B*, in welchem sich das von den Al-Reflektoren direkt durch *D* hindurchgespiegelte Licht totlaufen soll. Endlich schließt das Rohr mit einem sorgfältig schlieren- und blasenfrei hergestellten kugeligen Kopf ab, der gegen den Spektrographen gerichtet ist. Mit einer solchen Anordnung erhält man die unverschoben gestreuten Linien in 15 Sekunden, die verschoben gestreuten in 5 Stunden. Die Justierung der Achse des Kollimators in die Achse des Rohres *A* und des Diaphragmas *D*, so daß von keinem Teil der zur Projektion auf den Spalt verwendeten Linse etwas vom Hg-Bogen oder den Al-Spiegeln gesehen werden kann, erfordert natürlich große Sorgfalt. Diesbezüglich sei auf die Anweisungen Woods[135] verwiesen.

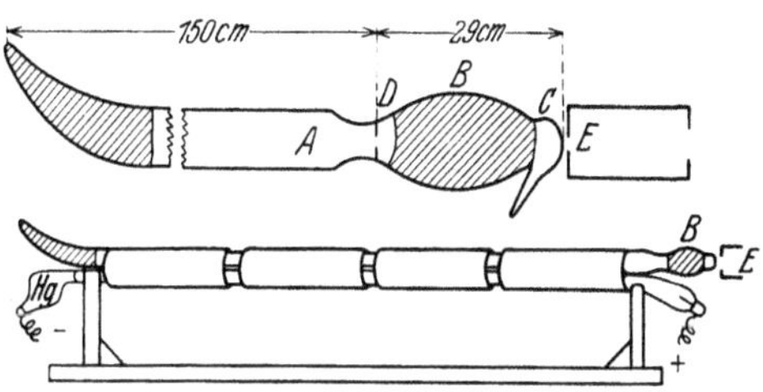

Abb. 6. Woods Anordnung zur Untersuchung von Gasen bei Normaldruck.

Rasetti arbeitete anfangs[89] auch mit Gasen von Normaldruck, in Röhren von 4 cm innerer Weite und anscheinend etwa 20 cm Länge, wobei besondere Sorgfalt auf das Vermeiden von Reflexionen am Röhrenende gelegt wurde, und verwendete für die Kamera das sehr lichtstarke (1:2,7) Zeisssche „Tessar“-Objektiv. Immerhin waren Expositionsdauern von 48 bis 60 Stunden nötig.

Später ging RASETTI[131] zu dem weniger lichtstarken HILGERschen E_2-Quarzspektrographen über, verwendete aber als Lichtquelle eine Quarz-Quecksilber-Lampe mit 25 cm langem Leuchtrohr, wobei als Erregerlicht vorwiegend die ultraviolette Linie bei 2536 Å in Betracht kam. Obwohl die Intensität des Streulichtes mit abnehmender Wellenlänge des Erregerlichtes sehr schnell zunimmt, und obwohl es sich vorwiegend um die leicht erregbaren Rotationslinien in unmittelbarer Nähe der Primärlinie handelte, waren in dieser Anordnung Expositionszeiten von 60 bis 120 Stunden zur Erzielung eines brauchbaren Streuspektrums nötig. Endlich konstruierte RASETTI[142] eine Apparatur für die Beobachtung von Gasen bei 10 bis 15 at Druck, die in Abb. 7 wiedergegeben ist. Die von RASETTI gegebene Beschreibung dieser Anordnung ist leider sehr kurz geraten und besagt: Der beleuchtete Teil Q des Rohres wurde aus dickwandigem Quarz hergestellt, hatte 2,2 cm innere Weite und 20 cm Länge; das rückwärtige Ende war an ein (anscheinend 1 m langes und innen sorgfältig geschwärztes, mit einer Anzahl von Blenden versehenes) Stahlrohr S angekittet, das den bei solchen Versuchen unerläßlichen „absolut schwarzen Hintergrund" bildete. Die äußere Quarzröhre E war mit wässeriger Essigsäure gefüllt, um die Strahlung mit der Wellenlänge 1849, die in vielen Gasen (z. B. in O_2 durch Bildung von Ozon) photochemische Störungen hervorrufen würde, zu absorbieren. Als Lichtquelle diente eine wassergekühlte Quecksilberbogenlampe, in welcher durch einen Magnet der Quecksilberbogen ganz an die Wand des Leuchtrohres gedrängt wurde, um die Reabsorption von $\lambda = 2536$ in der Lampe selbst möglichst herabzusetzen. Das gestreute Licht wurde mit Linsen und zwischengeschalteten Diaphragmen auf den Spalt des Hilger-E_2-Quarzspektrographen konzentriert. Die nötigen Expositionsdauern betrugen 10 bis 40 Stunden.

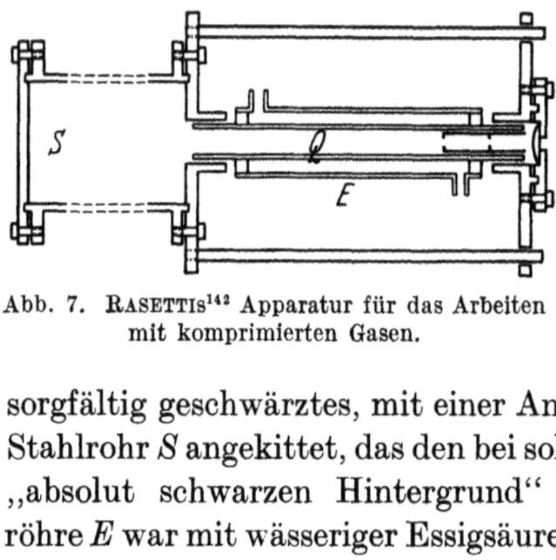

Abb. 7. RASETTIs[142] Apparatur für das Arbeiten mit komprimierten Gasen.

In seiner letzten experimentellen Arbeit berichtet RASETTI[247] dann noch über einige kleine Änderungen dieser Apparatur und über einen hübschen Kunstgriff, um die Überexposition der Primärlinie, deren Verbreiterung die in ihrer unmittelbaren Nähe gelegenen Rotationsfrequenzen nicht erkennen läßt, zu verhindern. Als Lichtquelle wurde eine von HERÄUS hergestellte Niederdruck-Quecksilberlampe (10 A Betriebsstrom), die mit fließendem Wasser

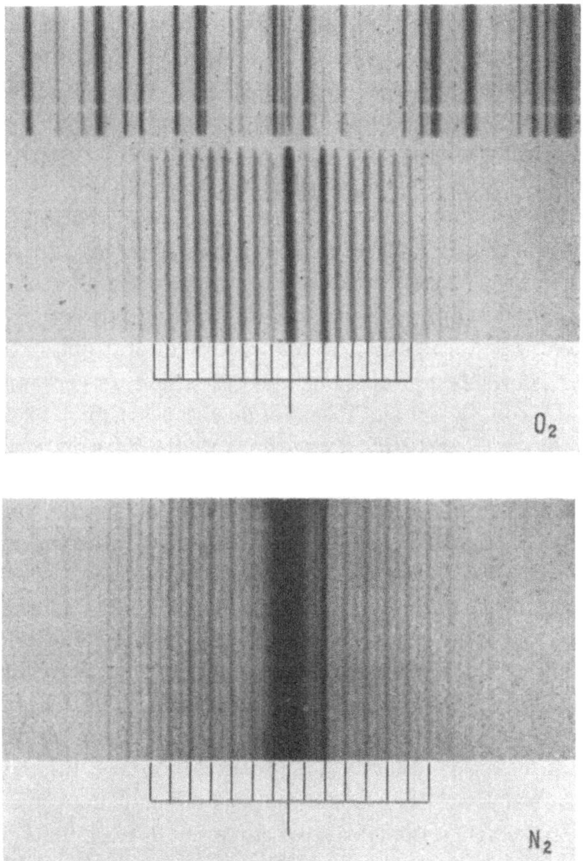

Abb. 7a. RASETTIS[247] Aufnahmen des Rotations-Ramanspektrums von N_2 und O_2. In letzterem Fall wurde die gestreute Primärlinie nach der Streuung durch ein Hg-Dampffilter geschwächt.

gekühlt ist und ein Leuchtrohr von 40 cm Länge besitzt, verwendet. Dementsprechend wurde auch das bestrahlte Quarzglasrohr 40 cm lang gemacht bei 3 cm innerer Weite. Zur Herabsetzung der Überexposition von $\lambda = 2536$ wurde die Luft im Innern des

Kollimatorrohres (wieder Hilger E_2) mit Quecksilberdampf gesättigt, so daß durch Absorption der Resonanzlinie *nach* der Erregung eine starke Schwächung der Grundlinie eintritt, die auf diese allein beschränkt bleibt und die unmittelbar benachbarten Rotationslinien nicht betrifft. Die Expositionszeiten betrugen 24 bis 100 Stunden. Der durch die Schwächung der gestreuten Primärlinie erzeugte Vorteil ist aus dem Vergleich der beiden in Abb. 7a wiedergegebenen Spektren ersichtlich, die RASETTI für die Rotationslinien von N_2 und O_2, im ersteren Fall ohne, im zweiten Fall mit Schwächung der Linie $\lambda = 2536$ erhalten hat. Auf der Aufnahme für N_2 ist die gestreute Primärlinie $\lambda = 2536$ stark überexponiert und wesentlich breiter als die knapp rechts von ihr gelegene Hg-Linie $\lambda = 2534$; auf der Aufnahme für O_2 ist die Primärlinie $\lambda = 2536$ durch die Filterung im Hg-Dampf innerhalb des Kollimatorrohres so stark geschwächt, daß sie fast gleich stark mit $\lambda = 3524$ aussieht und die in ihrer Nachbarschaft gelegenen schwachen Rotationslinien deutlich zu erkennen sind. Oberhalb von O_2 ist ein Eisenvergleichsspektrum zu sehen.

Da dieser Kunstgriff RASETTIs auf die Verwendung der unbequem kurzwelligen Erregerlinie $\lambda = 2537$ beschränkt bleibt, empfiehlt BARKER[384] den Umstand auszunutzen, daß die Grundlinie viel weniger depolarisiert ist als die Rotationslinien (vgl. § 29). Vorsetzen eines entsprechend gestellten Nicols vor den Spalt schwächt die Grundlinie viel stärker als die Rotationslinien.

VENKATESACHAR-SIBAIYA[364] gaben kürzlich eine Anordnung an, bei der die Versuchssubstanz der ganzen Länge nach vom Hg-Bogen umspült wird; sie befindet sich (vgl. Abb. 8) im Innern des Rohres S in einem eigenen Behälter, dessen Ansatz V als lichtundurchlässige Blende das Spektroskop vor falschem Licht schützen soll. Zwischen dem Quarzrohr S und dem mit eisernen Zwischenstücken anzementierten äußeren Pyrexrohr T wird der Hg-Bogen erzeugt, wobei K als Quecksilberkathode, A_2 als Anode dient. Die Erweiterungsgefäße $B_1 B_2$ sollen verhindern, daß das Glas an den erhitzten Anoden schmilzt. Zur Einleitung der Bogenentladung wird in folgender Art vorgegangen: Wenn mit Hilfe der Pumpen genügend tiefes Vakuum erreicht ist, wird K erhitzt, bis eine Induktionsentladung zwischen K und der Hilfsanode a gelingt; dadurch bildet sich ein Bogen zwischen K und der Hilfsanode A_1 (Strom 5 A). Dann wird der Rohrteil zwischen B_1

und B_2 erwärmt und der Bogen mit neuerlichem Induktionsstoß nach A_2 gezogen und dann nach einigen Minuten A_1 evtl. abgeschaltet. Beim Auslöschen soll zur Verlängerung der Lebensdauer langsam abgekühlt werden. Die Distanz von B_1 nach B_2 kann bis zu 50 cm betragen; der Durchmesser des Innenrohres betrug dabei 2 bis 3 cm. Temperaturvariation kann durch Luftkühlung des Innenrohres erreicht werden. — Diese Apparatur wurde für Krystalle verwendet, aber auch für gasförmiges Acetylen; in letzterem Falle allerdings mit einem von den Angaben anderer Autoren abweichenden Ergebnis. Trotzdem dürfte das

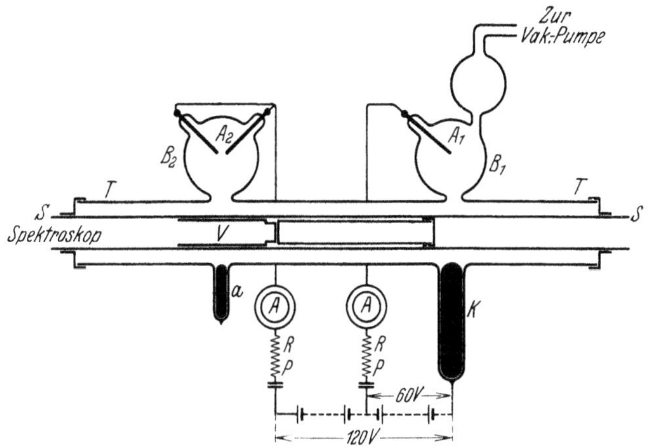

Abb. 8. Ramanapparat nach VENKATESACHAR-SIBAIYA[364].

Arbeiten mit gasförmigen Substanzen das eigentliche Anwendungsgebiet dieser Anordnung darstellen, da sie die gleichförmige und intensive Belichtung (insbesondere bei Verwendung von Reflektoren, die das äußere Rohr umhüllen) von langdimensionierten säulenförmigen Gasschichten ermoglicht.

§ 14. Versuchsanordnung für verflüssigte Gase.

Gase, deren Siedepunkt nahe von 0° liegt, können mit einfachen Mitteln verflüssigt und in Glasgefäße geeigneter Form eingefüllt werden: nach Abschmelzen der Gefäße bleiben sie auch bei höherer Temperatur unter dem eigenen Dampfdruck flüssig. Derartige Substanzen, wie z. B. CH_3Cl, CH_3Br, CH_3OCH_3, sind auch häufig unter Druck verflüssigt im Handel erhältlich, nur sind die Glasgefäße meist nur zum Teil mit Flüssigkeit gefüllt, so daß sie in horizontaler Anordnung nicht verwendbar sind. In diesem Fall kann man mit Vorteil mit der in Abb. 9 skizzierten Anordnung (DADIEU-KOHLRAUSCH[244]), die leicht zu improvisieren ist, arbeiten.

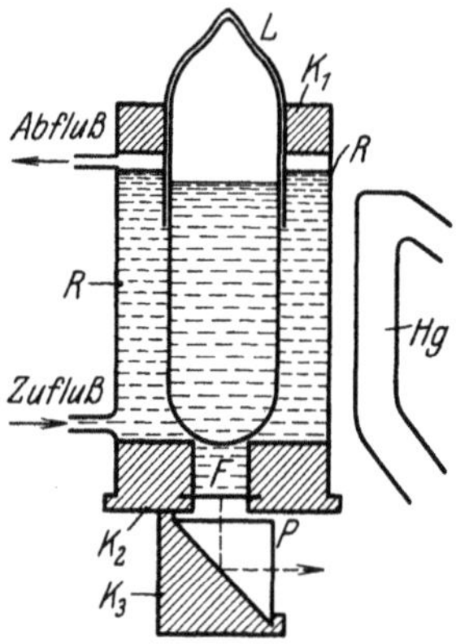

Abb. 9. Vertikale Anordnung bei Arbeiten mit nur teilweise gefüllten Versuchsgefäßen[244].

Das Versuchsgefäß wird in einen unten mit dem Kork (K_2) geschlossenen weiten Glasrohrstutzen eingesetzt und durch den Kork K_1 zentral und vertikal gehalten. Der Rohrstutzen dient erstens als Kühlermantel und hat zu diesem Zweck zwei Auslässe für Zu- und Abfluß von Kühlwasser; zweitens dient er dazu, den meistens optisch nicht brauchbaren Boden des Versuchsgefäßes zu ersetzen durch die ebene Glasplatte F, die mit dem gekrümmten Boden des Gefäßes durch das dazwischenliegende Wasser einen hinreichend guten optischen Kontakt hält. Der obere Teil des Versuchsgefäßes (L) wird geschwärzt (Schellack mit Ruß; blättert nachher wieder ab oder kann mit Alkohol entfernt werden), und zwar bis unterhalb des Niveaus der innen befindlichen Flüssigkeit, damit keine direkte Strahlung auf die freie Oberfläche fällt und Anlaß zu Totalreflexion entsteht; an der Spitze selbst wird der Lack wieder weggekratzt, wodurch bei Beleuchtung von oben eine bequeme optische Zentrierung ermöglicht wird. Beleuchtet wird mit einer von HERÄUS zu beziehenden vertikal brennenden Hg-Lampe, deren Licht gegebenenfalls durch zwischengestellte Filter noch homogenisiert werden kann; ein der Lampe gegenüber angebrachter und das äußere Gefäß zur Hälfte umschließender Weißblech-Reflektor verstärkt die Intensität. Das Streulicht passiert das Fenster F und wird durch ein im Kork K_3 befestigtes 90°-Prisma P in den Kollimator gelenkt; Zwischenlinsen werden keine verwendet. Bei der Dimensionierung ist natürlich darauf zu achten, daß kein direktes Licht

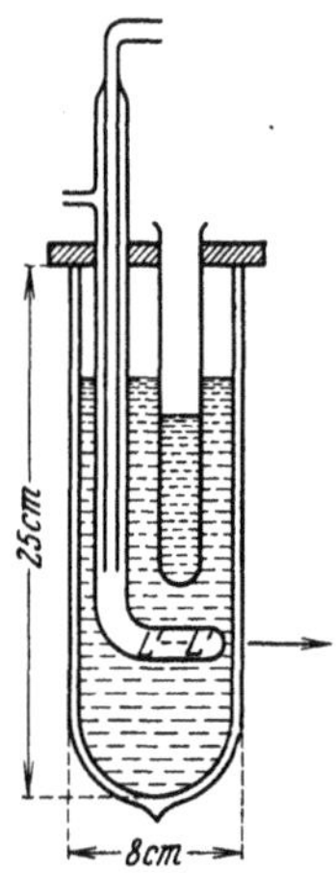

Abb. 10. DAURES Versuchsanordnung für verflüssigte Gase.

von der Lampe auf das Fenster F trifft. An Expositionszeit werden 2 bis 5 Stunden benötigt.

Für sehr tief siedende Substanzen haben DAURE sowie McLENNAN und Mitarbeiter Apparaturen angegeben. DAURE[73, 200] versenkt die Versuchsgefäße, deren für den Versuch zu füllender Teil etwa 5 cm³ Fassungsraum hatte, direkt in eine Kältemischung, die zugleich als Immersionsflüssigkeit dient; der Aufbau ist aus Abb. 10 zu entnehmen. Im verflüssigten Gas wird an der Stelle $L' \ldots L'$ mit Hilfe von Linsen ein Bild der Hg-Lampe entworfen und das in der Richtung des Pfeiles gestreute Licht spektrographisch untersucht. Als Behälter dient ein unversilbertes Dewar-Gefäß aus Pyrex-Glas von den in der Abbildung angegebenen Dimensionen. Als Kältemischung und Immersionsflüssigkeit wurden flüssiges O_2 ($-183°$, für die Untersuchung von Methan) oder Alkohol verwendet, der mit Hilfe einer in der Abbildung eingezeichneten, mit entsprechenden Kältemischungen beschickten Eprouvette auf Temperaturen bis zu seinem Erstarrungspunkt ($-114°$) gebracht werden konnte. Wird flüssiger Sauerstoff als Immersionsflüssigkeit verwendet, wie im Falle des bei $-165°$ vergasenden Methans, so entstand die Schwierigkeit, daß sich am Beobachtungsrohr ein weißer Niederschlag bildete. Durch eine unterhalb angebrachte Schicht Glaswolle, die das Aufwallen des O_2 begünstigt und durch die aufsteigenden Bläschen die Flüssigkeit

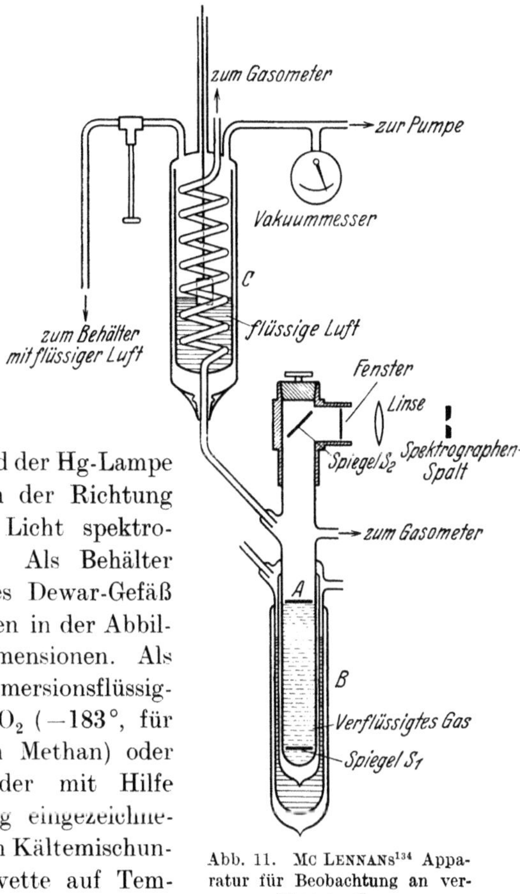

Abb. 11. Mc LENNANS[134] Apparatur für Beobachtung an verflüssigten Gasen.

in Bewegung hält, wurde die Bildung dieses Niederschlages verhindert.

McLennan und Mitarbeiter[82, 134] verwendeten die in Abb. 11 gezeichnete Apparatur für die Beobachtung des S.R.E. an verflüssigten Gasen; das zu untersuchende Gas wird in C mit Hilfe von flüssiger Luft verflüssigt und im Gefäß A dem Licht von vier um A herum gestellten Hg-Lampen ausgesetzt. B ist ein Dewar-Doppelmantelgefäß, das ebenfalls mit flüssiger Luft beschickt wird. Das nach unten gehende Streulicht wird vom Spiegel S_1 wieder zurückgeworfen, das nach oben gehende Streulicht wird mit Hilfe von Spiegel S_2 und Linse auf den Spektrographenspalt konzentriert, wobei die Linse ein Bild des Spiegels S_1 auf dem Spalt entwirft. Mit einem geradsichtigen Spektrographen, dessen Kameralinse 8 cm Brennweite hatte, wurden brauchbare Spektrogramme in 2 bis 4 Stunden erhalten. — Für derartige Versuche mag sich die kürzlich von Ruhemann* beschriebene Apparatur zur Erzeugung tiefer Temperaturen für Körper mit geringer Wärmekapazität als nützlich erweisen.

§ 15. Versuchsanordnungen für Flüssigkeiten.

Bei den ersten Versuchen von Raman und seinen Mitarbeitern wurde noch die für die Beobachtung des Tyndallichtes übliche Anordnung verwendet; dabei wird, ähnlich wie bei der in Abb. 1, S. 1 beschriebenen Methodik, das Licht der Hg-Lampe mit Hilfe eines lichtstarken Kondensors in einem mit der betreffenden Flüssigkeit gefüllten Glaskolben konzentriert und das seitlich ausgestrahlte Streulicht im Spektrographen analysiert. So stellten z. B. Pringsheim-Rosen[30] in einigen Fällen einfach die Chemikalien in den Originalflaschen vor den Spektrographenspalt und durchleuchteten sie in einer Richtung senkrecht zum Kollimatorrohr. Solche Anordnungen sind zwar bequem, aber doch recht lichtschwach, und es werden Expositionszeiten von 20 bis 100 Stunden nötig. Eine so arbeitende Spezialapparatur wird von Ziemecki[314] ausführlich beschrieben.

Wood[45] hat bald darauf das Prinzip angegeben, nach welchem heute wohl allgemein gearbeitet wird; danach wird das Leuchtrohr der Lichtquelle parallel zur Achse des Beobachtungsrohres gestellt und möglichst nahe an dieses herangebracht; Reflektoren,

* Ruhemann, M., Z. f. Phys. **65**, 67, 1930.

die das ganze System umhüllen, verstärken den Beleuchtungseffekt. Die Form der Anordnung, wie sie von DADIEU-KOHLRAUSCH[95] beschrieben wurde, ist in Abb. 12 wiedergegeben. Die zu untersuchende Flüssigkeit befindet sich in einem Glasrohr von 3,4 cm Weite und 13 cm Länge, dem ebene Glasplatten als Stirnflächen säurefest angekittet sind*; dadurch wird die axiale Durchsicht durch das Rohr vollkommen schlierenfrei. Ein Ansatzrohr dient zum Füllen und Entleeren bzw. zur Aufnahme eines Thermometers während des Versuches; etwa $^3/_4$ des Versuchsrohres ist mit einem Kühlrohr für durchfließendes Wasser umgeben, mit dessen Hilfe die Temperatur von 5 bis 85° auf wenige Grade konstant

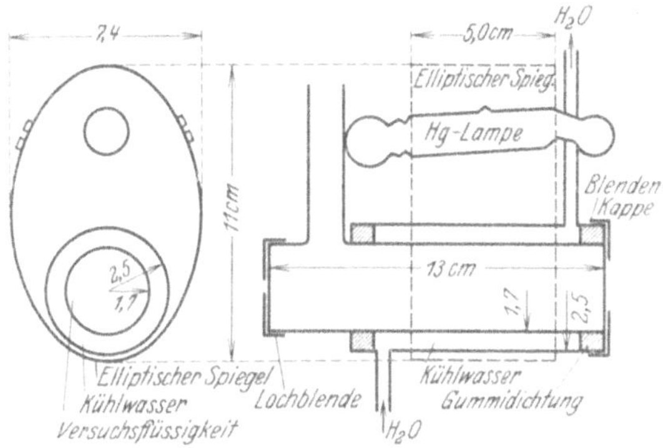

Abb. 12. Anordnung zur Untersuchung von Flüssigkeiten (DADIEU-KOHLRAUSCH[95]).

gehalten werden kann. Parallel mit der gemeinsamen Achse beider Rohre ist die Achse des Leuchtrohres der Hg-Lampe orientiert. Leuchtkörper und Glasrohr werden von einem elliptischen Metallspiegel, dessen oberer Teil aufgeklappt werden kann und dessen Innenseite vernickelt und poliert ist, so umschlossen, daß die Brennlinien des Spiegels mit den Achsen von Leuchtkörper und Versuchsrohr ungefähr zusammenfallen. Die ganze Apparatur kann z. B. mit Trägern auf einem gemeinsamen Grundbrett befestigt werden, das mit der ganzen Anordnung zum Zünden der Lampe gekippt werden kann. Oder man klappt den Spiegeldeckel auf und kippt die Lampe allein.

Im Prinzip identische Anordnungen wurden von REYNOLDS und BENFORD[250], ZIEMECKI[305] und BUTTOLPH[324] beschrieben. DADIEU-

* Ausgeführt von der Firma Hellige in Freiburg.

KOHLRAUSCH gingen mit der Rohrweite zunächst auf 2,0 und 1,5 cm herunter, so daß die zur Füllung notwendige Flüssigkeitsmenge von 110 cm^3 auf 39 bzw. 22 cm^3 verringert wurde. Auch dies sind noch Mengen, in denen manche Präparate nicht erschwinglich sind, und für die weitere Forschung ist es eine lebenswichtige Sache, die nötige Flüssigkeitsmenge noch mehr herabzusetzen. Zwar hat schon DAURE[200], wie weiter oben erwähnt wurde, mit nur 5 cm^3 gearbeitet, doch hat seine Anordnung den Nachteil, daß nur sehr enge und daher lichtschwache Büschel für die Beleuchtung des Spektrographenspaltes verwendet werden dürfen,

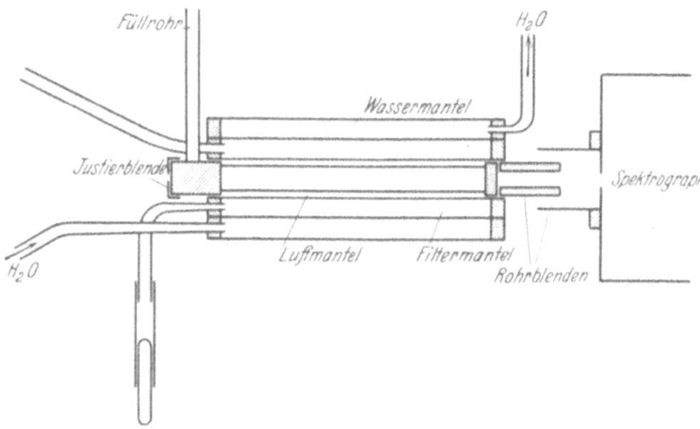

Abb. 13. DADIEU's „Kleinanordnung" für geringe Substanzmengen (bis 1,3 cm^3).

wenn man nicht auch Streulicht der Immersionsflüssigkeit mitphotographieren will. Auch WOOD[242] teilt gelegentlich mit, daß er mit nur 8 cm^3 auskommen könne. Einen merklichen Fortschritt in dieser Richtung scheint aber doch erst die von DADIEU[368] ausgedachte „Kleinapparatur" zu bringen, in welcher ohne Lichtverlust Ramanspektren mit voller Sauberkeit bei Substanzmengen von nur 2,5 cm^3 erzielt werden. Kürzlich gelangen einwandfreie Aufnahmen an nur 1,3 cm^3 Flüssigkeit.

Wesentlich dabei ist, daß das Beobachtungsrohr außen nicht vom Kühlwasser direkt umspült wird, sondern daß zwischen dem innersten und dem nächsten Rohr ein Luftmantel belassen wird; denkt man sich die Linse des Kollimatorrohres leuchtend, so würden die von der Linse ausgehenden Strahlen nach Passieren des Spaltes und nach Eintritt in die Versuchsflüssigkeit dieselbe seitlich nicht mehr verlassen können, da sie infolge des streifenden Einfalles auf die Trennungsschicht Glas → Luftmantel durch Totalreflexion wieder in die Versuchsflüssigkeit zurückgelenkt werden. Man hat also trotz des zu engen Rohres weder Lichtverlust noch (wegen der Totalreflexion an der Außenseite des Luftmantels) Störung durch direktes Primärlicht zu fürchten. Abb. 13 zeigt ein derartiges Versuchsrohr im Querschnitt. Das innerste der drei Rohre mit einer lichten Weite von 0,6 cm und Länge von 8 cm besitzt ein Ansatzrohr zum Einfüllen der Flüssigkeit und an den Stirnflächen säurefest angekittete Planfenster. Mit Hilfe einer an den Rohrenden umwickelten Lage starken schwarzen Papiers wird es zentrisch zum zweiten, 1 mm weiteren Rohr gehalten; zwischen beiden bleibt so ein dünner Luftmantel bestehen. Koaxial folgen nach außen die beiden anderen, als Filtermantel und Wassermantel bezeichneten Rohre, die mit gut passenden Gummiringen* aufgesetzt und abgedichtet sind. Das zweite Rohr von innen wird gegebenenfalls mit einer passenden Filterflüssigkeit beschickt, das äußerste Rohr mit fließendem Wasser; die zugehörigen Zuleitungen sind durch die Gummidichtungen an den Stirnseiten hindurchgeführt. Die an der Rückseite des Beobachtungsrohres vorgesehene Lochblende dient zur Zentrierung; übergreifende Rohrblenden verhindern den Eintritt von Nebenlicht in den Spektrographenspalt. Das ganze Rohrsystem ist ebenso wie in Abb. 12 in den elliptischen Spiegel so eingebaut, daß seine Achse in die eine Brennlinie fällt. Die Höhe des Spektrographenspaltes wird entsprechend reduziert.

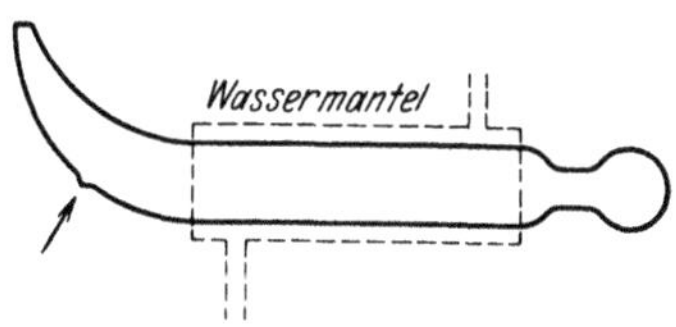

Abb. 14. WOODsche Form des Beobachtungsgefäßes (nach RAO[306]).

An Stelle der in den letzten beiden Anordnungen beschriebenen Versuchsröhren mit planen Stirnflächen wird von vielen Beobachtern die von WOOD vorgeschlagene Rohrform vorgezogen, die in Abb. 14 nach einer von RAO[306] angegebenen Spezialausführung skizziert ist. Dabei wird das rückwärtige Ende zur Vermeidung von Reflexionen schief aufwärts gebogen, bei a mit einer angeschmolzenen Glasperle versehen, die bei Beleuchtung von rückwärts als anzuvisierender Lichtpunkt für die Justierung dient,

* Über die Technik solcher Gummibearbeitungen vgl. WOOD[45].

und im übrigen geschwärzt. Das dem Spektrographen zugekehrte Ende ist flach oder wie in Abb. 14 kugelförmig aufgeblasen und bildet in letzterem Falle eine Art Sammellinse zur Beleuchtung des Spaltes. Während im Institut des Verfassers mit planen Stirnflächen und mit (im allgemeinen) Vermeidung von Zwischenoptik zur Beleuchtung des Spaltes die besten Erfahrungen gemacht wurden (bei rund 500 Aufnahmen), ziehen andere Autoren es vor, Beleuchtungslinsen vor dem Spalt zu verwenden.

Wie bereits erwähnt, kann die Temperatur der Versuchssubstanz durch Erhöhung der Temperatur des „Kühlwassers" auf etwa 85° hinaufgetrieben werden. PETRIKALN-HOCHBERG[202] geben eine Apparatur an, in der durch periodisch zirkulierende heiße konzentrierte Schwefelsäure die Temperatur bis etwa 280° getrieben werden kann. DADIEU erreicht durch elektrische Heizung (an den Rohrenden dichte, in der dem Licht exponierten Rohrmitte ganz lockere Wicklung des Heizdrahtes) in den in Abb. 12 und 13 beschriebenen Anordnungen bis 200°, was jedenfalls nicht die obere Grenze des mit dieser einfachen Anordnung Erreichbaren darstellt. Auch DAURE[200] erwähnt, daß er durch elektrische Heizung der „Immersionsflüssigkeit" (s. oben; in diesem Fall Paraffinöl) die Beobachtungstemperatur auf 120° getrieben habe.

Eine lichtstarke Anordnung beschreibt ferner BÄR[186] (Abänderungen bei BÄR[151], ZAHRADNICEK-VLACH[218]). Mit Hilfe zweier Linsen (vgl. Abb. 15) wird ein Bild des Hg-Bogens an der Stelle B eines vorn trichterförmig erweiterten, rückwärts spitz und aufwärts zulaufenden Rohres von etwa 1 m Länge entworfen. Das vom Rohrinhalt nach rückwärts gestreute Licht wird von einem kleinen Hohlspiegel in den Spektrographen gelenkt. Das Rohr ist so weit, daß das Bild B' eben noch Platz im Innern hat; das hineinprojizierte Licht, von dem nur ein kleiner Teil von der Rückseite des Spiegels, der sich noch im breiten Teil des Strahlenbüschels befindet, abgefangen wird, kann das Rohr seitlich wegen Totalreflexion nicht verlassen. Expositionszeiten gibt BÄR nicht an; jedenfalls erfordert die Apparatur große Substanzmengen.

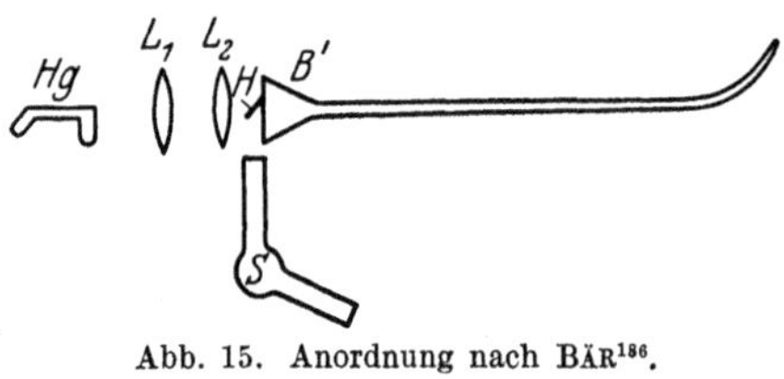

Abb. 15. Anordnung nach BÄR[186].

§ 16. Versuchsanordnung für große Krystalle.

Bei hinreichend großen und klaren Stücken kann der Krystall einfach knapp vor den Spalt gestellt und von der Seite her kräftig beleuchtet werden. Für genauere Zwecke, bei denen z. B. zwecks photometrischer Vergleiche alles nicht im Innern des Krystalles gestreute Licht auf das sorgfältigste vom Eintritt in den Spektrographen abgehalten werden muß, mögen die schon zur quantitativen Messung des Tyndalleffektes ausgearbeiteten Apparaturen mit Vorteil anzuwenden sein. Ein Beispiel gibt Abb. 16, in der die von LANDSBERG-MANDELSTAM[29] verwendete Apparatur abgebildet ist. Die Lichtquelle Q bzw. das von ihr beleuchtete Diaphragma AB wird durch die Linsen $L_1 L_2$ im Innern des Krystalles abgebildet; der Krystall befindet sich in einer lichtdichten Kammer G; die Ansatzrohre $R_1 R_2$ bilden den Hintergrund und verhindern, daß falsches Licht in die Beobachtungsrichtung gelangt. Mittels einer Linse L_3 wird ein scharfes Bild des durch das Streulicht beleuchteten Diaphragmas D_2 auf dem Spektrographenspalt Sp entworfen. Die Justierung erfolgt mit Hilfe eines an die Stelle des Krystalls gesetzten und analog beleuchteten fluorescierenden Uranglaswürfels.

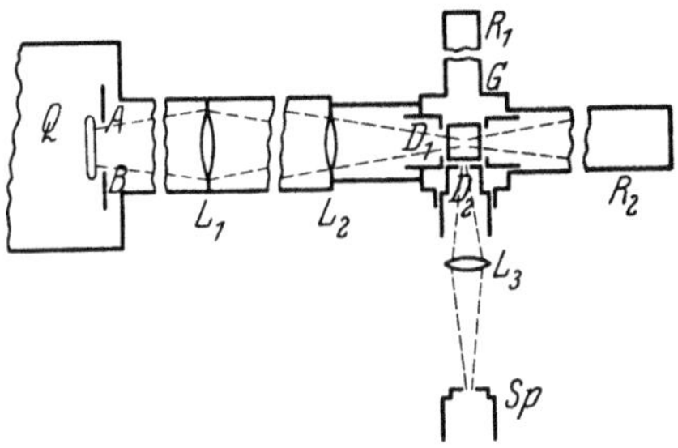

Abb. 16. Versuchsanordnung für große Krystalle nach LANDSBERG-MANDELSTAM[29].

§ 17. Die Krystallpulvermethode.

Den Übergang zwischen der Beobachtung an großen Krystallen und der an Krystallpulver bildet die Beobachtung an einzelnen kleineren Krystallstücken, wobei die störenden Reflexionen an den nicht außerhalb des spektroskopischen Gesichtsfeldes liegenden Oberflächen durch Einbetten in eine Flüssigkeit mit nahe gleichem Brechungsexponenten verringert und dadurch der Eintritt des Lichtes in den Krystall erleichtert und der Volumeffekt der Streuung auf Kosten des Oberflächeneffektes der Reflexion verstärkt wird. Diesen in der Optik bekannten Kunstgriff (M. TÖPLER, CHRISTIANSEN, S. EXNER) scheint für die vorliegenden Zwecke als erster K. S. KRISHNAN[79] angewendet zu haben; von GERLACH[224, 249, 252] wurde er zur Beobachtung an Krystallpulver verwendet. MENZIES[184] und BÄR[192] andererseits gingen dann über zur Verwendung von Krystallpulver ohne optisches Füllmittel, eine Methodik, die insbesondere von KRISHNAMURTI in seinen wertvollen Arbeiten (vgl. [248, 255, 281, 295, 297, 312, 329, 336, 349, 350]) benutzt wurde.

Suspendiert man das Krystallpulver in einer Flüssigkeit von nahe (nicht genau) gleichem Brechungsindex, so hat man es, wie GERLACH[249] sich ausdrückt, mit einem trüben Medium zu tun, das eine sehr geeignete Versuchsanordnung zur Untersuchung des S.R.E. darstellt. Allerdings erhält man dabei nicht nur die verschobenen Streulinien des Krystalls, sondern auch die der Flüssigkeit, was unter ungünstigen Umständen wegen gegenseitiger Überdeckung mißlich werden kann, außer man wiederholt den Versuch mit verschiedenen Füllflüssigkeiten. GERLACH verwendete meist Benzol oder Aceton, deren Ramanfrequenzen gut bekannt sind, oder ein Gemisch beider.

Wegen der im allgemeinen verschiedenen Dispersion von Flüssigkeit und Suspendiertem wird aber Primärlicht verschiedener Wellenlänge nicht die gleiche Fähigkeit haben, in die Krystalle einzutreten; daher wird bei solchen Versuchen nicht erwartet werden können, daß die Abhängigkeit der Intensität der Streustrahlung von der Wellenlänge des erregenden Lichtes ungestört bleibt. Aus dem gleichen Grunde wäre es möglich, daß die aus tieferen Schichten kommende Streustrahlung auf ihrem Weg zum Spektrographen eine von der Wellenlänge abhängige Schwächung, z. B. durch Reflexion an den Krystallen, erfährt, die zu einer geänderten Intensitätsverteilung der Linien des Ramanspektrums führen könnte. Die sehr einfachen Anordnungen sind in Abb. 17 dargestellt. In *a* ist *R* ein die Suspension enthaltendes Reagensglas, das knapp vor dem Spalt des Kollimators angebracht ist; das Licht der Hg-Lampe wird mit einem Kondensor in *R* konzentriert. In *b* ist *C* eine für die Suspension bestimmte, 1 bis 5 mm dicke Cuvette, an die die vertikal gestellte Hg-Lampe möglichst nahe herangeschoben wird; in *c* sind Beleuchtungs- und Beobachtungsrichtung um 90° gegeneinander verdreht. In den beiden letzteren Fällen bedeuten F_1 und F_2 Filter, von denen F_1 undurchsichtig ist für den Spektralbereich, in welchem die gesuchten Streulinien liegen, während F_2 den letztgenannten Spektralbereich durchläßt und undurchsichtig sein soll für das erregende Quecksilberlicht. GERLACH betont die große Lichtstärke dieser Anordnungen, für die man mit wenigen cm^3 Flüssigkeit auskommt.

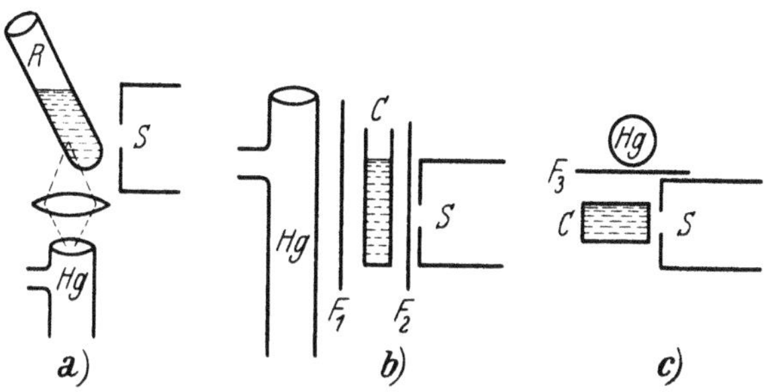

Abb. 17. GERLACHS[249] Versuchsanordnungen für Krystallpulversuspensionen.

Für Versuche mit trockenem Krystallpulver verwendet KRISHNAMURTI[248] ein Gefäß, das der kurzen Beschreibung nach zu schließen die in Abb. 18 dargestellte Form hat: Ein Trog, dessen viereckige Seitenwände innen versilbert werden, dessen dreieckige Rückwand geschwärzt, dessen Vorderwand durchsichtig ist; Volumen etwa 60 cm^3. Die Lichtquelle (Hg- oder Cd-Bogen) wird von oben her möglichst nahe an den Trog herangeschoben; die Breite der oberen freien Fläche ermöglicht es, mehrere Lampen nebeneinander zu verwenden und die Lichtstärke hoch zu treiben. Das in der Richtung des Pfeiles austretende Licht wird durch Linsen auf den Kollimatorspalt konzentriert. Die notwendigen Expositionszeiten betragen $^1/_2$ bis 1 Stunde. Bei dieser Beobachtungsmethode wird aber infolge der vielen Reflexionen die Intensität der Primärlinien und mit ihnen auch das kontinuierliche Spektrum der Hg-Lampe unter Umständen sehr stark; daher wird erstens durch einen Ventilator der Hg-Brenner möglichst kühl gehalten, und zweitens kann eine konzentrierte Didymchloridlösung, die im Gebiet des kontinuierlichen Hg-Spektrums absorbiert, zwischen Trog und Hg-Lampe eingeschaltet werden.

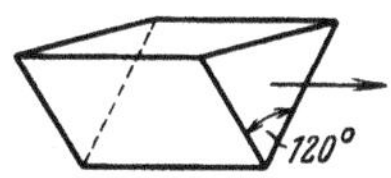

Abb. 18. KRISHNAMURTIS[248] Versuchsgefäß für trockenes Krystallpulver.

3. Vorbereitung der Versuchssubstanzen.

§ 18. Die zur Untersuchung gelangenden Substanzen, auch die käuflich „reinsten“, müssen im allgemeinen einer Vorbehandlung unterzogen werden. Sie müssen von gröberen Verunreinigungen (suspendierten Teilchen) befreit werden, andernfalls würde die klassische Streuung sehr stark werden. An sich ist diese vermehrte Tyndallstreuung gewöhnlich nicht grundsätzlich störend, außer es werden Intensitätsmessungen gemacht und dabei die Grundlinien als Bezugslinien verwendet. Aber die Störung kann insofern lästig werden, als der kontinuierliche Untergrund, den die meist benutzte Hg-Lampe schon primär liefert, auch im Streuspektrum so stark wird, daß er die gesuchten verschobenen Linien zum Teil verdeckt. Durch die auch aus anderen Gründen (vgl. weiter unten) geforderte vorherige sorgfältige Destillation der Substanz wird wohl in den meisten Fällen die gewünschte „optische Leere“ erzielt werden; gegebenenfalls kann Zentrifugieren nützlich sein.

Ferner soll die Substanz chemisch definiert sein; die üblichen chemischen Verunreinigungen (Homologe usw.) bis zu einer Höhe von etwa 0,3 bis 0,5% üben jedoch kaum einen Einfluß auf die Qualität der Ramanspektren aus, da die Intensität der zugehörigen Ramanlinien bei den normalen Belichtungszeiten den Schwellenwert der photographischen Platte meist nicht erreichen wird. Daher genügt als Kriterium für die chemische Reinheit in der überwiegenden Zahl der Fälle die Kontrolle des Siede- oder Schmelzpunktes. Nur in besonderen Fällen (z. B. bei Trennung geometrisch Isomerer oder bei anderen Spezialfragen) wird die Bestimmung des Brechungsexponenten notwendig. Sehr gut hat sich in einigen solchen Fällen im Laboratorium des Verfassers die EMICHsche Schlierenmethode* durch ihre Einfachheit und Empfindlichkeit bewährt. Bezüglich der Reinigung kann auf die üblichen chemischen Verfahren verwiesen werden.

In der Hauptsache aber handelt es sich bei der Vorbehandlung um die, selbst in den reinsten im Handel erhältlichen Substanzen vorkommenden, geringen Beimengungen von fluorescenten Verunreinigungen. Ihre Gegenwart ist für die Ramanaufnahme aus zwei Gründen sehr unangenehm; erstens verursachen sie im

* EMICH, F., Wien. Ber. IIb **137**, 745, 1928; **138**, 312, 1929.

Streuspektrum einen kontinuierlichen Untergrund, auf dem die verschobenen Linien schlecht, unter Umständen gar nicht sichtbar werden; zweitens gehen anscheinend die bei manchen Körpern unter dem Einfluß der langen und intensiven Beleuchtung eintretenden Veränderungen (Verfärbung, Trübung, Polymerisation usw.) viel rascher vor sich bei Anwesenheit dieser, die photochemischen Prozesse offenbar katalysierenden Fremdkörper.

Die diese Mißstände verursachenden Stoffe können nach den Erfahrungen, die im Laboratorium des Verfassers gemacht wurden, gewöhnlich durch vorsichtiges Destillieren mehr oder weniger entfernt werden. Sorgfältigst sind aber dabei Möglichkeiten zu vermeiden, bei denen die Substanz mit Kork oder Gummi in Berührung kommen kann. Die beim Auslaugen von Kork oder Gummi erhaltenen Produkte sind immer fluorescent, und es ist nicht unwahrscheinlich, daß die schwache Fluorescenz der käuflichen Verbindungen teilweise auf diese Ursache zurückzuführen ist. Man hat daher streng darauf zu achten, daß die heißen Dämpfe der Substanz nicht mit solchen Dichtungen der Destillationsapparatur in Berührung kommen, an ihnen vorbeistreichen oder kondensieren können.

Am besten verwendet man daher Schliffapparaturen, doch sind sie bei starkem Betrieb wegen ihrer Gebrechlichkeit kostspielig. Man kann sich einen billigeren Ersatz verschaffen, wenn man an Stelle der Schliffe die Hälse der benutzten Kolben so lang auszieht, daß das Thermometer bzw. das Capillarrohr z. B. beim Claisenkolben gerade in das Lumen paßt; dort dichtet man durch ein außen aufgezogenes Stück Gummischlauches (Abb. 19, *S*). Die Ansatzrohre der Kolben werden so lang gemacht, daß der Kühler direkt aufgezogen werden kann; sie werden vom Kolben weg auf etwa 4 cm ansteigend und erst dann in stumpfem Winkel nach abwärts geführt, um jedes Überspritzen der siedenden Flüssigkeit zu vermeiden.

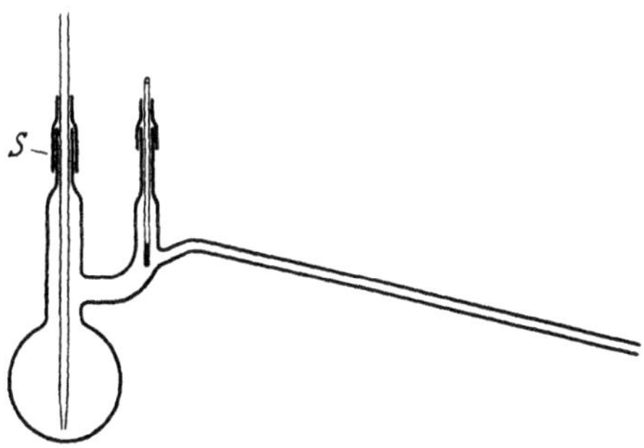

Abb. 19. Destillationsapparatur.

In besonderen Fällen hat sich ein von DAURE[200] angewendetes Destillationsverfahren bewährt, bei dem das Sieden der Flüssigkeit überhaupt vermieden wird und die Destillation in die tief gekühlte Vorlage nur durch Dampfdruckunterschied erreicht wird (Abb. 20). Das Beobachtungsrohr A ist an den Hals eines Kolbens B angeschmolzen, in den man die zu untersuchende Flüssigkeit, die vorher durch gewöhnliche Destillation gereinigt wurde, einfüllt. Durch Sieden unter Vakuum werden nun alle fremden Gase aus der Apparatur entfernt und dann wird die Verengung C abgeschmolzen. Dann wird A in eine Kältemischung gebracht, wodurch sich die Dämpfe dort kondensieren; man bringt nun die Flüssigkeit nach B zurück und wiederholt das Verfahren einigemal, um A gründlich auszuspülen. Schließlich wird bei D abgeschmolzen. — Ähnliche Verfahren findet man in der Literatur über die quantitativen Intensitätsmessungen an der klassischen Streustrahlung, wobei es sich um die Erreichung des höchsten Grades mechanischer Reinheit handelt.

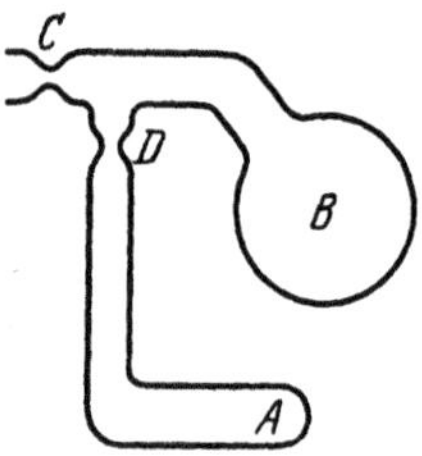

Abb. 20. DAURES Destillationskolben.

Dem Destillieren ist das Sublimieren mindestens gleichwertig und jedenfalls dem Umkrystallisieren weitaus vorzuziehen; letzteres ist von allen Reinigungsverfahren, die auf die Entfernung fluorescenter Beimengungen abzielen, das unwirksamste. Eine Kontrolle auf Fluorescenzfähigkeit der Substanz gibt nur das Streuspektrum selbst.

4. Die Verwertung der Aufnahme.

§ 19. Die Bestimmung der Wellenlängen oder Wellenzahlen.

Die Ausmessung der Platte erfolgt üblicherweise mit dem Meßmikroskop, das bei allen optischen Firmen in Spezialausführung für die Ausmessung von Spektralaufnahmen erhältlich ist. Schwache Linien, die wohl mit dem freien Auge oder mit der Lupe noch erkennbar sind, unter dem Mikroskop aber leicht übersehen werden, sollen vorher irgendwie angezeichnet werden. In manchen Fällen erfolgt die Einstellung leichter, wenn man durch Abdecken des Mikroskopspiegels mit der Hand nur das schräg von oben auf die Platte einfallende Licht verwendet, wobei die fragliche Linie unter Umständen hell auf dunklem Untergrund erscheint. Vielleicht kann man sich in solchen Fällen auch mit Erfolg solcher Kunstgriffe bedienen, wie sie z. B. kürzlich von OLDENBERG*, LINNICK** und von BÄCKLIN*** beschrieben wurden.

Bei scharfen Linien kann man leicht eine auf 0,002 mm reproduzierbare Einstellung der Meßschraube erzielen. Bei der Mehrzahl der verschobenen Linien, die gewöhnlich diffusen Charakter haben, ist die Einstellgenauigkeit nur etwa 0,008, in Fällen, wo die Linie breit und bandartig ist, noch merklich schlechter. Diese Ablesegenauigkeit hat man zu berücksichtigen bei der Wahl des Vorganges für die Zurückführung auf Wellenlängen bzw. Wellenzahlen, wobei gleich bemerkt werden möge, daß die direkte Bestimmung der Wellenzahlen viel Umrechnung und Gelegenheit zu Rechenfehlern erspart. Fraglos ist es der exakteste Vorgang, wenn außer dem Streuspektrum auch ein Linienspektrum bekannter Provenienz auf der Platte vorhanden ist und die auszumessenden Streulinien an diese Standardlinien „angehängt" werden können. Liegen diese eng genug beisammen, so wird es wohl immer hinreichen, wenn man die Frequenz der dazwischenliegenden Streulinie linear interpoliert. Genauer natürlich, wenn auch viel umständlicher, ist die bekannte HARTMANNsche Interpolationsformel, für die ein Gegenstück zum Rechnen mit Wellenzahlen von RUSSELL-SHENSTONE† angegeben wurde. Auch Mechanismen zur Übertragung der Ablesung auf Wellenzahlen werden angegeben (vgl. z. B. GRASSMANN ††).

Mit Rücksicht auf die im Verhältnis zu sonstigen spektroskopischen Aufnahmen meist geringe Schärfe der verschobenen Streulinien wird es jedoch im allgemeinen hinreichen und die Rechenarbeit wesentlich vereinfachen, wenn als Standardlinien die auf den Aufnahmen unverschoben erscheinenden Quecksilberlinien selbst verwendet werden. Man riskiert auch nicht, daß eine mit viel Aufwand an Mühe und Zeit gewonnene Ramanaufnahme,

---

* OLDENBERG, O., Z. f. Phys. **58**, 722, 1929.

** LINNIK, W., Z. f. Phys. **61**, 700, 1930.

*** BÄCKLIN, E., Rev. of scient. Instr. **1**, 662, 1930.

† RUSSELL, H. N., A. G. SHENSTONE, J. O. S. A. **16**, 298, 1928; vgl. aber auch F. HOFFMANN, Phys. Z. **30**, 238, 1929.

†† P. GRASSMANN. Phys. Z. **32**, 148, 1931.

die vielleicht wegen inzwischen eingetretener Substanzveränderung überhaupt nicht wiederholbar ist, durch irgend ein Versehen bei der Aufnahme des Vergleichsspektrums unbrauchbar wird. Außerdem spielt bei umfangreichen Versuchsreihen die für die Berechnung aufzuwendende Zeit eine große Rolle, und ihre tunlichste Abkürzung ist eine Frage von Bedeutung*. Als Hg-Standard-Linien wählt man natürlich solche, die nicht wegen zu großer Intensität infolge der Überexposition so verbreitert sind, daß die Einstellung erschwert oder unmöglich wird. An Stelle einer Interpolation tritt dann eine Eichkurve, aus der man entnehmen kann, mit welchem Faktor die in Millimeter ausgemessene Differenz zwischen Standardlinie und verschobener Linie zu multiplizieren ist, damit das Produkt die zugehörige Frequenzdifferenz ergibt. Zur Zeitersparnis ist das Verfahren so anzulegen, daß alle Zahlenrechnungen noch mit dem Rechenschieber ausgeführt werden können. Oder endlich, man legt eine Eichkurve an, die die Frequenzen direkt abzulesen gestattet, wenn die Ablesungen am Meßmikroskop gegeben sind; in letzterem Fall benötigt man Eichkurven von etwas unbequemen Dimensionen. Die Dispersion muß auf allen Aufnahmen die gleiche sein.

§ 20. Der Zuordnungsvorgang.

Sind die Wellenzahlen der Streulinien gegeben, dann ist die *Zuordnung* durchzuführen, d. h. es ist rechnerisch zu ermitteln, welche Primärlinie als Erregerlinie für die verschobenen Streulinien anzusehen ist. Der Vollständigkeit halber sei dieser Vorgang an einem Beispiel demonstriert. In Tabelle 3 ist die Durchrechnung der Aufnahme von Trimethylamin, einer Substanz, die relativ wenig Streulinien ergab, durchgeführt. Die 9 Spalten enthalten der Reihe nach: 1. Eine Nummer für die Streulinie, 2. ihre Intensität und Breite (Schätzung), 3. die berechnete Wellenzahl ν in cm^{-1}, 4. bis 8. die Frequenzdifferenzen zwischen den als anregend in Betracht kommenden Hg-Linien (vgl. Tab. 2, S. 19) und den Streulinien, 9. die gewählte Zuordnung. Bei der Wahl in der Zuordnung geht man etwa so vor, daß man zuerst die intensiven Linien heraussucht, etwa Nr. 1, 5, 6, 10, 12, und nach-

* Nach dem im Grazer Institut verwendeten Verfahren benötigt man zur Auswertung und Zuordnung selbst eines linienreichen Streuspektrums bei einiger Übung nicht mehr als $1-1^1/_2$ Stunden.

Tabelle 3. Beispiel für den Zuordnungsvorgang (Trimethylamin).

Nr.	J	ν	Frequenzdifferenzen					Zuordnung
			$k-\nu$	$i-\nu$	$q-\nu$	$p-\nu$	$o-\nu$	
1	4*b*	24620	85		**2768**	2733	2673	q—2768
2	2*b*	24580	125		2808	**2773**	2713	p—2773
3	2*b*	24568	137		**2820**	2785	2725	q—2820
	Hg*i*	24516						
4	0?	24480	225	36	2908	2873	**2813**	o—2813
5	3	24444	261	72	**2944**	2909	2849	q—2944
6	3*b*	24408	297	108	**2980**	**2945**	2885	p—2945, q—2980
7	1	23877	**828**	639				k—828
8	$^1/_2$	23523	**1182**	993				k—1182
	Hg*g*	23039			$g-\nu$	$f-\nu$	$e-\nu$	
9	1	22113	2592	2403	926	882	**825**	e—825
10	3	21937	**2768**	2579	1102	1058	1001	k—2768
11	2	21893	**2812**	2623	1146	1102	1045	k—2812
12	2*b*	21768	**2937**	2748	1271	1227	**1170**	k—2937, e—1170
13	0?	21499	3206	3017	1540	1496	**1439**	e—1439?
	Hg*d*	20336						
14	5*b*	20154			2885	2841	**2784**	Hg; e—2784
15	2	19992			3047	3003	**2946**	e—2946
16	$^1/_4$	19964			3075	3031	**2974**	e—2974

$\Delta\nu$ 826 (1); (1182) ($^1/_2$); (1439) (0); 2770 (3*b*); 2815 (2), 2942 (3*b*), 2977 (1*b*)

sieht, ob Differenzen gleicher Größe in den Spalten 4 bis 8 stehen. In der Tat stimmen Nr. 1 und Nr. 10 zusammen (die ausgewählten Differenzen sind fett gedruckt); dieselbe Frequenzdifferenz 2768 kommt aber noch vor bei der schwächeren Linie Nr. 2 und bei der sehr starken Linie Nr. 14, in letzterem Fall allerdings mit dem Wert 2784. Nun ist aber $\nu = 20154$ die Frequenz einer scharfen unverschoben gestreuten Hg-Linie; ihre auf der Aufnahme bemerkbare Verbreiterung ist ein Zeichen dafür, daß eine verschobene Linie überlagert ist; der Wert für die Frequenzdifferenz ist daher gefälscht und darf zur Mittelbildung nicht herangezogen werden. In dieser Art vorgehend, immer gleiche Frequenzdifferenzen bei einigermaßen äquivalenter Intensität suchend, ist es im allgemeinen nicht schwer, die Zuordnung durchzuführen. In dem vorliegendem Beispiel treten zwei Schwierigkeiten auf. Erstens kann die Linie 8 kaum anders als durch $k-1182$ erklärt werden; die korrespondierende Linie $e-1170$ fällt aber zusammen mit der zu $k-2937$ gehörigen Linie 12. Auch hier darf 1170 daher nicht zur Mittelbildung herangezogen werden und gibt auch keine wesentliche Stütze für die Existenz der Linie 1182; ähnlich hat die mit $e - 1439$ erklärte fragliche und schwache Linie kein Analogon bei der k-Erregung. Es ist Geschmacksache, ob man die Linie 13 unzugeordnet läßt oder sie zuordnet und diese Zuordnung irgendwie als eine fragliche bezeichnet. Hier wurde der letztere Vorgang gewählt und in den am Schluß der Tabelle durch Mittelbildung aus Spalte 9 abgeleiteten endgültigen Werte der Ramanfrequenzen durch Einklammern die Unsicherheit der Zuordnung angedeutet.

Für die Richtigkeit der Zuordnung gibt es eine Anzahl von Kontrollen:

1. Die Ähnlichkeit der zusammengehörigen Linien in bezug auf Breite, Verwaschenheit, Unsymmetrie, Intensität.

2. Die Wirkung einer Filterung der Primärstrahlung: wenn z. B. derart gefiltert wird, daß die Primärlinien mit $\lambda < 4339$ stark geschwächt oder ganz entfernt werden, so müssen alle jene Streulinien stark geschwächt werden oder verschwinden, die von blauen oder violetten Primärlinien (Hg i, k, m, o, p, q) erregt werden.

3. Polarisationsversuche: Bei der Streuung wird das Primärlicht depolarisiert, und zwar weisen die einzelnen Streulinien einen im allgemeinen verschiedenen Polarisationszustand auf. Der Depolarisationsgrad von Streulinien, die durch dieselbe Verschiebung $\Delta\nu$ entstanden sind, ist jedoch derselbe, sofern nicht durch die Eigenschaften des Spektrographen oder durch Zusammenfallen mit anderen Streulinien oder Primärlinien ein anderer Depolarisationsgrad vorgetäuscht wird.

Liegen keine Filter- oder Polarisationsversuche vor, und ist man nur auf die Gleichheit der Werte von $\Delta\nu$ und auf die Ähnlichkeit der Intensität und des allgemeinen Aussehens angewiesen, so können leicht Irrtümer in der Zuordnung erfolgen. Denn einerseits ist es leider sehr häufig, daß verschobene Linien untereinander oder mit schwachen Hg-Linien zusammenfallen. Z. B. fällt die zur CH-Schwingung gehörige Eigenfrequenz mit der Verschiebung $\Delta\nu = 2930$, wenn von Hg k erregt, in eine Spektralgegend, wo sehr oft eine der Linien des blauen Tripletts einen Trabanten besitzt. Oder es fällt die zur aromatischen CH-Schwingung gehörige Eigenfrequenz mit $\Delta\nu = 3050$, wenn von Hg e erregt, mit der Quecksilberlinie 19890 zusammen. Ein derartiges Zusammenfallen verschiebt den Schwerpunkt der Schwärzung und verursacht eine etwas andere Einstellung, als man ohne das Zusammenfallen bekommen würde; überdies wird Intensität und Charakter der Linien verändert. Eine weitere Schwierigkeit beim Intensitätsvergleich, also bei der Beantwortung der Frage, ob die getroffene Zuordnung auch hinsichtlich der Intensität zu keinem Widerspruch führt, liegt in der spektralen Empfindlichkeitsvariation des Plattenmaterials; fast alle Platten haben im Grün ein Empfindlichkeitsminimum; wie dieses aber beschaffen ist, das variiert nicht nur von Plattensorte zu Plattensorte, sondern leider auch von Emulsion zu Emulsion. — Ähnlich unangenehm für die Intensitätsschätzung ist ein in der Intensität variabler Untergrund, wie er bei fast allen Aufnahmen schon wegen des weiter oben (S. 19) erwähnten kontinuierlichen Hg-Spektrums mehr oder weniger stark auftritt. Es ist also anzuempfehlen, wenn irgend möglich außer der ungefilterten Aufnahme eine solche mit gefiltertem Licht anzustellen. *Nur* homogen anzuregen hat auch seine Nachteile; denn erstens gibt es keine hinreichend starke Lichtquelle, deren Licht *nur* aus einer Linie besteht. Immer werden auch andere schwache Primärlinien, wenn sie auch vielleicht nicht erregend wirken, auf der Platte vorhanden sein. Fallen dann verschobene Linien mit diesen Primärlinien zusammen, dann läßt sich über sie überhaupt keine Aussage machen; während es sehr unwahrscheinlich ist, daß beim Vorhandensein zweier oder mehrerer Erregerlinien alle betreffenden Trabanten mit Primärlinien zusammenfallen. Ferner soll man Intensitätsaussagen nicht nur wegen des oben beschriebenen Zuordnungsvorganges machen, sondern man möchte doch für die Linien des schließlich ermittelten Ramanspektrums wenigstens ungefähr die Intensitätsverhältnisse angeben. Dies wird aber, wenn man nur mit homogener Anregung arbeitet, wegen der spektral variablen Plattenempfindlichkeit sehr erschwert.

Nach Ansicht des Verfassers ist es am empfehlenswertesten, eine Aufnahme mit gefiltertem und eine Aufnahme mit ungefiltertem Licht zu machen, vorausgesetzt, daß letzteres mehrere zur Erregung fähige Linien besitzt, und vorausgesetzt weiter, daß die Substanz die Belichtung mit ungefiltertem Licht verträgt. Man darf auch nicht vergessen, daß die Mehrarbeit, die bei Verwendung einer viellinigen primären Lichtquelle für die Auswertung des Streuspektrums erwächst, auf der anderen Seite eine sehr erwünschte und wohl auch notwendige Kontrolle dafür liefert, daß bei den messenden Manipulationen und bei den Zahlenrechnungen nicht Einstellfehler, Ablesefehler, Schreibfehler usw. unterlaufen, gegen welche Entgleisungen selbst der sorgfältigste Arbeiter kaum gefeit sein dürfte. Solche Fehler aber, natürlich vorausgesetzt, daß sie vereinzelt sind, machen sich sofort durch Herausfallen des betreffenden Resultates aus dem übrigen Zahlenergebnis bemerkbar; oder vorsichtiger gesagt: sie machen sich sicher weit eher bemerkbar, als wenn man es mit einer einzigen erregenden Linie und dem zugehörigen Streuspektrum zu tun hat.

§ 21. Die erreichbare Genauigkeit.

Mit dieser Frage haben sich unter anderen besonders LANGER und MEGGERS[189] eingehend befaßt, die sowohl mit Prismen- als mit Gitterspektrographen und sowohl ohne als mit Vergleichsspektrum arbeiteten. Sie kommen zu dem Ergebnis, daß es bei hinreichender Sorgfalt erreichbar sei, den mittleren Fehler bei der Bestimmung der Wellenlänge einer verschobenen Linie auf etwa 0,1 Å herabzudrücken; 0,1 Å entspricht* bei 3100 Å (also im Ultraviolett) einem Fehler von 1,1 Einheiten in Wellenzahlen, bei 4000 Å (im Violett) 0,6 und bei 5000 Å (im Blaugrün) 0,4 Einheiten der Wellenzahl. Obige Aussage gilt jedoch sicher nur für die verhältnismäßig gut definierten Streulinien, nicht aber für die große Zahl der sehr diffusen und breiten Linien. (Vgl. dazu Tab. 13, S. 91.)

Ohne viel Mühe läßt sich auch ohne Vergleichsspektrum die Frequenz der Ramanlinie selbst als Mittel aus gewöhnlich zwei oder mehr auftretenden Verschiebungen auf $^1/_2$ bis 1 % genau festlegen. Eine Genauigkeit, die für die zunächst anzustrebende Systematik gewiß hinreicht, die aber natürlich nicht hinreicht, wenn gewisse Spezialfragen, wie z. B. die Veränderung der Frequenzen durch äußere Einflüsse, gelöst werden sollen. Es ist in diesem Zusammenhang vielleicht von Interesse, die Angaben verschiedener Autoren für ein und dieselbe Substanz miteinander zu

* $\frac{\Delta\lambda}{\lambda} = \frac{\Delta\nu}{\nu}$.

vergleichen. Die folgende Tabelle 4 enthält die Ergebnisse für eine der häufigst untersuchten Substanzen, für Tetrachlorkohlenstoff. Die Beobachter sind: P. R. = PRINGSHEIM-ROSEN[30]; R. K. = RAMAN-KRISHNAN[37]; De. = DAURE[58]; W. = WOOD[72]; D. K. = DADIEU-KOHLRAUSCH[95, 125]; G. V. = GANESAN-VENKATESWARAN[158]; L. M. = LANGER-MEGGERS[189]; B. V. = BHAGAVANTAM-VENKATESWARAN[232]; R. W. = REYNOLDS-WILLIAMS[234]; B. = BHAGAVANTAM[267]; Do. = DABADGHAO[326]. Hinzugefügt muß werden, daß CCl_4 eine „gutmütige" Substanz mit starken und relativ

Tabelle 4. Ramanfrequenzen in Tetrachlorkohlenstoff.

P. R.	R. K.	De.	W.	D. K.	G. V.	L. M.	B. V.	R. W.	B.	Do.	Mittel
217	219	210	216	216	216	219	216	219	217	218	217 (8)
315	312	310	313	313	313	314	313	309	313	316	313 (8)
458	457	460	457	459	459	459	459	453	459	460	459 (8)
757	768	760	757	758	762	758	762	745	762	760	760 (3)
793	791	790	787	789	791	789	791	796	792	791	791 (3)
1539		1540			1535	1539	1535	1567	1537	1535	1537 (1)

gut definierten Streufrequenzen ist. Zum Vergleich seien weiter in Tabelle 5 die Wellenzahlen für einige im blaugrünen Teil des Spektrums gelegene Streulinien des Benzols angeführt; die Beobachter (W. = WOOD[45]; L. M. = LANGER-MEGGERS[189]; Söd. = SÖDERQVIST[207]; Do. = DABADGHAO[326]) sind bei der Ermittlung

Tabelle 5. Wellenzahlen einiger Streulinien in Benzol.

J	W.	L. M.	Söd.	Do.
4	22331,6	22331,6	22331,4	22332,3
2	22089,6	22088,4	22087,5	22085,1
1	22051,4	22045,0	22046,6	22049,0
2	22010,1	22002,3	22003,3	22002,5
30	21943,9	21945,6	21946,5	21945,1
6		21759,1	21759,5	21758,2
25	21644,6	21643,8	21643,2	21641,7
5	21353,8	21353,3	21353,0	21354,7
2	21329,7	21334,2	21332,7	21330,2

besonders sorgfältig vorgegangen und haben noch die erste Dezimale mit angegeben. Vergleicht man diese Zahlen, so erhält man doch den Eindruck, als ob diese letzte Stelle nicht ganz gerechtfertigt sei, mindestens nicht für die Verwendung als Absolutwert;

nicht einmal bei der zur Intensität $J = 30$ gehörigen Frequenz, die zu einer durch Schärfe und Stärke ausgezeichneten Ramanlinie des Benzols gehört. Diese Linie kommt (Tab. 13) in der Aufnahme von LANGER-MEGGERS 13 mal als verschobene Linie vor und schwankt dabei zwischen den Extremwerten $\Delta\nu = 990{,}9$ und 993,5, während der Mittelwert 992,1 beträgt. Für relative Beobachtungen aber, bei denen für irgendeinen bestimmten Zweck unter Konstanthaltung der Apparatur und des ganzen Verfahrens z. B. die Verschiebung gewisser Linien unter dem Einfluß geänderter Versuchsumstände beobachtet werden soll, ist selbstverständlich die möglichste Genauigkeit anzustreben, Beobachtung und Rechnungsverfahren auf Ermittlung auch der letzten noch erreichbaren Stelle der Wellenzahl anzulegen und diese Stelle im Resultat auch anzugeben.

III. Rotationsfrequenzen im S.R.E.

§ 22. Allgemeines.

Über die für das Auftreten von Rotationsfrequenzen im S.R.E. gültigen Auswahlregeln und Intensitätsverhältnisse lassen sich qualitative Erwartungen aussprechen auch ohne näheres Eingehen in die spezielle und selbst für die einfachsten Fälle schon recht schwierige Theorie. Man hat nur die in den § 2, 3, 5 angedeutete Vorstellung, daß im S.R.E. der Smekalsprung nicht direkt von dem Anfangszustand E_p in den Endzustand E_q, sondern über ein Zwischenniveau E_x erfolge, zu kombinieren mit den Erfahrungen, die bezüglich der Auswahlregel für die in Absorption oder Emission ausgeführten direkten Sprünge gelten.

In einem zweiatomigen Molekül sind im allgemeinen* als *direkte* Übergänge nur solche erlaubt, bei denen sich die Totalimpulsquantenzahl (Rotationsquantenzahl) j um ± 1 ändert. Wenn der Übergang $j \rightarrow j$ also verboten ist, dann fehlt im Rotationsschwingungsspektrum der ultraroten *Absorptions*grundbande

* Trägheitsmoment um die Verbindungslinie der Kerne fast Null. Rotationen um diese Achse würden zur Anregung außerordentlich hohe Energiebeträge benötigen und kommen normalerweise nicht in Betracht. Das Molekül ist ein Rotator (kein Kreisel), Rotations- und Oszillationsbewegung liegen in der gleichen Ebene. Ist der Grundzustand ein Π-Zustand [z. B. im NO-Molekül realisiert], dann sind auch Smekalsprünge mit $\Delta j = \pm 1$ möglich.

(Oszillationssprung von der Quantenzahl $n = 0$ nach $n = 1$ unter gleichzeitiger Änderung von j) der Q-Zweig — „missing line" —, und nur die Linien $R_1 R_2 R_3 \ldots$, entsprechend den Übergängen $E(0, j) \rightarrow E(1, j+1)$, sowie die Linien $P_1 P_2 P_3 \ldots$, entsprechend den Übergängen $E(0, j) \rightarrow E(1, j-1)$, treten rechts und links von der „missing line" als R- und P-Zweig ($\pm$-Zweige) auf. Vgl. hierzu die Veranschaulichung der Verhältnisse durch die Abb. 21 und 22 auf S. 53 und 56. Die gleichen Überlegungen gelten für das reine Rotationsspektrum in Absorption, nur daß hier die Begriffe Q-Zweig und P-Zweig gegenstandslos werden, weil sie keiner Absorption (Vergrößerung der Energie) entsprechen.

Sind, wie in diesem letzteren Fall, Anfangs- und Endzustand *nur* durch Verschiedenheit der Rotationszustände unterschieden, dann folgt für die Frequenz der Absorptionslinien

$$\nu_r = \frac{1}{h}\left[E_{j+1} - E_j\right].$$

Die Energie ist gegeben durch

$$E_j = \frac{h^2}{8\pi^2 J}\left[j(j+1) + \frac{1}{4}\right], \tag{5}$$

wenn J das Trägheitsmoment bedeutet, von dem der Einfachheit halber zunächst Unabhängigkeit von j vorausgesetzt ist. Daraus folgt für die Absorptionslinie

$$\nu_r = B(2j+2) \quad \text{mit} \quad B = \frac{h}{8\pi^2 J}. \tag{6}$$

Beim Smekalsprung im S.R.E. sind aber zwei Sprünge gekoppelt, der von $E_p \rightarrow E_x$ mit dem von $E_x \rightarrow E_q$; für jeden gilt die obige Auswahlregel, daher sind von ein und demselben Anfangsniveau $(E_j)_p$ aus die folgenden drei Endniveaus zu erreichen:

$$
\begin{aligned}
&1. \quad (E_j)_p \rightarrow (E_{j+1})_x \rightarrow (E_{j+2})_q\,,\\
&2. \quad (E_j)_p \rightarrow (E_{j-1})_x \rightarrow (E_{j-2})_q\,,\\
&3. \begin{cases} (E_j)_p \rightarrow (E_{j+1})_x \rightarrow (E_j)_q\,,\\ (E_j)_p \rightarrow (E_{j-1})_x \rightarrow (E_j)_q\,. \end{cases}
\end{aligned}
$$

Daraus folgt: a) Die dem Übergang $j \rightarrow j$ entsprechende Linie muß, gleichgültig, ob sich die Oszillationsquantenzahl n ändert oder nicht (verschobene bzw. unverschobene Linie), auftreten; sie muß sehr stark auftreten, denn erstens führen von jedem Anfangsniveau nach Aussage (3) zwei Wege zum Endniveau mit ungeändertem j, und zweitens ist, solange das Trägheitsmoment nahe konstant bleibt, der Energieunterschied zwischen E_q und E_p derselbe, unabhängig von j; von welchem j aus auch der Sprung begonnen wird, er führt zur selben Streulinie, sei es zur unverschobenen Grundlinie (wenn sich n nicht ändert), sei es zur Ramanlinie (missing line, wenn sich n von 0 auf 1 ändert).

b) Die dem Übergang $j \to j + 2$ entsprechenden Rotationsstreulinien müssen nach (5) mit den Verschiebungen auftreten:

$$(\Delta\nu)_r = \frac{E_q - E_p}{h} = B(4j + 6)\,, \tag{7}$$

(wobei ν noch in $\sec^{-1}$ gemessen ist).

c) Ändert sich das Trägheitsmoment beim Sprung (infolge Änderung des Kernabstandes), dann werden die Formeln (6) und (7) komplizierter; der Q-Zweig ist nicht mehr exakt auf eine Linie reduziert, sondern selbst eine Bande.

Die Zahl der hier in Betracht kommenden Beobachtungen ist, gemessen an der Zahl sonstiger Ramanversuche, eine geringe; der Grund wird wohl darin liegen, daß die experimentelle Technik merklich schwieriger ist. Die Rotationsfrequenzen liegen, selbst bei Molekülen mit kleinem Trägheitsmoment, so nahe an der erregenden Primärlinie, daß deren Überstrahlung und Verbreiterung ein lästiges und schwer vermeidbares Hindernis darstellt. Rotationsfrequenzen in der Umgebung einer Ramanlinie zu erhalten — also das Analogon zum Rotationsschwingungsspektrum — ist deshalb schwierig, weil erstens die Intensität in diesem Fall sehr gering wird, weil außer P- und R-Zweig noch ein Q-Zweig auftreten kann und weil die Auflösung dieser Zweige auch noch durch die Vergrößerung des Trägheitsmomentes infolge des bei der unsymmetrischen Schwingung vergrößerten durchschnittlichen Kernabstandes erschwert wird. Dazu kommt, daß aus naheliegenden Gründen für das Molekül nur im Gaszustand jene Bewegungsfreiheit zu erwarten ist, die das ungestörte Auftreten der Rotationsfrequenzen erhoffen läßt; im Gaszustand aber nimmt die Intensität des Effektes entsprechend der verminderten Dichte mit der Zahl der Moleküle im cm^3 ab, während die unverschobene Tyndallstreuung wegen der gegenüber dem kondensierten Zustand erhöhten Dichteschwankungen erheblich zunimmt und die Überstrahlung der Primärlinie begünstigt. Trotz dieser recht unbequemen Verhältnisse ist es der Geschicklichkeit einiger Experimentatoren gelungen, saubere Rotationsfrequenzen als Kombinationsstreuung zu photographieren. Wenn aber auch die Zahl der brauchbaren Beobachtungen gering ist, so ist die Aussage der wenigen Experimente in physikalischer Hinsicht um so wertvoller und interessanter.

§ 23. Salzsäure HCl.

Zuerst seien die in der theoretischen Auslegung einfacheren Versuchsergebnisse Woods an gasförmigem HCl besprochen, die auch einen Vergleich mit sehr exakten Messungen im Ultrarot zulassen. Die Versuchsanordnung Woods wurde bereits in § 13 beschrieben. Bei den ersten Versuchen[83, 91, 124, 135] wurde das Gas bei Normaldruck in einem 150 cm langen Rohr durch das parallel liegende Leuchtrohr einer Hg-Lampe angeregt; bereits nach 5 Stunden Exposition ergab sich ein brauchbares Ramanspektrum. In

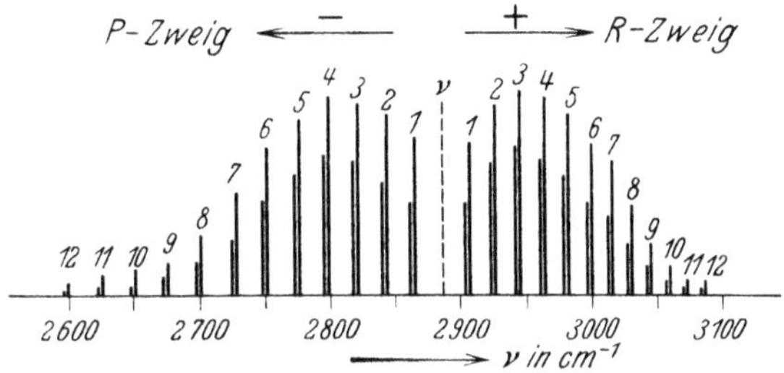

Abb. 21. Rotationsschwingungsspektrum von HCl in ultraroter Absorption. (Meyer-Levin).

diesem zeigte sich erstens eine um $\Delta\lambda = 3{,}465\,\mu$ ($\Delta\nu = 2886\ \mathrm{cm}^{-1}$) verschobene Linie, die genau mit der „missing line", mit dem Zentrum der spektralen Lücke zwischen dem P- und R-Zweig der ultraroten Rotationsschwingungsbanden (Grundbande) zusammenfällt (vgl. Schaefer-Matossi[XV]). Zweitens erschienen neben der erregenden Hg-Linie (Grundlinie) vier nahezu gleichabständige Linien mit den Wellenlängendifferenzen $\Delta\lambda = 43{,}6$, $53{,}9$, $67{,}1$, 90, während im ultraroten Spektrum Maxima der Absorption im Abstand von $44{,}1$, $48{,}5$, $53{,}8$, $60{,}4$, $68{,}9$, $80{,}4$, $96\,\mu$ auftreten, so daß also nur jede zweite dieser Absorptionsstellen sich im Ramanspektrum äußert. Später[327] wurden diese Versuche mit einem lichtstärkeren Spektrographen wiederholt mit folgenden Resultaten: Wieder ergab sich erstens eine um $\Delta\nu = 2886{,}0\ \mathrm{cm}^{-1}$ gegen die Hg-Linie 4047 verschobene Frequenz. Abb. 21 zeigt das von Meyer-Levin*

* Meyer, C. F., A. A. Levin, Phys. Rev. **34**, 44, 1929.

aufgenommene Rotationsschwingungsspektrum der Grundbande ($\Delta n = 1$) von HCl, das einen R-Zweig entsprechend den Rotationsübergängen $j \rightarrow j + 1$ und einen P-Zweig entsprechend den Übergängen $j \rightarrow j - 1$ aufweist, aber keinen Q-Zweig, da die Übergänge $j \rightarrow j$ „verboten“ sind. Aus diesen Messungen berechnet COLBY* die Lage des Bandenzentrums, also die Frequenz des reinen Oszillationssprunges (in Abb. 21 strichliert eingezeichnet), zu 2885,88 cm^{-1} in vorzüglicher Übereinstimmung mit WOODs Messungen im Ramanspektrum. Während also im Ramanspektrum der Q-Zweig vorhanden ist, fehlen P- und R-Zweig; die Erklärung hierfür (vgl. § 72) liegt darin, daß die Häufigkeit von Sprüngen, bei denen sich die Rotationsquantenzahl *nicht* ändert und die alle zur Intensität der *gleichen* um ν_s verschobenen Oszillationsfrequenz beitragen, um eine Größenordnung höher liegt als die Häufigkeit jener Sprünge, die zu den Frequenzen $\nu_s \pm \nu_r$ führen. Daher ist die Intensität des Q-Zweiges wesentlich größer als die des R- und P-Zweiges; um letztere zu erhalten, müßte die um ν_s verschobene Linie ungefähr ebenso stark überexponiert werden, wie die unverschobene Tyndallinie überexponiert werden muß, um das reine Rotationsspektrum zu erhalten. WOOD verweist ferner darauf, daß wegen der Vergrößerung des Trägheitsmomentes infolge des Schwingens der auftretende Q-Zweig die ν_s-Linie gegen Violett hin abschattieren muß, was auch auf der Platte zu sehen sei.

Tabelle 6.
Rotationsfrequenzen im Ramanspektrum des HCl (WOOD).

Ramanspektrum Rotverschiebung		$R-P$	Rotationsspektrum in Absorption		Ramanspektrum Rotverschiebung		$R-P$
Δj	$\Delta\nu$		Δj	ν_r	Δj	$\Delta\nu$	
			$0 \rightarrow 1$	—	$4 \rightarrow 6$	229,4	228,87
			$1 \rightarrow 2$	—	$5 \rightarrow 7$	271,0	270,03
$0 \rightarrow 2$	—	62,69	$2 \rightarrow 3$	—	$6 \rightarrow 8$	312,9	311,23
			$3 \rightarrow 4$	83,03	$7 \rightarrow 9$	353,0	352,23
$1 \rightarrow 3$	101,1	104,29	$4 \rightarrow 5$	104,10	Blauverschiebung		
			$5 \rightarrow 6$	124,30			
$2 \rightarrow 4$	142,7	146,03	$6 \rightarrow 7$	145,03	$4 \rightarrow 2$	143,8	146,03
			$7 \rightarrow 8$	165,57	$5 \rightarrow 3$	183,3	187,45
$3 \rightarrow 5$	187,5	187,45	$8 \rightarrow 9$	185,77	$6 \rightarrow 4$	232,2	228,87
1	2	3	4	5	1	2	3

* COLBY, W. F., Phys. Rev. **34**, 53, 1929.

Weiter wurden in unmittelbarer Umgebung der Grundlinie $\lambda = 4358$ Å Rotationslinien gefunden, und zwar konnten von den rotverschobenen ihrer 7, von den blauverschobenen wegen Überdeckung durch die beiden anderen Linien des blauen Hg-Tripletts nur 3 ausgemessen werden. Die für die Größe der Verschiebung gewonnenen Werte sind in Tabelle 6 eingetragen (Spalte 2). In Gleichung (7), S. 52, wurde unter der Voraussetzung von Konstanz des Trägheitsmomentes J und damit Konstanz von $B = \frac{h}{8\pi^2 J}$ für die im Ramaneffekt auftretenden Verschiebungen der Ausdruck abgeleitet

$$\Delta\nu = B(4j + 6)\,.$$

Unter der gleichen Voraussetzung sind die Frequenzen des ultraroten Absorptionsspektrums nach Gleichung (6) gegeben durch

$$\nu_r = \frac{E_{j+1} - E_j}{h} = B(j+1)(j+1+1) - Bj(j+1) = B(2j+2)\,.$$

Für variierende Anfangszustände $j = 0, 1, 2 \ldots$ wird demnach

im Ramanspektrum:	$B(4j+6) =$	$6B$	$10B$	$14B$	$18B$	$22B$
im Absorptionsspektrum:	$B(2j+2) =$	$2B$	$4B$	$6B$	$8B$	$10B$
für	$j =$	0	1	2	3	4

In dieser ersten Annäherung ergibt sich also, daß der Abstand zweier benachbarter Ramanverschiebungen ($4B$) doppelt so groß ist wie der Abstand zweier benachbarter Absorptionslinien ($2B$) und daß die erste, zweite, dritte usw. Ramanlinie zusammenfällt mit der dritten, fünften, siebenten usw. Absorptionslinie. Das von CZERNY* in Absorption untersuchte Rotationsspektrum ist in Tabelle 6 in Spalte 5 eingetragen bis zur Linie $\Delta j = 8 \rightarrow 9$.

Die obigen Überlegungen gelten aber nur dann, wenn man mit den einfachen Formeln der Gleichung (5) rechnet, bei denen die Änderung des Trägheitsmomentes vernachlässigt wird, die durch die Streckung des Moleküls bei höheren Rotationszuständen bewirkt wird; dabei wird J größer, B kleiner, so daß die Linien zusammenrücken und ihr Abstand mit zunehmendem j abnimmt, wie dies in der Tat aus CZERNYs Messungen zu ersehen ist. Die Übereinstimmung zwischen der 2. und 5. Spalte ist also, worauf WOOD hinweist, nur deshalb zufällig erträglich, weil sich gerade

* CZERNY, M., Z. f. Phys. **34**, 227, 1925; **44**, 235, 1927; **45**, 476, 1927; **53**, 317, 1929.

bei HCl das Trägheitsmoment nur wenig ändert. Eine Übereinstimmung mit den Zahlen des reinen Rotationsspektrums wird aber sofort erreicht, wenn man entsprechend den Aussagen der Abb. 22 den zum Übergang $j \to j+2$ gehörigen Frequenzwert des Ramanspektrums vergleicht mit der Summe der zu den Übergängen $j \to j+1$, $j+1 \to j+2$ gehörigen Frequenzwerte des Rotationsspektrums. (Vgl. Kohlrausch, Bericht XIV.)

Die im Ramanspektrum zu erwartenden $\Delta\nu$-Werte kann man ebenso unabhängig von einer etwaigen J-Änderung erhalten, wenn die R- und P-Zweige des Rotationsschwingungsspektrums so wie in Abb. 21 aufgelöst gegeben sind. Wie aus Abb. 22, in der die Übergänge für die Smekalsprünge einerseits, für die Rotationsschwingungs- und Rotationssprünge in Absorption andererseits eingezeichnet sind, leicht zu entnehmen ist, geben die Differenzen $R_1 - P_2$, $R_2 - P_3$, $R_3 - P_4$ usw. der für die zugehörigen Sprünge aufzuwendenden Energien die Energieänderung im S.R.E., ganz unabhängig davon, ob und wie die Abstände der Energieniveaus durch Änderungen im Trägheitsmoment beeinflußt werden. Dasselbe ließe sich natürlich auch aus den exakteren Formeln für die Rotations- bzw. Rotationsschwingungsfrequenzen ableiten. Die Differenzen $R - P$, für die entsprechenden Linien im R- und P-Zweig, entnommen den Messungen von Meyer-Levin, sind nach dem Vorgange Woods den Ramanfrequenzen gegenübergestellt (Tab. 6) und ergeben sehr gute Übereinstimmung.

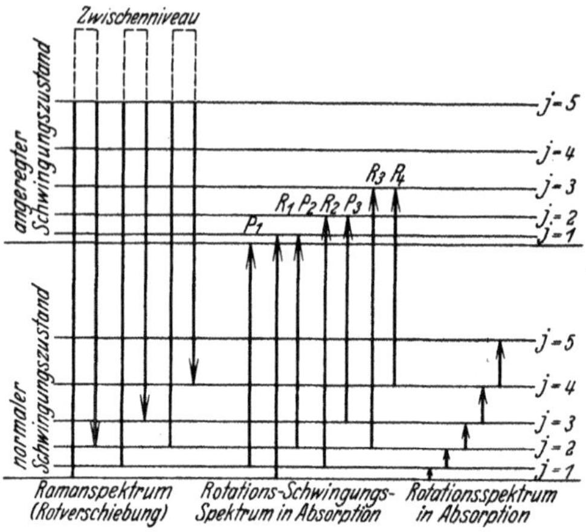

Abb. 22. Die Entstehung von Ramanspektrum, ultrarotem Rotationsschwingungs- und Rotationsspektrum.

§ 24. Wasserstoff, Sauerstoff, Stickstoff (H_2, O_2, N_2).

Die Untersuchung dieser Substanzen beansprucht besonderes Interesse, da sie Beispiele für Moleküle mit gleichen Kernen darstellen, für welche quantenmechanische Überlegungen* eigentümliche Ausfallserscheinungen in der Struktur der Rotationsspektren erwarten lassen. Die Konsequenzen für das Rotations-Ramanspektrum lassen sich leicht übersehen.

Es werde von der Veränderlichkeit des Trägheitsmomentes abgesehen und mit Gleichung (5) bzw., da es stets auf Energieunterschiede ankommt, mit der Formel

$$E_r = h B j (j + 1)$$

für die Energie der Rotationszustände mit den Quantenzahlen $j = 0, 1, 2 \ldots$ gerechnet. Angenommen, es läge irgendeine Ursache vor, die die ungeraden Quantenzahlen $1, 3, 5 \ldots$ begün-

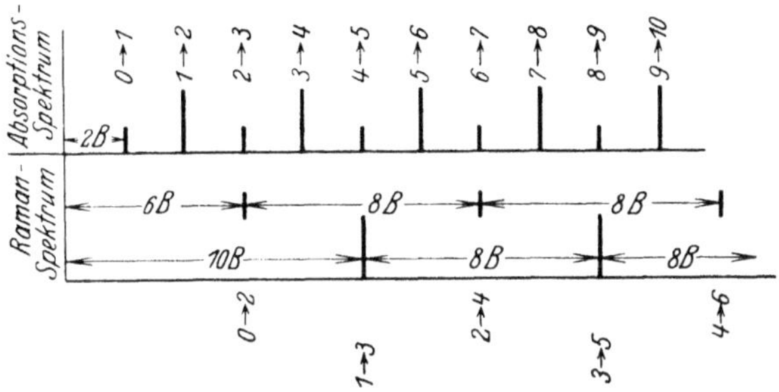

Abb. 23. Rotationszustände verschiedenen Gewichtes im fiktiven Absorptions- und im Ramanspektrum.

stigt, so daß sie bei einer vorgegebenen Temperatur häufiger vorhanden sind als die Zustände mit geraden Quantenzahlen: Dann müßten sich z. B. in ultraroter Absorption** die Übergänge $1 \to 2$, $3 \to 4$, $5 \to 6$ usw. stärker bemerkbar machen als die Übergänge $0 \to 1$, $2 \to 3$, $4 \to 5$ usw.; die ersteren Absorptionslinien würden intensiver sein als die letzteren, und das Absorptionsspektrum gabe Linien abwechselnder Intensität im konstanten Abstand $2B$ mit der Linienfolge $\nu_r = B(2j + 2)$ (vgl. Abb. 23). Im zugehörigen Ramanspektrum, in welchem die Rotationsverschiebung wieder durch $\Delta\nu = B(4j + 6)$ zu rechnen ist, würden die den Übergängen $0 \to 2$, $2 \to 4$, $4 \to 6 \ldots$ entsprechen-

* Hund, F., Z. f. Phys. **40**, 742, 1927; **42**, 93, 1927. — Heisenberg, W., Z. f. Phys. **41**, 239, 1927.

** Vorausgesetzt, daß die Moleküle überhaupt ein ultrarotes Absorptionsspektrum (ohne Elektronensprung) geben, was gerade bei den homöopolaren mangels eines Dipolmomentes nicht der Fall ist.

den Linien, d. i. die erste, dritte Linie schwach und die zweite, vierte Linie stark ausfallen müssen. In Abb. 23 sind diese beiden Liniengruppen übereinander eingezeichnet, wie wenn sie zu verschiedenen Aufnahmen gehörten, und sind ineinandergeschoben zu denken.

Die räumlich getrennte Zeichnung der beiden Liniengruppen wurde gewählt, um zu zeigen, daß im Ramanspektrum auch jene beiden Fälle unterschieden werden können, wo entweder die geraden oder die ungeraden Rotationszustände im Ausgangszustand überhaupt fehlen. (Im Zwischenniveau müssen die jeweils fehlenden Rotationszustände vorhanden sein, andernfalls wären die vorgeschriebenen Smekalsprünge $j \rightarrow j \pm 1$ und $j \pm 1 \rightarrow j \pm 2$, die zu verschobenen Ramanlinien führen, nicht möglich.) Fehlen im Ausgangszustand z. B. die geraden Rotationszustände, dann treten im Ramanspektrum nur die unten gezeichneten Linien entsprechend $1 \rightarrow 3$, $3 \rightarrow 5$ auf; fehlen die ungeraden, dann hat das Ramanspektrum das Aussehen der oberhalb gezeichneten Linienfolge mit den Sprüngen $0 \rightarrow 2$, $2 \rightarrow 4$. Der Unterschied beider Spektren besteht im Verhältnis zwischen dem Abstand einer Linie von der Grundlinie zum Abstand benachbarter Linien. Wie leicht ersichtlich, beträgt der Abstand zweier Nachbarlinien in beiden Fällen $8\,B$. Der Abstand der $m$ten Linie von der Grundlinie beträgt bei Ausfall gerader Rotationszustände: $2B(4m+1)$, bei Ausfall der ungeraden Zustände: $2B(4m-1)$. Das gesuchte Verhältnis ist also:

	alle Rotat.-Zust.	nur gerade Rotat.-Zust.	nur ungerade Rotat.-Zust.
$\dfrac{\text{Abstand}}{\text{Abstandsdifferenz}}$	$= m + \dfrac{1}{2}$	$m - \dfrac{1}{4}$	$m + \dfrac{1}{4}$.

Dies sind Unterschiede, die trotz der relativ geringen spektroskopischen Genauigkeit im S.R.E. festgestellt werden können.

Zum Beispiel hat RASETTI[89, 105, 142, 147, 196, 247] mit der bereits in § 13 beschriebenen Apparatur die Rotationslinien von gasförmigem H_2, N_2, O_2 im Ramanspektrum gemessen. Für *Stickstoff* ergab sich ein Spektrum mit abwechselnden Linienintensitäten; selbst wenn die Linien mit schwächerer Intensität nicht ausmeßbar, sondern nur der Existenz nach feststellbar gewesen wären, hätte sich aus den Lagen der starken Linien (in Abb. 7a, S. 27 angezeichnet) alles Notwendige ablesen lassen. In Tabelle 7

Tabelle 7.
Rotationsfrequenzen von N_2 im Ramanspektrum (RASETTI).

	blauverschoben ←				→ rotverschoben				
$\Delta\nu$ beobachtet	91,8	76,5	59,9	44,0	60,0	76,0	92,1	108,2	124,2
Linienabstände		15,3	16,6	15,9		16,0	16,1	16,1	16,0
Liniennummer m	6	5	4	3	4	5	6	7	8
Zuordnung: $j \to j \pm 2$	$12 \to 10$	$10 \to 8$	$8 \to 6$	$6 \to 4$	$6 \to 8$	$8 \to 10$	$10 \to 12$	$12 \to 14$	$14 \to 16$
$\Delta\nu$ berechnet	92,0	76,0	60,0	44,0	60,0	76,0	92,0	108,0	124,0

sind in der ersten Zeile die gemessenen Verschiebungen $\Delta\nu$ nur dieser intensiven Linien, also die Abstände gegen die ultraviolette Erregerlinie $\nu = 39411{,}1\ \mathrm{cm}^{-1}$ angegeben; in der zweiten Zeile die gegenseitigen Abstände je zweier Nachbarlinien, wofür sich im Mittel 16,0 ergibt. Um die Nummer der Linie zu finden, versucht man, ob sich der halbe Gesamtabstand zweier offenbar zusammengehöriger (nach Rot und Blau verschobenen) Linien durch eine der folgenden Formeln mit ganzzahligem m darstellen läßt:

$$\tfrac{1}{2}(\Delta\nu_1 + \Delta\nu_2) = 16{,}0 \cdot (m + \tfrac{1}{2}) \quad \text{bzw.} = 16{,}0 \cdot (m - \tfrac{1}{4})$$
$$\text{bzw.} = 16{,}0 \cdot (m + \tfrac{1}{4})\,.$$

Man überzeugt sich, wenn man etwa $\Delta\nu_1 = 92{,}1$, $\Delta\nu_2 = 91{,}8$ wählt, leicht, daß nur die mittlere Darstellung in Frage kommt, die $m = 6{,}00$ liefert, während in den beiden anderen Fällen 5,31 bzw. 5,50 resultieren würde. Das heißt, das Spektrum gehört zu Rotationszuständen, bei welchen die geraden Quantenzahlen bevorzugt sind. Nun ist es einfach, in der vierten Zeile die zugehörigen Übergänge anzuschreiben und mit Hilfe des nun bekannten j und des Wertes $8B = 16{,}0$ die $\Delta\nu$-Werte für die letzte Zeile auszurechnen; die Übereinstimmung mit der Beobachtung ist gut. Aus dem genaueren Wert $B = 1{,}992\ \mathrm{cm}^{-1}$ kann man das bisher noch unbekannte Trägheitsmoment des Stickstoffmoleküls N_2 berechnen nach:

$$cB = \frac{h}{8\pi^2 J}\,; \qquad J = 13{,}8 \cdot 10^{-40}\ \mathrm{g\ cm}^2\,.$$

Für gasförmigen *Wasserstoff* H_2 konnte RASETTI[131] zunächst nur eine Rotationslinie entsprechend einer Verschiebung um $\Delta\nu = 583\ \mathrm{cm}^{-1}$ erhalten; mit verbesserter Apparatur gelang es ihm, im reinen Rotationsspektrum 6, im Rotationsschwingungsspektrum 10 Linien aufzunehmen; die ausgemessenen Verschiebungen sind im oberen bzw. unteren Teil der Tabelle 8 unter $\nu_{\text{beob.}}$

Tabelle 8.
Rotations- und Rotationsschwingungsspektrum in H_2 (Rasetti).

		P-Zweig (−)		*Q*-Zweig (0)				*R*-Zweig (+)			
$\Delta n = 0$	$\Delta \nu_{\text{ber.}}$	587,3	354,6	0				354,6	587,3	814,4	1033,
	Δj	$3 \to 1$	$2 \to 0$	[Erregerlinie				$0 \to 2$	$1 \to 3$	$2 \to 4$	$3 \to$
	$\Delta \nu_{\text{beob.}}$	387,3	354,5	$\nu = 39411{,}1\ \text{cm}^{-1}$]				354,1	587,3	814,4	1034,
$\Delta n = 1$	$\Delta \nu_{\text{ber.}}$	3568,9	3807,5	4126,9	4144,5	4156,1	4162,1	4499,1	4714,2	4917,2	5108,
	Δj	$3 \to 1$	$2 \to 0$	$3 \to 3$	$2 \to 2$	$1 \to 1$	$0 \to 0$	$0 \to 2$	$1 \to 3$	$2 \to 4$	$3 \to$
	$\Delta \nu_{\text{beob.}}$	3568,9	3807,4	4126,9	4144,8	4156,0	4162,1	4498,4	4713,3	4917,8	5109,

eingetragen. Die Linienintensitäten wechseln ab; so ist z. B. die zur Verschiebung $\Delta\nu = 587{,}3$ gehörige Rotationslinie im *R*- und *P*-Zweig kräftiger als die weniger verschobene Linie $\Delta\nu = 354{,}6\ \text{cm}^{-1}$; und im *Q*-Zweig des Schwingungsspektrums ist die zu $1 \to 1$ gehörige Linie die intensivste.

Die berechneten Werte von ν wurden von Rasetti aus dem genaueren quantenmechanischen Ausdruck für die Energie im $n$ten Schwingungs- und $j$ten Rotationszustand abgeleitet:

$$\frac{1}{h} E_{n,j} + \text{const} = \omega'_{0,n} + B'\left[1 - \alpha\left(n + \frac{1}{2}\right)\right]\left(j + \frac{1}{2}\right)^2 - 4\,\frac{B_0'^3}{\omega_0^2}\left(j + \frac{1}{2}\right)^4,$$

worin B' der Wert von $B = \frac{h}{8\pi^2 J_0}$ für die Nullschwingung ω_0 ist und mit diesem zusammenhängt durch

$$B = B'\left(1 - \frac{\alpha}{2}\right);$$

weiter ist ω_0 die Schwingungsfrequenz für unendlich kleine Amplitude, und $\omega_{0,1}$ die dem Übergang von $n = 0$ nach $n = 1$ entsprechende Frequenz, die mit $\omega'_{0,1}$ zusammenhängt durch

$$\omega_{0,1} = \omega'_{0,1} - B'\,\frac{\alpha}{4}\,.$$

Hier wird $\omega'_{0,1} = 4162{,}8$, $B' = 60{,}862$, $\alpha = 0{,}0481$; das im letzten Korrektionsglied vorkommende ω_0 wurde mit dem Wert 4415 anderen Beobachtungen entlehnt.

Außer Rasetti haben auch McLennan[82, 134] und seine Mitarbeiter an Wasserstoff beobachtet, und zwar bei niederer Temperatur in verflüssigtem Zustand (über die Versuchsanordnung vgl. § 14). Überraschenderweise ergaben sich auch in diesem Zustand zwei Linien mit $\Delta\nu = 354$ und $588\,cm^{-1}$, die den Übergängen $0 \to 2$ und $1 \to 3$ der Rotationsquantenzahl j zugeordnet wurden; dabei war die Linienintensität für $1 \to 3$ merklich stärker wie die für $0 \to 2$. Auch hier wurde dieser Befund gleich in Zusammenhang gebracht mit der aus quantenmechanischen Überlegungen folgenden Anschauung*, daß man es mit Molekülen in zwei nicht bzw. nur wenig kombinierenden Ausgangszuständen $j = 1$ und $j = 0$ (Ortho- und Para-Wasserstoff) zu tun habe, die in verschiedener Häufigkeit vorhanden seien. Da die Kombinationsfähigkeit beider Zustände für den Fall als ein Kernspin vorhanden ist (vgl. weiter unten), nicht vollkommen verschwindet, so ist, wie auch die Versuche von Bonhoeffer-Harteck** und Eucken-Hiller*** bestätigt haben, mit einer allmählichen Umwandlung der bei tiefen Temperaturen energiereicheren Ortho- in die energieärmere Paraform zu rechnen. Dies konnte McLennan auch mit Hilfe des Ramaneffektes nachweisen, indem die Intensität der zum Übergang $0 \to 2$ gehörigen Linie sich deutlich nach höheren Werten verschob, wenn Aufnahmen an frisch hergestelltem flüssigem H_2 mit solchen an 48 Stunden altem H_2 verglichen wurden.

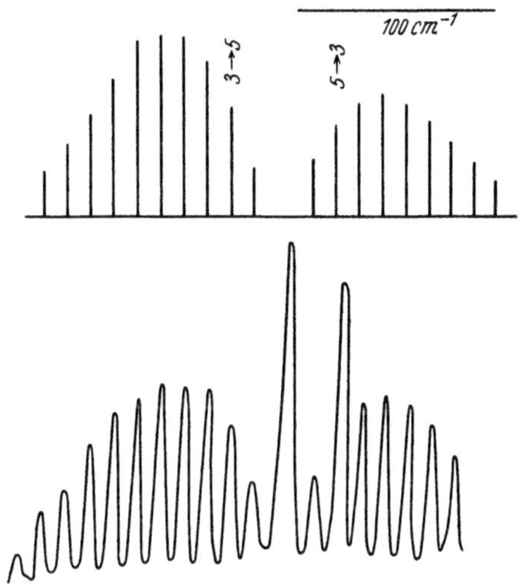

Abb. 24. Beobachtete (unten) und berechnete (oben) Intensitätsverhältnisse im Rotationsstreuspektrum von O_2.

Von den Aufnahmen Rasettis an Sauerstoff O_2 ist eine der letzten [247] in Abb. 7a, S. 27 wiedergegeben; aus der Ausmessung der Linien folgt, daß die Verschiebung der ersten Linie $^5/_4$ der Verschiebungsdifferenz zweier Nachbarlinien beträgt, daß also

* Dennison, D. M., Proc. Roy. Soc. London **115**, 483, 1927.
** Bonhoeffer, K. F., P. Harteck, Z. f. phys. Ch., Abt. B, **4**, 113, 1929.
*** Eucken, A., K. Hiller, Z. f. phys. Ch., Abt. B, **4**, 142, 1929.

nach dem weiter oben angegebenen Kriterium der Fall vorliegt, daß das Verhältnis Abstand/Abstandsdifferenz durch $m + \frac{1}{4}$ (für $m = 1$, daher gleich $^5/_4$) gegeben ist. Somit sind im Grundzustand des Moleküls nur die ungeraden Rotationsquantenzahlen vertreten; für die Konstante B wurde der Wert 1,436 $\pm$ 0,005 abgeleitet, der in guter Übereinstimmung steht mit dem aus den Bandenspektren berechneten Wert 1,439 cm^{-1}.

Die Aufnahmen RASETTIs an O_2 (Abb. 8) wurden von SEGRÈ[377] mit dem Mikrophotometer ausgemessen und der Intensitätsverlauf mit den Forderungen der Theorie verglichen. Die gefundene Übereinstimmung möge an der von SEGRÈ gegebenen Abb. 24 beurteilt werden; im unteren Teil derselben ist die Mikrophotometeraufnahme, im oberen Teil der errechnete Intensitätsverlauf eingezeichnet.

§ 25. Der Kernspin bei zweiatomigen Molekülen mit gleichen Kernen.

Die quantenmechanischen Überlegungen, die den Einfluß der Kerneigenschaften auf die Rotationszustände voraussagen ließen, beruhen auf gewissen Symmetriebetrachtungen betreffend die zur SCHRÖDINGERschen Differentialgleichung gehörigen Eigenfunktion (vgl. S. 288). Die Eigenfunktion des Systems (Moleküls) als Ganzes kann nur symmetrisch (Form S) oder antisymmetrisch (Form A) z. B. in bezug auf die Kernkoordinaten sein; im ersteren Falle bleibt die Funktion bei Kernvertauschung ungeändert, im letzteren Fall wechselt sie ihr Vorzeichen. Ist bei irgendeinem System die Form A realisiert, so kann aus ihr nie die Form S entstehen und umgekehrt, d. h. die beiden Systeme kombinieren nicht ($z \psi_s \psi_a d\tau = 0$).

Nun setzt sich z. B. im Falle eines *Moleküls mit zwei gleichen Kernen* (H_2, O_2, N_2 usw.) die Eigenfunktion (E.F.) des Systems multiplikativ zusammen aus den den einzelnen Freiheitsgraden entsprechenden Eigenfunktionen und der Symmetriecharakter der E.F. des Moleküls wird durch den Symmetriecharakter dieser Faktoren bestimmt; da sich nach dem oben Gesagten ersterer mit der Zeit nicht ändern kann und entweder die Form A oder die Form S bewahren muß, sind den Faktoren Beschränkungen aufgelegt. Denn eine Form S kann nur gewahrt bleiben, wenn im Produkt die Zahl der Faktoren mit antisymmetrischer Form eine gerade ist; zur Wahrung einer Form A muß die Zahl eine ungerade sein.

Die in Betracht kommenden Faktoren sind: 1. *Die Bewegung des Molekülschwerpunktes*; für sie ist die Vertauschung der Kerne belanglos, die zugehörige E.F. ändert daher ihr Zeichen nicht und muß symmetrisch sein; infolgedessen kann sie am Symmetriecharakter des zu bildenden Produktes nichts ändern und bleibt außer Betracht. 2. Für die *Schwingung der Kerne* gegeneinander und die zugehörige Eigenfunktion gilt das gleiche. 3. Bei der *Rotation des Moleküls* um eine durch den Schwerpunkt gehende Achse ist dies anders; die E.F. in den Kernkoordinaten ist für gerade Werte der Quantenzahl ($j = 0, 2, 4 \ldots$) symmetrisch, für ungerade ($j = 1, 3, 5 \ldots$) unsymmetrisch, da sie bei Verdrehungen um $2j\pi$ ihr Vorzeichen nicht ändert, wohl aber bei Verdrehungen um $(2j + 1)\pi$. 4. Die E.F. *der Elektronen* ist in den Kernkoordinaten entweder symmetrisch oder antisymmetrisch; im Grundzustand ist sie immer symmetrisch. 5. Für den Fall als die *Kerne* selbst einen Spin (Eigendrehimpuls) mit zugehörigem magnetischem Moment besitzen (so daß sie gleichzeitig als Kreisel und als Magnet wirken), können sie vier verschiedene Stellungen haben (zwei mit parallel, zwei mit antiparallel gerichteten Momenten), von denen drei Stellungen zu symmetrischen, eine zu antisymmetrischen E.F. (Kernfunktionen) führen.

Tabelle 9. Zusammensetzung der Moleküleigenfunktion aus den Komponenten.

Systemfunktion		Elektronenfunktion	Kernfunktion	Rotationsfunktion
antisymmetrische Form A	A_1	symm.	antisymm.	symm. $j = 0, 2, 4 \ldots$
	A_2	symm.	symm.	antisymm. $j = 1, 3, 5 \ldots$
	A_3	antisymm.	symm.	symm. $j = 0, 2, 4 \ldots$
	A_4	antisymm.	antisymm.	antisymm. $j = 1, 3, 5 \ldots$
symmetrische Form S	S_1	symm.	symm.	symm. $j = 0, 2, 4 \ldots$
	S_2	symm.	antisymm.	antisymm. $j = 1, 3, 5 \ldots$
	S_3	antisymm.	antisymm.	symm. $j = 0, 2, 4 \ldots$
	S_4	antisymm.	symm.	antisymm. $j = 1, 3, 5 \ldots$

Sucht man jene Elektroneneigenfunktion (4), Rotationsfunktionen (3), Kernfunktion (5), deren Kombination für die Systemeigenfunktion die symmetrische Form S bzw. die antisymmetrische

Form A liefert, so erhält man die Zusammenstellung der Tabelle 9. Die Theorie verlangt also:

a) Die Form A kann nie in die Form S übergehen; die beiden Formen können nicht kombinieren, es gibt keine Übergänge zwischen den zu ihnen gehörigen Energiestufen. Die spektral beobachtbaren Energieübergänge sind also immer Übergänge zwischen solchen Energiestufen, die entweder alle zur Form A oder alle zur Form S gehören, wobei zunächst unentschieden ist, welche dieser Formen in der Natur realisiert ist. Wäre kein Kernmoment, also keine Kernfunktion vorhanden, so wären auch z. B. A_1 und A_2 oder A_3 und A_4 zwei nicht kombinationsfähige Zustände, da sie symmetrische bzw. antisymmetrische *System*funktionen darstellen würden. Durch das Auftreten der Kernfunktion erhalten sie gleichen Symmetriecharakter, können kombinieren, jedoch, wie die Rechnung zeigt, nur schwach. Der freiwillige Übergang von einem zum anderen Typus ist selten.

b) Im Grundzustand des Moleküls ist die Elektronenfunktion immer symmetrisch (Fall A_1, A_2 bzw. S_1, S_2).

c) Für die Realisierung der symmetrischen Eigenfunktion der Kerne sind drei Fälle günstig, für die antisymmetrische nur ein Fall. Der Vergleich zwischen experimentellem Befund und Theorie ergibt dann:

1. Angenommen, daß in einem System der Natur die antisymmetrische Form A realisiert sei, dann folgt aus der Tabelle: Im Grundzustand sind nur die Fälle A_1, A_2 möglich, von denen A_2 dreimal häufiger ist als A_1. Da bei der Untersuchung des Moleküls im S.R.E. als Ausgangszustand im allgemeinen der Grundzustand in Betracht kommt, müssen Übergänge von A_2 aus dreimal häufiger vorkommen. Daher sind von den auftretenden Rotationsverschiebungen $\Delta\nu = B(4j + 6)$ jene mit dem Anfangswert $j = 1, 3, 5 \ldots$ dreimal intensiver als jene mit $j = 0, 2, 4 \ldots$. Das entspricht dem an H_2 erhaltenen Befund. Daraus folgt: die H-Kerne haben Spin, das Gesamtsystem ist antisymmetrisch und für die gaskinetische Statistik ist die Rechenmethode nach Fermi* anzuwenden („Fermi-Statistik").

2. Angenommen, es sei die symmetrische Form S realisiert, dann ist von den beiden Grundzuständen S_1 und S_2 der erstere (symmetrische Kernfunktion!) dreimal häufiger vertreten, daher

* Fermi, Z. f. Phys. **36**, 902, 1926.

müssen die zu den Übergängen $0 \rightarrow 2$, $2 \rightarrow 4$, $4 \rightarrow 6$ usw. gehörigen Rotationslinien die intensiveren sein. Dies entspricht dem Befund an N_2, d. h.: die Kerne des Stickstoffmoleküls haben Spin, die Eigenfunktion des Moleküls ist symmetrisch und für die gaskinetische Statistik ist die Rechenmethode nach BOSE* anzuwenden („Bose-Statistik") (RASETTI[196]).

Die Verschiedenheit im Verhalten des H_2- und N_2-Moleküls ist überraschend, denn wie z. B. HEITLER-HERZBERG[162] bemerken, sollten nach der Quantenmechanik Systeme (Atome oder Moleküle), die aus einer geraden Zahl von Protonen und Elektronen bestehen, der Bose-Statistik gehorchen; dagegen der Fermi-Statistik, wenn die Zahl eine ungerade ist. Diese Regel hat somit im Kern keine Gültigkeit mehr, da sie bei N_2 durchbrochen wird. Der N-Kern (Atomgewicht 14, Atomnummer 7, Zahl der Elektronen im Kern 14—7) hat 14 Protonen und 7 Elektronen, sollte also der Fermi-Statistik gehorchen, während aus RASETTIS Beobachtungen das Gegenteil folgt. In Verbindung mit dem Umstand, daß nach anderen Beobachtungen zu schließen das Gesamtspinmoment des N-Kernes zwei Protoneneinheiten beträgt, folgern HEITLER-HERZBERG, daß das Spinmoment des überzähligen Elektrons (man denke den Kern aus 3 α-Teilchen, 2 Protonen und 1 Elektron zusammengesetzt) im Kern verschwunden sei und es damit zusammenhängen möge, wenn es „sein Mitbestimmungsrecht an der Statistik des Kernes" (s. obige Regel) verliert. (Man vergleiche dazu KRONIG[222], PAGE-WATSON**, BARTLETT**.)

3. Angenommen endlich, die Kerne besäßen keinen Spin; dann fallen in Tabelle 9 alle Unterschiedsmerkmale, die auf den Kernspin zurückgehen, fort. Die Form A kann nur mehr durch A_2 und A_3, die Form S nur durch S_1 und S_4 realisiert werden, wenn die Spalte „Kernfunktion" keinen Beitrag mehr zum Charakter der Gesamtsymmetrie liefert. Angenommen weiter, es sei die antisymmetrische Form A vorhanden, dann bleiben nur die Zustände:

A_2: symm. Elektronen F., antisymm. Rot.F. $j = 1, 3, 5 \ldots$
A_3: antisymm. Elektronen F., symm. Rot.F. $j = 0, 2, 4 \ldots$

* BOSE, S. N., Z. f. Phys. **27**, 384, 1924.

** PAGE, LEIGH, W. W. WATSON, Phys. Rev. **35**, 1584, 1930. J. H. BARTLETT, Phys. Rev. **37**, 327, 1931. J. R. OPPENHEIMER, Phys. Rev. **37**, 232, 1931. R. C. GIBBS, P. G. KRUGER, Phys. Rev. **37**, 556, 1931. LATIMER, Journ. Amer. Chem. Soc. **53**, 987, 1931. RODEBUSCH, ebenda, **53**, 1611, 1931. O. K. RICE, ebenda, **53**, 2011, 1931.

Innerhalb symmetrischer Elektronenterme $A_2 \to A_2'$ sind wegen der Auswahlregel $\Delta j = 0, \pm 1$ nur Übergänge $1 \to 1$, $3 \to 3$, $5 \to 5$, also nur Q-Zweige möglich. Zwischen symmetrischen und antisymmetrischen Elektronentermen $A_2 \to A_3$ sind vom Grundzustand aus nur Übergänge $1 \to 2$, $1 \to 0$ oder $3 \to 4$, $3 \to 2$, aber nicht die Übergänge $0 \to 1$, $2 \to 3$, $2 \to 1$ usw. möglich, weil im Grundzustand nur die ungeraden j vertreten sind. Im Ramanspektrum fallen daher alle Linien aus, für die in $B(4j + 6)$ der Ausgangswert für j geradzahlig ist. Ist jedoch die symmetrische Form S realisiert, dann fallen die Linien mit ungeradzahligem j fort. Das Sauerstoffmolekül ist ein Beispiel für den ersteren Fall: da nach dem experimentellen Befund die geraden j ganz ausfallen, folgt: die Kerne von O_2 haben keinen Spin, die Molekülfunktion ist antisymmetrisch.

§ 26. Stickoxyd NO.

Für NO im Gaszustand liegen Beobachtungen von RASETTI[142, 147, 307, 367] vor. Zum Unterschied von den anderen Molekülen ist der Grundzustand des NO kein Σ-, sondern ein Π-Zustand. Die beiden Komponenten dieses Dubletts haben nach den Untersuchungen des Bandenspektrums* für $j = {}^3/_2$ den Abstand 120,5 cm^{-1}; dieser vergrößert sich mit zunehmendem j und nimmt bei $j = {}^{15}/_2$ den Wert 122,7 cm^{-1} an. Das Niveauschema des NO für die tiefsten Rotationszustände zeigt Abb. 25. Im Ramanspektrum sind nun außer den Übergängen mit $\Delta j = 0$ und ± 2 auch Übergänge mit $\Delta j = \pm 1$ erlaubt, wobei die j, da es sich um Dublettspektren handelt, halbzahlig sind. Man erhält somit für die Verschiebungen:

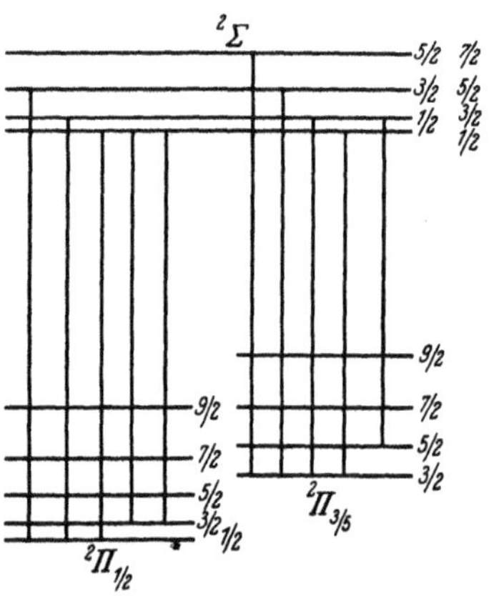

Abb. 25. Niveauschema für NO nach MULLIKEN**.

* GUILLERY, M., Z. f. Phys. **42**, 121, 1927; R. SCHMID, T. KÖNIG, D. v. FARKAS, Z. f. Phys. **64**, 84, 1930.

** MULLIKEN, R. S., Phys. Rev. **32**, 388, 1928.

mit $\Delta j = 1 \ldots \Delta\nu = B(2j+2) = 3B, 5B, 7B, 9B, 11B$ usw.

mit $\Delta j = 2 \ldots \Delta\nu = B(4j+6) =$ $8B$, $12B$, $16B$ usw.

Um Abstände in der Größe von $B \simeq 1{,}7\ \mathrm{cm}^{-1}$ zu trennen, dazu ist das Auflösungsvermögen zu gering. Man sieht aber, daß obiges Liniensystem Dreiergruppen bildet (z. B. $7B$, $8B$, $9B$ und $11B$, $12B$, $13B$), deren Mitte einen Abstand ($8B \rightleftarrows 12B$) von $4B$ hat. Für diesen wurde gefunden $6{,}55\ \mathrm{cm}^{-1}$, d. i. in der Tat nahe das Vierfache von 1,7.

Überdies zeigt sich nach RASETTIs mikrophotometrischer Ausmessung des Spektrums links und rechts der Erregerlinie eine Verschiebung um $\Delta\nu = 122\ \mathrm{cm}^{-1}$, entsprechend dem Q-Zweig des Elektronensprunges $^2\Pi_{1/2} \to {}^2\Pi_{3/2}$.

§ 27. Drei- und mehratomige Moleküle.

BHAGAVANTAM[334] berichtet, daß im Ramanspektrum sowohl des flüssigen als gasförmigen SH_2 in der Umgebung der um $\Delta\nu \simeq 2600\ \mathrm{cm}^{-1}$ verschobenen (zur S—H-Valenzschwingung gehörigen) Linie Anzeichen für schwache Linien oder Banden zu bemerken seien, die wahrscheinlich auf Rotationseffekte zurückzuführen sind. BONINO-CELLA[355] finden in flüssigem Pinen in der Umgebung der bei allen Molekülen mit CH_2-Gruppe auftretenden gewöhnlich sehr breiten und diffusen Linie $\Delta\nu = 1454\ \mathrm{cm}^{-1}$ acht gleichabständige Linien. Diese werden als Rotationsfrequenzen aufgefaßt und lassen sich durch $\Delta\nu = B(4m+4)$* mit $B = 6{,}15$ sehr gut, bis auf $\pm 0{,}017\%$, darstellen, wobei $m = 2, 4, 6, 8$ zu setzen ist. Unter der Annahme, daß es sich um die Rotation der Gruppe CH_2 handelt, findet man für die Distanz zwischen C und H den Wert $1{,}16 \cdot 10^{-8}$ cm in guter Übereinstimmung mit MECKEs Wert 1,13. Jedoch sind diese Angaben zur Zeit dieser Niederschrift noch als vorläufige anzusehen.

An gasförmigem Ammoniak (NH_3) wurden von DICKINSON-DILLON-RASETTI[155] auf beiden Seiten der Grundlinie $\lambda = 2536$ Å Rotationsfrequenzen gefunden, die in Tabelle 10 zusammengestellt sind; in der ersten Spalte ist der angenommene Übergang eingetragen, in der zweiten Spalte die beobachteten Werte der Verschiebung $\Delta\nu$, in der dritten Spalte die berechneten Werte

* Bezüglich der abweichenden Formel $\Delta\nu = B(4j+4)$ [statt $B(4j+6)$] vgl. Nachtrag Nr. 1.

und in der vierten Spalte die Differenz beider. Für die Berechnung diente die Formel:

$$\pm \Delta\nu = \frac{E_{j+2} - E_j}{hc} \quad \text{mit} \quad \frac{E_j}{hc} = 9{,}921\left(j + \frac{1}{2}\right)^2 - 0{,}00063\left(j + \frac{1}{2}\right)^4.$$

Daraus ergibt sich ein Trägheitsmoment $J_0 = 2{,}792 \cdot 10^{-40}$, während aus dem reinen Rotationsspektrum in Absorption der Wert $2{,}77 \cdot 10^{-40}$ und aus dem Rotationsschwingungsspektrum in Absorption der Wert $2{,}83 \cdot 10^{-40}$ von anderer Seite erhalten wurde.

Tabelle 10. Rotationsstreulinien in gasförmigem NH_3.

Übergang	$\Delta\nu_{\text{beob.}}$	$\Delta\nu_{\text{ber.}}$	Diff.
7 → 9	−334,8	−334,2	−0,6
6 → 8	−294,6	−295,5	+0,9
5 → 7	−256,0	−256,5	+0,5
4 → 6	−217,0	−217,4	+0,4
3 → 5	−178,7	−178,1	−0,6
2 → 4	−138,7	−138,7	0,0
1 → 3	− 99,6	− 99,1	−0,5
4 → 2	+138,2	+138,7	+0,5
5 → 3	+178,7	+178,1	−0,6
6 → 4	+217,4	+217,4	0,0

Tabelle 11. Rotationsschwingungsstreulinien in gasförmigem CH_4.

Übergang	$\Delta\nu_{\text{beob.}}$	$\Delta\nu_{\text{ber.}}$	Diff.
10 → 12	3261,2	3261,0	−0,2
9 → 11	3241,0	3240,7	−0,3
8 → 10	3220,5	3220,4	−0,1
7 → 9	3199,8	3199,9	+0,1
6 → 8	3178,4	3179,4	+1,0
5 → 7	3159,0	3158,7	−0,3
4 → 6	3137,2	3138,0	+0,8
3 → 5	3117,7	3117,1	−0,6
6 → 4	2901,5	2903,1	+1,6
7 → 5	2881,3	2881,2	−0,1
8 → 6	2859,8	2859,1	−0,7
9 → 7	2837,0	2837,0	0,0
10 → 8	2814,1	2814,7	+0,6

Die gleichen Autoren [155] erhalten an gasförmigem Methan (CH_4) einen Rotations-Schwingungseffekt im Streuspektrum. Methan zeigt drei verschiedene Ramanlinien bei $\Delta\nu = 2914{,}8$ (20), 3022,1 (5), 3071,5 (2) cm^{-1}, von denen die erste sehr scharf und viel kräftiger als die beiden anderen ist; die zweite Linie mit der relativen Intensität 5 ist breit und nach kurzen Wellen abschattiert. Beiderseits dieser Linie liegen ganz schwache gleichabständige Linien, die als $\pm$-Zweig einer Bande aufgefaßt wurden, deren unaufgelöster Q-Zweig die unscharfe Linie 3022 ist. Die Ergebnisse der Ausmessung und der Berechnung sind in Tabelle 11 eingetragen. Für die Rechnung wurde die Energie im schwingungslosen Zustand angesetzt als

$$\frac{1}{hc} E_0 = 5{,}363\left(j + \frac{1}{2}\right)^2$$

und im angeregten Zustand zu

$$\frac{1}{hc} E_1 = 3022{,}1 + 5{,}313\left(j + \frac{1}{2}\right)^2.$$

Daraus läßt sich für den Normalzustand $J_0 = 5{,}17 \cdot 10^{-40}$ berechnen (gegenüber dem von anderer Seite angegebenen Wert $5{,}66 \cdot 10^{-40}$).

Kürzlich gelang es HOUSTON-LEWIS[403] eine Anordnung zu bauen, die lichtstark genug war, um die Verwendung eines großen Spektrographen zur Aufnahmen des Ramanspektrums von gasförmigen CO_2 zu gestatten. Damit konnten die Rotationsbanden aufgelöst werden. Für das Trägheitsmoment bzgl. einer Achse senkrecht zur Verbindungslinie der O-Atome ergab sich $70 \cdot 10^{-40}$; auch für die Existenz eines zweiten viel kleineren Trägheitsmomentes waren Anzeichen vorhanden.

IV. Allgemeine Eigenschaften der Streuspektren.

Im vorliegenden Abschnitt sind eine Anzahl von Erfahrungsgruppen zusammengefaßt, die nicht so unmittelbar zu quantitativen Aussagen über Moleküleigenschaften führen, wie die in Abschnitt III besprochenen Verschiebungswerte für die Rotationsfrequenzen und die im Abschnitt VI zu besprechenden Folgerungen, die aus den zu Oszillationsfrequenzen gehörigen Verschiebungen auf die molekularen Kräfte und den Aufbau des Moleküls gezogen werden können. Zum Teil sind aber auch Erscheinungskomplexe (wie insbesondere Polarisations- und Intensitätsverteilung), die hier behandelt werden, von großer qualitativer Wichtigkeit für die in Abschnitt VI zu ziehenden Schlüsse und werden dort fallweise mit verwendet werden.

Die Unterabteilungen dieses Abschnittes sind: 1. Unschärfe der Streulinien, 2. der kontinuierliche Untergrund, 3. die Inkohärenz der Kombinationsstreuung, 4. Unabhängigkeit der $\Delta\nu$-Werte von Erregerfrequenz und Beobachtungswinkel, 5. Intensitätsverhältnisse, 6. Polarisationsverhältnisse im Streuspektrum. Der Einfluß der Temperatur, des Aggregatzustandes, der Lösungsmittel usw. auf die Größe der Verschiebung soll einem eigenen Abschnitt V vorbehalten bleiben, da es sich dabei offenbar um eine gemeinsame Ursache, um die Äußerung zwischenmolekularer Kräfte handelt.

1. Die Unschärfe der Streulinien.

§ 28. Allgemeines.

Vergleicht man die beiden von RASETTI gewonnenen Aufnahmen an gasförmigem N_2 und O_2 (Abb. 7a, S. 27), so erkennt man, daß die außerordentliche Breite der Grundlinie $\lambda = 2536$ Å in N_2 wesentlich herabgesetzt werden kann dadurch, daß — wie dies bei der Aufnahme an O_2 der Fall war — zwischen Streustrahler und Spektrographen ein für $\lambda = 2536$ wirksames Absorbens (Hg-Dampf, vgl. § 13) eingeschaltet wird. Ein Großteil der Verbreiterung der Grundlinie in N_2 beruht also auf Überexposition; jedoch bleibt auch bei ihrer Unterdrückung immer noch eine abnormale Breite der Grundlinie im Streuspektrum bestehen (vgl. O_2).

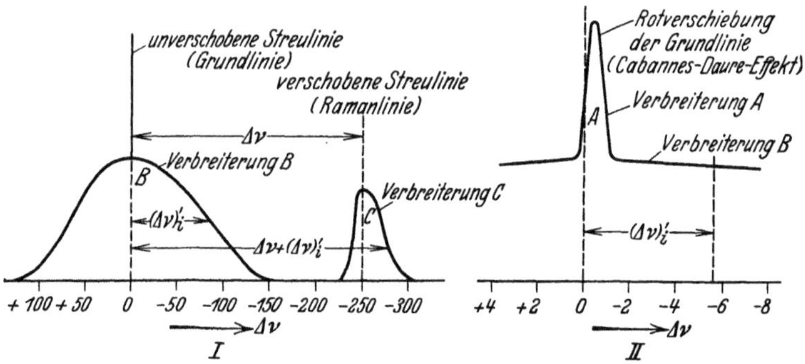

Abb. 26. Schematische Darstellung der im Streuspektrum auftretenden Linienverbreiterung; ν=Maßstab in I:II so wie 25:1.

Dies zusammengenommen mit den normalerweise (besonders am kondensierten Zustand) nicht aufgelösten Rotationsbanden und der nicht vermiedenen Überexposition führt, nicht nur bei den Grundlinien, zu recht komplizierten Verhältnissen in bezug auf Breite und Unschärfe der Streulinien.

Schon die ersten Beobachter des spektroskopisch zerlegten Streulichtes wiesen darauf hin, daß die im Spektrogramm auftretenden Linien einen individuell variablen, aber im allgemeinen merklichen Grad von Unschärfe aufweisen. Der näheren Besprechung dieser Erscheinung, deren experimentelle Verfolgung vielleicht noch einmal zu einer wesentlichen Vertiefung des jetzigen Standes der Forschung führen kann, möge eine schematische Zeichnung (in Anlehnung an DAURES[200] Darstellung) vorangehen, die den Überblick erleichtern soll.

Im Teil I der Abb. 26 (sie bezieht sich auf die Umgebung der unverschoben gestreuten Hg*e*-Linie $\lambda = 4358$ Å) ist im Nullpunkt der Frequenzskale die Grundlinie und bei $\Delta\nu = 250\,\mathrm{cm}^{-1}$ eine nach Rot verschobene Streulinie eingezeichnet. Beide erweisen sich im allgemeinen als diffus und unsymmetrisch verbreitert; die kleinen Frequenzdifferenzen gegen den jeweiligen Kern der Linie seien mit $(\Delta\nu)_i'$ bezeichnet; die durch sie bewirkte Verbreiterung sei mit den Buchstaben C bzw. B unterschieden. Aus der Verbreiterung B ragt im Falle der unverschobenen Streuung der Kern der Linie gewissermaßen heraus; bei hinreichender Auflösung (Teil II der Abbildung mit 25facher Vergrößerung des Abszissenmaßstabes) zeigt sich aber, daß auch dieser Kern verbreitert (Verbreiterung A) und daß überdies eine leichte Verschiebung nach Rot gegen die Normallage vorhanden ist (in der französischen Literatur als „Cabannes-Daure-Effekt" geführt).

§ 29. Die Feinstruktur der Grundlinie (Bereich A).

Cabannes-Daure[17] zeigten zunächst mit Hilfe eines Fabry-Pérotschen Interferometers, daß die Interferenzringe etwas geänderte Durchmesser haben, wenn auf derselben Platte das eine Mal das unverschoben gestreute Licht ($\lambda = 4358$), reflektiert an geschwärztem Papier (belichtetes, entwickeltes und fixiertes Velox-Kohlepapier, Bruchteile von Sekunden als Expositionszeit), das andere Mal gestreut an Butandampf (30 Stunden Exposition) aufgenommen wird; der Ringdurchmesser betrug 0,511 mm im ersten und 0,485 mm (beide Zahlen Mittel aus 4 Aufnahmen), entsprechend einer Wellenlängenänderung um 0,01 Å ($\sim 0{,}05\,\mathrm{cm}^{-1}$). Aufnahmen mit Reflexion des Lichtes an beliebigen Oberflächen gaben dagegen übereinstimmend keine Wellenlängenänderung $> 0{,}001$ Å. Cabannes und Salvaires[108] konnten später dieselben Versuche auf Flüssigkeiten ausdehnen und erhielten je nach der streuenden Substanz als Rotverschiebungen*:

Methylalkohol . .	0,065 Å	Cyclohexan . . .	0,060 Å
Äthylalkohol . . .	0,050 „	Benzol	0,035 „
n-Propylalkohol . .	0,070 „	PBr_3	0,055 „
Essigsäure	0,055 „		

* Nach einer späteren Angabe (Vacher[370]) sind diese Zahlen wegen eines Rechenfehlers doppelt zu groß.

Im Durchschnitt also Werte von 0,060 Å $\simeq$ 0,3 cm^{-1}. Dieselben Autoren konnten ferner zeigen, daß die Interferenzringe verschwinden, wenn mit dem parallel zum Primärstrahl polarisierten Anteil der 90°-Streustrahlung gearbeitet wird. Da dieser letztere, die Depolarisation des Streulichtes bewirkende Anteil von den Schwankungen in der Orientierung der anisotropen Moleküle (vgl. § 70) herrührt, so sind es diese, die die Ursache einer die Interferenz unmöglich machenden Inhomogenisierung (Verbreiterung) des Primärlichtes sind. Aber auch das zum Primärstrahl senkrecht schwingende Licht, dessen Streuung auf Dichteschwankungen zurückgeführt wird, wird verbreitert, jedoch nicht so sehr, daß nicht noch Interferenzringe, allerdings mit verminderter Schärfe, entstehen könnten. Die Verbreiterung ist bei Butandampf $< 0{,}04$, bei Flüssigkeiten $< 0{,}1$ Å.

Bogros-Rocard[22, 66] untersuchten, wie sich dieser Verschiebungseffekt im Opalescenzstadium verhält, indem sie unter Verwendung einer Lummerplatte die eine Hälfte des Gesichtsfeldes mit (an schwarzem Papier) reflektiertem Licht, die andere mit Streulicht beleuchteten, das von einem Phenol-Wasser-Gemisch im kritischen Zustand stammte. Das Interferenzstreifensystem in beiden Gesichtshälften war jedoch vollkommen identisch, so daß weder eine Verbreiterung noch eine Verschiebung vorhanden sein konnte. Daraus schließen die Autoren, daß es sich beim Cabannes-Daure-Effekt nicht um die auf Dichteschwankungen zurückführbare ursprünglich kohärente Streustrahlung handeln kann, sondern um eine inkohärente Streustrahlung, die aber bei Opalescenz neben der enorm gesteigerten kohärenten Strahlung nicht zur Geltung kommt. Immerhin scheint dieser Effekt noch wenig geklärt (vgl. auch Nielsen*. Manneback[245] glaubt, daß die Verschiebung daher komme, daß bei Überlagerung der unaufgelösten *P*-, *R*- und *Q*-Zweige der Intensitätsschwerpunkt etwas nach Rot verschoben wird wegen des ungleichen Intensitätsgewichtes der drei Zweige. Für die Verschiebung bei Butandampf wäre dies vielleicht eine mögliche Erklärung, aber für die größeren Verschiebungen bei Flüssigkeiten scheint dem Verfasser diese Auffassung nicht zureichend. Überdies verweist Cabannes[371] darauf, daß die Verschiebung *nicht* dem depolarisierten Anteil (*R*- und *P*-Zweig sind depolarisiert) zuzuschreiben ist.

* Nielsen, J. Rud, Science N. S. **69**, 15, 1929.

Neuerdings hat VACHER[370] derartige Beobachtungen mit dem gleichen Instrumentarium wieder aufgenommen und nachgeprüft, ob sich bei der Streuung an Benzol Verschiebung und Verbreiterung (A) mit dem Beobachtungswinkel ändern. Bei entsprechender Sorgfalt zur Vermeidung von falschem Licht und von Temperaturschwankungen des FABRY-PEROTschen Etalon wurden folgende Ergebnisse erhalten: Der Vergleich mit den bei Reflexion an schwarzem Papier erhaltenen Systemen von Interferenzringen zeigt, daß 1. die Verbreiterung A mit zunehmendem Streuwinkel φ wächst, daß 2. dabei die Lage der Kante auf der kurzwelligen Seite unverändert bleibt und daß 3. der Intensitätsschwerpunkt nach Rot um folgende Beträge verschoben wird:

für $\varphi =$	$30°$	$90°$	$150°$
$\Delta\lambda =$	0,001 (?)	0,0087	0,0129 Å.

Die Messungen sind nicht genau genug, um zu unterscheiden, ob $\Delta\lambda$ proportional dem $\sin\varphi/2$ oder $\sin^2\varphi/2$ variiert. VACHER schließt, daß sich die gestreute Grundlinie aus mindestens zwei Linien zusammensetzt, von denen die eine (blaue Kante) nicht verschoben wird, während die andere nach Rot verschoben wird, aber zu breit ist, um bei der verwendeten interferometrischen Analyse getrennt zu werden; die Verschiebung des Schwerpunktes stellt dann nur einen Teil der Verschiebung dieser zweiten Linie dar.

CABANNES[371] diskutiert diese Ergebnisse, weist vor allem darauf hin, daß nur der polarisierte Anteil der „unverschobenen" Streustrahlung für die beobachtete Feinverschiebung in Frage kommt, und verweist auf die BRILLOUINsche Theorie (vgl. weiter unten), derzufolge zwar eine Feinaufspaltung zu erwarten sei, die aber im Gegensatz zum Beobachtungsergebnis an Stelle der Grundlinie zwei links und rechts symmetrisch zu ihr gelegene Linien ergeben müßte.

Schon vor den Messungen von VACHER erschienen die Beobachtungen von GROSS[289, 296, 354], dessen Mitteilungen allerdings wohl ebenfalls noch als vorläufige anzusehen sein dürften. Ähnlich wie die eben besprochenen französischen Autoren beobachtet er das unverschoben gestreute Licht (vermutlich in allen Fällen $\lambda = 4358$ Å) mit dem Stufengitter (30 Stufen) und findet überraschenderweise sowohl an Quarz als an einigen organischen Substanzen eine viellinige Feinstruktur. (Expositionszeit bei Quarz 80 Stunden, in den anderen Fällen nicht angegeben.) Die Grundlinie besteht aus einer zentralen Linie ($m = 0$) und einer Anzahl (bis $m = 5$) von nach Rot und Blau verschobenen gleichabständigen Linien. Die zentrale Linie ist etwa doppelt so stark als die Linie mit $m = 1$ und diese wieder stärker als die weiter außen gelegenen. Die Linien mit $m = 0$ und $m = 1$ sind gut polarisiert, die äußeren depolarisiert. GROSS vermutet, daß die Existenz dieser äußeren Linien an die Fähigkeit der Substanz, depolarisierend zu wirken, gebunden ist. Die Linienbreite ist mit der Substanz variabel, ebenso der Linienabstand. Der letztere hängt überdies von der Beobachtungsrichtung ab; je kleiner der Winkel φ zwischen Einfalls- und Beobachtungsrichtung, desto geringer der Linienabstand. Die folgende Tabelle 12 enthält einige der von GROSS bisher mitgeteilten Zahlenwerte für diesen in Å gemessenen Linienabstand $\Delta\lambda$; wenn es sich tatsächlich um die Linie 4358 handelt, wären $\left(\text{nach } \frac{\Delta\lambda}{\lambda} = \frac{\Delta\nu}{\nu}\right)$ die Werte mit 5,27 zu multiplizieren, um den Abstand in cm^{-1} zu erhalten. Bei Benzol wurde auch unter dem Beobachtungswinkel $\varphi = 45°$ und 135° gemessen; im ersteren Falle ergebnislos, weil keine Auflösung möglich war; die Ergebnisse des zweiten Falles sind in der Tabelle angeführt.

Tabelle 12. Feinstruktur der Grundlinienverbreiterung (GROSS[296]).

Substanz	φ	$\Delta\lambda$ beobachtet	$\Delta\lambda$ berechnet
Anilin	90°	0,050 ± 0,005	0,056
Benzol	90°	0,047 ± 0,003	0,039
,,	135°	0,063 ± 0,002	0,051
Toluol	90°	0,047 ± 0,003	0,036
Wasser	90°	0,045 ± 0,004	0,040
Äthylalkohol	90°	0,039 ± 0,004	0,033
Äthyläther	90°	0,035 ± 0,004	0,027

Die dort angegebenen berechneten Werte wurden aus der Formel

$$\nu = \nu_0\left(1 \pm m \cdot 2\,\frac{v}{c}\sin\frac{\varphi}{2}\right) \qquad [m = 0, 1, 2 \ldots]$$

erhalten, die auf Überlegungen BRILLOUINS (1922) und MANDELSTAMS (1926) zurückgeht. Bereits BOGROS-ROCARD[66] haben auf diesen Gedanken im Zusammenhang mit ihrer Diskussion der Grundlinienverbreiterung zurückgegriffen. Es handelt sich um eine Art

Schwebungserscheinung (vgl. § 71) zwischen dem einfallenden Licht und den mit Schallgeschwindigkeit sich ausbreitenden ungeordneten thermisch-elastischen Wellen. Der aus dieser klassisch-theoretischen Vorstellung (Übersetzung in die quantenmechanische Ausdrucksweise bei TAMM[213]), die später von MANDELSTAM-LANDSBERG-LEONTOWITSCH[212] weiter entwickelt wurde, abgeleitete Ausdruck würde allerdings lauten:

$$\nu = \nu_0 \left(1 \pm 2 \frac{v}{c} \sin \frac{\varphi}{2}\right),$$

würde also, wie schon erwähnt, nur zwei, links und rechts der unverschobenen Linie gelegene, Trabanten liefern, während die unverschobene Linie selbst fehlen sollte. Dabei ist wieder φ der Beobachtungswinkel, v die Schall-, c die Lichtgeschwindigkeit. Die Unstimmigkeit zwischen den beobachteten und berechneten Werten für $\Delta\lambda$ überschreitet, nach Tabelle 12, die angegebene Meßgenauigkeit in einigen Fällen merklich. GROSS erinnert noch daran, daß das hier in Betracht kommende DEBYEsche akustische Spektrum eine obere Grenze besitzt; daraus folgt eine Grenze für die Verschiebung (Verbreiterung A), die auf 15 Å geschätzt wird. Die Verbreiterung B dagegen geht erfahrungsgemäß bis 50 Å und mehr.

Die Gegenüberstellung der Ergebnisse jener Versuche, die sich bisher mit der Feinstruktur der unverschoben gestreuten Linien befassen, gibt noch kein klares Bild. Es müssen offenbar mehrere Faktoren (Streumechanismen) nebeneinander wirken, und die bisherigen experimentellen Erfahrungen gestatten noch nicht, sie zu trennen.

§ 30. Die Verbreiterung der Streulinien (Bereich B und C).

Auf die unsymmetrischen Verbreiterungen B der unverschobenen und C der verschobenen Streustrahlung haben schon RAMAN[12], CABANNES-DAURE[17], RAMAN-KRISHNAN[26, 37, 49] u. a. hingewiesen. Die Verhältnisse sind quantitativ behandelt in der Arbeit von GERLACH, die — abgesehen von kurzen Angaben anderer Autoren (z. B. Lit. 17) — die einzige mit ausführlichen quantitativen Beobachtungen ist. (Vgl. Nachtrag Nr. 2.)

GERLACH[72a] verglich spektrographische Aufnahmen von Streulicht, das durch Tyndallstreuung an Salmiaknebel, durch diffuse

Reflexion an weißem Papier und durch Kombinationsstreuung in Benzol unter möglichst identischen Versuchsverhältnissen gewonnen wurde. In den beiden ersten Fällen zeigte sich keine Spur jener Verbreiterung der Quecksilberlinien, die bei der Kombinationsstreuung das Aussehen der unverschobenen Linien so sehr verändert, obwohl die Schwärzung wesentlich stärker war. „Dieser Versuch ist dafür beweisend, daß die an Benzol gefundene Linienverbreiterung mit der Zerstreuung am Benzol zusammenhängt,

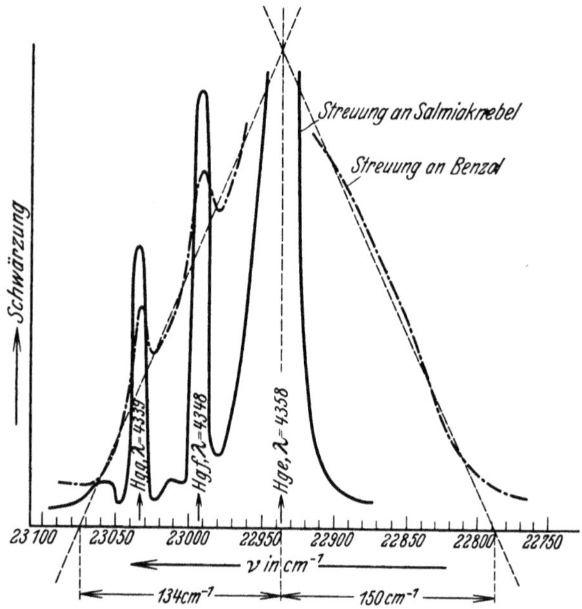

Abb. 27. GERLACHS[72a] photometrischer Vergleich der Verbreiterung der unverschobenen Hg-Linien bei Streuung an Benzol bzw. Salmiaknebel.

also eine Frequenzänderung der Streustrahlung darstellt.“ Als quantitativen Beleg bringt GERLACH die Diagramme für die Ergebnisse der photometrischen (Rosenberg-Photometer) Ausmessung, von denen einige im folgenden wiedergegeben werden sollen.

Abb. 27 zeigt den Schwärzungsverlauf in der Umgebung des unverschoben gestreuten blauen Quecksilbertripletts Hg g, f, e mit $\lambda = 4339, 4348, 4538$ Å. Die strichpunktierte Linie gibt die photometrische Ausmessung bei Streuung an Benzol, die ausgezogene Linie bei Streuung an Salmiaknebel, wobei die zentrale Schwärzungsdichte im letzteren Fall merklich größer ist. Als Abszisse sind aufgetragen die Wellenzahlen ν in cm^{-1}, als Ordinate die Schwärzung. Man kann den nahe linear ansteigenden Teil der strichpunktierten Kurve durch Gerade ersetzen und extrapolieren bis zum Schnitt mit der Abszisse. Die Abschnitte auf der ν-Achse geben an, daß eine Unsymmetrie in der Verbreiterung der Hg e-Linie vorliegt, die auf der roten Seite 150, auf der blauen nur 134 cm^{-1} beträgt. Das Verhältnis der langwelligen zur kurzwelligen Verbreiterung wird (innerhalb der Versuchsgrenzen) unabhängig von der Frequenz der Grundlinie und Expositionszeit gefunden; die Verbreiterung hat endlichen Wert.

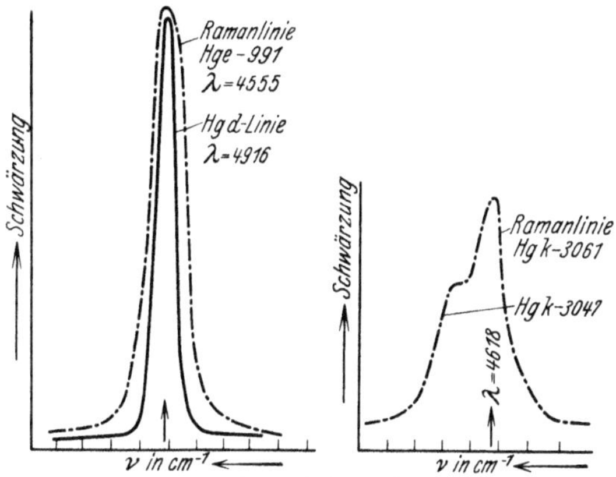

Abb. 28. Verbreiterung bei verschobenen Streulinien des Benzols.

Als zweites Beispiel seien photometrische Messungen an verschobenen Linien gegeben. Im linken Teil der Abb. 28 wird die Breite der ausnahmsweise scharfen Streulinie $\Delta\nu = 991$ des Benzols verglichen mit der Schärfe der an Salmiak gestreuten (in Wirklichkeit viel intensiveren) Hg d-Linie $\lambda = 4916$; auch bei den verschobenen Linien ist somit eine nach Rot unsymmetrische Verbreiterung vorhanden, wenn sie auch zunächst absolut viel geringer erscheint. Die rechte Seite der Abbildung betrifft das unscharfe Benzoldublett $\Delta\nu = 3047$ und 3061 cm^{-1}, dessen Verbreiterung verschieden und für die schwächere Linie (3047) offenbar stärker ausgeprägt ist.

Aus diesem experimentellen Befund folgert Gerlach:

a) Bei der Verbreiterung B der Grundlinien handelt es sich nicht etwa nur um Überstrahlung durch Überexposition, sondern um Frequenzänderungen durch Abgabe oder Aufnahme (Rot- bzw. Blauverbreiterung) von Energien an das Molekül, um Frequenzverschiebungen $(\Delta\nu)_1'$, $(\Delta\nu)_2'$ . . ., die sich untereinander nur wenig unterscheiden, aber um eine Größenordnung geringer sind als die Verschiebungen $\Delta\nu$ der Smekalsprünge. (GERLACH vermeidet absichtlich den Gebrauch des Wortes „Rotationsfrequenz", um nicht zu präjudizieren.)

b) Es mögen in der Zeiteinheit Z Streuprozesse an Strahlungsquanten $h\nu$ erfolgen; der Bruchteil $Z_1 = \alpha Z$ möge eine Frequenzverschiebung (Smekalsprung) $\Delta\nu$ erleiden und führe zu einer Streulinie von der Frequenz $\nu - \Delta\nu$ mit einer zu $Z_1 \cdot h(\nu - \Delta\nu)$ proportionalen Intensität, die erfahrungsgemäß im allgemeinen um eine Größenordnung geringer ist, als die der unverschobenen Streulinie. Der Bruchteil $Z_i = \beta_i \cdot Z$ aller Prozesse erfolge mit den kleinen Frequenzverschiebungen $(\Delta\nu)_1'$, $(\Delta\nu)_2'$ . . . $(\Delta\nu)_i'$; aus der Intensitätsverteilung der Verbreiterung der Grundlinie (Abb. 27) entnimmt man sofort, daß unter diesen Prozessen jene mit kleinen Werten von $(\Delta\nu)'$ viel häufiger, die zugehörigen β viel größer sind als für größere Werte der Verschiebung $(\Delta\nu')$. Sicher sind aber auch die größten dieser Wahrscheinlichkeitskoeffizienten β noch klein gegen Eins, denn erst die Summe über alle β und α gibt die Einheit. Die „Sowohl-als-auch"-Wahrscheinlichkeit dafür, daß beide Typen von Prozessen gleichzeitig eintreten, daß also die Frequenz ν um den Betrag $-\Delta\nu - (\Delta\nu)_i'$ verschoben wird, bzw. daß die Streulinie bei $(\nu - \Delta\nu)$ um $(\Delta\nu)_i'$ verbreitert wird, diese Wahrscheinlichkeit ist gleich dem Produkt $\alpha \cdot \beta_i$; die Zahl dieser Prozesse ist $Z_{1,i} = \alpha \cdot \beta_i \cdot Z$ und die Intensität in der Verbreiterung C ist proportional mit $Z_{1,i} \cdot h[\nu - \Delta\nu - (\Delta\nu)_i']$. Das Intensitätsverhältnis zwischen irgendeiner Stelle der Verbreiterung und dem Kern der um $\Delta\nu$ verschobenen Ramanlinie ist also angenähert proportional $Z_{1,i}/Z_1 = \beta_i$. Da nun der Kern der Linie selbst schon sehr lichtschwach ist, ist nur eben noch jene kleine Verbreiterung merklich, für die die β_i relativ groß sind.

Man muß aber hier wohl hinzufügen, daß diese Überlegung nur gilt, wenn die zwei Mechanismen mit den Wahrscheinlichkeiten α und β_i voneinander unabhängig sind; ohne diese Einschränkung wäre es auch nicht zu verstehen, daß, wie die Erfahrung zeigt, die Verbreiterung von Linie zu Linie verschieden und für intensive Linien wesentlich geringer sein kann als für wenig intensive. Z. B. ist die relativ scharfe Linie $\Delta\nu = 991$ eine der intensivsten des Benzolspektrums, die Linie $\Delta\nu = 3047$ dagegen relativ schwach; trotzdem ist ihre Verbreiterung viel stärker.

Weitere systematische Versuche über die Breite der verschobenen und unverschobenen Linien liegen nicht vor und man muß sich auf die Zusammenstellung der gelegentlichen Bemerkungen, die in den einzelnen Arbeiten zu finden sind, beschränken. Sind auch hier, wie es wahrscheinlich ist, mehrere Ursachen für die Verbreiterung vorhanden, so wird es ohne systematische Variation der Versuchsbedingungen nicht leicht sein, die Effekte zu trennen.

Bei Versuchen an gasförmigen Substanzen liegen die Verhältnisse am einfachsten. Im Abschnitt über die Rotationslinien wurde bereits bemerkt, daß in Analogie zu den eben angeführten allgemeiner gehaltenen Überlegungen GERLACHs mindestens für zweiatomige Moleküle das Auftreten von Rotationsfrequenzen neben verschobenen Linien nicht mit großer Intensität zu erwarten ist, so daß man es im allgemeinen bei diesen nur mit dem unaufgelösten Q-Zweig zu tun hat (HILL und KEMBLE[114], RASETTI[105], MANNEBACK[245]). Immerhin findet man in einigen Fällen (etwa bei gasförmigem Methan CH_4 die Linie $\Delta\nu = 3022\ \mathrm{cm}^{-1}$, DICKINSON-DILLON-RASETTI[155]) verbreiterte und abschattierte Linien (Q-Zweig), begleitet von schwachen Linien links und rechts, den aufgelösten R- und P-Zweigen. Die vorkommenden Verbreiterungen der verschobenen sowohl wie der unverschobenen Linien dürften hier zum größten Teil durch die Überlagerung von Rotationsfrequenzen und im letzteren Falle durch zusätzliche Überexposition erklärbar sein. Daß sich diese Rotationsverbreiterung nicht in allen Substanzen und nicht für alle Linien derselben Substanz gleichartig äußert, dürfte durch die Höhe der Rotationsfrequenzen einerseits und durch den Mechanismus der Überlagerung von Rotation und Schwingung andererseits hinreichend begründet werden können.

Daß die Rotationsfrequenzen auch bei der Streuung in Flüssigkeiten eine Rolle spielen, darauf haben schon RAMAN-KRISHNAN[26, 37, 49] verwiesen mit dem allerdings nicht sofort einzusehenden Zusatze, daß diese Rolle eine um so größere zu sein scheine, je stärker anisotrop das Molekül sei; denn die Verbreiterung z. B. der Grundlinien sei ausgesprochen individuell und für aliphatische Substanzen merklich geringer wie für aromatische. Auch in vielen anderen Arbeiten wird diese Individualität betont und durch photographische Aufnahmen belegt, so z. B. von DABADGHAO[326] (C_6H_6, $CHCl_3$, CCl_4), der mit einem Spektrographen hoher Dispersion arbeitete. (Vgl. dazu auch die an Spektrographen hoher Dispersion gewonnenen Erfahrungen bei WOOD[72] und LANGER-MEGGERS[189].) In einer kurzen Mitteilung berichtet WEILER[290] über die Linienverbreiterung an Cyclopentan, Cyclohexan, Cyclohexen, Benzol, wobei die auf die Linienmitte der unverschobenen Streulinie bezogene Verbreiterung als zunehmend gefunden wurde: a) mit der Anisotropie des Moleküls, b) mit der Frequenz des eingestrahlten Lichtes; letzteres wird auf die Frequenzempfindlichkeit (Dispersion) der molekularen Polarisierbarkeit zurückgeführt (vgl. NEY[385] u. Nachtrag Nr. 2). FUJIOKA[116] zeigte, daß bei Temperaturerhöhung von 10 auf etwa 100° einige der verschobenen Linien von Toluol ($\Delta\nu' = 1592,\ 1607$), Benzol (dieselben Linien) und Tetrachlorkohlenstoff stärker diffus und breiter werden als andere Linien; besonders werden jene Linien betroffen, die an sich schon nicht scharf sind. Dies läßt sich gut als Verstärkung eines Rotationseffektes deuten. RAMAN-KRISHNAN[49] u. a. (vgl. z. B. BHAGAVANTAM[268]) verweisen weiter darauf, daß der verbreiterte Teil der Linien meist depolarisiert ist, der Linienkern dagegen nicht oder viel weniger.

Die RAMANsche Forderung, daß diese Rotationsverbreiterung mit der Anisotropie zunehmen soll, wird durch die theoretischen Ergebnisse MANNEBACKs[245] gestützt, wonach wenigstens bei zweiatomigen Molekülen die Unschärfe, sofern sie von einem Rotationseffekt herrührt, mit dem Quadrat der Anisotropie zunimmt; ferner hat nach MANNEBACK die einfallende Frequenz Einfluß auf die Stärke der Anisotropie und somit auch auf die Verbreiterung, entsprechend den Ergebnissen WEILERs (s. oben).

Es dürfte somit nicht zweifelhaft sein, daß in der Tat mindestens ein Großteil dieser Verbreiterungen auf die Überlagerung von Rotationsfrequenzen über die Schwingungsfrequenzen zurückzuführen oder m. a. W. durch das Vorhandensein nicht aufgelöster Q- bzw. Q-, P- und R-Zweige zu erklären ist. Andererseits gibt es eine Reihe von Erfahrungen, die das Bestehen auch anderer Ursachen für die Linienverbreiterung zu verlangen scheinen.

So kann sich der Charakter fast aller Linien ändern bei Änderung nur eines kleinen Teiles eines Moleküls. Beim Übergang vom organischen Ester zur entsprechenden organischen Säure werden fast alle Linien diffus und verbreitert; insbesondere die zur C=O-Gruppe gehörige innere Schwingung, die in den Estern scharf ist, wird breit und verwaschen in der Säure. Ähnliche Erfahrungen kann man an anderen Gruppenschwingungen machen; z. B. wenn man das Aussehen der zur Nitril-(C≡N-)Gruppe gehörigen Frequenz in verschiedenen Molekülen verfolgt. Es scheint kaum zweifelhaft, daß es sich dabei um Störungen durch aggressive (z. B. OH-Gruppe, vgl. dazu RUARK[31] und BRIEGLEB*) Gruppen handelt, die im selben oder im Nachbarmolekül eingebaut sind. Ähnlich ist nach KRISHNAMURTI[255] die CO-Frequenz in krystallinem Benzophenon merklich schärfer als in flüssigem. Während die Linien im krystallinen Quarz wohldefiniert sind, sind sie in amorphem Quarz und Glas verwaschene Banden (GROSS-ROMANOWA[126], HOLLAENDER-WILLIAMS[157]). Die Ramanlinien des Wassers sind im Krystallwasser (z. B. von Gips, SCHAEFER-MATOSSI-ADERHOLD[174, 304]) scharf, in Eis schon etwas weniger scharf (GANESAN-VENKATESWARAN[158]), in flüssigem Zustand breite Bänder, deren Breite und Intensität z. B. durch Salzzusatz (Entpolymerisierung, vgl. GERLACH[211, 224, 283]) verändert werden kann. Solche Beispiele, die sich nach Sache und Literaturnachweis noch sehr vermehren ließen (vgl. Abschnitt V), machen es sehr wahrscheinlich, daß die Breite der verschobenen Ramanlinien mindestens zum Teil von Einwirkungen benachbarter Atome oder Gruppen beeinflußt werden kann.

Auch in Krystallen ist die Breite der Linien individuell abhängig z. B. von der Temperatur (KRISHNAN[79]); nach BRICKWEDDE-PETERS[62] werden die rot- und blauverschobenen Linien $\Delta\nu = 465$ in Quarz mit zunehmender Temperatur immer diffuser und unschärfer. Der Trabant mit $\Delta\nu = 210\ \mathrm{cm}^{-1}$, der bei Zimmertemperatur scharf ist, wird nach LANDSBERG-MANDELSTAM[169] bei Erhöhung der Temperatur auf 500° C so verwaschen, daß er eben noch erkennbar ist, und verschwindet bei 600° völlig.

Als Ursachen, die für die Verbreiterung der Linien bei Streuung an flüssigen und festen Körpern in Betracht kommen, wären also zusammenfassend zu nennen: 1. Die Rotation der Moleküle, 2. die elastischen Wärmewellen, 3. Einflüsse von zwischen- und innermolekularen Kräften. Diese drei Ursachen dürften nachgewiesen

* BRIEGLEB, G., Z. f. phys. Chem. Abt. B, **10**, 205, 1930 (Anmerk. S. 224).

sein. Dazu kommt: 4. Isotopie (Gewicht der schwingenden Atome nicht für alle Moleküle gleich, daher Variation der Schwingungsfrequenz); diese Beeinflussung der Frequenz ist so gering, daß die Aufspaltung kaum zu beobachten sein wird wegen der durch die ersten drei Ursachen bedingten Unschärfe.

2. Der kontinuierliche Untergrund.

§ 31. In manchen Fällen zeigt das Streuspektrum außer den unverschobenen und verschobenen Streulinien auch einen kontinuierlichen Untergrund, der unter Umständen (Glycerin, Anilin, Benzaldehyd usw.) außerordentlich störend wirken kann und besondere Vorsichtsmaßregeln zu seiner Unterdrückung notwendig macht.

Die experimentelle Untersuchung dieses Untergrundes und die Ermittlung seines Wesens und seiner Ursachen wird zunächst einmal dadurch erschwert, daß die Quecksilberlampe selbst, die ja bei den meisten der bisherigen Versuche als Lichtquelle verwendet wurde, ein mit der Brennertemperatur an Intensität steigendes kontinuierliches Spektrum im Gebiet zwischen $\lambda = 4150$ und $\lambda = 4916$ mit einem Maximum bei etwa $\lambda = 4530$ Å ($\nu = 22070\ \mathrm{cm}^{-1}$) besitzt, also gerade in jenem Wellenlängenbereich, in dem (wegen der Violettempfindlichkeit der Substanzen einerseits, wegen der Grün-Gelb-Unempfindlichkeit der Platten andererseits) normalerweise beobachtet wird. Die Stärke dieses durch unverschobene Streuung auf die Platte gelangenden Untergrundes hängt vom Streuvermögen der betreffenden Substanz (Anisotropie, Temperatur usw.) und von evtl. suspendierten Verunreinigungen ab; überdies aber kann Licht durch einfache oder mehrfache Reflexionen, durch Streuung an den durchsichtigen Bestandteilen der Apparatur oder gar direkt auf den Spektrographenspalt gelangen und so alles unverschobene Streulicht, also auch das Hg-Kontinuum verstärken. Sehr schwerwiegend ist diese Störung aber nicht; denn erstens läßt sich die untersuchte Substanz mit wenig Mühe von suspendierten Teilchen befreien und „optisch leer“ machen; zweitens läßt sich „falsches“ Licht bei einiger Sorgfalt weitgehend vermeiden und drittens kann man überdies das Primärlicht durch entsprechende Filter (vgl. § 11) von diesem Kontinuum fast frei machen. Endlich ist das Maximum dieses Kontinuums der Lage nach unabhängig von der Streusubstanz.

Außer diesem auf eine Unvollkommenheit der apparativen Anordnung zu schiebenden Kontinuum wurde nun mehrfach im Streulicht ein Untergrund gefunden, dessen nur ungefähr zu bestimmende Lage sich mit der Wahl der Substanz ändern und dessen Intensität durch Wahl des erregenden Lichtes und durch entsprechende Vorbehandlung der Substanz verringert werden kann. Verunreinigungen mechanischer Art (suspendierte Fremdkörper) haben mit der Intensität dieses Kontinuums nichts zu tun. Wohl aber gelingt es fast ausnahmslos, die Intensität dieses Untergrundes durch sorgfältigste chemische Reinigung der Substanz herabzusetzen; in manchen Fällen zum Verschwinden zu bringen, in anderen hartnäckigen Fällen wenigstens ein wenig zu erniedrigen (vgl. § 18). Es ist dem Verfasser auch kein Fall bekannt, bei dem das Auftreten dieses Untergrundes nicht durch Wegfiltern der ultravioletten und violetten Erregerlinien weitgehend unterdrückt werden konnte.

Als Beispiel für diesen Einfluß von chemischer Reinigung und von Wahl des Erregerlichtes sei eine Beobachtung Dadieus[368] an ortho-Tolunitril beschrieben.

„1. Nach zweimaliger vorsichtiger Vakuumdestillation erfolgte bei der Bestrahlung (mit ungefiltertem Hg-Licht) allmählich eine immer tiefere Braunfärbung der Substanz, und nach 5stündiger Exposition wurde ein Spektrum erhalten, das auf außerordentlich starkem Untergrund keine einzige Ramanlinie erkennen ließ.

2. Nach weiterer fünfmaliger Vakuumdestillation trat die Braunfärbung merklich langsamer ein und das erhaltene Spektrum zeigte auf immer noch sehr starkem Untergrund im ganzen drei verschobene Streulinien.

3. Nach weiterer einmaliger Vakuumdestillation (Entfärbung) wurde die Substanz im gefilterten Licht (die Wellenlängen kleiner als Hg g, $\lambda = 4339$ Å, sind aus dem Erregerlicht entfernt) bestrahlt und ergab trotz 7stündiger Bestrahlung keine Spur von Verfärbung; das nun vollkommen untergrundfreie Spektrum wies, trotz Fehlens des blauvioletten Teiles, 44 verschobene, sehr kräftige Linien auf.

4. Die neuerlich vakuumdestillierte Substanz wurde nun nochmals ohne Filter bestrahlt, wobei wieder Braunfärbung, sehr starker Untergrund im Spektrum und nur drei verschobene Linien erhalten wurden.

5. Die braungefärbte Substanz wurde ohne weitere Behandlung neuerlich in der Filteranordnung exponiert, wobei auf mittelstarkem Untergrund die schwächsten Ramanlinien nicht mehr sichtbar, die stärkeren hingegen deutlich zu erkennen waren.

Dadieu schließt aus diesen Erfahrungen auf den folgenden Mechanismus in diesem speziellen Beispiel: Die Substanz enthält ursprünglich eine Verunreinigung, die durch Vakuumdestillation nur sehr langsam und schwer zu entfernen ist (vgl. Versuche 1 und 2), die aber die photochemische Veränderung, die die Substanz unter dem Einfluß von Belichtung erleidet (Braunfärbung), katalysiert. Die Verfärbung wird durch Wellenlängen kleiner als 4339 (hier also wohl vorwiegend die Linie Hg k, $\lambda = 4047$ Å) ausgelöst und tritt nicht ein, wenn solche Wellenlängen im erregenden Licht fehlen. Das photochemische Reaktionsprodukt ist fluorescent und kann Licht mit $\lambda \gtreqless 4339$ stark in ein Kontinuum umsetzen (Versuch 4), $\lambda > 4339$ weniger gut in kontinuierliches Licht verwandeln (Versuch 5). Dadieu stellt sich somit auf den Standpunkt, das Kontinuum sei ein Fluorescenzlicht und stamme, wenigstens im beschriebenen Fall, von einem photochemisch und unter der Mithilfe einer katalysierenden Verunreinigung entstandenen fluorescenten Reaktionsprodukt der Substanz.

Über ähnliche Erfahrungen (abgesehen vom Einfluß der Erregerfrequenz) berichteten schon früher andere Autoren. Harkins-Bowers[341] stellen die Gelbfärbung bei Bestrahlung für Butyl-, Propyl-, Amylbromid und das gleichzeitige Auftreten von kontinuierlichen Spektren (4000 bis 5800 Å) mit zwei Schwärzungsmaxima fest; die Zeit, die zur Gelbfärbung nötig ist, ist individuell. Auch mit NH_3 gesättigter Methylalkohol zeigte die gleiche Erscheinung. Vermeidung von Sauerstoff ändert nichts am Effekt. Pal-Sen Gupta[262] konnten an Anilin, Phenylhydrazin usw. zeigen, daß sorgfältigste chemische Reinigung durch langsame Vakuumdestillation und gleichzeitiges Vermeiden des Zutritts von Luft die sonst sehr schnell sich verfärbenden Substanzen „lichtecht“ macht und das Auftreten des Kontinuums verhindern. Eine derartige Behandlung genügte aber nicht bei Benzaldehyd; diese Substanz mußte vielmehr wieder unter Luftabschluß während der Exposition durch eine in einfacher Weise direkt an das Versuchsgefäß angesetzte Destillationsapparatur (vgl. Abb. 29) im ständigen Kreislauf durch frisch destilliertes Material ersetzt werden, wodurch Gelbfärbung und damit das Auftreten des Kontinuums vollkommen hintangehalten wurde (PAL-SEN GUPTA[347]). (Die von DADIEU-KOHLRAUSCH[130] an etwas gelbstichiger Substanz gewonnene Aufnahme zeigte dagegen bei nur zweimaligem Flüssigkeitswechsel fast keinen Untergrund.)

Das Auftreten eines Kontinuums erklären sich die Autoren folgendermaßen: Entweder dem Molekül selbst oder einem photochemischen Reaktionsprodukt wird durch das eingestrahlte Licht ein die Trennungsarbeit übersteigender Energiebetrag E zugestrahlt; das Produkt zerfällt unter Verbrauch der Trennungsarbeit A und der Energieüberschuß $E - A$ kann entweder zur Gänze als Strahlung $h\nu$ erscheinen (violette Grenze des Kontinuums im Streuspektrum), oder er kann bis zum Wert Null *stetig* verringert werden dadurch, daß die Spaltungsprodukte mit kinetischer Energie auseinanderfahren* (Kontinuum bis ins Rot). Die Entstehung des photochemischen Produktes wird man sich — so wie bei DADIEU — von äußeren Umständen abhängig denken und so gewisse individuelle Eigenschaften der Substanzen erklären können.

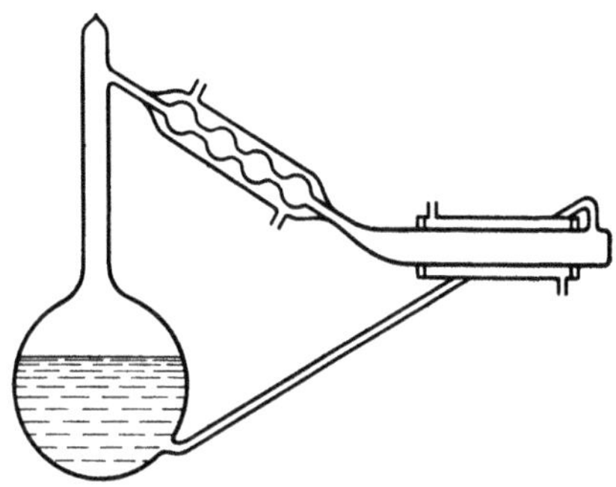

Abb. 29. Vorrichtung zur ständigen Neudestillation einer lichtempfindlichen Substanz während der Bestrahlung (PAL-SEN GUPTA[347]).

Ob aber dieser ganze Vorgang als ein Fluorescenzvorgang oder als ein S.R.E. bezeichnet werden soll, ist eine derzeit wohl kaum zu entscheidende Frage; dazu ist die Abhängigkeit der Erscheinung von der Erregerfrequenz zu wenig bekannt; ebensowenig, ob die Absorptionsstellen jenes hypothetischen „fluorescenten" Zwischenproduktes ins Spiel treten oder nicht. (Vgl. dazu z. B. RASETTI[112].)

Etwas anders scheint die Sache bei einer ganzen Reihe insbesondere organischer Substanzen zu liegen (die höheren ein- und die mehrwertigen Alkohole, die Fettsäuren usw.), die, ohne sich zu verfärben, auch bei der sorgfältigsten chemischen Reinigung

* Vgl. die analoge Hypothese von BLACKETT-FRANCK für die Erklärung eines Kontinuums im H_2-Spektrum. (Struktur der Materie III, 1926, S. 261.)

mehr oder weniger Untergrund geben. Insbesondere hat VENKATESWARAN[36, 42] bei Glycerin zeigen können, daß jede der drei Erregerlinien $\lambda = 3650$, 4046, 4358 kontinuierliche Banden erzeugt, deren Lage aber viel zu wenig gut definiert ist, als daß man die für die verschobenen Streulinien des S.R.E. charakteristische Konstanz der Verschiebung $\Delta \nu$ prüfen könnte. Bei Erhöhung der Temperatur oder in Mischungen mit Wasser nimmt die Intensität der Kontinua schnell ab. Ähnlich bei Amylalkohol (VENKATESWARAN-KARL[50], GANESAN-VENKATESWARAN[158]). Da beide Substanzen hohe Viscosität haben und da Intensität des Kontinuums und Viscosität bei Verdünnung mit dem weniger viscosen Wasser oder bei Temperaturerhöhung parallel abnehmen, werden sie in ursächlichen Zusammenhang gebracht*.

Ob es sich hierbei nur um einen graduellen Übergang von den noch gut als Ramaneffekt definierbaren Banden des Wassers über die noch einigermaßen den Streucharakter tragenden Banden des Glycerins bis zu dem ganz undefinierten, wenn auch lichtschwächeren Kontinuum z. B. in Ameisensäure handelt, oder ob irgendwo in dieser Reihe ein qualitativer Unterschied einsetzt, läßt sich heute, da das Kontinuum bisher gewöhnlich nur als lästiges Hindernis und nicht als Studienobjekt behandelt wurde, nicht entscheiden. Daher sind die Meinungen auch sehr geteilt. Die indischen Autoren wollen in diesen Erscheinungen eher Kombinationsstreuungen sehen; WAWILOW-TUMMERMANN[78] verweisen auf die großen Ähnlichkeiten mit den Fluorescenzbanden an den verschiedensten Substanzen und befürworten den Fluorescenzcharakter. PLACZEK[361] wiederum (vgl. S. 89) nimmt es als selbstverständlich an, daß es sich um eine Kombinationsstreuung mit stetigen Energieänderungen handle, die auf Schwingungen der Molekülkomplexe zurückzuführen seien, und verspricht sich wichtige Ergebnisse für Fragen der Flüssigkeitsstruktur; als besondere Stütze für seine Auffassung betrachtet er das Auftreten starker Kontinua in Streuspektren von Wasser-Säure-Gemischen bestimmter Konzentration (z. B. RAO[229]), während die reinen Kom-

* Im Laboratorium des Verfassers wurde jedoch kürzlich an Cyclohexanol ein fast untergrundfreies Streuspektrum erhalten, trotz der relativ großen Zähigkeit dieser Substanz (Zähigkeit η in C. G. S. E. bei 25°, für Glycerin 9,54, für Cyclohexanol 0,596, für i-Amylalkohol 0,045, Wasser 0,0089).

ponenten (z. B. H_2O und HNO_3) fast untergrundfreie Spektren geben; in H_2SO_4-Lösungen kann für mittlere Konzentrationen der Untergrund so intensiv werden, daß er das linienhafte Streuspektrum fast verdeckt (vgl. § 64). Vielleicht wird aber gerade diese Erscheinung von anderen Autoren als Stütze dafür herangezogen werden, daß es sich nicht um Äußerung von Schwingungen, sondern um einen Vorgang ähnlich dem von PAL-SEN GUPTA (s. oben) für die Erklärung des Kontinuums angenommenen handle, gleichgültig, ob man ihn als Fluorescenz- oder Smekal-Raman-Effekt bezeichnet.

Man wird solche Erklärungsversuche im Auge behalten, aber vor allem experimentieren und Erfahrungen sammeln müssen. Auch bei Säure-Wasser-Gemischen läßt sich, wie an späteren Aufnahmen (RAO[306], WOODWARD[380]) zu erkennen ist, die Ausbildung des kontinuierlichen Untergrundes anscheinend durch entsprechende Vorsichtsmaßregeln sehr herabdrücken.

3. Die Inkohärenz der verschobenen Streustrahlung.

§ 32. In der klassischen sowohl wie in der quantenmechanischen Theorie unterscheiden sich die unverschobene und die verschobene Streustrahlung dadurch, daß bei ersterer (mindestens im isotropen Molekül) das induzierte streuende Dipolmoment (§ 4 und 5) eindeutig bestimmt ist, während bei letzterer das Moment jedes streuenden Moleküls noch mit einem unbestimmten Phasenfaktor behaftet ist. Die Tyndallstreuung verschwindet infolgedessen durch Interferenz der von den einzelnen Zentren ausgesendeten Streuwellen vollkommen (im idealen Krystall, beim absoluten Nullpunkt), wenn nicht irgendwelche Faktoren die Ordnung der Phasenbeziehung stören. Solche Faktoren sind infolge der statistischen Schwankungen bei höheren Temperaturen immer vorhanden: Bei Gasen und Flüssigkeiten räumliche Schwankungen des Brechungsexponenten, die auf Dichteschwankungen zurückzuführen sind; Dichteschwankungen werden dabei um so leichter eintreten, je geringere Energie nötig ist, die mittlere Dichte zu verändern, je größer also die Kompressibilität der Substanz ist. Da im kritischen Zustandsgebiet die Kompressibilität außerordentlich groß wird, wird es auch die Intensität der unverschobenen Streustrahlung. Im festen Körper lassen sich die räumlichen Schwankungen des Brechungsexponenten zurückführen auf die Dichteschwankungen und auf Schwankungen der elastischen Deformationsgrößen. In allen Fällen ist der Hauptteil des Tyndalleffektes ein Schwankungsphänomen, das durch statistische Überlegungen zu fassen ist. Alles, was die molekulare Unordnung der Substanz fördert, stört die ursprüngliche Kohärenz und fördert die Streuintensität.

Anders liegt die Sache nach der Theorie für die verschobene Streustrahlung; diese ist von vornherein inkohärent und es müßten sekundäre ordnende Faktoren dazukommen, um sie interferenzfähig zu machen; dies wäre z. B. bei der Streuung in der Flüssigkeit und im Krystall von vornherein nicht ausgeschlossen, da dort Korrelationen zwischen den einzelnen Molekülen bestehen. In der Tat haben z. B. POKROWSKI-GORDON[217] aus ihren Versuchen eine räumliche Richtungsabhängigkeit der Intensität der Ramanstreuung abgeleitet und daraus auf nicht völlige Inkohärenz geschlossen. Doch wird es gut sein, eine Bestätigung der Versuchsergebnisse abzuwarten.

Die einschlägigen Versuche hatten bisher im wesentlichen das Ziel, den experimentellen Nachweis für ein verschiedenes Verhalten der Intensität der unverschobenen (J) und der rotverschobenen (J_r) Streustrahlung gegenüber solchen äußeren Bedingungen zu führen, die großen Einfluß auf die kohärente Tyndallstreuung haben. Diejenigen Forscher, die wegen ihrer experimentellen Einstellung — RAMAN, CABANNES, ROCARD, LANDSBERG-MANDELSTAM haben durch lange Jahre bahnbrechende Arbeit auf dem Gebiete der Tyndallstreuung geleistet — dem neuen S.R.E. am nächsten standen, waren es auch, die die diesbezüglichen ersten Versuche mitteilten. RAMAN selbst schnitt die Kohärenzfrage schon in seiner ersten ausführlichen Veröffentlichung[7] an und berichtet über einen qualitativen Versuch, der entgegen seinen Erwartungen *für* Kohärenz sprach. Bei plötzlicher Entspannung einer Bombe mit flüssigem CO_2 bildet sich eine Wolke, die nicht nur das unverschobene Licht sehr stark streut, sondern auch, durch komplementäre Filter betrachtet, den zur verschobenen Streustrahlung gehörigen Anteil aufblitzen läßt. Diese Beobachtung wurde gestützt durch ähnliche Befunde an einer Mischung Methylalkohol + Schwefelkohlenstoff beim kritischen Zustand.

Spätere Beobachter sind zu anderen Ergebnissen gekommen. Placzek[361] glaubt die Diskrepanz auf die verschiedene Beobachtungsmethode zurückführen zu können. Bei der Methode der komplementären Filter wird die Gesamtintensität der verschobenen Streustrahlung, also Linien *plus* Untergrund, eingeschätzt, während man bei der spektrographischen Methode bemüht ist, den Untergrund zu vermeiden bzw. in Abzug zu bringen, um das Verhalten der Linien allein verfolgen zu können. Ist diese Erklärung richtig, dann muß ein kontinuierliches Ramanspektrum (verschobene Streustrahlung, nicht gestreutes Kontinuum des Primärlichtes!) existieren, dessen Intensität mit Annäherung an den kritischen Zustand stark zunimmt. Placzek vermutet, daß es sich um einen zur Molekülkomplexbildung gehörigen Ramaneffekt handle: die sich anlagernden oder entfernenden Moleküle beeinflussen die Polarisierbarkeit der Elektronenhüllen, und mit der Veränderung dieser Polarisierbarkeit wächst die Intensität der zugehörigen verschoben gestreuten Strahlung. Die Schwankung der Komplexbildung und mit ihr die Intensität des kontinuierlichen Ramanspektrums wird aber im kritischen Gebiet sehr groß werden.

Ramdas[27] konnte zunächst mit der gleichen Methode der komplementären Filter das Ramansche Ergebnis über das Ansteigen der Intensität der integralen Kombinationsstreuung mit Annäherung an den kritischen Punkt im flüssigen CO_2 bestätigen. Gleichzeitig aber bemerkte er, daß die Intensität im CO_2-Dampf selbst bei hohem Druck nur außerordentlich schwach sei. Letzteres spricht gegen einen Schwankungseffekt und für Proportionalität mit der Zahl der Moleküle pro cm^3, wie es für eine inkohärente Streustrahlung zu erwarten ist. Exaktere Versuche, bei denen die Intensität der an Äther gestreuten Strahlung für flüssigen und Dampfzustand verglichen wurden (vgl. § 42), ergaben: Beim Übergang vom Dampf zur Flüssigkeit, also zu einer etwa 250mal größeren Molekülkonzentration, wächst die Intensität der unverschoben gestreuten Strahlung auf das 20- bis 30fache, die der verschobenen Streustrahlung auf das 300fache. Dabei wurde mit der spektrographischen Methode, also nicht an integraler Streustrahlung gemessen. Dieses Ergebnis spricht eindeutig zugunsten von Inkohärenz des S.R.E.

Bogros-Rocard[22] sowohl als Martin[41] stellten Versuche mit Gemischen von Phenol + Wasser an, bei welchen sie mit Annäherung an den kritischen Zustand wohl eine bedeutende Intensitätssteigerung der Tyndallstreuung feststellen, aber keine verschobene Streuung erhalten konnten. ZIEMECKI-NARKIEVICZ-JODKO[185, 197] vermuten, daß dieser negative Befund auf die Absorption des sich rasch verfärbenden Gemisches zurückzuführen sei; sie selbst arbeiten daher mit einem Gemisch Isobuttersäure + Wasser, das farblos bleibt. In der Nähe des kritischen Punktes (24°) steigt die Intensität der Tyndallstreuung so stark, daß nur mit kurzen Expositionszeiten (15 Minuten) gearbeitet werden kann, da sonst die Linien auf dem zu intensiven Untergrund verschwinden. Die verschobene Streustrahlung nimmt jedenfalls viel langsamer an Intensität zu als die Tyndallstreuung. Bezüglich des andersgearteten Befundes bei Beobachtung mit der Methode der komplementären Filter verweisen die Autoren auf den Einfluß, den jede Unvollkommenheit der Filter auf das Ergebnis haben muß; ein vom „Okular"-Filter durchgelassener Farbbezirk kann z. B. für die bei der normalen Tyndallstreuung vorhandenen Intensitäten so schwach sein, daß er unter der Empfindungsschwelle liegt; kann aber bei plötzlicher Steigerung im kritischen Gebiet über die Schwelle treten und das auf Ramanstreuung geschobene Aufblitzen hervorrufen.

Endlich hat PLACZEK[361] die Versuche mit Gemischen aus Methylalkohol + Schwefelkohlenstoff ($T_k = 40{,}5°$, $c_k = 80{,}5\%$ CS_2) und Methylalkohol-Hexan ($T_k = 42{,}8°$, $c_k = 69{,}6\%$ C_6H_{14}) wiederholt unter Hinweis darauf, daß wegen des großen Einflusses des kontinuierlichen Untergrundes nur sorgfältige quantitative Messungen eine einigermaßen gesicherte Aussage über das Intensitätsverhalten der Ramanlinien gestatten. Er kommt zu dem Ergebnis, daß für das sowohl in $H_3C \cdot OH$ als C_6H_{14} auftretende Liniendublett $\Delta\nu = 2832$ und 2938 (Erregerlinie Hgk, $\lambda = 4047$ Å) die Intensität unverändert bleibt, wenn die Verhältnisse bei 65,2° und 44,4° miteinander verglichen werden; bei Berücksichtigung des Untergrundes ergab sich nämlich mit einer Genauigkeit von etwa 20%

$$\frac{J_{44,4}}{J_{65,2}} = 0{,}9\,.$$

LANDSBERG-LEONTOWITSCH[67] und LANDSBERG-MANDELSTAM[214] haben (vgl. § 37) durch Intensitätsmessungen am Streuspektrum des Quarzes bei verschiedenen Temperaturen gezeigt, daß die experimentellen Ergebnisse im wesentlichen den Forderungen der Theorie entsprechen und somit auch deren Voraussetzungen — Kohärenz der Tyndallstreuung, Inkohärenz der Ramanstreuung — bestätigen.

Das Gesamtergebnis aller Versuche läßt sich also zusammenfassen: es liegt kein experimentelles Ergebnis vor, das berechtigten Grund zum Zweifel an der Inkohärenz des S.R.E. geben könnte. RUARK[31] schlägt als experimentum crucis vor, man solle mit Hilfe einer Kerrzelle den Nachweis führen, daß die verschoben gestreute Strahlung gegen die erregende zeitlich verzögert ist.

4. Unabhängigkeit der Verschiebung $\Delta\nu$ von Erregerfrequenz und Beobachtungswinkel.

§ 33. Die Unabhängigkeit der Verschiebung von der Erregerfrequenz.

Zuständig für diesbezügliche Aussagen sind die Ergebnisse jener Beobachter, die bei möglichst großer Dispersion Gewicht auf möglichst exakte Bestimmung der Frequenzen des Streuspektrums gelegt haben. Zu nennen wären etwa WOOD[72], LANGER-MEGGERS[189], SÖDERQVIST[207], DABADGHAO[326]. Aus den Messungen von LANGER-MEGGERS sind in der folgenden Tabelle die $\Delta\nu$-Werte

Tabelle 13. Konstanz der $\Delta\nu$-Werte im Streuspektrum.

ν	C_6H_6 $(\Delta\nu)_r$	$CHCl_3$ $(\Delta\nu)_r$	$CHCl_3$ $(\Delta\nu)_b$	CCl_4 $(\Delta\nu)_r$	CCl_4 $(\Delta\nu)_b$
33692	992,9	—	—	—	—
33086	991,3	667,7	—	459,7	—
31985	992,9	667,7	669,3	458,3	459,4
31923	992,3	667,3	669,5	457,8	460,4
29917	—	668,1	670,7	458,7	458,8
27388	991,2	666,6	—	458,4	461,2
27354	991,3	666,8	669,9	459,4	461,8
27290	991,1	—	669,8	459,1	461,8
24705	992,2	669,2	669,5	457,9	459,7
24516		667,5	—	457,8	—
23034	992,9	667,3	—	—	—
22994	992,1	670,8	—	457,9	—
22938	992,3	669,4	667,1	458,6	457,8
$\overline{\Delta\nu}$	992,0	668,0	669,4	458,5	460,1
m. F.	$0{,}7_1$	$1{,}0_5$	$1{,}1_1$	$0{,}6_5$	$1{,}5_4$

für die Benzollinie 992 und die blau- und rotverschobenen $\Delta\nu = 668$ und 459 cm^{-1} in Chloroform und Tetrachlorkohlenstoff für verschiedene Werte der Erregerlinie (ν) zusammengestellt. Die Tabelle gibt gleichzeitig einen Überblick über die bei einer bestimmten Apparatur erreichbare Genauigkeit. Irgendein Gang der $\Delta\nu$-Werte ist nicht zu erkennen. Der mittlere Fehler der Einzelmessung (m. F., letzte Zeile) beträgt im Durchschnitt 1 cm^{-1} und ist bei den blauverschobenen Linien merklich größer. Auch eine systematische Abhängigkeit z. B. des Verhältnisses $(\Delta\nu)_b/(\Delta\nu)_r$ besteht nicht; jedoch ist in beiden in Tabelle 13 vorkommenden Fällen dieses Verhältnis nicht gleich Eins, worauf in § 34 kurz näher eingegangen werden soll.

§ 34. Die Gleichheit von $(\Delta\nu)_b$ und $(\Delta\nu)_r$.

Schon CABANNES[VII, IX] glaubte aus den Messungen DAURES[200] herauslesen zu können, daß eine exakte Gleichheit in der Verschiebung homologer blau- und rotverschobener Trabanten nicht bestünde; er gibt als Beispiele an:

Quarz:	$(\Delta\nu)_r = 128{,}5 \pm 0{,}5\ cm^{-1}$,	$(\Delta\nu)_b = 127{,}5 \pm 0{,}5\ cm^{-1}$
Kalkspat:	,, $= 156{,}7 \pm 0{,}5$,,	,, $= 153{,}9 \pm 0{,}5$,,
,,	,, $= 283{,}2 \pm 0{,}5$,,	,, $= 279{,}7 \pm 0{,}5$,,

CABANNES interpretiert dies dahin, daß die Lage der Trabanten infolge einer Rotverschiebung ε der *Grundlinie* zu dieser unsymmetrisch sei, so daß statt $\nu \pm \Delta\nu$ zu schreiben sei $(\nu - \varepsilon) \pm \Delta\nu$; in Quarz wäre $\varepsilon = 0{,}5\ cm^{-1}$, in Spat 1,5 cm^{-1}. Um derartiges feststellen zu können, muß der Abstand zwischen Grundlinie und Trabant auf der Platte wirklich gemessen werden, was bei kräftigen Erregerlinien, deren unverschobene Grundlinie wegen mehrerer Ursachen stark verbreitert ist, im allgemeinen nicht geschieht; die Messung wird jedenfalls sehr heikel und relativ ungenau sein. Außerdem wäre das Grundsätzliche an dem Messungsergebnis nicht die sekundäre Ungleichheit der $\Delta\nu$, sondern die schuldtragende Rotverschiebung der Grundlinie, die besser auf anderem Wege (vgl. § 29) bestimmt wird.

Grundsätzlich in diesem Zusammenhang ist dagegen die Entscheidung, ob eine Verschiedenheit von $(\Delta\nu)_b$ und $(\Delta\nu)_r$ gegenüber der Erregerfrequenz selbst feststellbar ist. In Tabelle 14 sind einige, den genauen Messungen von LANGER-MEGGERS[189] entnommene Zahlen zusammengestellt:

Tabelle 14. Gleichheit von $(\Delta\nu)_b$ und $(\Delta\nu)_r$.

	CCl_4	$HC \cdot Cl_3$	CCl_4	$HC \cdot Cl_3$	CCl_4	$HC \cdot Cl_3$
$(\Delta\nu)_r$	218,5	261,1	313,8	365,5	458,6	668,0
$(\Delta\nu)_b$	219,2	260,9	314,0	366,0	460,1	669,4
Differenz	+0,7	−0,2	+0,2	+0,5	+1,5	+1,4

Aus diesen Zahlen könnte man einen kleinen, jedoch schon an der Grenze der Beobachtungsgenauigkeit liegenden systematischen Unterschied herauslesen, demzufolge $(\Delta\nu)_b$ um ein weniges größer ausfällt als $(\Delta\nu)_r$, so daß das Verhältnis beider Verschiebungen den konstanten Wert 1,002 hat. Ganz unwahrscheinlich wäre ein solcher Effekt nicht, da die Abschattierung des Q-Zweiges den Intensitätsschwerpunkt beider Linien in derselben Richtung (nach obigem Befund z. B. nach Blau) verschieben könnte. Jedoch wird es nicht leicht sein, speziell bei Prismenspektrographen systematische Fehler von der Größe 1 cm^{-1} zu vermeiden.

§ 35. Abhängigkeit des $\Delta\nu$ vom Beobachtungswinkel.

Die Unabhängigkeit der für die Verschiebung gewonnenen Werte wurde von LANDSBERG-MANDELSTAM[29] durch Vergleichsbeobachtungen geprüft. Auch spätere Autoren (z. B. BÄR[151, 186], MENZIES[150]), die in Richtungen $\varphi \neq 90°$ gegen den einfallenden Strahl beobachteten, konnten keine Veränderung der $\Delta\nu$-Werte feststellen. Allerdings gelten diese Aussagen wohl nur innerhalb der üblichen Meßgenauigkeit von etwa $\pm 5\ cm^{-1}$. Exakte diesbezügliche Messungen liegen nicht vor.

5. Die Intensitätsverhältnisse im Ramanspektrum.

In bezug auf Intensitätsmessungen handelt es sich um folgende zu lösende Aufgaben:

A. Es ist das Intensitätsverhältnis J_b/J_r der um gleiche Beträge verschobenen, nach Blau und Rot verschobenen Ramanlinien (der sog. anti-STOKESschen und STOKESschen Streulinien) zu bestimmen und die Abhängigkeit dieses Verhältnisses von den Begleitumständen, wie z. B. Temperatur, Aggregatzustand, Größe der Verschiebung $\Delta\nu$, Frequenz der erregenden Linie u. a. m.

B. Es ist das Intensitätsverhältnis J_r/J_0 zwischen verschobenen Streulinien einerseits und anregender Strahlung andererseits zu bestimmen, wieder in Abhängigkeit von den Begleitumständen.

C. Es ist zu bestimmen, wie die relative Intensität J_r der Ramanlinien sich mit dem Bau des streuenden Moleküls ändert, d. h. es ist die relative Intensitätsverteilung der verschiedenen Ramanspektren zu ermitteln.

Von diesen Aufgaben sollen im vorliegenden Abschnitt nur die ersten zwei eingehender besprochen werden. Sie haben hauptsächlich physikalisches Interesse und bedürfen zur Lösung einer nach Möglichkeit gesteigerten Meßgenauigkeit. Die dritte Aufgabe, die beim jetzigen Stand der Forschung wohl noch keine so großen Ansprüche an die Exaktheit der Beobachtung stellen kann, hängt mit den Fragen des Molekülbaues und der Zuordnung der beobachteten Frequenzen zu bestimmten Schwingungsformen und zu bestimmten schwingenden Teilen des Moleküls so eng zusammen, daß die einschlägigen Messungen — soweit solche vorliegen — und Schätzungen an anderer Stelle verwendet werden und hier nur einige allgemeine Bemerkungen Platz finden sollen. Die Behandlung der Probleme A, B und C wird im folgenden gesondert besprochen.

§ 36. Das Intensitätsverhältnis von blau- und rotverschobenen Ramanlinien.

An halbquantitativen diesbezüglichen Beobachtungen liegt eine ganze Anzahl vor.

Schon in der ersten ausführlichen Arbeit haben RAMAN-KRISHNAN[12] darauf verwiesen, daß das Verhältnis

$$r = \frac{J_b}{J_r}$$

der Intensitäten der um *gleiche* Beträge $\Delta\nu$ nach Blau (J_b) bzw. nach Rot (J_r) verschobenen Ramanlinien der Hauptsache nach vom Verhältnis der Zahl der Moleküle in den für die Streuung in Betracht kommenden Ausgangszuständen abhänge (vgl. § 2). Da sich diese Ausgangszustände um den Energiegehalt $\Delta E = hc \cdot \Delta\nu$ ($\Delta\nu$ in cm^{-1} gemessen) unterscheiden, so gilt für das Verhältnis der Molekülzahlen Gleichung (2), derzufolge

$$\frac{N_{E+\Delta E}}{N_E} = e^{-\frac{\Delta E}{kT}} \qquad (2)$$

(k = BOLTZMANNsche Konstante, T = absolute Temperatur). Für die Benzollinie $\Delta\nu = 992$ finden die Autoren in der Tat in

Übereinstimmung mit dieser Gleichung, daß größenordnungsmäßig

$$r \simeq \frac{1}{120}.$$

PRINGSHEIM-ROSEN[30] diskutieren das Intensitätsverhältnis r qualitativ an Photometerkurven der Ramanspektren von CCl_4 und CH_2Cl_2 (vgl. dazu CARELLI[77]). VENKATESWARAN[36] findet für eine Linie $\Delta\nu = 485\ \mathrm{cm}^{-1}$ in Glycerin, daß r von der thermodynamisch (Gl. 2) zu erwartenden Größenordnung 0,1 sei. RAMAN-KRISHNAN[37] machen eine Anzahl von verschieden lang exponierten Aufnahmen des Streuspektrums von CCl_4 und schätzen daraus die Intensitätsverhältnisse r für die Verschiebungen $\Delta\nu = 217$, 313, 459 cm^{-1} zu $^1/_3$, $^1/_5$, $^1/_{10}$, während für die entsprechenden Energiedifferenzen ΔE die Werte nach Gleichung (2) sind: $^1/_{2,8}$, $^1/_{4,4}$, $^1/_{8,8}$. KRISHNAN[43] zeigt an Photometerkurven der Streuspektren von CCl_4, daß r mit zunehmender Temperatur (zwischen 34 und 81°) zunimmt, indem J_b wächst und J_r abnimmt. Das Verhalten von r entspricht also qualitativ der Temperaturabhängigkeit in Gleichung (2); ob aber an der Veränderung von r auch eine merkliche Veränderung von J_r beteiligt ist, bleibe zunächst dahingestellt, obwohl auch DADIEU-KOHLRAUSCH[125] als Temperatureffekt für J_r, J_b, J_u (unverschobene Streulinie) folgendes qualitative Ergebnis erhielten: Bei CCl_4 ($\Delta\nu = 217$, 313, 459, Temperaturintervall 9 bis 52° C) nimmt J_r mit zunehmender Temperatur ab, J_u zu, J_b bleibt fast unverändert. Im Mittel ergab sich schätzungsweise $r = {}^1/_3$, $^1/_5$, $^1/_7$ für die drei Verschiebungen, also Werte ähnlich den von RAMAN-KRISHNAN angegebenen. GANESAN-VENKATESWARAN[132] finden in CS_2 eine auch blauverschobene Linie mit $\Delta\nu = 655$, für welche r aber nur zu $\sim {}^1/_{50}$ geschätzt wurde, während $^1/_{20}$ zu erwarten war.

Gegenüber diesen qualitativen Angaben über das gesuchte Intensitätsverhältnis r bei der Streuung an Flüssigkeiten — an Gasen wurde noch nicht beobachtet und die Ergebnisse an Krystallen folgen weiter unten — bedeuten die nun zu besprechenden Versuche von DAURE, ORNSTEIN-RECKVELD und SIRKAR einen wesentlichen Fortschritt in der Richtung quantitativ verwertbarer Ergebnisse.

DAURE[55, 144, 200] beobachtete bei Zimmertemperatur (20°) an den Chloriden CCl_4, $AsCl_3$, PCl_3 und bestimmte quantitativ die

Abhängigkeit der Verhältnisse r von der Größe der Verschiebung $\Delta\nu$, d. h. es wird in Gleichung (2) der Betrag ΔE variiert. Auf derselben photographischen Platte wurde einerseits das auszumessende Streuspektrum, andererseits eine Reihe von Intensitätsmarken aufgenommen, die durch Entfernungsvariation der einen diffus reflektierenden Schirm beleuchtenden Standardlichtquelle erhalten wurden; als Vergleichslicht bekannter Energieverteilung wurde entweder der Kohlenbogen ($T = 3780$ abs. Farbtemperatur) oder die Wolframlampe ($T = 2980$ absolute Farbtemperatur) verwendet. Die Platten wurden mit dem FABRY-BUISSONschen Mikrophotometer ausgemessen. Die Genauigkeit der Angaben für r wird zu 10% angegeben; die gefundenen Werte für r enthält Tabelle 15. ORNSTEIN und REKVELD[159] beobachteten

Tabelle 15. $r = J_b/J_r$ als Funktion von $\Delta\nu$ (DAURE[200]).

Substanz	$AsCl_3$	PCl_3	CCl_4	CCl_4	$AsCl_3$	CCl_4	PCl_3
$\Delta\nu$ in cm^{-1}	157	190	217	313	370	459	480
r, bezogen auf Kohle	0,42	0,35	0,34	0,20	0,115	0,092	0,072
r, bezogen auf Wolfram	—	—	0,28	0,18	—	—	—

nur an den drei tiefsten Frequenzen von CCl_4, aber unter Variation der Temperatur, allerdings nur innerhalb der engen Grenzen von +1 bis 67°. Die Intensitätsmarken wurden durch Veränderung der Spaltbreite hergestellt und die Streuspektren mit dem MOLLschen Mikrophotometer ausgemessen. In Tabelle 16 sind die Ergebnisse ihrer Messungen zusammengestellt, wobei der Vergleichbarkeit wegen an Stelle der von ihnen angegebenen Werte für $1/r$ die Werte für r berechnet wurden. Der Intensitätsvergleich

Tabelle 16. r als Funktion von $\Delta\nu$, ν und T (ORNSTEIN-REKVELD[159]).

Erregung	4358 Å			4047 Å		
$\Delta\nu$	217	313	459	217	313	459
$T = 274$ abs	0,35	0,18	$0{,}08_3$	0,32	0,18	$0{,}08_4$
300	0,38	0,24	$0{,}10_3$	0,33	0,23	$0{,}11_1$
312	0,40	0,23	—	0,39	0,24	—
324	0,40	0,26	$0{,}12_4$	0,37	0,23	$0{,}13_3$
340	0,38	0,26	$0{,}14_3$	0,42	0,28	$0{,}14_3$

wurde sowohl für die Trabanten der Hge-Linie ($\lambda = 4358$) als der Hgk-Linie ($\lambda = 4047$ Å) durchgeführt. Wie die Zahlen der Tabelle zeigen, ist innerhalb der Meßgenauigkeit kein systematischer Unterschied bei Variation der Erregerfrequenz (linke und rechte Hälfte der Tabelle) zu erkennen. Für die folgenden Zwecke werden die Angaben der beiden Hälften zu Mittelwerten für r zusammengezogen.

Ist für das Intensitätsverhältnis r, so wie bisher der Einfachheit halber angenommen wurde, nur das Verhältnis der Zahl der Moleküle im Zustand E bzw. $E + \Delta E$ maßgebend, dann ist also

$$r = e^{\frac{hc}{k} \cdot \frac{\Delta \nu}{T}} \qquad \text{oder} \qquad \log r = -A \cdot \frac{\Delta \nu}{T}.$$

In Abb. 30 sind nun die von DAURE bzw. ORNSTEIN-REKVELD

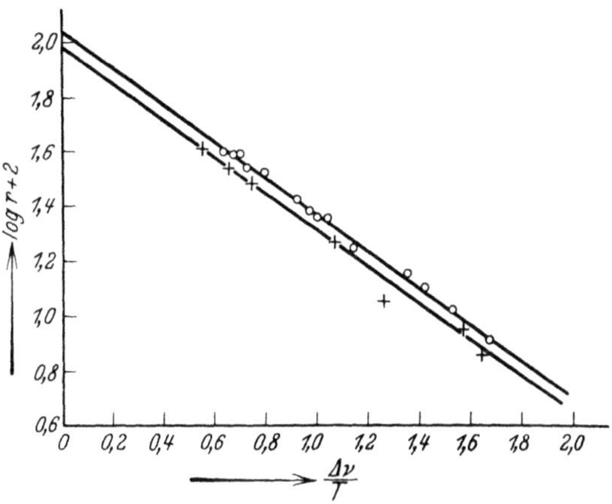

Abb. 30. $\log r$ als $f(\Delta\nu/T)$. Beobachtet: * von DAURE[200], ° von ORNSTEIN-REKVELD[159].

gefundenen Werte für $\log r$ als Ordinate, $\Delta\nu/T$ als Abszisse aufgetragen. Man sieht: Die Ergebnisse beider Beobachter liefern zwei parallele Gerade, die knapp unter- und oberhalb des Nullpunktes der Ordinatenachse (für $\Delta\nu/T = 0$, $r = 1$, $\log r + 2 = 2$) vorbeigehen. Aus der gemeinsamen Neigung errechnet man A zu 0,664, woraus sich $h/k = 5{,}09 \cdot 10^{-11}$ grad sec ergibt, während hierfür üblicherweise der Wert $4{,}78 \cdot 10^{-11}$ angegeben wird. ORNSTEIN-REKVELD, die mit ein wenig anderen Zahlen für $\Delta\nu$ rechnen, legen die Gerade durch den Nullpunkt. Tut man dies, obwohl die in Abb. 30 vereinigten Messungen nicht dafür sprechen, so erhält man für die Neigung $A = 0{,}624$ und daraus $h/k = 4{,}79 \cdot 10^{-11}$ in vollkommener Übereinstimmung mit dem theoretischen Wert. Daher haben ORNSTEIN-REKVELD sowohl als DAURE darauf verwiesen, daß sich hier eine neue Methode zur Bestimmung der fundamentalen LOSCHMIDTschen Zahl (es ist $k = \mathfrak{R}/L$, $\mathfrak{R}$ = allgemeine Gaskonstante) darbiete.

Jedoch ist nicht zu vergessen, daß der Zusammenhang zwischen r und $\Delta\nu/T$ nach der Theorie nicht ganz so einfach ist. Vielmehr sollte in nächster Näherung gelten (vgl. § 72)

$$r = \left(\frac{\nu + \Delta\nu}{\nu - \Delta\nu}\right)^4 \cdot e^{-\frac{hc}{k} \cdot \frac{\Delta\nu}{T}},$$

so daß eine kleine, bisher außerhalb der Beobachtungsgenauigkeit liegende Abhängigkeit von der Erregerfrequenz zu erwarten wäre. Exakt läßt sich theoretisch der Wert für r überhaupt nicht angeben, da er überdies von den Absorptionsfrequenzen des streuenden Mediums abhängt.

An Krystallen wurde die Frage nach der Abhängigkeit der Intensität der blau- und rotverschobenen Trabanten zunächst von BRICKWEDDE-PETERS[62] geprüft; in einer kurzen Notiz berichten sie über die Veränderung der beiden starken Ramanlinien des Quarzes bei einem Temperaturwechsel zwischen $-180°$ und $+550°$ C. Die blauverschobene Linie $\Delta\nu = 465$ nimmt mit zunehmender Temperatur schnell, die Linie $\Delta\nu = 127$ cm^{-1} etwas langsamer an Intensität zu; die entsprechend rotverschobenen Trabanten werden ein wenig schwächer bei höherer Temperatur. Gleichzeitig berichten die Autoren aber auch über eine Veränderung der Linien insofern, als die bei Zimmertemperatur relativ scharfe 465-Linie (ebenso wie die zugehörige weniger scharfe blauverschobene Linie) mit zunehmender Temperatur breiter und diffuser wird. Derartiges erschwert natürlich den Intensitätsvergleich.

Eingehender wurde dieselbe Aufgabe an Quarz von LANDSBERG-LEONTOWITSCH[67] und LANDSBERG-MANDELSTAM[214] behandelt. LANDSBERG-LEONTOWITSCH erhielten zuerst das Ergebnis, daß mit zunehmender Temperatur die Intensität der rotverschobenen Trabanten praktisch konstant bleibe, die der unverschobenen Streulinien proportional mit der Temperatur, die blauverschobenen Trabanten aber wesentlich rascher zunehmen. Nachdem dann LANDSBERG-MANDELSTAM[169] gleichfalls die Veränderung im Aussehen der Linien feststellten — die Linie $\Delta\nu = 207$ cm^{-1}, die bei Zimmertemperatur scharf ist, wird bei höherer Temperatur immer verwaschener, bis sie bei 600° überhaupt nicht mehr erkennbar ist —, wurden die Intensitätsmessungen neuerlich mit größter Sorgfalt aufgenommen[214]. Es wurde gefunden: Die Intensität der rotverschobenen Linien steigt zwischen 22° und 537° auf das 1,29fache, die der blauverschobenen auf das 6fache, die der unverschobenen Linien auf das 2,75fache; das Verhältnis $1/r$ fällt von 12 auf $2{,}5_5$.

Den Grund für die Temperaturabhängigkeit der roten Trabanten erblicken die Autoren darin, daß mindestens bei den Krystallen anzunehmen sei, daß sich an der rotverschobenen Linie nicht *nur* die Moleküle im Grundzustand, sondern auch angeregte Zentren durch Aufnahme eines Energiequants beteiligen. Sie finden so für die Abhängigkeit der Intensität von der Temperatur die Ausdrücke:

$$J_r = \frac{A}{1 - e^{-\frac{\Delta E}{kT}}}; \qquad J_b = \frac{A'}{1 - e^{-\frac{\Delta E}{kT}}} \cdot e^{-\frac{\Delta E}{kT}}; \qquad \frac{A'}{A} = \left(\frac{\nu + \Delta\nu}{\nu - \Delta\nu}\right)^4,$$

daher:

$$r = \frac{J_b}{J_r} = \left(\frac{\nu + \Delta\nu}{\nu - \Delta\nu}\right)^4 \cdot e^{-\frac{\Delta E}{kT}}.$$

Das gibt die gleiche Beziehung für r, wie früher verwendet, wobei aber sowohl J_r als J_b jedes für sich temperaturabhängig sind. Die oben mitgeteilten Zahlen für J_r und J_b entsprechen innerhalb der erreichten Genauigkeit dieser theoretischen Erwartung.

§ 37. Das Intensitätsverhältnis zwischen verschobener Linie und anregender Linie.

Der direkte Vergleich der Intensität von Erregerlinie J_0 und Streulinie scheint bisher nur einmal, und zwar von Ornstein-Rekveld[246] durchgeführt worden zu sein; allerdings nicht absolut, wie es etwa zur Beantwortung von Ausbeutefragen nötig wäre, sondern relativ, zur Beantwortung der Frage, ob die Ausbeute von der Erregerfrequenz abhängt.

Dazu wurde zunächst festgestellt, ob nicht durch sekundäre Umstände (Absorption in der Versuchsflüssigkeit CCl_4, Brechungen und Reflexionen auf dem Lichtweg) eine Frequenzabhängigkeit der Erregerintensität vorgetäuscht wird; das war nicht der Fall, so daß man im weiteren die Intensität der Ramanlinie direkt mit der des spektral zerlegten Lichtes vergleichen kann.

Es ergab sich, daß für die drei Linien $\Delta\nu = 217, 313, 459$ unabhängig von $\Delta\nu$ und unabhängig davon, ob blau- oder rotverschoben, die folgende Intensitätsabhängigkeit von der anregenden Frequenz gilt:

Erregerfrequenz: $\nu =$	24705	22938	18308
relative Intensität: $J' = J_r/J_0 =$	100	73	32
$1/\nu^4 \cdot J' \cdot 10^{16} =$	2,68	2,64	2,85

Entsprechend der theoretischen Erwartung ist also, wie die letzte Zeile zeigt, die Intensität der Ramanlinien der vierten Potenz der Erregerfrequenz proportional. Die Theorie fordert eigentlich Proportionalität mit $(\nu \pm \Delta\nu)^4$, doch fällt der Unterschied angesichts der nur geringen Variation von $\Delta\nu$ gegenüber ν^4 unter die Beobachtungsgenauigkeit. Auch ein Einfluß des Abstandes der Erregerfrequenz von der Absorptionsfrequenz („Resonanznenner" in der Dispersionsformel, vgl. § 5) macht sich nicht bemerkbar.

In letzter Zeit hat REKVELD[404] das Intensitätsverhältnis J' in Abhängigkeit von der Lage der Erregerfrequenz ν bestimmt und zwar für die zur CH-Schwingung gehörige Verschiebung $\Delta\nu = 2832\ \mathrm{cm}^{-1}$ in Methylalkohol. Es ergab sich:

Erregerlinie: $\lambda =$	2537	2652	2894	2964	3022	3126 Å
relative Intensität: $J' =$	17,0	10,0	3,4	2,6	2,4	2,0

Die letzten drei Werte entsprechen einer Proportionalität von J' mit $(\nu - \Delta\nu)^4$; die ersten Werte zeigen starke Überschreitungen dieser Proportionalität, da sich hier der Einfluß der Resonanznenner in der Dispersionsformel (S. 7) bemerkbar macht, bzw. da J' proportional ist mit

$$\frac{(\nu - \Delta\nu)^4}{\nu_a^2 - \nu^2},$$

wenn ν_a die Absorptionsfrequenz (ν_{px}) bedeutet. Letztere ergibt sich aus diesen Intensitätsmessungen zu $43900\ \mathrm{cm}^{-1} \sim 2280$ Å, während aus Absorptionsmessungen 2200 Å gefunden wurde. Bezeichnender Weise handelt es sich dabei um jene Absorptionfrequenz ν_a, die nach HENRI den Bindeelektronen der CH-Gruppe zuzuordnen ist.

Schon vor den eben besprochenen Versuchen hat DAURE — dessen Arbeit[200] überhaupt zu den besten der nun schon so großen Ramanliteratur zu rechnen ist — dieselbe Frage behandelt und ist nach einem anfänglich infolge eines Fehlers anders gearteten Ergebnis schließlich[200] zu demselben Resultat der Proportionalität mit ν^4 gekommen. Nur ist seine Schlußweise insofern indirekt, als er die Abhängigkeit des Intensitätsverhältnisses

$$\frac{J_{\text{rotverschoben}}}{J_{\text{unverschoben}}} = \frac{J_r}{J_u}$$

von der Frequenz der unverschobenen Linie bestimmt. Da er keine solche Abhängigkeit, vielmehr Konstanz des obigen Verhältnisses im Streuspektrum findet, so folgt daraus, daß J_r der Intensität der unverschobenen Linie J_u proportional ist. Setzt man — was aber an zerlegtem Streulicht bisher noch nicht nachgewiesen wurde — voraus, daß die Tyndallstreuung proportional mit ν^4 sei, so folgt dasselbe für die verschobene Streustrahlung.

Durch Kombination der Beobachtungen Ornstein-Rekvelds mit denen Daures kann man aber jetzt umgekehrt folgern: Erstere weisen nach, daß die Intensität der verschobenen Streuung mit ν^4 proportional sei, letzterer weist nach, daß die unverschobene Streuung mit der verschobenen proportional sei, daher folgt, daß auch die spektral zerlegte Tyndallstreuung bezüglich ihrer Intensität J_u mit ν^4 zunimmt. Allerdings erheben Ornstein-Rekveld experimentelle Bedenken gegen Daures Methode; denn für ein unverfälschtes Ergebnis des Intensitätsvergleiches verschoben/unverschoben müßte alles Licht, das nicht durch unverschobene Streuung *am Molekül* entstanden ist, vom Spektrographen ferngehalten werden. Und dies ist wegen der kaum vermeidbaren Reflexionen an den Gefäßwänden oder an suspendierten Fremdkörpern in der Streusubstanz nicht leicht exakt zu erfüllen.

Dieselben Einwände sind (vgl. Ornstein-Rekveld[358]) gegen die Beobachtungen Sirkars[337, 353] vorzubringen, der im wesentlichen die Dauresche Methode mit etwas geänderten Beobachtungshilfsmitteln wiederholt. Seine Ergebnisse bezüglich CCl_4[337] sind völlig andere; allerdings ist die Berechnungsweise auch eine ganz andere, da von Sirkar das Vorhandensein einer Schwächung des Lichtes durch Absorption behauptet und dementsprechend eine Absorptionskorrektur angebracht wird. Dagegen wenden Ornstein-Rekveld[358] ein, daß auch neuerliche direkte thermoelektrische Messungen über die Absorption in 8 cm dicken Schichten CCl_4 negativ verliefen, daß somit kein Grund für diese Korrektur bestünde; ohne diese Korrektur könne man aber auch aus den Beobachtungen SIRKARS ein mit dem ν^4-Gesetz verträgliches Resultat ableiten.

In einer zweiten Arbeit berichtet nun aber SIRKAR[353] über Beobachtungen an Linien, die um große Beträge verschoben sind; $\Delta\nu = 991$ und 3060 cm^{-1} in Benzol, und $\Delta\nu = 800$ und 2853 in Cyclohexan. Absorptionskorrekturen werden keine angebracht. Trotzdem sind die Abweichungen von dem ν^4-Gesetz außerordentlich groß und erreichen in einem Fall ($\Delta\nu = 3060$) eine Überschreitung der nach diesem Gesetz zu erwartenden Intensität um 267%! SIRKAR glaubt, darin einen Ausfluß von molekularen Eigenschaften erblicken zu können, die, wie z. B. Anisotropie und Polarisierbarkeit bzw. deren Veränderung mit der Kerndistanz, in MANNEBACKS quantenmechanischer Behandlung der Frage als frequenzempfindlich angesetzt sind. Jedoch wird es einer Nachprüfung der experimentellen Angaben — die Messungen sind sehr heikel — bedürfen, bevor solche Schlüsse gezogen werden dürfen. Qualitativ haben sich schon viel früher RAMAN-KRISHNAN[37] mit dieser Frage beschäftigt und sind — allerdings auf Grund von Abschätzungen — zu einem ähnlichen Ergebnis gekommen wie SIRKAR. Neuerdings hat WERTH[342] das gleiche Thema behandelt, jedoch liegen zur Zeit noch keine abschließenden Angaben vor.

LANDSBERG-MANDELSTAM[214] schließen aus ihren quantitativen Messungen an der Streustrahlung von Quarz ebenfalls, daß die Unabhängigkeit des Intensitätsverhältnisses zwischen rotverschobener und unverschobener Streustrahlung von der anregenden Frequenz und damit die Proportionalität zwischen J_r und ν^4 zwar im wesentlichen erfüllt ist, daß sich aber immerhin Exzesse im Sinne der Bevorzugung von kurzwelligen Erregerfrequenzen einstellen; für die Erregung durch $\lambda = 4047$ beträgt das Intensitätsverhältnis zwischen rotverschobener Linie $\Delta\nu = 465$ und unverschobener Linie 0,28 und steigt mit zunehmender Erregerfrequenz bis zum Wert 0,38 für die Erregung durch $\lambda = 2654$ Å. Theoretisch wäre auch eine leichte Zunahme zu erwarten, denn es sollte

$$\frac{J_{(\text{rotverschoben})}}{J_{(\text{unverschoben})}} \sim \left(\frac{\nu - \Delta\nu}{\nu}\right)^4 \simeq 1 - \frac{4\Delta\nu}{\nu};$$

bei gleichbleibendem $\Delta\nu$ wächst die rechte Seite mit zunehmendem ν; jedoch nicht so stark, als es beobachtet wurde. Die Autoren selbst verzichten mit Rücksicht auf die noch vorhandenen Unsicherheiten der Messung auf weitere daraus zu ziehende Schlüsse.

§ 38. Intensitätsverteilung und Molekülbau.

In bezug auf die Abhängigkeit der Intensität der verschobenen Streulinien (bei vorgegebener Erregerfrequenz) vom Aggregatzustand liegen nur Relativmessungen vor. RAMDAS[27] verglich die Expositionszeiten, die notwendig sind, um von flüssigem Äther die gleiche Intensität der a) unverschobenen und b) verschobenen Streulinie zu erhalten wie von Ätherdampf. Aus solchen Beobachtungen ergab sich, daß im flüssigen Zustand, in dem die Zahl der Moleküle je cm^3 etwa 250mal größer ist, die unverschobene Linie mit ungefähr 25facher, die verschobene Linie aber mit 300facher Intensität gestreut wird.

BHAGAVANTAM[345] variiert die Expositionszeit für das Streuspektrum von Benzol so lange, bis die Intensität der um $\varDelta\nu = 991\ cm^{-1}$ verschobenen Linie ungefähr denselben Wert hat wie die Hauptlinie $\varDelta\nu = 1332$ des Diamant; daraus konnte geschlossen werden, daß die Intensität der letzteren Linie der Größenordnung nach 6mal größer ist als die der Hauptlinie von Benzol. Unter der (wohl nicht ganz zutreffenden) Voraussetzung, daß es sich bei beiden Linien um eine *gleichartige* Äußerung von C—C-Bindungen handle, kann man versuchen, ob dieses Intensitätsverhältnis dem Verhältnis der Zahl der C-Atome im cm^3 gleich ist; Dichte (3,51) durch Molekulargewicht ist für Diamant gleich 0,292, für Benzol 0,0113, wobei noch jedes Molekül 6 C-Atome enthält, so daß die „C-Dichte" gleich 0,0678 würde. Das Verhältnis beider Zahlen ist 4,2. Nun ist 991 nicht die einzige C—C-Schwingung; nimmt man auch die Schwingung $\varDelta\nu = 1600$, die laut Tabelle 17 (vgl. weiter unten) etwa halb so intensiv ist als $\varDelta\nu = 991$, und denkt man sich beide Linien, so wie in Diamant, auf eine einzige Linie zusammengezogen, so hätte als experimentelles Ergebnis nicht $6:1$, sondern $6:{}^3/_2 = 4$ gefunden werden müssen; in Übereinstimmung mit der Konzentration der C-Atome. Wenn dies auch mit der Erwartung stimmt, so dürfte die Schlußweise doch als etwas verfrüht und ungesichert erscheinen.

Ferner sei ein von DAURE mitgeteiltes Zahlenmaterial in Tabelle 17 zusammengestellt. DAURE[200] bestimmte für die Hauptlinien einiger Flüssigkeiten das Intensitätsverhältnis der rotver-

Tabelle 17. Relative Linienintensitäten J'_r, bezogen auf die unverschobene Streulinie.

Benzol	$\Delta\nu$	991	1178	1584+1605	3047+3061			$\sum J'_r$
C_6H_6	J'_r	0,005	0,0015	0,0025	0,007			0,016
Cyclohexan	$\Delta\nu$	800	1029	1268	1442	2860	2921+2935	
C_6H_{12}	J'_r	0,004	0,006	0,005	0,007	0,027	0,045	0,094
ohlenst.Tetrachl.	$\Delta\nu$	217	313	459	760+791			
CCl_4	J'_r	0,01	0,013	0,006	0,0075			0,0365
Arsen-Trichl.	$\Delta\nu$	158	194	370	405			
$AsCl_3$	J'_r	0,04	0,01	0,0225	0,0225			0,10
Phosphor-Trichl.	$\Delta\nu$	190	260	484	511			
PCl_3	J'_r	0,015	0,005	0,01	0,01			0,04

schobenen zur unverschobenen Frequenz. In der letzten Kolonne sind alle relativen Intensitäten J'_r addiert, wodurch man die gesamte in den verschobenen Linien steckende Streuintensität bezogen auf die Intensität der unverschoben gestreuten Erregerlinie erhält. Nun ist für einige dieser Substanzen das integrale Streuvermögen bezogen auf irgendeine Substanz T (Toluol) bekannt*. Für C_6H_6, C_6H_{12}, CCl_4 sind im folgenden $J_u + J_r$, $J_r/J_u = J'_r$, ϱ (Dichte), M (Molekulargewicht) angegeben.

	$J_u + J_r$	$J_r/J_u = J'_r$	ϱ	M	$M/\varrho \cdot J_r$
Benzol	$3{,}2 \cdot T$	0,016	0,881	78	$4{,}5 \cdot T$
Cyclohexan	$1{,}54 \cdot T$	0,094	0,783	84	$14{,}2 \cdot T$
Tetrachlorkohlenst,.	$1{,}10 \cdot T$	0,0365	1,596	154	$3{,}8 \cdot T$

Aus den Angaben der vier ersten Kolonnen läßt sich $J_r \cdot M/\varrho$, d. i. die ganze im Ramanspektrum steckende Intensität, reduziert auf das einzelne Molekül und ausgedrückt in irgendeiner Vergleichsintensität berechnen. Es ergibt sich das eigentümliche Resultat, daß im Cyclohexan die Fähigkeit des Moleküles, verschobene Streustrahlung zu liefern, größer ist als in den beiden anderen Substanzen. Ob dies reell ist, müssen weitere Versuche zeigen; eine geringe Trübung der Flüssigkeit oder Spuren von falschem Licht müssen das Verhältnis J_r/J_u durch Vergrößerung von J_u sehr herabdrücken und fälschen, so daß sehr große, vielleicht exakt gar nicht erfüllbare Forderungen an die Sauberkeit der Anordnung gestellt werden. Dazu kommt der Einfluß des

* Cabannes, La diffusion moléculaire, Paris 1929.

schwer unterdrückbaren Untergrundes, der die Intensitätsangaben für die verschobenen Linien unsicher macht.

In bezug auf den Einfluß des Molekülbaues auf die Intensität der einzelnen zu Kernschwingungen gehörigen Linien mögen noch folgende aus der Erfahrung an vielatomigen (theoretisch noch nicht behandelten) Molekülen gewonnene qualitative Feststellungen Platz finden.

1. Das in § 36 besprochene Intensitätsverhältnis $r = J_b/J_r$ hängt cet. par. noch von Eigenschaften des streuenden Moleküls ab. Z. B. ist in fast allen Fällen, bei denen im streuenden Molekül ein Halogenatom eingebaut ist, die Intensität der blauverschobenen Linien merklich größer als für gleiche oder sogar kleinere $\Delta\nu$-Werte von halogenfreien Molekülen bei gleicher Temperatur.

2. Große Intensitäten werden im allgemeinen begünstigt: a) Wenn die betreffende Linie nicht depolarisiert ist, b) wenn sie zu einer optisch inaktiven Schwingung gehört, c) wenn sie der Schwingung von Atombestandteilen mit starker (doppelter, dreifacher) Bindung entspricht. Vielleicht darf man sich diese Regeln einstweilen durch folgendes klassisches Bild plausibel machen: Im Falle a) wird das Elektron, an dem die störende elektrische Welle angreift, unabhängig von der Orientierung des in bezug auf die betreffende Schwingung isotropen Moleküls stets *in* der Richtung des elektrischen Vektors, also sehr kräftig aus seiner Ruhelage gerissen. Die Störung ist eine große, die Rückwirkung auf die Kernschwingung stark, daher deren Amplitude groß. Im Falle b) ist die Schwingung der Kerne im allgemeinen so beschaffen, daß sie *in* der Richtung der Bindekräfte erfolgt, also von starken relativen Änderungen der Kerndistanz begleitet ist; diese beiden Fälle begünstigen also die Asymmetrie der Schwingung dadurch, daß die Elongationen groß werden. Der dritte Fall begünstigt die Intensität, weil infolge der starken Bindung bereits kleine Elongationen hinreichen, die Schwingung asymmetrisch zu machen. (Bezüglich des Zusammenhanges zwischen Asymmetrie und Intensität vgl. §§ 4, 69.)

3. Ferner muß in diesem Zusammenhang auf die interessanten Ergebnisse hingewiesen werden, die KRISHNAMURTI[248, 281, 297, 312, 336, 350] bei seinen systematischen Studien mit der Krystallpulvermethode erhalten hat. Bei den krystallisierten anorganischen Chloriden stellte sich deutlich heraus, daß der S.R.E. dieser Substanzen um

so stärker ist, je ausgeprägter die Homöopolarität der Bindung zwischen Kation und Anion ist. Z. B. erhält man intensive Ramanlinien in Mercurichlorid $HgCl_2$, Mercurochlorid Hg_2Cl_2 und in den Chloriden von P, As, Sb, C, Si, Ti, Sn, ($SnCl_4$), H (alles für den krystallisierten Zustand gemeint); schwache Ramanlinien in den Substanzen $BiCl_3$, $ZnCl_2$, CdJ_2 und $AuCl_3$; keine Ramanlinien in den Chloriden von Na, K, NH_4, Ba, Ag, Cu, Cd, Mg, Sn, ($SnCl_2$), Th, in $CdBr_2$, PbJ_2, KJ, LiF, NaF, CaF_2. KRISHNAMURTI bespricht dann ausführlich, wie diese letzten Substanzen gerade jene sind, für welche alle Kriterien (hohe Leitfähigkeit gerade oberhalb des Schmelzpunktes, Ionengitter, geringe Fähigkeit, stabile organische Verbindungen zu geben, usw.) für polaren Charakter der Bindung sprechen.

KRISHNAMURTI[312] bemerkt auch den folgenden merkwürdigen Umstand: Krystallisiertes Nickel- und Eisensulfat (Ni- und $FeSO_4$) geben keinen S.R.E., während die gesättigte Lösung von $FeSO_4$ ein wenn auch nicht sehr kräftiges Ramanspektrum zeigt. Kupfer und Mangansulfat geben krystallisiert nur ein sehr schwaches Spektrum; auch die Nitrate dieser Substanzen geben nur sehr schwache Effekte. KRISHNAMURTI bringt dies in Verbindung mit dem Paramagnetismus des Kations in diesen Substanzen, dessen Einfluß verschwindet, wenn in der Lösung Ionisierung eintritt.

SALANT-SANDOW[379] vergleichen an Hand photometrischer Ausmessungen der Ramanspektren von gasförmigem HCl, HBr, HJ die relativen Intensitäten der zugehörigen Streulinien und finden, daß die Intensität von HCl über HBr nach HJ wächst; sie bringen dies in Zusammenhang mit der durch den Einfluß der Resonanznenner beschriebenen leichteren Anregbarkeit von Molekülen, deren Absorptionsfrequenz nahe der Anregungsfrequenz liegt. Die langwelligen Kanten der in Absorption auftretenden Kontinua dieser Substanzen liegen bei 45455, 37879, 30120 cm^{-1}; daher nehmen die Differenzen gegen die Erregerlinie von HCl nach HJ ab, die Intensitäten zu.

Schließlich sei noch der Vollständigkeit halber auf eine Arbeit von POKROWSKI-GORDON[217] verwiesen, die — entgegen allen theoretischen Erwartungen — eine räumliche Unsymmetrie in der Intensität der Streustrahlung insofern gefunden haben wollen, als bei Beobachtung unter einem $\sphericalangle \varphi$ gegen die Richtung des Erregerlichtes eine andere Intensität $(J_r)_\varphi$ auftritt, als bei Beobachtung unter dem $\sphericalangle \pi - \varphi$. Für das Verhältnis $(J_r)_\varphi/(J_r)_{\pi-\varphi}$ wird bei $\varphi = 20°$ ein Wert 2,9 für eine Ramanlinie des Wassers und 3,2 für Benzol angegeben.

6. Der Polarisationszustand der Ramanlinien.

§ 39. Allgemeines.

Die experimentellen und theoretischen Kenntnisse über den Polarisationszustand der verschoben gestreuten Strahlung sind noch recht gering. Theoretische Überlegungen über die zu erwartende Polarisation findet man bei CABANNES-ROCARD[51], die den Effekt mit klassischen Mitteln auf Grund ihrer „Schwebungstheorie" (vgl. § 70) für ein zweiatomiges Molekül mit gleichen Kernen berechnen; bei HILL-KEMBLE[114], die das Problem qualitativ vom Standpunkt der Wellenmechanik diskutieren, gleichfalls für ein zweiatomiges Molekül; ähnliche Überlegungen bei CARELLI[20, 77]; eine quantitative quantenmechanische Durchrechnung des Verhaltens eines zweiatomigen Singulett-Σ-Moleküls (also nicht gültig für NO) im Gaszustand bei MANNEBACK[245]. Für das Verhalten im krystallinen Zustand liegt eine klassische Betrachtung vor von MANDELSTAM-LANDSBERG-LEONTOWITSCH[212] bzw. LEONTOWITSCH[237] und die analoge quantenmechanische Behandlung von TAMM[213]; dabei wird der S.R.E. auf jene Schwankungen des Brechungsexponenten (optischen Dielektrizitätstensors) zurückgeführt, die infolge Strukturschwankungen (bedingt durch die zum ultraroten Teil des elastischen Krystallspektrums gehörigen Schwingungen) hervorgerufen werden (§ 71). Zu eindeutigen Aussagen kommt die Theorie jedoch nur für die inneren Schwingungen, und zwar nur für einfache und zweifache Eigenschwingungen.

Sind danach die Aussagen der Theorie auf die einfachsten Fälle beschränkt, so sind andererseits die Aussagen des Experimentes ebenfalls dürftig und betreffen mit wenigen Ausnahmen theoretisch nicht behandelbare Fälle. An gasförmigen Substanzen wurden die Polarisationsverhältnisse der Streustrahlung überhaupt noch nicht beobachtet, daher fehlen auch Kenntnisse über den Polarisationszustand der Rotationslinien. Die Ergebnisse, die an Krystallen gefunden wurden, sind teils untereinander widerspruchsvoll, teils in wenig guter Übereinstimmung mit der Theorie. Und für mehratomige Moleküle im flüssigen Zustand, für welche die bisherigen Beobachtungen zu übereinstimmenden Ergebnissen gelangten, existiert keine explizit ausgearbeitete Theorie. Man muß sich daher beim jetzigen Stand der Forschung im wesentlichen auf die zusammenfassende Beschreibung der Versuchsergebnisse beschränken.

Für diese Beschreibung denke man sich ein rechtwinkliges Koordinatensystem (Abb. 31) so in den Streukörper gelegt, daß der Ursprung O mit dem Streuzentrum und die x-Achse mit der Richtung des einfallenden Lichtes zusammenfällt. Die Beobachtungsrichtung liege in der xy-Ebene und fällt, da in den meisten Fällen unter 90° gegen die Richtung des Erregerlichtes beobachtet wird, gewöhnlich mit der y-Richtung selbst zusammen. Bei der Untersuchung des Polarisationszustandes des Streulichtes wird meist mit natürlichem Licht bestrahlt; das entstehende Streulicht wird vor Eintritt in den Spalt des Spektrographen entweder mit Hilfe eines doppeltbrechenden Prismas (WOLLASTON, ROCHON) in eine mit der z-Achse parallele (π) und eine dazu senkrechte Komponente (σ) gespalten, wobei die beiden Büschel die obere und untere Spalthälfte beleuchten; die zugehörigen Streuspektren liegen auf der Platte übereinander und können leicht bezüglich ihrer Eigenschaften miteinander verglichen werden. Man erhält beide Komponenten bei derselben Exposition und ist von zeitlichen Intensitätsschwankungen der Lichtquelle unabhängig. Oder man schaltet vor den Spalt ein NICOLsches Prisma in den Strahlengang, dessen kurze Diagonale bei der ersten Aufnahme parallel, bei der zweiten senkrecht zur Richtung z gestellt wird. Dann benötigt man zwei Expositionen, um die beiden senkrecht zueinander schwingenden Komponenten des Streulichtes auf die Platte zu bekommen. In einigen Fällen wurden auch Versuche mit polarisiertem Primärlicht angestellt. PLACZEK-VAN WIJK[372] versuchen die viel lichtstärkere WOODsche

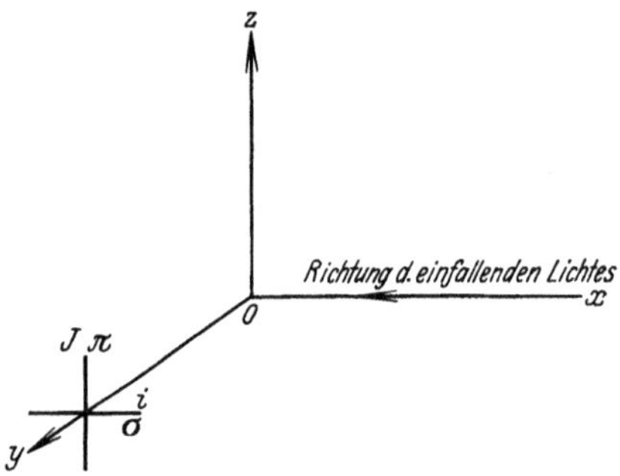

Abb. 31.
Zur Orientierung bei Polarisationsbeobachtungen.

Anordnung (etwa Abb. 12, S. 33), die wegen der nicht definierten Einfallsrichtung des Erregerlichtes für Polarisationsmessungen zunächst nicht brauchbar wäre — der Depolarisationsgrad ϱ (s. unten) variiert der Natur der Sache nach mit dem Beobachtungswinkel — durch Vergleich mit den Ergebnissen an „klassischen" Anordnungen (etwa Abb. 16, S. 37) zu eichen und verwendbar zu machen.

Schwingt der elektrische Vektor des zerlegten Streulichtes parallel zur z-Richtung (allgemeiner: senkrecht auf der durch Einfallsstrahl und Beobachtungsrichtung definierten Ebene), dann werde die Schwingung als π-Schwingung, die zugehörige Intensität mit J_π (oder $J_{\|}$) bezeichnet. Schwingt der elektrische Vektor senkrecht zur z-Richtung (die kurze Diagonale der Nicolstirnfläche liegt dann *in* der oben definierten Ebene), soll von σ-Schwingung und von der Intensität J_σ (oder $J_\perp$) gesprochen werden; der Buchstabe d bedeute „depolarisiert" bzw. unpolarisiert. Versteht man unter „Depolarisationsverhältnis" ϱ den Bruch

$$\varrho = \frac{J_\sigma}{J_\pi},$$

dann entspricht

$\varrho = 1$ einer d-Schwingung
$\varrho = 0$ einer reinen π-Schwingung
$\varrho = \infty$ einer reinen σ-Schwingung.

Was den Polarisationszustand der *unverschobenen* Streustrahlung anbelangt, so liegen hier die Verhältnisse noch ziemlich einfach. Klassisch gedacht kommt die Tyndallstreuung dadurch zustande, daß die Elektronen der streuenden Substanz durch das elektrische Wechselfeld des einfallenden Lichtes in erzwungene, gleichfrequente Schwingungen versetzt werden und nun ihrerseits Ausgangspunkte von Kugelwellen werden. Kann die Bewegung der Elektronen mit gleicher Leichtigkeit nach jeder beliebigen Richtung erzwungen werden (Isotropie der Polarisierbarkeit), dann schwingen sie immer in derselben Richtung, wie der elektrische Lichtvektor. Da dieser senkrecht zur Einfallsrichtung (x-Richtung) schwingt, also in irgendeiner Richtung der yz-Ebene, so schwingen auch alle streuenden Elektronen in dieser Ebene, und das in die y-Richtung gelangende Licht kann nur senkrecht sowohl auf der x- als auf der y-Richtung, also parallel zur z-Achse schwingen. Diese π-Schwingung liefert bei Polarisationsversuchen ein $\varrho = 0$, das Streulicht ist vollkommen polarisiert oder, vielleicht besser ausgedrückt, nicht durch Richtungseigenschaften des Streukörpers depolarisiert.

Umgekehrt läßt der experimentelle Befund $\varrho \neq 0$ auf Depolarisationswirkung des streuenden Moleküls zurückschließen. Dieselbe kann offenbar nur dadurch zustande kommen, daß eine Anisotropie der Polarisierbarkeit vorhanden ist. Wenn z. B. das Elektron bei einer bestimmten räumlichen Lage des Moleküls nur in einer bestimmten Richtung beweglich ist, so wird es unter dem Einfluß eines in der $y\,z$-Ebene schwingenden Wechselfeldes nicht in dieser Ebene, sondern in der vorgegebenen Richtung mit der Projektion der Kraft in dieser Richtung zum Schwingen angeregt werden. Da im Falle vollkommener molekularer Unordnung alle Molekülorientierungen gleich wahrscheinlich sind, so wird das Streulicht nun nicht mehr nur parallel zur z-Achse schwingen, sondern es werden Schwingungen in allen Richtungen der $x\,z$-Ebene vorhanden sein, von denen allerdings die Schwingung in der x-Richtung selbst die Intensität Null haben muß. Zerlegt man wieder das Streulicht in die J_π- und J_σ-Komponente, so ist letztere nicht mehr Null und man kann je nach der Anisotropie der Streusubstanz Werte für ϱ zwischen Null und nahe Eins erwarten, keinesfalls aber Werte größer als Eins.

§ 40. Polarisationszustand der Ramanlinien von Flüssigkeiten.

Bereits in seiner ersten Mitteilung erwähnt RAMAN[7], daß manche verschobenen Linien fast vollkommen polarisiert sind, während der kontinuierliche Untergrund merklich depolarisiert sei. Es folgten dann rasch nacheinander Polarisationsbeobachtungen von RAMAN-KRISHNAN[19, 37] an Benzol, Amylalkohol, Tetrachlorkohlenstoff, von DAURE[23] an Benzol, von VENKATESWARAN[36] an Glycerin, von CARELLI-PRINGSHEIM-ROSEN[38] an Benzol, Toluol, Tetrachlorkohlenstoff, von CABANNES[48, VII, IX] an Benzol und Äthyläther und Halogenderivaten, von VENKATESWARAN-KARL[50] an Amylalkohol, von POKROWSKI[53] an Wasser, von LINDEMANN-KEELEY-HALL[60] an Tetrachlorkohlenstoff, von MENZIES[150] an der gleichen Substanz, von NISI[205, 396] in $SO_2 \cdot OH \cdot Cl$ u. a., VENKATESWARAN[286] an Thiophen und Zinkmethyl, und endlich in jüngerer Zeit ausführliche Beobachtungen von BHAGAVANTAM[271, 346] an einer größeren Anzahl von Substanzen*. Die Messungen sind fast durchwegs nur halbquantitativ; die Intensitäten wurden aus den Schwärzungen subjektiv geschätzt. Nur CABANNES scheint sich eine Art Schwärzungsskala verschafft zu haben, indem auf derselben Platte Aufnahmen mit Expositionen zwischen 30 Minuten und 73 Stunden vereinigt waren; die Depolarisation der unverschobenen Linie wurde als bekannt angesehen. BHAGAVANTAM wieder scheint einer von den wenigen gewesen zu sein, der die von der Apparatur selbst bewirkte Polarisation zur Korrektur brachte. Die folgenden zwei Vergleichstabellen 18 und 19 geben

Tabelle 18. Polarisation der Benzollinien. (Vergleichstabelle.)

$\Delta\nu$	605	849	991	1178	1584	1605	3046	3061
Relative Intensität	3	1	10	3	3b	1	2	5
DAURE[23] ϱ	—	—	<0,2	—	—		>0,5	
CARRELLI-PRINGSHEIM-ROSEN[38] ϱ	1	1	0,7	1	1		0,7	
CABANNES[48, VII, IX] ϱ	∼1	—	0,04	∼1	∼1		0,6	
BHAGAVANTAM[346] ϱ	1	1	<0,05	—	1		1	0,35

ein ungefähres Bild über die Verträglichkeit der von verschiedenen Beobachtern gewonnenen Aussagen über den Depolarisationsgrad ϱ für zwei herausgegriffene Beispiele (Benzol und Tetrachlorkohlenstoff). Für qualitative Zwecke ist die Übereinstimmung im allgemeinen hinreichend.

Tabelle 19. Polarisation der CCl_4-Linien. (Vergleichstabelle.)

$\Delta\nu$	217	313	459	760	791	1537
Relative Intensität	8	8	10	3	3	1
CARRELLI-PRINGSHEIM-ROSEN[38] ϱ	0,8	0,9	0,05	0,7		—
CABANNES[48, VII, IX] ϱ	—	—	0,05	—		—
BHAGAVANTAM[271] ϱ	0,75	0,8	0,1	0,75	0,75	0,33

An allgemeinen Aussagen über die Polarisationsverhältnisse eines bestimmten Streuspektrums wurden durch solche Beobachtungen folgende innerhalb der erreichten Genauigkeit gültige Sätze gewonnen:

a) Alle unverschobenen Streulinien zeigen praktisch den gleichen Polarisationszustand.

* Vgl. auch die Beobachtungen von WEST-FARNSWORTH[391] an organischen Chlorderivaten.

b) Der Polarisationszustand von verschobenen Linien bestimmter Verschiebung $\pm \Delta\nu$ ist unabhängig von der Erregerfrequenz und für blau- und rotverschobene Linien der gleiche.

c) Verschiedene Ramanlinien (mit verschiedenem $\Delta\nu$) zeigen im allgemeinen verschiedenen Polarisationszustand; häufig sind die intensivsten Linien jene, die am wenigsten depolarisiert sind.

d) Auch das in manchen Fällen auftretende kontinuierliche Spektrum (Amylalkohol, Glycerin) ist merklich polarisiert.

e) Der Depolarisationsgrad der verschobenen Linien kann größer oder kleiner sein als der der unverschobenen. (Für die Tyndallstreuung hat z. B. in Benzol ϱ den Wert 0,42.) Mit ganz vereinzelten Ausnahmen (vgl. weiter unten) übersteigt ϱ den Wert Eins nicht.

f) Für Moleküle von ähnlichem Aufbau (z.B. XY_4 oder XY_3 usw.) ist der Charakter des Streuspektrums nicht nur hinsichtlich der Lage und relativen Intensität der Ramanlinien, sondern auch hinsichtlich des relativen Polarisationszustandes der Linien weitgehend ähnlich.

g) Die Ergebnisse, die bei Bestrahlung mit unpolarisiertem Licht und Zerlegung des Streulichtes erhalten werden, sind in Übereinstimmung mit jenen, die bei Bestrahlung mit polarisiertem Licht ohne Zerlegung des Streulichtes gewonnen werden.

Der letzte Satz g) möge, bevor auf die zur Regel f) gehörigen quantitativen Ergebnisse eingegangen wird, zuerst besprochen werden. Er mag überflüssig bzw. selbstverständlich erscheinen; jedoch hat sich diesbezüglich infolge einer etwas unklaren Ausdrucksweise ein Irrtum in die Literatur eingeschlichen, der unter Umständen verwirrend wirken kann, insbesondere in Gegenüberstellung mit den widerspruchsvollen Ergebnissen der Streuung an Krystallen.

Lindemann-Keeley-Hall[60] bestrahlten CCl_4 mit polarisiertem Hg-Licht; die wörtliche Übersetzung ihrer Angaben über den Befund lautet: „Ist das erregende Licht linear polarisiert, dann verschwindet die zu $\Delta\nu = 459$ gehörige Ramanlinie dann, wenn das Streulicht in der *Polarisationsebene* des einfallenden Lichtes untersucht wird; sie erscheint doppelt so stark als die anderen beiden CCl_4-Linien ($\Delta\nu = 217$ und 313), wenn in der Richtung rechtwinklig dazu beobachtet wird.“ Da man unter Polarisationsebene (plane of polarisation) üblicherweise jene versteht, zu der die

Schwingungen des elektrischen Vektors senkrecht stehen, so würde dies heißen, daß ein in der x-Richtung einfallender linear polarisierter Strahl, dessen elektrischer Vektor in der z-Richtung (vgl. Abb. 31) schwingt, keine in die y-Richtung abgehende, also in der xz-Ebene schwingende Streustrahlung erregen kann. Dies wäre nur so möglich, daß die in Betracht kommenden Moleküle in der z-Richtung die Polarisierbarkeit Null hätten; ein Fall, den man sich angesichts der molekularen Unordnung im flüssigen Zustand kaum erklären könnte. Offenbar ist unter „plane of polarisation" jene Ebene gemeint, in der der elektrische Vektor schwingt.

Ähnliche Versuche, ebenfalls an CCl_4, hat MENZIES[150] durchgeführt. Das Licht wurde durch ein doppelbrechendes Prisma in zwei zueinander senkrecht polarisierte Büschel zerlegt, die so knapp obereinander die Flüssigkeit passierten, daß ihr mit Hilfe einer Linse entworfenes Bild die obere bzw. untere Spalthälfte des Spektrographen bedeckte, so daß auf derselben Aufnahme beide Schwingungsrichtungen erhalten und verglichen werden konnten. Die Ramanlinie mit $\Delta\nu = 459$ war nur in dem Streulicht enthalten, das von dem in der z-Richtung schwingenden Primärbündel erregt war, während $\Delta\nu = 217$ und 313 etwa gleich stark von beiden Bündeln erregt wurde. Die Linien $\Delta\nu = 760$ und 791 waren im z-Büschel eher etwas stärker. Dieses Ergebnis entspricht ungefähr dem, was nach den Angaben der Tabelle 19 zu erwarten war, wenn man nicht etwa voraussetzen wollte, daß eine von der räumlichen Orientierung des Moleküls unabhängige Anisotropie der Polarisierbarkeit möglich sei. MENZIES gibt ferner an, daß die Linie 459, die schon bei Erregung mit natürlichem Licht fast nicht depolarisiert ist, dies noch weniger sei, wenn die Erregung mit linear polarisiertem Licht erfolge.

Wird als Beobachtungsrichtung nicht die y-Richtung, sondern eine von der Einfallsrichtung nur wenig abweichende gewählt ($\varphi = 160°$), dann verschwindet der Unterschied zwischen den beiden zur z- und y-Schwingung des Erregerlichtes gehörigen Streuspektren, und beide sehen so aus, wie das unter 90° beobachtete, zur z-Schwingung gehörige Streuspektrum. Für eine Linie mit den Eigenschaften von $\Delta\nu = 459$ folgt daraus bei Erregung mit natürlichem Licht: Da bei Beobachtung unter 90° von den in der yz-Ebene gelegenen Schwingungsrichtungen des Erregerlichtes nur die Projektionen auf die z-Richtung für die Intensität des

Streulichtes maßgebend sind, während bei Beobachtung unter nahe 0 oder 180° jede Schwingungsrichtung gleich wirksam ist, so ist die Intensität der Streulinie im letzteren Fall größer als im ersteren Fall. Man kann also den Grad der Depolarisation auch aus vergleichenden Beobachtungen unter verschiedenen Beobachtungsrichtungen erschließen.

Zur Regel f), betreffend die Ähnlichkeit der Polarisationsverhältnisse im Ramanspektrum ähnlich gebauter Moleküle, mögen die Ergebnisse BHAGAVANTAMS[271, 346] als Beleg dienen. Die beiden Tabellen 20 und 21 enthalten seine Polarisationsbefunde an den Halogeniden von der Form $X \cdot Cl_4$ und $X \cdot Y_3$. Zu jeder Linie ist die geschätzte Gesamtintensität ($J = J_\sigma + J_\pi$) und das Polarisationsverhältnis $\varrho = J_\sigma / J_\pi$ angegeben. Die Linien sind, bis auf eine Umstellung in Tabelle 21 (vgl. weiter unten), nach steigenden Frequenzen geordnet.

Tabelle 20. Polarisationsverhältnisse in $X \cdot Cl_4$.

		ω_2	ω_4	ω_1	ω_3		
CCl_4	$\Delta\nu =$	217	313	459	762	792	1537
	$J =$	8	8	10	6	6	2
	$\varrho =$	0,75	0,8	0,1	0,75	0,75	0,33
$SiCl_4$	$\Delta\nu =$	150	221	426	614		
	$J =$	5	5	10	1		
	$\varrho =$	1	0,9	0,14	1		
$TiCl_4$	$\Delta\nu =$	120	145	382	494		
	$J =$	4	0	6	0		
	$\varrho =$	0,8	0,8	0,14	0,5		
$SnCl_4$	$\Delta\nu =$	106	131	367	403		
	$J =$	5	6	10	6		
	$\varrho =$	1	1	0,38	0,8		

In den Tetrachloriden (Tab. 20) ist die zweithöchste Frequenz die intensivste und zugleich am wenigsten depolarisierte. Würde es sich um eine unverschobene Strahlung handeln, bei der nach der klassischen Denkweise die Schwingungsrichtungen von Erreger- und Streulicht in einfacher Weise über die Schwingungseigenschaften des streuenden Elektrons gekoppelt sind, so würde man dieser Frequenz eine isotrope, von der Molekülorientierung unabhängige Polarisierbarkeit des streuenden Gebildes zuordnen. Bei einer Ramanlinie, deren Verschiebung — klassisch gedacht —

durch eine Art Überlagerung von erzwungener Elektronenschwingung und erzwungener Kernschwingung zustande kommt, ist der Einfluß der Kernschwingung auf die Polarisierbarkeit des für das Streulicht verantwortlichen Leuchtelektrons nicht ohne weiteres angebbar. Tatsache ist aber, daß — wie in § 55 näher ausgeführt werden wird — die zur zweithöchsten Frequenz (in Tab. 20 mit ω_1 bezeichnet) gehörige Kernschwingung eine optisch inaktive ist, die durch völlig (oder nahezu völlig) symmetrische Expansion und Kontraktion des Moleküls, also durch eine radiale Schwingung der an den Tetraederecken sitzenden Chloratome gegen das im Schwerpunkt ruhende Atom X hervorgerufen wird. Der Isotropie des optischen Verhaltens entspricht eine Isotropie der Kernschwingung, die punktsymmetrisch ist und keine Raumrichtung auszeichnet. Sie ist eine „einfache“ Schwingung (lineare Wurzel der charakteristischen Determinante), d. h. sie würde, wenn die Symmetrie des Molekülmodells (regelmäßiges Tetraeder mit besetztem Schwerpunkt) aufgehoben würde, *nicht* aufgespalten in zwei oder mehr verschiedene Frequenzen. In allen vier Tetrachloriden der Tabelle 20 ist ω_1 am stärksten polarisiert, nur in $SnCl_4$ nimmt die Depolarisation etwas zu. Die Frequenzen ω_2, ω_3, ω_4 sind mehr oder weniger vollkommen depolarisiert, am wenigsten noch bei CCl_4. ω_2 ist eine Doppelschwingung, ω_3 und ω_4 sind dreifache Schwingungen. Bei ω_2 ist das Zentralatom, so wie bei ω_1, in Ruhe und die Chloratome schwingen, ohne den Abstand vom Zentrum zu ändern, in elliptischen, nicht näher angebbaren Bahnen auf einer Kugelfläche; auch diese Schwingung ist optisch inaktiv, d. h. die „Schwerpunkte“ der gesamten Plus- und Minusladungen des Moleküls verändern ihre relative Lage bei der Schwingung nicht. Bei ω_3 und ω_4 schwingt auch das Zentralatom um seine Ruhelage. Da es sich um dreifache Wurzeln handelt, ist Näheres über die Schwingungsform nicht angebbar. In CCl_4 ist ω_3 in zwei Frequenzen aufgespalten, was wohl auf eine leichte Unsymmetrie des Moleküles zurückzuführen sein wird. Die höchste Frequenz mit $\Delta\nu = 1537$ wird von manchen Autoren als Oberton zu ω_3 angesehen; wenn der Unterschied in der Depolarisation reell ist, ist diese Auslegung nicht wahrscheinlich (vgl. dazu jedoch PLACZEK-WIJK[372]). Bemerkt sei noch, daß die in Tabelle 20 getroffene Zuordnung der Frequenzwerte zu den Eigenschwingungen ω_1 bis ω_4 nicht der von BHAGAVANTAM[276], sondern von SCHAEFER[233] (vgl. auch TRUMPY[363]) gewählten entspricht*.

In den Molekülen der Form XY_3 — der Komplex HC in Chloroform und Bromoform wird in erster Näherung als ein einziger Kern mit der Masse 13 und einer „inneren" Schwingung $\omega = 3024$ angesehen — liegen die Verhältnisse ein wenig anders; sollen in den Vertikalkolonnen der Tabelle 21 Linien mit korrespondierendem Depolarisationsgrad stehen, dann muß beim Übergang zu jenen Fällen, wo das Atom X nahe gleich schwer oder

Tabelle 21. Polarisationsverhältnisse in XY_3.

		ω_2	ω_4	ω_1	ω_3		CH
$HC \cdot Cl_3$	$\Delta\nu =$	263	366	668	768	1222	3025
	$J =$	3	5	5	4b	0	3
	$\varrho =$	0,73	0,22	0,13	0,5	0,5	0,22
$HC \cdot Br_3$	$\Delta\nu =$	154	222	538	654	1146	3023
	$J =$	6	8	8	5b	2	4
	$\varrho =$	0,78	0,22	0,13	0,5	0,5	0,22
$P \cdot Cl_3$	$\Delta\nu =$	190	260	512	488		
	$J =$	10	10	10	2		
	$\varrho =$	0,88	0,32	0,14	0,75		
$As \cdot Cl_3$	$\Delta\nu =$	159	193	410	370		
	$J =$	8	6	10	6b		
	$\varrho =$	0,86	0,33	0,17	0,80		
$Bi \cdot Cl_3$	$\Delta\nu =$	96		288	242		
	$J =$	8b		10b	2b		
	$\varrho =$	0,50		0,13	0,75		

schwerer als Y wird, die Reihenfolge der beiden höchsten Frequenzen anscheinend vertauscht werden. Als Molekülmodell werde den weiteren Betrachtungen eine dreiseitige Pyramide mit X an der Spitze und mit den drei Halogenen in den Ecken der als Basis dienenden gleichseitigen Dreiecksfläche zugrunde gelegt. Die am wenigsten depolarisierte und gleichzeitig intensivste Frequenz ω_1 gehört dann in allen Fällen zu einer Schwingung, bei der X in der Achse der Pyramide schwingt, während die Y-Atome ausweichen. Auch ω_2 entspricht einer ähnlichen Schwingungsform, hat aber nach der in Tabelle 21 getroffenen Zuordnung (nach

* BHAGAVANTAM[276] stützt seine Zuordnung anscheinend auf Formeln DENNISONS, die nur für den Spezialfall CH_4 bestimmt sind.

KOHLRAUSCH[259]) einen merklich anderen Polarisationszustand; dies würde dafür sprechen, daß die von BHAGAVANTAM[276] für die drei unteren Trichloride errechnete Zuordnung, derzufolge die Überschriften der beiden ersten Kolonnen ω_2 und ω_4 zu vertauschen wären, die bessere ist. Die Frequenzen ω_3 und ω_4 sind Bewegungen des Moleküls zuzuordnen, bei denen das Atom an der Spitze normal zur Pyramidenhöhe schwingt. Das Wesen der Frequenz um 1200 für $HC \cdot Y_3$ ist ungeklärt, während die hohen Frequenzen, die eigentümlicherweise nur recht wenig depolarisiert sind, zu der sicher durch räumliche Richtung ausgezeichneten C—H-Schwingung gehören. Wieder sind die Kohlenstoffverbindungen gegenüber den anderen unterschieden durch etwas geringere Depolarisation der einander entsprechenden Frequenzen. Bei $BiCl_3$ sind die zwei tiefsten Frequenzen nicht getrennt, der Depolarisationsgrad der unzerlegten Doppellinie daher ein mittlerer. Abb. 32 zeigt einige der schönen Aufnahmen BHAGAVANTAMS[271].

Nicht unerwähnt darf bleiben, daß die Ergebnisse BHAGAVANTAMS an den Trichloriden mit denen CABANNES[VII, IX] an den gleichen Substanzen nicht gut übereinstimmen. Letzterer findet:

für PCl_3	$\Delta\nu =$	0	190	255	490
	$J =$	1000	40	10	80
	$\varrho =$	0,2	1	0,02	0,2
für PBr_3	$\Delta\nu =$	0	111	155	390
	$J =$	1000	100	25	100
	$\varrho =$	0,4	1	0,02	0,3

In PCl_3 ist die Linie $\Delta\nu = 490$ offenbar aus den beiden Linien 488 und 512 zusammengesetzt; dadurch ist ϱ etwas größer als für die Linie $\Delta\nu = 512$ allein. Aber der Unterschied im Polarisationsgrad der Linie 255, für die BHAGAVANTAM 0,32, CABANNES nur 0,02 findet, ist bedenklich. Die Angaben für $\Delta\nu = 0$ beziehen sich auf die Rayleighlinie.

Auch für zwei dreiatomige Moleküle hat BHAGAVANTAM die Polarisationsverhältnisse des Ramanspektrums bestimmt. Er findet für Schwefeldioxyd und Schwefelkohlenstoff:

SO_2	$\Delta\nu =$	826	1146	1340
	$J =$	0	10	0
	$\varrho =$	0,33	0,25	0,5

CS_2	$\Delta\nu =$	655	802
	$J =$	10	2
	$\varrho =$	0,25	0,25

Wieder sind die intensivsten Linien die am wenigst depolarisierten.

Da SO_2 ein großes Dipolmoment besitzt, CS_2 jedoch keines, so wird dem ersteren ein gewinkeltes, dem letzteren ein gestrecktes Dreimassenmodell zuzuordnen sein. Auf den Zusammenhang mit dem Molekülbau wird noch an anderer Stelle zurückgekommen werden (vgl. §§ 51, 52).

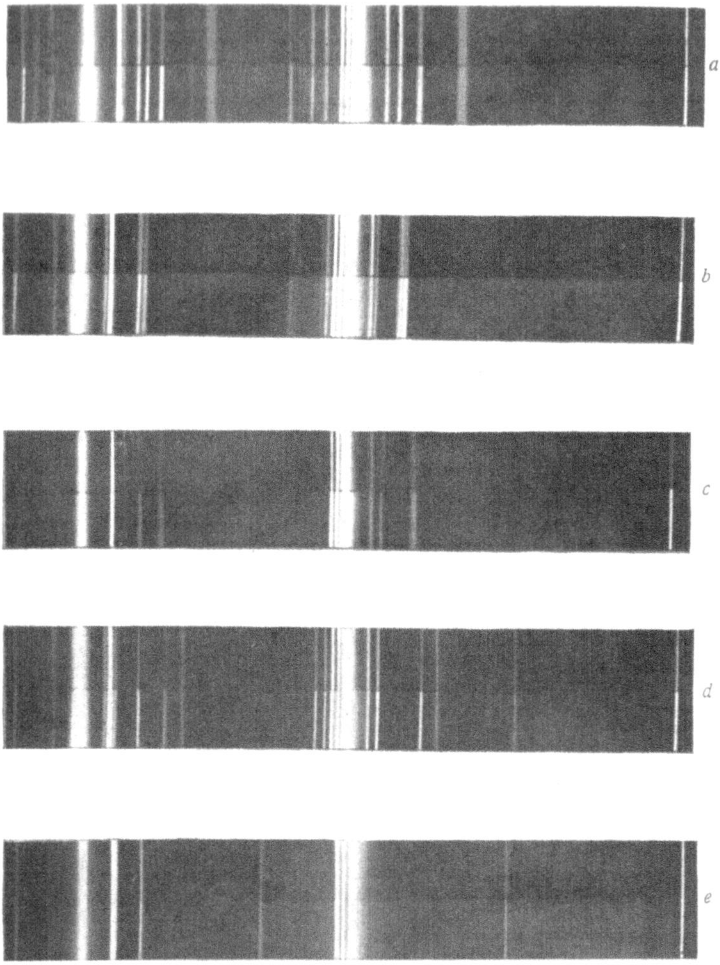

Abb. 32. Polarisationszustand einiger Ramanspektren; obere Hälfte entsprechend der σ-, untere Hälfte entsprechend der π-Schwingung. a) CCl_4, b) $AsCl_3$, c) PCl_3, d) $HC \cdot Br_3$, e) SO_2. (Nach BHAGAVANTAM.)

Ferner mögen hier noch Platz finden BHAGAVANTAMS Befunde an Benzol, Cyclohexan und Pentan, die in Tabelle 22 zusammengestellt sind. Im Falle, als die J_σ so klein waren (z. B. bei fast nicht depolarisierten starken Linien oder bei wenig depolarisierten schwachen Linien), daß keine rechte Schätzung möglich war, sind in der Tabelle obere Grenzen für ϱ angegeben.

Tabelle 22. Polarisationsverhältnisse in Kohlenwasserstoffen.

Benzol C_6H_6	$\Delta\nu$	607	852	992	1181	1597	3046	3060	—	—	—
	J	8	5	10	5	5	3	10	—	—	—
	ϱ	1	1	<0,05	—	1	1	0,35	—	—	—
Cyclohexan C_6H_{12}	$\Delta\nu$	800	992	1028	1268	1445	2853	2890	2921	2937	—
	J	4	2	2	2	2	8	2	4	8	—
	ϱ	0,1	<0,15	0,3	0,4	0,5	0,13	<0,5	0,5	0,1	—
Pentan C_5H_{12}	$\Delta\nu$	402	764	843	867	1454	2857	2873	2915	2936	2962
	J	2	1	2	1	3	3	5	3	4	3
	ϱ	<0,5	<0,5	<0,5	<0,5	0,3	0,7	0,22	0,7	0,5	0,75

Während in Cyclohexan und Pentan die meisten Linien nur wenig depolarisiert sind, sind in Benzol nur zwei Linien nicht depolarisiert. Analog ist auch die Rayleighstreuung bei aromatischen Substanzen viel stärker depolarisiert als in aliphatischen. Auffallend ist die Ähnlichkeit der beiden cyclischen Verbindungen in bezug auf die gleiche Polarisation der ihnen gemeinsamen Linie 992; da diese Linie in beiden Substanzen, ebenso wie die Linie $\Delta\nu = 800$ in Cyclohexan, in ultraroter Absorption nicht auftritt, handelt es sich um optisch inaktive Schwingungen, die, wie schon die Tetrachloride lehrten, im S.R.E. meist intensiv und wenig depolarisiert auftreten; es müssen also symmetrische Schwingungen sein, bei welchen sich das elektrische Moment nicht ändert. Die Schlüsse, die BHAGAVANTAM hieraus auf die spezielle Form der Schwingung zieht, erscheinen dem Verfasser zunächst noch zu weitgehend. Von Interesse ist die Verschiedenheit im Polarisationsgrad der zur CH-Bindung gehörigen Schwingungen (1450 und oberhalb 2800). Die beiden hohen Frequenzen in Benzol z. B. haben ganz verschiedenes ϱ; und während in Pentan keine Schwingung ein $\varrho < 0{,}2$ aufweist, besitzt Cyclohexan zwei gut polarisierte Frequenzen, bei 2853 und 2937, die beide wieder die intensivsten des Spektrums sind.

Endlich sei darauf verwiesen, daß Bhagavantam in einem der Spektren (gewonnen an SO_3) eine Linie fand, deren Polarisationsgrad zu $\varrho = 2$ bestimmt wurde, noch dazu, ohne daß es sich dabei um eine besonders schwache Linie handelt. Dies wäre, wenn es sich bewahrheitet, ein sehr merkwürdiges Ergebnis. Denn damit $\varrho > 1$ ist, muß die σ-Komponente des Streulichtes die π-Komponente überwiegen. Wie dies bei der dem Zufall unterliegenden Orientierung der Moleküle möglich sein soll, ist derzeit nicht verständlich. Im Krystall liegt die Sache anders. Dort ist — vgl. weiter unten — die Depolarisation von der Orientierung der Krystallachse gegen Einfalls- und Beobachtungsrichtung abhängig. Aber auch dort würde man [Cabannes[IX]] erwarten, daß die zu einem $\varrho > 1$ gehörige Streustrahlung sehr schwach sein müßte. Denn ein Oszillator, dessen Schwingungsrichtung z. B. in der xz-Ebene der Abb. 31, und zwar wenig geneigt gegen die x-Achse orientiert ist, würde ein depolarisiertes Streulicht in die y-Richtung senden, für welches $\varrho > 1$ ist. Jedoch wäre die Projektion der erregenden Feldstärke auf die Schwingungsrichtung dieses Oszillators wegen ihres großen Winkels mit der z-Achse nur sehr gering, die Strahlung müßte sehr schwach sein. Wenn Bhagavantams Befund richtig ist, sieht man daraus wieder, daß man offenbar nicht in so einfachen Bildern denken darf. Nicht der Oszillator, dessen Eigenfrequenz mit $\Delta\nu$ identifiziert wird, ist das allein Maßgebende, sondern die mit dem Oszillator gekoppelten Elektronen, die Lichtenergie aufnehmen und als Streulicht wieder abgeben,

Arbeitshypothesen liegen verschiedene vor. Raman[37] stellt sich den Vorgang ähnlich wie bei der klassischen Streuung vor; das anisotrope Molekül besitzt drei ausgezeichnete zueinander senkrechte Richtungen, in welchen die Einsteinschen Wahrscheinlichkeiten für einen unter Einfluß des äußeren Wechselfeldes induzierten Übergang verschieden sind. Für die einzelnen voneinander verschiedenen möglichen Übergänge (mögliche Werte von $\Delta\nu$) sind diese Richtungen und Übergangswahrscheinlichkeiten in ihnen verschieden. Daraus folgt ohne weiteres ein verschiedener Polarisationsgrad der einzelnen Ramanlinien und seine Unabhängigkeit von der Höhe der erregenden Frequenz. Sind die Übergangswahrscheinlichkeiten für die Plus- und Minusrichtung der Energieübergänge gleich, dann folgt daraus auch der gleiche

Polarisationszustand der blau- und rotverschobenen Linien. Es folgt aber daraus auch, daß der Polarisationsgrad den Wert $\varrho = 0{,}50$ nicht überschreiten sollte, und das widerspricht den jetzigen experimentellen Erfahrungen; $\varrho = 0$ entspräche dem völlig isotropen, $\varrho = \frac{1}{2}$ dem völlig anisotropen, d. i. linearen Streumodell.

CABANNES[IX] verweist darauf, daß man auch mit der von WAWILOW und LEWSCHIN bzw. von PERRIN* für die Erklärung der Polarisationserscheinungen der Fluorescenz herangezogenen Annahme eines virtuellen elliptischen Oszillators, dessen Orientierung und Exzentrizität durch die molekularen Eigenschaften bedingt sind, hier nicht auskommt, denn dann dürften die Werte von ϱ nur zwischen $^1/_2$ und $^6/_7$ liegen. CABANNES[51] selbst hat gemeinsam mit ROCARD auf klassischer Grundlage eine Theorie ausgearbeitet (vgl. § 70), nach welcher Depolarisationsgrade (mindestens für ein zweiatomiges Molekül) zwischen Null und $^6/_7$ möglich wären. Doch versagt diese („Schwebungs"-) Theorie hinsichtlich der Erklärung der Intensitätsverhältnisse. MENZIES[150] wieder stellt sich vor, daß vollständige Polarisation bzw. vollständige Depolarisation dann zustande käme, wenn der anfängliche Schwingungszustand parallel bzw. normal zum schließlichen Schwingungszustand sei; Zwischenlagen sollen die Variation des ϱ von 0 bis 1 erklären. Was man sich unter dieser Erklärung vorstellen soll, ist dem Verfasser nicht verständlich. Abgesehen von allem anderen ist ja doch der anfängliche Zustand gewöhnlich ein schwingungsloser.

Für ein zweiatomiges Molekül kommt MANNEBACK[245] durch quantenmechanische Überlegung zu folgenden Aussagen für die Abhängigkeit des Polarisationszustandes von den Moleküleigenschaften. Es seien in dem rotationssymmetrischen Molekül von den drei Polarisierbarkeiten α_1, α_2, α_3 in den drei Hauptachsen zwei wegen der Symmetrie einander gleich, so daß $\alpha_1 = g$ für die Richtung der Kernverbindung und $\alpha_2 = \alpha_3 = g_1$ für irgendeine dazu senkrechte Richtung sei; $\frac{1}{3}(g + 2\,g_1) = \mu$ wird als „mittlere optische Polarisierbarkeit", $g - g_1 = \gamma$ als „optische Anisotropie" bezeichnet; die Polarisierbarkeiten sowohl wie die aus ihnen abgeleiteten Größen sind Funktionen des Kernabstandes und der Erregerfrequenz. Die Werte g, g_1, γ und μ seien jene, die dem Normalabstand zukommen; ändert sich dieser infolge der Schwin-

* PERRIN, F., Journ. de phys. 7, 392, 1926.

gung des anharmonischen Oszillators, so ändern sich auch die Polarisierbarkeiten und es mögen γ' und μ' die (ungefähr lineare) Änderung der Größen γ und μ pro Einheit der relativen Kernabstandsvermehrung sein. Zur Polarisierbarkeit g tragen nur die $\Sigma \rightarrow \Sigma$-Übergänge, zu g_1 nur die $\Sigma \rightarrow \Pi$-Übergänge bei. Für die Intensität der unverschobenen Streuung sind die Größen μ und γ, für die Intensitäten der um Schwingungsfrequenzen verschobenen Ramanlinien sind dagegen die Größen μ' und γ', also die *Veränderung* von mittlerer Polarisierbarkeit und Anisotropie, die sie mit der Kernabstandsänderung erleiden, maßgebend. Da die Größen μ' und γ' noch Funktionen der einfallenden Frequenz sind, so wäre eine leichte Abhängigkeit des Polarisationszustandes von der Erregerfrequenz zu erwarten; die vorhandenen Beobachtungen sind jedenfalls noch zu ungenau, um dies feststellen zu können.

§ 41. Der Polarisationszustand der Ramanlinien von Krystallen.

Die Anzahl der Beobachtungen ist gering; es haben die Polarisationsverhältnisse des an Krystallen gestreuten Lichtes gemessen: CABANNES[VII, IX] an Kalkspat und Quarz, MENZIES[150] an Quarz, ADERHOLD an Kalkspat, Natronsalpeter und Gips; diesbezüglich vgl. MATOSSI[310] und SCHAEFER-MATOSSI-ADERHOLD[340].

Tabelle 23. Polarisation des Ramanspektrum von Quarz SiO_2.

$\Delta\nu$		MENZIES[150]		CABANNES[VII, IX]	
		∥ x	∥ z	∥ x	∥ z
85		1	1	—	—
127	st.	1	∞	1	≫1
207	m.	0	0	0	0
267	s.	∞	∞	≫1	≫1
355	s.	(0)	0	—	—
404	s.	(0)	1	—	—
465	st.	0	0	0	0
(530)		(∞)	(0)	—	—
702	s.	0	∞	—	—
802	s.	∞	∞	≫1	≫1
1070	s.	∞	0	—	—
1164	s.	0	∞	—	—
1240		(0)	(∞)	—	—

Wie Tabelle 23 zeigt, stimmen die an Quarz gewonnenen Ergebnisse recht gut überein. Es sind für diese und die folgenden

Tabellen die Raumrichtungen wieder auf die Abb. 31 bezogen. Die x-Richtung ist Einstrahlrichtung, die y-Richtung ist Beobachtungsrichtung. Die Zeichen $\parallel x$, $\parallel y$, $\parallel z$ bedeuten, daß die *Krystallachse* bei den Versuchen parallel mit der entsprechenden Koordinatenachse orientiert war. In den zugehörigen Kolonnen stehen die (meist nur der Größenordnung nach bestimmten) Werte für den Depolarisationsgrad ϱ. Leider sind die (wenigstens abgeschätzten) Gesamtintensitäten von den Beobachtern nicht im einzelnen angegeben. Dagegen stimmen die Beobachtungen an Kalkspat (Tab. 24) nicht recht überein, ohne daß hierfür ein Grund angegeben werden kann. Die ADERHOLDschen Ergebnisse, die zeitlich nach denen CABANNES' gewonnen und angesichts der

Tabelle 24. Polarisationsverhältnisse im Ramanspektrum von Kalkspat $CaCO_3$.

$\Delta\nu$		SCHAEFER-MATOSSI-ADERHOLD			CABANNES	
		$\parallel x$	$\parallel y$	$\parallel z$	$\parallel x$	$\parallel z$
155	st.	$\varrho > 1$	$\varrho < 1$	$\varrho > 1$	$\varrho = 3{,}6$	$\varrho = 1{,}5$
282	m.st.	$\varrho > 1$	$\varrho < 1$	$\varrho > 1$	$\varrho = 3{,}6$	$\varrho = 1{,}5$
714	s.	$\varrho = 0$	$\varrho < 1$	$\varrho > 1$	$\varrho = 1$	$\varrho = \infty$
1088	s.st.	$\varrho = 0$	$\varrho < 1$	$\varrho > 1$	$\varrho = 0$	$\varrho = 0$
1438	s.s.	$\varrho = 0$	$\varrho < 1$	$\varrho > 1$	$\varrho = 1$	$\varrho = \infty$

Tabelle 25. Polarisationsverhältnisse im Ramanspektrum von Natronsalpeter und Gips.

Natronsalpeter $NaNO_3$					Gips $CaSO_4+2H_2O$				
$\Delta\nu$		$\parallel x$	$\parallel y$	$\parallel z$	$\Delta\nu$	$\parallel x$	$\parallel y$	$\parallel z$	
95	s.	>1	<1	$\gg 1$	412 (m.), 489 (s.)	<1	<1	<1	SO_4
183	s.	>1	<1	>1	619 (s.), 670 (s.)	>1	<1	1	SO_4
726	s.	0	<1	$\gg 1$	1009 s.st.	<1	<1	<1	SO_4
1071	s.st.	0	<1	>1	1131 m.	1	<1	>1	SO_4
1389	st.	0	<1	>1	3400	0	1	∞*	H_2O
					3760	∞	**	0	H_2O

* $J_\pi + J_\sigma = 0$; ** $J_\pi + J_\sigma \simeq 0$.

entstandenen Diskrepanz mehrfach wiederholt wurden, dürften wohl die zuverlässigeren sein. Sie werden auch gestützt durch den ganz analogen Befund an Natronsalpeter, für welchen wegen des analogen Baues der Gruppe NO_3 mit der Gruppe CO_3 im Kalkspat ein analoges „inneres" Schwingungsspektrum sowohl der Zahl und Lage der Frequenzen nach, als auch in bezug auf die

Polarisationsverhältnisse zu erwarten ist und in der Tat beobachtet wurde (vgl. Tab. 25). Dazu kommt ferner als Plausibilitätsgrund, daß sich nach den ADERHOLDschen Beobachtungen die zugehörigen inneren Schwingungen [$\Delta\nu = 713$, 1083 (optisch inaktiv), 1432 in $CaCO_3$ und $\Delta\nu = 726$, 1071 (optisch inaktiv), 1389 in $NaNO_3$] untereinander bezüglich der Polarisationsverhältnisse in den drei Krystallagen gleich verhalten; dies entspricht der naiven Erwartung, da alle drei Schwingungen senkrecht zur optischen Achse erfolgen (die vierte Eigenfrequenz bei ~ 910 cm^{-1}, bei der das zentrale Atom *in* der Achse schwingt, fehlt im Ramanspektrum) und durch eine Verdrehung dieser Achse gleichartig betroffen werden.

Bei Gips liegen die Verhältnisse etwas komplizierter, jedoch verhalten sich auch hier die zur SO_4-Gruppe gehörigen inneren Schwingungen untereinander bezüglich der Polarisation ungefähr gleichartig, wenn die Krystallachse verschwenkt wird.

Den Vergleich mit den theoretischen Überlegungen hat MATOSSI[310] durchgeführt. Die folgende Tabelle 26 stellt das experimentelle Ergebnis der Erwartung gegenüber, die von LEONTOWITSCH[237] aus der gemeinsam mit MANDELSTAM-LANDSBERG[212] ausgearbeiteten klassischen Theorie (über die quantenmechanische Formulierung vgl. TAMM[213]) abgeleitet wurde; Aussagen werden dabei nur über die inneren Schwingungen der XY_3-Gruppe gemacht, für die trigonale Symmetrie vorausgesetzt wird. Eindeutig sind die Aussagen nur für die einfachen Schwingungen (in CO_3 z. B. die inaktive Schwingung, d. i. die starke Linie mit $\Delta\nu = 1088$ bzw. 1071

Tabelle 26. Vergleich der beobachteten und erwarteten Polarisationsverhältnisse.

$\Delta\nu$		$\parallel x$	$\parallel y$	$\parallel z$	Autor
für 714, 1088, 1438	$CaCO_3$	$\varrho = 0$	$\varrho < 1$	$\varrho > 1$	Beobachtung
für 726, 1071, 1389	$NaNO_3$	$\varrho = 0$	$\varrho < 1$	$\varrho > 1$	ADERHOLD[310]
für 714 1438	$CaCO_3$	$\varrho = 1$		$\varrho = \infty$	Beobachtung
1088		$\varrho = 0$		$\varrho = 0$	CABANNES[VII, IX]
für 1088	XY_3	$\varrho = 0$	$\varrho = 0$	$\varrho = 0$	Theorie von
für 714 1438		$\varrho = 0$ od. ∞	$\varrho = 0$ od. 1	$\varrho = 0$ od. 1	LEONTOWITSCH[237]

in NO_3, sowie die im S.R.E. nicht auftretende Linie $\Delta\nu = 910$, bei der das elektrische Moment parallel zur Achse schwingt); für die zweifachen Schwingungen (in CO_3 die Frequenzen $\Delta\nu = 714$

und 1438, wobei das elektrische Moment senkrecht zur Achse schwingt) erhält man eine entweder-oder-Aussage: entweder die Polarisation ist dabei von der Krystallage unabhängig und immer $\varrho = 0$ (Schwingung parallel zur z-Achse), oder sie hängt so, wie es in der letzten Zeile der Tabelle angegeben ist, von der Krystallorientierung ab. Im ersten Falle werden alle drei im Ramaneffekt beobachteten inneren Frequenzen gleichartig von der Krystalldrehung betroffen, so wie dies ADERHOLD gefunden hat; aber die Theorie verlangt, daß ϱ immer gleich Null sei, was im Experiment nur für die x-Lage zutrifft. Auch der Vergleich zwischen Theorie und Experiment bei Quarz gibt nur teilweise Übereinstimmung; die SiO_2-Gruppe wird dabei gleichfalls als trigonal vorausgesetzt. MATOSSI konnte allerdings zeigen, daß man Einklang zwischen Theorie und Experiment erhält, wenn man bei Kalkspat der CO_3-Gruppe eine etwas andere Symmetrie (gleichschenkliges, nicht gleichseitiges Dreieck für O_3) zuschreibt. Für den viel komplizierteren Fall der SO_4-Gruppe, z. B. in Gips, ist die Theorie nicht anwendbar. Es handelt sich überhaupt dabei um Probleme, bei denen erst der Weg zur vollständigen Lösung durch Sammeln experimenteller Erfahrung geebnet werden muß.

V. Beeinflussung der Verschiebung $\Delta\nu$ durch zwischenmolekulare Kräfte.

Man kann die vorhandenen Erfahrungen auf zwei Gruppen aufteilen, je nachdem, ob es sich um den Einfluß gleichartiger oder verschiedenartiger Nachbarmoleküle aufeinander handelt; zum ersteren Fall wird man dann die Wirkung von Aggregatzustands- bzw. Temperaturänderungen rechnen, zum zweiten Fall die Wirkung von Losen oder Mischen der Substanz mit einer anderen. Bei der Auflösung eines Krystalles hätte man dann einen Mischfall vor sich.

Ob aber einer solchen Einteilung ein mehr als rein schematischer Charakter zukommt, d. h. ob man durch diese etwas grobe Differenzierung die maßgebenden Unterscheidungsmerkmale erfaßt, ist fraglich. Man dürfte derzeit geneigt sein, das Auftreten stärkerer zwischenmolekularer Kräfte, die sich z. B. durch Doppelmolekülbildung u. a. bemerkbar machen, auf das Vorhandensein stärkerer permanenter Dipolmomente, die auf bestimmte Gruppen des Moleküls lokalisiert sind, zurückzuführen. Dann müßte die Einteilung aber nach Einfluß gleichartiger oder verschiedenartiger Gruppen in den Nachbarmolekülen erfolgen. Dann würde z. B. die Mischung eines dipolhaltigen Körpers mit einem dipolfreien in dieselbe Kategorie zu rechnen sein, wie der Wechsel des Aggregatzustandes des ersteren Körpers: beide Male wird die durchschnittliche Distanz der wirksamen Dipolgruppen vergrößert. In der Tat macht sich auch das Fehlen oder Vorhandensein permanenter Dipole in den untersuchten Substanzen häufig deutlich bemerkbar; dieses Merkmal jetzt schon zur ausschließlichen Klassifikation der Erfahrungstatsachen heranzuziehen, erscheint aber beim heutigen Stand der Kenntnisse verfrüht.

Tabelle 27. Einfluß des Aggregatzustandes auf $\Delta\nu$ in unpolaren Molekülen.

Substanz	Autor	Zustand	$\Delta\nu$ in cm^{-1}
Wasserstoff H_2	Rasetti[131, 138, 142]	gasf.	4162
	McLennan[82, 134]	flüss.	4149
Stickstoff N_2	Rasetti[138, 142]	gasf.	2331
	McLennan[82]	flüss.	2330
Sauerstoff O_2	Rasetti[138, 142]	gasf.	1555
	McLennan[82]	flüss.	1552
Methan CH_4	Dickinson usw.[155]	gasf.	2915 (20) 3022 (5b), 3072 (2)
	McLennan[134], Daure[200]	flüss.	2909 2953, 2999, 3023, 3071
Äthylen $H_2C{=}CH_2$	Dickinson usw.[155]	gasf.	1342 (20), 1623 (15) 2880 (3) 3019 (20) 3240 (2), 3272 (1)
	Daure[73, 200]	flüss.	1340 (m.), 1620 (m.) 3000 (st.), 3080 (m.)
Acetylen $HC{\equiv}CH$	Segrè[318]	gasf.	1979 ± 5
	Daure[200]	gelöst	1960 3320
Stickoxydul N_2O	Dickinson usw.[155]	gasf.	1282
	McLennan usw.[375]	flüssig	1281,5 2223,5

§ 42. Der Einfluß des Aggregatszustandes.

In den Tabellen 27 und 28 dürften so ziemlich alle zur Zeit der Niederschrift bekannten Fälle angegeben sein, die einen Vergleich der Ramanspektren im gasförmigen und flüssigen Zustand gestatten. Und zwar vereinigt Tabelle 27 die unpolaren, Tabelle 28 die polaren Stoffe. Bei den unpolaren Molekülen der Tabelle 27 ist der Übergang gasförmig-flüssig nach der *Einzel*substanz beurteilt, ohne Einfluß auf die Schwingungsfrequenz, denn die vorhandenen Änderungen liegen innerhalb der Fehlergrenzen; da aber bei nahezu allen Substanzen die geringen Änderungen in derselben Richtung liegen $[(\Delta\nu)_{fl} < (\Delta\nu)_{gas}]$, so kommt man zu dem Schluß, daß selbst bei unpolaren Substanzen die zwischenmolekularen Kräfte bereits groß genug sind, um sich beim Übergang gasförmig-flüssig durch eine allerdings an der derzeitigen Genauigkeitsgrenze liegenden Erniedrigung der Schwingungsfrequenz bemerkbar zu machen. Das vorletzte Beispiel (Acetylen) ist insofern nicht

Tabelle 28. Einfluß des Aggregatzustandes auf $\Delta\nu$ in polaren Molekülen.

Substanz	Autor	Zustand	$\Delta\nu$ in cm^{-1}
Chlorwasserstoff HCl	Wood[135, 327], Salant[379]	gasf.	2886
	Daure[200], Salant[123, 379]	flüss.	2800
Bromwasserstoff HBr	Salant-Sandow[362, 379]	gasf.	2558
	,, ,,	flüss.	2487
Schwefelwasserstoff H_2S	Bhagavantam[334]	gasf.	2615
	,,	flüss.	2578
Schwefeldioxyd SO_2	Bhagavantam[365]	gasf.	1514
	Dickinson[253], Bhagavantam[267, 271]	flüss.	525 (0) 1146 (10) 1340 (0)
	Harkins usw.[258]	in Lösung	1136
Ammoniak NH_3	Wood[124 135], Dickinson usw.[155]	gasf.	3334
	Dickinson[155], Bhagavantam[267, 268]	h.T.flüss.	1070 (00) 3216 (2), 3300 (4), 3380(0)
	Daure[73, 200]	t.T. flüss.	1070 (s.), 1580 (s.), 3210 (st.), 3310 (st.), 3380 (st.)
	Carrelli usw.[38]	in Lösung	3314 (3), 3385 (3)

ganz vergleichbar, als DAURE nicht an flüssigem, sondern an in Aceton gelöstem Acetylen beobachtet hat; Aceton ist jedoch nicht frei von permanentem Dipol, so daß die Erniedrigung vielleicht etwas größer ist, als sie in flüssigem Acetylen wäre oder in gelöstem Acetylen, wenn das Lösungsmittel unpolar ist.

Merklich anders liegen die Verhältnisse bei den polaren Molekülen der Tabelle 28; bei den zweiatomigen Molekülen der Tabelle 27 beträgt die Erniedrigung höchstens (H_2) 0,31%, bei denen der Tabelle 28 dagegen (HCl) 3,7%. So wie die Dipolmomente* von HCl über HBr nach HJ abnehmen von 1,0 über 0,8 auf 0,4, so nimmt der Einfluß der Nachbarmoleküle auf die Schwingungsfrequenz von HCl nach HBr (HJ ist leider nur im Gaszustand gemessen) ab von 3,7% auf 3,0% Erniedrigung im flüssigen Zustand; für HJ dürfte die Erniedrigung daher wahrscheinlich noch geringer sein.

Bei den mehratomigen Molekülen sind die Verhältnisse weniger übersichtlich schon deshalb, weil sowohl Dipolmoment als Schwingungsform nicht mehr den einfachen Charakter haben wie in zweiatomigen Substanzen. Jedoch ist auch hier im allgemeinen die Erniedrigung der intensivsten Schwingung, die eben wegen ihrer Intensität am ehesten als „Valenzschwingung" (vgl. § 47) anzusehen ist, merklich. HARKINS-GANS-BOWERS[258] verwendeten als Lösungsmittel für SO_2 Wasser, Tetrachlorkohlenstoff und Benzol, also mit Ausnahme des ersteren dipolfreie Substanzen. NH_3 wurde von CARELLI-PRINGSHEIM-ROSEN[38] in wässeriger Lösung untersucht, ferner verflüssigt bei tiefer (DAURE[200]) und hoher Temperatur (t.T. und h.T.) (BHAGAVANTAM[267]).

Diese Rotverschiebung der Molekülfrequenz bei zunehmender Dichte der Packung der Moleküle hat ein Analogon in der Dispersion; auch dort erleiden die zur Erklärung der Dispersion herangezogenen „repräsentativen" Eigenfrequenzen eine Erniedrigung, wenn die Moleküle enger aneinander gelagert sind. Die Koppelung mehrerer Moleküle durch die molekularen Felder, die bei polaren Molekülen besonders merklich wird, macht sich durch eine Verlangsamung der Schwingung bemerkbar, so wie wenn dadurch die Masse der schwingenden Teile vergrößert würde. Jedoch scheint diese Erklärung quantitativ nicht auszureichen

* ESTERMANN, Ergebn. d. exakt. Naturwiss. 8, 288, 1929.

(SALANT-SANDOW[379]); BREIT-SALANT[308] haben dieses Problem quantenmechanisch behandelt.

Weniger gut bekannt ist der Einfluß auf die Schwingungsfrequenz beim Übergang flüssig → fest. KRISHNAMURTI[255] bemerkt gelegentlich, daß der Wert der zur C = O-Bindung der Carbonylgruppe gehörigen Schwingung in Benzophenon ($C_6H_5 \cdot CO \cdot C_6H_5$) von 1657 cm^{-1} im flüssigen auf 1650 im krystallinen Zustand falle.

Eingehender wurde nur Wasser untersucht, für welches mehrere Beobachtungen im festen Zustand (Eis, Krystallwasser) und *sehr* viele Beobachtungen im flüssigen Zustand vorliegen; leider ist man sich gerade in diesem Falle über die Interpretation der Messungsergebnisse noch nicht einig (vgl. auch die §§ 43 und 44). Daher können die Zahlen der folgenden Tabelle 29 nicht als ganz

Tabelle 29. Wasser, Krystallwasser, Eis.

GANESAN-V.[132]	3193	3453	3609	flüssiges Wasser
RAO[193, 229, 264]	3208	3419	3582	
NISI[205]	3206	3456	3578	
SPECCHIA[378]	3260	3405	3560	
Mittel	3216	3435	3582	
KRISHNAN[79]	3240	3396	3494	Krystallwasser (Gips)
SCHAEFER, M. A.[174, 339, 340]	—	3396	3494	
NISI[203]	—	3404	—	
Mittel	3240	3399	3494	
RAO[35]	(3230)	—	—	Eis
GANESAN-V.[158]	3193	3391	3549	
Mittel	3193	3391	3549	

gesichert angesehen werden. Bildet man noch einmal das Mittel, indem man die Zahlen für den festen Zustand zusammenfaßt, so ergibt sich folgende Gegenüberstellung:

$$H_2O \text{ flüssig} \quad \Delta\nu = 3216, \quad 3435, \quad 3582\ cm^{-1}$$
$$H_2O \text{ fest} \quad \Delta\nu = 3216, \quad 3395, \quad 3521 \quad ,, \ .$$

Sind die Ausgangszahlen verläßlich, dann bedeutet dies eine Erniedrigung der beiden höheren Frequenzen bei Konstanz der tiefsten Frequenz; also ein Gang im gleichen Sinn wie der beim Übergang gasförmig → flüssig gefundene. Je näher sich die Moleküle kommen, um so stärker belasten sie sich gegenseitig bei der Schwingung.

§ 43. Der Einfluß der Temperatur auf die Höhe der Frequenzen.

Brickwedde-Peters[62] berichten, daß die Quarzlinien $\Delta\nu = 127$ und 465 bei zunehmender Temperatur eine Verkleinerung der Verschiebung erleiden; da keiner der späteren Beobachter, die an Quarz mit variierter Temperatur arbeiteten, etwas Derartiges bemerkte, dürfte es sich wohl um eine vielleicht durch unsymmetrische Linienverbreiterung hervorgerufene Täuschung handeln.*

Eingehend untersucht wurde von mehreren Seiten das Verhalten der Wasserbanden bei verschiedenen Temperaturen. Es sei auf die Beobachtungen von Meyer-Port[76, 256, 257, 288], Pringsheim-Schlivitch[231], Gerlach[283], Bhagavantam[268], Rao[264, 323], Specchia[378] verwiesen.

Meyer gab anfangs an, daß zwei homologe Banden (die violette $\lambda = 4160$ und die blaue $\lambda = 4680$, vgl. Abb. 33, S. 135) von der Temperatur verschieden beeinflußt würden, und vertrat daher die Meinung, daß diese Banden nicht als homolog anzusehen seien; der Befund wurde weder von Pringsheim-Schlivitch, noch von Rao bestätigt. Über die Veränderung der unaufgelösten Bande mit zunehmender Temperatur sind die Aussagen aller Beobachter ziemlich gleich: das Bandenmaximum verschiebt sich zu größeren Frequenzwerten.

Es findet Meyer:	Temperatur:	11,5°	55°	92°
	Bandenmaximum $\Delta\nu$:	3414	3430	3551

Specchia:	Temperatur:	17°	41°	60°	80°	91°
	Bandenmaximum $\Delta\nu$:	3445	3457	3468	3491	3514

Bhagavantam[268] diskutiert die Aufnahmen von Ganesan-Venkateswaran[158] und gibt an: bei 80° C ist die tiefste der in Tabelle 29 (s. oben) angegebenen Frequenzen (3216) kaum zu

* Kürzlich berichtete jedoch Ney[397] über Versuche, die die Ergebnisse von Brickwedde-Peters zu bestätigen scheinen. Für das Quarzspektrum wurden bei 18° und 500° die folgenden Zahlen gefunden:

18°: $\Delta\nu =$	125 (8),	203 (8),	260 (2),	363 (2),	403 (4),	463 (30),	1242 (0)
500°: $\Delta\nu =$	99 (10),	175 (15),	—	—	—	457 (25),	—

Danach werden die Frequenzen mit zunehmender Temperatur erniedrigt, die tiefen Frequenzen prozentuell stärker als die hohen.

erkennen, während die beiden höheren Frequenzen bei 30° und 80° gleich aussehen: da unter diesen die mittlere die stärkste Bande ist, so gibt auch dieser Befund qualitativ die Verlegung des Intensitätsschwerpunktes nach höheren Frequenzen. Überdies steht diese Verschiebung auch mit den Erfahrungen der ultraroten Absorptionsmessungen im Einklang (COLLINS*).

Dieses Verhalten der Wasserbanden gegenüber der Temperatur (und gegenüber gelösten Elektrolyten, vgl. weiter unten) wurde sehr bald in Verbindung mit der Assoziation der H_2O-Moleküle gebracht (SCHAEFER[IV], MEYER[76], BHAGAVANTAM[268] u. a. m.). RAO[323] nimmt die Existenz von drei Sorten A, B, C von Wassermolekülen an, wobei $A \sim H_2O$, $B \sim (H_2O)_2$, $C \sim (H_2O)_3$ sein soll; ihre relative Vorkommenshäufigkeit hängt von den äußeren Bedingungen ab. Die Anzahl der Moleküle B und C soll größer sein in Eis, geringer in flüssigem oder gar gasförmigem Zustand, welch letzterer nur Einzelmoleküle enthalten soll. Dem Einzelmolekül soll eine Bande bei $\Delta\nu = 3700$, die nur in ultraroter Absorption beobachtet wurde, entsprechen (vgl. dazu die von KRISHNAMURTI[350] und WOODWARD[387] in krystallisierten und gelösten Hydroxyden gefundene Frequenz um $\Delta\nu \sim 3620$ [Abschnitt IX, XXII Nr. 9 und 10]). Die Banden bei 3200 und 3400 (vgl. Tabelle 29) sollen von den Molekülen B und C herrühren, deren Zahl sich mit zunehmender Temperatur verringert; daher die Verlagerung des Schwerpunktes nach größeren Verschiebungswerten. Durch Hydratisierung (Anlagerung von H_2O-Molekülen an die Ionen des Elektrolyten) treten neue Komplexe auf, denen eine Bande mit $\Delta\nu = 3580$ zuzuschreiben sein soll. — Ob eine solche ins einzelne gehende Vorstellung beim heutigen Stand der Erfahrung nicht noch verfrüht ist, mag dahingestellt bleiben.

Den Umstand, daß bei Ammoniak (NH_3) im gasförmigen Zustand (vgl. Tab. 28) nur eine kräftige Frequenz erscheint**, in verflüssigtem NH_3 aber deren fünf beobachtet werden, haben DAURE[VII] und DADIEU-KOHLRAUSCH[219] ebenfalls mit Polymerisation in Verbindung gebracht; letztere Autoren vertraten speziell die Ansicht, daß es sich beim flüssigen NH_3 um ein Gemisch

* COLLINS, Phys. Rev. **26**, 771, 1925; vgl. auch SCHAEFER-MATOSSI XV.

** In der Arbeit von WOOD **33**, 1097, 1929 wird angegeben, es sei eine Frequenz bei 6,5 μ in NH_3 gefunden worden; diese Angabe ist offenbar ein Versehen, wie der Vergleich mit der ausführlichen Arbeit zeigt[135].

zweier Molekülarten handelt, $H_3N{=}NH_3$ und $H_3N{-}NH_3$, wobei im ersteren Fall der Stickstoff fünfwertig, im zweiten Fall dreiwertig mit Nebenvalenzbetätigung auftritt. Es würde dann die Frequenz 1070 zur N—N-, die Frequenz 1580 zur N=N-Bindung gehören; und mit der verschiedenartigen Bindung der Wasserstoffatome in beiden Fällen (beim fünfwertigen Stickstoff wären sie negative, beim dreiwertigen positive Valenzpartner) wurde die Aufspaltung der hohen Frequenzen, die in flüssigem NH_3 auftritt, in Zusammenhang gebracht. Wenn sich auch diese Erklärung in den übrigen Rahmen der aus den Ramanspektren gemachten Erfahrungen gut einfügt, so liegen doch gewichtige Einwände gegen sie vor. Vor allem, daß die beiden tiefen Frequenzen in ultraroter Absorption auch im Gaszustand auftreten; ferner, daß ein Gebilde wie NH_3 (vgl. § 54) zwei hohe und zwei tiefe Frequenzen aufweisen sollte, und daß diese zwei tiefen Frequenzen als Eigenfrequenzen des NH_3-Moleküls notwendig sind für die Erklärung des sonstigen ultraroten Befundes*. AUSTIN[254] wollte die beiden links und rechts der Hauptlinie 3300 gelegenen Frequenzen 3210 und 3380 durch 3300 ± 80 erklären, d. i. als eine Kombinationsschwingung $\Delta\nu \pm (\Delta\nu)'$, wobei $(\Delta\nu)'$ den Schwingungen zweier assoziierter NH_3-Moleküle gegeneinander ($NH_3 \longleftrightarrow NH_3$) zuzuschreiben wäre. BHAGAVANTAM[268] findet aber, daß die beiden „Trabanten" verschiedenen Polarisationszustand haben, so daß AUSTINs Annahme sehr unwahrscheinlich wird**. BHAGAVANTAM selbst faßt diese beiden Frequenzen als modifizierte Hauptlinie auf, deren Frequenzwert durch Assoziation gegenüber dem Wert im Gaszustand geändert wurde, so wie sich die Hauptlinien z. B. bei HCl in den beiden Aggregatzuständen unterscheiden; der Autor begründet diese Ansicht insbesondere durch den Hinweis auf den Intensitätsunterschied, der sich einstellt, je nachdem man das verflüssigte NH_3 bei tiefer Temperatur ($< -40°$ DAURE) oder bei Normaltemperatur ($+30°$, BHAGAVANTAM[267]) beobachtet. Im ersteren Fall sind die Intensitäten der hohen

* Vgl. SCHAEFER-MATOSSI XV, § 32. — Ein aufschlußreicher Briefwechsel zwischen dem Verfasser und R. MECKE über diesen Gegenstand möge an dieser Stelle dankend erwähnt werden.

** KASTLER[398] versucht die Banden des Ammoniaks als P-, Q-, R-Zweig, die des Wassers als P- und R-Zweig zu erklären; ein Vorschlag, dem man kaum folgen können wird.

Frequenzen fast gleich, im zweiten Fall verhalten sie sich in der Reihenfolge der Höhe angeschrieben wie 2:4:0 und im Gaszustand bleibt überhaupt nur die mittlere Linie über. Auch gegen BHAGAVANTAMS Auffassung ließen sich jedoch Gegengründe anführen.

Ein besonders deutliches Beispiel des Einflusses der Temperatur auf das ganze Ramanspektrum hat BHAGAVANTAM[268] bei SO_3 gefunden; allerdings nicht in Form einer Linienverschiebung, sondern in Form einer Veränderung der Linienzahl. Dies wird darauf zurückgeführt, daß bei tiefer Temperatur (30°) ein Gemisch $SO_3 + S_2O_6$ vorliegt, in welchem die assoziierte Form S_2O_6 überwiegt, während bei höherer Temperatur (95°) mehr nichtassoziierte Moleküle SO_3 vorhanden sind. Tabelle 30 gibt die

Tabelle 30. Intensitätsunterschiede im Ramanspektrum von $SO_3 + S_2O_6$ bei verschiedenen Temperaturen.

$\Delta\nu$	290 (4, 0) S_2O_6	370 (6, 1) S_2O_6	534 (2, 4) SO_3	666 (1, —) S_2O_6	697 (1, —) S_2O_6
$\Delta\nu$	1068 (6, 10) SO_3	1271 (7, 1) S_2O_6	1403 (1*b*, 4*b*) SO_3	1489 (1, 0) S_2O_6	

Versuchsresultate, wobei die beiden Zahlen in den beigesetzten Klammern die Intensitätsschätzungen für 30° und 95° bedeuten. Auf Grund der Annahme, daß die Assoziation bei tiefer Temperatur stärker sei, läßt sich dann leicht in der in der Tabelle angegebenen Art eine Zuordnung der Molekülformen zu den einzelnen Frequenzen durchführen.

§ 44. Beeinflussung der H_2O-Banden durch zugesetzte Salze.

Es liegen folgende, nicht ganz in Übereinstimmung zu bringende Befunde vor. RAO[193, 264, 323] beobachtete das Verhalten der Wasserbanden in HNO_3-Lösungen verschiedener Konzentration; in den ersten beiden Notizen in der „Nature“ beschreibt er das Versuchsergebnis folgendermaßen: Die drei zur Wasserbande gehörigen Teilbanden (vgl. Tab. 29) mit $\Delta\nu = 3208$, 3424, 3582 werden bei zunehmender Konzentration schärfer; $\Delta\nu = 3208$ verschwindet allmählich, während $\Delta\nu = 3582$, anfänglich von der kleinsten Intensität, mit zunehmender Konzentration schnell an Intensität gewinnt und endlich die Intensität der mittleren stärksten Bande erreicht. In der letzten Mitteilung sagt RAO:

Die Auflösung der Wasserbande in die drei Teilbanden gelang im Mikrophotometer nicht; im Elektrolyten rückt nach Aussage der Mikrophotometerkurven das Maximum der unaufgelösten Bande nach größeren $\Delta\nu$-Werten und wird zugleich schärfer; bei hoher Konzentration tritt ein deutlich getrenntes zweites Maximum bei $\Delta\nu = 3580$ auf.*

RAMASWAMY[322] mißt die Wasserbanden in Nitrat-(Na, K, NH_4, Ca, Sr, Ba, Pb) und Sulfat-(Na, K, NH_4, Mg, Zn, Cd, Al)-Lösungen und findet im Mittel sowohl für die Sulfate als für die Nitrate genau die gleichen Werte für die Verschiebungen der drei Teilbanden, nämlich

$$\Delta\nu = 3180\ (2),\quad 3440\ (4),\quad 3630\ (4).$$

Ob der Unterschied gegen die Angaben der Tabelle 29 für reines Wasser als reell oder wegen der (infolge der Unschärfe der Wasserbanden) geringen Meßgenauigkeit als innerhalb der Fehlergrenzen anzusehen ist, ist schwer zu beurteilen; der Verfasser neigt eher der letzteren Ansicht zu. Die Intensitätsverhältnisse stimmen mit den Angaben RAOs insofern überein, als die niederste Bande die schwächste ist und die beiden höheren gleiche Intensität aufweisen.

GERLACH[211, 224, 283] beobachtet ebenso wie DADIEU-KOHLRAUSCH[152], KINSEY[146] in der Wasserbande nur eine zweifache, nicht eine dreifache Aufspaltung. Die beiden Teilbanden der blauen (bei $\lambda = 4670$ Å gelegenen) Bande sind

nach DADIEU-KOHLRAUSCH	$\Delta\nu = 3252$	3425 cm^{-1}
„ GERLACH	$\Delta\nu = 3225$	3415 „
Mittel	$\Delta\nu = 3240$	3420 cm^{-1}

Von diesen beiden Banden verschwindet nach GERLACH die mit der niedrigeren Frequenz in LiCl- und $CaCl_2$-Lösungen, während 3415 sehr stark wird. Der Effekt fehlt bei Zink- und Cadmiumchlorid. Überdies ist die unaufgelöste, im Violett (bei etwa $\lambda = 4160$ Å) entstehende Wasserbande in LiCl-Lösungen auffällig schwach, was aber einer Absorptionswirkung zuzuschreiben ist (PRINGSHEIM-SCHLIVITCH[231], GERLACH[283]). In Nitratsalzlösungen tritt nach Gerlach eine andere Veränderung auf; $\Delta\nu = 3415$ ver-

* Vgl. dazu auch BRUNETTI-OLLANO[399]; sie geben an:
$\Delta\nu = 3225,\ 3469,\ 3589,\ 6642\ (?)\ \text{cm}^{-1}$.

schiebt sich nach größeren, $\Delta\nu = 3225$ nach kleineren $\Delta\nu$-Werten; erstere Teilbande löst sich in konzentrierten Lösungen in zwei deutlich getrennte (Abstand 10 Å oder 46 cm^{-1}) Maxima auf. Der Abstand der Hauptbanden wächst von 180 cm^{-1} bis auf etwa 230 cm^{-1} (vgl. Tab. 29 und RAMASWAMYS [s. oben] Ergebnisse).

Endlich gibt MEYER[288] Photometerkurven für wässerige Salpetersäure (1,5; 5,2; 9,6; 14 Mol/Liter); bei der niedersten Konzentration ist die Wasserbande unaufgelöst, bei den drei höheren Konzentrationen in zwei deutliche Teilbanden aufgelöst, deren Entfernung aber, nach den Kurven zu urteilen, unverändert bleibt, während die Intensität sich von den niederen zu den höheren Frequenzwerten verschiebt.

Fast alle Beobachter konstatieren also für die unaufgelöste Bande des Wassers eine Verlagerung des Intensitätsschwerpunktes nach größeren $\Delta\nu$-Werten bei Zusatz von Elektrolyten. In bezug auf das Verhalten der aufgelösten Wasserbande gehen aber die Aussagen auseinander, sowohl hier als bei der Beschreibung des Temperatureinflusses. Sicherlich geht irgend etwas vor sich und sehr wahrscheinlich handelt es sich bei Temperaturerhöhung sowohl als bei Elektrolytzusatz um eine Entpolymerisierung des Wassers. Genauere Vorstellungen über den Mechanismus dieser Erscheinung sollte man sich aber doch wohl erst machen, bis man sich über die Frage geeinigt hat, ob es sich um zwei, drei oder gar mehr Teilbanden handelt und wie das Verhalten dieser Teilbanden ist. Zweifellos wird eine diesbezügliche Entscheidung nur von Versuchen mit streng monochromatischer Erregung zu erwarten sein (vgl. die Diskussion dieser Verhältnisse bei GERLACH[283]).

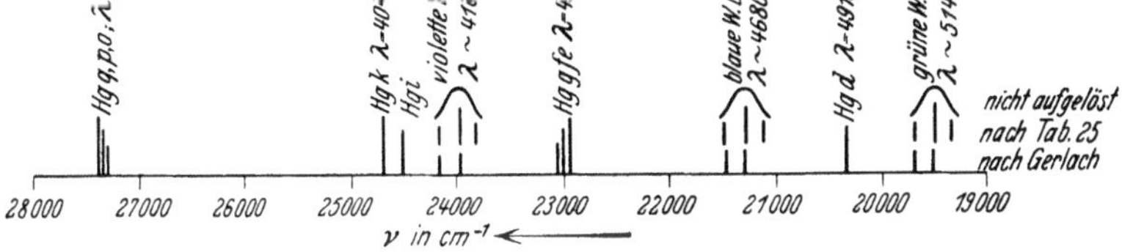

Abb. 33. Die Lage und strittige Struktur der Wasserbanden.

Denn an der grünen Wasserbande ($\lambda \sim 5140$), die vorwiegend von Hge ($\lambda = 4358$) erregt wird, können auch die Hg-Linien g und f beteiligt sein und unrichtige Intensitätsverhältnisse vortäuschen; bei der blauen Bande ($\lambda \sim 4680$), die vorwiegend der Hgk-Linie ($\lambda = 4047$) zuzuschreiben ist, kann das Mitwirken der Hgi-Linie Störungen hervorrufen, und ebenso können die Intensitätsverhältnisse innerhalb der violetten Wasserbande ($\lambda \sim 4160$ Å) durch eine wenn auch schwache Erregung durch die Linien Hgp und Hgo gefälscht werden. Zur Illustration des Gesagten ist in Abb. 33 die Lage der besprochenen Wasserbanden unaufgelöst, in drei Linien und in zwei Linien aufgelöst entlang der Frequenzskala eingezeichnet, zusammen mit den als erregend oder störend in Betracht kommenden Quecksilberlinien.

§ 45. Beeinflussung der $\Delta\nu$-Werte in Mischungen.

Schon die ersten Beobachter (Pringsheim-Rosen[30], Daure[200], Dadieu-Kohlrausch[125] usw.) haben untersucht, ob das Ramanspektrum nur durch die Natur der streuenden Moleküle oder vielleicht auch durch irgendwelche zwischenmolekulare Kräfte bestimmt sei; es wurden Gemische wie Benzol und Tetrachlorkohlenstoff, Toluol und Tetrachlorkohlenstoff, Essigsäure + Wasser untersucht, ohne daß anfangs etwas anderes als eine reine Superposition der Spektren der Komponenten im Spektrum der Mischung gefunden wurde. Etwas später wurde diese Frage, die schon vom rein praktischen Standpunkt deshalb von Interesse ist, weil viele Substanzen nur in Lösung gemessen werden können, von Dadieu-Kohlrausch[269] nochmals aufgegriffen und eingehender an 15 binären Flüssigkeitsgemischen geprüft. Es kamen dabei folgende Gemische zur Untersuchung:

Benzol + Chloroform (1:1)
Benzol + Essigsäure (1:1) (16°, 68°)
Benzol + Benzoesäure (1:0,064) (35°)
Benzol + Benzoesäure (1:0,281) (75°)
Chloroform + Äther (1:1)
Chloroform + Methylacetat (1:1)
Chloroform + Aceton (1:1)
Alkohol + Hexachloräthan (1:0,072)
Alkohol + Essigsäure (1:1)
Alkohol + Benzoesäure (1:0,113)
Äther + Essigsäure (1:1)
Äther + Hexachloräthan (1:0,16)
Äther + Benzoesäure (1:0,085)
Essigsäure + Wasser (1:1)
Nitromethan + Methylalkohol (1:1)
Nitrobenzol + Tetrachlorkohlenstoff (1:3).

Die Zahlen in Klammern geben das molare Mischungsverhältnis an; die Mischung Benzol + Essigsäure wurde bei zwei verschiedenen Temperaturen gemessen. Von den verwendeten Substanzen haben Benzol (C_6H_6), Tetrachlorkohlenstoff (CCl_4), (? Hexachloräthan C_2Cl_6) das Dipolmoment Null, Chloroform ($CH \cdot Cl_3$) und

Benzoesäure ($C_6H_5 \cdot CO \cdot OH$) das D.M. $1{,}0 \cdot 10^{-18}$, Diäthyläther ($C_2H_5 \cdot O \cdot C_2H_5$) 1,1, Äthylalkohol ($C_2H_5 \cdot OH$), Methylalkohol ($CH_3 \cdot OH$), Methylacetat ($CH_3 \cdot CO \cdot OCH_3$) den Wert 1,6, Wasser 1,8, Aceton ($CH_3 \cdot CO \cdot CH_3$) 2,8, Nitromethan ($CH_3 \cdot NO_2$) 3,4, Nitrobenzol ($C_6H_5 \cdot NO_2$) 3,9.

Von den Ergebnissen dieser Beobachtungen seien zwei Beispiele herausgegriffen; in Tabelle 31 sind die Frequenzen des

Tabelle 31. Chloroform, im mol. Verh. 1:1 gemischt mit:

$CH \cdot Cl_3$	C_6H_6	$(C_2H_5)_2O$	$CH_3 \cdot CO \cdot OCH_3$	$CH_3 \cdot CO \cdot CH_3$
259 (6)	259 (10)	260 (8)	260 (10)	257 (10)
364 (5)	364 (8)	363 (7)	365 (8)	362 (6)
667 (5)	668 (8)	664 (7)	670 (6)	665 (6)
759 (4*b*)	761 (5*b*)	757 (5*b*)	760 (3*b*)	753 (3*b*)
1215 (2*b*)	1214 (1)	—	—	1208 (1sb.)
3015 (3*b*)	3007 (5)	3008 (3)	3018 (5)	3014 (4*b*)

Ramanspektrums von Chloroform zusammengestellt, wenn es (1. Spalte) rein und wenn es (Spalte 2 bis 5) mit den angegebenen Substanzen im molaren Verhältnis 1:1 gemischt ist. Man sieht, daß innerhalb der etwa auf ± 5 Frequenzeinheiten zu veranschlagenden Meßgenauigkeit sich gar keine Änderung feststellen läßt; auch nicht, wenn Chloroform mit Aceton gemischt wird, wobei Moleküle mit mittlerem und großem Dipolmoment zusammengebracht werden.

Tabelle 32. Essigsäure, im mol. Verh. 1:1 gemischt mit:

$CH_3 \cdot CO \cdot OH$	C_6H_6, 16°	C_6H_6, 68°	$(C_2H_5)_2O$	$C_2H_5 \cdot OH$	H_2O
440 (3)	448 (0)	—	438 (5)	439 (3)	451 (2)
614 (5)	608 (5)	608 (3)	616 (3)	617 (4*sb*)	623 (3*b*)
889 (6)	892 (4)	892 (2)	895 (3)	880 (10)	893 (6*b*)
1280 (1*b*)	—	—	1270 (1*b*)	1270 (1)	1267 (2*b*)
1368 (4*b*)	1362 (2)	1352 (2)	1342 (3)	1352 (4)	1361 (3)
1432 (4*b*)	{1411 (0), 1480 (0)}	{1418 (0), 1475 (0)}	1452 (5*b*)	1452 (5)	1429 (3*sb*)
1669 (4*b*)	1656 (2)	1641 (0)	{1664 (1/2), 1750 (1/2)}	1706 (3)	1676 (2*b*)
2940 (10*b*)	2940 (6*b*)	2945 (4*b*)	2934 (10*b*)	2935 (10*b*)	2940 (10*b*)

Anders ist dies in Tabelle 32, in der die Frequenzen des Ramanspektrums von Essigsäure, rein und in verschiedenen 1:1-Mischungen wiedergegeben sind. An der Frequenz 440 fällt auf, daß sie in der Mischung mit dem dipolfreiem Benzol verschwindet; an den Frequenzen 614, 889, 2940 tritt keine Änderung ein, außer daß die erste dieser Frequenzen in der Mischung mit Äthylalkohol außerordentlich breit ist; ähnlich in Wasser. Die Frequenz 1280 nimmt in der Tabelle von links nach rechts allmählich ab; die Frequenz 1368 hat in der Mischung mit Äthylalkohol ein Minimum; 1432 ist in den Benzolmischungen sehr schwach und aufgespalten. Und die Frequenz 1669, die zur C=O-Bindung der Essigsäure gehört, erleidet starke Schwankungen und spaltet sich ebenfalls einmal auf. Wenn diese Effekte im einzelnen auch bezüglich ihrer Ursache noch unklar sind, so scheint es doch gesichert, daß bei Mischungen unter Umständen die reine Superposition gestört werden kann. Aus den Erfahrungen an den 17 Gemischen kommen DADIEU-KOHLRAUSCH zu folgenden Schlüssen: „Im allgemeinen ist das Mischspektrum innerhalb der erreichten Versuchsgenauigkeit eine Superposition der Spektren der beteiligten Komponenten A und B. Insbesondere bleibt diese Superposition ungestört in Fällen, in denen anderweitige Erfahrung das Zusammentreten von Molekülen der Art A mit solchen der Art B zu locker gebundenen Mischmolekülen $A + B$ erwiesen hat. Nur in einigen Fällen (Carbonsäuren), bei denen erfahrungsgemäß Doppelmolekülbildung $A + A$ in der reinen Substanz vorliegt, tritt beim Mischen eine schwache, aber deutliche Veränderung insbesondere der zur C=O-Bindung gehörigen Frequenz auf; d. i. die Frequenz jener Gruppe des Moleküls, die das stärkste Dipolmoment besitzt und die wahrscheinlich vorwiegend die Anlagerungsstelle für das zweite Molekül ist. In diesem Falle dürften die zwischenmolekularen Kräfte und damit die Möglichkeit zur Beeinflussung der für die Ramanfrequenzen maßgebenden Verhältnisse wesentlich größer sein, andernfalls könnte man die Existenz von Doppelmolekülen nicht noch im Dampfzustand nachweisen.“ Diese Ergebnisse können jedoch nur als vorläufige gelten; das untersuchte Material ist dem Umfang nach zu gering und die Versuchsgenauigkeit bedarf gleichfalls der Steigerung.*

* MEYER[400] beobachtete an den Mischungen $H_3C \cdot OH + CCl_4$, $H_5C_2 \cdot OH + CCl_4$ und $H_3C \cdot OH + H_2O$; nur in letzterem Fall konnten Veränderungen im Ramanspektrum festgestellt werden.

§ 46. Das Verhalten der Eigenfrequenzen in Krystallen und Lösungen.

In Elektrolytlösungen ist eine mindestens zweifache Beeinflussung zu erwarten. Erstens werden aus dem neutralen Molekül Ionen gebildet, wobei unter Umständen verschiedene Ionisierungsstufen auftreten können; die Besprechung der darauf bezüglichen Erscheinungen soll dem § 64 vorbehalten bleiben. Zweitens aber tritt Solvatation oder, speziell in wässerigen Lösungen, Hydratation ein, indem sich die Moleküle des Lösungsmittels an die geladenen Ionen anlagern und mehr oder weniger gut definierte Molekülverbände bilden; dabei ist mit allen Übergängen zwischen locker aneinander haftenden Molekülaggregaten und Verbindungen, die bereits stöchiometrisch-chemischen Charakter haben, zu rechnen. In der Tat zeigen die Ramanspektren, daß eine ziemlich ausgesprochene Abhängigkeit der Eigenfrequenzen einer Ionengruppe (NO_3, SO_4 usw.) von den Versuchsbedingungen besteht. In Tabelle 33 sind einige Resultate aus den sorgfältigen Messungen von GERLACH[249] und EMBIRIKOS[338] zusammengestellt,

Tabelle 33. Einfluß der Konzentration.

GERLACH[249]			EMBIRIKOS[338]		
Substanz	C	$\Delta\nu$	Substanz	C	$\Delta\nu$
$NaNO_3$	3 n	1047,2	Li_2SO_4	1 n	989,0
	10 n	1049,8		2 n	999,4
$LiNO_3$	0,5 n	1046,0	$MgSO_4$	1 n	985,7
	14 n	1050,3		2 n	995,7

aus denen zu ersehen ist, daß die Frequenz der Hauptschwingung der NO_3- bzw. SO_4-Gruppe sich mit zunehmender Konzentration — es handelt sich um wässerige Lösungen — nach höheren Werten verschiebt; so, als ob die Ionen im letzteren Falle weniger belastet durch angelagerte Nachbarmoleküle wären. Dasselbe Resultat bezüglich der Frequenz 985 liest man auch aus Tabelle 34 ab, in welcher Messungsergebnisse von NISI[205] über die Veränderungen der H_2SO_4-Frequenzen in wässeriger Lösung bei Variation der Konzentration wiedergegeben sind. Die betreffende Frequenz, in der Tabelle mit ω_5 bezeichnet, erscheint allerdings nur bei größeren Verdünnungen, nimmt aber im Frequenzwert dort, wo sie überhaupt erkennbar ist (in hohen Konzentrationen sind nur wenig

SO_4-Ionen vorhanden), mit der Konzentration zu. Tabelle 34 zeigt aber auch, daß nicht alle Frequenzen sich gleichartig verhalten; ω_1, ω_2, ω_7 nehmen im Gegenteil deutlich ab mit zunehmender Konzentration, während ω_4 denselben Gang wie ω_5 zeigt.

Tabelle 34. Ramanfrequenzen in $H_2SO_4 + H_2O$-Gemischen (Volumprozente).

	H_2SO_4	90%	75%	50%	25%	10%
ω_1	414 (m.)	422 (m.)	417 (m.)	422 (m.)	432 (m.)	432 (m.)
ω_2	564 (st.)	569 (m.)	578 (m.)	576 (m.)	593 (m.)	598 (m.)
ω_3	740 (s.)	—	—	731 (s.)	—	—
ω_4	911 (st.)	916 (st.)	913 (m.)	911 (m.)	903 (s.)	893 (s.)
ω_5	—	—	—	985 (s.)	983 (m.)	978 (m.)
ω_6	1043 (m.)	1038 (st.)	1035 (st.)	1043 (st.)	1046 (st.)	1046 (st.)
ω_7	1170 (m.)	1172 (s.)	1167 (s.)	1190 (s.)	1191 (s.)	1200 (s.)
ω_8	1366 (m.)	1294 (s.)	1313 (? s.)	—	—	—
ω_9	1517 (s.)	—	—	—	—	—

Bei Nisi findet man auch einige Angaben über Orthophosphorsäure H_3PO_4 in verschiedener Konzentration, und zwar:

84%	Lösung	$\Delta\nu =$ 356 (m.),	498 (m.),	911 (st.)
50%	,,	—	512 (m.),	906 (st.)
25%	,,	—	505 (m.),	898 (st.).

Wieder hat es den Anschein, als ob die zweite und dritte Frequenz sich bezüglich der Frequenzbeeinflussung verschieden verhalten. Analoge Feststellungen bei Woodward[380].

Über den Vergleich der Ramanspektren einer Substanz im gelösten und geschmolzenen Zustand liegen nur ganz vereinzelte Angaben vor. Daure[200] hat geschmolzenes $SbCl_3$ verglichen mit der Lösung von $SbCl_3$ in HCl bei verschiedenen Konzentrationen und gibt an, daß im ersteren Fall vier Frequenzen, bei $\Delta\nu = 130$, 155, 320, 360 cm^{-1} beobachtbar sind, während in Lösung bei genügend starker Verdünnung die beiden tiefen Frequenzen zu einer breiten Bande zusammenfließen, die beiden hohen stark verbreitert werden. Diese Verbreiterung der Linien, die im gelösten Zustand eintritt und die wohl bedeuten dürfte, daß die Moleküle in verschiedener Stärke durch die Hydratation beeinflußt werden, ist auch deutlich bemerkbar beim Vergleich der Spektren im gelösten und im krystallisierten Zustand; auf diesen Umstand wurde von allen Beobachtern, die solche Vergleiche anstellten, hingewiesen.

Die Veränderungen in der Schwingungsfrequenz beim Übergang vom krystallisierten Zustand zur Lösung sollen die beiden folgenden Tabellen dartun. Tabelle 35 zeigt die Verschiedenheit der Frequenzen in krystallisiertem Schwefel und in einer Lösung von Schwefelkohlenstoff; zum Vergleich sind auch die Beobachtungen an reinem flüssigem CS_2 eingetragen. Die Beobachtungen stammen von KRISHNAMURTI[297], der großes Gewicht auf exakte Frequenzbestimmung legte; die mit S_8 bezeichnete Schwefel-Linie hat im krystallinen Zustand die größere, die mit S_2 bezeichnete Linie die kleinere Frequenz. CS_2 dagegen hat in der Mischung immer die kleinere Frequenz.

Tabelle 35. Schwefel, CS_2 und ihre Mischung.

Schwefel kryst.		$S+CS_2$	CS_2
S_{16}	84,6 (m.)	—	—
S_8	152,2 (st.)	148,9	—
S_4	216,2 (st.)	216,2	—
	242,7 (s.)	—	—
	433,6 (s.)	—	—
S_2	470,0 (st.)	473,8	—
		645,7	647,1 (s., *b*)
		653,0	655,5 (st.)
		—	795,0 (m., *b*)

Daß im allgemeinen die Eigenfrequenzen des Anions in Lösung tiefer sind, wie im krystallinen Zustand, ist ebenfalls bald bemerkt worden, und es ließen sich dafür viele Belege bringen; in Tabelle 36 sind solche Beispiele ausgewählt, bei denen der Vergleich vom selben Beobachter (GERLACH[249], EMBIRIKOS[338]) und an derselben Apparatur durchgeführt wurde. Die Tabelle zeigt erstens, daß beim Übergang von Lösung zum Krystall ein Sprung zu höheren Frequenzwerten (wenigstens in bezug auf die Hauptfrequenz des NO_3- und SO_4-Ions) stattfindet und daß dieser Sprung um so größer ist, je weniger Krystallwasser der Krystall enthält. Den höchsten Frequenzwert weist jeweils der wasserfreie Krystall, den tiefsten die unendlich verdünnte Lösung auf. Der Einfluß des Krystallwassers (der der Sache nach teils in das vorliegende Kapitel, teils in das Kapitel über die konstitutiven Ein-

Tabelle 36. Die Anionenfrequenz in Krystall und Lösung.

Substanz		$\Delta \nu$	Substanz		$\Delta \nu$
$LiNO_3$	kr. anhydr.	1085,8	$NaNO_3$	kr. anhydr.	1067,5
	kr. + $^1/_2 H_2O$	1072,9		Lösg. 14 n	1050,3
	kr. + $3 H_2O$	1055,5		Lösg. 0,5 n	1046,0
	Lösg. 10 n	1049,8			
	Lösg. 3 n	1047,2			
Li_2SO_4	kr. + $1 H_2O$	1003,2	$MgSO_4$	kr. + $7 H_2O$	986,8
	Lösg. 2 n	999,4		Lösg. 2 n	995,7
	Lösg. 1 n	989,0		Lösg. 1 n	985,7
$(NH_4)_2SO_4$	kr. anhydr.	990,0	$ZnSO_4$	kr. + $7 H_2O$	992,0
	Lösg. 1 n	981,6		Lösg. 1 n	981,7
$CdSO_4$	kr. + $^3/_8 H_2O$	1003,2	$MnSO_4$	kr. + $5 H_2O$	993,9
	Lösg. 1 n	987,0		Lösg. 1 n	987,7

flüsse § 54 gehört) möge noch durch die Zahlen der Tabelle 37 (ebenfalls von GERLACH[249]) belegt werden.

Wenn nun auch nähere Rückschlüsse auf die Art, Größe und den Mechanismus der zwischenmolekularen Kräfte aus dem Zahlenmaterial dieses Abschnittes wohl noch nicht gezogen werden können, so ist doch dieser Einfluß unzweifelhaft nachgewiesen, und es ist das immerhin praktisch wichtige Ergebnis gewonnen worden, daß bestimmte Vorschriften für die Vergleichbarkeit der Messungen untereinander gegeben werden können. Wenn etwa

Tabelle 37. Krystallwassereinfluß.

$LiNO_3$		$Ca(NO_3)_2$		$Sr(NO_3)_2$	
anhydr.	1086	anhydr.	1064	anhydr.	1054
+ $^1/_2 H_2O$	1073	+ $4 H_2O$	1045	+ $4 H_2O$	1054
+ $3 H_2O$	1056			+ $6 H_2O$	1053
				+ $9 H_2O$	1044

z. B. konstitutionelle Einflüsse aus den Aussagen des S.R.E. herausgelesen werden sollen, so dürften nicht verschiedene Aggregatzustände oder Krystalle verschiedenen Wassergehaltes oder Lösungen verschiedener Konzentration usw. miteinander verglichen werden; bzw. man muß mit einem Fehler rechnen, wenn man es zu tun gezwungen ist; und man weiß im allgemeinen, in welcher Richtung der Fehler gemacht wird. Dabei sind die zwischenmolekularen und die innermolekularen (konstitutiven) Einflüsse unter Umständen von gleicher Größenordnung.

VI. S.R.E. und Molekülbau.

§ 47. Allgemeines.

Da Zahl und Lage der den *Kernschwingungen* entsprechenden verschobenen Linien durch die schwingenden Massen, durch die zwischen den Massen wirkenden Kräfte und durch den räumlichen Aufbau des Systems bedingt sind, so wird das Hauptstreben darauf gerichtet sein, den S.R.E. zu Aussagen über Molekülbau und die Kraftverhältnisse im Molekül zu verwerten. Dieses Ziel ist erreicht, wenn für jede Linie angegeben werden kann, welchen speziellen Eigentümlichkeiten des Moleküls sie ihre Entstehung und ihre Eigenschaften (Lage, relative Intensität, Polarisationszustand, Breite) verdankt.

So erstrebenswert dieses Ziel ist, so schwierig ist es selbst in einfacheren Fällen zu erreichen. Sicher bekannt ist, abgesehen von speziellen Fällen (Abschnitt VII), die Zahl k der das Molekül zusammensetzenden Atome, ihr relatives Gewicht und der allgemeine, durch die chemische Erfahrung unzweideutig festgelegte Zusammenbau der *Gruppen* im Molekül. Für $k > 2$ sind nach Abzug von 3 Freiheitsgraden für Translation des Molekülschwerpunktes und von 3 weiteren Freiheitsgraden für die Rotation des Gesamtmoleküls noch $3\,k - 6$ Freiheitsgrade übrig, die für verschiedene Schwingungsformen zur Verfügung stehen. Es sind also bei einem dreiatomigen Molekül drei, beim vieratomigen Molekül sechs usw. Frequenzen möglich.

Einerseits brauchen nun diese möglichen Frequenzen nicht alle voneinander verschieden zu sein; wieviel *verschiedene* Frequenzen auftreten, hängt noch von der Symmetrie des Molekülbaues ab, über die von vornherein nichts Bestimmtes ausgesagt werden kann. Ein Molekül wie CH_4 hat bei völliger Tetraedersymmetrie z. B. nur vier voneinander verschiedene Frequenzen, obwohl neun möglich wären; die geringste Störung dieser Symmetrie — man denke z. B. an die Ungleichartigkeit der vier Valenzelektronen des Kohlenstoffs, von denen zwei in einer 2,1-Schale, zwei in einer 2,2-Schale umlaufen sollen — kann Aufspaltungen bewirken, die sich nur unter konkreten Annahmen über die Art der Symmetrieabweichung erklären lassen.

Andererseits brauchen nicht alle dieser wirklich existierenden verschiedenen Frequenzen im S.R.E. aufzutreten; denn damit eine hinreichende Streuintensität entsteht, sind von der Schwingungsform (bzw. vom Einfluß der Kerndistanzänderung auf die Polarisierbarkeit, § 72) Bedingungen zu erfüllen, die für mehratomige Moleküle explizit nicht bekannt sind. Und wenn dieser Umstand die Zahl der experimentell beobachtbaren Frequenzen vermindert, so kann ein anderer sie vermehren, insbesondere wenn man erwartete Grundfrequenzen durch Überexposition „herauszuquälen" versucht: es können die normalerweise zu schwachen Obertöne auftreten und zu Täuschungen Veranlassung geben; erfahrungsgemäß trifft dies allerdings selten ein (vielleicht bei CCl_4 § 56, C_6H_6 § 58).

Hat man also für ein k-atomiges Molekül nicht $z = 3k - 6$, sondern nur $z' < z$ verschiedene Frequenzen im S.R.E. gefunden, so weiß man ohne Zuhilfenahme anderweitiger Erfahrungen nicht, ob die Reduktion der Frequenzen auf Symmetrieeigenschaften des Moleküls oder auf Mangel an Streuvermögen zu schieben ist.

Eine vielleicht noch ernsthaftere Schwierigkeit besteht aber in der Unsicherheit bezüglich der Wahl des zugrundezulegenden Molekülmodells; wobei jetzt nicht die Form desselben gemeint ist, sondern seine allgemeinen Eigenschaften. Man weiß nur, daß Kräfte vorhanden sind, die das Molekül zusammenhalten, die Deformationen rückgängig zu machen bestrebt sind und Schwingungen ermöglichen; Sicheres aber über die Eigenschaften und Richtungen dieser Kräfte (abgesehen von der erst zu bestimmenden Größe derselben) weiß man nicht. Es sind also bei gleich angesetzter Form des Moleküls noch verschiedene Annahmen über die Art der Kräfte möglich. Um ein Beispiel zu sagen: Es werde für CCl_4 ein völlig symmetrisches, schwerpunktbesetztes Tetraeder als Modell gewählt, und es soll versucht werden, ob die Schwingungseigenschaften dieses Modells den experimentellen Erfahrungen des S.R.E. evtl. unter Hinzunahme der Aussagen der Ultrarotforschung entsprechen. Die Schwingungseigenschaften dieses Modells sind aber verschieden je nach den Annahmen über die Kräfte. Es können zwischen den Massenpunkten Federkräfte wirken, die im Ruhezustand Null sind (RADAKOVIC); es können außer diesen Federn (in diesem speziellen Fall) noch andere Federn da sein, die im Ruhezustand gespannt sind (DENNISON). Es können aber auch nur in den Verbindungslinien C → Cl Federkräfte vorhanden sein, und überdies *senkrecht* dazu Spannungen existieren, die eine Deformation verhindern (BJERRUM, ANDREWS). Und außer diesen mechanischen Bildern wird es noch andere geben, die wieder zu anderen Potentialfunktionen führen.

Erreicht man also keine Übereinstimmung zwischen Experiment und Modell, so kann die Ursache dafür entweder in der Unzulänglichkeit des an das Herz des Moleküls gesetzten Stethoskops liegen oder an der unrichtigen Voraussetzung, sei es über die Form des Moleküls, sei es über die Kraftverhältnisse. Wenn man nun weiß, welche außerordentliche Arbeit mit der Durchrechnung jeder der möglichen Annahmen über Form und Kraftverhältnisse mehratomiger Moleküle verbunden ist, so ist die Vieldeutigkeit recht entmutigend. Trotzdem wird die Arbeit geleistet werden müssen, denn das Ziel ist zu lockend.

Und hier, so meint der Verfasser (vgl. den Schluß von § 7), wird der S.R.E. sich vielleicht das Hauptverdienst erwerben. Er wird durch die Leichtigkeit der experimentellen Durchführung und durch die im Verhältnis zu anderen Forschungsmethoden immer noch einfache Lesbarkeit seiner Ergebnisse jene breite Erfahrungsbasis schaffen, von der aus die Wege zu einem rationellen Molekülmodell zu überblicken sind.

Daß das Ramanspektrum in dieser Hinsicht eine Sonderstellung einnimmt und mit einer viel größeren und unmittelbareren Eindringlichkeit — im Vergleich z. B. mit dem durch Auftreten von Obertönen, Schichtdickenabhängigkeit, Fehlen wichtiger Grundtöne usw. komplizierten Ultrarotspektrum — auf den Zusammenhang zwischen Spektraltypus und Molekültypus hinweist und das Forschen nach diesem Zusammenhang geradezu herausfordert, möge an einer Anzahl von Beispielen in den Abb. 34, 35, 36 anschaulich gezeigt werden; dies ermöglicht gleichzeitig eine erste allgemeine Orientierung im Ramanspektrum.

In diesen Abbildungen sind, so wie im Beispiel der Abb. 5, die Linien entlang der Skala der Wellenzahlen eingetragen. Verdickung des Linien*fußes* bedeutet, daß es sich um breite, diffuse Ramanlinien handelt. Die Höhe der Linie gibt ein ungefähres Maß der Plattenschwärzung, also der Intensität; Intensitäten kleiner als 1 sind ohne Unterschied mit der Höhe von 1 mm eingetragen; den Intensitäten 1, 2 ... 5 entsprechen die Höhen 2, 4 ... 10 mm; Intensitäten merklich größer als 5 sind durch Verdickung der *ganzen* Linie angedeutet.

Abb. 34 stellt die Ramanspektren der vier ersten Glieder der homologen Reihen ($C_nH_{2n+1}\cdot X$) der Alkohole, Mercaptane, Chlo-

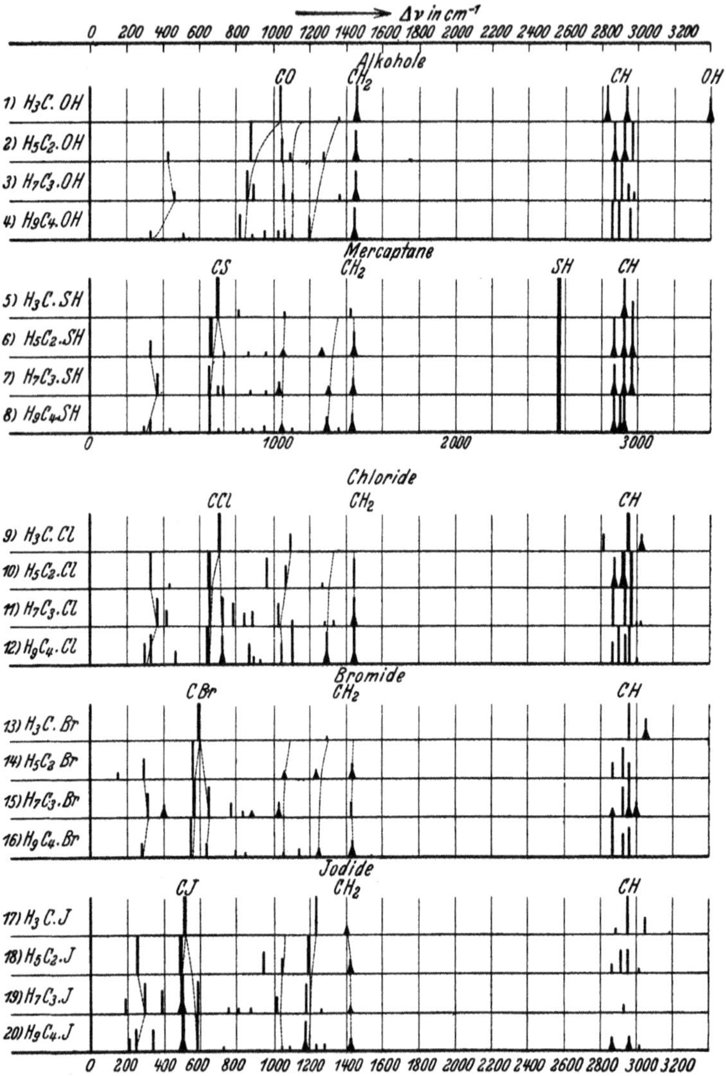

Abb. 34. Ramanspektren einiger homologer Reihen.

ride, Bromide, Jodide mit X = OH, SH, Cl, Br, J zusammen. Gewisse Änderungen in der Linienfolge, die beim Übergang innerhalb jeder Reihe von einem zum nächsten Homologen anscheinend typisch sind, sind zur leichteren Übersicht durch punktierte Linien

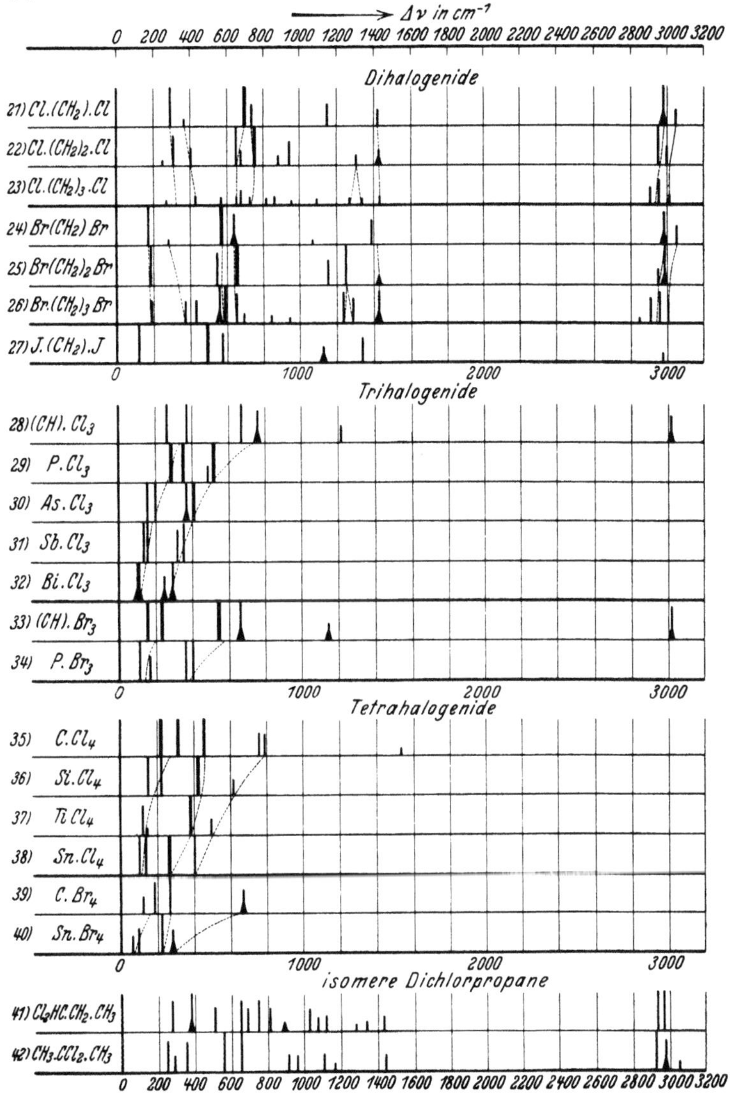

Abb. 35. Ramanspektren einiger Halogenderivate.

besser kenntlich gemacht, ohne daß damit vorläufig über die genetische Zusammengehörigkeit etwas präjudiziert werden soll.

Man beachte, wie präzise sich manche Einzelheiten immer wieder einstellen, z. B. der gebrochene Zug der, von links aus gerechnet, ersten punktierten Verbindungslinie, die in drei von den fünf Fällen bei einem Dublett endet. Oder die Zweiteilung des nächsten punktierten Linienzuges; sein linker Ast hat eine vom Gewicht des Substituenten X abhängige Krümmung, die kleiner wird, je schwerer X; sein rechter Ast trifft bei den Halogenen erst bei den Propylderivaten auf die zugehörige Linie. Man beachte ferner die Lagenkonstanz der mit CH_2 bzw. SH überschriebenen Linien; und auch in der zuerst unübersichtlichen, mit CH überschriebenen Liniengruppe um 2900 cm^{-1} ergeben sich bei genauerem Hinsehen unzweifelhafte Analogien des Verhaltens.

Abb. 35 stellt die Spektren organischer Halogenide von der Form $Y(CH_2)_2Y$, XY_3, XY_4 zusammen, wobei in Nr. 28 und 33 die Gruppe (CH) einheitlich als Substituent X (mit einer „inneren" Schwingung bei 3000) aufzufassen ist. Wieder sind punktierte Linienzüge zur besseren Übersicht über die auftretenden Ähnlichkeiten eingezeichnet. Aus allen diesen Beispielen zusammengenommen folgert man als ersten Erfahrungssatz:

1. *Ähnlich gebauten Molekülen entsprechen ähnliche Typen von Ramanspektren.*

Die beiden letzten Spektren der Abb. 35 mit den Nummern 41 und 42 sollen zeigen, daß in Konsequenz des eben ausgesprochenen Satzes eine leichte Verlagerung der Molekülbausteine sofort eine Änderung im Ramanspektrum zur Folge hat. Als Beispiele wurden 1,1-Dichlorpropan (Nr. 41) und 2,2-Dichlorpropan (Nr. 42) gewählt, die zusammen mit Nr. 23, d. i. 1,3-Dichlorpropan, Fälle für Isomerie vorstellen, bei denen die zwei Chloratome bei sonst gleichen Bausteinen des Moleküls örtlich verschieden eingebaut sind. Und zwar

Nr. 23	1,3-Dichlorpropan	$Cl \cdot CH_2 \cdot CH_2 \cdot CH_2 \cdot Cl$	Brutto-
Nr. 41	1,1-Dichlorpropan	$Cl_2 \cdot CH \cdot CH_2 \cdot CH_3$	formel
Nr. 42	2,2-Dichlorpropan	$H_3C \cdot CCl_2 \cdot CH_3$	$C_3H_6Cl_2$

Jede der drei isomeren Substanzen hat ein ihr eigentümliches Spektrum, so daß in manchen Fällen irgendeine isomere Form leichter und schärfer durch ihr Ramanspektrum zu unterscheiden und zu charakterisieren sein wird, als durch ihre anderen physikalischen Eigenschaften.

Endlich soll Abb. 36 eine erste Orientierung über den Zusammenhang zwischen Linienlage und Schwingungsmöglichkeiten

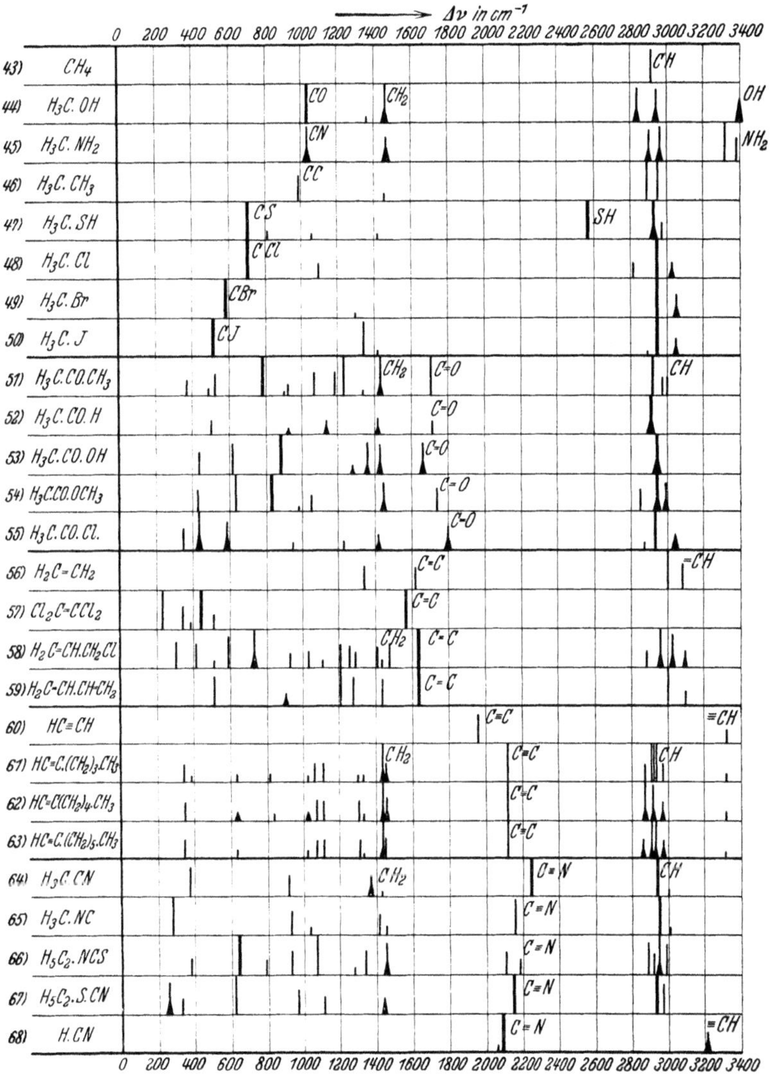

Abb. 36. Lokalisierung bestimmter Frequenzen im Molekül.

im Molekül vermitteln und soll zur Illustration der beiden folgenden Erfahrungssätze 2 und 3 dienen:

2. *Den einzelnen Bindungsarten lassen sich bestimmte Frequenzbereiche zuordnen.*

3. *Die inneren Schwingungen der Atomgruppen bleiben in verschiedenen Molekülen in erster Näherung erhalten.*

Zur Erläuterung des Satzes 3 sei hinzugefügt: So wie in der Chemie eine Atomgruppe als „Radikal“ ($-CH_3$, $>CH_2$, $-NH_2$, $>NH$, $-C\equiv N$, $>C=O$ usw.) das einheitliche Atom (H, Cl, Br, J usw.) vertreten kann und dabei in verschiedenen Verbindungen ihre chemische Individualität beibehält, so bleibt einer solchen Gruppe auch im Schwingungsproblem ihre mechanische Individualität erhalten: sie kann unter Umständen (speziell wenn die leichten H-Atome Gruppenteilnehmer sind) als einheitliches Ganzes gegen ihre Nachbarn im Molekülverband oder gegen den ganzen Molekülrest schwingen („äußere Schwingung“), und sie besitzt „innere Schwingungen“, die die Bestandteile der Gruppe gegeneinander ausführen und deren Frequenzen im wesentlichen unabhängig sind vom Bau des Molekülrestes.

In Abb. 36 sind durch Nr. 44 bis 50 Beispiele für den Satz 3 gegeben, bei denen sowohl die äußeren als die inneren Schwingungen deutlich erkennbar sind; es sind Methylderivate, bei denen die Methylgruppe $-CH_3$ gegen Atome (Cl, Br, J) oder andere einwertige Gruppen ($-OH$, $-NH_2$, $-CH_3$, $-SH$) schwingt. Man erkennt, daß beim Ersatz eines der vier leichten Wasserstoffatome in CH_4 (Nr. 43) durch eine schwere Gruppe oder ein schweres Atom der Frequenzbereich unter 1100 cm^{-1} mit einer meist sehr kräftigen Linie besetzt wird, deren Lage mit zunehmendem Gewicht des Substituenten nach kleineren Werten wandert. Diese Frequenz läßt sich näherungsweise als die „äußere Schwingung“ des Methyls gegen den Substituenten auffassen, wobei die Masse 15 von CH_3 gegen die Masse des Restes schwingt; die Bindekraft ist dabei die zwischen $C-O$, $C-N$, $C-C$ usw., so wie in der Abbildung angeschrieben. Außer dieser äußeren Schwingung sind noch innere Schwingungen vorhanden; die der Substituenten OH, NH_2 und SH in Nr. 44, 45 und 47 und die der CH_3-Gruppe in allen Beispielen Nr. 44 bis 50. Diese inneren Schwingungen behalten, wie man an der CH_3-Gruppe erkennt, ihr Frequenzgebiet (um 2950 cm^{-1} und 1400 cm^{-1}) unabhängig vom übrigen Molekülbau im wesentlichen bei, entsprechend der Aussage von Satz 3; das Verständnis der noch vorhandenen Variationen in der Frequenzlage, die auf „konstitutive Einflüsse“ zurückgeführt werden, verspricht einen vertieften Einblick in die Schwingungsbilanz des Moleküls. Ein besonders eindringliches Beispiel für Lagenkonstanz der inneren Schwingung bietet die SH-Frequenz in Nr. 5 bis 8 auf Abb. 34.

Als weitere Belege für die Sätze 2 und 3 sei auf die Nr. 51 bis 68 in Abb. 36 verwiesen. Nr. 51 bis 55 bringt Beispiele für Ketone, Aldehyde, Carbonsäuren und Ester, die alle die Carbonylgruppe $>\mathrm{C}{=}\mathrm{O}$ enthalten; deren Frequenz liegt um 1700 cm^{-1}, wie sich auch an weiteren 50 beobachteten Fällen zeigen ließe. Die Nr. 56 bis 59 bringen einige Beispiele für die Frequenz der $>\mathrm{C}{=}\mathrm{C}<$-Bindung der Äthylenverbindungen, die im Bereich um 1600 cm^{-1} liegt. Analog ergibt sich die Lage der zur $-\mathrm{C}\equiv\mathrm{C}$- und zur $-\mathrm{C}\equiv\mathrm{N}$-Bindung (Acetylen- und Cyanverbindungen) gehörigen Linie aus den Nr. 60 bis 63 und Nr. 64—68 zu ungefähr 2100 und 2200 cm^{-1}.

Bezüglich der Valenzschwingungen (Schwingungen *in* der Richtung der Bindekraft) läßt sich nun Satz 2 durch folgende Grobeinteilung ergänzen:

1)	Frequenzbereich	der	$X-H$-Schwingung	:	2600 bis 3400 cm^{-1}
2)	„	„	$X-X$- „	:	kleiner als 1200 cm^{-1}
3)	„	„	$X{=}X$- „	:	1200 bis 1800 cm^{-1}
4)	„	„	$X\equiv X$- „	:	1800 bis 2600 cm^{-1}.

Dabei nehmen Schwingungen, bei denen das leichte H-Atom beteiligt ist, eine Sonderstellung unter den einfachen Bindungen ein; damit hängt die „spektrale Lücke“ zusammen, die zwischen 1800 und 2800 cm^{-1} durch das Fehlen von Linien auffällig wird und die nur in den relativ wenigen Fällen besetzt wird, bei denen das Molekül dreifache Bindungen oder z. B. eine SH-Gruppe enthält.

Die in den Abb. 34 bis 36 zusammengestellten Beispiele, aus denen als qualitative Regeln die drei obigen Erfahrungssätze abgeleitet wurden, ließen sich noch durch viele andere der bisher bekannten (etwa 450) Molekülspektren stützen. Man beachte aber, daß es sich dabei um keine strengen Gesetzmäßigkeiten handelt und daß man bei Anwendung dieser Regeln immer zu überlegen hat, ob nicht der Bereich der Erfahrung überschritten wird.

Aber auch die nur ungefähre Gültigkeit dieser Sätze bringt eine merkliche Erleichterung in der Übersicht und hat praktische

Nutzanwendungen. Dadurch, daß ein vielatomiges Molekül, wie z. B. $H_3C \cdot OH$, in erster grober Annäherung ersetzt wird durch ein Zwei-Massen-System $(H_3C) + (OH)$, bei dem sich das zu den inneren Schwingungen gehörige Spektrum dem Spektrum der äußeren Schwingung einfach überlagert, ist es z. B. möglich, ein zwar nicht exaktes, aber immerhin als erste Näherung verwendbares Zahlenmaterial über die Größe der rücktreibenden Kräfte zu gewinnen (§ 48). Und es ist, wie in den Abschnitten über die konstitutive Beeinflussung (§ 49) und über verschiedene Konstitutionsprobleme (§ 62) gezeigt werden wird, möglich, wichtige Beiträge zur Lösung einer ganzen Anzahl chemischer Fragen zu erlangen; Beiträge, die zwar nur qualitativer Natur, aber dafür fast frei von noch unbewiesenen Annahmen sind.

1. Zweiatomige Moleküle oder Gruppen.

§ 48. Valenzschwingungen.

Wie im vorangehenden Kapitel erwähnt, sind an den einzelnen Schwingungen und Schwingungsformen, deren ein aus mehreren Atomen zusammengesetztes Molekül fähig ist, immer *sämtliche* Atome beteiligt; wenn e i n Atom sich bewegt, müssen auch *alle* übrigen sich mitbewegen. Das Ausmaß dieser Mitbewegung und damit die Beanspruchung der einzelnen Federkräfte zwischen den Atomen ist aber für die einzelnen Schwingungsformen — Beispiele dafür werden in späteren Kapiteln gebracht — sehr verschieden. Und die Erfahrung (§ 47) hat gezeigt, daß sich sehr oft Frequenzen aufzeigen lassen, die einen vom restlichen Atombau nahe unabhängigen Wert haben. Es muß sich also um Schwingungsformen handeln, die vorwiegend von bestimmten Teilen des Moleküls bestritten werden, während das Mitschwingen des Molekülrestes in erster Näherung vernachlässigbar ist. Stammen diese inneren Schwingungen von *zweiatomigen* Gruppen, so entsprechen sie der „*Valenzschwingung*"* dieser Gruppe, die in der Richtung der Verbindungslinie der beiden Atome ausgeführt wird; einer anderen Schwingung ist eine zweiatomige Gruppe nicht fähig. Am sichersten erhält man die Valenzschwingung natürlich, wenn das ganze Molekül nur zweiatomig ist.

---

* Ein treffender, von R. MECKE vorgeschlagener Ausdruck.

Ein weiteres Zahlenmaterial kann man sich in jenen einfachen Fällen verschaffen, bei denen das Molekül, wie in den Beispielen Nr. 44 bis 50, nur aus zwei *Gruppen* besteht, wie $CH_3 \cdot NH_2$ oder $CH_3 \cdot Cl$ usw. In diesen Fällen ist das Schwingungsspektrum ebenso wie das schwingende Molekül einfach genug gebaut, um der Gruppenschwingung $(CH_3) \longleftrightarrow X$ eine bestimmte Frequenz zuordnen zu können. In einzelnen dieser Fälle (Methylhalogenide) weiß man überdies von der Ultrarotforschung (Feinstruktur der ultraroten Banden) her, daß die betreffende Frequenz einer Schwingung entlang der Richtung der Molekülachse entspricht, so wie es obige Zuordnung voraussetzt (DADIEU-KOHLRAUSCH[373]).

Tabelle 38 stellt ein auf solche Art gewonnenes Zahlenmaterial über die Valenzschwingungen zusammen. Spalte 1 enthält eine fortlaufende Nummer, Spalte 2 das Molekül, aus dessen Spektrum die Valenzfrequenz $\Delta\nu$ der Spalte 3 entnommen ist*; Spalte 4 gibt die reziproke reduzierte Masse (in den relativen Einheiten des Atomgewichtes) an. Spalte 7 den Normalabstand der betreffenden Atome, deren Bindekraft in dem speziellen Beispiel (Spalte 9) für die Schwingung maßgebend ist. (Entnommen aus MECKE, Hdb. d. Physik B. **21**.) Aus den Angaben der Spalten 3 und 4 über $1/\mu$ und $\Delta\nu = \omega$ sind die Zahlen für die Federkraft f, die Schwingungsamplitude a und für die „mittlere rücktreibende Kraft" in folgender Art gerechnet (KOHLRAUSCH[206, 208, 210]).

Nach elementaren Gesetzen der Mechanik ist die Frequenz der Schwingung zweier durch eine Federkraft f aneinandergebundener Massen m_1 und m_2 gegeben durch

$$\omega = \frac{1}{2\pi}\sqrt{\frac{f}{\mu}} \qquad \text{mit} \qquad \frac{1}{\mu} = \frac{1}{m_1} + \frac{1}{m_2}. \tag{8}$$

Dabei ist der einfache Fall vorausgesetzt, daß bei Spannen oder Pressen der Feder, also bei Veränderung der Atomdistanz r_0 um den Betrag x, die „rücktreibende" Kraft P der Elongation x proportional ist, also

$$P = f \cdot x \qquad \text{oder} \qquad f = \frac{P}{x};$$

* Nähere Angaben über diese Spektren und die zugehörige Literatur findet man in Abschnitt IX zusammengestellt; um ein bestimmtes Spektrum zu finden, schlage man den Namen der Substanz im Sachindex nach, in welchem man auf die richtige Stelle in Abschnitt IX verwiesen wird.

Tabelle 38. Valenzschwingung ($\Delta\nu$), Amplitude (a), Bindekraft (K).

Nr.	Molekül	$\Delta\nu$ in cm^{-1}	$1/\mu$	$f \cdot 10^{-5}$	$a \cdot 10^8$	$r_0 \cdot 10^8$	$K \cdot 10^4$	Bindung
1	Cl_2	556	0,0564	3,21	0,082	1,98	1,32	Cl—Cl
2	$H_3C \cdot J$	522	0,0744	2,15	0,098	—	1,05	C—J
3	$H_3C \cdot Br$	594	0,0791	2,61	0,095	—	1,23	C—Br
4	$H_3C \cdot SH$	704	0,0968	3,01	0,096	—	1,44	C—S
5	$H_3C \cdot Cl$	710	0,0948	3,12	0,095	—	1,48	C—Cl
6	$H_3C \cdot CH_3$	990	0,1332	4,31	0,095	(1,31)	2,05	C—C
7	$H_3C \cdot NH_2$	1035	0,1290	4,86	0,091	—	2,22	C—N
8	$H_3C \cdot OH$	1034	0,1254	4,99	0,090	—	2,25	C—O
[9	$H_3C \cdot H$	2910	1,0833	4,58	0,158	1,10	3,62	C—H]
10	HJ	2233	1,0078	2,90	0,174	—	2,52	C —J
11	HBr	2479	1,0125	3,56	0,166	1,42	2,94	H—Br
12	Mercaptane	2574	1,0311	3,77	0,164	(1,35)	3,09	H—S
13	HCl	2780	1,0282	4,40	0,158	1,28	3,47	H—Cl
14	Amine	3322	1,0714	6,04	0,147	1,07	4,45	H—N
15	Hydroxyl	3388	1,0624	6,34	0,145	0,97	4,59	H—O
16	H_2	4155	2,00	5,06	0,180	0,75	4,55	H—H
17	O_2	1552	0,125	11,3	0,074	1,20	4,14	O=O
18	Äthylene	1630	0,1666	9,36	0,083	—	3,88	C=C
19	Carbonyl	1722	0,1457	11,9	0,075	—	4,49	C=O
20	Acetylene	2159	0,1666	16,4	0,077	1,19	6,32	C≡C
21	Nitril	2172	0,1547	17,9	0,069	1,17	6,17	C≡N
22	CO	2155	0,146	18,6	0,067	1,25	6,28	C≡O
23	N_2	2329	0,143	22,2	0,064	1,22	7,14	N≡N
1	2	3	4	5	6	7	8	9

f ist also numerisch gleich der rücktreibenden Kraft P für die Federverlängerung $x = 1$ cm und hat die Dimension $Dyn \cdot cm^{-1}$. Bei der Berechnung von f durch Auswertung von Gleichung (8) ist zu berücksichtigen, daß $\Delta\nu$ in cm^{-1} gegeben ist (statt, wie eine mechanische Frequenz, in sec^{-1}) und daß die Massen m nicht im absoluten Maß (in g), sondern in Atomgewichtseinheiten (bezogen auf Sauerstoff) eingesetzt werden. Daher erhält man (L = LOSCHMIDTsche Zahl, c = Lichtgeschwindigkeit)

$$f = C\mu\omega^2 \quad , \quad \text{worin} \qquad C = \frac{4\pi^2 c^2}{L} = 5{,}863 \cdot 10^{-2}. \qquad (8a)$$

Die Amplitude a erhält man (vgl. etwa PETRIKALN[115]), wenn man bedenkt, daß die Schwingungsenergie $\frac{\mu}{2}(2\pi\omega a)^2$ durch Zufuhr des Energiequantums $h \cdot \Delta\nu$ entstanden sein muß. Daher

$$\frac{\mu}{2}(2\pi\omega a)^2 = h\omega\,. \qquad (9)$$

Für die Berechnung von a (in cm) ergibt sich, wenn ω in cm^{-1}, μ in relativen Einheiten und $h = 6{,}55 \cdot 10^{-27}$ Erg·sec gegeben ist:

$$a = C' \sqrt{\frac{1}{\mu\omega}}, \qquad \text{worin} \qquad C' = \sqrt{\frac{hL}{2\pi^2 c}} = 8{,}187 \cdot 10^{-8}. \qquad (9\text{a})$$

Da ferner die rücktreibende Kraft P vom Wert Null für $x = 0$ bis zum Wert $f \cdot a$ für $x = a$ linear ansteigt, so ist die *mittlere* rücktreibende Kraft K während der induzierten Schwingung gegeben durch

$$K \equiv \frac{f \cdot a}{2} = 24{,}0 \cdot 10^{-8} \sqrt{\mu\omega^3} \text{ (in Dyn)}. \qquad (10)$$

Bezüglich des Ausgangsmaterials sei bemerkt: Die Nummern 1, 16, 17, 23 beziehen sich auf die einzige Schwingung in den Elementen Cl_2, H_2, O_2, N_2; sie geben die verläßlichsten Zahlen, abgesehen davon, daß wegen Vergleichbarkeit mit den übrigen Angaben die Daten, die am flüssigen Zustand gewonnen wurden, eingesetzt sind; nach den Erfahrungen der Tabelle 27 dürfte dies jedoch speziell in diesen Fällen wenig austragen.

Die Nummern 10, 11, 13, 22 beziehen sich auf die zweiatomigen Moleküle HCl, HBr, HJ, CO; für HJ liegen nur Daten für den Gaszustand vor, die sich aber (vgl. die Bemerkung zu Tabelle 28) vom flüssigen Zustand wahrscheinlich nicht viel unterscheiden werden; auch an Kohlenoxyd wurde nur im Gaszustand gemessen. Dagegen sind die Angaben für flüssiges HBr und HCl nach Tabelle 28 sicher für die vorliegenden Zwecke durch den Einfluß der zwischenmolekularen Kräfte verfälscht; trotzdem wurden sie der Einheitlichkeit halber beibehalten.

Die Nummern 2 bis 9 beziehen sich auf die Methylderivate im verflüssigten Zustand; unter ihnen ist insbesondere die Angabe für $H_3C \cdot H$ (Methan) unsicher, weil es sehr fraglich ist, ob man gerade in diesem Fall die betreffende intensive Frequenz als Valenzfrequenz auffassen darf (vgl. die Diskussion der Schwingungsformen für CX_4 in §§ 55, 56 und der CH-Frequenzen in §§ 52, 54). Daher sind die Angaben dieser Zeile geklammert.

Nr. 12 bezieht sich auf die innere Schwingung der HS-Gruppe in den Mercaptanen, Nr. 14 auf die der HN-Gruppe in Dimethyl- und Diäthylamin [$(H_3C)_2 \cdot NH$ und $(H_5C_2)_2 \cdot NH$], Nr. 15 auf die der OH-Gruppe in Methylalkohol.

Nr. 18 betrifft die Äthylenbindung, deren Wert aus Angaben über 29 Äthylenderivate gemittelt wurde; die Frequenz der Carbonylgruppe $C=O$ (Nr. 19) wurde aus 51 Spektren (Ketone, Aldehyde, Carbonsäuren usw.) gemittelt, die Frequenz der $C\equiv C$-Bindung aus 11 Angaben über Acetylenderivate, die $C\equiv N$-Frequenz aus 42 Beispielen für Moleküle mit Nitrilgruppe.

Das der Tabelle 38 zugrunde liegende Zahlenmaterial ist also ein sehr inhomogenes und gewiß nicht völlig vergleichbares, da es durch zwischen- und innermolekulare Einflüsse belastet ist; dies muß bei der Bewertung der aus ihm gezogenen Schlüsse (§ 50) berücksichtigt werden. Hierzu kommt noch, daß, wenn die noch zu besprechenden Ansichten Meckes (z. B. § 57) sich als richtig erweisen sollten, in einigen der angegebenen Beispiele (Nr. 18, 20, vielleicht auch 21) die Deutung der betreffenden Frequenz als Valenzschwingung bzw. die Art ihrer rechnerischen Verwertung nicht korrekt ist.

§ 49. Konstitutive Beeinflussung.

Unter dem Sammelnamen „konstitutive Beeinflussung" sei die Erscheinung verstanden, daß die innere Schwingung einer bestimmten Gruppe erfahrungsgemäß noch eine, allerdings meist geringe, Abhängigkeit vom Aufbau des übrigen Moleküls aufweist. Worin der Mechanismus dieser Beeinflussung besteht, ist nicht mit Sicherheit zu entscheiden, da es sich in diesen Fällen um vielatomige Moleküle handelt, deren Schwingungsform ohne zunächst willkürliche Voraussetzungen nicht berechnet werden kann. Es ist ganz gut möglich, daß mindestens ein Teil dieser Frequenzverschiebungen auf eine Änderung der Schwingungsform zu schieben ist; ein anderer Teil mag auf zwischenmolekulare Kräfte zurückgehen, die ja von Substanz zu Substanz wechseln. Der Hauptsache nach dürfte es sich aber doch um reelle Veränderungen der rücktreibenden Kraft, also um bindungslockernde oder verfestigende Einflüsse handeln, die von Nachbargruppen desselben Moleküls aufeinander ausgeübt werden; oder vielleicht besser gesagt, es dürfte sich um die Auswirkung einer Konkurrenz der am selben Zentralatom sitzenden Gruppen (Atome) um den Anteil an dessen Kraftfeld handeln. Aus einem hinreichend ausgedehnten Tatsachenmaterial müßten sich jene Eigenschaften ablesen lassen, die die beteiligten Atome für diese Konkurrenz besonders befähigen.

Diese konstitutiven Einflüsse sollen im folgenden an einer Reihe von Beispielen besprochen werden; am besten hiefür geeignet sind solche Fälle, bei denen die zu vergleichenden Moleküle dieselbe zweiatomige Gruppe enthalten, deren Frequenz im Spektrum leicht erkenntlich sein muß und deren Frequenzverschiebung als Anzeichen und Maß für die Veränderung des Kraftfeldes an der betreffenden Stelle dient.

Aus dem in Abschnitt IX gesammelten, derzeit vorliegenden Erfahrungsmaterial wurden in Anlehnung an ähnliche Vergleiche (DADIEU-KOHLRAUSCH[208, 278, XIII]) die Zahlen der folgenden Tabellen zusammengestellt. Die meisten Vergleichsmöglichkeiten liefern derzeit Moleküle mit Carbonyl- (C=O-) Gruppe. Aus Tabelle 39

Tabelle 39. Konstitutive Beeinflussung der C=O-Frequenz.

$H_3C \cdot CO \cdot X$	$\Delta\nu$	$H_5C_2O \cdot CO \cdot X$	$\Delta\nu$	$H \cdot CO \cdot X$	$\Delta\nu$	$C_6H_5 \cdot CO \cdot X$	$\Delta\nu$
X= OH	1669			X= OH	1647	X= OH*	1674
X= NH_2*	[1602]			X= NH_2	1670		
X= C_6H_5	1679	X= C_6H_5	1720	X= C_6H_5	1696	X= C_6H_5	1652
X= CH_3	1714	X= CH_3	1732	X= CH_3	1716	X= CH_3	1679
X= H	1716	X= H*	1716	X= H*	1768	X= H	1700
X= OCH_3	1740	X= OC_2H_5	1744	X= OCH_3	1717	X= OCH_3	1722
X= CO · OH	1769	X= CO · OC_2H_5	1762				
X= Cl	1797	X= Cl	1770	X= Cl	1768	X= Cl	1768
X= Br	1809						
I		II		III		IV	

ist die konstitutive Beeinflussung der Frequenz dieser Gruppe — Erhöhung der Frequenz entspricht Verfestigung der Bindung — durch benachbarte, am selben C-Atom sitzende Substituenten X zu entnehmen. Da die CO-Gruppe zweiwertig ist, wurde der Vergleich so durchgeführt, daß in den Feldern I bis IV der Tabelle 39 jeweils einer der Substituenten (in I H_3C-, in II $H_5C_2 \cdot O$-, in III H-, in IV C_6H_5-) konstant gehalten und der zweite Substituent X variiert wurde. Mit einer Ausnahme wurden diese Substituenten X so eingereiht, daß in Feld I die CO-Frequenz von oben nach unten zunimmt; die Ausnahme ist Acetamid $H_3C \cdot CO \cdot NH_2$ (Feld I), für das nur eine wenig gute Spektralaufnahme vorliegt, so daß der zugehörige $\Delta\nu$-Wert als unsicher (und unwahrscheinlich) bezeichnet werden muß. Wenn der Einfluß der Substituenten X bei Variation des zweiten Substituenten relativ der gleiche bleibt, dann müssen bei gleicher Einordnung der Substituenten X auch in den Feldern II bis IV die Zahlen für $\Delta \nu$ von oben nach unten zunehmen.

Man sieht, daß dies im allgemeinen zutrifft, bis auf die mit * bezeichneten Fälle; einer derselben betrifft übrigens die Benzoesäure $C_6H_5 \cdot CO \cdot OH$, deren Spektrum nur für die gelöste Substanz bestimmt wurde. Dabei ergaben sich je nach dem Lösungsmittel die Werte (DADIEU-KOHLRAUSCH[269]):

In Benzol ($\vartheta = 35°$) 1648, in Benzol ($\vartheta = 75°$) 1644, in Alkohol 1689, in Äther 1716.

In Tabelle 39 wurde der Mittelwert eingesetzt; denn man kann einerseits sagen, daß das dipolfreie Lösungsmittel (C_6H_6) den besseren Wert liefert, und man kann andererseits darauf verweisen, daß dies gerade hier nicht zutreffen wird, weil angeblich Benzoesäure in Benzol Doppelmoleküle bildet. Jedenfalls braucht auf das Herausfallen des zugehörigen C=O-Wertes in Feld IV zunächst kein großes Gewicht gelegt zu werden. Auch Formaldehyd $H \cdot CO \cdot H$ wurde in wässeriger Lösung aufgenommen (PAL-SEN GUPTA[262]) und der C=O-Wert kann durch zwischenmolekulare Kräfte gestört sein, die bei diesem Molekül, das so stark zur Polymerisation neigt, jedenfalls groß sein werden. Ob in diesen beiden Fällen nicht vielleicht gerade deshalb, weil die Substanzen in gelöstem (weniger dichtem) Zustand beobachtet wurden, der richtigere — dem gasförmigen Zustand näherliegende — Wert der CO-Frequenz gefunden wurde, mag dahingestellt sein; jedenfalls ist die Vergleichbarkeit gestört.

Wenn sich nun aber auch — abgesehen von den wenigen Ausnahmen — die Substituenten X in allen vier Feldern in die gleiche Reihe einordnen, so hängt ihr Einfluß auf die CO-Frequenz doch noch vom zweiten Substituenten ab; denn wenn auch die Reihenfolge der $\Delta \nu$-Werte in der Vertikalen ähnlich ist, so ist sie es nicht immer in der Horizontalen. Man vergleiche die Zahlenfolge z. B. der dritten und achten Zeile.

dritte Zeile	1679,	1720,	1696,	1652
achte Zeile	1797,	1770,	1768,	1768

Der Gang der Zahlen ist verschieden, so daß sich der Einfluß zweier am selben C-Atom sitzenden Substituenten auf die C=O-Frequenz nicht additiv zusammensetzen läßt, vielmehr muß noch eine gegenseitige Beeinflussung vorliegen.

Die empirische Kenntnis der Abhängigkeit der C=O-Frequenz von der Besetzung der restlichen zwei Valenzstellen ermöglicht es, in Molekülen mit zwei verschieden eingebauten Carbonylgruppen die beiden auftretenden CO-Frequenzen zuzuordnen.

Als Beispiel die Ketoform des Acetessigesters:

$$\begin{array}{ccccc} H_3C \cdot & CO & \cdot CH_2 \cdot & CO & \cdot OC_2H_5 \\ & \downarrow & & \downarrow & \\ \Delta\nu = & 1714 & & 1740 & \end{array}$$

Die C=O-Frequenzen sind in der angegebenen Art zuzuordnen, denn die linke Seite der Formel entspricht bis auf ein H-Atom dem Dimethylketon ($H_3C \cdot CO \cdot CH_3$) mit dem CO-Wert 1714 (Tabelle 39), die rechte Seite entspricht wieder bis auf ein H-Atom dem Äthylester der Essigsäure ($CH_3 \cdot CO \cdot OC_2H_5$) mit der höheren CO-Frequenz 1732 (vgl. dazu § 62).

An den Molekülen mit Carbonylgruppe läßt sich auch gut der „abschirmende" Einfluß einer oder mehrerer zwischen CO und beeinflussenden Substituent eingeschobenen Methylen-(CH_2)-Gruppen verfolgen. Als Beispiele:

oxalsaurer Diäthylester:	$H_5C_2 \cdot O \cdot CO \cdot CO \cdot O \cdot C_2H_5$	$\Delta\nu(CO) = 1762$
malonsaurer ,,	$H_5C_2O \cdot CO \cdot CH_2 \cdot CO \cdot O \cdot C_2H_5$	$\Delta\nu(CO) = 1735$
bernsteinsaurer ,,	$H_5C_2 \cdot O \cdot CO \cdot (CH_2)_2 \cdot CO \cdot O \cdot C_2H_5$	$\Delta\nu(CO) = 1729$

Die gegenseitige Verfestigung der benachbarten Carbonylgruppen wird durch eingeschobene CH_2-Gruppen allmählich herabgesetzt auf den Normalwert der CO-Frequenz im Ester. Ähnlich im folgenden Beispiel:

Phosgen	$Cl \cdot CO \cdot Cl$	$\Delta\nu(CO) = 1810$
Chloracetylchlorid	$Cl \cdot CH_2 \cdot CO \cdot Cl$	$\Delta\nu(CO) = 1807$
Acetylchlorid	$H_3C \cdot CO \cdot Cl$	$\Delta\nu(CO) = 1797$
Aceton	$H_3C \cdot CO \cdot CH_3$	$\Delta\nu(CO) = 1714$

In Tabelle 40 wird der konstitutive Einfluß auf die CH-Frequenz gezeigt; dabei sind solche Fälle zusammengestellt, wo nur C-Atome vorkommen, von deren vier Valenzstellen nur je eine von H besetzt ist, so daß die auftretenden CH-Frequenzen eindeutig zugeordnet werden können. Die Reihenfolge, in die sich die Substituenten nach ihrem die CH-Bindung verfestigenden Einfluß einordnen, ist keineswegs dieselbe, wie in bezug auf den Einfluß auf CO in Tabelle 39. Man vergleiche z. B.:

NH_2-Gruppe:	Formamid	$H \cdot CO \cdot NH_2$	$\Delta\nu(CO) = 1670$	$\Delta\nu(CH) = 2882$
OH -Gruppe:	Ameisensäure	$H \cdot CO \cdot OH$	$\Delta\nu(CO) = 1647$	$\Delta\nu(CH) = 2951$

Die Beeinflussung verläuft in gerade entgegengesetztem Sinn (vgl. § 50). Wie Tabelle 40 zeigt, ist der Frequenzbereich, innerhalb dessen sich speziell die CH-Frequenz verschieben kann, ein recht großer; allerdings handelt es sich dabei um Fälle, wo drei Substituenten variiert werden können. Der Frequenzbereich der hohen Schwingungen der CH_2- und CH_3-Gruppe ist, wie sich ergeben wird (§§ 52, 54), wesentlich kleiner; dort sind auch nur zwei bzw. eine Valenzstelle zur Variation des Substituenten verfügbar.

Tabelle 40. Konstitutive Beeinflussung der CH-Frequenz.

Substanz	$\Delta\nu$	Substanz	$\Delta\nu$
$H \cdot CO \cdot CCl_3$	2867	$H \cdot CCl_3$	3018
$H \cdot CO \cdot NH_2$	2882	$H \cdot CBr_3$	3021
$H \cdot CO \cdot H$	2945	$H \cdot C_6H_5$	3050
$H \cdot CO \cdot OH$	2951	$ClHC{=}CHCl$	3078
$Cl_2HC \cdot CHCl_2$	2984	$Cl_2C{=}CHCl$	3082
$Cl_3C \cdot CHCl_2$	2985	$H \cdot C{\equiv}N$	3213
$Br_2HC \cdot CHBr_2$	2986	$H \cdot C{\equiv}C \cdot H$	3320

In Tabelle 41 sind die Frequenzen der Nitrilgruppe ($-C{\equiv}N$) in organischen Molekülen zusammengestellt; es bedeutet R = Alkyl ein einwertiges aliphatisches Radikal ($-CH_3$, $-C_2H_5$, uw.) und Ar = Aryl eine einwertige aromatische Gruppe ($-C_6H_5$, $-C_6H_4 \cdot CH_3$ usw.); *n* bedeutet die Zahl der Fälle, die zur Mittelbildung herangezogen wurden. Bemerkenswert ist die Aufspaltung der CN-Frequenz in den Senfölen und im Dicyandiamid;

Tabelle 41. Konstitutive Beeinflussung der C≡N-Frequenz.

Substanz		n	$\Delta\nu$	
Rhodanide	$R \cdot S \cdot CN$	2	2148	
Isonitrile	$R \cdot NC$	2	2154	
Senföle	$R \cdot NCS$	5	2103	2172
Dicyandiamid . . .	$(CN \cdot NH_2)_2$	1	2156	2195
Aromat. Nitrile . .	$Ar \cdot CN$	2	2226	
Aliphat. Nitrile . .	$R \cdot CN$	10	2250	
Dicyan	$NC \cdot CN$	1	2334	

hierauf, sowie auf die Verwertung des Unterschiedes zwischen Nitril $R \cdot CN$ und Isonitril $R \cdot NC$ wird an anderer Stelle (§ 62) zurückgekommen werden. Wie bei der Carbonylgruppe bewirkt auch bei der Cyangruppe die Kumulierung zweier solcher Gruppen eine kräftige Verfestigung; und so wie dort geht diese Verfestigung durch Einschieben von Methylengruppen zurück; man vergleiche:

Dicyan	$NC \cdot CN$	$\Delta\nu\,(CN) = 2334$
Äthylencyanid	$NC \cdot (CH_2)_2 \cdot CN$	$\Delta\nu\,(CN) = 2254$
Acetonitril	$H_3C \cdot CN$	$\Delta\nu\,(CN) = 2250$

In Tabelle 42 ist die CN-Frequenz für eine Anzahl von Molekülen zusammengestellt, die zum Unterschied gegen die obigen Dissoziationsfähigkeit besitzen. Me bedeutet Metall oder Wasserstoff. Bei den Komplexsalzen hat das Ion vermutlich immer die Form $Me \cdot (CN)_x$: die CN-Frequenz dieser Ionen scheint mit abnehmender Fähigkeit zur Dissoziation zuzunehmen. Angefangen vom vollständig dissoziierten KCN bildet sich so über das schwer dissoziierende $Hg(CN)_2$ eine Reihe, in der die Werte der CN-Frequenzen vom Wert im freien Ion CN, $\Delta\nu = 2087$, bis zum Wert im nicht dissoziationsfähigen aliphatischen Nitril $R \cdot CN$ ansteigen (WOODWARD[328], BRAUNE-ENGELBRECHT[320, 374]).

Tabelle 42. C≡N-Frequenz in dissoziierbaren Cyanverbindungen.

Substanz		n	$\Delta\nu$
Rhodansalze . .	$Me \cdot S \cdot CN$	4	2064
Cyansalze . .	$Me \cdot CN$	3	2087
	$K_3[Cu(CN)_4]$	1	2095
	$K[Ag(CN)_2]$	1	2139
	$K_2[Me(CN)_4]$	3	2150
	$K_4[Fe(CN)_6]$	1	2161
	$Hg(CN)_2$	1	2192
Kaliumcyanat .	$K \cdot O \cdot CN$	1	2183

Dieser Unterschied in den charakteristischen Frequenzen im dissoziationsfähigen und nicht dissoziierbaren Molekül scheint eine ganz allgemeine Erscheinung zu sein (DADIEU-KOHLRAUSCH[278]; DADIEU[368]), wie an folgender Zusammenstellung gezeigt sei. Tabelle 43 vergleicht die Frequenzwerte der CO-Gruppe in Ester und Säure, der CN-Gruppe in Rhodaniden ($S \cdot CN$) und Rhodansalzen sowie in aliphatischen Nitrilen und Cyansalzen. In allen

Tabelle 43. Gruppenfrequenz und Dissoziationsfähigkeit.

Gruppe	Ester		Säuren-Salze	
$CO \cdot O$	$R \cdot COOR$	1726	$R \cdot COOH$	1653
SCN	$R \cdot SCN$	2148	$Me \cdot SCN$	2064
CN	$R \cdot CN$	2250	$Me \cdot CN$	2087

Fällen tritt eine deutliche Erniedrigung der inneren Frequenz der betreffenden Gruppe beim Übergang zum dissoziationsfähigen Molekül ein*. Und zwar scheint es belanglos zu sein, ob das zur Dissoziation befähigte Molekül wirklich dissoziiert ist oder nicht. Die CO-Frequenz variiert nur in zweiter Ordnung, wenn man von reiner zu wässeriger Carbonsäure übergeht (Dadieu-Kohlrausch[125, 269, 278]); die CN-Frequenz bleibt innerhalb der Versuchsfehler konstant, ob man nun mit reiner Blausäure oder mit wässeriger Blausäure arbeitet (Dadieu[368]); es tritt auch keine Aufspaltung ein, wie sie zu erwarten wäre, wenn ein Teil der Moleküle dissoziiert ist, ein anderer nicht, und wenn beide Typen einen Frequenzunterschied besäßen; ebenso bleibt die CN-Frequenz unverändert, gleichgültig, ob man die Rhodansalze in Wasser löst oder in Alkohol, wo die Dissoziation jedenfalls sehr zurückgedrängt ist. Das heißt aber offenbar, daß schon im undissoziierten Molekül der Einfluß der Anwesenheit des H-Atoms so gering auf das Kraftfeld ist, daß seine gänzliche Entfernung nichts mehr austrägt. Ein, wie dem Verf. scheint, immerhin bemerkenswerter Befund im Hinblick auf die bekannte Vorstellung von der „Bindung in zweiter Sphäre". Einzuwenden ist allerdings, daß obige Beispiele größtenteils „schwache" Säuren betreffen. In starken Säuren erweisen sich die Eigenfrequenzen doch merklich als konzentrationsabhängig (§ 46).

§ 50. Valenzschwingung, Valenz-(Binde-)Kraft, Dissoziationsenergie.

In Tabelle 44 sind jene vergleichbaren Fälle der Tabelle 38 (S. 154), bei denen dieselben Atome einfach sowohl als mehrfach gebunden gegeneinander schwingen, noch einmal mit den zugehörigen Werten K zusammengestellt. Die Mittelwerte $\overline{K}$ verhalten sich in der einfachen, zweifachen, dreifachen Bindung im Mittel wie

$$2{,}17 : 4{,}18 : 6{,}26 = 1 : 1{,}9 : 2{,}9,$$

* Dagegen hat die OH-Gruppe im nicht dissoziierbaren Molekül des Methylalkohols die innere Frequenz $\Delta\nu = 3388\ \mathrm{cm}^{-1}$, im dissoziierbaren NaOH jedoch den Wert $\Delta\nu = 3630$ (krystallisiert) bzw. $\Delta\nu = 3615$ (in Lösung). Man beachte aber, daß nach den Beispielen Nr. XXII, 9 bis 12 der Substanztabelle in Abschnitt IX die OH-Frequenz in Hydroxyden weitgehend vom Metall beeinflußt wird.

also angenähert wie 1 : 2 : 3; es liegt daher nahe, den Wert für die mittlere rücktreibende Kraft K provisorisch als quantitatives Maß der Valenz- oder Bindekraft anzusehen (KOHLRAUSCH[206]).

Tabelle 44.
Mittlere rücktreibende Kraft K bei mehrfachen Bindungen.

X — Y	$K \cdot 10^4$	$\bar{K} \cdot 10^4$	X — Y	$K \cdot 10^4$	$\bar{K} \cdot 10^4$	X — X	$K \cdot 10^4$	$\bar{K} \cdot 10^4$
C—C	2,05		C=C	3,88		C≡C	6,32	
C—N	2,22	2,17			4,18	C≡N	6,17	6,26
C—O	2,25		C=O	4,49		C≡O	6,28	

Die Größe K ist aber — immer innerhalb der Beweiskraft des zugrunde gelegten, nicht ganz einwandfreien Zahlenmateriales — nicht nur angenähert additiv, wenn es sich um das Zusammenlegen mehrerer Bindungseinheiten desselben Atompaares handelt, sondern auch beim Zusammenlegen der Einheiten verschiedener Atome (KOHLRAUSCH[388]); das heißt, man kann zwei Atomen X und Y „atomare Bindekrafteinheiten“ K_x, K_y so beilegen, daß

$$K_x + K_y = K,$$

gleich der im Molekül X · Y wirkenden Bindekraft K wird. Daß sich dies in grober Näherung durchführen läßt, wird mit Hilfe der Zahlen von Tabelle 45 gezeigt. Diese enthält in der zweiten Spalte die den einzelnen Atomen versuchsweise zugeordneten Bindekraftbeiträge (die Zahlen sind gegen die der Originalmitteilung etwas geändert). In der vierten und siebenten Spalte stehen die additiv berechneten K-Werte für das betreffende Atompaar; also z. B.: $K(\mathrm{C} \cdot \mathrm{Cl}) = K(\mathrm{C}) + K(\mathrm{Cl}) = 0{,}9 + 0{,}7 = 1{,}6$, während aus Tabelle 38 der beobachtete Wert 1,5 folgt. Mit wenigen Ausnahmen (H_2!) stimmen die berechneten und beobachteten Zahlen recht gut überein; allerdings ist der Spielraum für die Prüfung nur gering. Auch lassen sich mit den K_x-Werten der Tabelle 45 die K-Werte der mehrfachen Bindungen nur sehr angenähert zusammensetzen.

Daß es sich dabei nur um grobe Näherungen handeln kann, folgt ja schon aus der im vorangehenden Abschnitt besprochenen Tatsache der konstitutiven Beeinflußbarkeit. Vielleicht darf man sich aber in dieser Hinsicht auch wieder die primitive Vorstellung machen, daß nur lokale Verschiebungen im Kraftfeld stattfinden, daß aber das Bindungsvermögen des zentralen C-Atomes im

Tabelle 45. Ungefähre Additivität von K.

Atom	$K_x \cdot 10^4$	X · Y	K_{ber}	K_{beob}	X · Y	K_{ber}	K_{beob}
H	2,8	HJ	2,8	2,5	CJ	0,9	1,1
O	1,5	HBr	3,0	2,9	CBr	1,1	1,2
N	1,4	HS	3,2	3,1	CS	1,3	1,4
C	0,9	HCl	3,5	3,5	CCl	1,6	1,5
Cl	0,7	HC	3,7	3,6	CC	1,8	2,1
S	0,4	HN	4,2	4,5	CN	2,3	2,2
Br	0,2	HO	4,3	4,6	CO	2,4	2,3
J	vernachl.	HH	5,6	4,6	Cl · Cl	1,4	1,3

ganzen unverändert erhalten bleibt. Man kann diese Annahme etwa in folgender Art prüfen:

In Blausäure H · C≡N seien $\Delta\nu = 2094$ und $\Delta\nu = 3213$ die Frequenzen, die zu den Valenzschwingungen (HC) ⟷ N und H ⟷ (CN) gehören. Die zugehörigen, nach Formel (10) gerechneten K-Werte sind 5,94 und 4,29, ihre Summe ist 10,23; bei Gültigkeit obiger Annahme muß sich diese Summe zusammensetzen lassen aus: 4 Kraftbeiträgen K_x von C, 3 von N, 1 von H; deren Summe ist nach den Angaben von Tabelle 45 gleich 10,6. Auf diese Weise kann man folgende Beispiele, bei denen die Einfachheit des Spektrums die Valenzschwingung der am zentralen C-Atom hängenden Substituenten mit einiger Wahrscheinlichkeit angeben läßt, heranziehen:

Acetylen	HC≡CH	ΣK beobachtet 14,2	ΣK berechnet 12,8
Blausäure	H · C≡N	10,2	10,6
Formaldehyd	H · CO · H	12,2	12,2
Phosgen	Cl · CO · Cl	7,4	7,4
Acetaldehyd	H_3C · CO · H	10,3	10 ,3
Ameisensäure	H · CO · OH	9,4	10,9
Aceton	H_3C · CO · CH_3	7,8	8,4

Im großen und ganzen erhält man also ganz erträgliche Übereinstimmung, was für die ungefähre Gültigkeit der den gerechneten Werten zugrunde liegenden Annahme von der Konstanz des gesamten Kraftfeldes des C-Atoms spricht. Sollten sich derartige Überlegungen auch gegenüber einem umfangreicheren und vor allem besser definierten Erfahrungsmaterial aufrechterhalten lassen, dann darf man auf wertvolle Schlußfolgerungen über die Kraftfeldbilanz und über die Absättigung des atomaren Kraftfeldes bei der Molekülbildung hoffen.

Um den Zusammenhang zwischen der im Ramanspektrum auftretenden Valenzschwingung und der zur Trennung dieser Bindung nötigen *Dissoziationsenergie* zu erhalten (KOHLRAUSCH[206]), sei daran erinnert, daß bisher der Einfachheit halber die zu Gleichung (8) (S. 152) führende Voraussetzung gemacht wurde, daß die rücktreibende Kraft der Elongation x einfach proportional sei. Da ein so einfaches Gesetz kaum vorliegen wird, so gilt Gleichung (8) nur, wenn die Elongationen unendlich klein sind; dann sind die Elongationen auch symmetrisch zur Ruhelage, die Schwingung ist harmonisch. Nun wurde schon in § 4 darauf verwiesen (Näheres in § 69), daß die Kernschwingung asymmetrisch sein muß, wenn sie sich im S.R.E. äußern soll. An Stelle des einfachen Kraftgesetzes, das symmetrische Schwingungen ergibt, muß daher eines gewählt werden, das zu asymmetrischer Kernbewegung führt. Im einfachsten Fall*

$$P = f x + B x^2 .$$

Nach der Quantenthoerie** ist im Falle der Gültigkeit eines solchen Gesetzes für die rücktreibende Kraft die Energie im $n$ten Quantenzustand gegeben durch

$$E_n = n h \omega_0 - n^2 h b , \tag{11}$$

worin ω_0 die Frequenz der Schwingung mit unendlich kleiner Amplitude (eine Größe, die hier nur extrapolatorischen Charakter hat) bedeutet und b ein Maß für die Asymmetrie der Schwingung ist. Die Strahlungsfrequenz, die das System von dem nullten in den $n$ten Quantenzustand hebt, ist dann

$$\nu_n = \frac{1}{h} [E_n - E_0] = n \omega_0 - n^2 b , \tag{12}$$

* M. BORN hat den Verf. brieflich auf folgendes aufmerksam gemacht: Der Ansatz $P = f x + B x^2$ entspricht einem Potential $V = \frac{f}{2} x^2 + \frac{B}{3} x^3$, daß als Funktion von x aufgetragen keine horizontale Asymptote hat; es scheint daher bedenklich, aus einem solchen Potential Schlüsse auf die Dissoziationsenergie [d. i. der vertikale Abstand: Minimum des Potentiales gegen die (nicht vorhandene) Asymptote] zu ziehen. Doch dürfte infolge der Endlichkeit der in Betracht kommenden Energiedifferenzen — unpolare Bindung vorausgesetzt — der Fehler nur klein sein.

** Vgl. z. B. SCHAEFER-MATOSSI XV, p. 165ff.

so daß die Frequenzen ν_n für $n = 1, 2, 3 \ldots$ eine Reihe von unharmonischen Obertönen durchlaufen:

$$\omega_0\left(1 - \frac{b}{\omega_0}\right), \quad 2\,\omega_0\left(1 - 2\,\frac{b}{\omega_0}\right), \quad 3\,\omega_0\left(1 - 3\,\frac{b}{\omega_0}\right) \text{ usw.} \tag{12a}$$

Die mechanische Frequenz des durch Einstrahlung angeregten Systems findet man aus der Vorschrift

$$\omega_n = \frac{1}{h}\,\frac{\partial E_n}{\partial n} = \omega_0 - 2\,n\,b\,. \tag{13}$$

Dies bedeutet, daß ω_n mit Erhöhung des Quantenzustandes abnimmt; der höchste Quantenzustand ist daher (BIRGE, SPONER †) offenbar erreicht, wenn $\omega_n = 0$ wird; das ist nach Gleichung (13) der Fall, wenn n den kritischen Wert erreicht:

$$n^* = \frac{\omega_0}{2\,b}\,.$$

Oberhalb dieses Zustandes ist keine quantenhafte Energieänderung, also keine periodische Bewegung möglich, es muß Dissoziation eintreten. Die maximal zuführbare Energie, die Dissoziationsarbeit E^*, ist daher nach Gleichung (11) gegeben durch:

$$E^* = n^* h\,\omega_0 - (n^*)^2\,h\,b = \frac{h\,\omega_0^2}{4\,b}\,. \tag{14}$$

Da im Ramanspektrum gewöhnlich nur der Grundton mit $n = 1$ auftritt, so folgt für den Zusammenhang zwischen gemessener Verschiebung $\Delta\,\nu$ und dem Wert ω_0 aus Gleichung (12):

$$\Delta\,\nu = \omega_0 - b\,, \tag{15}$$

vorausgesetzt, daß $\Delta\,\nu$, ω_0 und b in absolutem Maß, also z.B. $\sec^{-1}$, gemessen werden.

Daher folgt aus (14):

$$E^* = \frac{h}{4}\,\frac{(\Delta\,\nu + b)^2}{b}\,. \tag{16}$$

Werden $\Delta\,\nu$, b, ω in cm^{-1} und die Dissoziationsarbeit D in kcal/Mol gemessen, so folgt endlich mit $J = 4{,}186 \cdot 10^7$ Erg/cal, $L =$ LOSCHMIDTsche Zahl $= 6{,}06 \cdot 10^{23}$

$$\frac{4000\,J}{h\,c\,L} \cdot D = 1{,}406 \cdot 10^3\,D = \frac{(\Delta\,\nu + b)^2}{b}\,, \tag{17}$$

† BIRGE, R. T., u. H. SPONER, Phys. Rev. **28**, 259, 1926; H. SPONER, Erg. d. exakt. Naturwiss. VI, 75, 1927.

worin b eine Korrektionsgröße von der Dimension cm^{-1} ist. Für das Folgende genügt es, da b klein gegen $\Delta\nu$ ist, die rechte Seite der Gleichung (17) durch $(\Delta\nu)^2/b$ zu ersetzen.

Der S.R.E. allein vermittelt also keine Kenntnis der Trennungsarbeit D; dazu muß noch die Größe b, die die Asymmetrie der Schwingung mißt und irgendwie auch mit der Intensität der Ramanlinien zusammenhängen muß (vgl. § 4), bekannt sein. Liegen ultrarote Messungen vor, so kann man mit Hilfe von Gleichung (12a) die Größe b aus der Anharmonizität (Abweichung von der Ganzzahligkeit der Vielfachen vom Grundton) der Obertöne näherungsweise bestimmen†. Ist umgekehrt, z. B. aus thermochemischen oder aus optischen Versuchen, die Dissoziationsarbeit D gegeben, dann kann man nach Gleichung (17) b berechnen und diese Kenntnis zur Berechnung der unharmonischen Obertöne [Gleichung (12a)] verwenden, was eine wesentliche Erleichterung für die Deutung und Entwirrung der ultraroten Spektren bedeutet.

In Tabelle 46 sind für die einzelnen Bindungen die Dissoziationsarbeiten D in kcal/Mol eingetragen und daraus mit Hilfe der

Tabelle 46. Dissoziationsarbeit D, Schwingungsasymmetrie b, maximale Amplitude a^*.

X—Y	D	b	$a^* \cdot 10^8$	X—Y	D	b	$a^* \cdot 10^8$	X—Y	D	b	$a^* \cdot 10^8$
H—C, al.	92	66	0,52	H—H	100	123	0,52	C=C	125	15,1	0,43
H—C, ar.	101	66	0,52	C—C	71	9,8	0,48	C=O	188	11,2	0,47
H—O	120	68	0,51	C—O	94	8,1	0,51	O=O	162	10,1	0,46
H—N	98	80	0,47	C—N	69	11,4	0,44	C≡C	166	19,9	0,38
H—S	75	63	0,53	C—S	75	4,7	0,59	C≡O	248	13,4	0,43
H—Cl	100	55	0,56	C—Cl	73	4,9	0,57	C≡N	212	15,8	0,41
H—Br	85	51	0,58	C—Br	59	4,3	0,56	N≡N	263	14,6	0,41
H—J	70	51	0,58	C—J	44	4,4	0,53	Cl—Cl	57	8,0	0,50

in Tabelle 38 gegebenen Werte für $\Delta\nu$ die Größe b (in cm^{-1}) nach Gleichung (17) berechnet. Die Frequenz der Schwingung mit unendlich kleiner Amplitude ergibt sich dann nach Gleichung (15) zu $\Delta\nu + b$. Ferner ist mit Hilfe der Werte für D noch die „maximale Amplitude" a^* berechnet, das ist jene größte Amplitude, auf die (nach dem mechanischen Bild) die betreffende Eigenschwingung aufgeschaukelt werden muß, damit die Bindung zerreißt. Die dazu nötige Arbeit ist $a^* \cdot a^* f/2$ (Weg mal mittlerer

† Ellis, J. W., Phys. Rev. **33**, 27, 1929.

Kraft) und muß gleich sein der Ablösearbeit E^*. Mit Hilfe der in Tabelle 38 gegebenen Werte für f und der Werte für D kann a^* bestimmt werden; oder, wenn D nicht bekannt ist, mit Hilfe von μ und b, wie man sich leicht ausrechnet.

Mehrere Beobachter haben zur ungefähren Vorausbestimmung der Frequenz gewisser Schwingungen (vgl. z. B. DADIEU-KOHLRAUSCH[130], BRAUNE-ENGELBRECHT[320, 374] u. a.) nach einem schon von EUCKEN† angegebenen Vorgang die rücktreibende Kraft f in Gleichung (8) proportional zu D gesetzt und eine unbekannte Verschiebung $(\Delta\nu)_x$ auf eine bekannte $\Delta\nu$ relationiert mit Hilfe von

$$\frac{(\Delta\nu)_x}{\Delta\nu} = \sqrt{\frac{D_x}{D} \cdot \frac{\mu}{\mu_x}},$$

wenn D, D_x, μ, μ_x bekannt waren. Nun hängen D bzw. E^* und f, wie oben angegeben, zusammen durch $E^* = \frac{(a^*)^2}{2} f$; soll daher obige Relationierung Gültigkeit haben, dann muß in beiden verglichenen Fällen a^* denselben Wert haben. Tabelle 46 zeigt, daß dies zwar ungefähr der Fall ist, daß aber doch auch recht merkliche Abweichungen von der Konstanz vorkommen. a^* variiert in der Tabelle zwischen 0,41 und 0,59. Vergleicht man allerdings gleichartige Bindungen, so werden die Abweichungen geringer, so daß eine erste Näherung in diesen Fällen nach obigem Verfahren zu erreichen ist. Um so mehr kann man die Konstanz von a^* erwarten bei ein und derselben Bindung, deren Frequenz infolge konstitutiver Einflüsse variiert. Nimmt man a^* für die C—H-Bindung mit $0{,}52 \cdot 10^{-8}$ cm an (oder $b = 66\ \text{cm}^{-1}$), so berechnet man daraus die Dissoziationswärmen für die konstitutiv beeinflußten CH-Bindungen der Tabelle 40 zu den Werten von Tab. 47. Die Thermochemie kennt nur zwei verschiedene Werte von D für die CH-Bindung, nämlich einen für die aliphatische und einen für die aromatische Bindung (Tab. 46). Auch ELLIS (l. c.) hat, vom Ultrarotspektrum ausgehend, gezeigt, daß die

Tabelle 47. Dissoziationsarbeit für die CH-Bindung.

Substanz	D	Substanz	D	Substanz	D
$H \cdot CO \cdot CCl_3$	88,4	$H \cdot CO \cdot OH$	93,8	$ClHC{=}CHCl$	102
$H \cdot CO \cdot NH_2$	89,5	$H \cdot CCl_3$	97,9	$HC{\equiv}N$	111
$H \cdot CO \cdot H$	93,4	$H \cdot C_6H_5$	100	$HC{\equiv}CH$	119

† EUCKEN, A., Lieb. Ann. **440**, 111, 1926.

CH-Bindung sehr variabel ist. Daher kommt es, daß in Molekülen wie H · C≡N. oder $H_2C=CH_2$, die thermochemisch bestimmte Aufspaltungsarbeit der Mehrfachbindung größer ist als die optisch bestimmte: denn in ersterem Falle wird die Arbeit zur Auflösung des ganzen Moleküles bestimmt und von ihr die an anderen Molekülen gemessene Trennungsarbeit für die C—H-Bindung abgezogen; da diese in anderen Molekülen wesentlich kleiner ist, fällt der Rest, die Trennungsarbeit für die Mehrfachbindung zu groß aus [C=C : 125 (102); C≡C : 166 (148); die eingeklammerten Werte wurden optisch bestimmt]*. Die Ergebnisse der RAMAN-Untersuchungen können hier eine wichtige Vertiefung der bisherigen Kenntnisse vermitteln.

2. Dreiatomige Moleküle oder Gruppen.

§ 51. Modellmäßige Berechnung von Frequenzen und Schwingungsformen.

N. BJERRUM** hat schon 1914 die Frage rechnerisch behandelt, welche Eigenschaften man dem Kohlendioxydmolekül CO_2 beilegen muß, damit es mit drei bestimmten, aus dem Ultrarotspektrum als Grundtöne abgeleiteten Frequenzen schwinge. Zur Berechnung sind bestimmte Annahmen über die inneren Kräfte, die das Molekül zusammenhalten, zu machen. BJERRUM führt die Theorie mit zwei verschiedenen Hypothesen durch. Das eine Mal wird angenommen, daß alle inneren Kräfte Zentralkräfte zwischen den drei Massenpunkten sind: ein solches System wird *Zentralkraftsystem* genannt. Das andere Mal wird angenommen, daß nur in der Richtung der Valenzstriche (also im speziellen Fall des CO_2 zwischen C und O, nicht aber zwischen O und O) Zentralkräfte vorhanden sind: statt der Zentralkräfte zwischen den beiden Sauerstoffatomen wird zur Erhaltung einer stabilen Molekülform eine Spannkraft angenommen, welche Änderungen des Winkels zwischen den Valenzrichtungen entgegenwirkt (BAEYERsche Valenzwinkelspannung). Ein solches System, das sich den Vorstellungen des Chemikers über die Kraftverhältnisse besonders gut anpaßt, wird *Valenzkraftsystem* genannt.

* Daher sind natürlich auch die aus den thermochemischen Bestimmungen für *D* gerechneten Zahlen der Tabelle 46 nicht korrekt.

** BJERRUM, N., Verh. D. phys. Ges. **16**, 737, 1914.

Welches dieser Modelle den Erfahrungen besser gerecht wird, muß der Erfolg entscheiden. Jede der Annahmen hat Vor- und Nachteile, beide schematisieren sehr stark und es ist möglich, daß sie bereits *zu* stark schematisieren. Um eine Entscheidung herbeizuführen, bleibt nichts über, als zunächst beide Systeme auf ihre Fähigkeit, die Erfahrung darzustellen, zu untersuchen. Leider läßt sich dies derzeit nicht restlos durchführen, da das Valenzkraftsystem für räumliche Modelle nicht ausgearbeitet ist.

A. Das Zentralkraftsystem.

Der allgemeine Fall eines Dreimassenmodelles wurde von RADAKOVIC[273] behandelt, der an diesem Beispiel auch das allgemeine Rechenverfahren entwickelte. Drei Massenpunkte m_0, m_1, m_2 seien untereinander durch die Federkräfte f_0, f_1, f_2 (Abb. 37) verbunden; in der Ruhelage schließen die Verbindungslinien s_0, s_1, s_2 die Winkel α_0, α_1, α_2 miteinander ein. Verschiebt man die drei Massen in die in Abb. 37 gestrichelt gezeichnete Lage, so treten zwischen ihnen Kräfte auf, die den Verlängerungen der Seiten s proportional sind, in die Richtung der neuen Verbindungslinien fallen und die Verzerrungen der Seiten rückgängig zu machen suchen. RADAKOVIC zeigt, daß die Anwendung der Theorie der kleinen Schwingungen mechanischer Systeme auf diesen Fall mühelos gelingt, wenn die Projektionen der Seitenverlängerungen auf die Normallage der Seiten s als besondere Größen ξ eingeführt werden. In diesen Projektionen lassen sich das Potential des Systems und die Differentialgleichungen seiner Eigenschwingungen leicht ausdrücken.

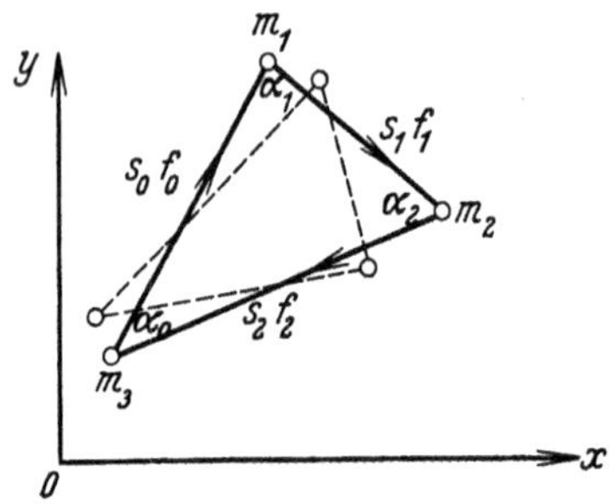

Abb. 37.

Wird die mechanische Frequenz ω in cm^{-1}, die Masse in relativen Atomgewichtseinheiten gemessen, und wird als Abkürzung [vgl. Gleichung (8a)] eingeführt:

$$n^2 \equiv \frac{4\pi^2 c^2}{L}\,\omega^2 = 5{,}863 \cdot 10^{-2}\,\omega^2\,, \tag{18}$$

dann ist die charakteristische Determinante, deren Wurzeln die Normalschwingungen geben, für den allgemeinen Fall:

$$n^6 - a n^4 + b n^2 - c = 0, \tag{19a}$$

mit

$$\left.\begin{aligned}
a &\equiv n_1^2 + n_2^2 + n_3^2 = \frac{f_0}{\mu_0} + \frac{f_1}{\mu_1} + \frac{f_2}{\mu_2},\\
b &\equiv n_1^2 n_2^2 + n_1^2 n_3^2 + n_2^2 n_3^2 = \frac{f_0 f_1}{\mu_0 \mu_1} + \frac{f_1 f_2}{\mu_1 \mu_2} + \frac{f_0 f_2}{\mu_0 \mu_2} - \frac{f_0 f_2}{m_0^2}\cos^2\alpha_0\\
&\qquad - \frac{f_1 f_0}{m_1^2}\cos^2\alpha_1 - \frac{f_2 f_1}{m_2^2}\cos^2\alpha_2,\\
c &\equiv n_1^2 n_2^2 n_3^2 = f_0 f_1 f_2 \left| \frac{1}{\mu_0\mu_1\mu_2} - \frac{\cos^2\alpha_2}{m_2^2\mu_0} - \frac{\cos^2\alpha_1}{m_1^2\mu_2} - \frac{\cos^2\alpha_0}{m_0^2\mu_1}\right.\\
&\qquad \left. + \frac{2\cos\alpha_0\cos\alpha_1\cos\alpha_2}{m_0 m_1 m_2}\right|.
\end{aligned}\right\} \tag{19}$$

Darin bedeuten:

$$\frac{1}{\mu_0} = \frac{1}{m_0} + \frac{1}{m_1}; \qquad \frac{1}{\mu_1} = \frac{1}{m_1} + \frac{1}{m_2}; \qquad \frac{1}{\mu_2} = \frac{1}{m_2} + \frac{1}{m_0}.$$

Aus der ersten dieser drei Gleichungen (19) ersieht man, daß die Summe der Quadrate der Frequenzen ω nur von den Massen und den Federkräften und nicht von den Winkeln α, also nicht von der Konfiguration der Massen abhängt. Das gilt allgemein für beliebige Systeme, wenn die Größen ξ voneinander unabhängig sind. — RADAKOVIC gibt auch das Verfahren zur Bestimmung der Schwingungsform und der Amplitude an.

Der allgemeine, durch Gleichung (19) beschriebene Fall hat zunächst kein unmittelbares praktisches Interesse. Man hätte drei aus dem Spektrum bekannte Frequenzen ω_0, ω_1, ω_2 und daraus bei bekannten schwingenden Massen fünf Molekülkonstanten, f_0, f_1, f_2 und zwei Winkel zu bestimmen. Jedoch lassen sich aus (19) alle vereinfachten Fälle für Moleküle mit mehr oder weniger hoher Symmetrie ableiten.

a) Gleichseitiges Dreieck. Die höchste Symmetrie hat ein System mit drei gleichen Atomen [Ozon O_3 oder Trimethylen $(CH_2)_3$ oder angenähert $-HC\!\left\langle\begin{matrix}CH_2\\ |\\ CH_2\end{matrix}\right]$, zwischen denen gleiche Kräfte wirken. Dann ist $\alpha_0 = \alpha_1 = \alpha_2 = 60°$; $f_0 = f_1 = f_2 = f$; $m_0 = m_1 = m_2 = m$. Damit reduziert sich Gleichung (19a) in Übereinstimmung mit den Angaben BHAGAVANTAMS[276] auf:

$$\left(n^2 - 3\frac{f}{m}\right)\left(n^2 - \frac{3}{2}\frac{f}{m}\right)^2 = 0 \tag{20a}$$

mit den zwei Lösungen

$$n_1^2 = 3\,\frac{f}{m}\,, \qquad n_2^2 = \frac{3}{2}\,\frac{f}{m}\,. \tag{20}$$

n_1^2 ist eine einfache, n_2^2 eine zweifache Wurzel bzw. Schwingung, d. h. letztere würde bei Störung der Symmetrie in zwei verschiedene Frequenzen aufspalten. Das Verhältnis der beiden obigen Grundfrequenzen ist $\omega_1/\omega_2 = \sqrt{2}$.

b) Gleichschenkeliges Dreieck. Die nächst niederere Symmetrie hat ein dreiatomiges Molekül XY_2, bei dem die zwei gleichen Atome Y mit gleichen Federkräften am Zentralatom X hängen:

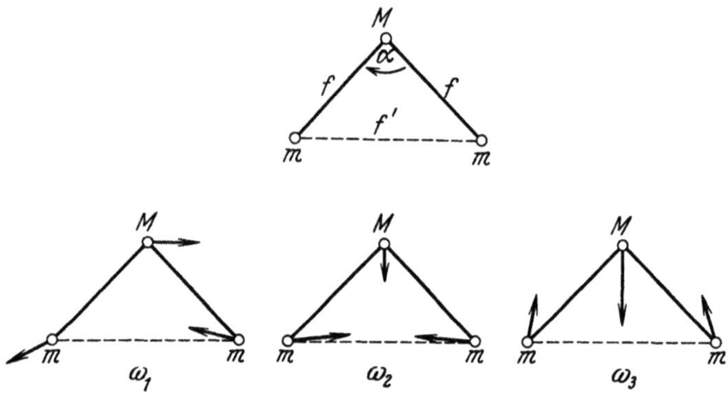

Abb. 38. Schwingungsformen für XY_2.

Beispiel SO_2. Man hat also etwa $m_0 = M,\ m_1 = m_2 = m$; $f_0 = f_2 = f$; $f_1 = f'$; $\alpha_0 = \alpha$; $\alpha_1 = \alpha_2 = 90 - \alpha/2$ (Abb. 38).

Setzt man zur Abkürzung $p = \frac{M + 2\,m}{M}$, dann erhält man in Übereinstimmung mit Bjerrum (l. c.) und Dennison* an Stelle von (19):

$$\left.\begin{aligned} n_1^2 &= \frac{f}{m}\left[p + (1-p)\cos^2\frac{\alpha}{2}\right], \\ n_2^2 n_3^2 &= 2\,\frac{f'}{m}\cdot\frac{f}{m}\,p\cos^2\frac{\alpha}{2}\,, \\ n_2^2 + n_3^2 &= 2\,\frac{f'}{m} + \frac{f}{m}\left[1 - (1-p)\cos^2\frac{\alpha}{2}\right]. \end{aligned}\right\} \tag{21}$$

Sind bei einem speziellen Problem die drei Grundfrequenzen aus dem Raman- oder Ultrarot- oder Bandenspektrum gegeben, so eliminiert man in (21) f und f' und erhält eine quadratische Glei-

* Dennison, D. M., Phil. Mag. **1**, 195, 1926.

chung für $\cos^2 \alpha/2$; ist dieses einmal bekannt, dann sind f und f' leicht zu bestimmen. Sind gar keine Anhaltspunkte für die Größe des Valenzwinkels α da, dann muß durch Probieren entschieden werden, wie die experimentellen Frequenzen den drei theoretischen Frequenzen $\omega_1, \omega_2, \omega_3$ zuzuordnen sind. Die Schwingungsformen, die zu diesen drei Normalschwingungen gehören, sind in Abb. 38 eingetragen. Die zu n_1 gehörige Schwingungsform muß so beschaffen sein, daß die Entfernung $m\,m$ dabei nicht geändert wird; denn die Federkraft f' wird überhaupt nicht beansprucht; bei der Bewegung erfolgt eine kräftige Verlagerung der elektrischen

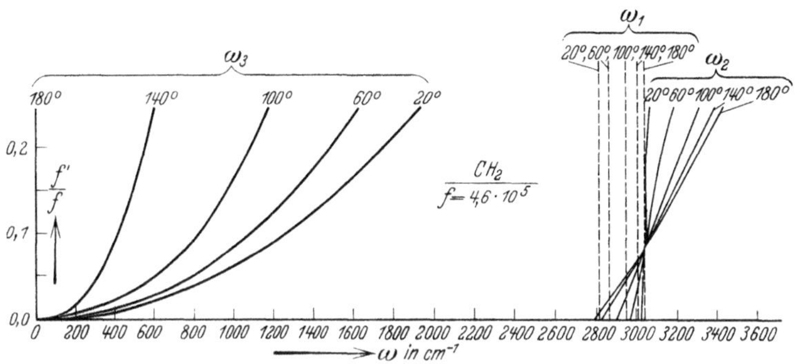

Abb. 39. Frequenzen der gewinkelten CH_2-Gruppe in Abhängigkeit von α und f'/f.

Schwerpunkte, die Schwingung ist die optisch aktivste unter allen dreien. Die beiden andern Schwingungen erhält man aus

$$n_{2,3} = \frac{n_2 + n_3}{2} \pm \sqrt{\frac{(n_2+n_3)^2}{4} - n_2 n_3}\,.$$

Um einen Überblick über die Variation der drei durch Gleichung (21) bestimmten Eigenfrequenzen zu geben, sind in den Abb. 39 und 40 die ω-Werte für zwei typische Fälle als Funktion des Valenzwinkels α und des Verhältnisses f'/f zeichnerisch dargestellt. Abszissen sind die Frequenzwerte, Ordinaten die Werte für f'/f; die Frequenz ω_1 ist beide Male strichliert eingezeichnet.

Dargestellt sind die Fälle für den Valenzwinkel $\alpha = 20$, 60, 100, 140, 180°. Absolutwerte anzugeben, wie es wegen der Anschaulichkeit wünschenswert schien, war nur möglich durch Ansetzen bestimmter Werte f; für CH_2 wurde der Wert $4{,}6 \cdot 10^5$ (Tab. 38) gewählt, für NO_2 $9{,}2 \cdot 10^5$, eine Zahl, die für die Nitrogruppe durch den Versuch (vgl. weiter unten) nahegelegt wird.

Die stärkste Abhängigkeit von α und f'/f zeigt die tiefe Frequenz ω_3 (für 180° ist sie Null); von diesen Faktoren hängt es ferner ab, ob ω_1 größer oder kleiner ist als ω_2. Erstere Frequenz ist [vgl. Gleichung (21)] unabhängig von f' und nimmt mit wachsendem α zu, während ω_2 [bei kleinen Werten von f'/f] mit wachsendem α abnimmt. Da beide Frequenzen im gleichen Frequenzbereich liegen, erfolgt Überschneidung.

Für $f'/f = m/M$ ergibt sich:

$$n_2^2 = f\,\frac{M+2m}{M\,m}\,; \qquad n_3^2 = f\,\frac{2}{M}\cos^2\frac{\alpha}{2}\,;$$

$$n_1^2 = f\,\frac{M+2m}{M\,m} - f\,\frac{2}{M}\cos^2\frac{\alpha}{2} = n_2^2 - n_3^2\,.$$

Das heißt: für diesen ausgezeichneten Wert des Verhältnisses f'/f wird ω_2 unabhängig von α und fällt mit dem für $\alpha = 180°$ gültigen Wert von ω_1 zusammen. In Abb. 39 ist der Konvergenzpunkt der Kurven für ω_2 zu sehen, in Abb. 40 liegt er oberhalb der gezeichneten Kurventeile. Für SH_2 läge der Konvergenzpunkt noch tiefer als in Abb. 39, nämlich bei 0,03; für diese Substanz wäre also ω_2 jedenfalls größer als ω_1 zu erwarten.

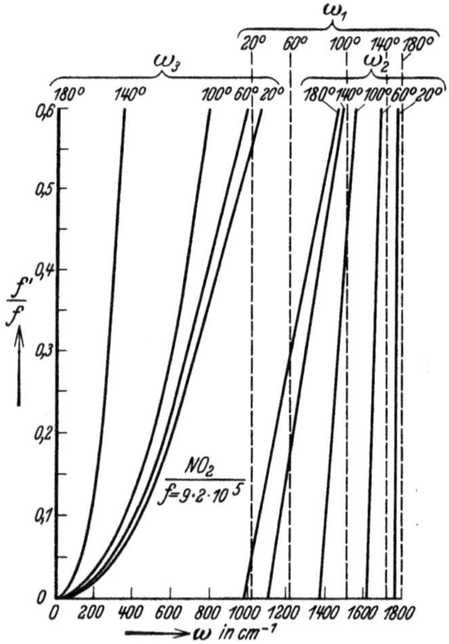

Abb. 40. Frequenzen der gewinkelten NO_2-Gruppe in Abhängigkeit von α und f'/f.

c) Lineares symmetrisches Modell. Für $\alpha = 180°$ gehen die Gleichungen (21) über in:

$$\left.\begin{aligned} n_1^2 &= f\,\frac{p}{m}\,.\\ n_2^2 &= 2\,\frac{f'}{m} + \frac{f}{m} \backsimeq \frac{f}{m}\,. \end{aligned}\right\} \quad (22)$$

Die dritte Schwingung ω_3 verschwindet. Bei ω_2 bleibt das zentrale Atom in Ruhe (M kommt im Ausdruck für n_2^2 nicht vor), die beiden Außenatome schwingen symmetrisch in der Valenzrichtung, die Schwingung ist optisch nicht aktiv. Die rücktreibende Kraft setzt sich additiv zusammen aus der Bindekraft zwischen X und Y und der Kraft f' zwischen Y und Y, die beim linearen Modell ebenfalls mit der Valenzrichtung zusammenfällt. Da aber jetzt die beiden Atome Y viel weiter voneinander entfernt sind als im gewinkelten Modell und da f' als Zentralkraft mit der Entfernung schnell abnimmt und schon beim gewinkelten Modell klein gegen f sein muß, wenn man nicht mit der ganzen chemischen Erfahrung in Widerspruch kommen will, so dürfte hier $2f'/m$ neben f/m zu vernachlässigen sein. Die Schwingung mit der Frequenz ω_1 ist eine unsymmetrische, die man etwa durch Projektion der in Abb. 38 bei ω_1 gezeichneten Bewegung auf die Horizontale erhält: Da f' keinen Einfluß auf ω_1 hat, bleibt bei der Bewegung der drei Atome die Entfernung Y—Y konstant und X schwingt relativ gegen beide unter Erhaltung des Molekülschwerpunktes. Eine dritte Schwingung, bei der sich das zentrale Atom X senkrecht zur Verbindungslinie Y—Y bewegt, *fehlt*, wie gesagt, *bei diesem Modell*, bzw. sie ist unendlich langsam. Die Frequenz ω_1 ist cet. par. beim gestreckten Modell größer als beim gewinkelten, da in Gleichung (21) $1-p$ stets negativ ist; ω_1 ist ferner näherungsweise im Verhältnis $\sqrt{p}$ größer als ω_2 (wenn sich die beiden Außenatome gar nicht mehr beeinflussen). Für NH_2, OH_2, SH_2, CH_2 (mit $m = 1$) müßten die beiden Frequenzen — vorausgesetzt, daß die Moleküle gestreckt wären — nahe beisammen liegen, weil

$$\sqrt{p} = \sqrt{\frac{M+2}{M}} = \sqrt{1+\frac{2}{M}} \simeq 1 + \frac{1}{M}.$$

Bei Fällen nahe gleicher Masse, wie bei CO_2, NO_2, N_2O — *wenn* sie linear wären — würde $\sqrt{p}$ von der Größenordnung $\sqrt{3} = 1{,}7$.

Wie an späterer Stelle (vgl. S. 198) ausführlicher besprochen werden soll, kann man, worauf Radakovic aufmerksam machte, das Verschwinden der dritten Frequenz ω_3 durch eine Zusatzannahme über den Spannungszustand der Federn im linearen Dreimassenmodell vermeiden; Außer den im Ruhezustand *ungespannten* Federn f und f', die bisher als allein wirksam vorausgesetzt waren, denke man sich weitere Federn vorhanden, die die Abstände mM zu verkleinern, den Abstand mm zu vergrößern suchen und im Ruhezustand, sich das Gleichgewicht haltend, *gespannt* sind.

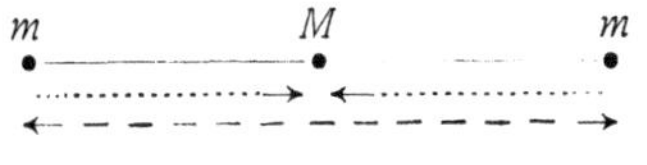

Ändert sich die relative Lage der Massenpunkte, dann entsteht eine zusätzliche rücktreibende Federkraft P. Die Determinantengleichung lautet jetzt (RADAKOVIC):

$$\Delta = \left[n^2 - \left(\frac{2}{M} + \frac{1}{m}\right)\cdot f\right]\cdot\left[n^2 - \left(\frac{f}{m} + \frac{2f'}{m}\right)\right]\cdot\left[n^2 - \left(\frac{1}{m} + \frac{2}{M}\right)\cdot P\right] = 0. \quad (22\,\mathrm{a})$$

Von den drei Eigenfrequenzen eines solchen Systems sind n_1^2 und n_2^2 mit den Ausdrücken in Gl. 22 identisch; die dritte Frequenz ist (so wie in Gl. 24, vgl. w. u.) durch

$$n_3^2 = \frac{M + 2m}{m\,M}\cdot P = \frac{P}{m}\,p$$

gegeben.

B. Valenzkraftsystem.

Die Theorie des symmetrischen Dreimassenmodells für XY_2 wurde von N. BJERRUM (l. c. S. 169) ausgearbeitet (vgl. auch YATES[302, 405]). Die *in* der Richtung XY wirkende, eine Entfernungsänderung x rückgängig machende Kraft wird wieder als $P_x = f\cdot x$ angesetzt. Zwischen YY wirkt *keine* derartige Kraft; jedoch bestehe eine Kraft

$$P_\alpha = d\cdot s\cdot d\alpha\,,$$

die die Atome Y zurückzuziehen sucht, wenn sie um $s\cdot d\alpha$ *senkrecht* zum Schenkel des Dreieckes aus der Normallage verschoben werden. Setzt man wieder $p = \frac{M + 2m}{M}$, dann lassen sich die von BJERRUM auf Grund obiger Voraussetzungen abgeleiteten Formeln in folgender Form schreiben:

$$\left.\begin{aligned} n_1^2 &= \frac{f}{m}\left[p + (1-p)\cos^2\frac{\alpha}{2}\right],\\ n_2^2 n_3^2 &= \frac{f}{m}\cdot\frac{d}{m}\cdot p,\\ n_2^2 + n_3^2 &= \frac{d}{m}\left[p + (1-p)\cos^2\frac{\alpha}{2}\right] + \frac{f}{m}\left[1 - (1-p)\cos^2\frac{\alpha}{2}\right].\end{aligned}\right\}\quad (23)$$

Darin ist d die Valenzwinkelspannung, die von MECKE „Deformationskonstante“ genannt wird*. Die Schwingungsformen sind qualitativ dieselben wie die in Abb. 38 gezeichneten. Die unsymmetrische Schwingung ω_1 ist in Gleichung (23) auch quantitativ dieselbe wie in Gleichung (21). Auch hier gibt es einen aus-

* Das hier eingeführte „d“ ist halb so groß als die entsprechende Größe k_ϑ bei BJERRUM.

gezeichneten Wert für d/f, bei dem $\omega_2 = \omega_1$ wird; er ist eigentümlicherweise unabhängig von den beteiligten Massen und liegt bei $d = f$; an dieser Stelle ist auch ω_3 von α unabhängig, so daß der Verlauf der Kurven ein merklich anderer wird gegenüber Gleichung (21), wo ω_2 viel empfindlicher gegen die Variation von α ist.

Der wesentliche Unterschied ergibt sich aber beim Übergang zum linearen Modell. Für $\alpha = 180°$ erhält man aus Gleichung (23):

$$n_1^2 = \frac{f}{m} p, \qquad n_2^2 = \frac{f}{m}, \qquad n_3^2 = \frac{d}{m} p. \tag{24}$$

Hier verschwindet die dritte Schwingung *nicht*; die möglichen Schwingungsformen zeigt Abb. 41 (vgl. auch MECKE[311]). Der Vergleich der Aussagen von Gleichung (22) und (24) (Zentralkraft- bzw. Valenzkraftsystem) ergibt: Die Frequenzen ω_1 sind identisch; ω_2 (optisch inaktiv!) ebenfalls, wenn in Gleichung (22) eine gegenseitige Beeinflussung der beiden Außenatome verschwindet, d. h. wenn f' gleich Null gesetzt wird. Der Vorzug des Zentralkraftsystems besteht also darin, daß es eine Zusatzkraft f' vorsieht, durch deren Wirkung das Verhältnis ω_1/ω_2 auch kleiner als $\sqrt{p}$ werden kann. Der Vorzug des Valenzkraftsystems besteht darin, daß es eine Deformationsschwingung ω_3 auch beim linearen Modell zuläßt.

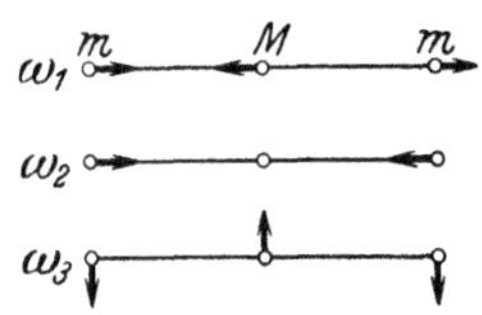

Abb. 41. Schwingungsformen des linearen Dreimassenmodells. (Valenzkraftsystem).

Eine vermittelnde Stellung nimmt die Beschreibung nach Gleichung (22a) ein, die sowohl eine dritte Schwingung ω_3 von beliebiger Höhe als ein $\omega_1/\omega_2 < \sqrt{p}$ verstehen läßt. Sie hat jedoch den Nachteil, daß ihre Voraussetzungen nur für das lineare Modell gelten [für das gewinkelte Dreimassensystem muß $P = 0$ sein]; nach ihr könnte für ein gestrecktes System mit dem Valenzwinkel $\alpha = 180°$ der Wert für ω_3 beliebig groß sein [so wie nach Gleichung (24)], während er für ein nur ganz schwach gewinkeltes System sofort auf nahe Null herunterspringen müßte [so wie nach Gleichung (22)]. Vorausgesetzt, daß die Winkelung nicht durch äußere Kräfte erzwungen würde; wie etwa durch die Wirkung des Substituenten in einer nicht nullwertigen dreiatomigen Gruppe [z. B. $-NH_2$]. — Da ein durch Gleichung (22a) beschriebenes

Modell in der Literatur anscheinend noch nicht behandelt wurde, sei im folgenden unter „Zentralkraftsystem" das BJERRUMsche, durch Gleichung (22) beschriebene verstanden.

§ 52. Beobachtungsergebnisse über dreiatomige Moleküle (Gruppen).

A. Lineare dreiatomige Moleküle.

Kohlensäure CO_2. Für die Symmetrie des Aufbaues sprechen Stabilitätsüberlegungen von HUND*; eine unsymmetrische lineare Form, bei der das C-Atom nicht im Schwerpunkt der beiden O-Atome läge, wäre nach HUND instabil. Für die Linearität des Moleküles sprechen eine Reihe von Erfahrungstatsachen**; die wichtigsten sind: 1. daß die Molekularwärme C_v nicht wie sonst bei dreiatomigen Molekülen bei tiefen Temperaturen gegen 6 konvergiert, sondern wie bei zweiatomigen Molekülen mit nur zwei effektiven Rotationsfreiheitsgraden gegen den Wert 5. 2. Daß nach Röntgenstrahlenuntersuchungen die Form des CO_2-Moleküles im festen Zustand eine gestreckte ist. 3. Daß das Dipolmoment für CO_2 nahe gleich Null ist***.

Ferner zeigt sich, daß zur Erklärung der in ultraroter Absorption auftretenden Banden *drei* Grundfrequenzen angenommen werden müssen. BJERRUM (vgl. die eingehende Diskussion bei SCHAEFER-MATOSSI, XV, 225ff.) hatte das Molekül *gewinkelt* angenommen und gefunden, daß die als Grundfrequenzen angesehenen Schwingungen $\omega = 680$ ($\lambda = 14{,}7\,\mu$), 2325 ($\lambda = 4{,}3\,\mu$) und 3700 cm^{-1} ($\lambda = 2{,}7\,\mu$) für ein Zentralkraftsystem zu unmöglichen Konsequenzen führen, indem entweder ein sehr spitzwinkliges Dreieck oder ein stumpfwinkliges mit $f' \gg f$ resultiert; für ein Valenzkraftsystem dagegen gelangt man zu vernünftigen Verhältnissen, insofern $d \ll f$ ist und der Valenzwinkel 135° beträgt. EUCKEN (l. c.) geht vom linearen Modell aus und sieht die Frequenzen $\omega = 673$, 1223, 2295 als Grundfrequenzen an, von denen 1223 optisch inaktiv ist und nur in Kombination mit aktiven Schwingungen bei Absorption auftritt. Die Lage dieser Frequenzen ist in Abb. 42 eingezeichnet,

---

* HUND, F., Z. f. Phys. **31**, 81, 1925.

** Vgl. A. EUCKEN, Z. f. Phys. **37**, 714, 1926; Z. f. phys. Chem. **100**, 159, 1921, K. L. WOLF, ebenda **131**, 90, 1927; GOSH-MAHANTI[153].

*** ZAHN, Phys. Rev. **27**, 455, 1926; H. A. STUART, Z. f. Phys. **47**, 457, 1928.

die inaktive Schwingung, die in Absorption nicht direkt beobachtbar ist, ist gestrichelt.

Mit diesen EUCKENschen Grundfrequenzen ergeben die für ein *lineares* Molekül mit *drei* Schwingungsmöglichkeiten zuständigen Gleichungen (24) folgende Werte für f und d:

$$\begin{array}{lll} \omega_1 = 2295 & f = 13{,}5 \cdot 10^5 \ \text{Dyn/cm} & \omega_1/\omega_2 = 1{,}877; \\ \omega_2 = 1223 & f = 14{,}0 \cdot 10^5 \quad ,, & \sqrt{p} \quad = 1{,}918; \\ \omega_3 = 673 & d = 1{,}16 \cdot 10^5 \quad ,, & \end{array}$$

Die Übereinstimmung ist also hinreichend, der Wert für f liegt im Gebiet der f-Werte für Doppelbindung, wenngleich er ein bißchen hoch ist. Für die C=O-Bindung der Carbonylgruppe

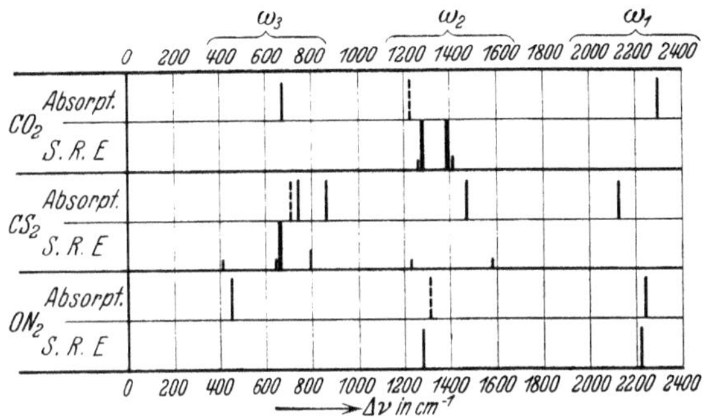

Abb. 42. Absorptions- und Streuspektren dreiatomiger Moleküle.

gibt Tabelle 38, Nr. 19, den Wert $f = 11{,}9$; immerhin mögen die Verhältnisse hier, wo das zentrale C-Atom zwei Doppelbindungen bestreiten muß, anders liegen.

Die aus dem ultraroten Absorptionsspektrum erschlossenen Grundfrequenzen sind nun aber in gar keinen Einklang zu bringen mit den Aussagen des Ramanspektrums. Die betreffenden Zahlenwerte für CO_2 und für die ebenfalls als gestreckte Modelle angesehenen Moleküle CS_2 und ON_2 sind in Tabelle 48 zusammengestellt und des besseren Überblickes wegen in Abb. 42 veranschaulicht. Die inaktive Frequenz 1224 ist, weil nicht wirklich beobachtet, geklammert. Das Ramanspektrum liefert zwei starke Frequenzen und zwei schwache Trabanten; alle Linien liegen im Bereich der von EUCKEN geforderten inaktiven Schwingung, in Übereinstimmung mit der meistens zu machenden Erfahrung, daß gerade die optisch inaktiven Schwingungen im Streuspektrum besonders

Tabelle 48. Frequenzen von geradlinigen dreiatomigen Molekülen.

Kohlendioxyd CO_2 . . .	Absorpt.	gasf.	673 (1224) 2295
	S.R.E.	gasf.	1265 (1), 1285 (10), 1388 (15), 1408 (1)
Schwefelkohlenstoff CS_2	Absorpt.	fl.	745 854 1470 (st.) 2128
	S.R.E.	fl.	412 (00), 647 (00), 655 (10), 795 (2) 1229 (00) 1577 (00)
Stickoxydul ON_2	Absorpt.	gasf.	ca. 450 (1317) 2244
	S.R.E.	gasf. u. fl.	1282 2224

intensiv sind. Daß die hohe und tiefe Frequenz im Streuspektrum fehlen, mag noch mit zu geringer Intensität erklärbar sein. Das Auftreten zweier starker Frequenzen an Stelle der einen erwarteten hat bisher keine, wie dem Verfasser scheint, zureichende Erklärung gefunden (vgl. z. B. Bailey[106], Gosh-Mahanti[133, 153], Van Vleck[171], Bhagavantam[276], Krishnamurti[281] (vgl. weiter unten), McLennan-Smith-Wilhelm[375] u. a.).

Schwefelkohlenstoff CS_2. Das Dipolmoment ist Null oder mindestens sehr klein*; dies zusammen mit anderen Gründen (Ghosh-Mahanti[153]) legt die lineare Form nahe. Aus dem im flüssigen Zustand gemessenen ultraroten Absorptionsspektrum folgern Ghosh-Mahanti die Frequenzen bei 728, 850 und 1470 cm^{-1} als Grundschwingung des Moleküles; doch ist die Überzeugungskraft eine sehr geringe, da insgesamt nur fünf Absorptionsstellen vorliegen. Bei 728 cm^{-1} soll die inaktive Schwingung liegen, die im Fall eines linearen Modelles zu erwarten wäre. Diese Zuordnung läßt sich nicht in Einklang mit der Gleichung (24) bringen. Auch die Zuordnung Meckes[311] nicht, der mit Rücksicht auf das Ultrarotspektrum setzt:

$$\omega_1 = 1470; \quad \omega_2 = 655; \quad \omega_3 = 745;$$

daraus folgt:

$$f = 5{,}90 \cdot 10^5 \qquad f = 7{,}86 \cdot 10^5 \qquad \omega_1/\omega_2 = 2{,}24$$
$$d = 1{,}52 \cdot 10^5 \qquad \sqrt{p} = 2{,}51.$$

* Zahn, Phys. Rev. **32**, 497, 1928; J. W. Williams, Phys. Z. **29**, 174, 1928; J. Amer. Chem. Soc. **50**, 94, 1928.

Dabei ist als inaktive Frequenz die stärkste Linie des Ramanspektrums (Tab. 48) eingesetzt. Man sieht: ω_1 und ω_2 führen zu unerlaubt verschiedenen Werten von f und analog ist ω_1/ω_2 kleiner als $\sqrt{p}$; überdies ist es unwahrscheinlich, daß das CS_2-Molekül gegenüber Deformationen steifer sein soll als CO_2, dessen d merklich kleiner ist.

Wie bei der Kohlensäure, ist zwischen Ramanspektrum und Absorptionsspektrum kein Zusammenhang aufzeigbar als höchstens der, daß die zwei intensivsten Streulinien in der Gegend der inaktiven Frequenz liegen, die zu erwarten ist, *wenn* CS_2 linear und *wenn* $\omega_1 = 1470\,\text{cm}^{-1}$ ist; diese sollte dann bei $586\,\text{cm}^{-1}$ liegen und ihr gegenüber wären die Streulinien verdoppelt und verschoben geradeso wie im Falle CO_2.

Stickoxydul ON_2. Da das Dipolmoment* nahe gleich Null ist, wird eine linearsymmetrische Gestalt gefolgert (vgl. auch Mahanti***); zum gleichen Schluß kommt Snow**, der in der Feinstruktur der Absorptionslinien wechselnde Intensitäten findet (vgl. § 24), ein Trägheitsmoment $54{,}5 \cdot 10^{-40}$ g cm^2 berechnet und als Grundschwingungen angibt: $450\,\text{cm}^{-1}$, 1317 und 2244, von denen die mittlere inaktiv (also in Absorption nicht direkt beobachtbar) ist und die erste nur als Kombinationston vorkommt. Die Verwendung der Gleichungen (24) ergeben:

$\omega_1 = 2244\,\text{cm}^{-1}$	$f = 15{,}0 \cdot 10^5$ Dyn/cm	$\omega_1/\omega_2 = 1{,}705$
$\omega_2 = 1317$	$f = 15{,}4 \cdot 10^5$	$\sqrt{p} = 1{,}657$
$\omega_3 = 450$	$d = 0{,}61 \cdot 10^5$	

Aus der Größe von f würde (vgl. Tab. 38) folgen, daß es sich um eine zwei- bis dreifache Bindung handeln müsse, so daß zu schreiben wäre N≡O≡N; dies ist nicht sehr wahrscheinlich. Dazu kommt, daß in diesem Fall das Verhältnis von Raman- und Absorptionsbefund ein ganz anderes ist als bei CO_2 und CS_2. Für ON_2 haben nämlich Dickinson-Dillon-Rasetti[155] an gasförmiger Substanz eine Linie $\Delta\nu = 1282$, McLennan-Smith-Wilhelm[375] an verflüssigtem Gase zwei Linien mit $\Delta\nu = 1292$ und 2224, also fast genau an der Stelle der geforderten inaktiven und der beobachteten aktiven Frequenzen gefunden; keine Verdopplung, keine

* Williams, J. W., C. Schwingel, Phys. Rev. **35**, 853, 1930.
** Snow, C. P., Proc. Roy. Soc. **128**, 294, 1930.
*** Mahanti, P. C., Phys. Z. **32**, 108, 1931.

Trabanten. Es herrscht also, abgesehen vom Fehlen der tiefen und wahrscheinlich im Streulicht nur wenig intensiven Linien um 450, beste Übereinstimmung.

Bleibt man innerhalb des Erfahrungsbereiches des S.R.E. einerseits (die Lage der Frequenzen legt die Annahme stärkerer Bindung nahe) innerhalb der üblichen chemischen Strichformulierung andererseits, so liegt es nahe, an Stelle eines linearen Modelles ein Dreiecksmodell zu versuchen von der Form:

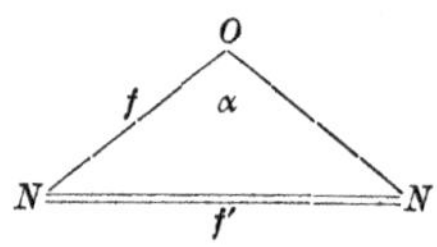

Allerdings könnte man ohne Kenntnis der dritten tiefen Frequenz nicht weiterrechnen; entlehnt man diese, so erhält man mit Hilfe der Gleichung (21):

Aus der Zuordnung: ergibt sich:

$\omega_1 = 1317$ $\alpha = 140°$,

$\omega_2 = 2244$ $f = 6{,}05 \cdot 10^5$ Dyn/cm für N—O-Bindung

$\omega_3 = 450$ $f' = 17{,}9 \cdot 10^5$ Dyn/cm für N=N-Bindung.

In Anbetracht des Umstandes, daß auch die dreifache NN-Bindung (im N_2-Molekül, vgl. Tab. 38) sehr hoch ist, ist der Wert für die Doppelbindung zwar hoch, aber nicht unwahrscheinlich. Und der Wert für α ist groß genug, um den kleinen Wert des Dipolmomentes verständlich zu machen. Wie SNOW (l. c.) ausführt, ließe sich auch der Verlauf der spezifischen Wärme mit einer Dreiecksform vereinbaren.

Nach der starken oxydierenden Wirkung des Stickoxydules würde man allerdings gefühlsmäßig die Form N≡N=O mit exponiertem O-Atom erwarten; eine Form, die auch z. B. der Oktett-Theorie näher liegt; doch wird sie sich kaum mit dem niedrigen Wert des Dipolmomentes und der aus dem Absorptionsspektrum zu folgernden Symmetrie vereinbaren lassen.

Quecksilberhalogenide HgX_2. KRISHNAMURTI[281] findet in krystallisiertem Mercurichlorid $HgCl_2$ zwei Linien, eine starke bei 312 cm^{-1} und eine schwache bei 381. Aus der Analogie mit CO_2 und CS_2, bei denen ebenfalls (Tab. 48) im wesentlichen zwei Ramanlinien auftreten, schließt er, daß es sich auch hier um ein lineares symmetrisches Modell handeln müsse; 312 entspreche der symmetrischen Schwingung ω_2. Die zweite Frequenz (381) soll aber ebenso wie 795 in CS_2 und 1388 in CO_2 einer Schwingung zukommen, die nicht zu den modellmäßigen Bewegungen gehört, sondern der Bewegung Cl ←→ (HgCl) (bzw. S → SC und O → SO) entsprechen soll; dies wird in Beziehung mit HENRIS „Prädissoziation" gesetzt, denn bei hohen Temperaturen oder unter dem Einfluß von ultraviolettem Licht gehen CO_2 in CO + O, CS_2 in CS + S, $HgCl_2$ in Hg_2Cl_2 über.

Ist die Ansicht, die vorläufig rein hypothetischen Charakter trägt, über die Molekülform richtig, dann ergibt sich aus

$$\omega_2 = 312\ \text{cm}^{-1}\ \ldots\ f = 2{,}02 \cdot 10^5\ \text{Dyn/cm}.$$

Analog wären dann auch $HgBr_2$ und HgJ_2 als gestreckte Moleküle anzusehen und erlaubten, aus den von BRAUNE-ENGELBRECHT[320, 374] in Lösung gemessenen Linien (die wohl als ω_2-Frequenzen angesehen werden dürfen) die f-Werte zu bestimmen. Daß in Lösung gemessen wurde, dürfte, *wenn* die Moleküle gestreckt und daher frei von permanentem Dipolmoment sind, nichts austragen. Die letztgenannten Autoren finden für $HgCl_2$ den Wert $\Delta\nu = 316$ in Wasser von 25°, $\Delta\nu = 320$ in Wasser von 15° und $\Delta\nu = 330$ in Essigester von 25°; das sind Zahlen, die nicht sehr weit von KRISHNAMURTIS im Krystall gefundenen Wert 312 liegen. Man erhält dann:

für $HgCl_2$ (in Ester)	$\omega_2 = 330$;	$f = 2{,}27 \cdot 10^5$ Dyn/cm;	$D = 101$;	$D/f = 44{,}5$
$HgBr_2$ (in Ester)	$\omega_2 = 205$;	$f = 1{,}92 \cdot 10^5$	85,5	44,5
HgJ_2 (in Alkohol)	$\omega_2 = 142$;	$f = 1{,}50 \cdot 10^5$	65,5	43,7

Dazugesetzt sind die Dissoziationsenergien D (LANDOLT-BÖRNSTEIN) und das Verhältnis D/f, das konstant zu erwarten ist, wenn die Größe b (vgl. § 40 und Tab. 46) konstant ist.

Bemerkenswert ist, wie regelmäßig sich f ändert in den Bindungen HX, CX, HgX, wenn X ein Halogen bedeutet. In Tabelle 49 sind die Werte für f aus Tabelle 38 denen von HgX gegenübergestellt; um das analoge Verhalten zu zeigen, wurden die Reihen

Tabelle 49. Analoges Verhalten der Halogenbindungen.

H · X	f	C · X	f	f_{red}	Hg · X	f	f_{red}
HCl	4,40	CCl	3,12	4,40	HgCl	2,27	4,40
HBr	3,56	CBr	2,61	3,68	HgBr	1,92	3,72
HJ	2,90	CJ	2,15	3,03	HgJ	1,50	2,91

CX und HgX auf den gleichen Wert 4,40 für die Chlorbindung reduziert. Wie man sieht, erhält man dann in allen drei Reihen fast gleiche Zahlen. Dies spricht dafür, daß die Deutung der in den Quecksilberhalogenen gefundenen Frequenzen als inaktive Schwingung eines linearen Moleküles und die auf dieser Deutung basierende Berechnung von f das Richtige trifft.

Tabelle 50. Gewinkelte dreiatomige Moleküle.

Substanz	$\mu \cdot 10^{18}$			$\Delta\nu$
Wasser OH_2	1,8	gasf.	Absorpt.	(1600) 3740, 3850
		flüss.	S.R.E.	3240, 3420
Schwefeldioxyd SO_2 . .	1,8	gasf.	Absorpt.	1150 1350
		gasf.	S.R.E.	525 (0), 1146 (10), 1340 (2)
Schwefelwasserstoff SH_2 .	1,0	gasf.	Absorpt.	1250
		gasf.	R.S.E.	2615
Zinkchlorid $ZnCl_2$ . . .		kryst.	S.R.E.	234 (s.)
Cadmiumjodid CdJ_2 . .		kryst.	S.R.E.	105 (s.), 345 (s.), 395 (s.)

B. Gewinkelte dreiatomige Moleküle.

Das vorhandene Tatsachenmaterial ist gering, wenn nur *freie* Moleküle mit drei Atomen herangezogen werden; es läßt sich erweitern, wenn auch die nicht ganz vergleichbaren Fälle hinzugezählt werden, bei denen das Molekül, wie etwa in $Cl \cdot CH_2 \cdot Cl$, oder $CH_3 \cdot CH_2 \cdot CH_3$ durch drei deutlich unterscheidbare *Gruppen* gebildet wird, oder Fälle, wie $-CH_2$, $-NH_2$, $-NO_2$, bei denen die dreiatomige Gruppe nicht frei ist. Doch sollen diese Fälle gesondert unter C und D besprochen werden.

Beispiele für dreiatomige Moleküle, bei denen insbesondere der hohe Wert des Dipolmomentes μ und sonstige Erfahrungen für die Nichtlinearität sprechen, sind in Tabelle 50 zusammengestellt. Bei drei derselben ist auch der Befund in Absorption angegeben dabei sind die Angaben für Wasser*;

* Mecke, R., Phys. Z. **30**, 907, 1929.

unsicher und stimmen mit denen des S.R.E. nicht überein (vgl. die ausführliche Diskussion des H_2O-Spektrums im Ultraroten bei SCHAEFER-MATOSSI XV, 235ff.). Die Verhältnisse bei der ultraroten Absorption erscheinen noch ganz ungeklärt. Bei SO_2 fallen die zwei Hauptbanden bei 8,7 und 7,4 μ (1150, 1350 cm^{-1}) mit Ramanlinien zusammen.

Bleibt man bezüglich H_2O und SO_2 wieder auf dem Boden des Ramanbefundes, so läßt sich immerhin einiges aussagen. Für Moleküle, bei denen $m^2/M(M + 2m)$ klein gegen Eins ist (OH_2, NH_2, SO_2, SH_2 usw.), vereinfachen sich die sonst recht unbequemen Gleichungen (23) für die Frequenzen des Valenzkraftsystemes. Es wird dann

$$\left.\begin{aligned} n_1^2 &= \frac{f}{m}\left[p + (1-p)\cos^2\frac{\alpha}{2}\right] \qquad \text{(unverändert)} \\ n_2^2 &= \frac{f}{m}\left[1 - (1-p)\cos^2\frac{\alpha}{2}\right] \\ n_3^2 &= \frac{d}{m}\left[p + (1-p)\cos^2\frac{\alpha}{2}\right] \end{aligned}\right\} \quad (23\,\text{a})$$

Daraus kann einfach berechnet werden:

$$f = \frac{mM}{2(m+M)}(n_1^2 + n_2^2)\,; \qquad \cos^2\frac{\alpha}{2} = \frac{M}{2m}\,\frac{n_2^2 p - n_1^2}{n_1^2 + n_2^2}\,; \qquad d = f\,\frac{n_3^2}{n_1^2}\,.$$

Wasser H_2O. Im S.R.E. treten nur zwei hohe Schwingungen auf; man erhält aus ihnen je nach der Zuordnung:

a) $\omega_1 = 3420$, $\omega_2 = 3240$: $f = 6{,}11 \cdot 10^5$ $\alpha = 157°$;

b) $\omega_1 = 3240$, $\omega_2 = 3420$: $f = 6{,}11 \cdot 10^5$ $\alpha = 23°$.

Vertauschen der Frequenzen hat also, wie aus obiger Formel ersichtlich, keinen Einfluß auf f, wohl aber auf d und auf α; die beiden α ergänzen sich auf 180°. Der Wert für $f = 6{,}1 \cdot 10^5$ ist in hinreichender Übereinstimmung mit dem in Tabelle 38 erhaltenen Wert 6,34. Da die Frequenz 3420 viel intensiver ist, ist die Identifizierung mit ω_2 und daher die Lösung b wahrscheinlicher.

Bezüglich der tiefen, nicht beobachteten Frequenz läßt sich sagen: setzt man für d/f auf Grund der Erfahrung (vgl. weiter unten) größenordnungsmäßig 0,2 an, so sollte diese dritte „Deformations"-Schwingung bei 1300 bis 1400 liegen.

Schwefeldioxyd SO_2. Auch hier ist noch die Bedingung für die Anwendbarkeit von (23a) angenähert erfüllt; man erhält:

a) $\omega_1 = 1340$, $\omega_2 = 1146$, $\omega_3 = 525$: $f = 9{,}71 \cdot 10^5$; $\alpha = 118°$; $d = 1{,}49 \cdot 10^5$;
b) $\omega_1 = 1146$, $\omega_2 = 1340$, $\omega_3 = 525$: $f = 9{,}71 \cdot 10^5$; $\alpha = 62°$; $d = 2{,}04 \cdot 10^5$.

Da ω_2 viel weniger optisch aktiv als ω_1 sein soll, so sollte es im S.R.E. intensiver sein; daher ist die Zuordnung *a* die wahrscheinlichere. Das hohe Dipolmoment dagegen dürfte durch die spitzwinkelige Form leichter erklärbar sein.

Von BHAGAVANTAM[276] wurden die Frequenzen in SO_2 anders identifiziert; er setzt $\omega_1 = 525$, $\omega_2 = 1340$, $\omega_3 = 1146$. Und zwar wird diese etwas unverständliche Zuordnung deshalb getroffen, weil keine andere zu brauchbaren Werten für α (Zentralkraftsystem) führen solle. Verf. hat die Berechnung nach dem Zentralkraftsystem (Gleichung (21) ebenfalls durchgeführt, aber mit abweichendem Ergebnis: Man erhält nur reelle Werte für α, wenn gesetzt wird:

Für $SO_2 : \omega_1 = 1146$, $\omega_2 = 1340$, $\omega_3 = 525$; dann ergeben sich zwei Möglichkeiten:

1. $f = 9{,}51 \cdot 10^5$; $f' = 1{,}58 \cdot 10^5$ $\alpha = 61°$;
2. $f = 7{,}23 \cdot 10^5$; $f' = 4{,}93 \cdot 10^5$ $\alpha = 113°\ 40'$.

Man sieht, daß die erste dieser Lösungen dem Resultat b der Berechnung nach dem Valenzkraftsystem bezüglich der Werte für f und α sehr nahe kommt.

C. Moleküle mit drei Gruppen.

Bestehen die drei das Molekül bildenden Gruppen nicht aus Einzelatomen, so treten gewisse Schwierigkeiten in der Interpretation der Spektren auf. Es könnten z. B. innere Frequenzen der Gruppen in jenem Gebiet auftreten, in das gewöhnlich die Dreiecksschwingungen zu liegen kommen. Vor allem aber ist es grundsätzlich ungewiß, ob man diesen Fall eines vielatomigen Moleküles durch Zusammenfassung zu Gruppen noch approximieren darf durch ein Dreimassenmodell. In Abb. 43 ist eine Anzahl von Beispielen für den spektralen Typus solcher Moleküle zusammengestellt. Die Substanzen sind so angeordnet, daß das Verhältnis $2m/M$, d.i. Summe der äußeren Masse geteilt durch die zentrale Masse von oben nach unten zunimmt, und zwar von 0,458 in Zinkmethyl bis 16,9 in Methylenjodid; für die oberen fünf Moleküle läßt sich die Näherung [Gleichung (23a)] anwenden, für die unteren drei nicht. Bei der Zuordnung der Frequenzen sind jene mit $\Delta\nu > 2700$, sowie jene zwischen 1300 und 1500 auszuscheiden; erstere sind sicher, letztere (vgl. D) höchstwahrscheinlich innere Schwingungen der CH_3- (und NH-) bzw. CH_2-Gruppe.

Das Spektrum des Zinkmethyls wurde bereits von VENKATESWARAN[286] als das eines dreigruppigen Moleküles aufgefaßt und diskutiert; er ordnet zu: $\omega_1 = 1168$, $\omega_2 = 617$, $\omega_3 = 506$. Der Verfasser kann sich dieser Zuordnung nicht anschließen; $\cos^2 \alpha/2$ würde größer als eins werden. Es scheint wahrscheinlicher, daß neben andern Unklarheiten in diesem Spektraltypus (z. B. die schwachen Linien zwischen 1000 und 1200) die Schwingung ω_3 von einem derzeit unverständlichen Trabanten höherer Frequenz

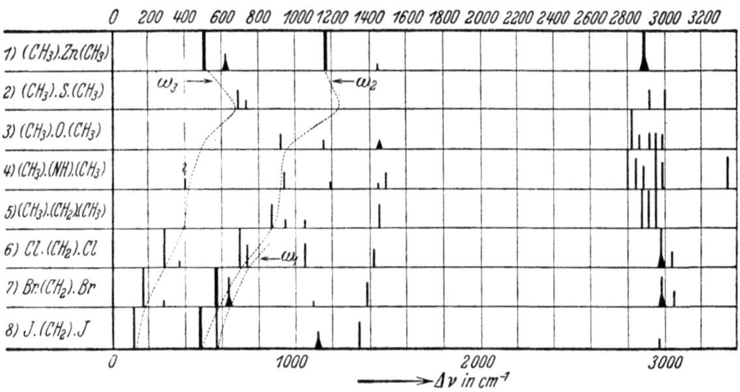

Abb. 43. Ramanspektren von dreigruppigen Molekülen.

und geringer Intensität begleitet ist (vgl. Nr. 1, 2, 6, 7, in Abb. 43). Der punktierte Linienzug soll die (nach Meinung des Verfassers) bestehende Zusammengehörigkeit andeuten; die unsymmetrische Schwingung ω_1 wäre danach nur in den Dihalogenmethanen, vielleicht auch noch im Propan (Nr. 5, 6, 7, 8) beobachtet worden. Man könnte einwenden, daß ω_1 in dem offenbar lichtstarken Spektrum VENKATESWARANS hätte herauskommen müssen (der Linie 1165 wurde die relative Intensität 8 zugeschrieben); jedoch fehlen andererseits auch Linien der inneren CH_3-Schwingungen, die in allen Spektren (mit Ausnahme des gefiltert, also unter diesbezüglich ungünstigen Umständen aufgenommenen Jodmethylens) vorkommen.

Wenn aber die Frequenz ω_1 fehlt, dann lassen sich keine Molekülkonstanten ableiten, weil nur zwei der Gleichungen (23a) mit drei Unbekannten vorliegen. Die Dihalogenmethane wurden von KOHLRAUSCH[259]) mit den Gleichungen (21) (Zentralkraftsystem) ausgewertet. Es ergab sich (f und f' in 10^5 Dyn/cm):

für $Cl \cdot CH_2 \cdot Cl$:	$\omega_1 = 734$,	$\omega_2 = 697$,	$\omega_3 = 283$;	$f = 2,94$,	$f' = 1,07$,	$\alpha = 96° 20'$
$Br \cdot CH_2 \cdot Br$:	634,	578,	178;	2,56,	0,82,	96° 20'
$J \cdot CH_2 \cdot J$:	573,	487,	119;	2,09,	0,57,	100°

Die Zahlen für f schließen sich denen der Tabelle 38 [f(CCl) $= 3,12$; f(CBr) $= 2,61$; f(CJ) $= 2,15$] gut an; f' ist, wie es sinngemäß zu fordern ist, kleiner als f und die Valenzwinkel sind von jener Größenordnung, wie sie nach dem Tetraedermodell für CH_4 zu erwarten wären (vgl. dazu auch REINICKE[317]). Man vergesse aber nicht, daß Ergebnisse, die mit den Gleichungen (21) erhalten wurden, nicht ohne weiteres vergleichbar sind mit solchen, die die Gleichung (23) zur Grundlage hatten.

D. Innere Frequenzen dreiatomiger Radikale.

Die Schwierigkeit in diesen Fällen $R \cdot XY_2$, bei denen das zentrale Atom X der betrachteten dreiatomigen Gruppe an einem Molekülrest R hängt, besteht in der Ungewißheit, ob ein solches System die drei Dreiecksschwingungen noch ungestört ausüben kann und ob nicht insbesondere jene Schwingungsformen, an denen X stark beteiligt ist, durch die Bindung an R geändert sind. Als äußeres Hindernis kommt hinzu, daß die Erkennung der zu XY_2 gehörigen Frequenzen durch die Anwesenheit der zu R gehörigen Linien des Ramanspektrums erschwert wird. Hierher gehören Gruppen wie $>CH_2$, $-NH_2$, $-NO_2$.

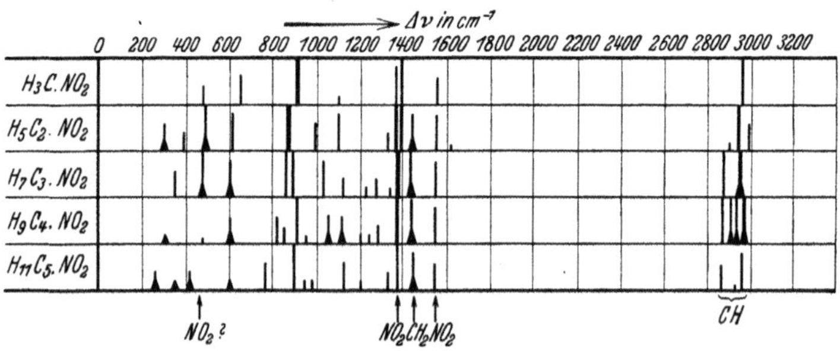

Abb. 44. Aliphatische Nitrokörper (NO_2).

Die Nitrogruppe, $-NO_2$, DADIEU-JELE-KOHLRAUSCH[389] haben eine größere Anzahl von Nitrokörpern, aliphatische und aromatische, aufgenommen. Mit wenigen Ausnahmen (Nitrotoluol, Nitrobenzoesäure, Nitrobenzaldehyd, wenn in Parastellung) zeigen sie alle zwei kräftige Linien (Beispiele in Abb. 44, vgl. auch Abb. 75, S. 249), die speziell in aliphatischen Nitrokörpern im Mittel die Werte haben 1380 (6), 1560 (3); diese beiden Linien sind zweifellos der Nitrogruppe zuzuschreiben. Für die dritte Frequenz machen die Spektren den Wert 480 (3) oder 600 (4) wahrscheinlich, doch ist die Sicherheit dieser Aussage gering.

Mit den Formeln (23a) für ein Valenzkraftsystem (die Anwendung der Näherungsformeln auf diesen Fall muß bereits geringe Fehler ergeben) erhält man:

a) $\omega_1 = 1560$, $\omega_2 = 1380$, $\omega_3 = 480$; $f = 9{,}48 \cdot 10^5$; $d = 0{,}90 \cdot 10^5$; $\alpha = 103°$;
b) $\omega_1 = 1380$, $\omega_2 = 1560$, $\omega_3 = 480$; $f = 9{,}48 \cdot 10^5$; $d = 1{,}15 \cdot 10^5$; $\alpha = 77°$.

Wieder ist die Lösung a, beurteilt nach den Intensitäten, die wahrscheinlichere, weil die stärkste Linie (1380) der wenigst aktiven Frequenz (ω_2) zugeordnet ist; allerdings spricht das sehr hohe Dipolmoment ($\mu = 3{,}8 \cdot 10^{-18}$) für den kleineren Winkel. Die Kraft f hat einen Wert, wie er für Doppelbindung zu erwarten ist.

Dasselbe Beispiel nach den Formeln für ein Zentralkraftsystem (Gleichung 21) gerechnet, ergibt für die Zuordnung $\omega_1 = 1560$, $\omega_2 = 1380$, $\omega_3 = 480$ zwei Wertekombinationen:

1. $f = 9{,}16 \cdot 10^5$; $f' = 1{,}82 \cdot 10^5$; $\alpha = 108°$;
2. $f = 7{,}83 \cdot 10^5$; $f' = 4{,}67 \cdot 10^5$; $\alpha = 23° 30$.

Die erste dieser Lösungen fällt wieder nahe zusammen mit der Lösung a für ein Valenzkraftsystem; die zweite Lösung ist wegen des großen Wertes für f' unwahrscheinlich.

Die Aminogruppe $-NH_2$. Dadieu-Kohlrausch[316] (vgl. auch Pal-Sen-Gupta[262] und Venkateswaran-Bhagavantam[285]) zeigten an einer größeren Zahl von Substanzen mit Aminogruppe (ausgewählte Beispiele in Abb. 45: B = Benzolkern), daß zu deren inneren Schwingungen zwei hohe Frequenzen mit den mittleren Werten 3309 (4) und 3373 (3) gehören. Eine dritte tiefe Frequenz konnte nicht angegeben werden. Mit Gleichung (23a) gerechnet ergibt sich daraus:

a) $\omega_1 = 3373$, $\omega_2 = 3309$; $f = 6{,}10 \cdot 10^5$, $\alpha = 108°$;
b) $\omega_1 = 3309$, $\omega_2 = 3373$; $f = 6{,}10 \cdot 10^5$, $\alpha = 72°$.

Man erhält für f also fast denselben Wert, wie in Tabelle 38 ($f = 6{,}04$). Das verhältnismäßig große Dipolmoment ($1{,}5 \cdot 10^{-18}$) würde wieder für den kleineren Winkel zwischen den Valenzrichtungen sprechen.

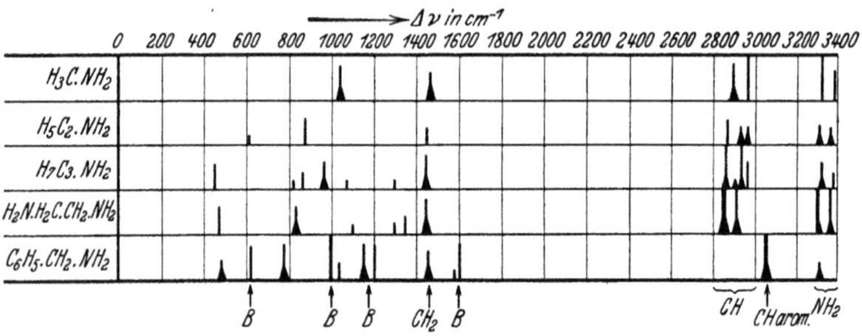

Abb. 45. Körper mit Aminogruppe (NH_2).

Die Methylengruppe $>CH_2$. Von großer praktischer Wichtigkeit für die Auslegung der Ramanspektren von organischen Substanzen ist die gesicherte Kenntnis, welche Linien den inneren Schwingungen der in fast allen Fällen vorhandenen CH_2- und CH_3-Gruppen entsprechen. Es hat fast den Anschein, als ob der Beantwortung dieser Frage über die unmittelbaren praktischen Zwecke hinaus grundsätzliche Bedeutung zukäme, da sie die Grundlage für die Behandlung der CH_3-Gruppe bildet und damit auf das Problem der Gleichartigkeit der vier C-Valenzen übergreift.

In Abb. 46 sind die Spektren einer Anzahl von Substanzen zusammengestellt, in denen die CH-Bindung nur in Form der Methylengruppe CH_2 vorkommt; um einen Ausgangspunkt zu haben, soll eine CH_2-Gruppe als „normal" bezeichnet werden, wenn sie von zwei anderen CH_2-Gruppen flankiert wird; normal ist also sicher die mittlere Methylengruppe in

```
 H  H  H
—C—C—C—
 H  H  H
```

In Abb. 46 sind nun die Substanzen ungefähr so angeordnet, daß der normale Charakter von oben nach unten abnimmt. Damit verbunden ist, wie sich zeigt, eine Verschiebung der hohen, um 3000 gelegenen CH-Frequenzen nach rechts zu höheren Werten und der Frequenz um 1440 nach links zu tieferen Werten. Im allgemeinen zeigen alle Substanzen im Gebiet um 3000 nur zwei Frequenzen; in manchen Fällen, wie in Nr. 6 und Nr. 7, treten mehr Frequenzen auf. Diese Moleküle enthalten aber auch je eine „normale" CH_2-Gruppe in der Mitte, die von zwei durch konstitutive Einflüsse gleichartig gestörten Methylengruppen flankiert ist. Nur Cyclohexan (Nr. 1) bildet eine Ausnahme; GANESAN-VENKATESWARAN[158] und BHAGAVANTAM[346] finden neben den zwei Hauptfrequenzen noch zwei schwächere Trabanten*. Bezüglich der Intensitäten der beiden Hauptlinien scheint im allgemeinen kein großer

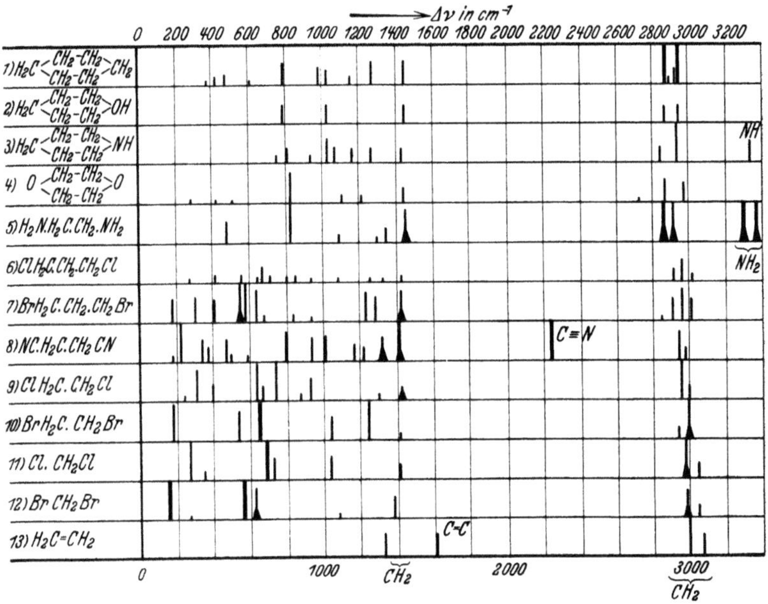

Abb. 46. Ramanspektren von Molekülen mit Methylengruppe (CH_2).

Unterschied zu bestehen, doch dürfte in der Mehrzahl der Fälle die tiefere eher intensiver sein.

Als „Normalwerte" erhält man aus den Beispielen Nr. 1 bis 4 für die hohen Frequenzen 2854 und 2945 cm^{-1}. Dazu soll als

---

* Im Laboratorium des Verfassers wurde kürzlich durch Filterbeobachtung folgendes Spektrum sichergestellt (DADIEU-KOHLRAUSCH-SEKA, unveröffentlicht):

$\Delta\nu$ = 375 (1), 425 (2), 800 (8), 1026 (5), 1155 (1), 1264 (6), 1344 (1), 1437 (5), 2659 (2), 2691 (1), 2853 (12), 2885 (2), 2920 (5b), 2935 (5b).

Die Linien 2659 und 2691 wurden auch in Cyclohexanol beobachtet und somit DAURES[200] seinerzeitiger Befund bestätigt.

dritte Frequenz die bei 1400 gelegene mit dem Mittelwert 1440 angesetzt werden; daß diese Linie etwas mit der CH-Schwingung zu tun habe, wurde sehr bald erkannt (DADIEU-KOHLRAUSCH[95]). DAURE[200] ordnet diese Frequenz der C—C-Bindung zu; jedoch ist dagegen außer anderem einzuwenden, daß diese Linie auch in Molekülen wie $CH_3 \cdot OH$, CH_2Cl_2, CH_2Br_2 vorkommt, die keine C—C-Bindung besitzen, und in Molekülen, wie C_2Cl_6, $Cl_2CH—CHCl_2$, $Br_2HC—CHBr_2$, fehlt, obwohl eine C—C-Bindung vorhanden ist.

Es soll nun versucht werden, wie diese drei der CH_2-Gruppe wohl zweifelsfrei zuzuschreibenden Frequenzen sich mit den Forderungen des Zentral- bzw. Valenzkraftsystemes vertragen.

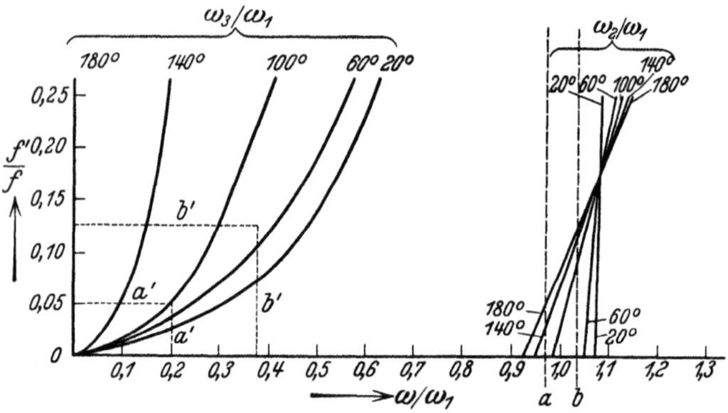

Abb. 47. Die im Zentralkraftsystem gültigen Frequenzverhältnisse ω_3/ω_1 und ω_2/ω_1 für die Gruppe CH_2.

In einem Zentralkraftsystem mit drei Massen 12, 1, 1 sollten sich die Verhältnisse ω_2/ω_1 und ω_3/ω_1 je nach dem Valenzwinkel α und je nach dem Verhältnis der rücktreibenden Kräfte f'/f so ändern, wie dies in Abb. 47 dargestellt ist. Offenbar muß die tiefe Frequenz 1440 der Schwingung ω_3 (vgl. Abb. 38) zugeordnet werden; dann kann 2854 entweder ω_2 oder ω_1 sein. Im ersten Fall wird $\omega_2/\omega_1 = 0,969$, im zweiten Fall $\omega_2/\omega_1 = 1,032$; an den diesen Werten entsprechenden Stellen sind in Abb. 47 vertikale Gerade strichliert eingezeichnet und mit a und b benannt. Nur jene Verhältnisse im Molekül sind möglich, deren zugehörige ω_2/ω_1-Werte auf diesen strichlierten Geraden liegen. Für den Fall a) folgt: Der $\sphericalangle\,\alpha$ muß größer sein als etwa 120°, das Verhältnis f'/f muß kleiner sein als 0,05. Für den Fall b) folgt: α muß größer sein als etwa 70°, f'/f muß kleiner sein als 0,125. Diese beiden für a und b notwendigen Bedingungen grenzen die möglichen Werte der Verhältnisse ω_3/ω_1 so ein, wie dies in der Abbildung durch die punktierten Linienzüge a' und b' eingetragen ist. Im ersten Fall kann ω_3/ω_1 bestenfalls gleich 0,2, im zweiten Fall 0,38 werden; unmöglich aber und mit den Forderungen des Zentralkraftsystemes unvereinbar ist das wirklich beobachtete Verhältnis ω_3/ω_1, das im Falle a) gleich 0,489, im Falle b) gleich 0,505 ist. Mit jener Sicherheit, die man der Zuordnung der drei genannten Frequenzen 1440, 2854, 2945 zur CH_2-Gruppe zubilligt, ist damit nachgewiesen, daß die Formeln des Zentralkraftsystemes hier nicht anwendbar sind; allerdings könnte man noch einwenden: weder ist die CH_2-Gruppe selbständig, noch sind Einflüsse der Umgebung ausgeschlossen, was beides Voraussetzung für die Anwendung der Gleichung (21) ist.

Wendet man dagegen die Formeln (23a) des Valenzkraftsystems auf den vorliegenden Fall an, dann ergibt sich:

a) $\omega_1 = 2945$, $\omega_2 = 2854$, $\omega_3 = 1440$; $f = 4{,}55 \cdot 10^5$; $d = 1{,}07 \cdot 10^5$; $\alpha = 113°$;
b) $\omega_1 = 2854$, $\omega_2 = 2945$, $\omega_3 = 1440$; $f = 4{,}55 \cdot 10^5$; $d = 1{,}02 \cdot 10^5$; $\alpha = 67°$.

Der Wert für f ist in bester Übereinstimmung mit dem der Tabelle 38 ($f = 4{,}58$); d ist verhältnismäßig groß und $\alpha = 113°$ in jener Lösung, die wegen der größeren Intensität von 2854 die wahrscheinlichere ist, paßt hinreichend gut zur Vorstellung von der tetraedrischen Struktur der CX_4-Verbindungen (Tetraederwinkel $\sim$ 110°).

Man kann nun die konstitutive Beeinflussung auch einer mehratomigen Gruppe zahlenmäßig angeben; es folgt z. B. für die Konfiguration und Kraftverhältnisse innerhalb der CH_2-Gruppe:

$C{-}CH_2$	$\omega_1 = 2945$,	$\omega_2 = 2854$,	$\omega_3 = 1440$;	$f = 4{,}55 \cdot 10^5$;	$d/f = 0{,}236$;	$d = 1{,}07$;	$\alpha = 113°$
$Cl{-}CH_2$	3044,	2985,	1419;	4,92;	0,215;	1,06;	105°
$Br{-}CH_2$	3054,	2988,	1390;	4,96;	0,207;	1,03;	107°
$_2C{=}CH_2$	3080,	3000,	1340;	5,01;	0,189;	0,95;	108° 30′

Die Zunahme von f von oben nach unten entspricht dem bereits am einzelnen H-Atom (vgl. Tab. 40) besprochenen verfestigenden Einfluß der Substituenten; damit verbunden ist, wie obige Zahlen zeigen, eine Abnahme im Wert der Deformationskonstanten d, wobei in den drei unteren Beispielen $f + d$ konstant bleibt. Nicht recht verständlich ist der Gang im Wert des Valenzwinkels; daß er in den Halogenderivaten kleiner ist, dürfte der naiven Erwartung entsprechen, jedoch sollte er wohl vom Chlor- zum Bromderivat abnehmen.

E. Zusammenfassung.

Tabelle 51 stellt noch einmal zusammen, was in den Unterabschnitten A bis D an Zahlenmaterial über die Konstanten in dreiatomigen Molekülen gewonnen wurde.

In der oberen Hälfte sind die linearen, in der unteren die nichtlinearen Typen eingetragen; angegeben ist, soweit bekannt, das Dipolmoment und die Kraft f im zweiatomigen Molekül mit gleichem Bindungstypus (Tab. 38). Rechts neben dem starken Strich folgen die Frequenzen in solcher Zuordnung, daß ω_2 die stärkste Frequenz wird; daran schließen sich die mit Gleichungen (23a) und (24) (Valenzkraftsystem) abgeleiteten Konstanten.

Tabelle 51. Molekülkonstante für dreiatomige Moleküle oder Gruppen.

XY_2	$\mu \cdot 10^{18}$	$f \cdot 10^{-5}$	ω_1	ω_2	ω_3	$f \cdot 10^{-5}$	$d \cdot 10^{-5}$	α
CO_2	∾0	11,9	2295	1223	673	13,7	1,16	180°
ON_2	∾0	—	2244	1317	450	15,2	0,61	180°
$HgCl_2$	—	—	—	312	—	2,02	—	180°
$HgBr_2$	—	—	—	205	—	1,92	—	180°
HgJ_2	—	—	—	142	—	1,50	—	180°
OH_2	1,8	6,34	3240	3420	—	6,11	—	23°
SO_2	1,8	—	1340	1146	525	9,71	1,49	118°
NO_2	3,8	—	1560	1380	480	9,48	0,90	103°
NH_2	1,3	6,04	3373	3309	—	6,10	—	108°
CH_2	—	4,58	2945	2854	1440	4,55	1,07	113°

Bei den gewinkelten Molekülen möge von H_2O abgesehen werden; die Ausgangszahlen für ω sind höchstwahrscheinlich unzutreffend. Ob daran die starke Assoziation des Wassers schuld ist, mag dahingestellt sein; es stellen sich anscheinend ähnliche Schwierigkeiten wie bei der Ultrarotspektroskopie ein. Die restlichen Zahlen aber, ausgenommen vielleicht noch CO_2 und ON_2, sehen vernünftig aus. Die Werte für f passen sich der übrigen Erfahrung sehr gut an und der Valenzwinkel in den nicht linearen Molekülen hat im Mittel über die vier brauchbaren Fälle den Wert 110°, also genau den Wert des Tetraederwinkels; dies ist mindestens für C

und N, die einander spannungsfrei (z. B. im Ringsystem) ersetzen können, zu fordern.

Leider ist es derzeit nicht möglich, die Voraussetzungen des Valenzkraftsystems, das sich in diesem Abschnitt so gut bewährt hat, konsequent anzuwenden auch für räumliche Moleküle mit mehr als 3 Atomen. Die Theorie ist nicht ausgearbeitet. Dadurch ist man gezwungen, mit dem Zentralkraftsystem die Ergebnisse zu beschreiben; die dabei erhaltenen Aussagen werden hauptsächlich in bezug auf die Folgerungen aus den Deformationsschwingungen, weniger in bezug auf die Valenzschwingungen unvergleichbar sein mit den Aussagen, die unter Zugrundelegung des Valenzkraftsystems gewonnen würden.

3. Vieratomige Moleküle oder Gruppen.

§ 53. Modellmäßige Berechnung von Frequenzen und Schwingungsformen.

a) Die höhensymmetrische Pyramide, XY_3. Für Moleküle der Form XY_3, [z. B. CH_3, NH_3, PCl_3 oder genähert $(HC)\cdot Cl_3$], die *nicht* in einer Ebene liegen, wurde von DENNISON* als Modell eine symmetrische dreikantige Pyramide mit X an der Spitze und Y_3 in den Ecken der dreieckigen Basis vorgeschlagen; die Schwingungsformen und Frequenzen eines solchen Modelles in Abhängigkeit von den relativen Dimensionen und Kräften wurden ebenfalls von DENNISON unter der Voraussetzung eines *Zentralkraftsystems* gerechnet (vgl. Abb. 48).

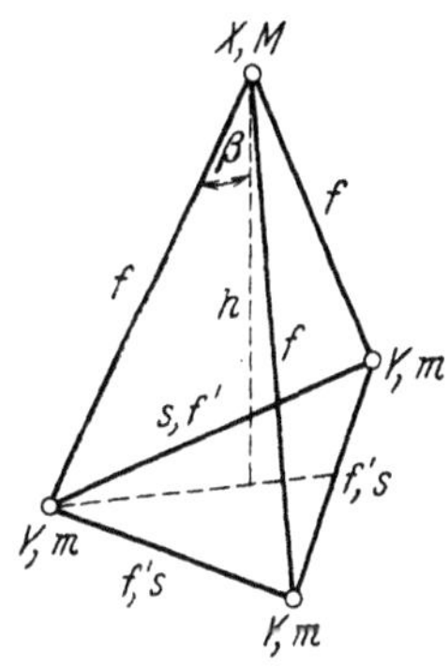

Abb. 48. Pyramidenmodell für XY_3.

DENNISONS Determinantengleichung lautet:

$$\Delta = \left| l^2 - 2\left(\frac{3}{2}\alpha + \frac{1}{6} + \frac{h^2}{2\mu s^2}\right) l + \frac{3\alpha h^2}{\mu s^2}\right| \cdot \left| l^2 - 2\left(\frac{3}{4}\alpha + \frac{1}{12} + \frac{b}{12\mu}\right) l + \frac{\alpha b}{4\mu}\right|^2 = 0. \qquad (25a)$$

* DENNISON, D. M., Phil. Mag. **1**, 195, 1926.

Dabei bedeuten:

$$l = \frac{m}{f s^2}\left(h^2 + \frac{s^2}{3}\right) \cdot n^2\,; \qquad \mu = \frac{M}{3m + M}\,;$$

$$\alpha = \frac{f'}{f s^2}\left(h^2 + \frac{s^2}{3}\right); \qquad b = 1 + 6\mu \frac{h^2}{s^2}\,.$$

Führt man an Stelle von h und s den Winkel β zwischen Höhe und Seitenkante ein $\left[\mathrm{tg}^2 \beta = \frac{s^2}{3h^2}\right]$, und setzt man, wie in § 51, $n^2 = \frac{4\pi^2 c^2}{L}\,\omega^2$, und $p = \frac{M + 3m}{M}$, so läßt sich die DENNISONsche Lösung (25a) in folgendes Formelsystem überführen:

$$\left.\begin{array}{l} \left.\begin{array}{r} n_1^2 n_2^2 = \frac{3f'}{m} \cdot \frac{f}{m}\, p \cdot \cos^2\beta \\ n_1^2 + n_2^2 = \frac{3f'}{m} + \frac{f}{m}\,[1 - (1 - p)\cos^2\beta] \end{array}\right\} \text{einfache Schwingungen,} \\ \left.\begin{array}{r} 4 n_3^2 n_4^2 = \frac{3f'}{m} \cdot \frac{f}{m}\,[p + (2 - p)\cos^2\beta] \\ 2(n_3^2 + n_4^2) = \frac{3f'}{m} + \frac{f}{m}\,[1 + p + (1 - p)\cos^2\beta] \end{array}\right\} \text{Doppelschwingungen.} \end{array}\right\} \quad (25)$$

Man erhält vier Eigenfrequenzen für ein solches Modell; ω_1 und ω_2 sind einfache Wurzeln, ω_3, ω_4 Doppelwurzeln der Gleichung $\Delta = 0$ (25a). Alle Frequenzen sind optisch aktiv; bei ω_1, ω_2 schwingt das elektrische Moment parallel der Symmetrieachse (Höhe), das X-Atom also senkrecht zur Ebene der Y-Atome, während die letzteren ausweichen, ähnlich wie bei den beiden symmetrischen Schwingungen im gewinkelten Dreipunktsystem [vgl. Abb. 38 und die Ähnlichkeit der Formeln für die symmetrischen Schwingungen n_2, n_3 in Gleichung (21), und für n_1, n_2 in Gleichung (25)]. Bei den Schwingungsformen mit den Frequenzen ω_3, ω_4 schwingt das Moment senkrecht zur Symmetrieachse, das X-Atom also normal zur Höhe der Pyramide. Im Ultrarotspektrum sind diese beiden Fälle der parallel und senkrecht zur Symmetrieachse stattfindenden Schwingungen des Momentes [$\omega_{\parallel}$ oder $\omega_{\perp}$] günstigen Falles durch die Feinstruktur der Absorptionsbanden unterscheidbar. Bei $\omega_{\parallel}$ bildet sich eine sog. BJERRUMsche Doppelbande aus mit P- und R-Zweig, und überdies bei räumlichen Modellen mit Q-Zweig; bei $\omega_{\perp}$ dagegen überlagern sich über die Schwingung zwei zu *verschiedenen* Trägheitsmomenten gehörige Rotationen, so daß die Feinstruktur eine ganz andere wird.

Im S.R.E. wird man die Schwingungen ω_1, ω_2 mit größerer Intensität zu erwarten haben, da sie optisch weniger aktiv sind als ω_3, ω_4; dafür haben ω_3, ω_4 als zweifache Schwingungen größeres statistisches Gewicht. Zur Anwendung der Gleichung (25) auf praktische Aufgaben, d. h. zur Bestimmung der drei Molekülkonstanten f, f', β aus den gegebenen Frequenzen ω_1, ω_2, ω_3, ω_4 und aus den bekannten Massen der beteiligten Atome sei noch hinzugefügt, daß nach Gleichung (25) folgendes gilt: Der Quotient der dritten und ersten Gleichung liefert $\cos^2\beta$; die Differenz zwischen der vierten und zweiten Gleichung läßt dann bei bekanntem

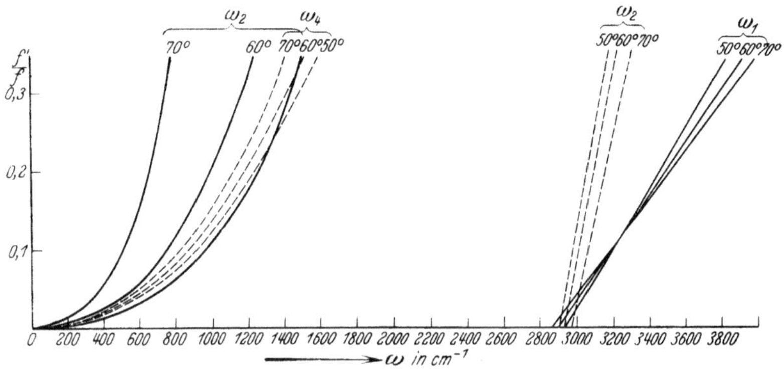

Abb. 49. Die Eigenfrequenzen des pyramidenförmigen CH_3-Modelles *.

$\cos^2\beta$ den Wert f berechnen; und die Summe der zweiten und vierten Gleichung liefert bei bekanntem f den Wert f'. Die so gefundenen Werte $\cos^2\beta$, f, f' sind aber nur dann sinnvoll, wenn sie alle vier Ausgangsgleichungen befriedigen. Die Summe aller n^2, also $n_1^2 + n_2^2 + 2\,(n_3^2 + n_4^2)$ ist wieder von β unabhängig (n_3^2 und n_4^2 sind als zweifache Schwingungen doppelt zu zählen).

Um wieder einen Überblick zu geben über die Abhängigkeit der Frequenzlage für ein solches Modell vom Winkel β und vom Verhältnis der Kräfte f'/f sind in Abb. 49 die vier Frequenzen ω_1 bis ω_4 für die CH_3-Gruppe als Funktion von β und f'/f eingetragen, wobei f wieder gleich $4{,}6 \cdot 10^5$ gesetzt wurde; ω_3 und ω_4 sind gestrichelt, ω_1 und ω_2 voll ausgezogen eingetragen. Man erhält zwei hohe und zwei tiefe Eigenfrequenzen.

* In Abb. 49 sollen die Kurven von rechts nach links gelesen die Bezeichnungen $\omega_1\,\omega_3\,\omega_4\,\omega_2$ (statt $\omega_1\,\omega_2\,\omega_4\,\omega_2$) haben.

Für völlige Symmetrie, also für 4 gleiche, tetraedrisch angeordnete Atome mit $M = m$, $f' = f$, $\cos^2\beta = \frac{2}{3}$ geht (25) über in:

$$n_1^2 = 4\,\frac{f}{m}\,; \qquad n_2^2 = n_3^2 = 2\,\frac{f}{m}\,; \qquad n_4^2 = \frac{f}{m}\,. \tag{26}$$

Zu n_1^2 gehört eine einfache, zu n_2^2 eine dreifache, zu n_4^2 eine zweifache Schwingung; die drei erwarteten Frequenzen verhalten sich (vgl. auch BHAGAVANTAM[276]):

$$\omega_1 : \omega_2 : \omega_4 : = 2 : \sqrt{2} : 1\,.$$

b) Das ebene gleichseitige Dreieck mit besetztem Schwerpunkt. (Beispiel: CO_3-Ion).

Ebenso wie für ein Dreimassenmodell eine der beiden symmetrischen Schwingungen unendlich langsam wird, wenn man mit dem Zentralkraftsystem rechnet [Gleichung (22)] und zum linearen Molekül übergeht, ebenso ist es beim räumlichen Viermassenmodell bzw. bei den Gleichungen (25), wenn $\beta = 90°$ und das Modell ein ebenes wird. Auch in diesem Fall kann man sich durch einen Ausweg helfen und die vierte Frequenz endlich erhalten; bei CO_3 nämlich glaubt man, obwohl vier Frequenzen beobachtet wurden, ein ebenes Modell fordern zu müssen.

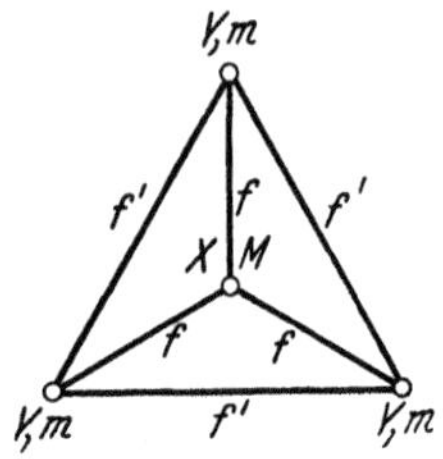

Abb. 50. Modell der ebenen CO_3-Gruppe.

Ein ebenes Viermassenmodell, bei dem eine Masse zentral liegt, ist ein „statisch überbestimmtes“ System, das im Gleichgewicht sein kann, auch wenn in der Ruhelage die Spannungen der die Punkte zusammenhaltenden Federn nicht verschwinden. Man kann für ein solches Modell daher als allgemeinsten Fall ansetzen: daß erstens in den Valenzrichtungen rücktreibende Kräfte f auftreten, wenn die Entfernung der Atome geändert wird; zweitens, daß analoge rücktreibende Kräfte f' in den Verbindungslinien Y—Y wirken; und drittens, daß in den Richtungen X—Y sowohl als Y—Y Zusatzfedern vorhanden sind, die auch für die Normalentfernung der Atome unter Spannung bzw. unter Druck sind und selbstverständlich bezüglich ihrer Größe so definiert sein müssen, daß ihre Resultierenden in jedem der Atome Null sind, wenn das Molekül in Ruhe ist. Diese zusätzliche rücktreibende Kraft, die nur bei singulären Konfigurationen von Null verschieden sein kann, soll mit P bezeichnet werden; man wird, damit das Potential in der Ruhelage ein Minimum ist, anzunehmen haben, daß die P in der Richtung YY abstoßend, in der Richtung XY anziehend wirken, so wie es auch der natürlichen Anschauungsweise entspricht.

Endliche Werte von P sind nicht bei beliebigen Konfigurationen möglich: eine notwendige und hinreichende Bedingung dafür, daß $P \neq 0$ sein kann, scheint zu sein, daß für ein ebenes Gebilde $s > 2k - 3$, für ein räumliches Gebilde $s > 3k - 6$ ist, wenn k die Anzahl der Massenpunkte und s die Anzahl der möglichen Verbindungslinien (der möglichen Federn) ist; für $k = 2$ und 3 sind diese Bedingungen nie erfüllt. Für $k = 4$ Atome ist die Bedingung *nur* für gewisse *ebene* Konfigurationen erfüllt, darunter für den Fall des Dreieckes mit zentraler vierter Masse. Für räumliche Gebilde muß k mindestens gleich 5 sein.

An diese Einschränkungen der Möglichkeiten möchte der Verfasser einen Einwand anknüpfen: Diese Annahme einer im Ruhezustand gespannten Feder scheint ihm eine den natürlichen Verhältnissen nicht entsprechende Beschreibung zu sein. Denn P kann z. B. für ein völlig ebenes CO_3-Molekül grundsätzlich beliebig groß sein; im Augenblick aber, da irgend etwas die Konfiguration nur um ein geringes aus der Ebene herausrückt, muß $P = 0$ werden. Man kann sich schwer vorstellen, daß solche Unstetigkeiten der Beschreibung äquivalent sein sollen der doch sicher stetig verlaufenden Veränderung, die das molekulare Kraftfeld bei obiger Konfigurationsänderung erfährt. — Es mag aber sein, daß diese begriffliche Schwierigkeit eine Folge der gewählten formalen Darstellung ist und verschwindet, wenn aus den wirkenden Kräften die Komponente P nicht separiert wird. Der sachlichen Schwierigkeit, daß die vierte Frequenz nur im ebenen Modell ($P \neq 0$) große Werte haben kann und bei Herausrücken des Zentralatomes aus der Ebene ($P = 0$) auf kleine Werte fallen muß, könnte man in manchen Fällen vielleicht durch Annahme äußerer Kräfte begegnen, bei deren Vorhandensein P nicht Null zu werden braucht.

Die Theorie für ein solches ebenes System und ein durch f, f', P beschriebenes Kraftfeld wurde von NIELSEN* ausgearbeitet. (Speziellere Ansätze für das Kraftfeld liegen der KORNFELDschen**

* NIELSEN, H. H., Phys. Rev. **32**, 773, 1928.

** KORNFELD, H., Z. f. Phys. **26**, 205, 1924.

Theorie zugrunde.) Da dem Verfasser scheint, als ob in der Arbeit NIELSENS Versehen unterlaufen wären, sei es in der Berechnung, sei es in der Wiedergabe der Resultate, so werden im folgenden Formeln mitgeteilt, die von M. RADAKOVIC zur Verfügung gestellt wurden; nach dessen Berechnung ergibt sich:

$$\left.\begin{array}{ll} \left.\begin{array}{r} n_1^2 = 3\,\dfrac{f'}{m} + \dfrac{f}{m} \\ n_2^2 = 3\,P\cdot p \end{array}\right\} & \text{einfache Schwingungen,} \\ \left.\begin{array}{r} 4\,n_3^2 n_4^2 = \dfrac{p}{m^2}\,[3\,f\,f' + 9\,P\,(f+f') - 9\,P^2] \\ 2\,(n_3^2 + n_4^2) = \dfrac{3}{m}\,f' + \dfrac{3\,p}{m}\,P + \dfrac{p+1}{m}\,f \end{array}\right\} & \text{Doppel-schwingungen.} \end{array}\right\} \quad (27)$$

Darin bedeutet wieder $p = \dfrac{M + 3m}{M}$; ω_1 und ω_2 sind einfache, ω_3, ω_4 zweifache Schwingungen. ω_2 ist eine reine Deformationsschwingung, bei der die Federn f, f' nicht beansprucht werden [sie entfällt im Gleichungssystem (25)]; X schwingt senkrecht zur Ebene der Y-Atome. ω_1 gehört zu einer Schwingung, bei der X ruht und die Y-Atome in der Valenzrichtung schwingen; die pulsierende Bewegungsform ist optisch inaktiv, kann also in Absorption als Grundton nicht auftreten, wohl aber im S.R.E.

§ 54. Beobachtungsergebnisse.

Trihalogenide XY_3. In Tabelle 21, S. 116, findet man bereits jene Trihalogenide zusammengestellt, für welche auch Polarisationsmessungen vorliegen; auch Schwingungsform und Zusammenhang mit den Polarisationsverhältnissen wurden dort kurz besprochen. Man vergleiche dazu die graphische Darstellung der Spektren in Nr. 28 bis 34 von Abb. 35, S. 147; wie von der Theorie [Gleichung (25)] gefordert, geben diese Substanzen vier, und im allgemeinen *nur* vier Frequenzen, wenn von der inneren Schwingung der CH-Gruppe in Chloroform und Bromoform abgesehen wird; diese letzteren Substanzen geben aber überdies eine sechste, ungeklärte Linie um 1200 cm^{-1}. In Tabelle 52 sind die einschlägigen Zahlenangaben für die Zuordnung der Frequenzen und die Berechnung der Molekülkonstanten f, f', β (vgl. Abb. 48) nach dem Formelsystem (25) angegeben. Neben den Frequenzen sind in der Tabelle angeführt die relativen Intensitäten in runden Klammern st. = stark, m. = mittel, s. = schwach) und die Depolarisationsfaktoren in eckigen Klammern. Zur Berechnung der Konstanten muß bemerkt werden, daß nicht immer der gleiche Vorgang befolgt wurde. KOHLRAUSCH[259] ermittelt nach der in § 53a angegebenen Art diese Konstanten aus den Frequenzen, indem alle Zuordnungen durchprobiert werden; nur die in der Tabelle für $CHCl_3$ angegebene Zuordnung zu den vier Schwingungsformen führt auf Werte für f, f', β, die alle vier Bestimmungsgleichungen erfüllen; bei $HC \cdot Br_3$ war überhaupt keine der möglichen Zuordnungen vollkommen brauchbar, am besten noch die in der Tabelle verwendete. BHAGAVANTAM[276] geht anders vor: „Ein Vergleich der beobachteten Frequenzen mit den von der Theorie erwarteten kann nur durchgeführt werden, indem passende Werte für die Molekülkonstanten angesetzt werden.“ Wie diese gefunden werden, wird nicht näher ausgeführt; diese Konstanten führen zu theoretischen Frequenzen, die unter „berechnet“ den beobachteten gegenübergestellt sind. Die Abweichungen liegen weit außerhalb der Beobachtungsfehler (vgl. TRUMPI[410]).

Tabelle 52. Eigenfrequenzen und Molekülkonstante der Trihalogenide.

Substanz		ω_1	ω_2	ω_3	ω_4	$f \cdot 10^{-5}$	$f' \cdot 10^{-5}$	β
$(CH) \cdot Cl_3$ . . .		666 (5) [0,13]	259 (3) [0,73]	761 (1*b*) [0,5]	366 (5) [0,22]	2,5	2,1	72°
$(CH) \cdot Br_3$ . . .		538 (8) [0,13]	154 (6) [0,78]	654 (5*b*) [0,5]	222 (8) [0,22]	(1,8)	(2,0)	(74°)
$P \cdot Cl_3$	beob.	510 (10) [0,14]	257 (10) [0,32]	480 2) [0,75]	190 (10) [0,88]	1,9	0,7	51°
	ber.	498	255	500	178			
$As \cdot Cl_3$	beob.	410 (10) [0,17]	193 (6) [0,33]	370 (6*b*) [0,80]	159 (8) [0,86]	1,4	0,6	39°
	ber.	388	230	396	144			
$Sb \cdot Cl_3$	beob.	360 (st.)	155 (m.)	320 (st.)	130 (st.)	0,87	0,6	34°
	ber.	343	148	329	123			
$Bi \cdot Cl_3$	beob.	288 (10*b*) [0,13]	103* (8*b*) [0,5]	240 (2*b*) [0,75]	103* (8*b*) [0,5]	0,44	0,5	30°
	ber.	293	140	280	91			

* fallen zusammen.

Was ferner die errechneten Konstanten anbelangt, so ist, abgesehen von PCl_3 und $AsCl_3$ das Verhältnis f'/f zu groß. Die Kraft zwischen den Atomen Y—Y kann nicht von gleicher Größenordnung sein wie die zwischen X—Y; das widerspricht aller chemischen Erfahrung, wenn auch f und f' selbst nicht mit der Bindekraft identifiziert werden können. Aus der Veränderung des Winkels β bei gleichbleibenden f' schließt BHAGAVANTAM, daß die Entfernung der Atome Y—Y nahe unverändert bleibt und sich nur die Höhe der Pyramide ändert; womit die Zunahme der Distanz X—Y und die starke Abnahme für f verbunden wäre. — In Abb. 51 ist der Gang der Frequenzen graphisch dargestellt; da es sich dabei nur darum handelte, die Stetigkeit dieses Ganges vor Augen zu führen, wurde als Abszisse die Atomnummer gewählt. Damit auch die Werte von $CH \cdot Cl_3$ in diesen Kurvenzug hineinpaßten, müßte die Zuordnung in Tabelle 52 so geändert werden, daß ω_4 mit ω_1 und ω_3 mit ω_2 vertauscht würde; letzteres würde auch nach den Polarisationsverhältnissen zu erwarten sein, ersteres nicht.

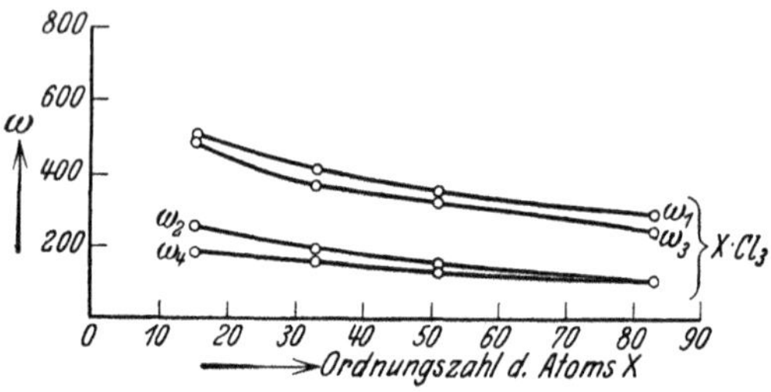

Abb. 51. Die Eigenfrequenzen der Trihalogenide.

XY_3-Ionen der Sauerstoffsäuren. Insbesondere die Untersuchungen von SCHAEFER[174, 339, 340] und seinen Mitarbeitern, sowie von KRISHNAMURTI[248] an Krystallen, von PRINGSHEIM[38, 172] und Mitarbeitern, DICKINSON-DILLON[96], NISI[205], RAMASWAMY[322] u. a. an Lösungen haben in Verein mit den Ultrarotmessungen (SCHAEFER-MATOSSI XV, S. 351 ff.) sichergestellt, daß den XY_3-Ionen von der Form XO_3 vier innere Schwingungen zukommen. Die folgende, von SCHAEFER-MATOSSI-ADERHOLD[339] übernommene Tabelle (der Einheitlichkeit halber wurden die Frequenzen in cm^{-1} umgerechnet) stellt die besser bekannten Fälle zusammen. Alle Zahlen bis auf 393* in Jodsäure HJO_3 sind am krystallinen Zustand gewonnen; die eingeklammerten Daten für die ω_2-Schwingung sind jedoch nicht dem S.R.E., sondern den ultraroten Absorptionsmessungen entnommen. Diese Schwingung, bei der [vgl. das zu Gleichung (27) gesagte] die rücktreibende Kraft f (in der Valenzrichtung) im Falle eines ebenen Modells überhaupt nicht, im Falle eines räumlichen Modelles nur wenig beansprucht wird, tritt im S.R.E. entweder gar nicht auf oder nur sehr schwach. Dagegen kommen die zur inaktiven Schwingung ω_1 gehörigen Frequenzen nur im S.R.E., nicht in Absorption vor.

Von den Substanzen der Tabelle 53 scheint nur CO_3 allein als ebenes Modell angesehen zu werden, wobei allerdings an Stelle eines gleichseitigen Dreieckes manchmal ein gleichschenkliges bevorzugt wird. Die NO_3-Gruppe soll bereits räumlich sein. Molekülkonstante wurden für diese Gruppen noch keine berechnet.

Tabelle 53. Innere Schwingungen von $X \cdot O_3$-Ionen.

Substanz	$\omega_1 \parallel$	$\omega_2 \parallel$	$\omega_3 \perp$	$\omega_4 \perp$
$Ca \cdot CO_3$	1087 (s.st.	(878)	1437 (s.s.)	714 (s.s.)
$Na \cdot NO_3$	1071 (s.st.)	(830)	1389 (st.)	726 (s.)
$Na \cdot ClO_3$	934 (s.st.)	625 (s.)	1026 (s.)	483 (st.)
$Na \cdot BrO_3$	799 (s.st.)	(435)	836 (m.)	357 (s.)
$H \cdot JO_3$	713 (st.)	393* (s.)	781 (st.)	327 (m.)

Stellt man den Verlauf der einzelnen zu XO_3 gehörigen Frequenzen als Funktion der Atomnummer des X-Atomes graphisch dar (Abb. 52), dann erhält man wieder einen stetigen Verlauf der Kurven (SCHAEFER[339]). Dadurch wird der weiter oben geäußerte Zweifel verständlich, daß zur Beschreibung dieses stetigen Verlaufes zwei auf grundsätzlich verschiedenen Annahmen über die innermolekularen Kraftfelder beruhende Gleichungssysteme [Gleichung (25) und (27)] zuständig sein sollen.

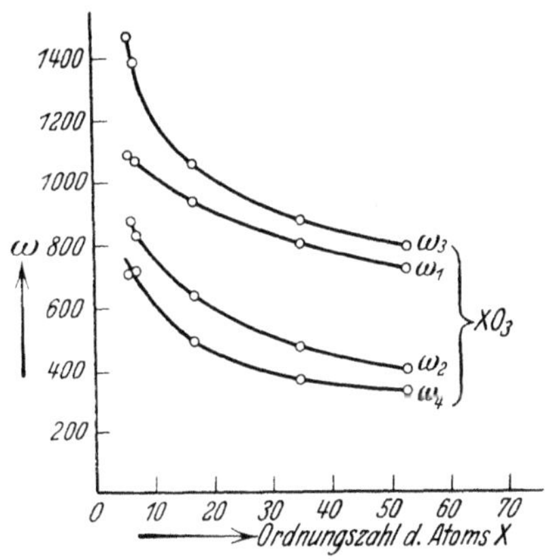

Abb. 52. Die Eigenfrequenzen der XO_3-Ionen.

Die konstitutive Beeinflussung der optisch inaktiven, im S.R.E. starken Frequenz ω_1 ist sehr gut zu verfolgen an den sorgfältigen Messungen von GERLACH[249] und EMBIRIKOS[338]. Zusammen mit Beobachtungen an der SO_4-Gruppe sind einige Zahlen als Beleg hierfür in Tabelle 54 zusammengestellt. Wegen des in § 46 besprochenen Einflusses des Krystallwassergehaltes sind nur Messungen an Krystallen von gleichem Gehalt oder von Lösungen gleicher molarer Konzentration miteinander vergleichbar. In diesem Sinne bildet $CaSO_4$, das nicht wie die beiden zu vergleichenden anderen Sulfate wasserfrei war, eine Ausnahme; nach den in § 46 besprochenen Erfahrungen ist daher ein etwas größerer Wert, als in Tabelle 54 angegeben, zu erwarten.

Tabelle 54. Beeinflussung der Anion-Gruppenschwingung durch das Kation.

Anhydr.		Anhydr.		$+4H_2O$		Anhydr.		Anhydr.	
$LiNO_3$	1086	$Ca(NO_3)_2$	1064	$Ca(NO_3)_2$	1045	Na_2SO_4	995	$CaSO_4$	>1008
$NaNO_3$	1067	$Sr(NO_3)_2$	1054	$Mn(NO_3)_2$	1040	K_2SO_4	981	$SrSO_4$	999
KNO_3	1050	$Ba(NO_3)_2$	1047	$Sr(NO_3)_2$	1054	$(NH_4)_2SO_4$	974	$BaSO_4$	988
$AgNO_3$	1045	$Pb(NO_3)_2$	1045	$Cd(NO_3)_2$	1051				
$(NH_4)\cdot NO_3$	1043								

Während in den wasserfreien Krystallen die Frequenz von ω_2 im Anion regelmäßig abnimmt mit steigender Ordnungszahl des Kations, ist dieser Gang bei Anwesenheit von viel Krystallwasser

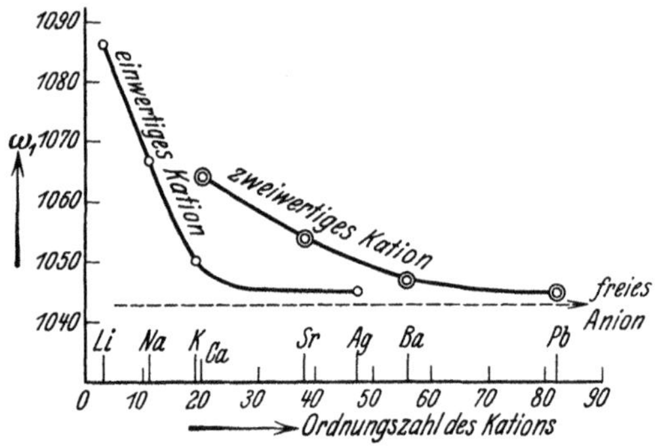

Abb. 53. Abhängigkeit der inneren Anionenfrequenz von Wertigkeit und Ordnungszahl des Kations.

(mittlere Gruppe der Tab. 54) verwischt. Gerlach faßt seine in Abb. 53 veranschaulichten Ergebnisse in folgender Weise zusammen: „Der Einfluß der Valenz (des elektrischen Feldes) des positiven Ions steigt mit abnehmender Ordnungszahl (abnehmendes Kationvolumen); er ist für doppelt geladene Ionen größer als für einfach geladene. Der Einbau von Krystallwasser in das Gitter setzt den Einfluß des Kationenfeldes auf das Anion herunter, seine

Schwingung nähert sich der des freien Anions in verdünnter Salzlösung".*

Ammoniak NH_3. Die Aussagen über die Grundfrequenzen, die Schwingungsformen und die Molekülstruktur des NH_3 haben selbst in der Ultrarotspektroskopie zu keinem endgültigen Schluß geführt, obwohl im Falle eines Moleküles wie Ammoniak dort die experimentell zu erhaltenden Aufschlüsse (Feinstruktur der Banden, Ermittlung der Trägheitsmomente, Beobachtung im Gaszustand) viel eingehendere sind**.

Zur Erklärung der in Absorption auftretenden Obertöne und der Feinstruktur werden die folgenden vier Grundfrequenzen gefordert

$$\omega_1(\|) = 3400; \quad \omega_2(\|) = 1630; \quad \omega_3(\perp) = 5075; \quad \omega_4(\perp) = 934.$$

Die im S.R.E. gefundenen Zahlen sind in Abschnitt IX und in Tabelle 28 (S. 127) zusammengestellt; man kann sie entsprechend der obigen Angabe zuordnen:

$$\omega_1 = 3120, 3310, 3380, \quad \omega_2 = 1580, \quad \omega_3 = \text{nicht beob.}, \quad \omega_4 = 1070.$$

Daß ω_3 nicht beobachtet wurde, ist begreiflich; erstens handelt es sich um eine sehr große Verschiebung und zweitens um eine Schwingungsform, deren (vgl. Tab. 53) relative Intensität im S.R.E. als mittlere zu erwarten ist. Keine befriedigende Erklärung hat es aber bisher gefunden (vgl. auch § 43, S. 132), daß die optisch schwach aktive Frequenz ω_1 im S.R.E. eine von Temperatur und Aggregatszustand abhängige Aufspaltung erfährt.

Die Methylgruppe $-CH_3$. Das in § 52 über die Methylengruppe CH_2 gesagte gilt gleicherweise für die Methylgruppe: es ist für die Systematik der Spektren organischer Moleküle von größter Bedeutung, die Frequenzlage der inneren Schwingungen dieses seiner Häufigkeit nach wichtigsten organischen Radikales zu klären.

---

* TRUMPY[406] findet auch noch in Lösungen (3 Mol/Liter) einen Einfluß des Kations auf die innere Schwingung der NO_3-Gruppe; er gibt folgende Zahlen für $X \cdot (NO_3)_2$:

$X = \text{Be}$, $\Delta\nu = 1049{,}4$; $X = \text{Mg}$, $\Delta\nu = 1049{,}0$; $X = \text{Ca}$, $\Delta\nu = 1048{,}2$;

$X = \text{Zn}$, $\Delta\nu = 1047{,}1$, $X = \text{Sr}$, $\Delta\nu = 1045{,}7$.

In $Al(NO_3)_3$ wird $\Delta\nu = 1049{,}2$.

** Vgl. die diesbezügliche Diskussion bei SCHAEFER-MATOSSI, XV, S. 248ff und 361.

Eine Anzahl von Beispielen für die spektrale Lage der CH-Frequenzen in der Methylgruppe findet man in den Abb. 34, 35, 36, S. 146—149. Zur Erleichterung der im folgenden durchzuführen-

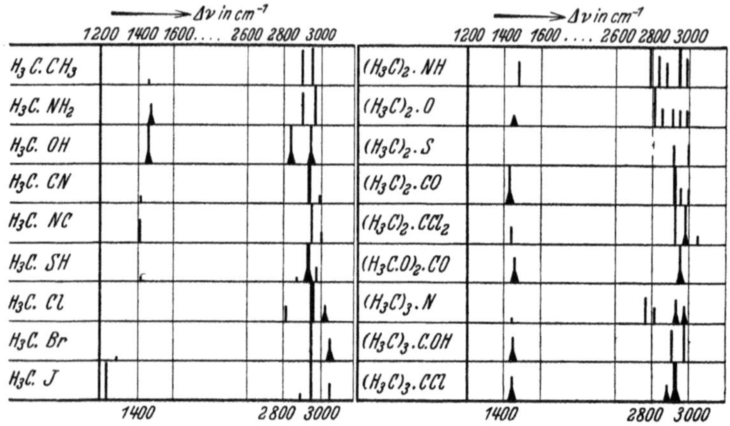

Abb. 54. CH-Frequenzen in Derivaten mit CH_3-Gruppe.

den Vergleiche und Diskussion sind die für die CH-Schwingungen erfahrungsgemäß in Betracht kommenden Frequenzbereiche um 1400 und 2900 cm^{-1} in den Abb. 54 und 55 nochmals unter Hinzu-

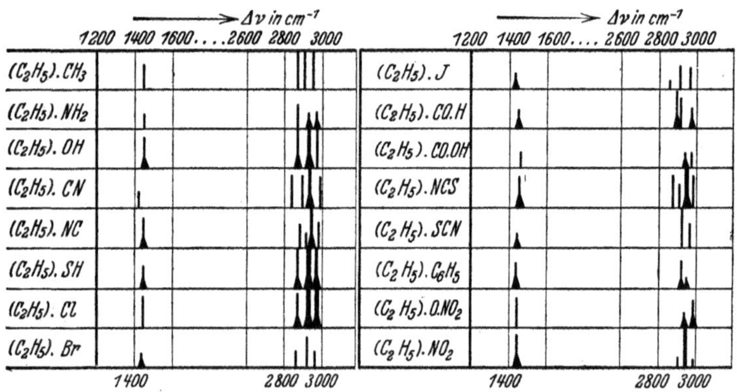

Abb. 55. CH-Frequenzen in Derivaten mit CH_3—CH_2-Gruppe.

ziehung weiteren Erfahrungsmateriales graphisch dargestellt. Zur Raumersparnis wurden die Frequenzbereiche 0—1200, 16—2600 und größer als 3200 weggelassen. Abb. 54 enthält Substanzen, bei denen CH-Bindungen *nur* in der Methylgruppe CH_3 vorkommen;

wobei in der linken Hälfte der Abbildung jeweils nur eine, in der rechten Hälfte zwei und drei Methylgruppen (untereinander gleichberechtigt, d. h. ununterscheidbar bezüglich ihrer Abhängigkeit vom Zentralatom) im Molekül vorkommen. Abb. 55 vereinigt Moleküle mit Äthylgruppe, wobei also zwischen Methylgruppe und Substituent eine Methylengruppe eingeschoben ist. Als weiterer Vergleich wäre noch Abb. 46 (S. 191) heranzuziehen, aus der die Lage der Frequenzen der Methylengruppe selbst zu entnehmen ist.

In § 52 wurde gezeigt, daß man, wenn die Frequenz 1440 als zur inneren Schwingung der CH_2-Gruppe gehörig angesehen wird, mit den Formeln des Zentralkraftsystems zur Beschreibung der Frequenzlage der inneren Schwingungen nicht auskommt, wohl aber mit den Formeln, die für ein Valenzkraftsystem gelten.

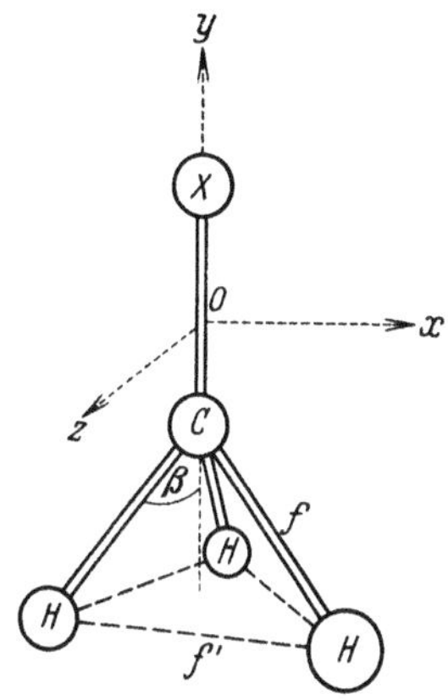

Abb. 56. Aufbau eines Methylderivates $X \cdot CH_3$.

Üblicherweise wird in einem Methylderivat $H_3C \cdot X$ die in Abb. 56 skizzierte Konfiguration angenommen, bei der die Methylgruppe eine Pyramide mit C an der Spitze und drei gleichberechtigten H-Atomen in den Basisecken bildet. Nach den Aussagen der Abb. 54 sind als innere Frequenzen der Methylgruppe zuzurechnen: Erstens eine Schwingung mit $\omega \simeq 1440$, zweitens zwei bis drei Frequenzen mit $\omega \simeq 2900$. Angenommen zuerst, es seien nur zwei hohe Frequenzen um 2900 reell und die dritte vorgetäuscht. Ein Zentralkraftsystem mit Pyramidenkonfiguration sollte nach Gleichung (25) vier Frequenzen besitzen, deren Lage in Abhängigkeit vom Winkel β und vom Verhältnis der rücktreibenden Kräfte für das Beispiel CH_3 in Abb. 49 graphisch dargestellt wurde; da dieser Darstellung eine bestimmte Wahl für die Größe von f zugrunde liegt, brauchen die Aussagen der Abb. 49 nicht exakt zuzutreffen. Jedenfalls aber sind zwei hohe Frequenzen im Bereich um 3000 und zwei tiefe Frequenzen zu erwarten. Wie Abb. 49 zeigt, können diese tiefen Frequenzen ω_2, ω_4 nur dann Werte um 1400 cm^{-1} erreichen, wenn erstens der $\sphericalangle \beta$ sehr klein, die Pyramide also sehr spitz und wenn zweitens das

Verhältnis ω_1/ω_3 bzw. die Differenz $\omega_1 - \omega_2$ groß ist. Bei dem wirklich vorhandenen Verhältnis der beiden hohen Frequenzen (vgl. Abb. 54, linke Hälfte), das z. B. in $H_3C \cdot OH$ gegeben ist durch 1,04, kann keine der tiefen Frequenzen ω_2 und ω_4 in den Bereich um 1400 rücken.

Dazu kommt, daß Beispiele bekannt wurden (X = SH, Cl, J), bei welchen statt nur zwei, *drei* hohe Frequenzen auftreten. Daß dies reell ist, möge durch den Vergleich mit dem Absorptionsbefund gezeigt werden. In Tabelle 55 sind die Frequenzen der von Bennet-Meyer* im Ultrarot gefundenen Absorptionsstellen

Tabelle 55. Eigenfrequenzen der Methylhalogenide in Absorption und S.R.E.

Substanz		$a \parallel$	$b \perp$	$c \parallel$	$d \perp$	$e \parallel$	$f \parallel$	$g \perp$
$H_3C \cdot F$	Absorpt.	1049	1200	1476		2862	2965	2987
	S.R.E.	—	—	—		—	—	—
$H_3C \cdot Cl$	Absorpt.	732	1020	1355	1460	2880	2967	3047
	S.R.E.	712 (10)	1098 (2)	—	—	2815 (2)	2955 (10)	3024 (2*b*)
$H_3C \cdot Br$	Absorpt.	—	957	1306	1451	2862	2973	3062
	S.R.E.	594 (8)	—	1296 ($\frac{1}{2}$)	—	—	2956 (5)	3050 (3*b*)
$H_3C \cdot J$	Absorpt.	—	885	1252	1446	2861	2971	3047
	S.R.E.	522 (10)	—	1239 (7)	1416 ($\frac{1}{2}b$)	2889 (0)	2947 (6)	3046 (2)

dem Befund im S.R.E. gegenübergestellt. (Eingehendere Diskussion bei Dadieu-Kohlrausch[373].) Zu den mit *a* . . . *g* bezeichneten Absorptionsstellen ist angegeben, ob es sich um eine Schwingung des elektrischen Momentes parallel $\parallel$ oder senkrecht $\perp$ zur Symmetrieachse *OY* (vgl. Abb. 56) handelt. Die Absorptionsmessungen beziehen sich auf den gasförmigen, die Angaben der Ramanspektren auf den flüssigen (bei Zimmertemperatur unter Druck verflüssigt) Zustand, so daß die volle Vergleichbarkeit gestört ist. Auch der Absorptionsbefund gibt drei Frequenzen im Gebiet um 2900 cm^{-1}, von denen eine mit parallelem, eine mit senkrechtem Moment durch die Frequenzen ω_1 und ω_3 der Gleichung (25) erklärt sind, während die zweite mit $\omega \parallel$ ungeklärt bleibt. Bezüglich ihrer Intensität sei erwähnt: *e* und *g* nehmen in der Intensität gegen das Jodderivat hin ab, *e* langsam, *g* schnell; *f* ist ungefähr intensitätskonstant. Nur *g* könnte man (wegen

* Bennet, W. H., C. F. Meyer, Phys. Rev. **32**, 888, 1928.

Gleichheit der Momentrichtungen) als Oberton von *d* auffassen; gerade diese Linie erscheint aber auch im S.R.E., und zwar mit einem für einen Oberton unmöglichen Stärkeverhältnis.

Aus alldem folgt: Die Gleichungen (25) sind erstens nicht imstande, der Erfahrung gerecht zu werden, weil sie die Frequenz 1440 nicht liefern; zweitens, weil sie nur zwei hohe CH-Frequenzen erklären, während manchmal ihrer drei vorkommen. Aber auch die Annahme eines Valenzkraftsystemes, dessen Folgerungen zwar bei den tiefen Schwingungen, nicht aber bei den hohen wesentlich andere sind, könnte die Existenz dreier hoher Frequenzen nicht erklären.

Somit scheint nur eine Möglichkeit zu bleiben: Die CH_3-Gruppe hat unter Umständen eine von der regelmäßigen Pyramide (Abb. 56) abweichende Form: entweder wird die Regelmäßigkeit derselben durch konstitutive Einflüsse des Substituenten X gestört, oder die drei H-Atome in CH_3 sind von vornherein nicht gleichberechtigt, so daß eines derselben etwas anders gebunden ist, als die beiden andern. Letztere Auffassung scheint dem Verf. mit Rücksicht darauf, daß von den vier Außenelektronen des C-Atomes nur je zwei untereinander gleichartig eingebaut sind (2,1 und 2,2-Schale) die wahrscheinlichere.

Die CH_3-Gruppe wäre dann symbolisch durch $H \cdot \dot{C}H_2$ darzustellen und bestünde aus einer an H gebundenen Methylengruppe; sie hätte drei hohe Frequenzen, zwei von der Methylengruppe und eine vom dritten H-Atom. Qualitativ kommt man mit dieser Annahme im Verständnis der Tatsachen doch wesentlich weiter, wenn auch noch immer Schwierigkeiten bleiben. Erstens erklärt sie die Erfahrung, daß die 1440-Schwingung in Methylenderivaten und Methylderivaten an derselben Stelle liegt und, wie z. B. in $H_3C \cdot CN$ (Abb. 54) und in $NC \cdot CH_2 \cdot CH_2 \cdot CN$ (Nr. 8, Abb. 46), scheinbar konstitutiv gleichartig beeinflußt wird. Sie erklärt zweitens die große Ähnlichkeit im Verhalten zweier der hohen Frequenzen in bezug auf die Abhängigkeit vom Substituenten (s. die vergleichbaren Fälle in Abb. 54 und 46). Sie erklärt drittens, daß eine dritte hohe Frequenz (vermutlich Linie *e* der Tab. 55) mit einem *in* der Symmetrieachse schwingenden Moment auftritt, deren Wert tiefer zu erwarten ist; denn dieses nicht zur Methylengruppe gehörige H-Atom sollte lockerer gebunden sein, da es das übriggebliebene Atom jenes H-Paares in CH_4 ist, an dem sich wegen der weniger festen Bindung die Substitution vollzogen hat.

Diese Annahme macht es auch verständlich, daß es in den Substanzen XY_3 und XY_4 (vgl. Abb. 35, Nr. 28, 33, 35) gerade die Moleküle mit X = CH oder X = C sind, deren Spektren Abweichungen vom übrigen Typus zeigen (vgl. die Linien um 1200 bei Nr. 28 und Nr. 33, die Aufspaltung der Frequenz 775 und die Linie 1537 bei Nr. 35), daß die Analyse eines regelmäßigen Tetraeders bei Methan auf Schwierigkeiten in der Erklärung der Eigenfrequenzen stößt und daß CH_4 sowohl als CCl_4 bei der klassischen Streuung sich nicht wie vollkommen isotrope Moleküle verhalten. Vielleicht läßt sich auch die offenbare Beruhigung in den Schwankungen der C-H-Frequenzen bei den Äthylderivaten (Abb. 55) noch plausibel machen, wenn man der CH_2-Gruppe in der Konfiguration $C - CH_2 - X$ eine geringere konstitutive Empfindlichkeit als in $X - CH_2 - X$ zuschreibt und bedenkt, daß die beeinflußbare C-H-Schwingung im endständigen CH_3 nun durch zwei unempfindliche Methylengruppen vor dem Substituenten geschützt ist.

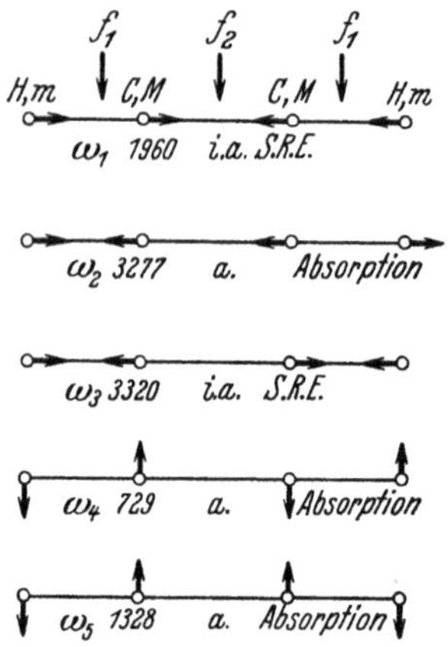

Abb. 57. Schwingungsformen in Acetylen HC≡CH (MECKE[311]).

Zum überzeugenden Nachweis der Richtigkeit dieser Annahme und der speziellen Art der Abweichung von der Symmetrie bedürfte es allerdings noch eines ausgedehnteren und vor allem exakteren Beobachtungsmateriales, sowie einer eingehenden kritischen Diskussion desselben; derzeit bleiben trotz dieser Annahme noch verschiedene Tatsachen unverständlich, wie z. B. das Auftreten von vier oder fünf hohen Frequenzen in den Di- und Trimethylderivaten, bei denen die (mangels eines zureichenden Grundes als gleichartig beeinflußt anzusehenden) Methylgruppen gleiche Frequenzen, also wieder höchstens drei hohe geben sollten.

Acetylen HC≡CH. MECKE[311] hat mit gutem Erfolg für Acetylen die in Abb. 57 dargestellten Schwingungsformen angenommen und für sie auf Grund der Annahme eines Valenzkraftsystems ohne explizite Theorie die folgenden näherungsweise gültigen Beziehungen für die einzelnen möglichen Frequenzen mitgeteilt. (f_1 und f_2 rücktreibende Kräfte zwischen C — H und C ≡ C, $\frac{1}{\mu_1} = \frac{1}{m} + \frac{1}{M}$; $\frac{1}{\mu_2} = \frac{2}{M}$)

$$n_{1,3} = \frac{1}{2}\left[\frac{f_1}{\mu_1} + \frac{f_2}{\mu_2}\right] \pm \sqrt{\left(\frac{f_1}{\mu_1} - \frac{f_2}{\mu_2}\right)^2 + \frac{2 f_1 f_2}{\mu_2^2}},$$

$$n_2 = \sqrt{f_1 \frac{1}{\mu_1}},$$

$$\frac{n_4}{n_5} = \frac{1}{2}\,\frac{M + m}{\sqrt{M m}}.$$

Es gelingt mit der in Abb. 57 angegebenen Zuordnung sowohl das Absorptionsspektrum als das Ramanspektrum restlos zu erklären. An der Verwendung der im S.R.E. beobachteten Frequenzen in Tabelle 38 und 40 ändert dies nicht viel. Denn in weiterer Näherung wird

$$n_1 = \sqrt{k_2 \frac{2}{m + M}} \qquad \text{und} \qquad n_3 = \sqrt{n_2^2 + n_1^2 \frac{m}{M}}.$$

n_1 entspricht, so wie in Tabelle 38 angenommen, der Schwingung der beiden Komplexe CH gegeneinander und n_3 ist gegenüber der eigentlichen Schwingung H ↔ C nur schwach erhöht.

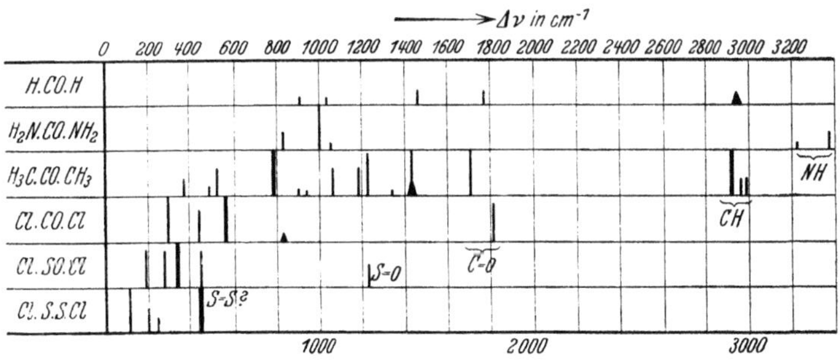

Abb. 58. Ramanspektren für Moleküle von der Form $\begin{matrix}Z\\Z\end{matrix}\!\!>\!Y = X$.

Die analoge Behandlung wird für Dicyan NC · CN und Wasserstoffsuperoxyd HO · OH vorgeschlagen.

Moleküle von der Form $\begin{matrix}Z\\Z\end{matrix}\!\!>\!Y = X$. Hierher gehören z. B. Formaldehyd H_2CO, Aceton $(CH_3)_2 \cdot CO$, Harnstoff $(H_2N)_2CO$,

Phosgen $Cl_2 \cdot CO$, Schwefelchlorür $Cl_2 \cdot SS$ und Thionylchlorid $Cl_2 \cdot SO$. Die Spektren dieser Substanzen sind in Abb. 58 zusammengestellt. Eine eingehendere Diskussion und näherungsweise Berechnung nach dem Valenz- und Zentralkraftsystem findet man bei MATOSSI-ADERHOLD[386], auf deren Arbeit* hiermit verwiesen werde. Die Autoren kommen zu dem Schluß, daß die einfache MECKEsche Betrachtungsweise für komplizierter gebaute Moleküle nicht zu quantitativen Schlüssen verwendet werden könne. Es ist aber, scheint dem Verfasser, überhaupt nicht recht abzusehen, wie z. B. das komplizierte Acetonspektrum in dieser Art erklärt werden kann.

4. Fünfatomige Moleküle XY_4.

§ 55. Modellmäßige Berechnung von Schwingungsformen und Frequenzen.

Es soll hier nur die Theorie des symmetrischen Tetraeders mit besetztem Schwerpunkt besprochen werden. Ein pyramidenförmiges Modell mit X an der Spitze und den vier gleichen Atomen Y in den Ecken der quadratischen Basis findet man bei GUILEMIN** und DE BOER-VAN ARKEL*** behandelt, doch hat sich ein solches nicht einzubürgern vermocht.

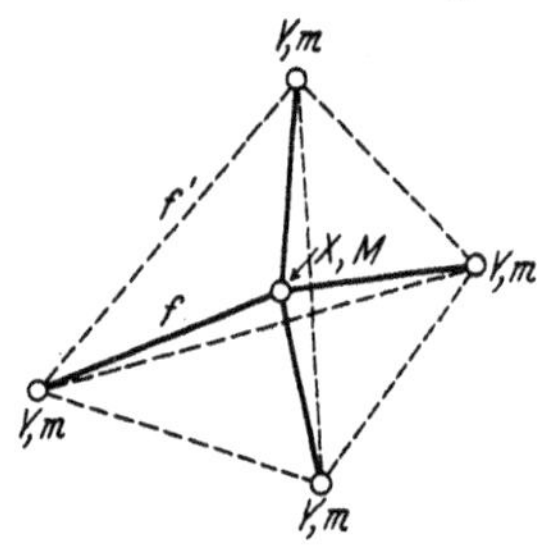

Abb. 59.
Modell für die Moleküle XY_4.

Das punktsymmetrische Tetraeder wurde von DENNISON† berechnet unter den Voraussetzungen eines Zentralkraftsystemes, in welchem außer den in der Ruhelage ungespannten Federn f (zwischen X und Y, vgl. Abb. 59) und f' (zwischen Y und Y) noch in der Ruhelage gespannte Federn [vgl. § 53 und die dort gegen diese Annahme erhobenen Einwände] wirken. Die Endformeln, betreffend die zu erwartenden Frequenzen, wurden nur für den speziellen Fall CH_4 mitgeteilt. JAUMANN hat für SCHAEFER[233]

* CL. SCHAEFER hat dem Verfasser diese Arbeit im Manuskript dankenswerterweise zur Verfügung gestellt. (Man vgl. auch die inzwischen erschienene Veröffentlichung NISI's[396].)

** GUILEMIN, V., Ann. d. Phys. **81**, 173, 1926.

*** DE BOER, J. H., A. E. VAN ARKEL, Z. f. Phys. **41**, 27, 1928.

† DENNISON, D. M., Astrophys. Journ. **62**, 84, 1925.

den allgemeinen Fall gerechnet; RADAKOVIC hat die Rechnung wiederholt und kommt bis auf einen geringfügigen Unterschied zum gleichen Ergebnis, das in der in diesem Buche gebrauchten Form folgendermaßen lautet:

$$\left.\begin{array}{ll}
n_1^2 = \frac{f}{m} + 4\frac{f'}{m} & \text{einfache Schwingung, optisch i. a.} \\
n_2^2 = \frac{f'}{m} + \frac{P}{m} & \text{zweifache Schwingung, optisch i. a.} \\
\left.\begin{array}{l} n_3^2 n_4^2 = \frac{2(4m+M)}{3Mm^2}[5Pf + 8P(f'-P) + f'f] \\ n_3^2 + n_4^2 = 2P\frac{3M+16m}{3Mm} + 2f'\frac{1}{m} + f\frac{4m+3M}{3Mm} \end{array}\right\} & \text{dreifache Schwingungen, optisch akt.}
\end{array}\right\} \quad (28)$$

Von Gleichung (28) gelangt man zu den SCHAEFERschen Formeln, die später auch TRUMPY[363] benützt hat, wenn man $n^2 = 4\pi^2\nu^2$, $f = K_2$, $f' = K_1$, $P = -K'/4$ setzt; der wesentliche Unterschied liegt also im Vorzeichen von K' einerseits und andererseits darin, daß K' zu vierteln ist, wenn es als Federkraft mit K_1 und K_2 verglichen werden soll. Letzteres war weder bei SCHAEFER noch bei TRUMPY beabsichtigt. Was das Vorzeichen anbelangt, so muß z. B. in der zweiten der obigen vier Gleichungen eine Summe und nicht eine Differenz erwartet werden, weil sonst ω_2 imaginär würde, wenn $f' < P$; eine Beschränkung, die anscheinend keine physikalische Berechtigung hat. Die Vorzeichenänderung bewirkt auch, daß P nicht mehr (wie noch bei TRUMPY) zu negativen Werten führt, was eine gegenseitige Anziehung der Y-Atome und eine Abstoßung zwischen den X- und Y-Atomen bedeutet, offenbar gegen jede Erfahrung ist und kein Minimum des Potentiales ergibt.

Bezüglich der praktischen Verwendung dieser Formeln sei darauf aufmerksam gemacht, daß die folgende Beziehung gilt:

$$n_3^2 + n_4^2 - \frac{4m+3M}{3M} n_1^2 - \frac{2}{3}\frac{16m+3M}{M} n_2^2 = -\frac{16m+4M}{mM} \cdot f'.$$

Sind die beobachteten Frequenzen einmal zugeordnet, so läßt sich daraus leicht zuerst f', und aus den beiden ersten der Gleichung (28) weiter f und P bestimmen; wobei allerdings nachzusehen ist, ob auch die vierte Beziehung für das Produkt $n_3^2 n_4^2$ mit der gefundenen Lösung befriedigt wird; da, wie die Erfahrung gezeigt hat, in den bisher vorkommenden Fällen keine Wertekombination für f, f', P gefunden wird, die alle vier Frequenzen exakt erklärt, so begnügt man sich zur Ermittlung der Molekülkonstanten mit einem graphischen Näherungsverfahren (TRUMPY[363]), das optimale Werte liefert.

Über die Schwingungsformen läßt sich aussagen: An ω_1 und ω_2 ist M nicht beteiligt; die zentrale Masse ruht. Bei ω_1 pulsiert das Molekül, wobei die Y-Atome entlang der Valenzrichtungen so schwingen, daß in jedem Augenblick die Spannung P die gleiche ist wie in der Ruhelage, d. h. daß die in den Punkten X angreifende Resultierende gleich Null ist. Da durch eine solche Schwingung das elektrische Moment nicht verändert wird, ist die Schwingung optisch inaktiv; im S.R.E. voraussichtlich stark, weil alle Bewegungen entlang der Valenzrichtungen erfolgen, wodurch die Asymmetrie in der rücktreibenden Kraft voll zur Geltung kommt. — Die Bewegung bei der Frequenz ω_2 ist, da es sich um eine Doppelwurzel handelt, nur in bezug auf die Fläche, auf der sich die Y-Atome bewegen, bestimmt; es muß eine Kugelfläche sein, denn die Bewegung dieser Atome ändert den Abstand gegenüber dem ruhenden X-Atom offenbar nicht, da die Feder f nicht beansprucht wird. Die Bewegung bei der dreifachen Wurzel bleibt ganz unbestimmt; jedenfalls sind aber alle fünf Massen beteiligt. Wie schon bei den Gleichungen (28) angemerkt ist, sind ω_1, ω_2 optisch inaktiv, ω_3, ω_4 optisch aktiv. — Bei Störungen der Symmetrie kann eine Aufspaltung der Frequenz ω_2 in zwei, der Frequenzen ω_3 und ω_4 in je drei verschiedene Frequenzen erfolgen, so daß dann jede Entartung aufgehoben ist und alle neun für Schwingungen verfügbare Freiheitsgrade ($5 \times 3 - 6 = 9$) zu verschiedenen Frequenzen führen.

§ 56. Beobachtungsergebnisse.

Methan CH_4. SCHAEFER-MATOSSI (XV, S. 258ff.) schließen die Besprechung des ultraroten Spektrums des Methans, des an erster Stelle zu nennenden Vertreters der fünfatomigen Moleküle, denen man Tetraederstruktur zuschreibt, mit den Worten: „Die Deutung des Methanspektrums ist also, wie man sieht, trotz aller Bemühungen noch nicht gelungen.“ Dem ist hier nichts hinzuzufügen, da der S.R.E. bisher keinen wesentlichen Beitrag zur Aufklärung des Problems geliefert hat.

Die Tetrahalogenide XY_4. Bezüglich der Ramanspektra der Tetrahalogenide XY_4 sei zunächst auf die graphische Darstellung in den Nr. 35 bis 40 der Abb. 35 (S. 147) und auf die

Besprechung der Polarisationsverhältnisse in Tabelle 20 (S. 114) verwiesen. In der folgenden Tabelle 56 sind die Frequenzen, in runden Klammern die Intensitäten, in eckigen Klammern die

Tabelle 56. Tetrahalogenide; Eigenfrequenzen und Molekülkonstanten.

Substanz	ω_1	ω_2	ω_3	ω_4	$f \cdot 10^{-5}$	$f' \cdot 10^{-5}$	$P \cdot 10^{-5}$
CCl_4	450 (10) [0,1]	214 (8) [0,75]	775*(6*d*) [0,75]	311 (8) [0,8]	2,00	0,60	0,12
$SiCl_4$	422 (10) [0,14]	148 (5) [1]	608 (1*b*) [1]	220 (5) [0,9]	2,42	0,31	0,09
$TiCl_4$	386 (6) [0,14]	119 (4) [0,8]	491 (2*b* [0,5]	139 (2) [0,83]	2,20	0,22	0,03
$SnCl_4$	367 (10) [0,38]	104 (5) [1]	401 (6*b*) [0,8]	136 (6) [1]	2,00	0,20	0,02
CBr_4	265 (5)	123 (2)	667 (3 b)	183 (4)	1,41	0,47	0,11
$SnBr_4$	220 (4)	64 (2)	279 (3)	88 (3)	1,73	0,14	0,03

* Mittel aus einer Doppelfrequenz.

Depolarisationsfaktoren ϱ nochmals zugleich mit den daraus abgeleiteten Molekülkonstanten zusammengestellt. Die letzteren stammen (mit Ausnahme von CBr_4) von TRUMPY[363]. Das Verfahren zu ihrer Gewinnung war folgendes:

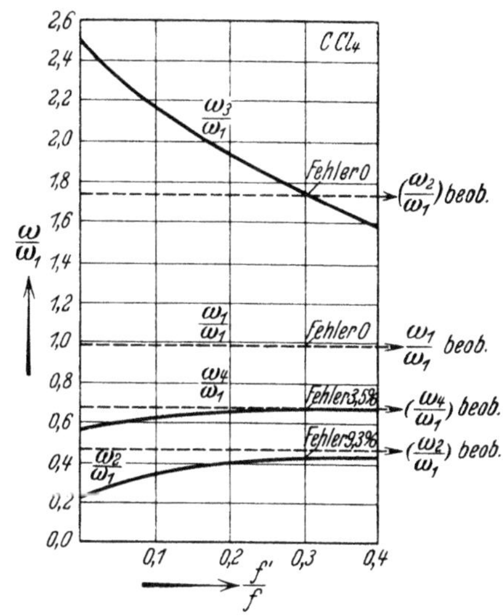

Abb. 60. Aufsuchen der Molekülkonstanten für CCl_4 TRUMPY[363]).

Zunächst war von CL. SCHAEFER[233] durch eine eingehende, an Hand der ultraroten Absorptionsspektren durchgeführte Diskussion der Streuspektren von CCl_4 und $SiCl_4$ die Zuordnung* der Streufrequenzen zu den einzelnen Schwingungsformen des Tetraeders und die ungefähre Anwendbarkeit der zu Gleichung (28) führenden DENNISONschen Theorie gesichert worden; dadurch ist auch die analoge Zuordnung für die übrigen Tetrahalogenide mindestens sehr wahrscheinlich gemacht. — TRUMPY berechnet aus den Gleichungen (28) die Verhältnisse ω_4/ω_1, ω_3/ω_1, ω_2/ω_1

* BHAGAVANTAM[276] ordnet anders zu, anscheinend unter irrtümlicher Verwendung der nur für CH_4 gültigen DENNISONschen Schlußformeln.

für jede Substanz als Funktion der Verhältnisse f'/f und P/f und vergleicht mit den experimentell gefundenen Frequenzverhältnissen unter Verwendung der SCHAEFERschen Zuordnung. Für den günstigsten Wert von P/f sind diese Kurven in Abb. 60 für das spezielle Beispiel CCl_4 wiedergegeben. Die voll eingetragenen Kurven sind die mit $P/f = 0{,}08$ gerechneten Werte ω/ω_1 in Abhängigkeit von dem als Abszisse verwendeten f'/f. Als horizontale gestrichelte Linien sind die beobachteten Frequenzverhältnisse eingezeichnet und es wird jene vertikale Gerade gesucht, die durch *alle* Schnittpunkte der gestrichelten mit den voll ausgezogenen Kurven geht. Eine solche Vertikale gibt es nicht, ein Zeichen, daß das Modell den tatsächlichen Verhältnissen nicht vollkommen angepaßt ist. TRUMPY betrachtet in Beispiel CCl_4 die Vertikale $f'/f = 0{,}3$ als die optimale; sie gibt für ω_3/ω_1 und ω_1/ω_1 den Fehler Null, für die beiden andern Frequenzverhältnisse Abweichungen von $-3{,}5$ bzw. $-9{,}3\%$.

Die in Tabelle 56 angegebenen, auf diese Art von TRUMPY ermittelten optimalen Molekülkonstanten würden zu Werten der Frequenzen führen, die in Abb. 61 gestrichelt eingezeichnet sind neben den wirklich beobachteten Frequenzen. Die Abweichungen

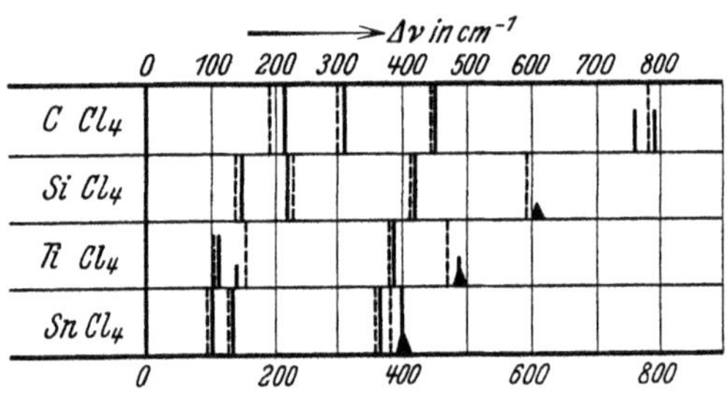

Abb. 61. Beobachtete und theoretisch berechnete Frequenzen in XCl_4 (TRUMPY[363]).

liegen wieder weit außerhalb der Beobachtungsfehler und deuten an, daß an der modellmäßigen Vorstellung bzw. an der theoretischen Behandlung des Modelles noch einiges zu verbessern ist; vorausgesetzt, daß sich wirklich keine besseren Konstanten als die von TRUMPY verwendeten angeben lassen.

Für CBr_4 wurden die Molekülkonstanten vom Verfasser ermittelt; es sind nur Näherungswerte. — In Tabelle 56 wurde an Stelle des von TRUMPY angegebenen Wertes K' der mit f und f'

vergleichbare Wert $P = -K'/4$ eingetragen (vgl. den vorangehenden Abschnitt). Was nun diese Molekülkonstanten anbelangt, so möge zuerst gezeigt werden, daß sie sich in das übrige bisher gewonnene Zahlenmaterial hinreichend gut einfügen. In Tabelle 57

Tabelle 57. Die C—Cl- und C—Br-Bindung in verschiedenen Molekülformen.

	C—Cl	$f \cdot 10^{-5}$	$f' \cdot 10^{-5}$	$P \cdot 10^{-5}$	C—Br	$f \cdot 10^{-5}$	$f' \cdot 10^{-5}$	$P \cdot 10^{-5}$
§ 48	$H_3C \cdot Cl$	3,12	—	—	H_3CBr	2,61	—	—
§ 52	$Cl \cdot CH_2 \cdot Cl$	2,94	1,07	—	$Br \cdot CH_2 \cdot Br$	2,56	0,82	—
§ 54	$HC \cdot Cl_3$	2,47	2,13	—	$[HC \cdot Br_3]$	1,82	2,0	—
§ 56	$C \cdot Cl_4$	2,00	0,60	0,12	$C \cdot Br_4$	1,41	0,47	0,11

sind die aus den Molekülformen XY, XY_2, XY_3, XY_4 gewonnenen Daten für f, f', P zusammengestellt bezüglich der C—Cl- und C—Br-Bindung. Dazu ist aber zu bemerken, daß volle Vergleichbarkeit deshalb nicht vorhanden ist, weil die theoretischen Grundlagen, die zur Berechnung verwendet wurden, nicht ganz die gleichen sind; zwar handelte es sich immer um die aus dem Zentralkraftsystem abgeleiteten Formeln, jedoch steht der Fall XY_4 abseits wegen Einführung der Zusatzfederkraft P. Sehr wahrscheinlich würden aber andere theoretische Grundlagen zwar die Werte von f' und P, nicht aber oder nur in geringfügigem Ausmaße die Werte für f ändern; und diese sind es ja, die hauptsächlich interessieren. Ob bei anderer Berechnungsart der in den Zahlen für f sichtbare Gang verschwinden würde, mag dahingestellt sein. Jedenfalls kann man sagen, daß die geübte Betrachtungsweise in bezug auf die in der Valenzrichtung wirkende Kraft hinreichend einheitlich und dabei imstande ist, das Wesentliche des Experimentes zu beschreiben (Zahl und Lage der Streufrequenzen) und Angaben über die Kraftverhältnisse zu machen, die untereinander der Hauptsache nach übereinstimmen und durchaus plausibel sind. Verwiesen sei aber auf den merkwürdigen Sprung der Größe f beim Übergang von CCl_4 nach $SiCl_4$ einerseits, von CBr_4 nach $SnBr_4$ andererseits (Tabelle 56). Bezüglich der Größen f' und P sollte man vorläufig noch sehr mißtrauisch sein.

In Abb. 62 sind ebenso wie in den früheren Abschnitten die Frequenzwerte der Tetrahalogenide als Funktion der Atomnummer des Zentralatomes X graphisch dargestellt; bis auf ω_4, das ein etwas unwahrscheinliches Kurveneck aufweist, ergibt sich überall glatter Verlauf. In keinen dieser Kurvenzüge läßt sich die von BRAUNE-ENGELBRECHT[374] in gelöstem K_2HgCl_4 gefundene und einem tetraederförmigen $HgCl_4$-Ion zugeschriebene Frequenz $\omega = 266\ cm^{-1}$ einfügen; allerdings handelt es sich um ein doppelt geladenes Ion, dessen Frequenzen erfahrungsgemäß verändert sind. Jedoch müßte es sich um eine Erniedrigung um rund 25% handeln, wenn die mit × eingetragene Frequenz zur extrapolierten ω_1-Kurve gehören sollte.

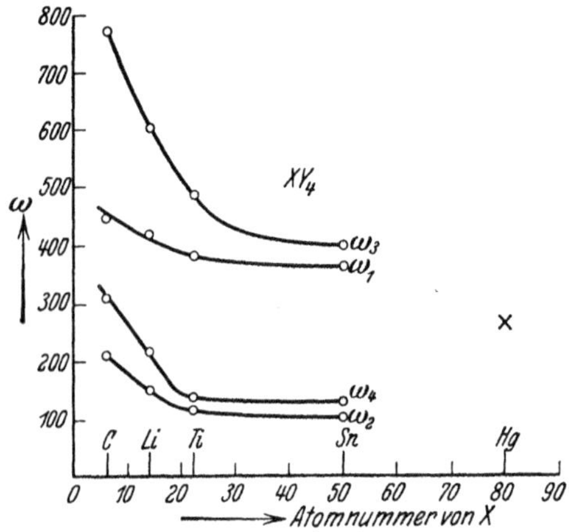

Abb. 62. Die Frequenzen der Tetrahalogenide als Funktion der Atomnummer des Zentralatomes.

Die X · O_4-Ionen. Bezüglich der fünfatomigen, voraussichtlich auch regelmäßig tetraedrisch aufgebauten Ionen der Sauerstoffsäuren sind die experimentellen Verhältnisse weniger geklärt als bei den leicht beobachtbaren Tetrahalogeniden. Nur die Ionen dürften die erwähnte räumliche Struktur haben und es muß vollständige Dissoziation vorhanden sein, wenn alle beobachteten Streufrequenzen dem Ion zuschreibbar sein sollen. Wegen der Unsicherheiten, die durch Frequenzen von Molekülformen der Ionisationszwischenstufen hereingetragen werden können, ist die durchgeführte Zuordnung für einige der Beispiele in Tabelle 58 unsicher bzw. wahrscheinlich unrichtig. Molekülkonstanten scheinen auch in den gesicherten Fällen (SO_4, PO_4, ClO_4) nicht berechnet worden zu sein. Man vergleiche die Diskussion bei NISI[205], KRISHNAMURTI[281, 312, 349], RAMASWAMY[322], SCHAEFER-MATOSSI-ADERHOLD[339, 340].

Tabelle 58. Innere Frequenzen von XO_4-Ionen.

Substanz	(ω_2)	(ω_4)	(ω_1)	(ω_3)
PO_4	358 (s.)	518 (m.)	989 (st.)	1061 (m.)
SO_4	457 (s.)	617 (s.)	981 (st.)	1102 (s.s.)
ClO_4	462 (m.)	625 (m.)	937 (st.)	1116 (m.)
JO_4		702 (s.)	800 (m.)	841 (s.)
WO_4	216 (s.)	356 (s.s.)	880 (m.)	932 (st.)

5. Moleküle mit mehr als fünf Atomen.

§ 57. Über tastende Versuche ist im allgemeinen die Interpretation der Molekülspektren von Molekülen mit vielen Atomen nicht hinausgekommen; dies scheint für alle Arten von Molekülspektren (Bandenspektren, ultrarote Absorptionsspektren, Ramanspektren) zu gelten. Eine Ausnahme bildet noch das symmetrisch gebaute Äthylen.

Äthylen $H_2C{=}CH_2$ wird von MECKE[311] ähnlich behandelt wie Acetylen. In Abb. 63 sind die von MECKE vorausgesetzten

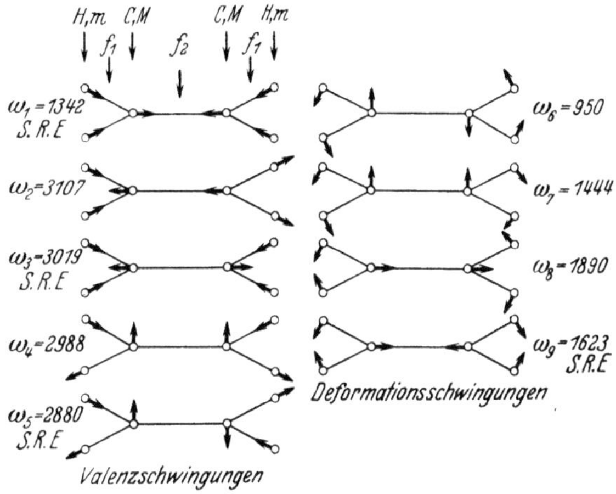

Abb. 63. Schwingungsformen des Äthylenmodelles nach MECKE[311].

neun Schwingungsformen, von denen fünf als Valenz-, vier als Deformationsschwingungen bezeichnet werden können, eingezeichnet.

Es wird das Verhältnis für die rücktreibenden Kräfte d/f in beiden Fällen als klein vorausgesetzt, um zu einer ersten Näherung zu kommen. Die Schwingungsformen für ω_6 und ω_7 entsprechen denen für ω_4 und ω_5 in Acetylen; ω_8 wird näherungsweise angesetzt mit

$$\omega_8 = \frac{1}{2\pi}\sqrt{\frac{d}{2m}}\,;$$

und ferner

$$\omega_6 : \omega_7 : \omega_8 = \sqrt{\frac{2}{M+2m}} : \sqrt{\frac{1}{2}\left(\frac{1}{M}+\frac{1}{2m}\right)} : \sqrt{\frac{1}{2m}}\,.$$

Für ω_9 wird als Näherung verwendet:

$$\omega_9 = \frac{1}{2\pi} \sqrt{\left(f_2 + \frac{1}{2} d\right) \frac{2}{M}}\,.$$

ω_9 wird also nur von M abhängig; was sonst noch für Massen mitschwingen, spielt keine Rolle. Damit erklärt MECKE die Unabhängigkeit der Frequenz 1620, deren Konstanz im Streuspektrum schon an anderer Stelle (§ 48) besprochen wurde. $\omega_6, \omega_7, \omega_8$ sollen optisch aktiv, ω_9 inaktiv sein; erstere drei sind im Absorptionsspektrum, letztere im S.R.E. vertreten; ebenfalls optisch inaktiv und nur im S.R.E. vorhanden sind die Valenzschwingungen $\omega_1, \omega_3, \omega_5$. Weitere formale Zusammenhänge werden nicht gegeben.

Ist die MECKEsche Zuordnung richtig, dann ist die in früheren Abschnitten getroffene Zuordnung unrichtig; dann ist also $\omega = 1340$ nicht als Deformationsschwingung der CH_2-Gruppe (§ 52) aufzufassen, sondern als die $H_2C=CH_2$-Valenzschwingung, die in § 48 zur Frequenz 1620 zugeordnet wurde. Aus $\omega = 1340$ berechnet man die rücktreibende Kraft in der Doppelbindung zu $f = 7{,}37 \cdot 10^5$ Dyn/cm, während in Tabelle 38 als Mittelwert aus vielen Äthylenverbindungen $f = 9{,}36$, unter Verwendung der Frequenz 1600, angegeben wurde. MECKES Auffassung hat aber in bezug auf Aktivität und Inaktivität der Schwingungen und dementsprechendes Auftreten der Frequenzen im Absorptions- und Ramanspektrum soviel zutreffende Konsequenzen, daß ihr große Wahrscheinlichkeit zukommt; allerdings muß vor einer Entscheidung doch eine etwas strengere Berechnung des Modelles und seiner Schwingungen abgewartet werden. Es hat auch nicht den Anschein, als ob diese Art der Betrachtungsweise ohne weiteres auf die Behandlung ähnlicher Molekültypen, wie etwa $Cl_2C=CCl_2$, übertragen werden könne (vgl. dazu BONINO-BRÜLL[395] und § 60).

ANDREWS[209, 238, 239, 301] und seine Mitarbeiter (KETTERING-SHUTTS-ANDREWS[270, 298], YATES[302, 303, 405], LEWIS[300]) haben versucht, auch für hochatomige aliphatische Moleküle eine Art Systematik zu schaffen; dabei wird das Valenzkraftsystem vorausgesetzt, der rücktreibenden Kraft f für die Valenzschwingung und der rücktreibenden Kraft d für die Deformationsschwingung je ein universeller, von der Atomart unabhängiger und nur mit der Mehrfachheit der Bindung variabler Wert beigelegt. Man hat dann rücktreibende Kräfte f, die sich ungefähr wie 1 zu 2 zu 3 verhalten und man erhält für die möglichen k—1 Valenzschwingungen eines Moleküles mit k Atomen unter Berücksichtigung der an der Schwingung beteiligten Massen Spektralbezirke, innerhalb derer man die den Valenzschwingungen entsprechenden Frequenzen zu erwarten hat. Die Deformationskonstanten d sind klein gegen die Werte f, und die zugehörigen Schwingungen liegen (abgesehen von den Fällen, wo es sich um die leichten H-Atome handelt) unterhalb 1000 cm^{-1}.

Diese Betrachtungsweise dürfte aber zu summarisch und bereits überholt sein; sie verzichtet in ihrer zu starken Vereinfachung auf die Verwertung vieler derzeit schon erhältlicher Einzelheiten in den Aussagen des S.R.E. Und ohne das Risiko speziellerer Annahmen über Aufbau des Moleküles, über die herrschenden Kräfteverhältnisse und den Schwingungsmechanismus dürfte es weder möglich sein, in der Aufklärung der Frequenzlage Fortschritte zu machen, noch etwa die zu erwartenden quantitativen Ergebnisse über Intensitäts- und Polarisationsverhältnisse auszunützen.

Allerdings haben die bisherigen Versuche, die Spektren solcher Moleküle, deren Aufbau zum Unterschied von den in den früheren Abschnitten behandelten Fällen keine hohe Symmetrie aufweist, zu deuten, wenig Erfolg gehabt. Insbesondere sind es die niederen Frequenzen, mit $\Delta\nu < 800$, deren Verständnis noch ganz aussteht.

An theoretischen Arbeiten sei vor allem auf Brester* verwiesen, der den Einfluß der Symmetrieeigenschaften auf die Zahl und die Art der möglichen Schwingungen von Punktsystemen untersuchte. Ferner auf eine Untersuchung von Lewis[300], der die freien Schwingungen gekoppelter Systeme linearer Oszillatoren theoretisch behandelte. Großes Interesse beansprucht die Arbeit von Kettering-Shutts-Andrews[270, 298], die die Fruchtbarkeit der Verwendung eines mechanischen Modelles unmittelbar anschaulich macht, wenn auch die Ergebnisse der Untersuchung nicht quantitativ verwendbar sind. Aus Kugeln und sie verbindenden Federn werden mechanische Modelle hergestellt, die durch eine eigene Vorrichtung in erzwungene Schwingungen be-

* Brester, C. J., Krystallsymmetrie und Reststrahlen, Diss. Utrecht 1923; Z. f. Phys. **24**, 324, 1924. Vgl. auch E. Wigner, Abh. d. Ges. d. Wiss. Göttingen 1930.

kannter Frequenz versetzt werden. Wird eine der Eigenfrequenzen des Systems erreicht, dann tritt Resonanz ein; die zugehörige Schwingungsform wird mit stroboskopischer Beobachtung festgelegt.

Abb. 64 vereinigt einige Ergebnisse dieser Untersuchung; für die Modelle von Äthan, Äthylen, Acetylen, Methyl- und Äthylalkohol sind die gefundenen mechanischen Frequenzen und darunter die zugehörigen Ramanspektren eingetragen. H_l, H_t bedeutet, daß es sich um longitudinale bzw. transversale Schwin-

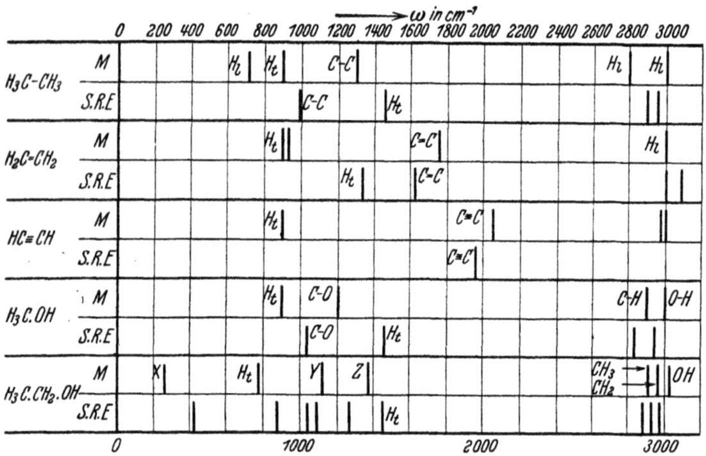

Abb. 64. Eigenfrequenzen mechanischer Modelle (KETTERING-SHUTTS-ANDREWS[298]).

gungen der H-Atome (Valenz- und Deformationsschwingungen) handelt; die Frequenzen x, y, z gehören zu Bewegungen der schweren Atome (C, O); Näheres ist dem englischen Text leider nicht zu entnehmen. Die CH_3-Gruppe gibt im Äthan, so wie die Theorie es verlangt, zwei hohe und zwei tiefe Schwingungen. Warum in den anderen Molekülen die Äthylen- oder Methylgruppe dann nur eine hohe Frequenz gibt, ist unverständlich. Beim Vergleich mit dem Ramanspektrum begegnet man dann wieder denselben Schwierigkeiten, die in früheren Abschnitten schon besprochen wurden: die tiefen H-Frequenzen stimmen nicht überein mit der Lage der Linie um 1440 im S.R.E. Aber man kann von solchen mechanischen Modellen, die trotz aller Feinheiten der Ausführung nur ganz grobe Bilder des Moleküles sein können, noch weniger eine quantitative Übereinstimmung erwarten und muß staunen, daß das mechanische Spektrum überhaupt Ähnlichkeiten mit der theoretischen Berechnung und damit auch mit dem Ramanspektrum aufweist. — Auf ein mechanisches Benzolmodell soll weiter unten zurückgekommen werden.

Verschiedene Autoren (DADIEU-KOHLRAUSCH[141], TRUMPY[265] u. a.) haben versucht, die Schwingung der endständigen CH_3- oder OH-Gruppe usw. in den Spektren homologer Substanzen zu identifizieren (vgl. die punktierten Verbindungslinien in Abb. 34) und quantitativ dadurch zu erklären, daß diese Gruppe erst gegen CH_3, dann gegen den schwereren Rest C_2H_5 usf. schwinge, und daher die Frequenz abnehme. Für die Paraffin- und Alkoholreihe kommt man mit dieser Annahme aus, für die Halogenide, wo der Natur der Sache nach (feste Bindung innerhalb des Alkyls, relativ lockere Bindung des Halogens) die Voraussetzungen für diese Betrachtungsweise am besten erfüllt wären, und für andere homologe Reihen versagt diese Anschauung (PESTEMER[369], DADIEU-KOHLRAUSCH[373]).

Auf diese und andere Versuche, die Spektren komplizierter Moleküle wenigstens qualitativ zu deuten, näher einzugehen, dürfte sich derzeit erübrigen. Auf einige Spezialfälle wird noch im nächsten Kapitel zurückgekommen werden, dem auch die Besprechung des Benzolspektrums vorbehalten sein soll.

VII. Spezielle Probleme im S.R.E.

§ 58. Benzol.

Benzol gehört mit CCl_4 zu den meist untersuchten Substanzen, die wohl von jedem, der über den S.R.E. zu arbeiten begonnen oder eine neue Apparatur in Gang gebracht hatte, zur Prüfung der Anordnung aufgenommen wurden. Auch mit Heliumerregung wurde gearbeitet (WOOD[344], CLEETON-DUFFORD[376]; die Zahlen der letzteren Autoren zeigen starke Abweichungen). In Tabelle 59 sind einige der Versuchsergebnisse zusammengestellt; dazu sind in der ersten Zeile die Depolarisationsfaktoren für die betreffenden Linien, soweit sie bekannt sind (Tab. 18, S. 111), und in der letzten Zeile die wahrscheinlichsten Werte angeben, die man unter ungefährer Berücksichtigung der Gewichte — die Zahlen der letzten fünf Autoren dürften die genauesten sein — ableiten kann. Hinzu-

Tabelle 59. Das Ramanspektrum des Benzols. C_6H_6.

Depolarisationsfaktor ϱ =	1	1	0,04	1	1			1	0,35		
PRINGSHEIM-ROSEN[30]	615 (3)	867 (2)	995 (4)	1183 (3)	1591 (2)	1605 (2)	—	—	3059 (3)	—	—
RAMAN-KRISHNAN[37]	605	849	991	1176	1592	—	—	—	3061	—	—
DAURE[200]	610 (1)	840 (1)	990 (5)	1180 (3)	—	1600 (1)	—	3050 (5)	3060 (5)	—	—
DADIEU-KOHLRAUSCH[125]	602 (3)	844 (1)	991 (10)	1178 (3)	1586 (3*b*)	1601 1)	2945 (4*b*)	—	3056 (5*d*)	—	—
GANESAN-VENKATESWARAN[158]	605 (1)	849 (0)	991 (10)	1176 (2)	1592 (1)		—	—	3061 (10)	—	—
LANGER-MEGGERS[68, 189]	606	849	992	1177	1585	1605	2947	3045	3060	—	3185
FUJIOKA[168]	607	849	993	1180	—	1609	—	—	3063	—	—
SÖDERQVIST[207]	605 (2)	849 (0)	991 (5)	1179 (1)	1584 (1)	1604 (1)	2947 (2)	3047 (1)	3061 (4)	3163 (1)	3185 (2)
DABADGHAO[326]	604 (2)	848 (0)	991 (8)	1178 (1)	1583 (1)	1607 (1)	2951 (2)	3049 (1)	3062 (4)	3161 (0)	3184 (4)
WOOD[45, 72, 344]	606	849	992	1178	1584	1603	2947	3046	3060	3164	3183
Mittel	605 (3)	849 (1)	991 (10)	1178 (3)	1584 (3*b*)	1605 (1)	2947 (2)	3047 (1)	3060 (5)	3162 (0)	3184 (3)

gefügt muß werden, daß WOOD in seiner letzten diesbezüglichen Arbeit[344] auch die Existenz der folgenden Linien angibt:

$$\Delta\nu = 2460,\ 2542,\ 2597,\ 2697,\ 2784,\ 2928\ \text{cm}^{-1},$$

die, den Reproduktionen der Aufnahmen nach zu urteilen, alle relativ sehr schwach zu sein scheinen. CLEETON-DUFFORD, die ebenfalls mit He-Erregung arbeiteten, erhielten diese Linien nicht. DABADGHAO[326] einerseits, BHAGAVANTAM[351] andererseits glauben ferner schwache Frequenzen mit $\Delta\nu = 694$, 1970 cm^{-1} gesichert zu haben und finden weitere Linien im Streuspektrum, die zu Verschiebungen um etwa $\Delta\nu = 2500$ gehören könnten*. Ob es sich bei diesen Linien sowie bei den Linien der Tabelle 59 mit $\Delta\nu = 3162$ und 3184 noch um Grundtöne handelt, muß dahingestellt bleiben.

Von den übrigen in der Tabelle angegebenen Linien sind die Linien 849 und 2947 dadurch ausgezeichnet, daß sie im substituierten Benzol verschwinden, es sei denn, daß der Substituent

* Auch NISI[396] beobachtet schwache Linien bei $\Delta\nu = 2456$ und 2546.

selbst eine Linie an dieser Stelle mitbringt; dies letztere ist insbesondere für 2947 der Fall, wenn der Substituent eine Methyl- oder Methylengruppe (CH_3-, CH_2-) enthält, denn die hohen Frequenzen der aliphatischen ungestörten CH-Bindung liegen ja um 2900.

Dieser Tatsache, daß in Benzol eine, der aliphatischen CH-Bindung entsprechende Frequenz auftritt, haben DADIEU-KOHLRAUSCH[125, 130, 154] eine eingehende Untersuchung gewidmet und zunächst gezeigt, daß die Frequenz auch in sorgfältigst gereinigtem* Benzol bestehen bleibt. Man kann zur Erklärung zweierlei annehmen. Entweder man kann sich vorstellen, daß eines der sechs H-Atome lockerer gebunden ist, als die anderen fünf, und Veranlassung zu obiger Frequenz gibt; *dieses* H-Atom wird dann als erstes substituiert und die Frequenz 2947 muß z. B. in Chlorbenzol verschwinden, wie es auch tatsächlich der Fall ist. Doch wird die Annahme einer Unsymmetrie des Benzols niemandem sympathisch sein. Oder man kann (RADAKOVIC) annehmen, daß die betreffende Frequenz gerade der Ausfluß der von der Chemie geforderten Symmetrie ist und verschwindet, wenn die Symmetrie durch Substitution gestört wird; daß ihr Wert dem Wert der aliphatischen CH-Frequenz entspricht, müßte dann Zufall sein; DADIEU-KOHLRAUSCH[154] haben gezeigt, daß sich diese Ansicht in erster Näherung auch quantitativ vertreten läßt.

Die übrigen „beständigen“ Benzolfrequenzen, nämlich: $\Delta\nu$ = 605, 991, 1178, 1600 (dopp.), 3060 (doppelt) cm^{-1}, bleiben in den Monoderivaten fast ausnahmslos erhalten, allerdings mit Werten, die im Mittel ein wenig verschoben sind gegen die Werte in Benzol selbst. Um einen Überblick über das Verhalten der Benzolfrequenzen bei Substitution zu geben, sind in Abb. 65 und 66 die Ramanspektren der zur Diskussion heranzuziehenden Substanzen

* Das reinst erhältliche KAHLBAUMsche Präparat wurde einmal über Na destilliert unter Verwerfung von Vor- und Nachlauf, dann 7mal ausgefroren und neuerlich unter Verwerfung von Vor- und Nachlauf destilliert; nach zweimaligem weiteren Ausfrieren wurde es mit der zuletzt abgegossenen Mutterlauge optisch verglichen, und zwar erstens mit der EMICHschen Schlierenmethode, nach der sich kein deutlicher Unterschied mehr erkennen ließ, und zweitens mit dem Interferometer, wobei sich noch ein geringer Unterschied entsprechend wenigen Einheiten der 5. Dezimale ergab. Daraufhin wurde noch ein 10. Mal ausgefroren.

zusammengestellt. Abb. 65 bringt zunächst zum Vergleich die Spektren von Piperidin (Nr. 1), Cyclohexan (2), Pyridin (3), Benzol (4) und hierauf folgen mit den Nummern 5 bis 19 eine

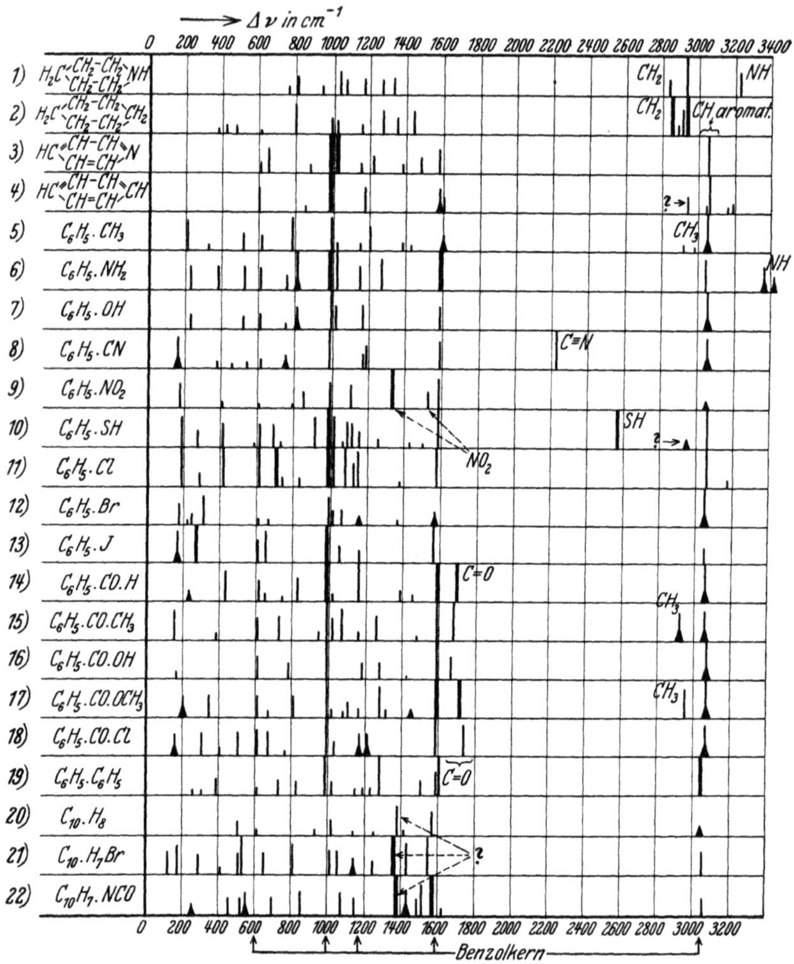

Abb. 65. S.R.E. in hetero- und alicyclischen Systemen (Nr. 1—3), in Benzol und Monoderivaten (4—19) und in kondensierten Ringsystemen (Nr. 20—22).

Anzahl von monosubstituierten Benzolen. Nr. 20, 21, 22 gehören zu den kondensierten Systemen mit zwei Ringen, nämlich Naphthalin, α-Bromnaphthalin und α-Naphtylisocyanat. Abb. 66 vereinigt zunächst in drei Gruppen zweifach substituierte Benzole, und zwar in

Ortho-stellung 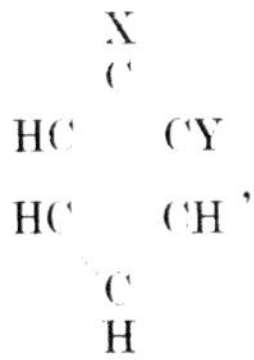, Meta-stellung 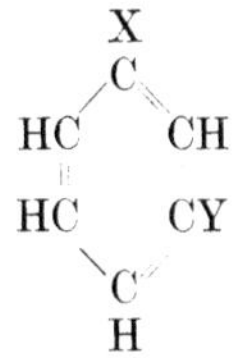, Para-stellung 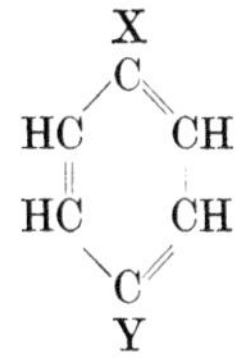.

Endlich ist unter Nr. 31 die einzige bis jetzt gemessene Substanz mit dreifacher Substitution, Mesitylen, eingetragen.

Abb. 65 dient zunächst zum Nachweis, daß die oben erwähnten „beständigen" Benzollinien bei Monosubstitution erhalten bleiben. Um Ausnahmen von dieser Regel zu finden, muß man auch die sonstigen, in der Abbildung nicht eingetragenen Fälle heranziehen; man findet: In Phenylhydrazin und Dimethylanilin (XV, 12, 13 in Abschnitt IX) fehlt die Linie 605. Phenylnitramin (XV, 14) gibt überhaupt ein anderes, nicht vergleichbares Spektrum; und in Nitrobenzol fehlt die Linie 1180. Sonst sind in allen bisher gemessenen Monoderivaten die beständigen Benzollinien enthalten. Die Mittelwerte, die man für sie aus den Derivaten ableiten kann, sind:

$$\Delta\nu = 616,\ 1000,\ 1166,\ 1595,\ 3059.$$

In Abb. 67 sind die in den Monoderivaten vorkommenden Einzelwerte der beständigen Benzollinien in übersichtlicher Weise graphisch dargestellt, indem die Frequenzwerte in einem, relativ zur Meßgenauigkeit fast schon zu großem Maßstabe als Ordinaten eingezeichnet wurden; die Zahlen auf der Abszisse entsprechen den Nummern der Substanzen in Tabelle 15 von Abschnitt IX. Als Nr. 1 sind mit Doppelring die Frequenzen des nicht substituierten Benzoles eingetragen; fehlende Frequenzwerte sind durch einen * auf der voll ausgezogenen Mittelwertslinie, um die die Einzelwerte schwanken, eingezeichnet. Irgendeine Beziehung zwischen den so erhaltenen Kurven (etwa paralleler oder antiparalleler Verlauf), die auf eine gegenseitige Abhängigkeit der zu den Frequenzen gehörigen Schwingungsformen schließen ließe, ist nicht erkennbar. — Die Schwankungen sind am geringsten für die Benzollinie $\Delta\nu = 1000$ und für die in Benzol nicht vorhandene, für Derivate charakteristische Linie 1026; die beiden zugehörigen Schwingungsformen zeigen die geringste Beeinflußbarkeit durch

Art und Gewicht des Substituenten; die Größe der Schwankungen liegt durchaus innerhalb der Meßgenauigkeit.

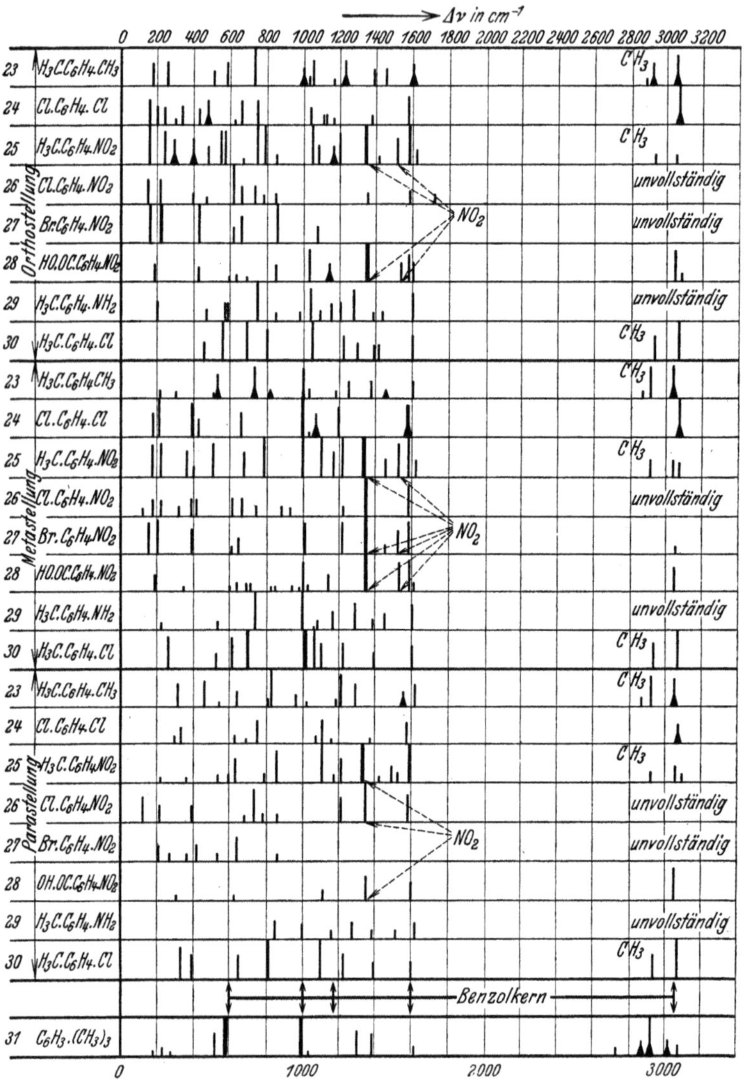

Abb. 66. S.R.E. in zwei- und dreifach substituierten Benzolen.

Eigentümlich ist das Verhalten der beständigen Benzollinien bei zweifachen Substitutionen; aus Abb. 66 entnimmt man in dieser Hinsicht, daß mit nur wenigen Ausnahmen die folgende Regel gilt: In Orthostellung verschwindet die Linie $\Delta\nu = 1000$ und nur $\Delta\nu = 1026$ bleibt mit vergrößerter Intensität und etwas erhöhter Frequenz erhalten; die anderen Linien bleiben erhalten. In Metastellung ist die Linie $\Delta\nu = 1000$ sehr kräftig, 1026 schwach; die anderen Linien bleiben erhalten, eine Aussage, die aber für $\Delta\nu = 616$ unsicher ist. In Parastellung verschwindet sowohl $\Delta\nu = 1000$ als $\Delta\nu = 1026$; auch $\Delta\nu = 1164$ scheint betroffen zu

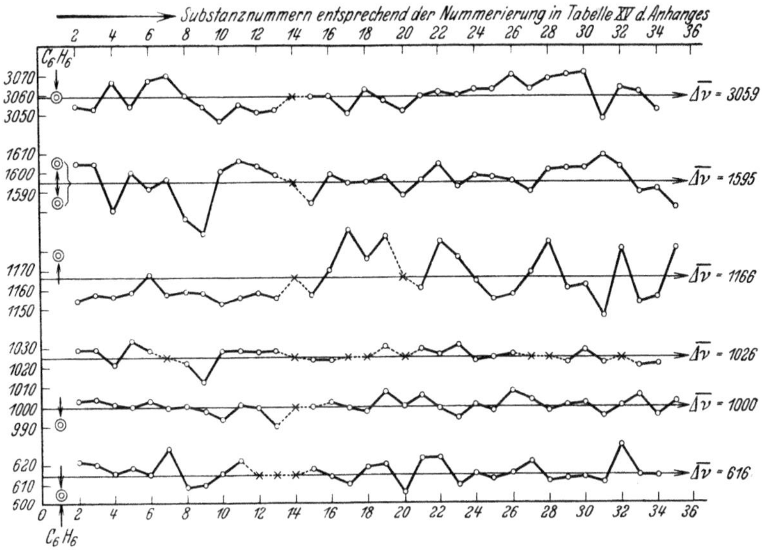

Abb. 67. Schwankungen der Frequenzwerte für die „beständigen" Benzollinien in den Monoderivaten.

werden. — Die Paraderivate verhalten sich auch in anderer Hinsicht unterschiedlich: sie geben merklich weniger Linien mit tiefen Frequenzen, was noch begreiflich ist, da die Substituenten weit voneinander entfernt sind und nicht gegeneinander schwingen können. Aber der Substituent selbst scheint beeinflußt zu werden, was ziemlich unbegreiflich ist; die NO_2-Gruppe z. B. gibt in Ortho-Meta-Stellung die zwei aus der aliphatischen Reihe bekannten Frequenzen um 1330 und 1520, in Parastellung zeigt das Spektrum im allgemeinen die erstere Frequenz, die zweite ist sehr schwach oder fehlt gänzlich.

Bei dreifacher Substitution (Nr. 31 der Abb. 66) sind die Linien $\Delta\nu = 1000$ sehr stark, 1026 sehr schwach vorhanden, 1180 fehlt, 620 wahrscheinlich auch, denn die starke bei 580 gelegene Linie dürfte anderen Ursprungs sein. In Naphthalin und seinen Derivaten (Nr. 20 bis 22, Abb. 65) fehlt $\Delta\nu = 620$ und $\Delta\nu = 1000$, dafür erscheint eine neue und anscheinend für das kondensierte Ringsystem charakteristische Frequenz bei 1375 cm^{-1}.

Zusammenfassend läßt sich also etwa sagen: für das Spektrum des Benzolkernes ist maßgebend, ob eine Substitution vorliegt oder nicht, ob sie eine einfache, zweifache oder dreifache ist und ob es sich bei der zweifachen Substitution um die Ortho-, Meta- oder Parastellung des Substituenten handelt. Welcher Art dieser Substituent ist, ist — soweit die derzeitige Erfahrung reicht — für den Spektral*typus* gleichgültig; der spezielle Einfluß äußert sich nur in geringen quantitativen Frequenzverschiebungen, deren Gesetzmäßigkeiten jetzt noch nicht übersehbar zu sein scheinen.

Dieser experimentelle Befund führt also zu demselben Schluß, wie die Erfahrungen an den aliphatischen Substanzen (Abb. 33, 34, 35): Für den spektralen Typus maßgebend ist in erster Linie der räumliche Aufbau, in zweiter Linie erst der Baustein.

Für diesen letzteren konstitutiven Einfluß sei noch ein Beispiel gebracht; stellt man jene monosubstituierten Benzole zusammen, bei denen unmittelbar am Kern eine CH_2- oder CH_3-Gruppe sitzt, so erhält man Tabelle 60. Mit Ausnahme der

Tabelle 60. Die Frequenzen der „beständigen" Benzollinien in Benzylverbindungen.

XV Nr. 2	Toluol	$C_6H_5 \cdot CH_2 \cdot H$	622	1002	1029	1154	1604	3054
3	Äthylbenzol	$C_6H_5 \cdot CH_2 \cdot CH_3$	620	1003	1029	1157	1604	3052
5	Benzylchlorid	$C_6H_5 \cdot CH_2 \cdot Cl$	619	1000	1034	1159	1600	3054
11	Benzylamin	$C_6H_5 \cdot CH_2 \cdot NH_2$	622	1001	1028	1156	1606	3055
17	Benzylalkohol	$C_6H_5 \cdot CH_2 \cdot OH$	610	1000	—	1190	1594	3050
19	Benzylnitril	$C_6H_5 \cdot CH_2 \cdot CN$	620	1007	1030	1187	1597	3057
21	Phenylnitromethan	$C_6H_5 \cdot CH_2 \cdot NO_2$	623	1005	1029	1160	1596	3059
		Mittel	620	1003	1030	1166	1600	3055

Werte für $\Delta\nu = 1166$ weisen die übrigen Zahlen eine Konstanz auf, die im Hinblick auf die Verschiedenheit in Beobachter und Apparatur und auf die im allgemeinen geringe Meßgenauigkeit eine überraschend große ist. Dies ist dieselbe „abschirmende Wirkung" der Methylengruppe, über die schon an anderer Stelle (§ 54) gesprochen wurde. Daß durch passende Wahl des Substituenten der Schwankungsbereich so herabgedrückt werden kann, darf wohl als indirekter Beweis für die Realität der in Abb. 67 veranschaulichten Schwankungen, also für die Existenz der konstitutiven Einflüsse angesehen werden.

Als weitere Grundlage für die Deutung des Benzolspektrums sei auf die Ähnlichkeit verwiesen zwischen Cyclohexan, Pyridin, Benzol (Nr. 2. 3. 4. von Abb. 65). In Piperidin Nr. 1 ist eine solche Ähnlichkeit noch kaum zu erkennen; sie wird deutlicher in Cyclohexan und am deutlichsten in Pyridin. Die Ähnlichkeit betrifft nicht nur die Lage der Frequenzen, sondern auch ihren Polarisationszustand, worauf in bezug auf Pyridin GANESAN-VENKATESWARAN[158], in bezug auf Cyclohexan BHAGAVANTAM[346] verwiesen haben. In allen drei Fällen ist die Linie $\Delta\nu = 992$ die am wenigsten depolarisierte.

BHAGAVANTAM[346] folgert aus dem Umstand, daß $\Delta\nu = 992$ in Benzol sowohl als in Pyridin im S.R.E. sehr stark, in ultraroter Absorption nur sehr schwach erscheint, daß es sich um eine optisch inaktive Schwingung handeln müsse; damit stimmt überein, daß erfahrungsgemäß die optisch inaktiven Schwingungen Streulinien geben, die wenig depolarisiert sind (vgl. ω_1 bei Tetrahalogeniden, Tab. 56, S. 215 und ω_1 bei Trihalogeniden, Tab. 52, S. 201). Durch Analogieschlüsse, ausgehend von der Theorie der Schwingung eines elastischen Ringes und durch Vergleich der im S.R.E. gefundenen Frequenzen mit den ultraroten Absorptionsstellen kommt BHAGAVANTAM[351] zu der Ansicht, daß die Frequenzen 3063, 3046, 1608, 1586 als Schwingungen des H-Atoms, 1181, 992, 851, 607 als Schwingungen der C-Atome anzusehen seien. Im speziellen wird die Frequenz 992 einer Schwingungsform zugeschrieben, bei der je zwei benachbarte C-Atome im Benzolring gegeneinander schwingen. Bezüglich der Einzelheiten sei auf die ausführliche Diskussion dieser Verhältnisse in der Originalarbeit verwiesen. Es scheint dem Verfasser, daß einige der Voraussetzungen BHAGAVANTAMS gegenüber dem heutigen Tatsachenmaterial nicht mehr standhalten und daß für ein näheres Eingehen auf die Schwingungsformen, die ja wesentlich abhängen müssen von dem noch strittigen Aufbau des Moleküles, noch mehr Erfahrungsmaterial gesammelt werden könnte; es sei nur darauf verwiesen, daß es sehr wesentlich für jede weitere Überlegung ist, ob man die Frequenz $\Delta\nu \sim 1600$ einer C—H-Schwingung zuordnet, wie es Bhagavantam tut, oder einer C = C-Schwingung zuordnet, wie es Dadieu-Kohlrausch aus triftigen Gründen vorziehen. Diese grundlegende Frage aber kann entschieden werden, wenn man z. B. das Spektrum für verschiedene Benzolderivate aufnimmt, in denen die H-Atome allmählich substituiert werden, bis im Hexaprodukt überhaupt kein H-Atom mehr enthalten ist. Die experimentellen Schwierigkeiten, die bei diesen hochschmelzenden Substanzen auftreten, dürften keine grundsätzlichen sein.

Speziell bezügl. der zur Frequenz $\Delta\nu \backsim 1000$ gehörigen Schwingungsform folgern Dadieu-Jele-Kohlrausch[389] aus dem Verhalten gegenüber Mono-, Di- und Trisubstitution (vgl. w. o.): Es muß sich um eine (optisch inaktive) Schwingung des *ganzen* Ringsystemes handeln; wird bei Monosubstitution eines der C-Atome beschwert, so bildet sich, ohne wesentliche Störung der Ringschwingung, an dieser Stelle ein Schwingungsknoten aus. Da bei Disubstitution diese Schwingung nur bei meta-Stellung erhalten bleibt, so folgt, daß sich Schwingungsknoten auch beim dritten bzw. fünften C-Atom, Schwingungsbäuche beim 2, 4, 6 ten C-Atom ausgebildet haben müssen. In Übereinstimmung mit dieser Anschauung bleibt die Schwingung möglich auch bei Belastung aller drei Knotenstellen (im symmetrischen Mesitylen) und verschwindet, wenn sowohl eine Knotenstelle als eine Stelle größter Elongation belastet wird, wie bei Ortho- und Parasubstitution (vgl. etwa die Schwingungsform *b* in Abb. 68).

Kettering-Shutts-Andrews[298] haben aus Stahlkugeln und sie verbindenden Federn mechanische Modelle für Benzol hergestellt und deren Schwingungsformen und Frequenzen in der schon in § 57 besprochenen Art untersucht. Von den verschiedenen Modellen, mit denen gearbeitet wurde, seien die Ergebnisse an jenem herausgegriffen, das dem Kekuléschen Benzolmodell (ebenes Sechseck mit abwechselnd einfachen und doppelten Federn zwischen den C-Atomen; die H-Atome sind im Modell weggelassen, so daß man nur die Ringschwingungen erhält) nachgebildet wurde. Zu den in Abb. 68 dargestellten Schwingungsformen ($\pm$ bedeutet eine Bewegung senkrecht zur Papierebene) wurden die darunter angeschriebenen Frequenzen beobachtet; dazu kommen noch zwei weitere, nicht näher beschriebene Formen, von denen die eine *p* „der Dehnung einer einfachen“, die andere *q* der Dehnung einer doppelten Feder (Bindung) entstammt. Die letztere der beiden Frequenzen konnte nicht direkt angeregt werden, weil die Anregungsvorrichtung nicht auf so hohe Touren zu bringen war; eine Berechnung ergab aber den ungefähren Wert $\omega = 1540$. So daß sich folgende Zahlen gegenüberstehen:

Kekulé-Modell:	*a* (210),	*k* (400),	*b* (770),	*m* (865),	*l* (940),	*p* (1135),	*q* (1540)
S.R.E.:		605.	[694],	849,	992,	1178,	1584

Der tiefsten dieser Frequenzen soll überdies eine vom ultraroten Spektrum geforderte Grundfrequenz 360 entsprechen. Die Übereinstimmung zwischen den Bewegungen des Modells und dem S.R.E.-Befund ist eine überraschend gute, besonders wenn man noch die von DABADGHAO-BHAGAVANTAM (s. o.) gefundene Frequenz 694 hinzunimmt. Bezüglich der Ergebnisse an den

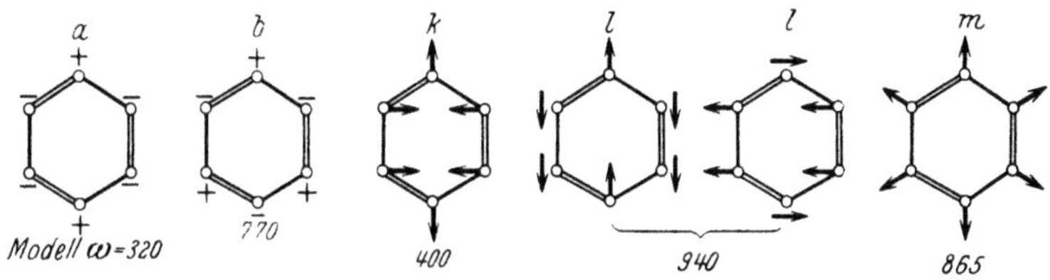

Abb. 68. Schwingungsformen des KEKULÉschen Benzolmodells. (KETTERING-SHUTTS-ANDREWS[298].)

anderen Modellen für Benzol sei wieder auf die Originalarbeit verwiesen. Allzuviel Gewicht darf der quantitativen Übereinstimmung nicht beigelegt werden; daß aber qualitativ derselbe Spektraltypus entsteht, das ist sicher mehr als Zufall. YATES[303] hat im Anschluß an diesen Versuch das Problem rechnerisch verfolgt, allerdings unter sehr einschränkenden Bedingungen und nur für bestimmte Schwingungsformen.

Zur Ergänzung sei noch erwähnt, daß CLEETON-DUFFORD[376] bei Benzolderivaten sowohl als bei aliphatischen Substanzen zeigen konnten, daß sich die im S.R.E. beobachteten Frequenzen in vielen Fällen als Vielfache und Kombinationen von einigen wenigen Grundfrequenzen darstellen lassen; Grundfrequenzen, die untereinander wieder eine Art von Beziehung erkennen lassen. Doch legen die Autoren selbst dieser Feststellung kein besonderes Gewicht bei.

§ 59. Die einfache und konjugierte C=C-Doppelbindung.

In unmittelbarem Zusammenhang mit der im vorhergehenden Paragraphen besprochenen Zuordnung der Frequenzen des Benzols und der Frage nach der Konstitution desselben steht das Thema dieses Abschnittes dann, wenn ein Übergang aufgezeigt werden kann, vom Spektrum des offenen zum Spektrum des ringförmig geschlossenen Systemes. Wenn dies nun auch — abgesehen von

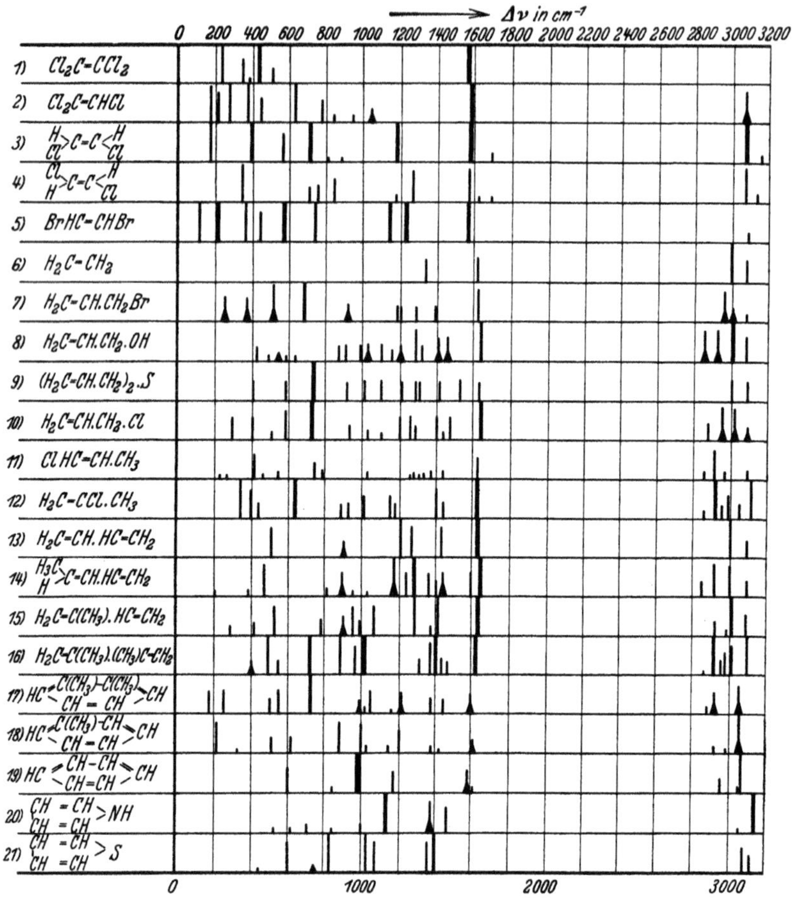

Abb. 69. Ramanspektren von Molekülen mit einfacher und konjugierter C=C-Doppelbindung.

den CH-Frequenzen — für den Übergang Hexan-Cyclohexan nicht zutrifft, so wäre es doch nicht unwahrscheinlich für den Übergang zwischen Substanzen mit konjugierten Doppelbindungen, die dem Gefüge des Moleküles eine von der Ringbildung weniger abhängige mechanische Stabilität verleihen.

In Abb. 69 sind die Ramanspektren einer Anzahl ausgewählter Stoffe mit einfachen, konjugierten und ringförmig geschlossenen C=C-Doppelbindungen zum Vergleich eingezeichnet. Ersetzt man in Tetrahalogenäthylen Nr. 1 die Halogenatome der Reihe nach durch 1, 2, 4 Wasserstoffatome, so kommt man über Trichloräthylen (Nr. 2), Cis- und Transdichloräthylen sowie Dibromäthylen (Isomerengemisch) (Nr. 3, 4, 5) zum Äthylen Nr. 6. Aus dem Vergleich der Spektren dieser Stoffe ist zu folgern (Dadieu-Kohlrausch[278]):

1. Nur die Linie um 1600 bleibt dabei unverändert und ist daher der einzigen unveränderten Bindung im Molekül, der C=C-Bindung zuzuschreiben; 2. der Austausch der schweren Cl-Atome gegen die leichten H-Atome rückt die übrigen Linien aus dem Frequenzbereich kleiner als 600 in den Bereich zwischen 1000 und 1600, bzw. über 2800. In diesen beiden Bereichen sind also die CH-Schwingungen zu suchen. Bezüglich dieser CH-Frequenzen lassen sich aus den Spektren Nr. 1 bis Nr. 6 die folgenden Aussagen machen:

α) Zum Auftreten der Linie 3080 genügt das Vorhandensein eines einzigen H-Atomes an der Doppelbindung, also die Konfiguration $\begin{matrix}H\\X\end{matrix}\!>\!C=C\!<\!\begin{matrix}X\\X\end{matrix}$ (vgl. Nr. 2, 3, 4, 5).

β) Zum Auftreten der Frequenzen 3080 *und* 3010 ist nach diesen Beispielen (vgl. Nr. 6) die Konfiguration $\begin{matrix}H\\H\end{matrix}\!>\!C=C$ notwendig*.

γ) Zum Auftreten der Linie 1440 ist, wie schon an anderen Stellen (vgl. § 52) besprochen wurde, das Vorhandensein einer Methylengruppe, also von mindestens zwei am selben C-Atom (ohne Doppelbindung) sitzenden H-Atomen notwendig.

δ) Zum Auftreten der Linie 1280 ist die Konfiguration $\begin{matrix}X\\H\end{matrix}\!>\!C:C\!<\!\begin{matrix}H\\X\end{matrix}$, also zweier H-Atome in Transstellung nötig; dieselbe Linie kommt zwar auch in Nr. 3, in der Cisform, vor, jedoch

---

* Lespieau-Bourguel[357] verweisen darauf, daß 3010 auch in Phenyl-Methyläthylen, Carvomenthen, Cyclohexen vorkomme, obwohl dort die Konfiguration $\begin{matrix}H\\H\end{matrix}\!>\!C=C$ nicht vorliegt; doch enthalten diese Substanzen so viele verschieden gebundene und konstitutiv beeinflußte CH-Frequenzen, daß an ihnen eine eindeutige Aussage nicht gut zu gewinnen sein dürfte.

dürfte es sich dabei um nicht völlige Trennung der beiden Isomeren handeln, so daß der Transform, wie man auch an der Koinzidenz anderer Linien erkennen kann, ein geringer Prozentsatz der Cisform beigemischt ist.

ε) Zum Auftreten der Linie 1180 ist die Konfiguration $\overset{\text{H}}{\underset{\text{X}}{}}\!\!>\!C{=}C\!<\!\overset{\text{H}}{\underset{\text{X}}{}}$, also zweier H-Atome in Cisstellung nötig.

Aus dem Spektrum des Dibromäthylens, in welchem Cis und Trans gemischt sind, schließt man, daß die Linien δ und ε konstitutiv empfindlich sind; sie liegen bei etwas tieferen Werten. Daß die Linien δ und ε in Äthylen (Nr. 6) selbst nicht auftreten, sondern an ihrer Stelle (vgl. aber dazu MECKEs Interpretation des Äthylenspektrums in § 57) nur eine einzige Linie bei 1340, kann man wohl auf die hohe Symmetrie des Moleküles schieben.

Versucht man nun, ob sich diese aus den Beispielen 1 bis 6 gezogenen Erfahrungen auf andere Molekülformen übertragen lassen — das Mißliche an dieser theoretisch nicht gestützten, rein empirischen Schlußweise ist, daß selbst nach 100 übereinstimmenden Erfahrungen die 101. einen Widerspruch ergeben kann —, so findet man:

Der Allyltypus: $H_2C = CH \cdot CH_2X$ sollte nach obigem außer der Frequenz für die C=C-Doppelbindung ($\Delta\nu \sim 1600$) sämtliche CH-Frequenzen α, β, γ, δ, ε aufweisen; ein solches Molekül sollte also jedenfalls die Frequenzen besitzen:

$$\Delta\nu \simeq 1180,\ 1280,\ 1440,\ 1600,\ 3010,\ 3080\ \text{cm}^{-1},$$

die aber alle konstitutiv empfindlich zu erwarten sind. Vergleicht man mit dieser Erwartung die Aussagen des Experimentes für die Allylderivate Nr. 7, 8, 9, 10*, so findet man in der Tat die folgenden Frequenzen ausnahmslos vertreten:

1180 bis 1210; 1290, 1400 bis 1460, 1630 bis 1645, 3000 bis 3020, 3080 bis 3090.

Verändert man die räumliche Konfiguration, so wie dies in Allylchlorid durch Übergang zu den Isomeren α- und β-Chlorpropylen Nr. 11 und 12 möglich ist, so ergibt sich: in Nr. 11 ist 1180 verschwunden; das ist erklärlich, wenn es sich hier um ein

* Man beachte wieder (vgl. auch Abb. 34, S. 146, Nr. 9 bis 16, Abb. 36, Nr. 47, 48) die große Ähnlichkeit in den Spektren des Chlor- und Schwefelderivates Nr. 9 und 10.

Isomerengemisch handelt, in welchem die Transform überwiegt; ferner ist erwartungsgemäß 3010 verschwunden, da die Konfiguration $H_2C=C$ nicht mehr vorliegt. In β-Chlorpropylen Nr. 12 sind entsprechend der Erwartung wieder beide hohen CH-Frequenzen (aber durch das nahe Cl-Atom nach höheren Werten verschoben) vorhanden; in Übereinstimmung mit der Erwartung fehlt auch die Linie δ, während die Anwesenheit einer Linie ε bei $\Delta\nu = 1180$ eine Abweichung darstellt; bis auf diese bestätigen also die vorhandenen Allylderivate alle aus den Spektren Nr. 1 bis 5 gezogenen Schlüsse.

Und nun ergibt sich, daß sich auch die Substanzen mit konjugierter Doppelbindung (Butadien Nr. 13, 1-Methyl-Butadien oder Piperylen Nr. 14, 2-Methyl-Butadien oder Isopren Nr. 15, 2, 3-Dimethyl-Butadien Nr. 16) in dieses Schema einfügen. Von den acht Linien des Butadiens Nr. 13 fallen sechs Linien mit denen des Allyltypus zusammen, nämlich 1210, 1280, 1435, 1635, 3000 und 3085. Abgesehen von der Linie bei 1435 muß das Butadienmolekül also H-Atome an Doppelbindungen enthalten, die sich genau gleich verhalten, wie die nicht konjugierten Doppelbindungen der Beispiele Nr. 1 bis Nr. 12. Ebenso findet man alle diese Linien wieder in den substituierten Butadienen Nr. 14 und 15, wobei nur in letzterem entgegen der Erwartung die Linie 1200 fehlt; und in Nr. 16 fehlen erwartungsgemäß beide Linien.

Daher schließen Dadieu-Kohlrausch: „Nach dem Ramanbefund ist kein Grund vorhanden für die Annahme, daß sich die $C=C$-Doppelbindung in konjugierten Systemen in einem gegenüber der gewöhnlichen Doppelbindung (etwa im Allyltypus) ausgezeichneten Zustand befinde." Und wenn die konjugierten Doppelbindungen sich in chemischer Beziehung anders verhalten als die nicht konjugierten, dann kann der Grund dafür nicht in einer Verschiedenheit der Doppelbindung selbst im statischen Zustand, für welchen die Aussagen des S.R.E. gelten, gesucht werden.

Biegt man nun ein konjugiertes System zum Ring, dann würde man z. B. nach Einfügung einer weiteren $-CH=CH$-Gruppe (die aber nach dem obigen an den betrachteten Linien ebensowenig etwas ändern sollte wie die Einfügung von $C=H-$ in den Allyltypus etwas geändert hat) vom 2,3-Dimethylbutadien zum Orthoxylol Nr. 17, vom Methylbutadien zum Toluol Nr. 18, vom Butadien zum Benzol Nr. 19 gelangen. Da bei diesem Übergang die endständige CH_2-Gruppe verschwindet, so ist zu erwarten: daß die „Translinie“ δ mit $\Delta\nu = 1280$ und daß von den zwei hohen CH-Frequenzen eine verschwindet; erhalten bleiben sollte die C=C-Frequenz $\Delta\nu \sim 1600$, die „Cislinie“ ε mit $\Delta\nu = 1180$, eine hohe CH-Frequenz. Und das ist gerade das, was man im Experiment wiederfindet; man vergleiche die Ähnlichkeit der Spektren Nr. 16 und 17, Nr. 15 (bzw. 14) und 18, Nr. 13 und 19, wobei auf das eben erwähnte Ausfallen bestimmter Linien Rücksicht zu nehmen ist.

Trotzdem also das ringförmige Benzol auch vom Standpunkt eines Schwingungsproblemes aus ein ganz anderes System darstellt als eine offene Kette mit konjugierter Doppelbindung, so sind doch die für das letztere System charakteristischen Frequenzen der C=C- und der CH-Bindung — natürlich unter Berücksichtigung des Umstandes, daß die Form $H_2C=C$ in Benzol nicht mehr vorkommt — im Benzol wiederzufinden. Dies zusammengenommen mit einer Reihe anderer physikalisch-chemischer Eigenschaften des Benzols (vgl. EUCKEN, Lehrbuch der chemischen Physik, S. 884, 908) spricht doch sehr für die Angemessenheit der KEKULÉschen Benzolformel. Diese Schlußfolgerung, deren Beweiskraft die Richtigkeit gewisser, auf verhältnismäßig wenig umfangreichen Erfahrungstatsachen beruhenden Voraussetzungen geknüpft ist, ist natürlich nicht zwingend; ganz anders wäre es, wenn sie durch theoretische Überlegungen gestützt wären, die zeigen würden, daß die benützten Analogieschlüsse qualitativ und quantitativ möglich sind. Eine solche Stütze bilden da immerhin die im vorhergehenden Abschnitt besprochenen Versuche von KETTERING-SHUTTS-ANDREWS[270], die wenigstens qualitativ zeigten, daß ein dem KEKULÉschen Modell nachgebildetes mechanisches System Eigenschwingungen besitzt, die mit dem Befund im S.R.E. verträglich sind.

Unverständlich ist aber in diesem Zusammenhang das Verhalten der beiden bisher bekannten Fünfringsysteme, des Pyrrols (Nr. 20 in Abb. 65) und des Thiophens (Nr. 21), die beide die zu erwartenden Frequenzen für die C=C- und die =CH-Bindung nicht oder nur ganz unvollständig zeigen. Eine Erklärung hierfür ist weder von anderer Seite versucht worden, noch kann sie hier gegeben werden. Dies ist so eine „101. Erfahrung“, von der weiter oben die Rede war.

§ 60. Cis- und Transisomerie.

Die RAMAN-Spektren geometrisch isomerer Substanzen sind mindestens in zweifacher Hinsicht von unmittelbarem Interesse: Einerseits ist zu erwarten, daß sie auch in jenen komplizierten Fällen (z. B. Äthylenderivate, deren Substituenten „Brückensauerstoffe“ enthalten), bei denen die Aussagen der Dipolmomentforschung voraussichtlich nicht eindeutig ausfallen werden, eine klare Unterscheidung zwischen Cis- und Transstellung ermöglichen werden. Andererseits dürfte die Kenntnis der Änderungen des Schwingungsspektrums, die als Folge der definierten räumlichen Umlagerung von Bestandteilen desselben Moleküls eintreten, einiges zur Klärung jener offenen Fragen beitragen, die den Zusammenhang zwischen Molekülbau und Schwingungsform betreffen.

Leider ist das zur Zeit vorliegende Erfahrungsmaterial nicht genügend umfangreich und eindeutig, um schon jetzt den Versuch zur Auswertung der Ergebnisse machen zu können. BONINO-BRÜLL[175, 395] sowie PESTEMER[369] beobachteten an Cis-Trans-Dichloräthylen. TRUMPY[321] berichtet über Messungen an den wässerigen Lösungen von citracon- bzw. mesaconsaurem Natrium sowie von malein- bzw. fumarsaurem Na; jedoch liegen die Verhältnisse bei solchen Lösungsbeobachtungen recht ungünstig und die mitgeteilten Schwingungsspektren sind sicher unvollständig. Unvollständig sind auch die Ergebnisse, die FFOLLIOTT[291] an malein- bzw. fumarsaurem Diäthylester erhalten hat. Die Resultate der beiden letztgenannten Autoren wurden daher in die graphische Zusammenstellung der RAMAN-Spektren von Cis-Trans-Isomeren in Abb. 70 nicht aufgenommen; von den dort vereinigten Spektren, die mit Ausnahme von Nr. 1 und 2 einer Arbeit von DADIEU-KOHLRAUSCH-PONGRATZ[390] entnommen sind, haben wieder die Aufnahmen an β-Chlorcrotonsäure Nr. 5 und 6 einen geringeren Grad von Verläßlichkeit, da sie nur in Chloroformlösung erhalten wurden.

Sehr viel läßt sich aus diesen Ergebnissen deshalb nicht herauslesen, weil, mit Ausnahme von Dichloräthylen, die Substituenten zu wenig einfache Zusammensetzung haben und der Linienreichtum die Deutung erschwert bzw. weniger überzeugend macht*.

* Leider können die im Laboratorium des Verfassers zur Zeit dieser Niederschrift in Arbeit befindlichen einfachen Substanzen Stilben, Brom- und Jodäthylen noch nicht zur Diskussion mit herangezogen werden.

Als allgemeines Ergebnis zeigt sich: Erstens, daß sämtliche in Abb. 70 wiedergegebenen Spektren deutliche Unterschiede zwischen der Cis- und Transform aufweisen. Zweitens, daß die Cisform in diesen Beispielen im allgemeinen (Ausnahme Nr. 8) etwas reicher an tiefen Frequenzen ist als die Transform. Die Gesamtzahl der an den Cis- bzw. Transformen erhaltenen RAMAN-Linien (abgesehen von den CH-Frequenzen um 3000 und der C=C- bzw. C=O-Frequenz um 1600) verteilt sich in folgender Art auf den tieferen und höheren Frequenzbereich:

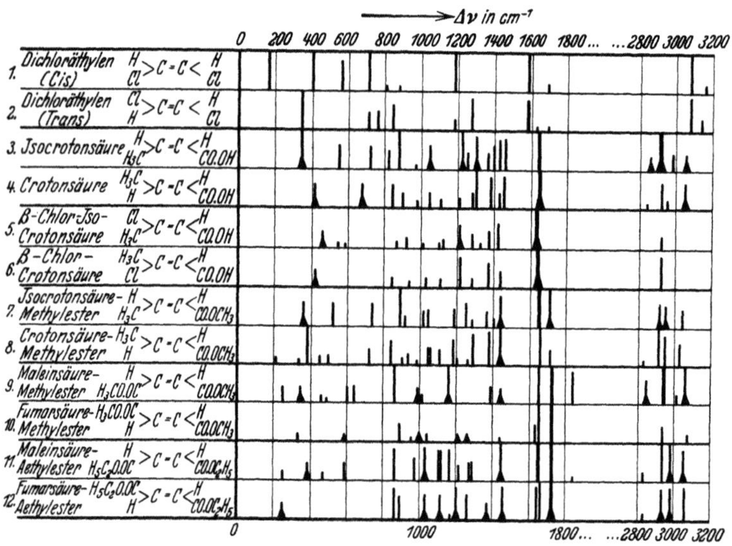

Abb. 70. Ramanspektra geometrisch isomerer Substanzen*.

Frequenzbereich	$100-800\,cm^{-1}$;	$800-1500\,cm^{-1}$;	$100-1500\,cm^{-1}$
Linienzahl der			
Ciskörper . .	23	47	70
Transkörper .	15	49	64

BONINO-BRÜLL[395] haben versucht, in der Deutung speziell des RAMAN-Spektrums von Dichloräthylen weiterzugehen. In etwas anderer Auslegung des Streuspektrums erklären sie einige der Streulinien als in doppelter Weise entstanden und geben daher

* Das Intervall von 1800 bis $2800\,cm^{-1}$, das bei den Spektren der Abb. 70 unbesetzt ist, ist in der Abbildung weggelassen worden.

außer den gesicherten CH-Frequenzen $\Delta\nu = 3080$ und 3160 (vgl. Substanztab. XIII, 18a und b) noch als unsichere Frequenzen an: $\Delta\nu = 2952$ und $3051\ \text{cm}^{-1}$. Das Spektrum des von ihnen als „symmetrisch" bezeichneten Trans-Dichloräthylens wird dann in Parallele gestellt mit dem von MECKE (§ 57 und Abb. 63) gedeuteten Äthylenspektrum, und zwar:

Äthylen:

$$\omega_1 = 1342,\quad \omega_2 = 3107,\quad \omega_3 = 3019,\quad \omega_4 = 2988,\quad \omega_5 = 2880,$$

Transdichloräthylen:

$$\omega_1 = 1279,\quad \omega_2 = 3142,\quad \omega_3 = 3076,\quad \omega_4 = 3051,\quad \omega_5 = 2952,$$

wobei ω_1 bis ω_5 die Valenzschwingungen des Systems darstellen*. Insbesondere die zu ω_1 gehörige Bewegung der H-Atome in der Schwingungsform

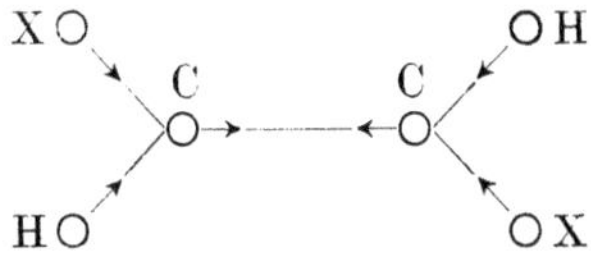

kann nach BONINO-BRÜLL ihren für die große Intensität im S.R.E. günstigen Charakter als optisch inaktive Schwingung nur im Transderivat bewahren und verschwindet daher im Cisderivat. — In der Tat handelt es sich um jene Frequenz, deren Auftreten von DADIEU-KOHLRAUSCH[278] auf Grund vergleichender Betrachtungen (vgl. § 59) zwei H-Atomen in Transstellung zugeschrieben wurde.

Die Frequenz 1180, die von DADIEU-KOHLRAUSCH dem Vorhandensein zweier H-Atome in Cisstellung (§ 59) zugeordnet wurde, wird von BONINO-BRÜLL als zur Deformationsschwingung ω_8 (Abb. 63, S. 219) gehörig interpretiert, bei der die beiden Substituenten des C-Atomes gegeneinander schwingen:

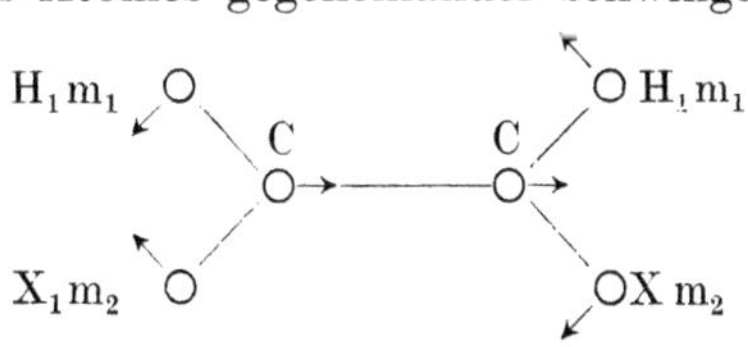

Für diese Schwingungsform müßten sich die Frequenzen der Gruppen CH_2 (Methylengruppe, $\Delta\nu = 1444$), CHCl (Cis-Dichlor-

* Der Verfasser glaubt nicht, daß sich die einfachen Überlegungen MECKES auf Äthylenderivate mit nicht gleichen Substituenten übertragen lassen.

äthylen, $\Delta\nu = 1179$), CCl_2 (Tetrachloräthylen, $\Delta\nu = 234$) näherungsweise verhalten wie die Ausdrücke $\sqrt{\frac{1}{m_1} + \frac{1}{m_2}}$; man erhält:

$$\sqrt{\frac{1}{\mathrm{H}} + \frac{1}{\mathrm{H}}} : \sqrt{\frac{1}{\mathrm{H}} + \frac{1}{\mathrm{Cl}}} : \sqrt{\frac{1}{\mathrm{Cl}} + \frac{1}{\mathrm{Cl}}} = 1{,}415 : 1{,}015 : 0{,}237\,,$$

$$1444 \quad : \quad 1179 \quad : \quad 234 \quad = 1{,}41 \; : 1{,}15 \; : 0{,}227\,.$$

Dem Verfasser erscheint diese Überlegung nicht überzeugend; denn erstens müßte zur Vergleichbarkeit nicht die Methylengruppe CH_2, sondern die Äthylenschwingung herangezogen werden; auch Äthylen hat ein $\Delta\nu = 1444$ in Absorption, doch wird diese Frequenz von MECKE nicht zu ω_8, sondern zu ω_7 zugeordnet (das ist δ_2 bei BONINO-BRÜLL), während die zu ω_8 gehörige und hier zum Vergleich heranzuziehende Frequenz den Wert $\omega_8 = 1890$ hat. Und zweitens ist nicht einzusehen, warum eine Frequenz, die dieser Schwingungsform entsprechen soll, im Spektrum des Transkörpers fehlt, was mindestens beim Dichloräthylen der Fall ist.

Zu einem rein empirisch-statistischen Vorgehen ist, wie eingangs dieses Kapitels bemerkt wurde, das Versuchsmaterial derzeit noch zu dürftig und zu wenig durchsichtig.

§ 61. S.R.E. in optisch aktiven (drehenden) Substanzen.

Als erste haben anscheinend BHAGAVANTAM-VENKATESWARAN[216] den Versuch unternommen, ob sich in den Streuspektren von links- und rechtsdrehenden Formen einer optisch aktiven Substanz ein Unterschied finden läßt; sie verwendeten *l*- und *r*-Pinen ($C_{10}H_{16}$), fanden die Lage der Streulinien innerhalb der Versuchsgenauigkeit identisch und machten nur mit aller Reserve die Bemerkung, daß bezüglich der Intensität ein kleiner Unterschied zu bestehen scheine. Genauer wurde die Frage dann von KASTLER[359] untersucht, der α-Pinen, β-Pinen und Limonen zu seinen Beobachtungen verwendete. Es wurde folgende Versuchsserie ausgeführt:

1. Es wurde *l*- und *r*-α-Pinen mit natürlichem Licht bestrahlt und das Streuspektrum beider Substanzen auf derselben photographischen Platte aufgenommen; die Spektren waren ununterscheidbar.

2. Es wurden rechts und links drehende isomere Formen mit zirkular polarisiertem Licht bestrahlt: die Streuspektren waren ununterscheidbar.

3. Es wurde ein und dieselbe drehende Form zuerst mit links, dann mit rechts zirkularpolarisiertem Licht bestrahlt; die Spektren waren wieder ununterscheidbar.

4. Das Streulicht einer mit natürlichem Licht bestrahlten aktiven Substanz wurde auf Zirkularpolarisation untersucht; das Ergebnis war negativ.

Die molekulare Asymmetrie macht sich also bei den zu Schwingungsfrequenzen gehörigen Linien im S.R.E. nicht bemerkbar; KASTLER meint, daß eher vielleicht noch ein Einfluß auf die Feinstruktur der Linien erwartet werden könne.*

§ 62. Einige Konstitutionsprobleme.

Der Nachweis tautomerer Formen.

Acetessigester, das klassische Beispiel für Tautomerie, kann in den folgenden beiden Formen auftreten:

Ketoform $H_3C{-}C({=}O){-}CH_2{-}C({=}O){-}OC_2H_5$,

Enolform $H_3C{-}C(OH){=}CH{-}C({=}O){-}OC_2H_5$.

Die linke Hälfte der ersteren Form entspricht bis auf ein H-Atom dem Aceton $H_3C{-}C({=}O){-}CH_3$, die rechte Hälfte, wieder bis auf ein H-Atom, dem essigsauren Äthyl $H_3C{-}C({=}O){-}OC_2H_5$. Daher sind im Spektrum zwei C=O-Frequenzen zu erwarten, die

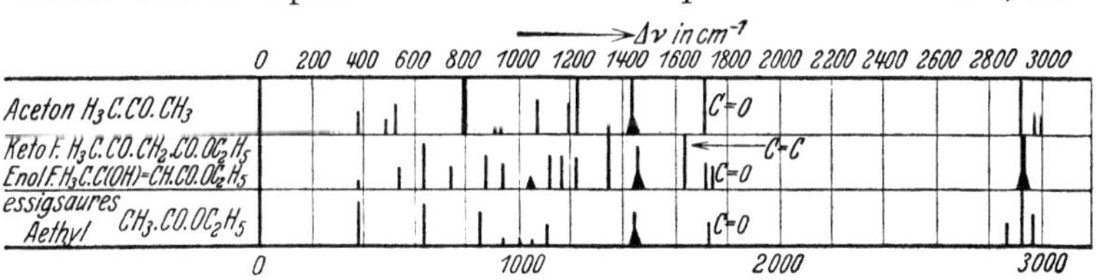

Abb. 71. Nachweis tautomerer Formen (Keto- und Enolform im Acetessigester) im S.R.E.

Ketonfrequenz 1710 (vgl. Abb. 71, erstes Spektrum) und die Esterfrequenz 1730 (vgl. Abb. 72, drittes Spektrum). In der Tat zeigt Acetessigester (DADIEU-KOHLRAUSCH[278]) (Abb. 71, mittleres

* Über das Verhalten der streuenden Substanzen gegenüber zirkular polarisiertem Erregerlicht vgl. Nachtrag Nr. 3.

Spektrum) zwei C=O-Frequenzen bei 1720 und 1740. Überdies ist aber, wenn neben der Ketoform auch die Enolform vorhanden ist, die C=C-Frequenz zu erwarten, und in der Tat ist eine solche bei 1632 vorhanden. Trotzdem die Enolform in der frisch destillierten Substanz in keinem hohen Prozentsatz (etwa 26%) vorhanden sein kann, ist die zur C=C-Bindung gehörige Frequenz doch eine der intensivsten des Spektrums, so daß der S.R.E. in diesem Falle ein recht empfindliches Nachweismittel für das Vorhandensein der Enolform darstellt. Überdies ist auch die zur OH-Bindung dieser Form gehörige Frequenz 3380 spurenweise vorhanden.

Der Maleinsäuremethylester, dessen Spektrum in Nr. 9 der Abb. 70 gezeichnet ist, unterscheidet sich vom zugehörigen Fumarester u. a. durch die hohe Frequenz $\Delta\nu = 1840$, die in der Transform (Nr. 10) fehlt; auch im Äthylester (Nr. 11) der Maleinsäure ist diese Linie noch spurenweise vorhanden. Das Auftreten dieser Frequenz ist zunächst, im Hinblick auf die dem Maleinester üblicherweise zugeschriebene Struktur, recht unbegreiflich (vgl. die Strukturformel I); denn nach dieser ist nur die C=C-Frequenz $\Delta\nu = 1640$ und die C=O-Frequenz mit $\Delta\nu = 1740$, dem üblichen Wert in einem Ester, zu erklären, nicht aber

I

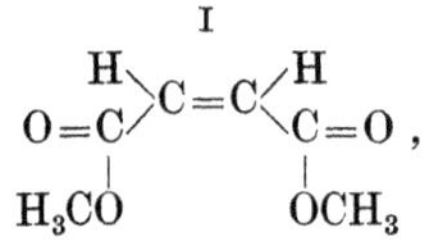

II (Lactonformel)

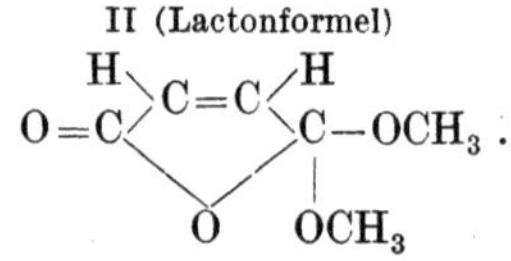

die zweite hohe Frequenz, da die beiden Carbonylgruppen vollkommen symmetrische Stellung haben und daher auch nur ein und dieselbe Frequenz liefern können. Die zweite Frequenz dürfte also daher kommen, daß ein Teil der Moleküle eine andere Struktur hat. Es hat daher den Anschein, als ob die insbesondere von ANSCHÜTZ vertretene Auffassung, daß neben der Raumisomerie auch noch Strukturisomerie bestehe, in diesem Befund eine Stütze finden würde. Denn in dieser, auch durch andere chemischen Erfahrungen* befürworteten zweiten isomeren Form (vgl. die Strukturformel II) sind durch die Sauerstoffbrücke die Verhältnisse

* Vgl. dazu A. KAILAN, Z. f. phys. Chem. **85**, 714, 1913; **87**, 619, 1914. A. SKRABAL, Monatshefte f. Chem. **42**, 245, 1924; N. BJERRUM, Z. f. phys. Chem. **106**, 228, 1923.

so geändert, daß für die C=O-Frequenz in diesen Molekülen jedenfalls ein anderer Wert zu erwarten ist, als für die Frequenz der Carbonylgruppe in Molekülen der Form I.

Die Konstitution der Blausäure und Isonitrile (DADIEU-KOHLRAUSCH[278], DADIEU[352, 368]).

Von der Blausäure wird angenommen, daß sie ein Gemisch zweier tautomerer Formen I und II ist, die z. B. im KARRERschen Lehrbuch* als

$$\overset{\text{I}}{H \cdot C \equiv N} \qquad \text{und} \qquad \overset{\text{II}}{H \cdot N = C}$$

formuliert sind, von denen die Form I wesentlich überwiegen soll. Es war zu erwarten, daß das Vorhandensein einer Doppelform

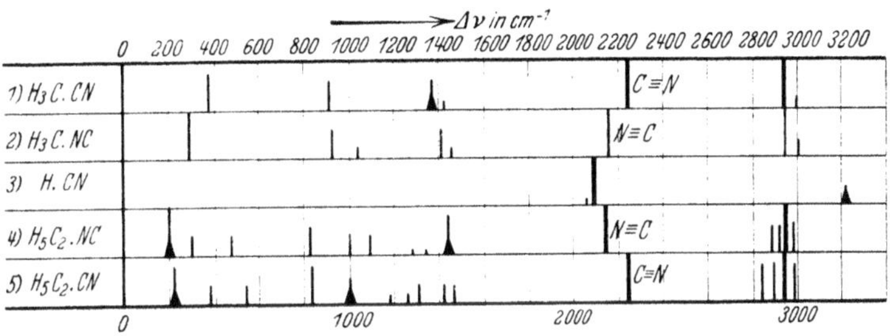

Abb. 72. Nitrile (Nr. 1 und 5), Isonitrile (Nr. 2 und 4) und Blausäure (Nr. 3).

sich im S.R.E. bemerkbar machen muß. Da die Form I den Nitrilen, II den Isonitrilen zukommt, so wurde von DADIEU zunächst festgestellt, wie sich diese beiden Molekülarten im S.R.E. unterscheiden. Abb. 72 enthält die Ramanspektren von Methyl- und Äthylnitril (R · CN, Nr. 1 und 5), Methyl- und Äthylisonitril (R · NC, Nr. 2 und 4) und von Blausäure HCN. Es zeigt sich, daß die Isonitrile ebenso wie die Nitrile eine Frequenz im Bereich der dreifachen Bindung liefern, daß diese aber um ein wenig tiefer liegt, als die C≡N-Frequenz der Nitrile. Daher sind die Isonitrile nicht wie oben unter II zu formulieren, sondern durch (DADIEU[368])

$$R - N \stackrel{\rightarrow}{\equiv} C,$$

entsprechend dem von der Oktett-Theorie geforderten Strukturbild, wonach der Stickstoff eines seiner fünf Elektronen an das

* KARRER, Lehrbuch der organ. Chemie, 1928. Vgl. auch USHERWOOD, E. H., Journ. Chem. Soc. **121**, 1604, 1922; C. J. ENKLAAR, C. 1926 II, 559.

Kohlenstoffatom abgibt (halber Pfeil in der Strukturformel), wodurch C negativ, N positiv wird, C und N sechs, R und N zwei Elektronen gemeinsam haben (vgl. die nähere Diskussion bei DADIEU).

Blausäure weist nun, wie Abb. 72 zeigt, zwei Frequenzen im Gebiet der dreifachen Bindung auf; beide sind gegenüber den Esterwerten merklich erniedrigt, eine Erfahrung, die bei organischen Säuren allgemein gemacht wird (vgl. § 49, Tab. 43). Es ist wohl kaum zweifelhaft, daß man die höhere dieser Frequenzen als zur HC≡N-, die tiefere als zur HN≡C-Schwingung gehörig interpretieren und daher schließen darf, daß in der Tat zwei tautomere Formen in der Blausäure vorhanden sind, von denen die zur Nitrilform gehörige überwiegend ist; DADIEU schätzt aus dem Verhältnis der Linienintensitäten auf 99,5%.

Die Konstitution der Senföle und Isocyanate.

In Abb. 73 sind unter Weglassung des hier nicht näher interessierenden hohen Bereiches der CH-Frequenzen die Spektren

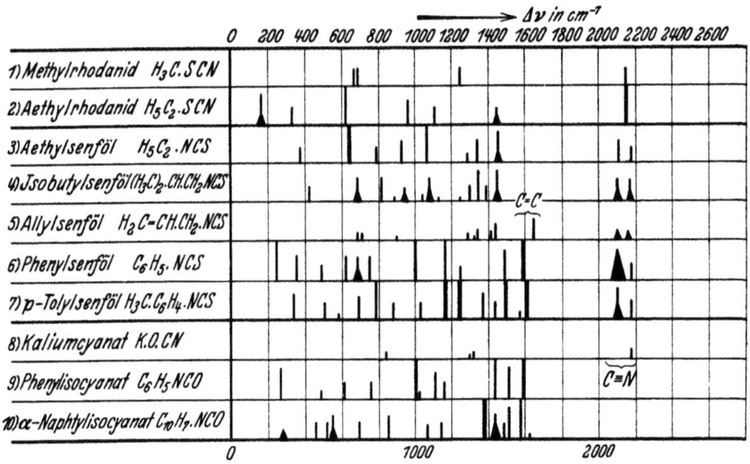

Abb. 73. Ramanspektren von Rhodaniden (Nr. 1, 2), Senfölen (Nr. 3—7), Cyanaten (Nr. 8) und Isocyanaten (Nr. 9, 10).

von aliphatischen Rhodaniden, von Senfölen und von Isocyanaten einander gegenübergestellt. Die übliche Formulierung für diese Substanzen ist

I	II	III
Rhodanide	Senföle	Isocyanate
R—S—C≡N,	R—N=C=S,	R—N=C=O.

In der Tat zeigen die Rhodanide Nr. 1 und 2 entsprechend dieser Formulierung ebenso wie das Kaliumcyanat Nr. 8 die hohe C≡N-Frequenz, während das Gebiet der dreifachen Bindung bei den Isocyanaten Nr. 9 und 10 unbesetzt ist*. Dafür findet man im Gebiet des zur Doppelbindung gehörigen Frequenzbereiches (1440, 1510) kräftige Linien, die nicht wie die Linien 1380 und 1590 zum Phenyl bzw. Naphthylrest gehören. Entgegen den Erwartungen der üblichen Formulierung für die Konstitution der Senföle ist es, wenn bei diesen Substanzen das Gebiet der der dreifachen Bindung zukommenden Frequenzen Linien aufweist, und zwar, wie die Nummern 3 bis 7 zeigen, Doppelfrequenzen. DADIEU-KOHLRAUSCH[208] vermuten, daß es sich bei den Senfölen um eine Ringbildung  handeln könne, womit in Einklang stünde, daß die Senföle im Gegensatz zu den verwandten Isocyanaten nur wenig zur Polymerisation neigen. DADIEU[368] formuliert dann im Sinne der Oktettregel genauer:

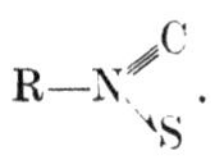

Ob allerdings die Schwingungsformen eines unsymmetrischen Dreierringes zwei so nahe beisammenliegende Frequenzen liefern können, müßte erst durch eine Durchrechnung des Schwingungsproblemes erwiesen werden.

Die Konstitution des CO-Moleküles.

Wie thermochemische Überlegungen von A. v. WEINBERG zeigen, kann der Sauerstoff im Kohlenoxyd nicht in der gleichen Weise gebunden sein, wie in der Carbonylgruppe; in Analogie zum isosteren N_2 wurde daher von LANGMUIR und HÜCKEL vermutet, daß in CO dreifache Bindung vorliege. In der Tat zeigt CO-Gas (RASETTI[86, 89]) eine Ramanfrequenz bei 2155, die in das Frequenzgebiet der Dreifachbindung fällt und damit die Konstitution C≡O wohl sicherstellt.

Die Konstitution des Phenyltrimethylens.

Abb. 74 vereinigt die Ramanspektren einiger von LESPIEAU-BOURGUEL[357] ausgemessenen Phenyläthylene, und zwar des

* Ebenso in aliphatischen Isocyanaten, vgl. Substanztabelle XII, 27, 28.

Styrols (Nr. 1, Vinylbenzol), des Allylbenzols (Nr. 2), des Propenylbenzols (Nr. 3, Phenyl-Methyl-Äthylen, Isomerengemisch?) und des Phenyltrimethylens (Nr. 4). Bei letzterem hatte LESPIEAU* aus seinem chemischen Verhalten (Oxydationsfestigkeit gegenüber Permanganat) auf eine Ringbildung $-CH\langle{CH_2 \atop CH_2}$ geschlossen; das Ramanspektrum bestätigt diesen Schluß vollkommen, wie aus dem Verhalten der C=C-Frequenzen in den drei isomeren Substanzen Nr. 2, 3, 4 ersichtlich ist. Nr. 1 zeigt zwei C=C-Frequenzen, von denen, wie an der Lagenkonstanz zu erkennen ist, die tiefere zur Doppelbindung im Benzolring, die höhere zur konstitutiv stärker beeinflußbaren offenen Äthylenbindung

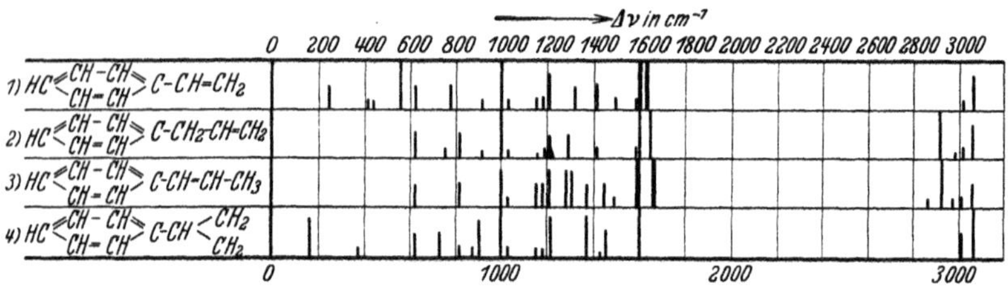

Abb. 74. Zur Konstitution des Phenyltrimethylens.

der Seitenkette gehört. Letztere verschiebt sich nach höheren Werten, wenn (Nr. 2) eine Methylengruppe zwischen sie und den Benzolkern eingeschoben wird, bzw. (Nr. 3), wenn ein H-Atom durch die Methylgruppe ersetzt wird. Es hat übrigens im Hinblick auf die schwache dritte C=C-Frequenz den Anschein, als ob bei Nr. 3 ein Isomerengemisch vorläge. In Nr. 4 aber fehlt diese, einer Äthylen-C=C-Bindung in der Seitenkette zuzuschreibende Frequenz, ein Beweis für die von LESPIEAU geforderte Konstitution des Phenyltrimethylens.

Nitrokörper, Nitrate und Nitrite.

Über die Nitrogruppe in aliphatischen und aromatischen Verbindungen wurde bereits in § 52 gesprochen; sie wurde dort als eine dreiatomige, gewinkelte Gruppe aufgefaßt, der in den aliphatischen Körpern jedenfalls die beiden hohen Frequenzen 1380 und 1560, vielleicht auch noch eine tiefe Frequenz bei 480 (oder 600) zugehören.

* LESPIEAU, R., Bull. 47, 847, 1930.

In Abb. 75 sind nochmals die Spektren einiger aromatischer und aliphatischer Nitrokörper den Spektren verwandter Körper gegenübergestellt, nämlich den Estern der Salpeter- und der salpetrigen Säure von der Form $R \cdot O\ NO_2$ und $R \cdot O \cdot NO$ ($R = \text{Alkyl}$),

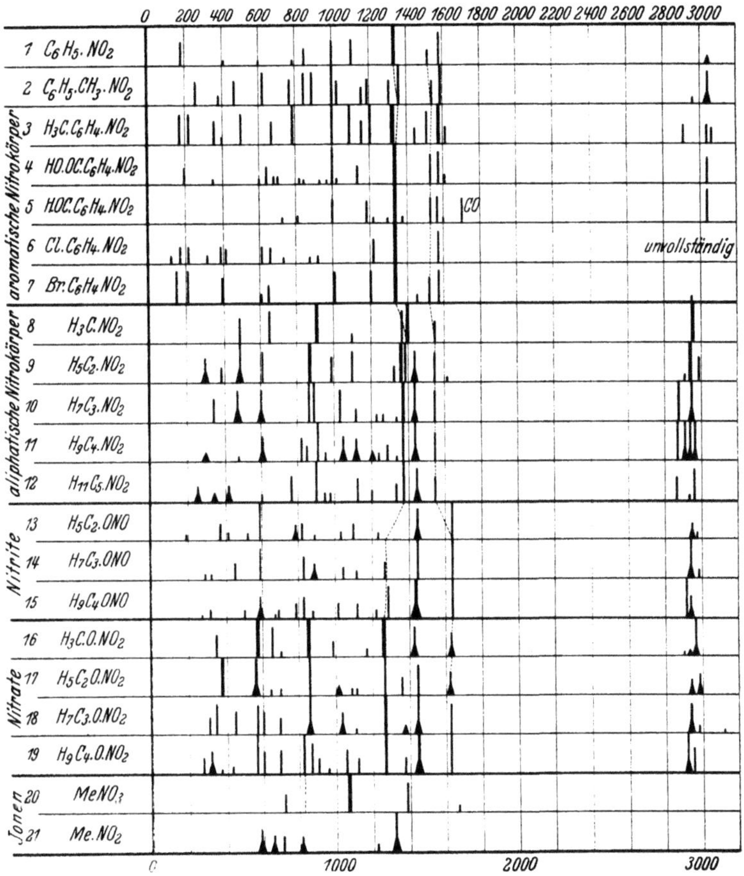

Abb. 75. Nitrokörper, Nitrate, Nitrite.

sowie den Ionen NO_3 und NO_2. Bei den bisubstituierten aromatischen Substanzen ist jeweils die Metaform eingetragen.

Bei den aromatischen Substanzen sind die zwei hohen Frequenzen erniedrigt, gehen aber, sowie eine Methylengruppe zwischen Kern und Nitrogruppe eingeschoben ist, fast wieder auf ihren Wert in aliphatischen Körpern hinauf. Als innere Schwingungen erhält man also:

In $Ar \cdot NO_2$ $\omega_2 = 1340$, $\omega_1 = 1520$ (Intens.-Verh. 10 : 4 in *o*-, 10 : 4 in *m*-, 10 : 2 in *p*-Stellung),
In $R \cdot NO_2$ $\omega_2 = 1380$, $\omega_1 = 1560$ (Intens.-Verh. 8 : 5),
In $R \cdot O.NO_2$ $\omega_2 = 1274$, $\omega_1 = 1627$ (Intens.-Verh. 8 : 4),
In $R \cdot O.NO$ $\omega = 1640$.

Dieses Ergebnis läßt sich mit der üblichen, in der chemischen Formel ausgedrückten Anschauung über den Bau der Moleküle gut vereinigen. In § 52 wurde auf S. 189 gezeigt, daß man sowohl nach dem Valenzkraft-, als nach dem Zentralkraftsystem im wesentlichen zu den gleichen Aussagen über die rücktreibende Kraft f in der Valenzrichtung und über den Valenzwinkel gelangt, wenn man, wie es auch der sonstigen Erfahrung entspricht, die Frequenz mit größerer Intensität als die optisch weniger aktive Schwingung ω_2 (vgl. Abb. 38, S. 172) ansieht. Rechnet man also mit den zum Valenzkraftsystem gehörigen Formeln (deren Anwendung nicht auf die Kenntnis der dritten Frequenz ω_3 angewiesen ist), so ergibt sich aus obigen Zahlen:

für $R \cdot NO_2$ $f = 9{,}48 \cdot 10^5$ Dyn/cm; $\alpha = 103°$,
für R $O.NO_2$ $f = 9{,}33 \cdot 10^5$,, $\alpha = 116° 40'$
für $R \cdot NO$ $f = 11{,}8 \cdot 10^5$,, .

Dieses Ergebnis erscheint durchaus plausibel. In $RO \cdot NO$ hat f für die Doppelbindung einen Wert, der in den Rahmen der sonstigen Erfahrungen paßt; auch die f-Werte in $N{\lessgtr}^{O}_{O}$, die erwartungsgemäß etwas kleiner sind, liegen noch innerhalb des Wertebereiches der Doppelbindung. Wird an NO_2 statt R ein $R \cdot O$ angehängt, dann ändert sich f nur ganz wenig, dafür tritt eine Spreizung des Valenzwinkels von 103 auf 117° auf.

An diese Ergebnisse schließen Dadieu-Jele-Kohlrausch eine (vorläufige) Betrachtung über die Konstitution der reinen Salpetersäure an, die nach Hantzsch (vgl. Handb. d. Phys. XXI, S. 78ff.) ein Gemisch aus zwei Molekülarten sein und aus einer esterähnlichen Pseudosäure $HO.NO_2$ und aus einem salzähnlichen Molekül $H \cdot NO_3$ [bzw. aus einer Nitroniumverbindung $(NO_3)_2 \cdot N(OH)_3$] bestehen soll.

RAMAN-Spektren von 100proz. Salpetersäure sind zur Zeit der Niederschrift leider noch nicht vorhanden*. Nimmt man aber, wozu gewisse Erfahrungen (z. B. Verhalten der Absorptionskurven bei verschiedener Konzentration) berechtigen, an, daß auch in 65proz. Salpetersäure die Verhältnisse noch ähnlich wie in reiner HNO_3 liegen und die undissoziierte Esterform $HO \cdot NO_2$ überwiegend vorhanden ist, *wenn* sie überhaupt existiert, dann kann man folgenden Vergleich anstellen: Diese fragliche und nachzuweisende Molekülform ist ebenso aus zwei Gruppen aufgebaut, wie $H_3C \cdot NO_2$, muß also nach den bisherigen Erfahrungen (vgl. die Formulierung in § 47, S. 148) dessen Spektraltypus haben; nur ist bezüglich der inneren Schwingungen zu berücksichtigen: es müssen die zu CH_3 gehörigen Frequenzen um 3000 weggelassen (bzw. durch die OH-Frequenz um 3400 ersetzt) werden, und es müssen die zu NO_2 gehörigen Frequenzen ersetzt werden durch jene Werte, die sie in organischen Nitraten (bei denen NO_2 an O gebunden ist) besitzen. Dieses so abgeänderte $H_3C \cdot NO_2$-Spektrum ist im folgenden dem Spektrum des undissoziierten HNO_3-Moleküls gegenübergestellt, das aus den Ergebnissen des § 64 (zw. 46) ergänzt durch neuere Beobachtungen von DADIEU-JELE-KOHLRAUSCH[389] bekannt ist:

$H_3C \cdot NO_2$:	$\Delta\nu =$	485(3)		655(4)	920(10)	1105(1)
HNO_3 :	$\Delta\nu =$	454(1)	635(3)	686(4)	949(4b)	1120(1)
$H_3C \cdot NO_2$:	$\Delta\nu =$	1280(10),		1625(3),		
HNO_3 :	$\Delta\nu =$	1302(1),	1625($\frac{1}{2}$),	1668(1).		

Die unverkennbare Ähnlichkeit dieser beiden Spektren spricht dafür, daß im nichtdissoziierten HNO_3-Molekül die Pseudoform $OH \cdot NO_2$ in der Tat vertreten ist; eine Ansicht, die auf Grund des RAMAN-Befundes von DADIEU-KOHLRAUSCH[130] schon vor längerer Zeit geäußert wurde. Allerdings bleiben noch Versuche mit reiner Salpetersäure abzuwarten*.

Viel weniger verständlich ist das an den anorganischen Nitriten erhaltene Resultat. Die verhältnismäßig große Zahl der Linien steht nicht im Einklang mit der zu erwartenden Einfachheit im Bau des Ions NO_2.

* Solche Aufnahmen sind im Laboratorium des Verf. in Vorbereitung; vgl. Nachtrag Nr. 4.

§ 63. Der Nachweis für die Bildung von Mischmolekülen.

TRUMPY[363] verwendete den S.R.E. mit Erfolg zum Nachweis der Entstehung von Mischmolekülen, indem die Ramanspektren von $SnCl_4$ und $SnBr_4$ jedes für sich allein aufgenommen und mit den Spektren verglichen wurden, die in Mischungen beider Substanzen gewonnen worden waren. Das Ergebnis dieser Versuche läßt sich am einfachsten an Hand der Abb. 76 diskutieren. In derselben ist in der ersten Zeile graphisch eingetragen das Spektrum einer Mischung von $SnCl_4+SnBr_4$, wie es zu erwarten ist, wenn

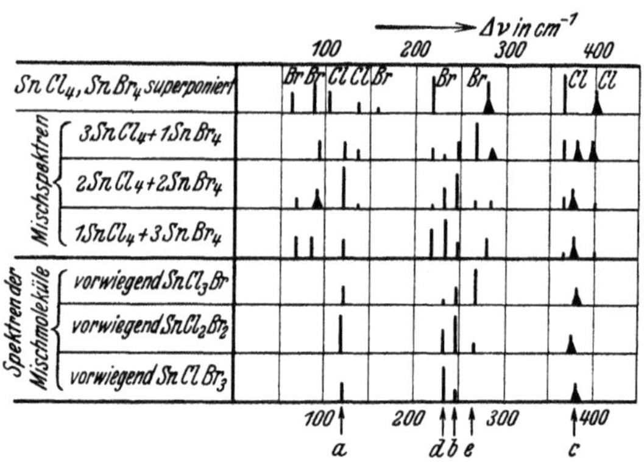

Abb. 76. Nachweis der Bildung von Mischmolekülen mit Hilfe des S.R.E. (TRUMPY[363]).

ungestörte Superposition vorhanden wäre; es wurden die Linien, die jede der beiden Substanzen im reinen Zustand aufweist, nebeneinander in dasselbe Spektrum eingezeichnet und zu jeder Linie ihre Zugehörigkeit darüber geschrieben. In den drei nächsten Zeilen sind die Spektren eingetragen, die wirklich beobachtet wurden an Mischungen dieser Substanzen im Verhältnis 3 : 1, 1 : 1, 1 : 3. Man sieht erstens, daß die zu $SnBr_4$ gehörigen Linien vom 2. zum 4. Spektrum an Intensität zunehmen, während die zu $SnCl_4$ gehörigen Linien in derselben Richtung an Intensität abnehmen; man sieht zweitens, daß neue, in den reinen Substanzen nicht enthaltene Linien dazugekommen sind, die offenbar der Existenz neu gebildeter Moleküle zugeschrieben werden müssen. Diese neuen Linien sind in den Spektren 5, 6, 7 herausgezeichnet; jedes dieser drei Spektren gehört zu mehreren Sorten von Molekülen, aber es ist zu erwarten, daß im 5. Spektrum die Linien, die zu $SnCl_3Br$ gehören, überwiegend stark sein werden, im 6. Spektrum die zu $SnCl_2Br_2$ und im 7. Spektrum die zu $SnClBr_3$ gehörigen. Dementsprechend ist die mit *a* bezeichnete Linie $\Delta\nu = 120$ sowie die Linie *b*, $\Delta\nu = 248$, dem $SnCl_2Br_2$, die Linie *d*, $\Delta\nu = 233$, dem $SnClBr_3$, und endlich die Linie *e* mit $\Delta\nu = 267\ cm^{-1}$ dem Molekül $SnCl_3Br$ zuzuordnen; über die Linie *c*, deren Intensität nicht variiert, läßt sich zunächst nichts aussagen. TRUMPY glaubt aus der Tatsache, daß die Frequenzen

$$\begin{aligned} SnBr_4 &: \Delta\nu = 220\ cm^{-1} \\ SnBr_3Cl &: \Delta\nu = 233 \\ SnBr_2Cl_2 &: \Delta\nu = 248 \\ SnBrCl_3 &: \Delta\nu = 267 \end{aligned}$$

eine so schöne Reihe bilden, folgern zu dürfen, daß es sich dabei um die Schwingung des Bromatomes handelt; analog dazu soll die Frequenz *c* ($\Delta\nu = 276$) die Überlagerung nahe benachbarter Schwingungen des Chloratomes sein, die von $\Delta\nu = 367$ in $SnCl_4$ ausgehend ebenfalls, aber nur in geringem Maße, nach höheren Werten rücken. Von dieser vielleicht anzweifelbaren Interpretation unabhängig ist die Tatsache, daß man durch diese Untersuchungsmethode leicht und sicher die Existenz neuer Molekülformen nachweisen kann, was für manche chemisch-physikalische Fragen von großer Wichtigkeit sein dürfte (vgl. Nachtrag Nr. 5).

§ 64. Die elektrolytische Dissoziation im S.R.E.

Bei einigen starken Säuren ist es gelungen, die bei der Dissoziation stattfindende Bildung von Ionen am Auftreten neuer Linien im S.R.E. nicht nur qualitativ zu verfolgen, sondern darüber hinaus quantitative Aufschlüsse über den Grad der Dissoziation zu erhalten. Das am besten durchgearbeitete Beispiel ist Salpetersäure, HNO_3, an der von CARELLI-PRINGSHEIM-ROSEN [38], GANESAN-VENKATESWARAN [158], SCHAEFER-MATOSSI-ADERHOLD [174, 339], RAO [193, 229, 306], KINSEY [223], WOODWARD [287, 380], DADIEU-JELE-KOHLRAUSCH [389] beobachtet wurde. Die konzentrierte Säure (65%) weist folgende Linien auf (vgl. Nachtrag Nr. 4):

$$\begin{matrix} \Delta\nu = 454(1), & 635(3), & 686(4), & 707, & 949(4b), \\ a & b & c & d & e \\ 1047(5), & 1120(1), & 1302(5), & 1625(\tfrac{1}{2}), & 1668(1) \\ f & g & h & i & k \end{matrix}$$

Darunter sind die Linien *a*, *d*, *g* unsicher; die Linie *f* mit $\Delta\nu = 1047$ ist die sog. Nitratlinie, die in allen Salzen, seien sie krystallisiert oder gelöst, vorkommt [als Linien der regelmäßigen Nitratgruppe wurden in Tabelle 53, S. 203, die Frequenzen $\omega_1 \| = 1071$ (s. st.), $\omega_2 \| = 830$ (fehlt im S.R.E.), 1389 (st.), $\omega_3 \perp = 726$ (s.) zusammengestellt].

Geht man zu größeren Verdünnungen über, so verändert sich das Spektrum; abgesehen von dem bei mittleren Konzentrationen auftretenden starken kontinuierlichen Untergrund (vgl. § 51) ändern die einzelnen oben angeführten Linien ihre relative Intensität. Über diesen Intensitätswechsel sind die Angaben etwas verschieden, ohne daß dies aber für die speziellen Betrachtungen dieses Abschnittes von Belang ist. Rao findet, daß mit fortschreitender Verdünnung die Linien *e* und *h* immer schwächer werden, um schließlich ganz zu verschwinden; er ordnet daher *e* und *h* dem nichtdissoziierten HNO_3-Molekül zu, während die Linien *b*, *c*, *f*, die bei zunehmender Verdünnung an Intensität zunehmen, dem Ion NO_3 zugeschrieben werden. Die Linie *f*, die wegen ihrer Stärke am besten verfolgt werden kann, nimmt bei ganz großer Verdünnung an Intensität wieder ab, weil zwar die Dissoziation wächst, die Ionendichte aber abnimmt. Kinsey[223] und später Woodward[380] finden, daß sich die Linien *b*, *c*, *e*, *h*, bei Verdünnung gleichartig verhalten und an Intensität abnehmen, weshalb alle diese Linien dem HNO_3-Molekül zugeschrieben werden. Einig sind alle Autoren über das Verhalten der Linie *f*, deren Intensität bei fortschreitender Verdünnung erst zu- und später wieder abnimmt; und auf diese Linie beziehen sich die folgenden quantitativen Angaben.

Abb. 77 zeigt Photometerkurven, die von Rao[220] angegeben wurden; sie beziehen sich auf Aufnahmen bei sieben verschiedenen Verdünnungen und umfassen das für die Messung wichtigste Spektralgebiet auf der roten Seite der blauen Hg-Triplettes. Die mit Pfeilen angezeichneten Stellen markieren Linien, die von Hg *e* erregt worden und gegen sie um $\Delta\nu = 1048$ bzw. 1302 cm^{-1} verschoben sind. Die mit H_2O bezeichnete Wasserbande ist dagegen nicht von Hg *e* sondern von Hg *k*, $\lambda = 4047$, angeregt. Die stark ausgezogenen Horizontallinien der Abbildung sind die Null-Linien (völlige Plattenschwärzung) zu jeder der Kurven. Der Abstand einer Kurvenzacke bis zu dieser Linie gibt an, was der

Schwärzung noch auf 100% fehlt und mißt auf diese Art die Schwärzung: mißt aber nicht die Intensität der *Linie*, da diese auf dem kontinuierlichen Untergrund aufgesetzt ist und eine andere Schwärzung hätte, wenn dieser Untergrund nicht vorhanden wäre. Die Berücksichtigung dieses Untergrundes ist eine grundsätzlich sehr schwierige, ist Fehlern unterworfen und bedeutet eine große Korrektur. Die im weiteren angegebenen Zahlen sind

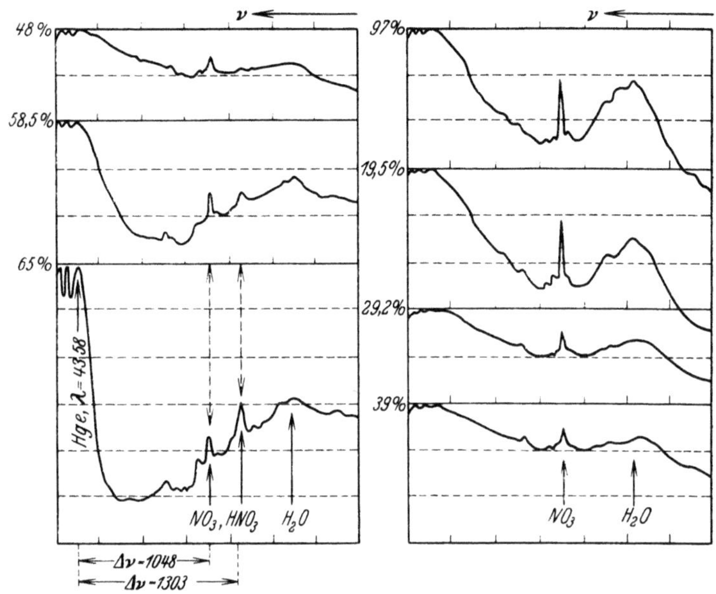

Abb. 77. Photometerkurven für HNO_3 (rote Seite des blauen Hg-Triplettes) bei fortschreitender Verdünnung (Rao[229]).

daher nicht den zur obigen Abbildung gehörigen Messungen entnommen, sondern späteren Beobachtungen Raos[306], bei denen der Untergrund so gut wie vermieden war (vgl. dazu z. B. die Photometerkurven, die Woodward[380] angibt). — Die Abbildung zeigt aber wenigstens qualitativ, wie die HNO_3-Linie *h* an Intensität abnimmt und bei höherer Verdünnung verschwindet, während die Spitze der zur NO_3-Linie gehörigen Kurvenzacke sich der Nulllinie anfangs immer mehr nähert und bei der letzten (9,7%) Kurve sich wieder von ihr entfernt.

In Tabelle 61 sind Messungsergebnisse RAOS[306] zusammengestellt, die sich, wie oben erwähnt, auf untergrundfreie Aufnahmen beziehen und die Intensitäten der um $\Delta\nu = 1047$ verschobenen Linie betreffen, die von der Hg k und der Hg e ($\lambda = 4047$, 4358) angeregt wurden; die Spektralaufnahmen waren mit aller experimentellen Vorsicht betreffend Temperaturkonstanz, Belichtungskonstanz usw. zur Erzielung vergleichbarer Verhältnisse gemacht worden. Intensitätsmarken sowohl als mikrophotometrische Ausmessung der Platten dienten zur Intensitätsbestimmung.

Tabelle 61. Messungen im S.R.E. zur Bestimmung des Dissoziationsgrades α in HNO_3.

S.R.E.			Elektrolyse			
c	α_{relativ}	α_{relativ}	c	Λ_c	η	α_{relativ}
11,9 n	1,00	1,00	11,9 n	47,0	225,0	1,00
10,2 n	1,23	1,22	10,4 n	61,0	207,5	1,20
8,5 n	1,51	1,49	10,0 n	65,4	202,5	1,25
6,8 n	1,90	1,82	7,0 n	109,0	163,0	1,68
5,1 n	2,15	2,23	5,0 n	156,0	139,5	2,06
			4,0 n	186,0	131,0	2,30
3,4 n	3,10	2,98	3,0 n	222,0	124,5	2,59
1,7 n	3,90	3,90	2,0 n	258,0	120,5	2,94
0,85 n	4,61	4,56	1,0 n	300,0	117,5	3,39
0,42 n	5,11	5,19	0,5 n	324,0	117,0	3,59

Die linke Hälfte der Tabelle enthält die Angaben über den Dissoziationsgrad, die aus dem S.R.E., die rechte Hälfte Werte für α, die aus Leitfähigkeit und innerer Reibung berechnet wurden. Die erste und vierte Spalte geben die Konzentration in Mol./Liter an, auf die sich die rechts anschließenden Angaben beziehen. Die zweite und dritte Spalte enthalten die auf $c_0 = 11{,}9$ bezogenen relativen Werte für α, wie sie aus dem Intensitätsgang der beiden obenerwähnten Linien berechenbar sind, indem die Linienintensität der Zahl der Ionen im Kubikzentimeter proportional gesetzt wird. Sind N_0, I_0, c_0 und N_c, I_c, c die Ionenzahlen, Linienintensitäten und Konzentrationen für den Bezugswert ($c_0 = 11{,}9$ n) und eine beliebige andere Konzentration, so gilt

$$\alpha = \frac{N_c/c}{N_0/c_0} = \frac{J_c/c}{J_0/c_0}.$$

Sind ferner Λ_c, η_c und Λ_0, η_0 die molare Leitfähigkeit und der Koeffizient der inneren Reibung für die Konzentrationen c und c_0, dann wird α gerechnet aus

$$\alpha = \frac{\Lambda_c \eta_c}{\Lambda_0 \eta_0}.$$

In der Tabelle ist in der 5. Spalte angegeben Λ_c in cm^{-1} Ohm^{-1}, in der 6. Spalte η in 10^{-4} g · cm^{-1} sec^{-1}. Die Ergebnisse, Mittel aus der 2. und 3. Spalte sowie 7. Spalte, sind in Abb. 78 graphisch verglichen, in der diese Werte als Funktion der Konzentration aufgetragen sind. Man sieht, daß man auf diesen beiden Wegen zu recht verschiedenen Werten des relativen Dissoziationsgrades α kommt; RAO meint, daß die Abweichung außerhalb der immerhin großen Fehlermöglichkeit der Intensitätsbestimmungen aus dem S.R.E. liegen und auf grundsätzliche Unsicherheiten in der die Leitfähigkeit und Reibung verwendenden Berechnung zurückzuführen sind.

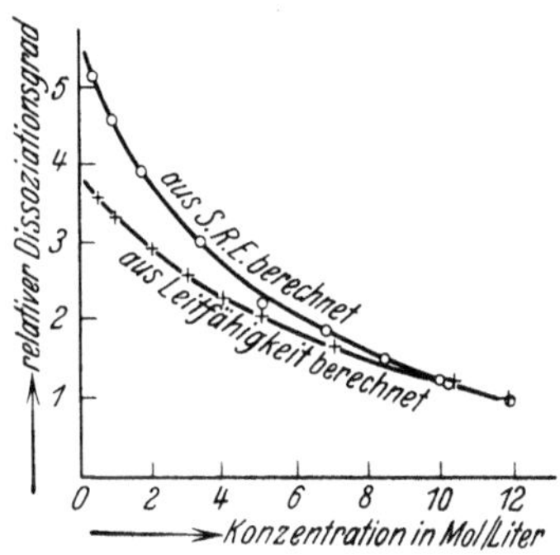

Abb. 78. Relativer Dissoziationsgrad in HNO_3 (RAO[306]).

KINSEY-ELLIS[315] haben versucht, diese Verhältnisse auch im ultraroten Absorptionsspektrum zu verfolgen, jedoch war das Ergebnis negativ. Nur in konzentrierter Salpetersäure konnten außer den Wasserbanden noch Linien gefunden werden, die auf einer im S.R.E. nicht auftretenden Grundschwingung bei 2,85 μ führen.

Ähnliche Ergebnisse brachten Versuche an Schwefelsäure H_2SO_4, jedoch wurden sie hier noch nicht quantitativ verwertbar durchgeführt. Über das Verhalten der einzelnen Linien wurde schon in Tabelle 34, § 46, berichtet. Manche Linien verschwinden, manche treten bei größerer Verdünnung neu auf und manche erleiden eine Verschiebung des Frequenzwertes. An Beobachtern seien angegeben MUKHERJEE-SEN GUPTA[88], GANESAN-VENKATESWARAN[158], PRINGSHEIM-YOST[172], SCHAEFER-MATOSSI-ADERHOLD[174], BELL-FREDRIKSEN[277] und vor allem in diesem Zusammenhang NISI[205] und WOODWARD[380]. Zur Ergänzung des an Hand der Tabelle 34 Besprochenen seien in Abb. 79 Photometerkurven wiedergegeben, die WOODWARD mitgeteilt hat; sie beziehen sich auf das Ramanspektrum von H_2SO_4 in vier verschiedenen Konzentrationen und zeigen, wie die mit einfachem Pfeil bezeichnete Linie ($\Delta\nu = 1046$), die auch in $KHSO_4$ auftritt und dem HSO_4-Ion zugeschrieben wird, an Intensität bei zunehmender Verdünnung wächst; erst in 25% Lösung erscheint neben ihr die mit dem Doppelpfeil bezeichnete Linie $\Delta\nu = 980$, die dem SO_4-Ion zugeordnet wird. — WOODWARD hat auch an HJO_3 (Jodsäure) und an $CCl_3 \cdot CO \cdot OH$ (Trichloressigsäure) in verschiedenen Konzentrationen beobachtet, jedoch ohne irgendwelche von der Ionisation herrührende Anomalitäten zu finden. NISI[205] führte Messungen an H_3PO_4 (Orthophosphorsäure) bei drei verschiedenen Konzentrationen aus und findet dabei eine Linie ($\Delta\nu = 911$), die bei stärkerer Verdünnung bis zum Wert $\Delta\nu = 898$ herabgeht und nun nahe zusammenfällt mit der stärkeren der beiden in NaH_2PO_4-Lösung beobachteten Linien $\Delta\nu = 889$; daher nimmt NISI an, daß diese Linie dem H_2PO_4-Ion zukommt. — In NISIs Arbeit sind noch einige interessante Schlußfolgerungen zu finden, die er aus dem Vergleich der Spektren verschiedener gelöster Körper ziehen konnte.

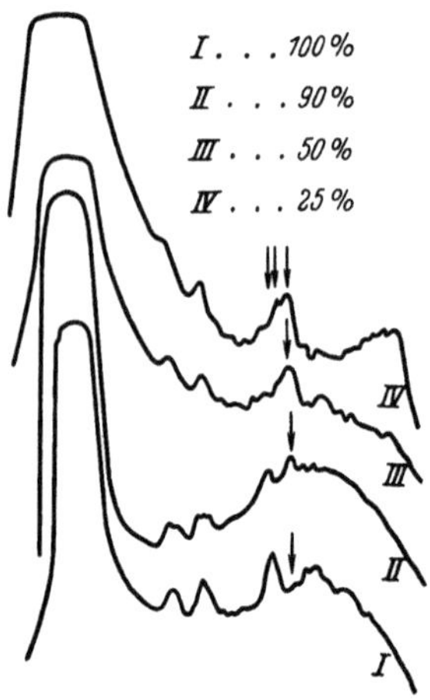

Abb. 79. Photometerkurven für H_2SO_4 in verschiedenen Verdünnungen (Woodward[380]).

VIII. Ergänzungen.

§ 65. Die HERTZschen Formeln.

Nach den klassischen Anschauungen besteht die Wechselwirkung zwischen elektromagnetischer Welle und Materie darin, daß die am Aufbau der Atome beteiligten Elektronen durch das elektrische Feld des Lichtes in Bewegung gesetzt werden und nun ihrerseits infolge der erhaltenen Beschleunigung Elementarwellen aussenden. Die Grundlage für alle quantitativen Schlüsse sind daher die Formeln, die für die Strahlung des beschleunigten Elektrons zuständig sind (HERTZsche Formeln). Der Ort des Elektrons sei O, der des Beobachters der Aufpunkt A; $OA = r$. Hat das Elektron zur Zeit $t - r/c$ die Beschleunigung $\dot{v}$, so gelangt die erzeugte elektromagnetische Welle nach der Zeit r/c (c = Lichtgeschwindigkeit) an die Oberfläche der Kugel mit dem Radius r (Abb. 80); und speziell im Aufpunkt A sind elektrische und magnetische Feldstärke $\mathcal{E}$ und $\mathcal{H}$ gegeben durch

$$|\mathcal{E}| = |\mathcal{H}| = \frac{e\,\dot{v}_n}{c^2\,r} = \frac{e\,\dot{v}}{c^2\,r}\sin\vartheta\,, \tag{1}$$

worin e die Elektronenladung, $\dot{v}_n = \dot{v}\sin\vartheta$ die Beschleunigungskomponente in der durch r und $\overline{ON}$ gehenden Meridianebene, ϑ der Winkel zwischen r und $\dot{v}$ ist. Der bei A auf den Quadratzentimeter in der Zeiteinheit auftreffende Energiestrom ist gegeben durch:

$$S_\vartheta = \frac{c}{4\pi}|\mathcal{E}|\cdot|\mathcal{H}| = \frac{c}{4\pi}\mathcal{E}^2 = \frac{e^2\,\dot{v}^2}{4\pi\,c^3\,r^2}\sin^2\vartheta\,. \tag{2}$$

Diese Grundgleichungen gelten nur, wenn die Endgeschwindigkeit des Elektrons klein gegen die Lichtgeschwindigkeit ist. Formel (2) zeigt, daß in der Beschleunigungsrichtung (bei N und S in der Abb. 80) wegen $\sin\vartheta = 0$ der Energiestrom verschwindet. Die magnetischen Kraftlinien [$\mathcal{H}$] umlaufen die Beschleunigungsrichtung in Breitenkreisen; die elektrischen Kraftlinien [$\mathcal{E}$] liegen in den Meridionalebenen, die Strahlung ist polarisiert und ein in A befindliches NICOLsches Prisma müßte mit seiner kurzen Diagonale in die Meridionalebene gestellt werden, wenn das Licht ungeschwächt passieren sollte. Die Strahlungsdichte nimmt mit dem Quadrat der Entfernung r ab.

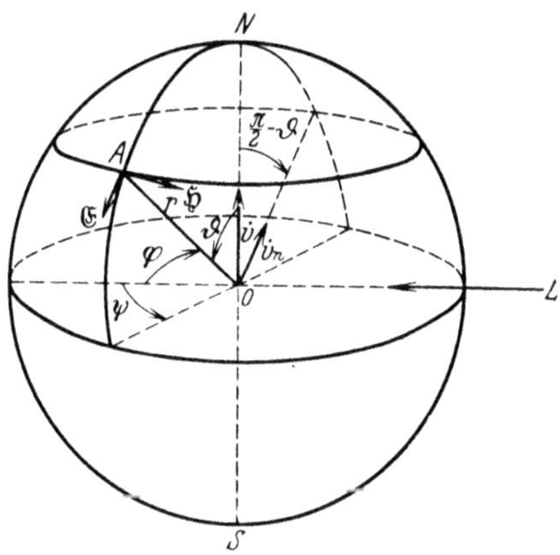

Abb. 80.

Fällt auf das zunächst ruhende Elektron ein von L kommender Lichtstrahl, so wird das elektrische Feld $\mathcal{E}_p$ dem Elektron eine Beschleunigung $\dot{v}$ erteilen. Die Größe und Richtung dieser erzwungenen Beschleunigung hängt erstens von der Größe und Richtung der erzwingenden Feldkraft ab, und zweitens von den

Verhältnissen, in denen sich das Elektron befindet; ob es frei oder gebunden ist, ob die Bindung stark oder schwach ist, ob durch die Bindung dem Elektron Beschleunigungsrichtungen vorgeschrieben sind (Anisotropie) oder nicht, usw. Endlich ist bei diesen Problemen immer eine Mittelbildung durchzuführen, da in A nicht die Wirkung eines einzelnen Elektrons in einem einzigen Augenblick seiner Bewegung, sondern die Wirkung beobachtet wird, die von den Elektronen der in einem größeren durchstrahlten Volumen befindlichen Atome durch längere Zeit der Einwirkung hervorgebracht wird. Diese Mittelwertsbildung ist der schwierigste und auch wohl in aller Strenge nicht durchführbare Teil der Rechnung; denn es ist dabei einerseits zu berücksichtigen, daß das elementare Feld jedes strahlenden Elektrons die Schwingung der anderen Elektronen beeinflußt, und es ist andererseits bei der Summation der in A ankommenden Wellen die Phasenbeziehung zwischen den Elementarwellen von entscheidendem Einfluß auf das Resultat.

In den folgenden Abschnitten werden Spezialfälle, die die klassische Beschreibung bestimmter Erscheinungsgruppen bezwecken, kurz besprochen.

§ 66. Die Streuung durch „freie“ Elektronen.

Ist die Primärstrahlung, wie im Falle der Röntgen- und γ-Strahlung, sehr kurzwellig, dann können die Elektronen — mindestens die äußeren der Atomhülle — als frei betrachtet werden, denn infolge ihrer relativ lockeren Bindung ist die Eigenschwingungsdauer groß gegen die Schwingungsdauer des einfallenden Lichtes. Unter dieser Voraussetzung ist

$$\dot{v} = -\frac{e}{m}\,\mathcal{E}_p\,. \tag{3}$$

Durch Einsetzen von (3) in Gleichung (2) erhält man S_ϑ, die vom einzelnen Elektron gestreute Energie, die pro Zeit- und Flächeneinheit in A eintrifft:

$$S_\vartheta = \frac{e^4\,\mathcal{E}_p^2}{4\pi\,c^3\,r^2\,m^2} = P\,\frac{e^4}{c^4\,r^2\,m^2}$$

worin $P = \frac{c}{4\pi}\,\mathcal{E}_p^2$ der Energiestrom der Primärstrahlung ist.

Die zweite Voraussetzung für die (THOMSONsche) Berechnung der Streuung von Röntgenstrahlen ist die folgende: Nimmt man an, daß nicht nur die Elektronen verschiedener Moleküle, sondern auch die Elektronen innerhalb ein und desselben Moleküls voneinander *unabhängige* Streuzentren sind — eine Annahme, die nur zutrifft, wenn die einfallende Wellenlänge klein ist gegen die Elektronenabstände, — dann haben die einzelnen in A zu superponierenden Streuwellen keine gesetzmäßige Phasenbeziehung zueinander; die ankommenden Wellen sind „inkohärent" und setzen sich so zusammen, wie sich ein und derselbe, auf verschiedenen Instrumenten hervorgebrachte Ton im Ohr zusammensetzt: es addieren sich die in A ankommenden Einzelintensitäten S_ϑ. Sind daher n solche „freie" Elektronen in der Volumseinheit des streuenden Materials, so ist die vom cm^3 stammende Streustrahlung $n \cdot S_\vartheta$.

Für *unpolarisierte* Primärstrahlung erhält man dann im Aufpunkt A, d. i. unter einem Winkel φ gegen die Primärrichtung, eine Streustrahlung, die sich aus zwei senkrecht zueinander polarisierten Komponenten $S_{\varphi\perp}$ und $S_{\varphi\parallel}$ zusammensetzt, wobei die Schwingungsrichtung der ersteren *in* der durch r und $O\,L$ (Abb. 80) gelegten Ebene und senkrecht zu r, die Schwingungsrichtung der letzteren senkrecht zu dieser Ebene liegt. Die Berechnung ergibt:

$$S_{\varphi\perp} = \frac{P}{2} \cdot \frac{e^4 n}{m^2 c^4 r^2} \cos^2\varphi\,. \qquad S_{\varphi\parallel} = \frac{P}{2} \cdot \frac{e^4 n}{m^2 c^4 r^2}\,, \tag{4}$$

$$S_\varphi = S_{\varphi\parallel} + S_{\varphi\perp} = P\,\frac{e^4 n}{m^2 c^4 r^2}\,\frac{1 + \cos^2\varphi}{2}\,, \tag{5}$$

$$\varrho = \frac{S_{\varphi\perp}}{S_{\varphi\parallel}} = \cos^2\varphi\,. \tag{6}$$

S_φ ist die Gesamtintensität in A, und ϱ ist das Polarisationsverhältnis oder der „Depolarisationsfaktor". Beobachtet man unter $\varphi = 90^\circ$, so wird $\varrho = 0$, die Strahlung ist vollkommen polarisiert; entfernt sich die Beobachtungsrichtung von der Äquatorialebene, so nimmt die Polarisation immer mehr ab, die Depolarisation zu.

Die gesamte über die ganze Kugel verteilte Streustrahlung, d. i. also die dem Primärstrahl infolge Streuung entzogene Energie, erhält man durch Integration von (5) über die Kugeloberfläche zu:

$$\left.\begin{aligned} S &= \int_0^\pi 2\pi r^2 S_\varphi \sin\varphi\, d\varphi = P\,\frac{8\pi}{3} \cdot \frac{e^4}{m^2 c^4} \cdot n \\ &= 6{,}64 \cdot 10^{-25} \cdot n \cdot P \equiv \sigma \cdot P\,. \end{aligned}\right\} \tag{7}$$

Diese für das Gebiet der γ- und Röntgenstrahlung zuständigen Streuformeln (5) und (6) für die unverschobene Streustrahlung fußen auf der Voraussetzung, daß die streuenden Zentren voneinander völlig unabhängig sind und daß keinerlei Phasenbeziehung zwischen den von ihnen ausgehenden Streuwellen besteht. Selbst in diesem kurzwelligen Gebiet des Spektrums trifft diese Voraussetzung nicht immer zu, da selbst bei ganz regelloser Anordnung der Atome und Moleküle doch die Elektronen innerhalb dieser kleinsten Gebilde der Zahl und Lage nach bestimmt sind und eine gewisse Ordnung aufweisen. In der Tat konnte DEBYE zeigen, daß dadurch Interferenzerscheinungen auftreten können, die das Streuungsbild wesentlich verändern. Sind die Wellenlängen groß gegen die Abstände der Elektronen im Atom, dann schwingen alle Elektronen in Phase, und statt der Intensitäten ihrer Streuwellen sind die Amplituden an der Stelle A zu addieren, so daß das Atom mit seinen Z Elektronen wie ein Zfach geladenes Streuzentrum wirkt; ohne daß sich an der durch (5) gegebenen Streuverteilung etwas ändert, wird die Gesamtstreuung jedes einzelnen Atoms Zmal so groß, also $\sigma_A = \sigma \frac{Z^2}{n}$. Sind dagegen die Wellenlängen klein gegen die Elektronenabstände, dann wird die Streuung pro Atom $\sigma_A = \sigma \frac{Z}{n}$ *, so wie in Gleichung (7). Auch die räumliche Intensitätsverteilung, die in den Zwischenfällen, wo λ vergleichbar ist mit den Elektronenabständen, starke Vorwärtsasymmetrie aufweist, stellt sich wieder symmetrisch ein; nur in einem sehr schmalen, den Primärstrahl umfassenden und von ihm bei sehr kleinem λ praktisch nicht zu trennenden Winkelbereich tritt eine sog. „Extrastreuung" auf, eine Erscheinung, die zuerst von FRIEDRICH (1913) bei der Durchstrahlung von Wachs mit Röntgenstrahlen beobachtet und später von DEBYE und seinen Mitarbeitern näher studiert wurde. Es treten auf der photographischen Aufnahme um den durch die Primärstrahlen hervorgerufenen Durchstoßpunkt konzentrische Ringe auf, deren Durchmesser von der Härte (Wellenlänge) der Primärstrahlen und von der Natur des streuenden Materials abhängen.

---

* σ = Streuung durch n Elektronen; $\sigma_e \equiv \frac{\sigma}{n}$ = Streuung durch ein Elektron; $\sigma_A \equiv \frac{\sigma}{n} Z$ = Streuung pro Atom, d. i. durch Z Elektronen, bei Inkohärenz.

Bei den bisherigen Überlegungen über die Wechselwirkung zwischen Welle und freiem Elektron wurde nur die Wirkung des elektrischen Vektors $\mathcal{E}_p$ in Rechnung gezogen; man hat aber zu bedenken, daß die Bewegung des Elektrons in dem mit dem elektrischen Feld der Lichtwelle verbundenen magnetischen Feld erzwungen wird. Da nun die Bewegung des Elektrons wegen seiner Ausstrahlung und der dadurch bedingten Strahlungsdämpfung in der Phase etwas verschoben ist gegen die Bewegung des elektrischen und magnetischen Feldes, so wird es durch das Magnetfeld nach vorwärts getrieben (Strahlungsdruck). Für einen ruhenden Beobachter scheint daher die vom Elektron ausgehende Streuwelle von einem bewegten Körper zu kommen, d. h. es tritt ein Dopplereffekt ein, so daß die Wellenlänge der Streuwelle je nach der Beobachtungsrichtung verschieden ist. Dies ist die qualitative klassische Erklärung des Comptoneffektes (1922) (vgl. § 73), der sich auf die bei Streuung harter Röntgen- oder γ-Strahlung eintretende Wellenlängenänderung, auf deren Abhängigkeit von der Beobachtungsrichtung und auf das Auftreten von „Rückstoß-Elektronen" bezieht. Eine exakte quantitative Beschreibung der Beobachtungsergebnisse vermag die klassische Theorie nicht zu geben.

§ 67. Das gebundene Elektron; Dipolmoment, Dielektrizitätskonstante und Brechungsexponent.

Sind die auf das Elektron wirkenden Wechselfelder nicht mehr von einer gegen die Eigenschwingung sehr hohen Frequenz oder geht man gar (zum unendlich langsam schwingenden) statischen Feld über, dann kann das Elektron nicht mehr als frei angesehen werden. Die nun folgenden Überlegungen beziehen sich auf solche Verhältnisse und daher auf gebundene Elektronen; sie seien durch quasi-elastische (die entstehenden Spannungen sind eindeutige Funktionen der Deformation) elektrische Kräfte an die positiven Ladungen des Moleküls gebunden, die ihrerseits von den mehrtausendmal schwereren Atomkernen getragen werden. Diese Bindung befähigt das Elektron zu Eigenschwingungen.

Für den Normalzustand des Moleküls sind zwei Fälle der räumlichen Verteilung der $\pm$ Ladungen zu unterscheiden: Der „Schwerpunkt" der negativen Ladungen kann mit dem der positiven Ladungen zusammenfallen oder nicht zusammenfallen. Ist im letzteren Fall der Abstand der Punkte, in denen man sich die Ladungen $\pm q$ konzentriert denken kann, gleich l, so sagt man, das Molekül besitze ein „permanentes Dipolmoment“

$$\mathfrak{M} = q \cdot l .$$

Ein solches Moment hat Größe *und* Richtung; zwei oder mehr Momente setzen sich daher zu einem Gesamtmoment vektoriell zusammen, d. h. das resultierende Moment wird nach derselben Parallelogrammkonstruktion gefunden, wie die resultierende Kraft aus den Kraftkomponenten. Hat irgendein Versuch ein Dipolmoment $\mathfrak{M}$ ergeben, so kann dieses immer noch aus mehreren Teilmomenten zusammengesetzt sein; insbesondere kann das Gesamtmoment Null die Superposition zweier einander nach außen in der Wirkung aufhebender, unter Umständen großer Teilmomente sein.

Aber auch ein Molekül ohne permanentes Moment kann vorübergehend ein Moment annehmen, wenn es in ein elektrisches Feld gebracht wird. In diesem werden die negativen Ladungen nach der einen, die positiven nach der anderen Seite gezogen; unter Erhaltung des Massenschwerpunktes, also vorwiegend unter Verrückung der an die leichten Elektronen gebundenen negativen Ladungen, werden die elektrischen Schwerpunkte räumlich getrennt. Die Trennung erfolgt entgegen den rücktreibenden Kräften, die der Verrückung x proportional seien. Die Verschiebung ist beendet, bis für $x = \xi$ Kraftgleichgewicht zwischen der angreifenden Kraft $q\,\mathfrak{E}'$ und der rücktreibenden Kraft $f \cdot \xi$ besteht. Das „induzierte Moment $\mathfrak{m}$“ ist daher gegeben durch

$$\mathfrak{m} \equiv q \cdot \xi = \frac{q^2}{f} \cdot \mathfrak{E}' \equiv \alpha\,\mathfrak{E}' . \tag{8}$$

$\mathfrak{E}'$ ist die Feldstärke innerhalb des betrachteten Materials, α nennt man die „Polarisierbarkeit“, und den ganzen Vorgang, durch den ein ursprünglich elektrisches isotropes (durch keine bevorzugte Richtung ausgezeichnetes) Medium anisotrop wird, nennt man „Verschiebungspolarisation“. Der dem Experiment zugängliche Wert α bezieht sich auf alle beweglichen Elektronen des Moleküls; insofern die einzelnen Elektronen verschiedene Verschieblichkeit besitzen werden, wobei die Unterschiede sowohl durch die Stärke als durch die Richtung der Bindung bedingt sein können, stellt α nur einen Mittelwert dar. Wird das Molekül wieder aus dem

Feld entfernt, so wird infolge der nun allein wirksamen rücktreibenden Kräfte das Moment $\mathfrak{m}$ wieder verschwinden. Moleküle mit *permanenten* Momenten werden sich im Feld infolge des an den Ladungen $\pm q$ angreifenden Kräftepaares zu *drehen* versuchen, und zwar so, daß die Richtung ihres Momentes parallel zur Richtung des Feldes zu liegen kommt. Dadurch wird in die ursprüngliche molekulare Unordnung eine Ordnung bezüglich der Richtung getragen, das Medium als Ganzes wird wieder anisotrop, soweit es die der Ordnung entgegen arbeitenden Temperaturstöße zulassen. Dieser Vorgang wird „Orientierungspolarisation“ genannt.

Die durch das elektrische Feld hervorgerufene Polarisation bewirkt, daß die Feldstärke im Innern der Materie ($\mathcal{E}'$) andere Werte hat, als unter sonst gleichen Umständen im leeren Raum ($\mathcal{E}$). Das Verhältnis beider wird Dielektrizitätskonstante (D.K.) ε genannt, so daß per definitionem

$$\varepsilon \equiv \frac{\mathcal{E}}{\mathcal{E}'}. \tag{9}$$

Es möge sich z. B. auf den F cm^2 Oberfläche eines Plattenkondensators die Elektrizitätsmenge Q befinden, so daß die Flächendichte der Ladung $\sigma = Q/F$ betrage. Nach den Gesetzen der Elektrostatik berechnet sich die Feldstärke des homogenen Kraftfeldes zwischen den Platten zu $\mathcal{E} = 4\pi\sigma$, wenn der Zwischenraum von Materie frei ist. Ist er aber von Materie nicht frei, dann wird die Materie unter dem Einfluß des Feldes polarisiert, und an den den Platten benachbarten Endflächen des Dielektrikums entstehen scheinbare Ladungen entsprechend einer Polarisationsladungsdichte σ_p; ihr Vorzeichen ist dem der Ladungen Q auf den Platten entgegengesetzt, und über das ursprüngliche Feld $\mathcal{E}$ lagert sich das entgegengesetzt gerichtete Feld $4\pi\sigma_p$, so daß die endgültige Feldstärke $\mathcal{E}'$ gegeben ist durch:

$$\mathcal{E}' = \mathcal{E} - 4\pi\sigma_p. \tag{10}$$

Nach Gleichung (9) gilt dann

$$\varepsilon \equiv \frac{\mathcal{E}}{\mathcal{E}'} = 1 + 4\pi\frac{\sigma_p}{\mathcal{E}'}. \tag{11}$$

σ_p läßt sich in seiner Abhängigkeit von der Polarisierbarkeit α und von dem evtl. Vorhandensein permanenter Dipolmomente $\mathfrak{M}$ berechnen. Unter Hinweis auf die bei DEBYE (polare Moleküle,

Hirzel 1929) durchgeführte Rechnung sei das Ergebnis hingeschrieben. Definiert man eine „Molekularpolarisation“ genannte Größe $\mathfrak{P}$ durch

$$\mathfrak{P} \equiv \frac{\varepsilon - 1}{\varepsilon + 2} \frac{M}{\varrho} \tag{12}$$

(M = Molekulargewicht, ϱ = Dichte, ε = D.K.), dann ergibt sich der folgende Zusammenhang zwischen ε bzw. $\mathfrak{P}$ und α und $\mathfrak{M}$

$$\mathfrak{P} = \frac{4\pi}{3} L \alpha + \frac{4\pi}{3} L \frac{\mathfrak{M}^2}{3kT} \tag{13}$$

(L = LOSCHMIDTsche Zahl pro Mol, k = BOLTZMANN-Konstante, T = absolute Temperatur). Für Gase, bei denen ε nahe gleich 1 ist und bei denen die von den polarisierten Molekülen gegenseitig ausgeübten Kräfte zu vernachlässigen sind, kann man statt (12) schreiben:

$$\mathfrak{P} = \frac{\varepsilon - 1}{3} \frac{M}{\varrho} . \tag{12a}$$

Der erste Summand in (13) gibt den Anteil der Verschiebungspolarisation, der zweite den der Orientierungspolarisation an der gesamten Molekularpolarisation an. Wird an festen Körpern (innerhalb derer sich die Moleküle nicht drehen können) oder bei sehr hoher Temperatur (wo die Temperaturstöße keine Ordnung in der Orientierung aufkommen lassen), oder endlich mit hochfrequenten Wechselfeldern (denen die wegen der großen Masse trägen Moleküle nicht in der Orientierung folgen können), gearbeitet, dann verschwindet der Einfluß dieses zweiten Gliedes in Gleichung (13).

Die Verschiebungspolarisation, bei der es sich um die Verrückung der zwar gebundenen, aber leichten Elektronen handelt, bleibt bestehen, auch wenn es sich um die außerordentlich schnellen Wechselfelder handelt, in die das Molekül bei Bestrahlung mit Licht gelangt. In der Tat stehen Dielektrizitätskonstante ε und Brechungsexponent n, diese zwei für die Elektrizität einerseits, für die Optik andererseits fundamentalen Materialkonstanten, nach einer grundlegenden Aussage der MAXWELLschen elektromagnetischen Lichttheorie, zueinander in der Beziehung

$$n^2 = \varepsilon , \tag{14}$$

eine Beziehung, die jedoch, da n wellenlängenempfindlich ist, in dieser Einfachheit nur beschränkte Gültigkeit besitzt.

Diese vom einfallenden Licht erzwungenen Dipolschwingungen sind es nun, die nach der klassischen Anschauung die bei Wechselwirkung von Licht und Materie auftretenden Erscheinungen zu erklären imstande sein müssen; Dispersion, Extinktion, Absorption, unverschobene und verschobene Streustrahlung usw. müssen sich auf diese Dipolschwingungen zurückführen lassen. Dementsprechend wird das Verhalten der durch hochfrequente Wechselfelder induzierten Dipolmomente im folgenden besprochen.

§ 68. Erzwungene Dipolschwingungen; harmonischer Fall.

(Dispersion und unverschobene Streustrahlung.)

Wird eine Verrückung der elektrischen Schwerpunkte um die Strecke x durch die quasi-elastische Kraft $f \cdot x$ rückgängig gemacht, dann ist die Differentialgleichung für eine *freie* Schwingung:

$$\mu \frac{d^2 x}{d t^2} + f \cdot x = 0 . \tag{15}$$

Die Lösung dieser aus der elementaren Schwingungslehre bekannten Differentialgleichung hat die Form:

$$x = \xi \cos \sqrt{\frac{f}{\mu}}\, t , \tag{16}$$

worin μ, die sog. „reduzierte Masse" der an der Schwingung beteiligten Körper, für den einfachen Fall von nur zwei Massen gegeben ist durch

$$\frac{1}{\mu} = \frac{1}{m} + \frac{1}{m_1} , \tag{17}$$

wenn m die Masse des Elektrons, m_1 die Masse des positiv geladenen Restes bedeutet. Da m_1 sehr groß gegen m ist, wird hier praktisch $\mu = m$. Die Frequenz dieser durch Gleichung (16) beschriebenen Eigenschwingung ist

$$\omega = \frac{1}{2\pi} \sqrt{\frac{f}{\mu}} . \tag{18}$$

Die Amplitude ξ definiert zugleich das Maximum $\mathfrak{m} = e \cdot \xi$ des bei der Schwingung auftretenden Dipolmomentes.

Wirkt auf ein Molekül, das zu den durch (16) beschriebenen Eigenschwingungen seines induzierten Momentes fähig ist, die periodisch wechselnde Kraft des elektrischen Lichtvektors $\mathcal{E}'$ (gestrichelt, weil in Materie)

$$\mathcal{E}' = \mathcal{E}'_0 \cos 2\pi\nu t \tag{19}$$

ein, so ergibt sich für die erzwungene Schwingung die folgende Differentialgleichung

$$\mu \frac{d^2 x}{d t^2} + f x = e \mathcal{E}_0' \cos 2\pi \nu t . \tag{20}$$

Die Lösung, die die Verrückung x und damit das induzierte Dipolmoment $e \cdot x$ als Funktion der Zeit gibt, hat die Form:

$$x = \frac{1}{\mu(\omega'^2 - \nu'^2)} e \mathcal{E}_0' \cos \nu' t = \frac{e \mathcal{E}'}{\mu(\omega'^2 - \nu'^2)}, \tag{21}$$

worin als Abkürzungen eingeführt wurden: $\omega' = 2\pi\omega$ und $\nu' = 2\pi\nu$.

Die Verwertung der Aussage von Gleichung (21) für α) Brechungsexponent und Dispersion, β) für die Streustrahlung und Extinktion wird in den folgenden beiden Unterabschnitten besprochen.

α) Der Brechungsexponent und seine Abhängigkeit von Material und Wellenlänge (Dispersion).

Befinden sich N Moleküle mit induzierten Dipolmomenten von der durch Gleichung (21) beschriebenen Art in der Volumseinheit, so beträgt die für die Berechnung der D.K. benötigte Polarisationsladungsdichte σ_p (vgl. Gl. 11)

$$\sigma_p = N \cdot e x = N \frac{e^2 \mathcal{E}'}{\mu(\omega'^2 - \nu'^2)} .$$

Daher wird nach (11) die D.K. bzw. nach (14) der Brechungsexponent

$$\varepsilon = n^2 = 1 + \frac{N 4\pi e^2/\mu}{(\omega'^2 - \nu'^2)} \tag{22}$$

oder

$$n^2 - 1 = \frac{N 4\pi e^2/\mu}{(\omega'^2 - \nu'^2)} \equiv R, \tag{22a}$$

worin R das „Refraktionsäquivalent“ genannt wird.

Dies ist die bekannte DRUDE-VOIGTsche Dispersionsformel, die den Brechungsexponenten n als Funktion der einfallenden Frequenz $\nu = \frac{\nu'}{2\pi}$ des verwendeten Lichtes und der Materialeigenschaften N und $\omega = \frac{\omega'}{2\pi}$ (Eigenfrequenz des induzierten Dipolmomentes) angibt. Bezüglich der Diskussion dieser Gleichung wird der Hinweis auf die Lehrbücher der Physik genügen müssen. Weil $N = \frac{L\varrho}{M}$, weil nach Gleichung (18) $\mu\omega'^2 = f$ und weil nach

Gleichung (8) $\frac{e^2}{f} = \frac{e^2}{\mu\omega'^2} \equiv \alpha$ (Polarisierbarkeit), so kann man für den Fall langer einfallender Wellen, für die $\nu'^2 \ll \omega'^2$ ist, Gleichung (22a) nach Division durch 3 auch schreiben:

$$\frac{n^2-1}{3}\frac{M}{\varrho} = \frac{4\pi}{3}\cdot L\cdot\frac{e^2}{\mu\omega'^2} = \frac{4\pi}{3}\cdot L\cdot\alpha\,. \tag{23}$$

Bestimmt man also die Dispersionskurve $n = f(\nu')$ und extrapoliert man auf kleine Werte von ν', dann gibt der so gewonnene Brechungsexponent, eingesetzt in Gleichung (23), die Polarisierbarkeit α. Der Vergleich mit (12a) sagt aber sofort, daß dies offenbar nur für den gasförmigen Zustand gelten kann, denn nur dort hat die Molekularpolarisation die einfache Form

$$\mathfrak{P} \equiv \frac{\varepsilon-1}{3}\frac{M}{\varrho} = \frac{n^2-1}{3}\frac{M}{\varrho}\,.$$

Daher kann auch die Beziehung (22) und (22a) nur für Materie in sehr verdünntem Zustand gelten und für dichtere Packung der Moleküle bedarf die Überlegung noch einer Ergänzung.

In der Tat: sind die Moleküle dicht gepackt, dann wirkt auf jedes derselben nicht nur der elektrische Lichtvektor, sondern auch noch eine von den bereits induzierten Nachbarmolekülen herrührende Zusatzkraft, die sog. Lorentz-Lorenz-Kraft. Ihre Größe ist $\frac{4\pi\sigma_p}{3}$ (bezüglich σ_p vgl. Gl. 10), so daß insgesamt die Kraft wirkt:

$$\mathcal{E}'' = \mathcal{E}' + \frac{4\pi\sigma_p}{3} = \mathcal{E}'\left(1 + \frac{4\pi\sigma_p}{3\mathcal{E}'}\right) = \mathcal{E}'\frac{n^2+2}{3}\,, \tag{11a}$$

weil nach Gleichung (11) $\frac{4\pi\sigma_p}{\mathcal{E}'} = \varepsilon - 1 = n^2 - 1$ ist.

Infolgedessen wird der zu Gleichung (22) führende Wert von σ_p um den Faktor $\frac{n^2+2}{3}$ vergrößert und statt (22) erhält man:

$$\varepsilon = n^2 = 1 + R\frac{n^2+2}{3}$$

bzw.

$$R \equiv \frac{N4\pi e^2/\mu}{\omega'^2 - \nu'^2} = 3\frac{n^2-1}{n^2+2}\,. \tag{24}$$

$R\frac{M}{\varrho}$, eine von Temperatur und Dichte im wesentlichen unabhängige Größe, wird bekanntlich „Molekularrefraktion“ genannt.

Eine zweite Erweiterung der obigen einfachen Theorie ist deshalb nötig, weil das Molekül ja nicht nur ein einziges verschiebbares Elektron enthält. Formal erledigt sich die dadurch nötige

Erweiterung durch den Hinweis darauf, daß sich die Polarisationsladungsdichte σ_p der Gleichung (11) *additiv* aus den einzelnen möglichen Momenten $e\xi$ zusammensetzt. Liegen daher mehrere Möglichkeiten vor, in ein und demselben Molekül Dipolmomente zu induzieren, so wird

$$\sigma_p = N\sum e x_i = N\sum \frac{e^2 \mathfrak{E}'/\mu_i}{\omega_i'^2 - \nu'^2} = \frac{\mathfrak{E}'}{4\pi} R \tag{25}$$

mit $R = n^2 - 1$ bzw. $3\,\frac{n^2-1}{n^2+2}$ je nach der Packungsdichte. Daher wird

$$R = N\sum \frac{4\pi e^2/\mu_i}{\omega_i'^2 - \nu'^2}. \tag{26}$$

Tatsächlich lassen sich die empirischen Dispersionskurven im allgemeinen nicht durch eine Formel vom Bau der Gleichung (22a) darstellen, vielmehr sind mehrere Resonanzstellen, also mehrere Dipolmomente mit verschiedenen Eigenfrequenzen ω_i zur Erklärung des Dispersionsverlaufes nötig.

Eine zweite Erweiterung der Theorie wird nötig für jene Fälle (Absorption, Resonanz), wo ν' gleich ω' wird, wo die Substanz mit Licht von einer mit der Eigenschwingung übereinstimmenden Frequenz bestrahlt wird. Nach Gleichung (22) würde für $\omega' = \nu'$ der Brechungsexponent unendlich groß werden. Das kommt daher, daß in Gleichung (15) und (21) die Schwingung des Dipolmomentes ungedämpft angesetzt wurde, was sicher nicht richtig ist, denn das schwingende Moment strahlt Energie aus, seine Amplitude muß abnehmen, es schwingt gedämpft. Die Differentialgleichungen sind daher um ein Dämpfungsglied, dem man die Form $k\,\frac{dx}{dt}$ zu geben pflegt, zu vermehren. Diese Erweiterungen der Theorie, die für die Erscheinungen „anomale Dispersion“, „Absorption“, „Resonanz“ zuständig sind, werden übergangen, da sie keinen unmittelbaren Zusammenhang mit dem Gegenstand dieses Buches haben. Dagegen muß nun die eben erwähnte, die Dämpfung veranlassende Ausstrahlung des erzwungen schwingenden Momentes besprochen werden.

β) Die Ausstrahlung der erzwungenen Dipolschwingung (unverschobene Streustrahlung, Extinktion).

Zur Berechnung der *Ausstrahlung* des durch die einfallende Welle in erzwungene Schwingungen von der Form der Gleichung (22) versetzten Dipolmomentes ist aus (21) durch zweimaliges Differentiieren die Beschleunigung $\dot{v}$ zu rechnen und diese in die Strahlungsgleichung (2) einzusetzen. Man erhält zunächst die Streuintensität S'_{ϑ} für einen gegebenen Augenblick und hat, da $\dot{v}$ zeitlich variiert, durch Mittelbildung über eine Periode der Schwingung die mittlere pro Sek. und cm^2 in A eintreffende Streuenergie S_{ϑ} zu bilden; hierauf geht man zur unpolarisierten Primärstrahlung über und erhält in diesem Fall wieder zwei Komponenten $S_{\vartheta\perp}$ und $S_{\vartheta\parallel}$, von denen die erste mit $\cos^2\varphi$ proportional ist und für die Beobachtungsrichtung $\varphi = 90°$ verschwindet. Die Summe beider ist:

$$S_{\vartheta} = \frac{\nu'^4 (e\xi)^2}{4\pi c^3 r^2} \frac{1+\cos^2\varphi}{2}, \tag{27}$$

worin $e\xi = \mathfrak{m}_0$ die Amplitude des elektrischen Momentes ist.

Der zweite Schritt ist die Summierung über die in A ankommenden Streuwellen der n im cm^3 Substanz enthaltenen Elektronen. Bei optischen Versuchen ist im allgemeinen die Wellenlänge* groß gegen den Moleküldurchmesser; sämtliche Elektronen desselben Moleküls werden, auch wenn ihr $\mathfrak{m}_0$ wegen verschiedener Bindung verschiedene Größe haben sollte, untereinander kohärent sein, also in bestimmter Phasenbeziehung zueinander stehen. Daher sind an der Stelle A nicht die Energien, sondern die Vektoren $\mathfrak{E}$ (Gl. 1) zu überlagern. Die Wirkung aller zum *selben* Molekül gehörigen Elektronen erhält man daher, wenn man in Gleichung (26) $(e\xi)^2$ ersetzt durch $(\sum e\xi_i)^2$, wobei die Summe über alle Elektronen des einzelnen Moleküls zu erstrecken ist. Für *verschiedene* Moleküle jedoch sind die relativen Phasen zufällig, sofern die relativen Lagen wie in einem idealen Gas nur vom Zufall bestimmt sind. Die Streustrahlung *verschiedener* Moleküle ist daher inkohärent und es addieren sich ihre Intensitäten in A. Sind daher N Moleküle im cm^3 vorhanden, so beträgt ihre gesamte Streuintensität:

$$S_{\vartheta} = \frac{\nu'^4}{4\pi c^3 r^2} \frac{1+\cos^2\varphi}{2} N(\sum e\xi_i)^2. \tag{28}$$

Durch Einführung des Brechungsexponenten n mit Hilfe von Gleichung (25), der Primärenergie P und der Wellenlänge kann

* Für die blaue Hg-Linie Hg e ist z. B. $\lambda = 4358$ A.-E. $= 4358 \cdot 10^{-8}$ cm, während die Atomdimensionen die Größenordnung 10^{-8} cm haben; entlang einer Wellenlänge liegen also einige tausend Moleküle.

man die Gleichung (27) in die als „RAYLEIGHsche Streustrahlungsformel“ für Gase bekannte Gestalt umrechnen:

$$S_\varphi = P \frac{\pi^2}{r^2 \lambda^4 N} \frac{1 + \cos^2 \varphi}{2} (n^2 - 1)^2 . \tag{29}$$

Die Integration dieses Ausdruckes über die ganze Kugelfläche gibt die vom cm^3 gestreute Gesamtintensität zu

$$S = \int_0^\pi 2\pi r^2 S\varphi \sin\varphi \, d\varphi = P \frac{8\pi^3}{3} \frac{1}{\lambda^4 N} (n^2 - 1)^2 = hP . \tag{30}$$

Für dichtere Packung der Moleküle ist in Gleichung (29) und (30) der Faktor $(n^2 - 1)^2$ zu ersetzen durch $\left(3 \frac{n^2 - 1}{n^2 + 2}\right)^2$. Da dem Primärstrahl beim Passieren der Schichtdicke dx die Energie $dP = -h\,dx$ durch Streuung verloren geht, ist h der Extinktionskoeffizient der Streuung in dem daraus folgenden Gesetz:

$$P = P_0 e^{-hx} .$$

Durch Gleichung (29) und Gleichung (30) werden die Gesetze der unverschobenen Streustrahlung in Gasen beschrieben. Sie sollte für die zur Strahlrichtung senkrechten Beobachtungsrichtung [$\varphi = 90°$] vollkommen polarisiert sein. Anteil an der Streustrahlung haben sämtliche im Molekül induzierbare und durch Eigenfrequenzen ω_i charakterisierte Dipolmomente.

Die bisher abgehandelte klassische Theorie bedarf nun wieder wesentlicher Ergänzungen, um den experimentellen Ergebnissen gerecht werden zu können. Wohl liefert beim Arbeiten mit Gasen das Experiment das von der Theorie verlangte Ergebnis, daß die Zerstreuung proportional mit der vierten Potenz der reziproken Wellenlänge zunimmt (blaue Farbe des Himmels). Auch sonst stimmt Formel (30) soweit, daß man mit ihrer Hilfe gute, wenn auch ein klein wenig zu große Werte erhält für N, die Zahl der Teilchen pro Volumeinheit bzw. für die LOSCHMIDTsche Zahl L. Jedoch trifft die Forderung, daß das Streulicht bei Beobachtung unter 90° vollständig polarisiert sein soll (elektrischer Vektor senkrecht zur Ebene LOA in Abb. 80) im Experiment nicht zu.

Daraus folgt, daß eine bei der Ableitung stillschweigend gemachte Voraussetzung nicht zu Recht besteht: Das Molekül ist im allgemeinen *nicht isotrop*, das induzierte elektrische Moment hat daher im allgemeinen nicht die Richtung des induzierenden

Feldes und liegt daher nicht nur in der Ebene senkrecht zum Primärstrahl. Daher sind in weiterer Folge die Streuwellen, auch wenn $\varphi = 90^\circ$ ist, nicht vollkommen polarisiert, und bei Zerlegung durch ein Nicol erhält man sowohl Licht, wenn die Schwingung senkrecht zur Beobachtungsebene LOA durchgelassen wird ($S_{||}$, Intensität J), als auch Licht ($S_{\perp}$, Intensität i), wenn nur die Schwingung *in* der Ebene LOA passieren kann. Das gestreute Licht ist „depolarisiert“, der Depolarisationsgrad kann gemessen werden z. B. an dem Wert von

$$\varrho = \frac{i}{J}.$$

Die Theorie wird der Erscheinung phänomenologisch so gerecht, daß dem anisotropen Molekül drei zueinander senkrechte ausgezeichnete Richtungen zugeschrieben werden, in denen die elektrische Polarisierbarkeit Extremwerte besitzt. Als anisotrop ist dabei die quasielastische Bindung f (Gl. 8) anzusehen. Sind α_1, α_2, α_3 die Polarisierbarkeiten in den drei Hauptachsen, $\mathfrak{E}_1'$, $\mathfrak{E}_2'$, $\mathfrak{E}_3'$ die Komponenten des induzierenden Primärfeldes in diesen drei Richtungen, $\mathfrak{m}_1$, $\mathfrak{m}_2$, $\mathfrak{m}_3$ die induzierten Momentkomponenten, so soll gelten:

$$\mathfrak{m}_1 = \alpha_1 \mathfrak{E}_1'; \qquad \mathfrak{m}_2 = \alpha_2 \mathfrak{E}_2'; \qquad \mathfrak{m}_3 = \alpha_3 \mathfrak{E}_3'.$$

Man hat nun, in der gleichen Art wie es weiter oben geschehen ist, die Ausstrahlung zu berechnen unter der Voraussetzung, daß die Orientierung der Moleküle den Gesetzen des Zufalls gehorcht*.

Es ist sehr bemerkenswert, daß auch so regelmäßig gebaute Moleküle wie CH_4 und CCl_4 einen deutlich von Null abweichenden Depolarisationsgrad aufweisen, ein Umstand, der gegen ihre allgemein angenommene vollkommene Punktsymmetrie spricht (vgl. § 54).

Die zweite Erweiterung der Theorie wird nötig, wenn zu Beobachtungen an Substanzen übergegangen wird, die dichter gepackt sind, als dies bei Gasen der Fall ist. Auf die Volumeinheit bezogen ist die Intensität des gestreuten Lichtes z. B. bei Flüssigkeiten wesentlich größer als bei Gasen, auf die gleiche Zahl an streuenden Molekülen bezogen wesentlich kleiner. Überdies ist

* Cabannes, J., Ann. de phys. **15**, 5, 1921.

ein starker Temperaturgang in dem Sinne vorhanden, daß die Streuintensität mit zunehmender Temperatur wächst. Der Grund für diese Abweichungen von der Theorie liegt darin, daß bei dichter Packung der Moleküle die beim Übergang von Gleichung (27) zu Gleichung (28) gemachte Voraussetzung, daß die induzierten Momente verschiedener Moleküle inkohärent schwingen, nur zum Teil zutrifft; um so weniger, je tiefer die Temperatur, je geringer die molekulare Unordnung. Der ideale Krystall darf überhaupt keine Streustrahlung liefern, das ideale Gas muß (bezogen auf gleiche Zahl der streuenden Moleküle) die höchste Streuintensität, die durch Gleichung (29) oder (30) theoretisch gegebene, erzeugen. Dazwischen sind alle Übergangsstufen möglich, von denen insbesonders eine als „Opalescenzeffekt“ bekannt ist: in der Nähe des kritischen Punktes werden die Dichteschwankungen und damit die Streuintensität besonders stark. Die insbesondere von SMOLUCHOWSKI und EINSTEIN durchgeführte theoretische Formulierung dieser statistischen Auffassung des Streueffektes in nicht ideal gasförmigen Körpern muß dann noch durch Einführung der molekularen Anisotropie erweitert werden, und es muß berücksichtigt werden, daß bei dichter Lagerung die Moleküle sich in ihrer Orientierung gegenseitig beeinflussen können. Näher auf die recht verwickelten Verhältnisse einzugehen, dürfte sich hier erübrigen*.

§ 69. Die Ausstrahlung des erzwungen schwingenden Dipolmomentes, anharmonischer Fall.

Die Gleichungen (27) bis (30) haben gezeigt, daß eine (unverschobene) Streustrahlung der Frequenz ν auftritt, wenn ein zu harmonischen Schwingungen fähiges Dipolmoment durch den mit der Frequenz ν oszillierenden elektrischen Vektor des eingestrahlten Lichtes in erzwungene Schwingungen der gleichen Frequenz versetzt wird. Wenn es daher zu zeigen gelingt, daß unter gewissen Verhältnissen das Dipolmoment nicht nur zu Schwingungen mit der Frequenz ν, sondern auch zu solchen mit der Frequenz ν_1, ν_2 ... angeregt werden kann, dann ist damit die klassische Erklärung einer verschobenen Streustrahlung gegeben.

* Man vergleiche etwa den Artikel von R. GANS über Lichtzerstreuung im Handb. d. Experimentalphys. Bd. XIX und J. CABANNES, La Diffusion moléculaire de la lumière, Les Presses Universitaires, Paris 1929.

Solche Verhältnisse liegen vor, wenn die erzwungenen Schwingungen nicht unendlich kleine Amplitude haben und die rücktreibenden Kräfte nicht mehr nur von der ersten Potenz der Verrückung abhängen. Es handle sich um folgenden konkreten Fall:

Gegeben sei ein zweiatomiges Molekül, in welchem die beiden Atome mit den Massen m_1 und m_2 durch das Zusammenwirken von anziehenden und abstoßenden Kräften in der gegenseitigen Normalentfernung r_0 im Gleichgewicht gehalten werden. Beide Arten von Kräften werden mit der Entfernung abnehmen; damit es überhaupt zu einer Molekülbildung kommt, muß der Anziehungsbereich größer sein als der Abstoßungsbereich, d. h. die abstoßende Kraft muß mit der Entfernung r schneller abnehmen und früher verschwinden als die anziehende Kraft. Als Funktion von r aufgetragen wird man also in graphischer Darstellung etwa einen Kurvenverlauf wie den der gestrichelten Kurven in Abb. 81 erwarten. Die beiden in der r-Richtung wirkenden Kräfte setzen sich zusammen zur Resultierenden, die bei r_0 die r-Achse schneidet und dort den Wert Null hat; befinden sich die beiden Atome in der Entfernung r_0 voneinander, so sind sie kraftfrei und in der Gleichgewichtslage. Verkleinern sie ihre Entfernung um $r_0 - r = -x$, so kommen sie in den Abstoßungsbereich der Resultierenden, vergrößern sie die Normalentfernung um $r - r_0 = +x$, so gelangen sie in den Anziehungsbereich der Resultierenden; in beiden Fällen treten also rücktreibende Kräfte auf, die $x = 0$ zu machen bestrebt sind. Die beiden Atome können somit um die Normalentfernung r schwingen. Den einfachsten Fall für den Verlauf der resultierenden Kraftkurve erhält man, wenn sie für das für die Schwingungsamplituden in Betracht kommende r-Intervall als Gerade aufgefaßt werden kann; dann gilt die schon mehrfach verwendete Beziehung $K = fx$, die Kraft ist der Elongation proportional. Wird die unmittelbare Umgebung von r_0 bei der Schwingung nicht verlassen, sind also die Amplituden

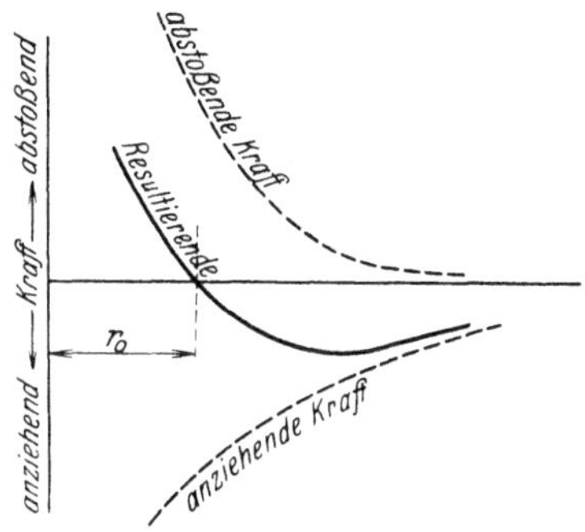

Abb. 81. Darstellung der Bindekraft als Funktion des Abstandes zweier Atome eines Moleküles.

unendlich klein, dann läßt sich jeder Kraftverlauf durch die einfache Proportionalität mit x darstellen. Sind die Amplituden aber nicht unendlich klein, dann wird die Kraftkurve im allgemeinen nicht als Gerade im betreffenden r-Intervall angesehen werden können, vielmehr wird ein durch $K = \varphi(x)$ zu beschreibender Zusammenhang gelten. Jede solche Funktion kann man aber nach dem TAYLORschen Satz in eine Reihe entwickeln

$$K = fx + Bx^2 + Cx^3 + \cdots$$

und kann nun je nach dem Grad der angestrebten Genauigkeit diese Reihe mit zwei oder mehr Gliedern auf der rechten Seite zur Darstellung der Verhältnisse verwenden. Bricht man im speziellen die Reihe bereits nach dem zweiten, in x quadratischen Glied ab, so erhält man

$$K = fx + Bx^2. \tag{31}$$

B ist eine neue Konstante, die für den Grad der Asymmetrie maßgebend ist. Asymmetrisch muß die Schwingung werden, da die Kraft K wegen des für Vorzeichenwechsel von x unempfindlichen quadratischen Gliedes für Plus- und Minuswerte von x verschieden groß wird; oder mit anderen Worten, die beim Durchschwingen durch die Normallage vorhandene Bewegungsenergie wird durch die Arbeit gegen die rücktreibenden Kräfte links in Abb. 81 wegen der größeren Steile der Kurve früher verbraucht als rechts; die linke Amplitude x ist kleiner als die rechte, wenn das Glied Bx^2 neben fx nicht vernachlässigt werden kann.

Die Differentialgleichung der erzwungenen Schwingung hat dann die Form

$$\mu \frac{d^2x}{dt^2} + fx + Bx^2 = e\,\mathfrak{E}_0' \cos \nu' t\,. \tag{32}$$

Der Einfluß des Gliedes Bx^2 wird als klein angenommen. Die Lösung dieser Differentialgleichung* hat die Form

* Über die Lösung einer Differentialgleichung von der Form Gl. (32) vgl. man z. B. W. GORDON und H. KALLMANN, Ann. d. Phys. **70**, 121, 1923. Differentialgleichung (32) vermehrt um ein der Geschwindigkeit dx/dt proportionales Dämpfungsglied wurde von E. LOMMEL (Wiedemanns Ann. d. Phys. **3**, 251, 1878) gerechnet. Man vgl. ferner CL. SCHAEFER, Ann. d. Phys. **67**, 407, 1922 und RAYLEIGH, Theorie des Schalles, Bd. I.

$$
\left.\begin{aligned}
x = {} & A\cos(\omega' t + \vartheta) + b\cos\nu' t \\
& + \beta\{\text{const} + C\cos[(\nu' - \omega')t + \vartheta] + D\cos[(\nu' + \omega)t + \vartheta] \\
& \qquad + E\cos(2\omega' t + 2\vartheta) + F\cos(2\nu' t)\} \\
& + \beta^2\{G\cos\nu' t + H\cos[(\nu' + 2\omega')t + \vartheta] \\
& \qquad + K\cos[(\nu' - 2\omega')t + \vartheta] \\
& \qquad + L\cos[(2\nu' + \omega')t + \vartheta] \\
& \qquad + M\cos[(2\nu' - \omega')t + \vartheta] \\
& \qquad + N\cos[(3\omega' t + 3\vartheta) + P\cos(3\nu' t)\} \\
& + \beta^3\{\ldots
\end{aligned}\right\} \quad (33)
$$

Darin ist $\beta = \frac{B}{\mu}$ eine kleine Größe, $b = \frac{e\,\mathcal{E}_0'}{\mu(\omega'^2 - \nu'^2)}$; die Größen $A, B, C \ldots$ sind vom Anfangszustand des in Schwingung versetzten Systems abhängig. Für die nullte, erste, zweite usw. Potenz von β erhält man Effekte erster, zweiter, dritter usw. Ordnung. Cl. Schaefer[IV] folgend, kann man daher das nachstehende Schema der bei der erzwungenen Schwingung eines asymmetrischen Oszillators auftretenden Streufrequenzen aufstellen:

1. Ordnung (β^0):		ω Eigenfrequenz		ν Tyndalleffekt 1. Ordnung
2. Ordnung (β^1):	2ω Oktave der Eigenfrequenz		2ν Tyndalleffekt 2. Ordnung	$\nu \pm \omega$ S.R.E. 1. Ordnung
3. Ordnung (β^2):	3ω Duodezim der Eigenfrequenz	3ν Tyndalleffekt 3. Ordnung	$\nu \pm 2\omega$ Oktave im S.R.E.	$2\nu \pm \omega$ S.R.E. 2. Ordnung

Nach dieser Darstellung ist das Auftreten der verschobenen Streustrahlung gebunden an einen von Null verschiedenen Wert für den Asymmetriekoeffizienten β bzw. B. Eine unharmonische Schwingung, die *nicht* unsymmetrisch ist, z. B. jene mit der Differentialgleichung

$$
\mu \frac{d^2 x}{d t^2} + f x + C x^3 = e\,\mathcal{E}_0' \cos\nu' t\,,
$$

führt zu einem wesentlich anderen Ergebnis, indem die Effekte zweiter Ordnung in obigem Schema ausfallen und nur die erster und dritter Ordnung usw. bleiben. Schaefer folgert daraus, daß Frequenzen, die im Ramaneffekt auftreten, auf unsymmetrische Schwingungen zurückzuführen sind, die in Ultrarotabsorption auch die Oktave als ersten Oberton besitzen werden. Frequenzen, die im Ramanspektrum fehlen, sollten im Ultraroten als ersten Oberton nicht die Oktave, sondern die Duodezim aufweisen.

Hat das Kraftgesetz die durch (31) gegebene Form, dann ist der Einfluß des Gliedes Bx^2 in der Differentialgleichung einerseits von B, andererseits von x abhängig. Je stärker die Verschiebungen sind, um so mehr muß sich die Asymmetrie der Schwingung bemerkbar machen. SCHAEFER erläutert dies an dem Fall der möglichen Schwingungen des linearen CO_2-Modells (vgl. §§ 51, 52). Von diesen drei Frequenzen ist nur ν_2 im Ramanspektrum beobachtet worden; ν_1 und ν_3 nicht. Dafür erscheinen ν_1 und ν_3 in ultraroter Absorption, ν_2 dagegen nicht. Der Grund für das Verhalten in *Absorption* wäre: daß ν_2 „optisch inaktiv" ist, d. h. daß bei der gezeichneten Schwingungsform sich die elektrischen $\pm$-Schwerpunkte nicht bewegen, sie bleiben im ruhenden C-Atom vereinigt; ν_1 und ν_3 sind optisch aktiv. Der Grund für das Verhalten im S.R.E. wäre nach SCHAEFER: bei ν_2 sind die Deformationen am stärksten, bei ν_3 am kleinsten; daher erscheint wegen der mit der Deformation wachsenden Unsymmetrie der Schwingung ν_2 im Ramanspektrum, ν_3 nicht; ν_1 wäre aber wohl eigentlich zu erwarten, ohne daß es beobachtet wurde, insbesondere da die Oktave $2\nu_1$ in Absorption beobachtet wurde.

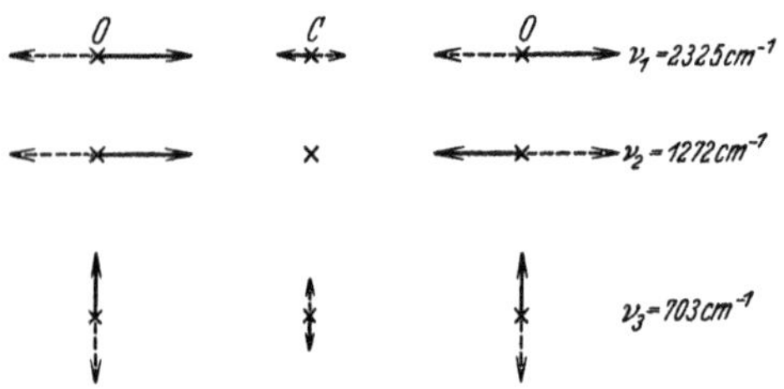

Abb. 82. Schwingungsformen des linearen CO_2-Moleküles.

Die Ausstrahlung des durch (33) gegebenen Dipolmomentes ex ist wieder durch Ausrechnen der Beschleunigung $\dot{v}$ und Einsetzen von $\dot{v}^2$ in Gleichung (2) zu bestimmen. Daraus folgt, daß sich bis auf die wenig verschiedenen (unbestimmten) Amplituden C und D die Intensitäten der blau- und rotverschobenen Ramanlinien verhalten sollten wie

$$\left(\frac{\nu - \omega}{\nu + \omega}\right)^4,$$

also, da $\omega \ll \nu$ ist, nahe gleich sein sollten, während das Experiment ein starkes Überwiegen der Intensität der rotverschobenen Frequenzen abgibt.

§ 70. Die „Schwebungstheorie“ von CABANNES und ROCARD.

Von einem anderen Gesichtspunkt aus haben schon bald nach Entdeckung des S.R.E. unabhängig voneinander ROCARD[9] und CABANNES[10] eine Theorie des Effektes auf rein klassischer Grundlage skizziert und etwas später gemeinsam[51] vollkommen durchgerechnet.

Wird durch eine in der x-Richtung einfallende Welle der Frequenz $\nu' = 2\pi\nu$ in einem isotropen und ruhenden Molekül ein elektrisches Moment induziert, so hat dieses die Form:

$$A = a \sin\left(\nu' t - \frac{2\pi x}{\lambda}\right).$$

Befindet sich der Beobachter in der Entfernung r in der y-Richtung, so wird die ihm zugestrahlte Streuwelle ein elektrisches Feld von der Form haben: (Berechnung von $\dot{v}$ durch zweimaliges Differentiieren, Einsetzen in Gleichung (1), Berücksichtigen der Zeit zur Ausbreitung der Welle)

$$\frac{4\pi^2}{\lambda^2 r}\, a \sin\left(\nu' t - 2\pi\,\frac{x+y}{\lambda}\right).$$

Die beobachtete Intensität ist nach Gleichung (2) dem Quadrat dieses Ausdruckes proportional; das Streulicht muß die gleiche Frequenz aufweisen wie das einfallende.

Wenn aber das Molekül während der Dauer der Aussendung dieser Welle nicht in Ruhe ist, sondern infolge von Rotation oder innermolekularen Schwingungen periodische Bewegungen ausführt, die nicht als unendlich langsam angesehen werden können, dann ist die Amplitude a des induzierten Momentes nicht zeitunabhängig, sondern die induzierte Schwingung ist der Eigenschwingung übergelagert. Ist deren Frequenz $\omega' = 2\pi\omega$, dann läßt sich a z. B. darstellen durch:

$$a = \bar{a}[1 + \varepsilon \cos(\omega' t + \varphi)],$$

dadurch erhält das Moment die Gestalt:

$$\begin{aligned} A &= a[1 + \varepsilon\cos(\omega' t + \varphi)] \sin\left(\nu' t - \frac{2\pi x}{\lambda}\right) \\ &= \bar{a} \sin\left(\nu' t - 2\pi\,\frac{x}{\lambda}\right) + \frac{\varepsilon\bar{a}}{2} \sin\left[(\nu' + \omega')\, t - \frac{2\pi x}{\lambda} + \varphi\right] \\ &\quad + \frac{\varepsilon\bar{a}}{2} \sin\left[(\nu' - \omega')\, t - \frac{2\pi x}{\lambda} - \varphi\right], \end{aligned}$$

und der elektrische Vektor im Aufpunkt, dessen Quadrat die Intensität proportional ist, wird:

$$\frac{4\pi^2}{\lambda^2 r}\bar{a}\sin\left(\nu' t - \frac{2\pi(x+y)}{\lambda}\right)$$
$$+\frac{4\pi^2}{\lambda^2 r}\left(1 \pm \frac{\omega'}{\nu'}\right)^2 \frac{\varepsilon\bar{a}}{2}\sin\left[(\nu' \pm \omega')\,t - \frac{2\pi x}{\lambda} - \frac{2\pi y}{\lambda}\left(1 \pm \frac{\omega'}{\nu'}\right) \pm \varphi\right].$$

Der erste Summand dieses Ausdruckes liefert die unverschobene klassische Strahlung, der zweite eine frequenzverschiedene, um $\pm\omega'$ gegen die erstere verschobene Streustrahlung. Durch Überlagerung von induzierter und von Eigenfrequenz, gewissermaßen durch „Schwebungen" zwischen beiden, entsteht die Strahlung $\nu \pm \omega'$.

Außer den periodischen Bewegungen besitzt aber das Molekül auch eine nichtperiodische Schwerpunktsbewegung, durch welche das induzierte Moment in den Bereich der elektrischen Felder der Nachbarmoleküle gebracht und stetig bzw. bei Zusammenstoß ruckweise verändert wird. Diese zeitliche Abhängigkeit der Amplitude a gibt in der Fourieranalyse bzw. in der Analyse durch das Spektroskop des Beobachters ein der unverschoben gestreuten Linie übergelagertes schmales kontinuierliches Spektrum, das sich als symmetrische Linienverbreiterung äußert.

Der vorstehend angedeutete Gedankengang wurde nun von Cabannes-Rocard[51] für den Fall eines zweiatomigen Moleküls mit der Rotationsfrequenz ω_r und der Schwingungsfrequenz ω_s im einzelnen durchgerechnet.

Die unverschobene Streustrahlung ist kohärent, sie würde durch Interferenz vernichtet werden, wenn nicht die thermischen Schwankungen der Dichte vorhanden wären; daher wird die Intensität der klassischen Streustrahlung dem mittleren Schwankungsquadrat der Dichte proportional. Die verschoben gestreute Strahlung ist aber inkohärent, denn die gegenseitigen Phasendifferenzen φ variieren zufällig von einem Molekül zum anderen. Daher ist die Intensität der Zahl der Moleküle in der Volumseinheit proportional, während für die unverschobene Strahlung die Schwankung dieser Zahl maßgebend ist.

Cabannes und Rocard kommen zu dem Ergebnis, daß sich im Streuspektrum die folgenden Frequenzen finden müßten: ν, $\nu \pm 2\omega_r$, $\nu \pm \omega_s$, $\nu \pm \omega_s \pm 2\omega_r$. Es ist bemerkenswert, daß auch nach dieser Überlegung das experimentelle Ergebnis insofern richtig vorausgesagt wird, als die Eigenfrequenzen der Schwingung sich durch den einfachen Abstand ω_s, die der Rotation aber um den doppelten Abstand $2\,\omega_r$ von der Erregerlinie im Ramanspektrum bemerkbar machen.

Betreffs der Depolarisation ergab sich: die sechs auf Rotation zurückzuführenden verschobenen Linien haben alle den gleichen Depolarisationsfaktor, der für nicht polarisiertes primäres Licht den Wert $^6/_7$ haben sollte. Die Depolarisation ϱ der um die Schwingungsfrequenzen verschobenen Linien variiert mit der Anisotropie des Moleküls oder mit der Depolarisation ϱ_0 des unverschoben gestreuten Lichtes im Gaszustand, da auch diese von der Anisotropie des Moleküls abhängt. Und zwar ergibt sich

$$\varrho = \frac{6 - 7\varrho_0}{7 + 258{,}5\,\varrho_0}\,.$$

Betreffs der Intensitätsverhältnisse folgt aus der Theorie: Die verschobene Streustrahlung ebenso wie die unverschobene sollte nach dem bekannten λ^{-4}-Gesetz an Intensität zunehmen; genauer gesagt wächst die Ausbeute im S.R.E. für die verschobene Linie mit $(\nu \pm \omega)^4$, für die unverschobene Linie mit ν^4; doch ist der Unterschied, da $\omega \ll \nu$ ist, zu vernachlässigen. Das Intensitätsverhältnis zwischen blau- und rotverschobener Linie sollte durch $\left(\frac{\nu + \omega}{\nu - \omega}\right)^4$ wiedergegeben werden.

Und dies ist der Punkt, wo die Theorie entscheidend gegenüber dem Experiment versagt; während nach der Theorie die blauverschobene Linie sogar ein wenig intensiver sein sollte als die rotverschobene, zeigt das Experiment, daß die letztere merklich stärker ist als die erstere, und daß das Intensitätsverhältnis von der Temperatur abhängt. CABANNES selbst kommt auch gelegentlich auf den weiteren Einwand, den man den Grundlagen der Theorie machen muß, zu sprechen, indem er darauf hinweist, daß bei tiefer Temperatur nur ein Bruchteil der Moleküle Schwingungsenergie besitzt, also nur ein Bruchteil Veranlassung zu diesem Schwebungseffekt geben könnte. Wohingegen auch bei $-180°$ (z. B. in flüssigem Methan) noch Ramanlinien, die um Schwingungsfrequenzen verschoben sind, mit unveränderter Intensität beobachtet werden können.

§ 71. Die Theorie der Kombinationsstreuung von Mandelstam-Landsberg-Leontowitsch.

Im Jahre 1922 hat L. Brillouin* eine Theorie der Lichtstreuung in festen oder flüssigen Körpern entwickelt, nach der die Streuung auf eine Reflexion des Lichtes an den im Körper vorhandenen thermisch-elastischen Wellen zurückgeführt wird. In Abb. 83 sei eine z. B. stehende elastische Welle vorhanden, die im gezeichneten Augenblick in den Ebenen *1* und *3* Maxima, in *2* und *4* Minima der Dichte und damit zugleich Extremwerte des Brechungsexponenten hervorruft. Wenn man zunächst an Wellen denkt, die sich mit der dem Medium eigentümlichen Schallgeschwindigkeit ausbreiten (also im flüssigen Medium nur Longitudinal-, im festen auch Transversalwellen), dann kann man mit Rücksicht auf die große Differenz zwischen Schall- und Lichtgeschwindigkeit annehmen, daß die räumliche Konfiguration der Dichte während der Dauer der Wechselwirkung mit dem einfallenden Licht zeitunabhängig ist. Ein von rechts einfallender Lichtstrahl $E_1 J_1$ wird die Ebene *1* zum größten Teil passieren, zum kleineren Teil wird er regelmäßig reflektiert werden in die Richtung $J_1 R_1$, die mit der Einfallsrichtung den $\sphericalangle \varphi$ einschließt. Das gleiche erfolgt an den anderen Ebenen *3*, *5*, *7* usw.; ein merklicher Betrag an reflektiertem Licht in der zu JR parallelen Richtung wird aber nur zustande kommen, wenn die etwa durch eine Linse vereinigten Parallelstrahlen in gleicher Phase schwingend einander verstärken, wenn also ihre Weglängendifferenzen ganzzahlige Vielfache der Wellenlänge des einfallenden Lichtes sind, die im Medium mit dem Brechungsexponenten n den Wert λ_0/n (λ_0 im Vakuum) haben. Es ist aus Abb. 83 leicht ersichtlich, daß diese Bedingung erfüllt ist, wenn

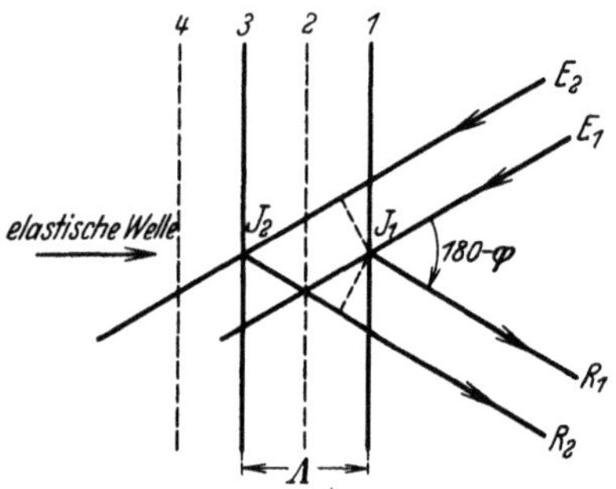

Abb. 83. Reflexion von Lichtwellen an örtlich periodischen Inhomogenitäten des Mediums.

$$2\Lambda \sin\frac{\varphi}{2} = \frac{\lambda_0}{n},$$

* Brillouin, L., Ann. de phys. **17**, 88, 1922.

worin Λ den Abstand der Dichtemaxima, d. i. die Wellenlänge der elastischen Welle bedeutet.

Bei der Beobachtung des Streulichtes ist die Beobachtungsrichtung φ und die Wellenlänge des Primärlichtes vorgegeben. Man hat sich den Streukörper von akustischen Wellen aller möglicher Richtungen und Frequenzen durchzogen vorzustellen. Das gestreute Licht entsteht dann durch eine akustische Welle, deren Richtung den $\sphericalangle \varphi$ halbiert und deren Wellenlänge obiger Beziehung genügen muß. Wie BRILLOUIN zeigt, führt die quantitative Behandlung dieses Gedankenganges in der Tat zu Formeln für die Intensität des Streulichtes, die im wesentlichen denen der EINSTEINschen Schwankungstheorie entsprechen.

Solange man dabei die räumliche Dichteverteilung als zeitunabhängig bzw. als nur unendlich langsam variierend behandelt, erhält man nur das unverschobene Streulicht. Sowie man aber die zeitliche periodische Änderung der Dichte während der Wechselwirkung des Lichtes in Betracht zieht, erhält man eine verschobene Streustrahlung. Dann drückt sich, was ebenfalls schon von BRILLOUIN abgeleitet wurde, der Primärstrahlung die Eigenfrequenz der Dichteänderung auf und ergibt die verschobene Streustrahlung mit der Frequenz $\nu \pm \omega$. Berücksichtigt man, daß $\lambda_0/n = c/\nu$ (c = Lichtgeschwindigkeit im Medium, ν = Primärfrequenz), daß $\omega = v/\Lambda$ (v = Schallgeschwindigkeit im Medium) und Λ durch die weiter oben angeführte Bedingung gegeben ist, so ergibt sich für die „verschobene“ Frequenz

$$\nu_1 = \nu \pm 2\nu \frac{v}{c} \sin\frac{\varphi}{2}.$$

Daraus folgt, daß bei vorgegebenem Material (v) die Verschiebung von der Beobachtungsrichtung abhängt und für $\varphi = 180°$ ein Maximum wird. Setzt man $v = 1500$ m/sec in Wasser, $\nu = 23000\ \text{cm}^{-1}$ (Hg e-Linie), $\varphi = 90°$, so wird die Verschiebung $\Delta\nu = \nu_1 - \nu = \pm 0{,}16\ \text{cm}^{-1}$, ist also sehr gering (vgl. § 29).

Nun besteht aber das elastische Spektrum der Gitterschwingungen, z. B. eines Krystalles* mit N Gitter- und S Basispunkten (p Atome und $s-p$ Elektronen) aus $3N$ Frequenzen, die sich einteilen lassen in $3s$ Zweige; davon 3 akustische, $3(p-1)$ optisch-

* DEBYE, P., Ann. d. Phys. **39**, 789, 1912. M. BORN, Enzykl. d. math. Wiss. V, Nr. 24 (1922).

ultrarote, $3(s-p)$ optisch-ultraviolette Zweige. Auch bei den ultraroten Frequenzen gehören die periodischen Strukturänderungen zu Wellenlängen, die groß sind im Vergleich zum Abstand der Gitterpunkte, so daß wieder die Möglichkeit einer räumlich periodischen „Schichtenbildung“ und damit die Möglichkeit von sich summierenden Reflexionen gegeben ist. Die zeitliche Periodizität dieser räumlichen Inhomogenitäten „moduliert“ wieder die Frequenz des gestreuten Lichtes um den Betrag der ultraroten Krystallfrequenzen $\pm\omega$. Da diese Frequenzen aber praktisch unabhängig sind von der zugehörigen Wellenlänge Λ, so verschwindet jetzt die Abhängigkeit der Verschiebung von der Beobachtungsrichtung und man erhält eine klassische Erklärung für das Entstehen des Ramanspektrums.

Dieser Gedankengang wurde von MANDELSTAM-LANDSBERG-LEONTOWITSCH[212] rechnerisch verfolgt; bezüglich der Durchführung sei auf die Originalarbeit verwiesen.

§ 72. Ergänzungen zur KRAMERS-HEISENBERGschen Dispersionstheorie.

Es werde angeknüpft an die allgemeinen Erläuterungen in § 5 und kurz wiederholt: Eine monochromatische polarisierte Welle der Frequenz ν trifft auf ein isotropes Molekül und erregt eine Streustrahlung der Frequenz $\nu + \nu_{pq}$ dadurch, daß das Molekül von einem Anfangszustand der Energie E_p in einen Endzustand E_q gebracht wird auf Kosten der eingestrahlten Energie $h\nu$. Die Gesamtstreuung S_{pq} ist dann nach klassischer Anschauung auf ein induziertes Dipolmoment $\mathfrak{m}_{pq}$ zurückzuführen, wobei nach Gleichung (3) der Zusammenhang besteht:

$$S_{pq} = \frac{64\pi^4}{3c^2}(\nu + \nu_{pq})^4 |\mathfrak{m}_{pq}|^2. \tag{1}$$

Für die Amplitude $\mathfrak{m}_{pq}$ wird nun nach verschiedenen Rechenmethoden* übereinstimmend ein Ausdruck gefunden von der Form der Gleichung (4):

$$\mathfrak{m}_{pq} = \frac{e^2\mathfrak{E}}{2h}\sum_x A_{px}A_{xq}\left[\frac{1}{\nu_{xp}-\nu} + \frac{1}{\nu_{xq}+\nu}\right]. \tag{2}$$

---

* KRAMERS, H. A., W. HEISENBERG[2], M. BORN, W. HEISENBERG, P. JORDAN, Z. f. Phys. **35**, 557, 1925; E. SCHRÖDINGER, Annal. d. Phys. **81**, 109, 1926; DIRAC, Proc. Roy. Soc. **114**, 710, 1927 usw.

Über die Bedeutung von A, p, q, x usw. vgl. § 5. Für die unverschobene Streuung ist $p = q$ zu setzen, also $\nu_{px} = -\nu_{xp} = -\nu_{xq}$ und $A_{px} = A_{xq}$.

Für die folgende Diskussion (CARELLI[20, 77], BORN[34], DICKE[102], LANGER-MEGGERS[74, 121, 189]) ist es bequemer, die Formeln (1) und (2) für die unverschobene und verschobene Streuung getrennt anzuschreiben. Der energetische Normalzustand sei E_n, der in Betracht gezogene gehobene (z. B. Schwingungs-) Zustand E_s, der Zwischenzustand wieder E_x. Dann ist für die unverschobene Streuung der Anfangszustand p gleich dem Endzustand q, wobei p jeden beliebigen Wert, also sowohl n als s, oder sonst irgendeinen der möglichen und in der Energieverteilung vertretenen Wert haben kann. Da bei den üblichen Versuchstemperaturen die überwiegende Mehrzahl der Moleküle im Normalzustand sein wird, so wird der Hauptteil der unverschobenen Strahlung durch die Intensitätsformel erfaßt werden:

$$\text{unverschoben:} \quad J_T \sim N_n \mathcal{E}^2 \nu^4 \left| \sum_x A_{n,x}^2 \left(\frac{1}{\nu_{xn} - \nu} + \frac{1}{\nu_{xn} + \nu} \right) \right|^2. \tag{3}$$

[Für $p = n$ wird in Gleichung (2) $\nu_{px} = \nu_{nx} = -\nu_{xn}$; ν_{nx} ist als Absorptionsfrequenz negativ.] Nicht eingerechnet sind also in J_T alle jene Intensitätsbeiträge J_{pp}, die von Systemen mit Anfangszuständen $p \neq n$ stammen und die von einem solchen Anfangszustand ausgehend wieder auf ihn zurückfallen. J_T gibt demnach einen etwas zu kleinen Wert für die Tyndallstreuung.

Für die um ν_{ns} nach Rot verschobene Streustrahlung der Frequenz $\nu - \nu_{sn}$ erhält man aus Gleichung (2) analog:

rotverschoben:

$$J_{\text{rot}} \sim N_n \mathcal{E}^2 (\nu - \nu_{sn})^4 \left| \sum_x A_{nx} \cdot A_{xs} \left(\frac{1}{\nu_{xn} - \nu} + \frac{1}{\nu_{xs} + \nu} \right) \right|^2. \tag{4}$$

Und endlich ergibt sich für die nach Blau verschobene Streustrahlung der Frequenz $\nu + \nu_{sn}$ (Anfangszustand $p = s$, Endzustand $q = n$, Zahl der Moleküle im Zustand E_s gleich N_s):

blauverschoben:

$$J_{\text{blau}} \sim N_s \mathcal{E}^2 (\nu + \nu_{sn})^4 \left| \sum_x A_{sx} \cdot A_{xn} \left(\frac{1}{\nu_{xs} - \nu} + \frac{1}{\nu_{xn} + \nu} \right) \right|^2. \tag{5}$$

Auch die Ausdrücke (4) und (5) geben die Intensitäten der um $\pm \nu_{sn}$ verschobenen Streustrahlung etwas zu klein an; denn es können ja Systeme auch in irgendeinem anderen Anfangszustand als in n [Gl. (4)] bzw. s [Gl. (5)] vorhanden sein und Energieänderungen durchmachen, die sich gerade um $\pm h \nu_{sn}$ vom Anfangszustand unterscheiden.

In den Ausdrücken (3), (4), (5) lassen sich die Klammergrößen umformen und mit Rücksicht auf $\nu_{xn} = \nu_{xs} + \nu_{sn}$ (vgl. Abb. 2, S. 7) schreiben:

$$J_T \sim N_n \mathcal{E}^2 \nu^4 \left| \sum_x A_{n,x}^2 \frac{2\nu_{xn}}{\nu_{xn}^2 - \nu^2} \right|^2, \tag{3a}$$

$$J_{\text{rot}} \sim N_n \mathcal{E}^2 (\nu - \nu_{sn})^4 \left| \sum_x A_{nx} \cdot A_{xs} \frac{\nu_{xn} + \nu_{xs}}{\nu_{xn}^2 - \nu^2} \left\{ 1 + \frac{\nu_{sn}}{\nu_{xs} + \nu} \right\} \right|^2, \tag{4a}$$

$$J_{\text{blau}} \sim N_s \mathcal{E}^2 (\nu + \nu_{sn})^4 \left| \sum_x A_{sx} \cdot A_{xn} \frac{\nu_{xn} + \nu_{xs}}{\nu_{xn}^2 - \nu^2} \left\{ 1 + \frac{\nu_{sn}}{\nu_{xs} - \nu} \right\} \right|^2. \tag{5a}$$

Unter normalen Versuchsbedingungen liegt die Frequenz ν des Erregerlichtes im sichtbaren Spektralteil, also $20000 < \nu < 30000$; die Ramanfrequenz $\Delta \nu = \nu_{sn}$ ist eine Rotations- oder Schwingungsfrequenz des Moleküls, also $\nu_{sn} \leqq 3000 \text{ cm}^{-1}$; die den normalen Energieübergängen entsprechenden Elektronensprünge haben ihre Frequenzen bei durchsichtigen Substanzen meist tief im Ultravioletten; für ν_{xn} und ν_{xs} kommen also Frequenzen in Betracht, die vorwiegend im Ultravioletten liegen, so daß im allgemeinen $\nu_{sn} \ll \nu$ und auch $\nu_{sn} \ll (\nu_{xs} \pm \nu)$ angenommen werden kann. Unter diesen Voraussetzungen ist $\nu_{xn} + \nu_{xs} \simeq 2\nu_{xn}$ und man kann die Intensitätsverhältnisse zwischen Tyndall- und Kombinationsstreuung für den Fall, als nur *ein einziges* Zwischenniveau x sich bemerkbar macht, angeben zu:

$$\frac{J_{\text{rot}}}{J_T} = \frac{A_{xs}^2}{A_{nx}^2} \cdot \left(\frac{\nu - \nu_{sn}}{\nu} \right)^4 \left(1 + \frac{\nu_{sn}}{\nu_{xs} + \nu} \right)^2 \simeq \frac{A_{xs}^2}{A_{nx}^2}, \tag{6}$$

$$\left. \begin{aligned} \frac{J_{\text{blau}}}{J_{\text{rot}}} &= \frac{N_s}{N_n} \left(\frac{\nu + \nu_{sn}}{\nu - \nu_{sn}} \right)^4 \left(\frac{1 + \dfrac{\nu_{sn}}{\nu_{xs} - \nu}}{1 + \dfrac{\nu_{sn}}{\nu_{xs} + \nu}} \right)^2 \\ &\simeq e^{-\frac{h\nu_{sn}}{kT}} \left(\frac{\nu + \nu_{sn}}{\nu - \nu_{sn}} \right)^4 \left(1 + \frac{4\nu \cdot \nu_{sn}}{\nu_{xs}^2 - \nu^2} \right) \approx e^{-\frac{h\nu_{sn}}{kT}}. \end{aligned} \right\} \tag{7}$$

Denn N_s/N_n ist durch die BOLTZMANNsche Energieverteilung gegeben und der Doppelbruch in Gleichung (7) hat die Form $(1 + \xi) : (1 + \eta)$, wobei ξ und η klein gegen 1 sind; man erhält $1 + \xi - \eta$ oder quadriert $1 + 2(\xi - \eta)$. Bezüglich einer strengeren Ableitung der Gleichung (7) vergleiche man G. PLACZEK[191].

Die Haupteigenschaften der Streuerscheinungen werden durch die Gleichungen (3), (4) und (5) gleichartig, wie durch die klassischen Überlegungen beschrieben; und zwar wird von ihnen verlangt: Erstens die Unabhängigkeit der Kombinationsfrequenzen ν_{sn} von der Erregerfrequenz ν, zweitens die Proportionalität der Streuintensitäten mit der Primärintensität P (die ihrerseits $\sim \mathcal{E}^2$ ist), drittens die Proportionalität der Intensität mit der Zahl der streuenden Systeme, welche Proportionalität bei der unverschobenen Streustrahlung wegen der Kohärenz noch den bekannten (vgl. § 68) Einschränkungen unterliegt. Diese Proportionalität mit N_n bzw. N_s ist es, die das Intensitätsverhältnis der blau- und rotverschobenen Linien im wesentlichen bestimmt [Gl. (7)] und seine Abhängigkeit von der Versuchstemperatur dadurch erklärt, daß N_s mit zunehmender Temperatur entsprechend dem BOLTZMANNschen Energieverteilungssatz zunimmt, während N_n relativ nahe konstant bleibt. Endlich viertens die Proportionalität mit der vierten Potenz der Streustrahlungsfrequenz, die wiederum die Abhängigkeit der Intensität von der Primärfrequenz der Hauptsache nach beschreibt. Diese Identität der klassischen und der Quantenanschauung ist im Hinblick auf die Anleihen, die letztere von ersterer bei den Ableitungen machen muß, eine Selbstverständlichkeit.

Unterschiede können sich erst dort einstellen, wo die Ableitungen divergieren, d. i. in den Aussagen über das induzierte Moment $\mathfrak{m}$, also im wesentlichen in den Ausdrücken unter den Summenzeichen von (3), (4) und (5).

Die zu bildende Summe ist über alle Quantenzustände x — die Zeichen p, x, q vertreten die Gesamtheit aller Quantenzahlen (Elektronen-, Impuls-, Schwingungs-, magnetische Quantenzahl) in den drei Zuständen — des ungestörten Moleküls einschließlich des evtl. kontinuierlichen Spektrums zu erstrecken, vorausgesetzt, daß die Übergänge $p \rightarrow x$ und $x \rightarrow q$ „erlaubte“ sind. Daß die Intensität des Streulichtes an die Existenz solcher Übergangszustände x gebunden wird, ist der wesentlichste Charakterzug der Formeln vom Typus der Gleichung (2). Damit irgendein Glied dieser Summe zur Streuintensität beitragen kann, müssen die die Übergangswahrscheinlichkeit zwischen den benutzten Übergängen $p \to x \to q$ messenden Größen A_{px} und A_{xq} von Null verschieden sein. Damit z. B. A_{px} endlich bleibt, muß das über den ganzen Konfigurationsraum τ erstreckte Integral

$$A_{px} = \int z \psi_p \psi_x d\tau$$

von Null verschieden sein; die Schwingungsrichtung des Dipolmomentes liegt in der z-Achse, ψ_p, ψ_x sind die „Eigenfunktionen" der SCHRÖDINGERschen Differentialgleichung für die beiden Zustände.

Für die unverschobene Streustrahlung ($p = q$) ist das Endlichbleiben von nur einem Koeffizienten $[A_{px} = A_{xq}]$, für die verschobene Streustrahlung $[p \neq q]$ dagegen das gleichzeitige Endlichbleiben von zwei Koeffizienten nötig, wofür die Wahrscheinlichkeit viel geringer ist. Von den Summengliedern, für die die Koeffizienten A diese Bedingung erfüllen, werden jene am meisten zur Intensität des Streulichtes beitragen, für welche [man vgl. die Schreibweise in den Formeln (3), (4), (5)] das zugehörige ν_{xn} bzw. ν_{xs} nahe an der erregenden Frequenz ν liegt. Dadurch wird einer der (sog. Resonanz-) Nenner in (3), (4), (5) klein, der Bruch daher groß. Speziell aus dem Vergleich von (4) und (5) sieht man, daß der Fall ν nahe gleich ν_{xn} die rotverschobene, der Fall ν nahe gleich ν_{xs} die blauverschobene Streustrahlung begünstigen würde.

Der Einfluß der Differenz zwischen der „Absorptionsfrequenz" ν_{xp} (d. i. also jener Frequenz, die dem *ersten* der beiden Energieübergänge entspricht) und Anregungsfrequenz ν macht es schon wahrscheinlich, daß die einflußreichen Glieder der Summe jene sind, bei welchen es sich um Änderungen des Elektronenzustandes handelt und deren Frequenzen ν_{xp} im violetten Spektralteil liegen; auf triftigere Gründe kann VAN VLECK[171] verweisen. Auf den Fall, daß die erregende Frequenz *gleich* groß wird wie die Absorptionsfrequenz ν_{xp}, sind die Formeln zunächst nicht anwendbar (vgl. dazu KRAMERS-HEISENBERG[3], RASETTI[89, 131], MANNEBACK[245], DAS[263], BORN-JORDAN*; Übergang zu Resonanzstrahlung bzw. zu Fluorescenz bei Anregung mit weißem Licht).

* BORN-JORDAN, Struktur der Materie IX.

Die einzelnen Summenglieder bezüglich ihres Einflusses auf die Intensität exakt zu berücksichtigen, ist eine außerordentlich verwickelte Aufgabe und bisher nur in den einfachsten Fällen gelungen. Es tritt vor allem noch ein der klassischen Phasendifferenz entsprechender Einfluß auf, der einen Vorzeichenwechsel und damit eine gegenseitige Schwächung der Summenglieder bewirken kann, wenn $p \neq q$ ist; auch für $p = q$ (unverschobene Strahlung) kann dies eintreten, wenn das System anisotrop ist (inkohärenter Anteil der Tyndallstreuung, verbunden mit Depolarisation). Für einen rein *harmonischen* Oszillator, sei er isotrop oder anisotrop, findet man, daß nur die Tyndallstreuung auftritt, aber keine verschobene Streustrahlung*. Letztere ist, wie in der klassischen Anschauung, eine Folge der Anharmonizität der Kernschwingung.

Abgesehen von dem nicht ohne weiteres abschätzbaren Verhalten der Koeffizienten A zeigen die Ausdrücke (3a), (4a), (5a), daß der Einfluß der erregenden Frequenz auf die Intensitäten der mit ν und $\nu \pm \nu_{ns}$ gestreuten Strahlung so lange im wesentlichen der gleiche ist, als nicht einer der obenerwähnten Resonanzfälle eintritt. Setzt man ν_{xn} groß voraus gegen ν (Absorptionsfrequenz im Ultravioletten, Erregung im Sichtbaren), dann wird wegen des Ausdruckes in den geschweiften Klammern [vgl. auch Formel (7)] bei wachsendem ν die Intensität der blauverschobenen Strahlung etwas stärker zunehmen als mit ν^4, d. i. also die Intensität der unverschobenen gestreuten Strahlung, und diese wieder wächst etwas schneller als die Intensität der rotverschobenen Streustrahlung.

Die Anschauung, daß der Endzustand q vom Anfangszustand p aus über einen erlaubten Zwischenzustand erreicht wird, führt, wie schon in § 22 gezeigt wurde, in einfachen Fällen auch sofort zu einer Auswahlregel (HILL-KEMBLE[114]) für die als verschobene Streustrahlung auftretenden *Rotations*frequenzen ν_{pq}. Für zweiatomige Moleküle (ohne Q-Zweig), deren Grundzustand ein Σ-Zustand ist, sind nur Energiesprünge möglich, bei denen sich die Rotationsquantenzahl j um ± 1 ändert. Da zwei solche Übergänge zu machen sind, so kann der Endzustand q sich vom Anfangszustand p nur um $\Delta j = 0$ oder $\Delta j = \pm 2$ unterscheiden, gleichgültig, welches das Zwischenniveau war. $\Delta j = 0$ hat immer

* BORN-JORDAN, Struktur der Materie IX.

dieselbe Lage im Spektrum, welchen Wert auch j ursprünglich gehabt hat, und kann auf zwei verschiedene Arten entstehen, nämlich durch $j \to j + 1 \to j$ oder durch $j \to j - 1 \to j$. Daher ist die Intensität der Streulinie bei diesem Übergang bevorzugt gegen solche, bei denen die Lage der Linie im Spektrum erstens von dem Ausgangswert für j und zweitens davon abhängt, ob der erste Sprung nach $j + 1$ oder nach $j - 1$ erfolgt.

Denn die spektrale Lage z. B. der rotverschobenen Streulinie ist gegeben durch $\nu - \nu_{pq}$; ist ν_{pq} eine Rotationsfrequenz (ohne gleichzeitige Änderung der Oszillationsquantenzahl), so gilt für E_p und E_q: Befindet sich das System anfangs im $j$ten Rotationsquantenzustand, am Ende im $j+2$ten Zustand, so ist, wenn J das Trägheitsmoment bedeutet, das vorläufig als unveränderlich angesehen sein soll:

$$\left.\begin{aligned} E_p &= \frac{h^2}{8\pi^2 J}\left[j(j+1) + \frac{1}{4}\right] \\ \text{und} \\ E_q &= \frac{h^2}{8\pi^2 J}\left[(j+2)(j+2+1) + \frac{1}{4}\right], \end{aligned}\right\} \tag{8}$$

somit

$$E_q - E_p = \frac{h^2}{8\pi^2 J}(4j+6) = hB(4j+6), \quad \text{worin } B = \frac{h}{8\pi^2 J}$$

und

$$\nu_{pq} = \frac{E_q - E_p}{h} = B(4j+6), \quad \nu \text{ gemessen in sec}^{-1}.$$

Die Lage der Linie $\nu \pm \nu_{pq}$ ist also vom Anfangswert der Rotationsquantenzahl j abhängig für die verschobene Linie, dagegen von ihr unabhängig, wenn $E_q = E_p$ ist und Tyndallstreuung eintritt. Wenn die Wahrscheinlichkeit für einen Übergang vom Zwischenniveau (wegen der Auswahlregel im Rotationszustand $j \pm 1$) nach j dieselbe ist wie nach $j \pm 2$, dann kommen ebenso viele Übergänge nach dem Ausgangsniveau vor, als sonstige Übergänge möglich sind, und die Intensität der unverschobenen Linie ist so groß wie die aller verschobenen zusammen. Der Abstand je zweier verschobenen Linien, die zu benachbarten Ausgangszuständen j und $j + 1$ der Rotation gehören, ist gegeben durch $\nu_{pq} - \nu_{p'q'} = 4B$.

Dieselbe Überlegung gilt für den Fall, als sich beim Übergang von p über x nach q nicht nur die Rotationsquantenzahl j, sondern auch die Schwingungsquantenzahl n ändert. Wird vorläufig wieder davon abgesehen, daß sich dabei B ein wenig ändern kann, so erhält man für die Verschiebung ν_{pq}:

$$h\nu_{pq} = E_q - E_p = (E_{n'} + E_{j'}) - (E_n + E_j) = (E_{n'} - E_n) + (E_{j'} - E_j),$$

wenn sich die Energie des Anfangszustandes und Endzustandes aus der anfänglichen und schließlichen Schwingungs- und Rotationsenergie zusammensetzt. Wird $E_{n'} - E_n = h\nu_s$, $E_{j'} - E_j = h\nu_r$ gesetzt, so ist die absolute Lage der zu erwartenden, von ν angeregten Frequenzen gegeben durch:

reine Oszillationsverschiebung (reduzierter sog. Q-Zweig) $\nu - \nu_s$,

Verschiebung durch Oszillation und Rotation

(sog. P-Zweig) $\nu - \nu_s - \nu_r$, (sog. R-Zweig) $\nu - \nu_s + \nu_r$.

$\mp \nu_r$ sind also die relativ gegen ν_s rot- und blauverschobenen Rotationstrabanten. Dabei ist ν_r wieder so wie oben gegeben durch

$$\nu_r = B(4j + 6).$$

Abb. 84 soll diese Verhältnisse veranschaulichen. Das System wird vom einwirkenden Licht aus dem Anfangszustand E_p über den Zwischenzustand E_x in den endgültigen Zustand E_q entsprechend dem Wege in der Pfeilrichtung gehoben. In E_p, Σ-Zustand vorausgesetzt, kann der Rotationszustand $j = 0, 1, 2 \ldots$ gewesen sein, im Zwischenzustand muß er nach der Auswahlregel $j \pm 1$, im Endzustand daher $j \pm 1 \pm 1 = \begin{cases} j+2 \\ j \\ j-2 \end{cases}$ sein. Zu jedem möglichen Übergang ist unterhalb der Pfeilspitze die Frequenz im Streuspektrum angegeben. Man sieht: Der Übergang $j \to j$, entsprechend einer reinen Oszillationsverschiebung, besitzt neun Möglichkeiten, alle anderen Übergänge nur je eine; die Frequenz $\nu - \nu_s$ ist daher merklich intensiver als jede der Frequenzen $\nu - \nu_s \pm \nu_r$. Von zwei solchen zueinander gehörigen, um denselben Wert $\pm \nu_r$ gegen ν_s verschobenen Frequenzen muß die rotverschobene intensiver sein; denn zur Rotverschiebung $[j \to j + 1 \to j + 2]$ braucht das System anfänglich nur im $j$ten Zustand gewesen zu sein. Zur gleich großen Blauverschiebung $[j + 2 \to j + 1 \to j]$ muß es aber anfänglich im höheren Energiezustand $j + 2$ gewesen sein, und die Zahl dieser Systeme ist nach dem BOLTZMANNschen Energieverteilungsgesetz eine geringere.

Sind die Rotationszweige nicht aufgelöst, so ergibt sich daraus eine leichte Verlegung des Intensitätsschwerpunktes nach Rot. Am oberen Rand der Abb. 84 sind entlang einer Frequenzskale die relativen Lagen der Linien eingetragen (vgl. dazu Abb. 21, S. 53).

Die exakte Berechnung der Verhältnisse bei zweiatomigen Molekülen findet man bei KEMBLE und HILL[114, 120], VAN VLECK[171], PLACZEK[191] und insbesondere bei MANNEBACK[110, 228, 245]. Letzterer entwickelt die quantenmechanische Theorie der Intensitäten und Polarisationen der Rotationsfeinstruktur der Tyndall- und Ramanlinien von nicht isotropen zweiatomigen Molekülen. Es werden dabei die Streumomentkomponenten, die wegen der Anisotropie des Moleküls richtungsverschieden sind, durch Entwicklung nach Potenzen der kleinen Größe $\varkappa$ gewonnen, wobei*

$$\varkappa^2 = \frac{\nu_r}{\nu_s}.$$

Größen von der Ordnung $\varkappa^2$ werden vernachlässigt. Bezüglich des Rechenganges sei auf die Originalarbeit verwiesen und es seien nur einige der Ergebnisse zusammengestellt, die wieder für den Fall gelten, daß die erregende Frequenz genügend weit von jeder Absorptionsfrequenz ν_{px} des Moleküls entfernt ist.

Für die Änderung der Schwingungsquantenzahl ergibt sich keine scharfe Auswahlregel. Jedoch nimmt die Amplitude des streuenden Momentes ungefähr im Verhältnis $\varkappa^0 : \varkappa^1 : \varkappa^2 : \ldots$ ab,

* Nützlich ist die Bemerkung MANNEBACKS, daß die Rotations-, Oszillations-, Elektroneneigenfrequenzen ν_r, ν_s, ν_{el} von folgender Größenordnung sind:

$$\nu_r \backsimeq \frac{h}{4\pi^2 M a^2}, \quad \nu_s \backsimeq \frac{1}{2\pi}\sqrt{\frac{e^2}{M a^3}}, \quad \nu_{el} \backsimeq \frac{e^2}{h a}:$$

denn das Trägheitsmoment ist $J = Ma^2$, die Größenordnung der rücktreibenden Kraft pro Einheit der Kernelongation ist e^2/a^3, wo M die reduzierte Masse der Kerne, a der gegenseitige Abstand der Kerne und der Elektronen im Molekül bedeutet; a ist von der Größenordnung des Wasserstoffradius im BOHRschen Modell $\left(a = \frac{h^2}{4\pi^2 m e^2}\right.$, wenn m die Elektronenmasse ist$\left.\right)$. Daraus folgt, daß der Größenordnung nach:

$$\varkappa^2 \equiv \frac{\nu_r}{\nu_s} \backsimeq \frac{\nu_s}{\nu_{el}} \backsimeq \sqrt{\frac{m}{M}}.$$

wenn man von der unverschobenen Streuung zu der um ν_s bzw. $2\,\nu_s$ usw. verschobenen übergeht; dies gäbe* ein Intensitätsverhältnis $1 : 1{,}7 \cdot 10^{-2} : 2{,}9 \cdot 10^{-4}$ .... Danach sind also, ähnlich wie in der klassischen Überlegung (vgl. § 69), die Verschiebungen um $0 \cdot \nu_s$, $1 \cdot \nu_s$, $2 \cdot \nu_s$ Effekte von erster, zweiter, dritter Größenordnung.

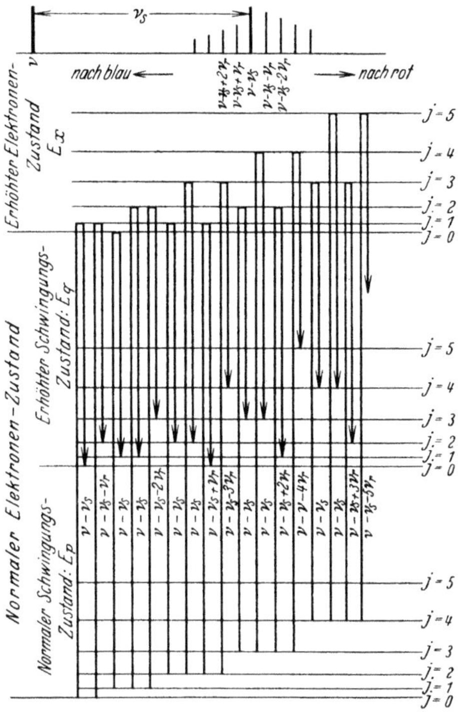

Abb. 84. Veranschaulichung der Auswahlregel für Rotationsübergänge.

Es werden ferner die Quadrate der Momentkomponenten in den Koordinatenachsen (eine davon fällt mit der Schwingungsrichtung des polarisierten Erregerlichtes zusammen) ausgerechnet für die Änderung der Rotationsquantenzahl $j \to j$, $j \to j+2$, $j \to j-2$ ohne und mit Änderung der Schwingungsquantenzahl, so daß hieraus die Intensitäten und Polarisationen der um ν_r verschobenen Linien sowohl für die Tyndall-, als für die Ramanstreuung bestimmt werden können. Im ersteren Fall hängen diese Momentkomponenten von der ,,mittleren, optischen Polarisierbarkeit" $\frac{1}{3}(g + 2\,g_1)$ und von der ,,optischen Anisotropie" $g - g_1$ ab**, im letzteren Fall dagegen nicht von diesen Werten selbst, sondern

* Die Aussage bezieht sich offenbar auf solche Verhältnisse, bei denen auch die unverschobene Streuung der Zahl der Moleküle in der Volumeinheit proportional ist.

** Bei einem zweiatomigen Molekül reduzieren sich die sonst vorhandenen Polarisierbarkeiten $\alpha_1 \alpha_2 \alpha_3$ in den drei Hauptachsen auf nur zwei Werte, die hier g und g_1 genannt sind; aus ihnen werden die ,,mittlere optische Polarisierbarkeit" $\frac{1}{3}(g + 2g_1)$ und die ,,optische Anisotropie" $g - g_1$ gebildet.

von den Veränderungen, die sie durch Veränderung des Kernabstandes erfahren. Für den Grenzfall $j \to \infty$ erhält MANNEBACK volle Übereinstimmung mit den Ergebnissen der klassischen Berechnungsweise von CABANNES-ROCARD (vgl. § 70). Ebenso wie dort besteht die unverschobene Streustrahlung aus zwei Anteilen, von denen der eine kohärent ist und parallel mit dem elektrischen Vektor des erregenden Lichtes schwingt (vollkommen polarisiert), der andere jedoch trotz gleicher Frequenz inkohärent ist und Depolarisation erzeugt. Ebenso wie bei CABANNES-ROCARD beträgt die Depolarisation der nach Blau und Rot verschobenen Rotationsfrequenzen $^3/_4$ unabhängig von erregender Frequenz und Temperatur.

Ist die Auflösung so gering, daß die Feinstruktur der Rotationslinien auf eine einzige verbreiterte Linie zusammenrückt, dann ergibt sich (vgl. weiter oben) wegen der etwas größeren Intensität, die der rotverschobene (R)-Zweig beiträgt, eine mit Erniedrigung der Temperatur wachsende Verlagerung des Intensitätsschwerpunktes dieser diffusen Streulinie nach Rot. Die Unschärfe der Ramanlinien, sofern sie von der überlagerten Rotation herrührt, soll mit dem Quadrat der optischen Anisotropie wachsen.

Für mehratomige Moleküle liegt keine so weit ausgebildete Theorie vor. VAN VLECK[171] schließt mehr qualitativ, daß auch in diesem Fall die Intensitäten der um Oszillationsfrequenzen verschobenen Linien die folgende Reihenfolge haben: Erste Ordnung: unverschobene Tyndallstreuung; zweite Ordnung: Verschiebungen um die Grundfrequenz ν_s der Eigenschwingung; dritte Ordnung, Verschiebungen um den ersten Oberton $2\,\nu_s$ oder um Kombinationsfrequenzen gleich der Summe zweier Grundtöne $\nu_{s1} + \nu_{s2}$. Zu beachten ist bei mehratomigen Molekülen, daß der Q-Zweig keine einfache Linie mehr zu sein braucht, sondern infolge evtl. gestatteter Rotationsübergänge $j \to j$ Feinstruktur bzw., falls nicht aufgespalten, diffuse Verbreiterung aufweisen kann, selbst wenn die weniger intensiven R- und P-Zweige noch nicht zur Verbreiterung beitragen würden (vgl. WOOD, § 23).

Bezüglich einschlägiger, die Quantentheorie betreffender Literatur sei noch verwiesen auf: CARELLI[20, 77, 226, 243, 245a], ROSSI[84], AMALDI-SEGRE[99, 127], SEGRE[128, 275, 377], PODOLSKY-ROJANSKY[118, 194], TAMM[213], MUSKAT[251], GÖPPERT-MAYER[407].

§ 73. Der S.R.E. bei der Streuung von Röntgenstrahlen.

Wenn Licht sehr kleiner Wellenlängen, also Lichtquanten mit sehr großen Werten für $h\nu$ mit Materie kollidieren, dann können die äußeren locker gebundenen Elektronen der Atome oder Moleküle als frei angesehen werden. Die mit der Streuung an solchen freien Elektronen verbundenen Erscheinungen werden unter dem Namen Comptoneffekt zusammengefaßt: auch bei dieser Wechselwirkung erleidet das Licht Veränderungen (vgl. §§ 66, 67), und zwar eine Wellenlängenverschiebung, die vom Standpunkt der Lichtquantentheorie unter Berücksichtigung von Erhaltung des Impulses und der Energie für die beiden einander stoßenden Gebilde, Elektronen einerseits, Lichtquanten andererseits, von Debye und Compton abgeleitet wurde zu:

$$\Delta\lambda = \frac{h}{mc}(1 - \cos\varphi),$$

wenn φ der Ablenkungswinkel und m die Masse des Elektrons ist. Durch eine große Zahl von Beobachtungen wurde diese Formel ausgezeichnet bestätigt.

Außer den ganz locker gebundenen Elektronen besitzt das Atom in den tieferen Schalen relativ fest gebundene Elektronen; für die Wechselwirkung dieser nicht als frei zu betrachtenden Elektronen mit einfallenden Lichtquanten hat ebenfalls Compton eine Theorie ausgearbeitet, derzufolge die Energiebilanz die folgende Form annimmt:

$$h\nu = h\nu' + h\nu_s + mc^2[(1-\beta^2)^{-\frac{1}{2}} - 1] + \tfrac{1}{2}Mv^2.$$

Darin bedeuten: ν die Frequenz der einfallenden Röntgenstrahlen, ν' die Frequenz des gestreuten Lichtes, ν_s die charakteristische Frequenz der $s$ten Schale des Atoms, $mc^2[(1-\beta^2)^{-\frac{1}{2}} - 1]$ die kinetische Energie, mit der das gestoßene Elektron das Atom verläßt, $\frac{1}{2}Mv^2$ die kinetische Energie, die dem Atom mit der Masse M beim Stoß mitgeteilt wird; der letztere Betrag (vgl. § 2) ist wieder vernachlässigbar. Ist speziell die Rückstoßgeschwindigkeit Null, so geht die Gleichung über in

$$h\nu = h\nu' + h\nu_s \quad \text{oder} \quad \Delta\nu = \nu_s \quad \text{oder} \quad \Delta\lambda = \frac{\lambda^2}{\lambda_s - \lambda},$$

Beziehungen, die vollkommen denen des S.R.E. entsprechen (BERGEN-DAVIS-MITCHELL*, KRISHNAN[52], PONTE-ROCARD[56]). BERGEN-MITCHELL fanden in der Tat, daß die an Graphit unverschoben gestreute Röntgenlinie (K_α von Mo) eine Feinstruktur aufweist, während BERGEN-PURKS auch in der verschoben gestreuten Comptonlinie Feinstruktur nachwiesen entsprechend einer Wellenlängenverschiebung

$$\Delta\lambda = \frac{h}{mc}(1 - \cos\varphi) + \frac{\lambda^2}{\lambda_s - \lambda};$$

RAY[260 266] konnte diese Ergebnisse bestätigen (vgl. dazu BHARGAVA**).

DU MOND***, COSTER-NITTA-THIJSSEN[177], EHRENBERG†, KAST[183], GINGRICH[333], BEARDEN††, LINDSAY[382] waren dagegen nicht imstande, die Feinstruktur zu finden, obwohl insbesondere bei den Versuchen von GINGRICH die von CARELLI[243] diskutierten günstigsten Bedingungen eingehalten waren; keinerlei Feinstruktur mit einer 15% der unverschobenen Streustrahlung übersteigenden Intensität konnte bemerkt werden.

Angesichts dieser widersprechenden Versuchsergebnisse††† dürfte es verfrüht sein, die Angelegenheit hier weiter zu diskutieren.

§ 74. Die Berechnung der Eigenschwingungen eines Systems von Massenpunkten*†.

a) Die geometrischen Beziehungen.

Die Koordinaten der Massenpunkte m_i in der Gleigewichtslage:

$$S_i[a_i, b_i, c_i].$$

Die Koordinaten nach einer Verschiebung der Massenpunkte gegeneinander:

$$P_i[a_i + x_i, \quad b_i + y_i, \quad c_i + z_i];$$

---

* DAVIS BERGEN, D. P. MITCHELL, Phys. Rev. **32**, 331, 1928; D. P. MITCHELL, Phys. Rev. **33**, 871, 1929; BERGEN, D., H. PURKS, Phys. Rev. **34**, 1, 1929.

** BHARGAVA, Nature **126**, 398, 1930.

*** DU MOND, D. J. W. M., Phys. Rev. **33**, 643, 1929.

† EHRENBERG, W., Z. f. Phys. **53**, 234, 1929.

†† BEARDEN, J. A., Phys. Rev. **35**, 1444, 1930.

††† Vgl. ferner: R. C. MAJUMDAR, Nature **127**, 92, 1931; W. V. HOUSTON, C. M. LEWIS, Phys. Rev. **37**, 227, 1931; D. P. MITCHELL, A. J. O'LEARY, Phys. Rev. **37**, 103, 1931; J. M. CORK, C. R. **192**, 153, 1931.

*† Diesen Abschnitt verdankt der Verfasser Herrn Professor Dr. M. RADAKOVIC, Universität Graz.

Seitenlängen in der Gleichgewichtslage:

$$\overline{S_i S_k} = s_{i,k};$$

Seitenlängen in der verschobenen Lage:

$$\overline{P_i P_k} = r_{i,k}.$$

Die Richtungen werden so normiert, daß sie für jede Seite vom Punkt mit dem kleineren Index zum Punkt mit dem größeren Index weisen (vgl. Abb. 85); dann folgt für die Richtungscosinus der Seiten in der Ruhelage:

$$\cos(\overline{S_i S_k}, x) = \frac{a_k - a_i}{s_{i,k}} \equiv \varepsilon_{i,k},$$

$$\cos(\overline{S_i S_k}, y) = \frac{b_k - b_i}{s_{i,k}} \equiv \gamma_{i,k},$$

$$\cos(\overline{S_i S_k}, z) = \frac{c_k - c_i}{s_{i,k}} \equiv \delta_{i,k}.$$

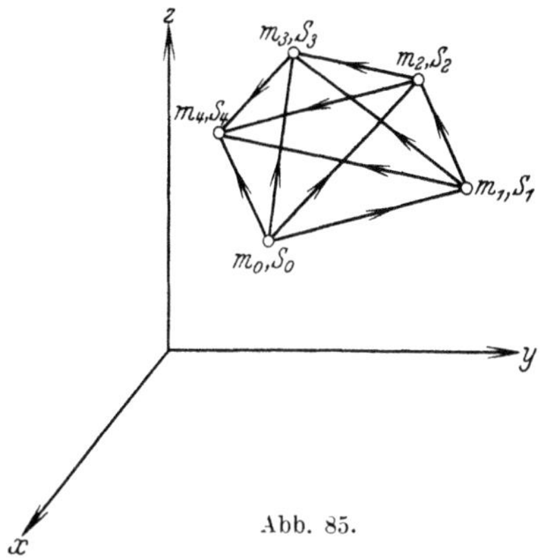

Abb. 85.

Die Verlängerung einer Seite beim Übergang von der Ruhelage zur verschobenen Lage ist dann ($k > i$):

$$\begin{aligned}\varrho_{i,k} \equiv r_{i,k} - s_{i,k} &= [(a_k + x_k - a_i - x_i)^2 + (b_k + y_k - b_i - y_i)^2 \\ &\quad + (c_k + z_k - c_i - z_i)^2]^{\frac{1}{2}} - s_{i,k} \\ &= [(a_k - a_i)^2 + (b_k - b_i)^2 + (c_k - c_i)^2 \\ &\quad + 2\{(a_k - a_i)(x_k - x_i) + (b_k - b_i)(y_k - y_i) + (c_k - c_i)(z_k - z_i)\} \\ &\quad + (x_k - x_i)^2 + (y_k - y_i)^2 + (z_k - z_i)^2]^{\frac{1}{2}} - s_{ik}.\end{aligned}$$

Man führt ein:

$$(a_k - a_i)^2 + (b_k - b_i)^2 + (c_k - c_i)^2 = s_{i,k}^2,$$

$$\begin{aligned}(a_k - a_i)(x_k - x_i) &+ (b_k - b_i)(y_k - y_i) + (c_k - c_i)(z_k - z_i) \\ &= s_{ik} \cdot [\varepsilon_{ik}(x_k - x_i) + \gamma_{ik}(y_k - y_i) + \delta_{ik}(z_k - z_i)] \equiv s_{ik}\xi_{ik},\end{aligned}$$

$$(x_k - x_i)^2 + (y_k - y_i)^2 + (z_k - z_i)^2 \equiv \sigma_{ik}.$$

Dann erhält man für die Verlängerung ϱ_{ik} den Ausdruck:

$$\varrho_{i,k} = [s_{ik}^2 + 2 s_{ik}\xi_{ik} + \sigma_{i,k}]^{\frac{1}{2}} - s_{ik} = s_{ik}\left[1 + 2\frac{\xi_{ik}}{s_{ik}} + \frac{\sigma_{ik}}{s_{ik}^2}\right]^{\frac{1}{2}} - s_{ik}.$$

Entwickelt bis einschließlich Gliedern zweiter Ordnung in x-, y-, z-Größen erhält man daraus:

$$\varrho_{i,k} = \xi_{ik} + \frac{1}{2}\frac{\sigma_{ik}}{s_{ik}} - \frac{1}{2}\frac{\xi_{ik}^2}{s_{ik}}. \tag{1}$$

b) Dynamische Annahmen.

1. Wenn die Entfernung zweier Punkte mit den Massen m_i, $m_k [k > i]$ gegenüber der Normalentfernung geändert wird, sollen Kräfte auftreten, die in der Verbindungsgeraden liegen, der Verlängerung proportional und so gerichtet sind, daß sie die eingetretene Verlängerung rückgängig zu machen versuchen; bezeichnet man diese Direktionskräfte mit f_{ik}, so ist das Potential dieses Kraftsystems

$$V_1 = \tfrac{1}{2} \sum_{i,k} f_{ik} \cdot \varrho_{ik}^2 .$$

Beschränkt man sich im weiteren auf eine Genauigkeit in Gliedern erster Ordnung der Kleinheit in den Koordinaten $x\, y\, z$, so genügen im Potential Glieder zweiter Ordnung, und man erhält nach (1):

$$V_1 = \tfrac{1}{2} \sum_{ik} f_{ik} \xi_{ik}^2 .$$

2. Das System soll, um den allgemeineren Fall zu erhalten, so beschaffen sein, daß zwischen den Massenpunkten m_i, m_k auch in der Ruhelage Kräfte $p_{i,k}$ vorhanden sind; das wäre also realisiert durch ein System von teils gedehnten, teils gepreßten Federn, die so gewählt werden müssen, daß die in jedem Massenpunkt angreifende Resultierende in der Ruhelage Null ist; also etwa zwischen den Punkten m_0, m_1, m_2, m_3 abstoßende, zwischen jedem dieser Punkte und dem Punkt m_4 anziehende Kräfte; wie in §§ 53 und 55 erwähnt, ist eine solche Annahme nicht für beliebige Punktsysteme möglich. Als Bedingung dafür, daß die Resultierende Null ist, erhält man bei einem 5-Punktsystem 15 Gleichungen zwischen den 10 Kräften p_{ik}. Für den Punkt S_2 würden diese Gleichungen in folgender Art aufzustellen sein: in S_2 treffen sich die Seiten s_{02}, s_{12}, s_{23}, s_{24}; in den Seiten s_{02}, s_{12}, s_{23} sind die Kräfte abstoßende, in s_{24} anziehende. Mit Rücksicht auf die positiven Richtungen in den Seiten und der Definition der Richtungscosinus gibt das Verschwinden der x-, y-, z-Komponenten der Resultierenden die Gleichungen:

$$\text{für } S_2 \left\{ \begin{aligned} p_{02}\,\varepsilon_{02} + p_{12}\,\varepsilon_{12} - p_{23}\,\varepsilon_{23} + p_{24}\,\varepsilon_{24} &= 0 , \\ p_{02}\,\gamma_{02} + p_{12}\,\gamma_{12} - p_{23}\,\gamma_{23} + p_{24}\,\gamma_{24} &= 0 , \\ p_{02}\,\delta_{02} + p_{12}\,\delta_{12} - p_{23}\,\delta_{23} + p_{24}\,\delta_{24} &= 0 . \end{aligned} \right.$$

Ob es zwischen den Massenpunkten ein solches Kraftsystem gibt, das sie in der vorgegebenen Konfiguration im Gleichgewicht erhält, hängt von der Auflösbarkeit dieser Gleichungen ab. Angenommen, daß dies der Fall ist und die p_{ik} verschieden von Null sein können, dann werden diese Kräfte bei einer Verschiebung aus der Ruhelage Arbeit leisten bzw. verbrauchen und das Potential des Systems wird zufolge der Annahme über die Richtung der Kräfte in dem angenommenen Fall von fünf Punkten sein:

$$V_2 = -\sum_{i=0}^{2} \sum_{k=i+1}^{3} p_{ik} \varrho_{ik} + \sum_{i=0}^{3} p_{i,4} \varrho_{i,4}.$$

(Weil die abstoßende Kraft zwischen je zwei der vier Punkte m_0, m_1, m_2, m_3 bei einer Verlängerung Arbeit *leistet*, während die anziehenden Kräfte in den vier Seiten s_{04}, s_{14}, s_{24}, s_{34} Arbeit *verbrauchen.*) Geht man im Potential wieder nur bis einschließlich Gliedern zweiter Ordnung, so erhält man nach (1):

$$V_2 = -\sum_{i=0}^{2} \sum_{k=i+1}^{3} p_{ik} \left[\xi_{ik} + \frac{1}{2}\frac{\sigma_{ik}}{s_{ik}} - \frac{1}{2}\frac{\xi_{ik}^2}{s_{ik}}\right]$$

$$+ \sum_{i=0}^{3} p_{i,4} \left[\xi_{i,4} + \frac{1}{2}\frac{\sigma_{i4}}{s_{i4}} - \frac{1}{2}\frac{\xi_{i4}^2}{s_{i4}}\right].$$

Die Glieder erster Ordnung in V_2, nämlich die Glieder

$$[1] = -\sum_{i=0}^{2} \sum_{k=i+1}^{3} p_{ik} \xi_{ik} + \sum_{i=0}^{4} p_{i4} \xi_{i4}$$

verschwinden zufolge der Bedingung, daß die Kräfte p_{ik} in der Ruhelage des Systems im Gleichgewicht sein müssen. Es bleibt also:

$$V_2 = -\frac{1}{2}\sum_{i=0}^{2} \sum_{k=i+1}^{3} \frac{p_{ik}}{s_{ik}} \sigma_{ik} + \frac{1}{2}\sum_{i=0}^{2} \sum_{k=i+1}^{3} \frac{p_{ik}}{s_{ik}} \xi_{ik}^2$$

$$+ \frac{1}{2}\sum_{i=0}^{3} \frac{p_{i4}}{s_{i4}} \sigma_{i4} - \frac{1}{2}\sum_{i=0}^{3} \frac{p_{i4}}{s_{i4}} \xi_{i,4}^2.$$

Setzt man zur Abkürzung

$$\frac{p_{ik}}{s_{ik}} \equiv \pi_{ik} \quad \text{für} \quad i < k,\ k \leqq 3; \qquad \frac{p_{ik}}{s_{ik}} \equiv -\pi_{i4} \quad \text{für} \quad i = 0,1,2,3,$$

so wird:

$$V_2 = -\tfrac{1}{2}\sum_{(i,k)} \pi_{ik} \sigma_{ik} + \tfrac{1}{2}\sum_{(i,k)} \pi_{ik} \xi_{ik}^2,$$

wobei jetzt die Summen über die Indexpaare der zehn Seiten zu erstrecken sind und $i < k$ festgehalten wird.

3. Annahme 1 und 2 vereinigt, geben das Potential $V = V_1 + V_2$; bezeichnet man

$$\pi_{ik} + f_{ik} = \varphi_{ik},$$

so stellt sich das Potential dar als:

$$V = V_1 + V_2 = -\tfrac{1}{2}\sum_{(ik)} \pi_{ik}\sigma_{ik} + \tfrac{1}{2}\sum_{(ik)} \varphi_{ik}\xi_{ik}^2 .$$

Dies ist der allgemeinste Fall, denn er umfaßt auch den Fall $p_{ik} = 0$; es empfiehlt sich aber, diesen getrennt zu behandeln, da er eine einfachere Methode zur Lösung anzuwenden gestattet.

c) Der Fall $p_{ik} > 0$.

Das Potential (s. oben) ist:

$$V = -\tfrac{1}{2}\sum_{(ik)} \pi_{ik}\sigma_{ik} + \tfrac{1}{2}\sum_{(ik)} \varphi_{ik}\xi_{ik}^2$$

$$\text{mit} \begin{cases} \xi_{ik} \equiv \varepsilon_{ik}(x_k - x_i) + \gamma_{ik}(y_k - y_i) + \delta_{ik}(z_k - z_i); \qquad i < k \\ \sigma_{ik} \equiv (x_k - x_i)^2 + (y_k - y_i)^2 + (z_k - z_i)^2. \end{cases}$$

Da V als Funktion der Koordinaten $x_i y_i z_i$ gegeben ist, kann man die 15 Differentialgleichungen aufstellen:

$$m_i\ddot{x}_i = -\frac{\partial V}{\partial x_i}; \quad m_i\ddot{y}_i = -\frac{\partial V}{\partial y_i}; \quad m_i\ddot{z}_i = -\frac{\partial V}{\partial z_i}; \quad i = 0, 1, 2, 3, 4 .$$

Auf den rechten Seiten dieser Gleichungen stehen nicht die Komponenten $X_i Y_i Z_i$ der Resultierenden der gegebenen Kräfte, sondern entsprechend der Beschränkung auf kleine Schwingungen die Glieder erster Ordnung der Komponenten in den Koordinaten. Weil die Kräfte im System paarweise von gleicher Größe und entgegengesetztem Vorzeichen auftreten, wobei jedes Paar in je einer Verbindungsgeraden zweier Punkte liegt, gelten die Beziehungen:

$$\sum_{i=0}^{4} X_i = 0, \qquad \sum_{i=0}^{4} \{(c_i + z_i)\, Y_i - (b_i + y_i)\, Z_i\} = 0 .$$

Und analog für die beiden anderen Koordinatenrichtungen.

Diese Bedingungen drücken das Verschwinden der Resultierenden aller Kräfte und des resultierenden Drehmomentes aus; die Gleichungen müssen für jede verschobene Lage des Systems, also für alle $x_i y_i z_i$, gelten, daher müssen die Glieder erster Ordnung für sich verschwinden. Da die $X_i Y_i Z_i$ keine Glieder nullter Ordnung enthalten, ergibt sich daraus:

$$\sum_i \frac{\partial V}{\partial x_i} = 0; \qquad \sum_i \left(c_i \frac{\partial V}{\partial y_i} - b_i \frac{\partial V}{\partial z_i}\right) = 0$$

und analog für die anderen Richtungen.

Benutzt man diese Gleichungen zur Zusammenfassung der Differentialgleichungen, so erhält man bei geeigneter Wahl der Anfangslagen und Geschwindigkeiten der Punkte die sechs Beziehungen:

$$\left.\begin{aligned} &\sum_i m_i x_i = 0, \qquad && \sum_i m_i(c_i y_i - b_i z_i) = 0, \\ &\sum_i m_i y_i = 0, && \sum_i m_i(a_i z_i - c_i x_i) = 0, \\ &\sum_i m_i z_i = 0, && \sum_i m_i(b_i x_i - a_i y_i) = 0. \end{aligned}\right\} \tag{2}$$

Mit Hilfe von (2) kann man sechs Koordinaten als lineare Funktionen der neun übrigen ausdrücken*.

Es mögen nun die Koordinaten in einer gewählten Reihenfolge mit demselben Symbol bezeichnet werden, etwa mit $\alpha_1 \ldots \alpha_{15}$, und die Massen mit $\mu_1 \ldots \mu_{15}$ (wobei immer je drei Werte untereinander gleich sind). Die 15 Differentialgleichungen lauten dann:

$$\mu_k \ddot{\alpha}_k = -\frac{\partial V}{\partial \alpha_k} = \sum_{i=1}^{15} A_{ki}\, \alpha_i .$$

Aus den sechs Gleichungen (2) berechnet man sechs Koordinaten, etwa α_{ϱ_1} bis α_{ϱ_6}, als lineare Funktion der neun übrigen α_{σ_1} bis α_{σ_9}, so daß

$$\alpha_{\varrho_\nu} = \sum_{\lambda=1}^{9} a_{\varrho_\nu \sigma_\lambda} \cdot \alpha_{\sigma_\lambda} \qquad [\nu = 1, \ldots . 6] .$$

* [Die Beziehungen (2) gelten allgemein für fünf oder mehr Punkte; für vier Punkte in der Ebene hingegen würden die Relationen nur aus drei Gleichungen

$$\sum_{i=0}^{3} m_i x_i = 0, \qquad \sum_{i=0}^{3} m_i y_i = 0, \qquad \sum_{i=0}^{3} m_i(b_i x_i - a_i y_i) = 0$$

bestehen und man könnte nur drei Koordinaten durch die fünf übrigen ausdrücken.]

Die Differentialgleichungen der neun freien Koordinaten sind dann:

$$\mu_{\sigma_\lambda} \cdot \ddot{\alpha}_{\sigma_\lambda} = \sum_{\nu=1}^{9} A_{\sigma_\lambda \sigma_\nu} \cdot \alpha_{\sigma_\nu} + \sum_{\tau=1}^{6} A_{\sigma_\lambda \varrho_\tau} \cdot \alpha_{\varrho_\tau}$$

$$= \sum_{\nu=1}^{9} A_{\sigma_\lambda \sigma_\nu} \cdot \alpha_{\sigma_\nu} + \sum_{\tau=1}^{6} A_{\sigma_\lambda \varrho_\tau} \sum_{\beta=1}^{9} a_{\varrho_\tau \sigma_\beta} \cdot \alpha_{\sigma_\beta}$$

oder:

$$\mu_{\sigma_\lambda} \cdot \ddot{\alpha}_{\sigma_\lambda} = \sum_{\nu=1}^{9} \left[A_{\sigma_\lambda \sigma_\nu} + \sum_{\tau=1}^{6} A_{\sigma_\lambda \varrho_\tau} \cdot a_{\varrho_\tau \sigma_\nu} \right] \alpha_{\sigma_\nu} = \sum_{\nu=1}^{9} B_{\sigma_\lambda \sigma_\nu} \cdot \alpha_{\sigma_\nu} .$$

Setzt man an:

$$\alpha_{\sigma_\lambda} = b_{\sigma_\lambda} \cdot \cos(nt) ,$$

so erhält man aus den neun Differentialgleichungen, die den Indices σ_1 bis σ_9 entsprechen, die Determinante von 9^2 Elementen, deren Wurzeln in n^2 die Schwingungszahlen der neun Eigenschwingungen ergeben. Es wird:

$$\Delta = \begin{vmatrix} n^2 + B_{\sigma_1 \sigma_1} & B_{\sigma_1 \sigma_2} & \cdots & B_{\sigma_1 \sigma_9} \\ B_{\sigma_2 \sigma_1} & n^2 + B_{\sigma_2 \sigma_2} & \cdots & B_{\sigma_2 \sigma_9} \\ \cdots & \cdots & \cdots & \cdots \\ B_{\sigma_9 \sigma_1} & \cdots & \cdots & n^2 + B_{\sigma_9 \sigma_9} \end{vmatrix} = 0 .$$

Dies ist die Grundform für die Methode der Bestimmung der Schwingungszahlen im allgemeinsten Fall. Mit der Angabe der Relationen, denen die Kräfte p_{ik} genügen müssen, mit der Angabe des Potentials und mit den Gleichungen (2), die die sechs Koordinaten als lineare Funktionen der neun unabhängigen Koordinaten ausdrücken*, sind alle Angaben bereit, die zur Aufstellung der Determinante notwendig sind, deren Wurzeln die gesuchten Schwingungszahlen liefert.

---

* Die Auflösung der sechs Gleichungen (2) kann man vereinfachen. Abgesehen von Besonderheiten in der Anordnung (hohe Symmetrie des Systems) kann man immer das Koordinatensystem so legen, daß

$$a_0 = 0, \quad b_0 = 0, \quad c_0 = 0, \quad b_1 = 0, \quad c_1 = 0, \quad c_2 = 0$$

wird. Wählt man als abhängige Größen die Koordinaten $x_0 y_0 z_0 z_1 x_2 y_3$, so erhält man für $m_0 x_0 + m_2 x_2$, $m_0 y_0 + m_3 y_3$, $m_0 z_0 + m_1 z_1$, $m_3 c_3 y_3$, $m_1 a_1 z_1$, $m_2 b_2 x_2 - m_3 a_3 y_3$, sechs Gleichungen, die sich einfach auflösen lassen und die gesuchten $x_0 y_0 z_0 z_1 x_2 y_3$ als lineare Funktionen der restlichen unabhängigen Koordinaten liefern.

d) Der Fall $p_{ik} = 0$. Diesbezüglich sei auf die Arbeit von Radakovic[273] verwiesen, wo die Rechenmethode am Beispiel eines Dreimassensystems erläutert wird.

IX. Tabelle der bisher bekannten Ramanspektren.

Die dem Verfasser bekannt gewordenen Ergebnisse an 482 auf S.R.E. untersuchten Substanzen sind in die folgenden, nach chemischen Gesichtspunkten gewählten Abteilungen eingeordnet:

I. Gesättigte Kohlenwasserstoffe (K.W.).
II. Chlorderivate gesättigter K.W.
III. Bromderivate gesättigter K.W.
IV. Jodderivate gesättigter K.W.
V. Alkohole.
VI. Äther.
VII. Amine und Amide.
VIII. Mercaptane und Thioäther.
IX. Aldehyde und Ketone.
X. Carbonsäuren und Derivate.
XI. Aliphatische Nitroverbindungen.
XII. Cyanverbindungen.
XIII. Olefine und Derivate.
XIV. Acetylen-K.W. und Derivate.
XV. Benzol und Monoderivate.
XVI. Mehrfach substituierte Benzole.
XVII. Kondensierte Systeme und Derivate.
XVIII. Alicyclische und heterocyclische Verbindungen.
XIX. Metallorganische Verbindungen.
XX. Halogenide.
XXI. Sauerstoffsäuren, Salze, Ester der Elemente der 4., 5., 6., 7. Gruppe.
XXII. Oxyde und Hydroxyde.
XXIII. Verschiedenes.
XXIV. Elemente.

Zu jeder Substanz ist die Literatur angegeben; die in Klammern dazugesetzten Buchstaben F, He, P bedeuten, daß mit gefiltertem Licht bzw. mit Heliumerregung gearbeitet wurde, bzw. daß die Polarisationsergebnisse im Ramanspektrum beobachtet wurden. Der Aggregatzustand, an dem beobachtet wurde, ist nur in jenen Fällen angegeben, wo ein Zweifel bestehen könnte. Wurde dieselbe Substanz von mehreren Autoren bearbeitet, so wurden die Angaben über Frequenzen teils gemittelt, teils ausgewählt, wobei Subjektivität natürlich unvermeidbar war. In Klammern neben den Frequenzen stehen (soweit vorhanden) Angaben über Intensitätsverhältnisse; entweder in Ziffern oder in Buchstaben: s.s. = sehr schwach, s. = schwach, m. = mittel, st. = stark, m.st. = mittelstark, s.st. = sehr stark. Frequenzen, die dem Verfasser als besonders unsicher erschienen, sind in eckige Klammern gesetzt. Frequenzen, die in dem betreffenden Spektrum nur einmal vorkommen und daher, wenn es sich um ein Viellinienspektrum bei ungefilterter Erregung handelt, bezüglich der Zuordnung einen geringeren Grad von Sicherheit haben, wurden in runde Klammern gesetzt.

Am Schlusse einiger der oben zusammengestellten Unterabteilungen findet man Hinweise, in welcher der anderen Unterabteilungen die Spektren verwandter Körper zu finden sind. Die Tabelle wurde abgeschlossen (während der Korrektur) mit Stand vom 15. Juni 1931.

I. Gesättigte Kohlenwasserstoffe.

I. 1. Methan CH_4
verflüssigt: McLennan-Smith-Wilhelm[134], Daure[200]; gasförmig: Dickinson-Dillon-Rasetti[155]
$\Delta\nu$ (fl.[134]) = 2909, 2953, 2999, 3023, 3047, 3071
$\Delta\nu$ (gasf.[155]) = 2915 (20), 3022 (5*b*), 3072 (2).

I. 2. Äthan $H_3C \cdot CH_3$
Daure[200] (verflüss.)
$\Delta\nu$ = 990 (3), 1460 (1), 2890 (5), 2950 (5).

I. 3. Propan $H_3C \cdot CH_2 \cdot CH_3$
Daure[200] (verflüss.)
$\Delta\nu$ = 870 (3), 940 (1), 1050 (1), 1450 (3), 2870 (5), 2910 (5), 2950 (5).

I. 4. Butan $H_3C \cdot (CH_2)_2 \cdot CH_3$
fehlt.

I. 5. Pentan $H_3C \cdot (CH_2)_3 \cdot CH_3$
Dadieu-Kohlrausch[95], Ganesan-Venkateswaran[158], Bonino-Brüll[179], Bhagavantam[346] (P.)
$\Delta\nu^{346}$ = 402 (2), 764 (1), 843 (2), 867 (1), 1454 (3), 2857 (3), 2873 (5), 2915 (3), 2936 (4), 2962 (3).

I. 6. Hexan $H_3C \cdot (CH_2)_4 \cdot CH_3$
PETRIKALN-HOCHBERG[104], ǑKUBO-HAMADA[166]
$\Delta\nu^{166}$ = 320 (1), 360 (1), 823 (1), 897 (3), 1040 (1), 1148 (1), 1313 (3), 1455 (5), 2731 (1), 2862 (5), 2941 (5).

I. 7. Heptan $H_3C \cdot (CH_2)_5 \cdot CH_3$
GANESAN-VENKATESWARAN[158], BONINO-BRÜLL[179]
$\Delta\nu^{179}$ = (154) (1), 765 (2), 822 (2), (897) (1), 956 (1), 1027 (1), 1448 (3), 2865 (5), 2932 (5).

I. 8. Octan $H_3C \cdot (CH_2)_6 \cdot CH_3$
GANESAN-VENKATESWARAN[158], BONINO-BRÜLL[179]
$\Delta\nu^{179}$ = (828) (1), 879 (2), 955 (2), (1066) (2), (1143) (1), (1308) (2), 1448 (3), 2870 (5), 2934 (5).

I. 9. Ennean $H_3C \cdot (CH_2)_7 \cdot CH_3$
fehlt.

I. 10. Decan $H_3C \cdot (CH_2)_8 \cdot CH_3$
BONINO-BRÜLL[179]
$\Delta\nu$ = 816 (2), 941 (2), (1154) (2), (1308) (1), 1448 (3), 2868 (5), 2930 (5).

II. Chlorderivate der gesättigten Kohlenwasserstoffe.

II. 1. Methylchlorid $Cl \cdot CH_3$
DADIEU-KOHLRAUSCH[244, 274] (F); BALL[335], WEST-FARNSWORTH[391] (P)
$\Delta\nu^{274}$ = 712 (10), 1098 (2), 2815 (2), 2955 (10), 3024 (2*b*).

II. 2. Methylenchlorid $Cl \cdot CH_2 \cdot Cl$
PRINGSHEIM-ROSEN[30], DADIEU-KOHLRAUSCH[199, 274] (F), BHAGAVANTAM-VENKATESWARAN[232]
$\Delta\nu$ (Mittel) = 285 (5), (365) (1), 700 (6), 736 (3), 1151 (3), 1419 (2), 2985 (5*b*), 3044 (2).

II. 3. Chloroform $HC \cdot Cl_3$
PRINGSHEIM-ROSEN[30], WOOD[45], GANESAN-VENKATESWARAN[158], LANGER-MEGGERS[189], DADIEU-KOHLRAUSCH[199], BHAGAVANTAM-VENKATESWARAN[202], BHAGAVANTAM[267, 271] (P), DABADGHAO[326], CLEETON-DUFFORD[376], HANLE[392] (P), BÄR[393] (P)
$\Delta\nu$ (Mittel) = 261 (5), 366 (5), 667 (5), 761 (4*b*), 1216 (2), (1445) (0?), 3018 (3*b*), 3072 (0?).

II. 4. Tetrachlorkohlenstoff CCl_4
PRINGSHEIM-ROSEN[30], RAMAN-KRISHNAN[37], DAURE[58], WOOD[72], DADIEU-KOHLRAUSCH[95, 125], GANESAN-VENKATESWARAN[158], LANGER-MEGGERS[189], BHAGAVANTAM-VENKATESWARAN[232], REYNOLDS-WILLIAMS[234], BHAGAVANTAM[267, 271] (P), DABADGHAO[326], LINDEMANN-KEELEY-HALL[60] (P), MENZIES[150] (P), TRUMPY[363], HANLE[392] (P), BÄR[393] (P)
$\Delta\nu$ (Mittel) = 217 (8), 313 (8), 459 (8), 760 (3), 791 (3), 1537 (1)

II. 5. Äthylchlorid $CH_3 \cdot CH_2 \cdot Cl$
DADIEU-KOHLRAUSCH[199, 373] (F), SÖDERQVIST[207], CLEETON-DUFFORD[376] (He), WEST-FARNSWORTH[391] (P)
$\Delta\nu^{373}$ = 337 (5), 438 (1/2), 655 (10), 966 (4), 1071 (3), (1276) (1/2 b), 1448 (4), 2875 (4b), 2930 (8b), 2966 (8).

II. 6a. 1, 2-Dichloräthan $ClH_2C \cdot CH_2Cl$
BONINO-BRÜLL[178], DADIEU-KOHLRAUSCH[199], BHAGAVANTAM-VENKATESWARAN[232], PESTEMER[369], CLEETON-DUFFORD[376] (He), HOWLETT[394]
$\Delta\nu$ (Mittel) = 251 (1/2), 302 (4), 406 (2), 653 (5), 676 (2), 752 (6), 882 (1), 943 (3), 1303 (1), 1430 (2b), 2957 (5), 3000 (2).

II. 6b. 1, 1-Dichloräthan $Cl_2HC \cdot CH_3$
PESTEMER[369], CLEETON-DUFFORD[376] (He)
$\Delta\nu^{369}$ = 277 (4), 401 (3), 642 (6), 688 (4), 978 (2), 1050 (1/2), 1090 (1), (1229) (0), 1271 (1), 1353 (1), 1438 (2), 2928 (5), 2984 (5) (3071) (1/4).

II. 7. Trichloräthan $Cl_2HC \cdot CH_2Cl$; $Cl_3C \cdot CH_3$
fehlt.

II. 8. Tetrachloräthan $Cl_2HC \cdot CHCl_2$
PRINGSHEIM-ROSEN[30], DADIEU-KOHLRAUSCH[199], CLEETON-DUFFORD[376] (He)
$\Delta\nu$ (Mittel) = 171 (4), 236 (6), 286 (4), 351 (5), 395 (2), 544 (2), 644 (4), 761 (2), 802 (5b), (1212) (2), 2984 (6b).

II. 9. Pentachloräthan $Cl_3C \cdot CHCl_2$
BONINO-BRÜLL[178], PESTEMER[369]
$\Delta\nu$ (Mittel) = 170 (3), 224 (2), 236 (2), 281 (1), 332 (4), 406 (5), 583 (3), 724 (2), 801 (1), 819 (2), 840 (3), 1017 (1), 2985 (3).

II. 10. Hexachloräthan $Cl_3C \cdot CCl_3$, gelöst in verschiedenen Mitteln
DADIEU-KOHLRAUSCH[199], BHAGAVANTAM-VENKATESWARAN[232]
$\Delta\nu$ (Mittel) = (146) (2), 216 (2), 342 (2), 432 (2), 860 (1).

II. 11a. Propylchlorid (n) $CH_3 \cdot CH_2 \cdot CH_2 \cdot Cl$
DADIEU-KOHLRAUSCH[199], SÖDERQVIST[207], BHAGAVANTAM-VENKATESWARAN[232], PESTEMER[369], WEST-FARNSWORTH[391] (P)
$\Delta\nu$ (Mittel) = 365 (4), (418) (2), 651 (5), 725 (4), 789 (3), 850 (2), 892 (2), 1028 (3), (1105) (0), (1289) (0), (1339) (1), 1446 (4b), 2873 (5), 2935 (7), 2957 (7), 2975 (0), 2998 (0), 3019 (0).

II. 11b. Propylchlorid (iso) $H_3C \cdot CHCl \cdot CH_3$
BHAGAVANTAM-VENKATESWARAN[232], PESTEMER[369], WEST-FARNSWORTH[391] (P)
$\Delta\nu$ (Mittel) = 340 (3), 426 (2), 490 (0), 614 (5), 886 (2), 1060 (2), 1158 (1), 1257 (2), 1326 (1), 1446 (4b), (2828) (2?), 2864 (2), 2917 (5), 2932 (2), 2964 (4), 3024 (0).

II. 12a. 1, 3-Dichlorpropan $ClH_2C \cdot CH_2 \cdot CH_2Cl$
PESTEMER[369]
$\Delta\nu$ = 274 (0), 425 (1), 566 (1), 654 (1), 676 (2), 723 (1), (813) (0), 861 (1), 952 (0), 1090 (0), 1264 (0), (1335) (0), 1434 (1), 2913 (2), 2959 (2), 3011 (1).

II. 12b. 1, 2-Dichlorpropan $ClH_2C \cdot CHCl \cdot CH_3$
PESTEMER[369]
$\Delta\nu$ = 285 (2), 353 (2), 418 (2), 464 (0), 527 (1), 617 (3), 671 (2), 738 (5), 811 (0), 866 (0), 913 (1), 967 (0), 1014 (1), 1072 (1), 1114 (1), 1277 (1), (1345) (0), 1429 (2), 1449 (2), 2920 (5), 2959 (5), 2989 (3).

II. 12c. 1, 1-Dichlorpropan $Cl_2HC \cdot CH_2 \cdot CH_3$
PESTEMER[369]
$\Delta\nu$ = 277 (4), 383 (5*b*), 516 (3), 648 (4), 691 (3), 745 (4), 809 (3), (895) (1*b*), 1032 (3), 1074 (2), 1114 (2), 1284 (1), (1339) (1), 1438 (2), 2936 (6), 2976 (5).

II. 12d. 2, 2-Dichlorpropan $H_3C \cdot CCl_2 \cdot CH_3$
PESTEMER[369]
$\Delta\nu$ = 253 (4), (287) (2), 356 (4), 555 (6), 650 (5), 914 (2), (963) (2), 1110 (2), (1159) (1), 1438 (2), 2931 (5), 2981 (4*b*), (3048)($^1/_2$)

II. 13a Butylchlorid (n) $H_3C \cdot CH_2 \cdot CH_2 \cdot CH_2Cl$
DADIEU-KOHLRAUSCH[373] (F)
$\Delta\nu$ = 302 (3), 333 (4), 469 (2), 650 (8), 722 (4*sb*), 809 (4), 871 (3), 898 (1), (928) ($^1/_2$), 1053 (3), 1107 (6), 1294 (4*b*), 1445 (6*b*), 2872 (3), 2906 (5), 2936 (4), 2960 (5), 3001 (0).

II. 13b. Butylchlorid (iso) $(H_3C)_2 \cdot CH \cdot CH_2Cl$
BHAGAVANTAM-VENKATESWARAN[232]
$\Delta\nu$ = 157 (0), 238 (0), 340 (1), 433 (1), 528 (0), 696 (3), 738 (4), 815 (1), 867 (0), 956 (2), 1107 (0), 1230 (0), 1322 (0), 1464 (2), 2874 (5), 2918 (0), 2977 (5).

II. 13c. Butylchlorid (tertiär) $(H_3C)_3 \cdot C \cdot Cl$
DADIEU-KOHLRAUSCH[199]
$\Delta\nu$ = 299 (3), 368 (3), 564 (6), 806 (3), 1017 (1), 1445 (3*sb*), 2893 (2*b*), 2925 (6*b*).

Bezügl. aromatischer und anderer Chloride vgl. V. 11; IX. 9, 10; X. 27, 28, 29, 30, 32; XIII. 15, 17, 18, 19, 20, 29; XIV. 11; XV. 4, 5, 6, 7, 37; XVI. 2, 5, 6, 12; XX, XXI D.

III. Bromderivate der gesättigten Kohlenwasserstoffe.

III. 1. Methylbromid $H_3C \cdot Br$
DADIEU-KOHLRAUSCH[244, 274] (F), BALL[335], CLEETON-DUFFORD[376] (He)
$\Delta\nu^{274}$ = 594 (8), 1296 ($^1/_2$), 2956 (5), 3050 (3*b*).

III. 2. Methylenbromid Br · CH_2 · Br
DADIEU-KOHLRAUSCH[274, 373] (F)
$\Delta\nu$ = 173 (8), (278) (1/2), 576 (10), 637 (4*b*), (1096) (0), 1390 (3), 2988 (4*b*), 3054 (2).

III. 3. Bromoform HC · Br_3
GANESAN-VENKATESWARAN[158], DADIEU-KOHLRAUSCH[199], BHAGAVANTAM-VENKATESWARAN[232], BHAGAVANTAM[267, 271] (P)
$\Delta\nu$ (Mittel) = 154 (7), 222 (8), 539 (6), 655 (5*b*), 1144 (2*b*), (1437) (0), 3021 (4*b*).

III. 4. Tetrabromkohlenstoff CBr_4
DADIEU-KOHLRAUSCH[373] (F)
$\Delta\nu$ = 123 (2), 183 (4), 265 (5), 667 (3*b*).

III. 5. Äthylbromid H_3C · CH_2 · Br
DADIEU-KOHLRAUSCH[199], SÖDERQVIST[207], BHAGAVANTAM-VENKATESWARAN[232], CLEETON-DUFFORD[376] (He)
$\Delta\nu$ (Mittel) = 148 (1), 290 (3), 557 (6), 1063 (1*b*), 1240 (1*b*), 1439 (2*b*), 2869 (2), 2924 (4), 2964 (2).

III. 6a. 1, 2-Dibromäthan BrH_2C · CH_2Br
DADIEU-KOHLRAUSCH[199], BHAGAVANTAM-VENKATESWARAN[232], CLEETON-DUFFORD[376] (He)
$\Delta\nu^{199}$ = 188 (5), 551 (4), 656 (8), 1056 (3), 1250 (5), (1427) (1*b*), 2950 (2), 2968 (5*b*).

III. 6b. 1, 1-Dibromäthan Br_2HC · CH_3
CLEETON-DUFFORD[376] (He)
$\Delta\nu$ = 176 (1), 344 (1), 551 (2), 608 (2), 2921 (15), 2976 (10).

III. 8. Tetrabromäthan Br_2HC · $CHBr_2$
DADIEU-KOHLRAUSCH[199], CLEETON-DUFFORD[376] (He)
$\Delta\nu^{199}$ = 146 (5), 173 (5), 218 (8), 445 (4), 533 (5), 660 (4), 709 (8), 1013 (2), 1143 (3*sb*), 1191 (2), 2796 (1), 2986 (4*b*).

III. 11a. Propylbromid (n) H_3C · CH_2 · CH_2 · Br
DADIEU-KOHLRAUSCH[199], SÖDERQVIST[207], BHAGAVANTAM-VENKATESWARAN[232]
$\Delta\nu$ (Mittel) = 315 (3), 403 (2*b*), 565 (6), 648 (4), 777 (2), 840 (1), 892 (1*b*), 1028 (2*b*), 1434 (2), 2875 (1*b*), 2935 (4), 2960 (5*b*), 2998 (2*b*).

III. 12a. 1, 3-Dibrompropan BrH_2C · CH_2 · CH_2Br
DADIEU-KOHLRAUSCH[373]
$\Delta\nu$ = 158 (3), 371 (3), 423 (3), 556 (5*b*), 586 (6), 650 (4), 694 (1), 846 (1), 946 (1), 1239 (4), 1289 (3), 1430 (4*b*), 2847 (0), 2910 (3), 2963 (4), 3012 (3).

III. 13a. Butylbromid (n) H_3C · CH_2 · CH_2 · CH_2 · Br
DADIEU-KOHLRAUSCH[210]
$\Delta\nu$ = 279 (2), 557 (5), 637 (2), 794 (1/2), 853 (1/2), 1057 (1/2), (1139) (1), 1257 (1*b*), 1440 (2*b*), 2865 (5), 2930 (3), 2962 (4).

III. 13b. Butylbromid (iso) $(H_3C)_2 \cdot CH \cdot CH_2Br$
BHAGAVANTAM-VENKATESWARAN[232]
$\Delta\nu$ = 305 (4), 472 (1), 519 (3), (598) (0), 625 (3), 654 (4), 812 (2), 840 (0), (958) (1), 1113 (0), 1147 (2), 1239 (0), 1316 (0*b*), (1452) (2*b*), 2866 (2), 2920 (2), 2965 (4), (3000) (2).

Bezügl. aromatischer und anderer Bromide vgl. X. 31; XIII. 11, 16, 27; XV. 8; XVI. 7; XVII. 2; XIX. 3; XX, XXI D.

IV. Jodderivate der gesättigten Kohlenwasserstoffe.

IV. 1. Methyljodid $H_3C \cdot J$
DADIEU-KOHLRAUSCH[244, 373] (F), BALL[335], CLEETON-DUFFORD[376] (He)
$\Delta\nu^{373}$ = 522 (10), 1239 (7), 1416 (½ *sb*), (2889) (0), 2947 (6), (3046) (2).

IV. 2. Methylenjodid $J \cdot CH_2 \cdot J$
DADIEU-KOHLRAUSCH[274] (F)
$\Delta\nu$ = 119 (5), 487 (10), 573 (4), (1125) (2*sb*), (1343) (3), (2970) (1).

IV. 5. Äthyljodid $H_3C \cdot CH_2 \cdot J$
DADIEU-KOHLRAUSCH[244, 373] (F), CLEETON-DUFFORD[376] (He)
$\Delta\nu^{373}$ = 261 (8), 497 (12), (951) (3), 1047 (2), 1194 (6), 1430 (2*b*), (2858) (1), (2916) (3), 2967 (3), 3012 (0).

IV. 11. Propyljodid (n) $H_3C \cdot CH_2 \cdot CH_2 \cdot J$
DADIEU-KOHLRAUSCH[373] (F)
$\Delta\nu$ = 198 (2), 285 (4), 389 (3), 503 (7*b*), 590 (4), (760) (½), (817) (½), (877) (¼), (1017) (2), (1184) (4), (1272) (0), (1427) (0*b*), (2935) (¼).

IV. 13. Butyljodid (n) $H_3C \cdot CH_2 \cdot CH_2 \cdot CH_2 \cdot J$
DADIEU-KOHLRAUSCH[373] (F)
$\Delta\nu$ = 209 (2), 250 (3), 446 (3), 505 (7*b*), 592 (5), (727) (½), (1048) (½), (1085) (½), 1180 (4*b*), (1239) (1), (1286) (1), (1436) (2*sb*), (2868) (2*b*), (2959) (2*b*), (3010) (0).

Bezügl. aromatischer und anderer Jodide vgl. XV. 9; XIX. 4; XX, XXI. D.

V. Alkohole.

V. 1. Methylalkohol $H_3C \cdot OH$
VENKATESWARAN-KARL[50], GANESAN-VENKATESWARAN[158], DAURE[200], DADIEU-KOHLRAUSCH[244], VENKATESWARAN-BHAGAVANTAM[285]
$\Delta\nu$ (Mittel) = 1034 (5), 1362 (0), 1462 (5*b*), 2835 (6*b*), 2943 (5*b*), 3388 ± 85 (Band).

V. 2. Äthylalkohol $H_3C \cdot CH_2 \cdot OH$
VENKATESWARAN-KARL[50], GANESAN-VENKATESWARAN[158], DAURE[200], DADIEU-KOHLRAUSCH[199, 244], VENKATESWARAN-BHAGAVANTAM[285], CLEETON-DUFFORD[376] (He), NISI[396]
$\Delta\nu$ (Mittel) = 426 (1), 883 (5), 1046 (3), 1094 (1), 1273 (1), 1456 (4*b*), 2876 (5*b*), 2928 (7*b*), 2974 (5).

V. 3a. Propylalkohol (n) $H_3C \cdot CH_2 \cdot CH_2 \cdot OH$
GANESAN-VENKATESWARAN[158], DAURE[200], TRUMPY[265], VENKATESWARAN-BHAGAVANTAM[285]
$\Delta\nu$ (Mittel) = 458 (1), 860 (4), 889 (2), 968 (2), 1056 (2), 1100 (0), 1289 (2), 1364 (0), 1458 (4), 2874 (6), 2912 (6), 2944 (2), 2974 (1).

V. 3b. Propylalkohol (iso) $H_3C \cdot CH(OH) \cdot CH_3$
GANESAN-VENKATESWARAN[158], DAURE[200], TRUMPY[265]
$\Delta\nu$ (Mittel) = 387 (1), (440) (1), 490 (2), 817 (5), 953 (2), 1125 (1), 1336 (1), 1457 (3), 2872 (5), 2928 (5), 2976 (5).

V. 4a. Butylalkohol (n) $H_3C \cdot CH_2 \cdot CH_2 \cdot CH_2 \cdot OH$
TRUMPY[265], BHAGAVANTAM-VENKATESWARAN[285]
$\Delta\nu$ (Mittel) = (381) (1), 511 (0), 818 (3), 885 (0), 952 (1), 1025 (1), 1062 (1), 1100 (0), 1290 (3), 1445 (4*b*), 2862 (5), 2897 (5), 2927 (4), 2956 (4).

V. 4b. Butylalkohol (iso) $(H_3C)_2 \cdot CH \cdot CH_2 \cdot OH$
GANESAN-VENKATESWARAN[158], TRUMPY[265], BHAGAVANTAM-VENKATESWARAN[285]
$\Delta\nu$ (Mittel) = 495 (2), 786 (1), 818 (5), 959 (3*b*), 1046 (0), 1128 (1), 1250 (0), 1342 (2), 1459 (4), 2872 (10), 2963 (10).

V. 4c. Butylalkohol (sekundär) $H_3C \cdot CH_2 \cdot CHOH \cdot CH_3$
TRUMPY[265]
$\Delta\nu$ = 492 (1), 769 (2), 815 (3), 905 (0), 987 (1), 1108 (2), (1330) (0), 1448 (3), 2869 (5), 2923 (5), 2969 (4).

V. 4d. Butylalkohol (tertiär) $(H_3C)_3 \cdot C \cdot OH$ [Trimethylcarbinol]
TRUMPY[265], BHAGAVANTAM-VENKATESWARAN[285]
$\Delta\nu$ (Mittel) = 750 (5), 912 (3*b*), 1108 (0), 1206 (0), 1450 (3*b*), 2916 (4), 2980 (5).

V. 5a. Amylalkohol (n) $H_3C \cdot (CH_2)_3 \cdot CH_2 \cdot OH$
fehlt.

V. 5b. Amylalkohol (iso) $(H_3C)_2 \cdot CH \cdot CH_2 \cdot CH_2 \cdot OH$
VENKATESWARAN-KARL[50], GANESAN-VENKATESWARAN[158]
$\Delta\nu$ (Mittel) = 341 (0), 450 (0), 767 (2), 830 (2), 955 (1), 1011 (1), 1055 (0), 1122 (0), 1168 (0), 1339 (2), 1458 (4), 2880 (4), 2962 (3), (2982) (5).

V. 6. Glycerin $(OH)H_2C \cdot CH(OH) \cdot CH_2(OH)$
VENKATESWARAN[36, 42], MARTIN[41], GANESAN-VENKATESWARAN[158]
$\Delta\nu^{158}$ = 485 (5), (679) (0), (841) (1), (923) (1), (1080) (4), (1466) (3), (2920) (4).

V. 7. Glykol $HOH_2C \cdot CH_2OH$
HOWLETT[394]
$\Delta\nu$ = 860 (st.), 960, 1040, 1070, 1090, 1280, 1460 (st.), 2880 (st.), 2940 (st.).

V. 8. Glykolmethyläther $HOH_2C \cdot CH_2 \cdot O \cdot CH_3$
HOWLETT[394]
$\Delta\nu =$ 830 (st.), 870, 950, 1460 (st.), 2830 (st.), 2890 (st.), 2940 (st.), 2990 (?).

V. 9. Glykoläthyläther $HOH_2C \cdot CH_2 \cdot O \cdot C_2H_5$
HOWLETT[394]
$\Delta\nu =$ 350, 430, 520, 820 (st.), 880, 1030, 1070, 1130, 1280 (st.), 1460 (st.), 2880 (st.), 2940 (st.), 2990.

V. 10. Glykolpropyläther $HOH_2C \cdot CH_2 \cdot O \cdot C_3H_7$
HOWLETT[394]
$\Delta\nu =$ 310, 830 (st.), 880, 950, 1030, 1130 (?), 1290 (st.), 1460 (st.), 2870 (st.), 2900—2990 (st.).

V. 11. Glykolchlorhydrin $HOH_2C \cdot CH_2Cl$
HOWLETT[394]
$\Delta\nu =$ 660 (st.), 720, 850, 930, 1030, 1120, 1460 (st.), 2960 (st.), 3020 (?).

Bezügl. anderer Alkohole vgl. XIII. 12; XIV. 7; XV. 16, 17; XVI. 10, 12; XVIII. 2.

VI. Äther.

VI. 1. Dimethyläther $H_3C \cdot O \cdot CH_3$
DADIEU-KOHLRAUSCH[316] (verflüss.)
$\Delta\nu =$ 924 (2), (1150) (1), 1452 (1*sb*), 2814 (5), (2862) (2), 2914 (2), 2953 (2), 2990 (2).

VI. 2*. Diäthyläther $H_5C_2 \cdot O \cdot C_2H_5$
GANESAN-VENKATESWARAN[158], DAURE[200], DADIEU-KOHLRAUSCH[199, 244], CLEETON-DUFFORD[376] (He)
$\Delta\nu$ (Mittel) = 438 (5), 540 (1), 840 (5), 927 (3), 1028 (4), 1148 (3), 1270 (4*b*), 1455 (5*b*), 2866 (10*b*), 2930 (10), 2978 (8*b*).

Bezügl. anderer Äther vgl. V. 8, 9, 10; VIII. 6, 7, 8; XV. 23, 33.

VII. Amine und Amide.

VII. 1. Methylamin $H_3C \cdot NH_2$
In H_2O gelöst: DADIEU-KOHLRAUSCH[244]; verflüssigt: VENKATESWARAN-BHAGAVANTAM[285]
gelöst: $\Delta\nu =$ 1038 (4*b*), 1470 (3*b*), 2901 (4*b*), 2964 (5), 3319 (5), 3378 (3)
verfl.: $\Delta\nu =$ 1033 (2), 2870 (2), 2955 (2), 3301 (2*b*).

---

* Nach einer frdl. brieflichen Mitteilung R. BÄRs ergaben Filterversuche die Notwendigkeit einer etwas geänderten Zuordnung und damit das folgende Spektrum für Äthyläther:

$\Delta\nu =$ 436 (5), 840 (4), 928 (1*b*), 1147 (2), 1276 (2*b*), 1454 (6*b*), 2692 (1), 2730 (1), 2806 (2), 2866 (8*b*), 2932 (10), 2980 (4).

Dies steht in Übereinstimmung mit dem Befunde von CLEETON-DUFFORD[376].

VII. 2. **Äthylamin** $H_3C \cdot CH_2 \cdot NH_2$

In H_2O gelöst: Dadieu-Kohlrausch[244]; verflüssigt: Venkateswaran-Bhagavantam[285]

gelöst: $\Delta\nu =$ (609) (1), 880 (3), 1454 (2), 2873 (3), 2929 (2*b*), 2973 (2*b*), 3305 (2*b*), 3363 (2*b*)

verfl.: $\Delta\nu =$ (800) (0), 900 (2), 1092 (2*b*), 1452 (1), 1597 (1), 2869 (4), 2927 (6), 2974 (6), 3321 (2*b*).

VII. 3. **Propylamin** $H_3C \cdot CH_2 \cdot CH_2 \cdot NH_2$

Dadieu-Kohlrausch[316]

$\Delta\nu =$ 454 (3), (831) (1), 868 (2), (972) (3*b*), (1075) (1), (1307) (1), 1454 (4*b*), 2867 (5*b*), 2903 (1*b*), 2934 (5*b*), 2963 (3), 3320 (3*b*), 3377 (2).

VII. 4. **Äthylendiamin** $H_2NH_2C \cdot CH_2NH_2$

Dadieu-Kohlrausch[316]

$\Delta\nu =$ (469) (3), 833 (3*b*), (1100) (1), (1301) (1), 1352 (2), 1453 (4*b*), 2851 (8*b*), 2917 (5*sb*), 3292 (6*b*), 3360 (5*b*).

VII. 5. **Dimethylamin** $H_3C \cdot NH \cdot CH_3$

Dadieu-Kohlrausch[316] (in H_2O gelöst)

$\Delta\nu =$ (402) (1), 935 (2), 1189 (1), 1443 ($^1/_2$), 1478 (3), 2796 (6), 2839 (4), 2881 (3), 2955 (6), 2987 (4), 3330 (4).

VII. 6. **Diäthylamin** $H_5C_2 \cdot NH \cdot C_2H_5$

Dadieu-Kohlrausch[316]

$\Delta\nu =$ 427 (4), 502 ($^1/_4$), (871) (1), (1048) (0*b*), (1140) ($^1/_2b$), 1447 (4*b*), 2815 (6*b*), 2872 (5*b*), 2925 (6*b*), 2970 (6), 3315 (2).

VII. 7. **Trimethylamin** $(H_3C)_3N$

Dadieu-Kohlrausch[316]

$\Delta\nu =$ 826 (1), (1182) ($^1/_2$), (1439) (0), 2770 (3), 2815 (2), 2942 (3*b*), 2977 (1*b*).

VII. 8. **Triäthylamin** $(H_5C_2)_3N$

Venkateswaran-Bhagavantam[285], Dadieu-Kohlrausch[316]

$\Delta\nu$ (Mittel) = 440 (2), 745 (4), 812 (1*b*), 916 (3*b*), 1000 (1), 1064 (2), 1298 (2), 1455 (7*b*), 2795 (4*b*), 2876 (4*b*), 2933 (10*b*), 2969 (10*b*).

VII. 9. **Hydrazin** $H_2N \cdot NH_2$

In Wasser gelöst: Pal-SenGupta[262]; Sutherland[366], Imanishi[416]

$\Delta\nu$ (Mittel) = 904 (1), 1117 (1), 3208 (2), 3279 (2), 3342 (2).

VII. 10. **Dicyandiamid**

$$C\begin{cases} \diagup NH \cdot (CN) \\ = NH \\ \diagdown NH_2 \end{cases}$$

Dadieu-Kohlrausch[316]

$\Delta\nu =$ (655) (1), 927 (2), 1111 (1), (1648) (1), 2156 (3), 2195 (3).

VII. 11. Harnstoff $H_2N \cdot CO \cdot NH_2$
PAL-SEN GUPTA[262]
$\Delta\nu$ = (830) (2), 1002 (5), 1162 (0), 3226 (1), 3374 (2).

VII. 12. Formamid $H \cdot CO \cdot NH_2$
DADIEU-KOHLRAUSCH[199, 316]
$\Delta\nu$ = 604 (4), (1001) (1), 1109 (5*b*), 1312 (5*b*), 1392 (8), 1670 (4*b*), 2882 (3*sb*), 3343 (2*sb*).

VII. 13. Acetamid $H_3C \cdot CO \cdot NH_2$
DADIEU-KOHLRAUSCH[199]
$\Delta\nu$ = 555 (1*b*), 860 (2*b*), (1396) (1*sb*), (1602) ($^1/_2$*sb*), 2932 (3*b*), 3369 ($^1/_2$*b*).

Bezügl. anderer Amine vgl. XV. 10, 11, 12, 13, 14, 32; XVI. 4; XVIII. 3,8.

VIII. Mercaptane und Thioäther.

VIII. 1. Methylmercaptan $H_3C \cdot SH$
VENKATESWARAN[330]
$\Delta\nu$ = 704 (10), 805 (1), 1059 (0), (1425) (0), 2573 (10), 2871 (0), 2932 (10*b*), 2975 (2).

VIII. 2. Äthylmercaptan $H_3C \cdot CH_2 \cdot SH$
VENKATESWARAN[330]
$\Delta\nu$ = (333) (2), 659 (10), 739 (0), 874 (0), 965 (0), 1054 (1*b*), 1263 (1*b*), 1449 (3*b*), 2573 (10), 2872 (5*b*), 2933 (10*b*), 2968 (7*b*).

VIII. 3. Propylmercaptan $H_3C \cdot CH_2 \cdot CH_2 \cdot SH$
VENKATESWARAN[330]
$\Delta\nu$ = (367) (3), 652 (4), 695 (1), 730 (1), 883 (0), 964 (0), 1033 (2*b*), 1299 (1*b*), 1441 (2*b*), 2575 (8), 2874 (4*b*), 2930 (8*b*), 2966 (5*b*).

VIII. 4a. Butylmercaptan (n) $H_3C \cdot CH_2 \cdot CH_2 \cdot CH_2 \cdot SH$
VENKATESWARAN[330]
$\Delta\nu$ = (298) (1), (333) (2), 437 (0), 656 (6), 707 (0*b*), 843 (0), 889 (0*b*), 951 (1), 1049 (1*b*), (1106) (0), 1296 (2*b*), 1361 (0*b*), 1438 (3*b*), 2574 (10), 2869 (8*b*), 2905 (7*b*), 2934 (10*b*).

VIII. 4b. Butylmercaptan (iso) $(H_3C)_2 \cdot CH \cdot CH_2 \cdot SH$
VENKATESWARAN[330]
$\Delta\nu$ = 233 (0), (338) (3), (404) (0), 428 (2), (522) (0), 670 (3), 707 (5), 770 (1), 834 (0*b*), 923 (1*b*), 956 (3), (1070) (0), (1217) (0*b*), 1251 (0*b*), 1327 (2*b*), 1424 (3*b*), 1460 (3*b*), 2575 (10), 2870 (10*b*), 2925 (8*b*), 2966 (10*b*).

VIII. 5b. Amylmercaptan (iso) $(H_3C)_2 \cdot CH \cdot CH_2 \cdot CH_2 \cdot SH$
VENKATESWARAN[330]
$\Delta\nu$ = 279 (5), 422 (3*b*), 659 (5), 719 (2), 741 (2), 818 (1*b*), 855 (0), (929) (0), (955) (1), 1038 (0*b*), (1114) (0*b*), (1185) (0*b*), 1287 (1), 1300 (1), 1337 (2), 1470 (6), 2574 (10), 2870 (10*b*), 2929 (7*b*), 2962 (10*b*).

VIII. 6. Dimethyl-Thioäther (-Sulfid) $H_3C \cdot S \cdot CH_3$
MATOSSI-ADERHOLD[386]
$\Delta\nu$ = 693 (m.), 733 (s.), 2920 (m.), 3000 (m.).

VIII. 7. Diäthyl-Thioäther (-Sulfid) $H_5C_2 \cdot S \cdot C_2H_5$
MATOSSI-ADERHOLD[386], THATTE-GANESAN[381]
$\Delta\nu$ = 646 (s.), 660 (s.), 693 (s.), 977 (s.), 1095 (s.), 1333 (s.), 1440 (s.), 2930 (m.), 2980 (? m.), 3000 (m.).

VIII. 8. Methyl-Äthyl-Thioäther (-Sulfid) $H_3C \cdot S \cdot C_2H_5$
MATOSSI-ADERHOLD[386]
$\Delta\nu$ = 216 (s.), 278 (s.), 352 (s.), 653 (st.), 676 (s.), 733 (st.), 971 (s.)., 1058 (s.s.), 1098 (s.s.), (1333) (s.), 1430 (m., *b*), 2918 (st.), 2922 (? m.), 3010 (st.), 3030 (? m.).

Bezügl. anderer Schwefelverbindungen vgl. XIII. 14; XV. 15, 36, 37; XVIII. 14; XX. 45; XXI. C; XXII. 7, 8; XXIII. 1, 4.

IX. Aldehyde und Ketone.

IX. 1. Dimethylketon $H_3C \cdot CO \cdot CH_3$
DADIEU-KOHLRAUSCH[95, 210], WILLIAMS-HOLLAENDER[113], PETRIKALN-HOCHBERG[140], WHITELAW[149], GANESAN-VENKATESWARAN[158], DICKINSON-DILLON[167], DAURE[200]
$\Delta\nu$ (Mittel) = 376 (2), 490 (1), 526 (3), 788 (10), (904) (0), (925) (1*b*), 1069 (3), 1192 (3), 1223 (5), (1340) (0), 1430 (5*b*), 1712 (5), 2925 (10), 2969 (2), (3003) (2).

IX. 2. Diäthylketon $H_5C_2 \cdot CO \cdot C_2H_5$
WHITELAW[149], GANESAN-VENKATESWARAN[158]
$\Delta\nu^{149}$ = 410 (3), 760 (1), 786 (2), (801) (1), (1018) (1), (1095) (3), 1180 (3), 1228 (1), (1360) (1), (1428) (2), (1468) (2), 1724 (2), 2917 (3), 2948 (4).

IX. 3. Methyläthylketon $H_3C \cdot CO \cdot C_2H_5$
DADIEU-KOHLRAUSCH[130], WHITELAW[149], GANESAN-VENKATESWARAN[158]
$\Delta\nu^{149}$ = (316) (1), 406 (0), 593 (2), 764 (6), (955) (0), (1085) (4), (1165) (0), (1213) (0), (1292) (0), 1355 (1), 1436 (2), 1734 (3), 2928 (6), 2948 (3).

IX. 4. Methylpropylketon $H_3C \cdot CO \cdot C_3H_7$
GANESAN-VENKATESWARAN[158]
$\Delta\nu$ = (591) (0), 714 (0), (1042) (0), (1446) (1), 1718 (1), (2866) (3), 2913 (5).

IX. 5. Formaldehyd $H \cdot CO \cdot H$
in wässeriger Lösg.: PAL-SEN GUPTA[262]
$\Delta\nu$ = (917) (0), (1039) (0), (1461) (1), (1768) (1), (2945) (1*b*).

IX. 6. Acetaldehyd $H_3C \cdot CO \cdot H$
PETRIKALN-HOCHBERG[140], DADIEU-KOHLRAUSCH[154], VENKATESWARAN-BHAGAVANTAM[235]
$\Delta\nu^{154}$ = 505 (2), 932 (1*b*), 1136 (2*sb*), 1420 (2*b*), 1716 (2), 2914 (6*b*).

IX. 7. Propionaldehyd $H_5C_2 \cdot CO \cdot H$
Dadieu-Kohlrausch[154]
$\Delta\nu$ = 849 (2), 957 (2*b*), 1057 (1*b*), 1389 (3*b*), 1452 (2*b*), 1719 (2), 2898 (5*sb*), 2942 (4), 2981 (3*b*).

IX. 8. Paraldehyd $(C_2H_4O)_3$
Petrikaln-Hochberg[140], Venkateswaran-Bhagavantam[235], Menzies[150] (P)
$\Delta\nu$ (Mittel) = 473 (2), 526 (4), 839 (1), 900 (0), 1020 (0), 1350 (1), 1455 (1), 2856 (0), 2944 (5), 3000 (2*b*).

IX. 9. Chloral $Cl_3C \cdot CO \cdot H$
Petrikaln-Hochberg[140], Dadieu-Kohlrausch[316]
$\Delta\nu$ (Mittel) = 202 (2), 246 (4), 270 (3), 318 (3), 444 (10), 624 (3), 736 (3), 849 (2), 1356 ($^1/_2$), 1760 (3), 2867 (3*b*).

IX. 10. Chloralhydrat $Cl_3C \cdot CH(OH)_2$
Petrikaln-Hochberg[140]
$\Delta\nu$ = 274, 446, 829.

Bezügl. anderer Ketone und Aldehyde vgl. XIII. 26; XV. 24, 25, 34; XVI. 9, 10, 11.

X. Carbonsäuren und Derivate.

X. 1. Ameisensäure $H \cdot CO \cdot OH$
Dadieu-Kohlrausch[95, 244], Ganesan-Venkateswaran[158]
$\Delta\nu^{244}$ = 514 (1), 675 (3*b*), (793) (1), 1056 ($^1/_4 b$), 1196 ($^1/_4$), 1392 (3), 1647 (3*b*), 2951 (5*b*).

X. 2. Essigsäure $H_3C \cdot CO \cdot OH$
Venkateswaran[46], Dadieu-Kohlrausch[95, 244], Ganesan-Venkateswaran[158], Daure[200]
$\Delta\nu$ (Mittel) = 441 (3), 618 (4), 895 (6), 1277 (1*b*), 1360 (4*b*), 1431 (4*sb*), 1666 (4*b*), 2942 (10*b*).

X. 3. Propionsäure $H_5C_2 \cdot CO \cdot OH$
Venkateswaran[46], Dadieu-Kohlrausch[95], Ganesan-Venkateswaran[158]
$\Delta\nu$ (Mittel) = 487 (0), 605 (0), 770 (1), 846 (4), 1076 (1), 1134 (0), 1426 (1), 1460 (2), 1654 (1*b*), 2950 (2*sb*), (2979) (2).

X. 4. Buttersäure $H_7C_3 \cdot CO \cdot OH$
Venkateswaran[46], Dadieu-Kohlrausch[95], Ganesan-Venkateswaran[158]
$\Delta\nu^{95}$ = (462) (00), (495) (00), 841 ($^1/_2$), 882 ($^1/_2$), (1040) ($^1/_2$), 1102 (00), 1422 (0), 1453 (0), 1657 ($^1/_2 b$), 2878 ($^1/_2$), 2940 (2).

X. 5. Cyanessigsäure $(NC)H_2C \cdot CO \cdot OH$
Dadieu[368] (ätherische Lösg., wahrscheinlich unvollständig)
$\Delta\nu$ = (872) (1), 1340 ($^1/_2$), 1396 (1), 1494 ($^1/_2$), 2254 (2).

X. 6. Brenztraubensäure $H_3C \cdot CO \cdot CO \cdot OH$
DADIEU-KOHLRAUSCH[244]
$\Delta\nu$ = (404) (2), 605 (2), 771 (3*b*), 985 (1), (1411) (2), 1735 (3), (1769) (1/2), 2932 (3).

X. 7. Ameisensaures Methyl $H \cdot CO \cdot OCH_3$
DADIEU-KOHLRAUSCH[244]
$\Delta\nu$ = 330 (2*b*), 608 (1*b*), 914 (4), 1264 (0), 1446 (1/2*b*), 1717 (3), 2842 (1), 2955 (3).

X. 8. Ameisensaures Äthyl $H \cdot CO \cdot OC_2H_5$
DADIEU-KOHLRAUSCH[95], PAL-SEN GUPTA[262]
$\Delta\nu$ (Mittel) = 838 (2), 1000 (1), 1097 (1), 1377 (2), 1450 (2*b*), 1714 (2), 2878 (1), 2936 (6), 2974 (4).

X. 9. Ameisensaures Isoamyl $H \cdot CO \cdot OCH_2 \cdot CH_2 \cdot CH(CH_3)_2$
DADIEU-KOHLRAUSCH[244]
$\Delta\nu$ = (260 ± 25) (2), (329 ± 16) (2), 444 (2), (765) (2*b*), (817) (2*b*), 914 (3*b*), (953) (3), (995) (1), 1338 (2), 1381 (3), 1455 (5*b*), 1718 (3), 2872 (5*b*), 2900 (2), 2932 (2), 2961 (5*b*).

X. 10. Essigsaures Methyl $H_3C \cdot CO \cdot OCH_3$
DADIEU-KOHLRAUSCH[95], DAURE[200]
$\Delta\nu$ (Mittel) = 432 (3), 638 (5), 843 (6), 985 (1/4), 1050 (2), 1448 (4*sb*), 1737 (3), 2846 (3), 2940 (10*b*), 2995 (4*b*).

X. 11. Essigsaures Äthyl $H_3C \cdot CO \cdot OC_2H_5$
DADIEU-KOHLRAUSCH[95], DAURE[200]
$\Delta\nu$ (Mittel) = 380 (4), 634 (4), 850 (3), 934 (0*b*), 1002 (0*b*), 1047 (0*b*), 1105 (2), 1441 (3*b*), 1732 (2), 2870 (2), 2926 (5), 2970 (3).

X. 12. Essigsaures Propyl $H_3C \cdot CO \cdot OC_3H_7$
DAURE[200]
$\Delta\nu$ = 350 (1), 420 (1), 480 (1), 630 (3), 830 (3), 890 (1), 970 (1), 1050 (1), 1250 (1), 1300 (1), 1440 (3), 1740 (3), 2870 (3), 2950 (5), 2980 (5).

X. 13. Essigsaures Isoamyl $H_3C \cdot CO \cdot OCH_2 \cdot CH_2 \cdot CH(CH_3)_2$
DADIEU-KOHLRAUSCH[95]
$\Delta\nu$ = 632 (1/2), 763 (0), 816 (1/2), 954 (1/2), (1123) (0), (1169) (0), 1454 (2*b*), 1722 (1/2), 2870 (3), 2934 (3).

X. 14. Acetessigester, Ketoform: $H_3C \cdot CO \cdot CH_2 \cdot CO \cdot OC_2H_5$; Enolform: $H_3C \cdot C(OH){=}CH \cdot CO \cdot OC_2H_5$
PAL-SEN GUPTA[262], DADIEU-KOHLRAUSCH[278]
$\Delta\nu^{278}$ = (382) (1), 538 (2), 631 (4), 737 (2), 868 (3), 934 (2), 1039 (1*sb*), 1115 (3), 1162 (3), 1216 (2), 1339 (5), 1450 (4*b*), 1632 (5), 1714 (2), 1740 (2), 2930 (8*b*), 2980 (2), 3380 (0).

X. 15. Ammoniumacetat $H_3C \cdot CO \cdot ONH_4$
DADIEU-KOHLRAUSCH[199] (wässerige Lösg.)
$\Delta\nu$ = 653 (1), 923 (3), 1346 (2), 1410 (1*sb*), 1756 (0*sb*), 2947 (4*sb*).

X. 16. Natriumacetat $H_3C \cdot CO \cdot ONa$
DADIEU-KOHLRAUSCH[199] (wässerige Lösg.)
$\Delta\nu$ = 647 (1), 925 (4), 1346 (3), 1411 (4*sb*), (1649) (00), 2934 (5*b*).

X. 17. Zinkacetat $(H_3C \cdot CO \cdot O)_2Zn$
DADIEU-KOHLRAUSCH[210] (wässerige Lösg.)
$\Delta\nu$ = (605) (1), (773) (1), (807) (1), 934 (3), 1342 (1), 1416 (2*b*), 2939 (4).

X. 18. Propionsaures Äthyl $H_5C_2 \cdot CO \cdot OC_2H_5$
DADIEU-KOHLRAUSCH[95]
$\Delta\nu$ = (367) (2), (611) (0), 778 (00), 855 (2), 989 (0*b*), (1092) (0), 1450 (2*b*), 1719 (1), 2936 (3*b*), 2977 (3).

X. 19. Buttersaures Äthyl $H_7C_3 \cdot CO \cdot OC_2H_5$
DADIEU-KOHLRAUSCH[95]
$\Delta\nu$ = 323 (1), (385) (0), (604) (0*b*), 871 (1*b*), 1034 (1*b*), (1106) ($^1/_2$), (1277) ($^1/_2b$), 1447 (3), 1728 (1), 2868 (3), 2932 (3*sb*).

X. 20. Cyanessigsaures Methyl $(NC)H_2C \cdot CO \cdot OCH_3$
PETRIKALN-HOCHBERG[140]
$\Delta\nu$ = 900, 2266, 2948.

X. 21. Cyanessigsaures Äthyl $(NC)H_2C \cdot CO \cdot OC_2H_5$
DADIEU-KOHLRAUSCH[199]
$\Delta\nu$ = 354 (3), 847 (2), 907 (2), 1393 (2), 1449 (2*b*), 1746 (2), 2258 (4), 2935 (5*b*), 2977 (4*sb*).

X. 22. Kohlensaures Methyl $H_3CO \cdot CO \cdot OCH_3$
DADIEU-KOHLRAUSCH[244]
$\Delta\nu$ = 515 (5), 590 ($^1/_2$), 915 (5), 1078 (2), 1110 (2), 1253 (3*b*), 1458 (3*b*), 1747 (2), 2960 (6*b*).

X. 23. Kohlensaures Äthyl $H_5C_2O \cdot CO \cdot OC_2H_5$
DADIEU-KOHLRAUSCH[244], PAL-SEN GUPTA[262]
$\Delta\nu^{244}$ = 362 (3), 525 (3), 594 (1*b*), 904 (4), 1118 (4), 1450 (4*b*), 1744 (2), 2937 (5), 2977 (6*b*).

X. 24. Oxalsaurer Diäthylester $H_5C_2O \cdot CO \cdot CO \cdot OC_2H_5$
DADIEU-KOHLRAUSCH[210]
$\Delta\nu$ = 314 (3*b*), 383 (1), 865 (4*b*), 1018 (2*b*), 1104 (3), 1282 (0*b*), 1452 (4*b*), 1762 (4), 2937 (7*b*), 2980 (7*sb*).

X. 25. Malonsaurer Diäthylester $H_5C_2O \cdot CO \cdot CH_2 \cdot CO \cdot OC_2H_5$
DADIEU-KOHLRAUSCH[210], PAL-SEN HUPTA[262]
$\Delta\nu^{210}$ = (373) (1), (561) (1), 666 (3), 854 (3*b*), 948 (2*b*), 1029 (3*b*), 1111 (4), (1164) ($^1/_4$), 1393 (1), 1452 (4*b*), 1735 (3*b*), 2938 (8), 2980 (7*b*).

X. 26. Bernsteinsaurer Diäthylester $H_5C_2O \cdot CO \cdot CH_2 \cdot CH_2 \cdot CO \cdot OC_2H_5$
DADIEU-KOHLRAUSCH[210]
$\Delta\nu$ = (344) ($^1/_2$), 849 (3), 1014 (1), 1106 (2), 1454 (3), 1729 (2), 2933 (6), 2976 (4).

X. 27. Chlorkohlensaures (chlorameisensaures) Äthyl
$Cl \cdot CO \cdot OC_2H_5$
DADIEU-KOHLRAUSCH[316]
$\Delta\nu$ = 353 (6), 480 (8), 784 (2), 852 (5), 1014 (3), 1115 (3*b*), 1450 (3*b*), 1770 (3), 2908 (0), 2941 (8), 2984 (8*b*).

X. 28. Chloressigsaures Äthyl $ClH_2C \cdot CO \cdot OC_2H_5$
PAL-SEN GUPTA[262]
$\Delta\nu$ = 786 (2), 876 (2), (1429) (2), (2880) (1), 2937 (6), 2976 (6).

X. 29. Acetylchlorid $H_3C \cdot CO \cdot Cl$
DADIEU-KOHLRAUSCH[244]
$\Delta\nu$ = 350 (3), 435 (10*b*), 592 (4*b*), (954) (1), (1223) (1), 1419 (2*b*), 1797 (3*b*), 2874 (1*b*), 2935 (8), (3021) (2*b*?).

X. 30. Chloracetylchlorid $ClH_2C \cdot CO \cdot Cl$
DADIEU-KOHLRAUSCH[316]
$\Delta\nu$ = 300 (5), 450 (6), (561) (1), 720 (1), 782 (6), 974 ($^1/_2$*b*), (1278) ($^1/_2$), 1396 (3), 1807 (2), 2946 (5), 2995 (2).

X. 31. Acetylbromid $H_3C \cdot CO \cdot Br$
DADIEU-KOHLRAUSCH[244]
$\Delta\nu$ = 304 (5), 338 (10*b*), 555 (7), (948) (0), 1421 (3*b*), 1809 (3*b*), (2850) (2), 2931 (7), (3016) (4*b*).

X. 32. Phosgen $Cl \cdot CO \cdot Cl$
HENRI-HOWELL[204], DADIEU-KOHLRAUSCH[373]
$\Delta\nu$ = 301 (5), 444 (4), 571 (10), 834 ($^1/_2$*b*), 1810 (4).

Bezügl. anderer organischer Säuren und Derivaten vgl. VII. 11, 12, 13; XIII. 21—25; XIV. 6; XV. 28, 29, 30; XVI. 8.

XI. Aliphatische Nitroverbindungen.

XI. 1. Nitromethan $H_3C \cdot NO_2$
PETRIKALN-HOCHBERG[104], GANESAN-VENKATESWARAN[158], DADIEU-KOHLRAUSCH[244]
$\Delta\nu$ (Mittel) = 483 (3), 656 (4), 917 (10), 1106 (1), 1375 (4), 1402 (7), 1563 (3), 2967 (8).

XI. 2. Nitroäthan $H_5C_2 \cdot NO_2$
DADIEU-JELE-KOHLRAUSCH[389] (F)
$\Delta\nu$ = (295) (3*b*), 389 (2), 492 (5*b*), 614 (4), 875 (8), 995 (3), 1101 (4), 1330 (2), 1367 (7), 1394 (5), 1447 (4*b*), 1556 (4), (1624) ($^1/_2$), (2904) (1), 2950 (7), 2998 (3).

XI. 3. Nitropropan (n) $H_7C_3 \cdot NO_2$
DADIEU-JELE-KOHLRAUSCH[389] (F)
$\Delta\nu$ = 346 (3), 475 (4*b*), 606 (4*b*), 866 (5), 897 (5), 1037 (4), 1122 (2), 1228 (1), 1274 (2), 1346 (1), 1380 (8), 1440 (5*b*), 1553 (4), 2883 (6), 2956 (7*sb*).

XI. 4. Nitrobutan (n) $H_9C_4 \cdot NO_2$
DADIEU-JELE-KOHLRAUSCH[389] (F)
$\Delta\nu$ = (307) (1*b*), 481 (1/2), 609 (3*b*), 830 (3), 855 (2), 915 (5), 959 (1), 1058 (3*b*), 1120 (3*b*), 1209 (1*b*), 1246 (1), 1289 (2), (1352) (0), 1382 (5), 1446 (5*b*), 1552 (4), 2874 (6), 2914 (7*b*), 2938 (7*b*), 2966 (7*sb*).

XI. 5. Nitropentan (n) $H_{11}C_5 \cdot NO_2$
DADIEU-JELE-KOHLRAUSCH[389] (F)
$\Delta\nu$ = (255) (2*b*), (349) (1*sb*), 421 (2*b*), 603 (1*b*), 769 (3), 904 (5), (951) (1), (981) (1), (1128) (3), (1211) (1), 1342 (2), (1379) (5), 1455 (4*b*), (1551) (3), 2873 (3), (2937) (1/2), 2965 (4).

XI. 6. Tetranitromethan $C(NO_2)_4$
GANESAN-VENKATESWARAN[158] (unvollständig!)
$\Delta\nu$ = 1331 (1).

Bezügl. anderer Nitrokörper, Nitrate, Nitrite vgl. XV. 14, 20, 21, 35; XVI. 3, 6, 7, 8, 9; XXI. B 1—29.

XII. Cyanverbindungen.

XII. 1. Acetonitril $H_3C \cdot CN$
PETRIKALN-HOCHBERG[104], DADIEU-KOHLRAUSCH[210], PAL-SEN GUPTA[262], DADIEU[368] (F), HOWLETT[394]
$\Delta\nu$ (Mittel) = 376 (4), 917 (3), 1370 (3*b*), 1417 (0), 2250 (6), 2942 (10), 2996 (1).

XII. 2. Propionitril $H_5C_2 \cdot CN$
DADIEU-KOHLRAUSCH[274], HOWLETT[394]
$\Delta\nu$ = 222 (4*b*), 385 (2), (545) (2), 841 (4), 1010 (3*b*), (1187) (1), 1265 (1), 1315 (2), 1426 (2), 1469 (2), 2246 (8), 2842 (4), 2897 (4), 2941 (7*b*), 2996 (4).

XII. 3. Butyronitril $H_7C_3 \cdot CN$
DADIEU[368], HOWLETT[394]
$\Delta\nu$ = 179 (3), 370 (3*b*), 521 (1), 836 (3), 1044 (1), (1102) (1), 1260 (1), (1332) (1), 1425 (1), 1454 (3), 2245 (3), 2878 (4), 2933 (7*b*).

XII. 4. Valeronitril (iso) $(H_3C)_2 \cdot CH \cdot CH_2 \cdot CN$
DADIEU[368]
$\Delta\nu$ = 161 (5), 353 (1/4), 380 (2), 536 (3), 611 (0), 782 (3), 813 (5), 965 (4*b*), (1121) (2*b*), 1232 (1), 1284 (2), 1340 (4*b*), 1422 (1), 1457 (4*b*), 2245 (7), 2826 (8), 2876 (8), 2922 (8*b*), 2966 (10).

XII. 5. Capronitril (iso) $(H_3C)_2 \cdot CH \cdot CH_2 \cdot CH_2 \cdot CN$
DADIEU[368]
$\Delta\nu$ = 200 (0), 369 (3), 438 (1), (533) (1/2), (613) (1), (651) (0), 710 (0), 756 (4), 814 (3*b*), 889 (1/2), 928 (1), 959 (2*b*), 1025 (1), 1123 (3), 1170 (1), 1347 (2), 1388 (1), 1428 (1), 1457 (5*b*), 2241 (6), 2867 (10), 2931 (10), 2963 (10).

XII. 6. Äthylencyanid $NC \cdot CH_2 \cdot CH_2 \cdot CN$
DADIEU[368] (F)
$\Delta\nu$ = 187 (1), 234 (5), 357 (3), 387 (2), 480 (3), 508 (1), 601 ($^1/_2 b$), 809 (4), 951 (3), 1023 (3), 1178 (2), 1226 (2), 1328 (3*b*), 1422 (5*b*), 2254 (6), 2947 (4), 2982 (2).

XII. 7. Methylisonitril $H_3C \cdot NC$
DADIEU[368] (F)
$\Delta\nu$ = 290 (5), 928 (3), 1041 (1), 1414 (3), 1456 (1), 2161 (5), 2951 (6), 3002 (1).

XII. 8. Äthylisonitril $H_5C_2 \cdot NC$
DADIEU[368] (F)
$\Delta\nu$ = 205 (6*b*), 301 (2), 474 (2), 829 (3), 1010 (2), 1094 (2), 1284 ($^1/_4 b$), 1345 ($^1/_2$), 1447 (4*b*), 2146 (7), 2884 (3), 2918 (2), 2948 (6*b*), 2986 (3).

XII. 9. Äthylsenföl $H_5C_2 \cdot NCS$
DADIEU[368]
$\Delta\nu$ = 384 (2), 645 (7), (796) (2), 935 (3), 1069 (6), 1283 (1), 1340 (3), 1454 (4*b*), 2107 (3), 2183 (2), 2878 (4), 2914 (3), 2945 (10*b*), 2986 (4).

XII. 10. Isobutylsenföl $(H_3C)_2 \cdot CH \cdot CH_2 \cdot NCS$
DADIEU[368]
$\Delta\nu$ = (419) (1*b*), 690 (3*b*), 816 (3), 888 ($^1/_2$), (951) (2*b*), 1045 (1), 1082 (3*b*), (1130) ($^1/_4$), 1250 ($^1/_2$), 1300 (2), 1348 (4), 1390 (2), 1449 (4*b*), 2100 (3*b*), 2170 (3*b*), (2862) (4), 2902 (4), 2933 (4), 2966 (4).

XII. 11. Methylrhodanid $H_3C \cdot SCN$
PETRIKALN-HOCHBERG[280]
$\Delta\nu$ = 668, 689, 1248, 2145, 2930.

XII. 12. Äthylrhodanid $H_5C_2 \cdot SCN$
DADIEU[368]
$\Delta\nu$ = 164 (4*b*), (328) (2), 626 (5), 967 (4), (1112) (2), 1440 (2*sb*), 2152 (7), 2934 (6), 2970 (3).

XII. 13. Rhodannatrium $Na \cdot SCN$
DADIEU-KOHLRAUSCH[244] (in wässeriger Lösg.)
$\Delta\nu$ = 754 (2), 2076 (5*b*).

XII. 14. Rhodankalium $K \cdot SCN$
DADIEU-KOHLRAUSCH[244] (in wässeriger u. alkoholischer Lösg.); PAL-SEN GUPTA[262], PETRIKALN-HOCHBERG[280], KRISNAMURTI[350] (kryst.)
$\Delta\nu$ (Lösg.) = 750 (3*b*), 2061 (9*b*)
$\Delta\nu$ (kryst.) = 747 (s.), 2050 (st.).

XII. 15. Rhodanammonium $(NH_4) \cdot SCN$
DADIEU-KOHLRAUSCH[244] (wässerige u. alkohol. Lösg.); PAL-SEN GUPTA[262]; KRISHNAMURTI[350] (kryst.)
$\Delta\nu$ (Lösg.) = 745 (4), 2066 (10*b*)
$\Delta\nu$ (kryst.) = 2067.

XII. 16. Rhodanbarium $Ba \cdot (SCN)_2$
KRISHNAMURTI[350] (kryst.)
$\Delta\nu$ (kryst.) = 776 (s.s.), 2053 (st., *b*).

XII. 17. Dicyan $(CN)_2$
PETRIKALN-HOCHBERG[280] (verflüss.)
$\Delta\nu$ = 512, 756 (?), 860, 2334.

XII. 18. Blausäure $H \cdot CN$
DADIEU-KOHLRAUSCH[278], DADIEU[368] (F), BHAGAVANTAM[365]
$\Delta\nu$ = 2062 ($^1/_2$), 2094 (12), (2122) (?), 3213 (2, s. *b*).

XII. 19. Cyankalium $K \cdot CN$
PETRIKALN-HOCHBERG[140], PAL-SEN GUPTA[262], WOODWARD[328], DADIEU[368] (wässer. Lösg.)
$\Delta\nu$ = 838(?), 2080.

XII. 20. Cyannatrium $Na \cdot CN$
KRISHNAMURTI[350] (kryst.)
$\Delta\nu$ = 2085.

XII. 21. Quecksilbercyanid $Hg(CN)_2$
PETRIKALN-HOCHBERG[280], WOODWARD[328], BRAUNE-ENGELBRECHT[374] (wässer. Lösg.), KRISHNAMURTI[350] (kryst.)
$\Delta\nu$ (Lösg.) = 260 (st.), 2197 (st.)
$\Delta\nu$ (kryst.) = 276 (s.), 2192.

XII. 22. Kaliumsilbercyanid $KAg(CN)_2$
PAL-SEN GUPTA[262], PETRIKALN-HOCHBERG[280], BRAUNE-ENGELBRECHT[374] (wässer. Lösg.), KRISHNAMURTI[350] (kryst.)
$\Delta\nu$ (Lösg.) = 239 (m.), 2130 (st.)
$\Delta\nu$ (kryst.) = 2139.

XII. 23. Kaliumferrocyanid $K_4Fe(CN)_6$
KRISHNAMURTI[350] (kryst.)
$\Delta\nu$ = 2161.

XII. 24. $K_2Hg(CN)_4$, $K_2Zn(CN)_4$, $K_2Cd(CN)_4$
PAL-SEN GUPTA[348], BRAUNE-ENGELBRECHT[374] (wässer. Lösg.)
$\Delta\nu$ = 2150 gemeinsam für alle 3 Doppelsalze.

XII. 25. $K_3Cu(CN)_4$
BRAUNE-ENGELBRECHT[374] (wässer. Lösg.)
$\Delta\nu$ = 2095.

XII. 26. Kaliumcyanat $K \cdot O \cdot CN$
PAL-SEN GUPTA[262] (wässer. Lösg.)
$\Delta\nu$ = 838 (1), (1299) (0), (1314) (0), 2183 (1).

XII. 27. Äthylisocyanat $H_5C_2 \cdot NCO$
DADIEU-KOHLRAUSCH-KOPPER (F) (unveröffentlicht)
$\Delta\nu$ = 397 (1), 592 (1), 791 (4), 987 (2), 1085 (3), 1278 (2), 1346 (2), 1434 (5), 1456 (3), (2877) (2*sb*), 2933 (4), 2981 (3).

XII. 28. Isopropylisocyanat $(H_3C)_2 \cdot CH \cdot NCO$
DADIEU-KOHLRAUSCH-KOPPER (unveröffentlicht) (F)
$\Delta\nu$ = (346) (1/4), (458) (1/2), (590) (1/2 b), 753 (5), 900 (2), 946 (1), 1098 (1), 1132 (1), 1165 (1), 1330 (4), 1421 (4b), 1455 (4b), (2872) (4), 2922 (6b), 2984 (5b).

Bezügl. anderer CN-Verbindungen vgl. VII. 10; X. 20, 21; XIII. 13; XV. 18, 19, 26, 27; XVI. 13, 14; XVII. 3.

XIII. Olefine und Derivate.

XIII. 1. Äthylen $H_2C{=}CH_2$
DAURE[73, 200] (verflüss.), DICKINSON-DILLON-RASETTI[155] (gasf.)
$\Delta\nu$ (flüss.) = 1340 (3), 1620 (3), 3000 (5), 3080 (3)
$\Delta\nu$ (gasf.) = 1342 (20), 1623 (15), 2880 (3), 3019 (20), 3240 (2), 3272 (1).

XIII. 2. Trimethyläthylen $(H_3C)_2C{=}CH \cdot CH_3$
FRANKLIN-LAIRD[293] (offenbar unvollständig!)
$\Delta\nu$ = 1190, 2900.

XIII. 3. Amylen $H_2C{=}CH \cdot CH_2 \cdot CH_2 \cdot CH_3$
BONINO-BRÜLL[179]
$\Delta\nu$ = (159) (2), 440 (1), (512) (2), 762 (3), 955 (2), 1094 (5), 1330 (2), 1374 (2), 1439 (3), (1667) (3), (2863) (5), 2936 (5), 2967 (2).

XIII. 4. Butadien $H_2C{=}CH \cdot HC{=}CH_2$
DADIEU-KOHLRAUSCH[278]
$\Delta\nu$ = 513 (4), 906 (2b), 1204 (5), 1277 (4), 1436 (4), 1634 (10), 3000 (5), 3090 (2).

XIII. 5. 1-Methylbutadien (Piperylen) $H_3C \cdot HC{=}CH \cdot HC{=}CH_2$
DADIEU-KOHLRAUSCH[278]
$\Delta\nu$ = 204 (1/2), 388 (1), 481 (4), 814 (1), 896 (3b), 957 (1/2), 1032 (1/2), 1182 (5b), 1242 (3), 1288 (6), 1370 (3), 1407 (2), 1443 (3b), 1597 (3), 1646 (10), (2849 (2), 2916 (4), 2998 (4), 3089 (2).

XIII. 6. 2-Methylbutadien (Isopren) $H_2C{=}C(CH_3) \cdot HC{=}CH_2$
DADIEU-KOHLRAUSCH[278]
$\Delta\nu$ = 289 (1), 423 (2), 530 (4), 779 (2), 899 (3b), 954 (4), 994 (2), 1070 (4), 1291 (5), 1380 (1), 1420 (5), 1636 (10), 2920 (2), 2983 (1), 3010 (5), 3083 (3).

XIII. 7. 2, 3-Dimethylbutadien $H_2C{=}C(CH_3) \cdot (H_3C) \cdot C{=}CH_2$
DADIEU-KOHLRAUSCH[278]
$\Delta\nu$ = 405 (2b), 496 (5), 552 (2), 727 (6), 893 (5), 969 (4), 1024 (10), (1339) (2), 1377 (4), 1408 (10), 1440 (2), 1467 (2), 1625 (15), (2858) (1/2), 2917 (6), 2950 (2), 2975 (3), 3007 (4), 3096 (5).

XIII. 8. Vinylbenzol (Phenyläthylen, Styrol) $H_2C{=}CH \cdot C_6H_5$
LESPIEAU-BOURGUEL[299, 357]
$\Delta\nu =$ (243) (m.), (416) (s.), (442) (s.), 560 (s.), 623 (m.), 779 (m.), 908 (s.), 999 (st.), (1029) (s.), 1154 (s.), 1178 (s.), 1205 (m.st.), 1319 (m.), 1415 (m.), 1497 (s.), (1586) (s.), 1601 (s.st.), 1636 (s.st.), 3010 (s.), 3057 (m.st.).

XIII. 9. Allylbenzol (Phenylpropylen) $H_2C{=}CH \cdot CH_2 \cdot C_6H_5$
LESPIEAU-BOURGUEL[299 357]
$\Delta\nu =$ (623) (m.), (751) (s.), (820) (m.), (913) (s.), (1000) (st.), (1029) (s.), (1158) (s.s.), (1195) (s., *b*), (1205) (m., *b*), (1294) (m.), (1416) (s.), (1586) (s.), (1599) (st.), (1645) (st.), 2914 (st.), 2978 (s.s.), 3011 (s.), 3057 (m.st.).

XIII. 10. Phenyl-Methyl-Äthylen (Propenylbenzol)
$H_3C \cdot HC{=}CH \cdot C_6H_5$ (Isomerengemisch?)
LESPIEAU-BOURGUEL[299, 357]
$\Delta\nu =$ 621 (m.), 816 (m.), 999 (m.st.), 1031 (s.), 1149 (m.), 1176(m.), 1210(m.st.), 1281 (m.st.), 1306 (m.st.), 1376 (m.), 1445 (m.), 1497 (s.), (1599) (s.st.), (1645) (s.), (1663) (s.st.), (2864) (s.), (2920) (st.), (2968) (s.), (3012) (s.), (3055) (m.st.).

XIII. 11. Phenyl-Brom-Propylen (2-Brom-2-Benzyl-Äthylen)
$H_2C{=}CBr \cdot CH_2 \cdot C_6H_5$
LESPIEAU-BOURGUEL[299, 357]
$\Delta\nu =$ (201) (st.), (263) (s.), (365) (m., *b*), (376) (m., *b*), (450) (s.,*b*), (475) (s., *b*), 563 (m.), (623) (m.), 651 (m.), (809) (s.), 828 (st.), (846) (s.), (898) (st.), 1002 (st.), 1032 (s.), (1115) (s.), (1158) (s.), (1195) (s.), 1205 (m.), (1294) (s.s.), (1322) (s.s.), 1406 (m.), 1433 (m.), (1586) (s.), (1599) (st.), (1631) (st.), (2908) (st., *b*), (2928) (st., *b*), (3004) (s.), 3056 (m.st.), 3103 (s.).

XIII. 12. Allylalkohol $H_2C{=}CH \cdot CH_2OH$
VENKATESWARAN-KARL[50], GANESAN-VENKATESWARAN[158], DADIEU-KOHLRAUSCH[210]
$\Delta\nu$ (Mittel) = 435 (2), 496 (0), 549 (1*b*), 597 ($^1/_2$), 642 (0), 874 (2), 909 (2), 993 (2), 1030 (2*b*), 1105 (2), 1155 (1), 1210 (2*b*), 1288 (4), 1329 (2), 1417 (3*b*), 1465 (3*b*), 1647 (6), 2863 (4*b*), 2931 (4*b*), 3012 (10*b*), 3081 (3).

XIII. 13. Allylsenföl $H_2C{=}CH \cdot CH_2NCS$
DADIEU-KOHLRAUSCH[199]
$\Delta\nu =$ (693) (1), (710) (1), (901) (0), 1289 (1), 1326 (0), 1340 (1), 1408 (1), 1440 (2), 1644 (3), 2108 (1*b*), 2159 (1*b*), 2912 (5*b*), 2987 (1), 3022 (3).

XIII. 14. Allylsulfid $(H_2C{=}CH \cdot CH_2)_2 \cdot S$
THATTE-GANESAN[381]
$\Delta\nu =$ 410, 588, 741 (st.), 917, 1011, 1101, 1210, 1291, 1321, 1420, 1534, 1636, 3007, 3088.

XIII. 15a. Allylchlorid $H_2C{=}CH \cdot CH_2Cl$
PETRIKALN-HOCHBERG[140], DADIEU-KOHLRAUSCH[199], SÖDERQVIST[207], BHAGAVANTAM-VENKATESWARAN[232], PESTEMER[369], WEST-FARNSWORTH[391] (P)
$\Delta\nu$ (Mittel) = 301 (3), 408 (3), 514 (1), 589 (4), 735 (6*b*), 932 (2), 1032 (1), 1110 (1), 1204 (3), 1259 (3), 1291 (2), 1412 (3), 1442 (1), 1478 (3), 1641 (6), 2882 (2?), 2954 (5*b*), 3021 (4*b*), 3087 (2*b*).

XIII. 15b. 1-Chlorpropylen $ClHC{=}CH \cdot CH_3$
PESTEMER[369] (Isomerengemisch?), WEST-FARNSWORTH[391] (P)
$\Delta\nu^{369}$ = 227 ($^1/_2$), (273) (0), 420 (3), 475 (0), 553 (1), 746 (2), 791 (1), 1030 (1), 1258 ($^1/_2$), 1281 (1), 1311 ($^1/_2$), (1339) ($^1/_2$), 1375 (1), 1441 (1), 1632 (3), (2854) (1), 2916 (4), 2970 (1), 3087 (1).

XIII. 15c. 2-Chlorpropylen $H_2C{=}CCl \cdot CH_3$
PESTEMER[369], WEST-FARNSWORTH[391] (P)
$\Delta\nu^{369}$ = 347 (5), 402 (4), (443) (2), 638 (8), 888 (2), 932 (2), 1007 (3), (1148) (3), (1184) (2), 1409 (4), 1445 (2), 1633 (8), (2858) (1), 2926 (10), 2956 (2), 2990 (3), 3050 (2), 3112 (5).

XIII. 16. Allylbromid $H_2C{=}CH \cdot CH_2Br$
DADIEU-KOHLRAUSCH[199], BHAGAVANTAM-VENKATESWARAN[232]
$\Delta\nu^{199}$ = 252 (3*b*), 385 (3*b*), 526 (5*b*), 687 (7), 926 (2*b*), 1190 (2), 1212 (2), 1292 (2), 1406 (2), 1633 (4), 2966 (5*b*), 3011 (2*b*), 3085 ($^1/_2$).

XIII. 17. Vinylchlorid $ClHC = CH_2$
PESTEMER[369], WEST-FARNSWORTH[391] (P)
$\Delta\nu$ (Mittel) = 400 (2), 535 (0), 610 (0*b*), 715 (1), 909 (0), 1048 (0), 1100 ($^1/_4$?), 1186 (0?), 1271 (1), 1355 (1), 1445 (0?), 1491 (0?), 1608 (3), 3036 (5), 3134 (5).

XIII. 18. 1,2-Dichloräthylen $C_2H_2Cl_2$ (Isomerengemisch)
PRINGSHEIM-ROSEN[30], DADIEU-KOHLRAUSCH[199]
$\Delta\nu$ (Mittel) = 168 (5), 347 (1), 402 (3), 560 (2), 710 (4), 1177 (3), 1269 ($^1/_2$), 1584 (1), 1686 ($^1/_2$), 3077 (5*b*).

XIII. 18a. Cis-Dichloräthylen
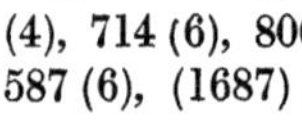
BONINO-BRÜLL[175, 395], PESTEMER[369]
$\Delta\nu$ (Mittel) = 173 (5), 406 (5), 567 (4), 714 (6), 806 ($^1/_2$), 878 ($^1/_2$), 1182 (6), 1587 (6), (1687) (1), 3080 (6), 3161 (1).

XIII. 18b. Trans-Dichloräthylen
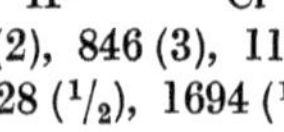
BONINO-BRÜLL[175, 395], PESTEMER[369]
$\Delta\nu$ (Mittel) = 351 (5), 714 (2), 763 (2), 846 (3), 1184 (1), 1270 (4), 1578 (4), 1628 ($^1/_2$), 1694 ($^1/_2$), 3077 (4), (3141) (1).

XIII. 19. Trichloräthylen $Cl_2C{=}CHCl$
BONINO-BRÜLL[178], DADIEU-KOHLRAUSCH[199]
$\Delta\nu$ (Mittel) = 169 (5), 212 (4), 274 (5), 380 (5), 450 (3), 628 (5), 775 (2), (841) (1), 940 (1), 1242 (2*b*), 1586 (6), 3082 (4*b*).

XIII. 20. Tetrachloräthylen $Cl_2C{=}CCl_2$
PRINGSHEIM-ROSEN[30], DADIEU-KOHLRAUSCH[199]
$\Delta\nu$ (Mittel) = 235 (5), 344 (3), 383 (0), 446 (6), 510 (2), 1570 (6).

XIII. 21a. Citraconsaures Natrium
TRUMPY[321] (wässer. Lösg.)
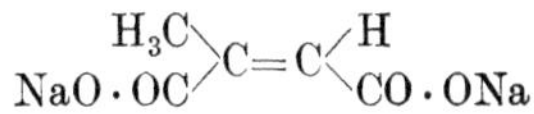
$\Delta\nu$ = 1294 (2), 1398 (2), 1425 (2), 1447 (2), 1652 (4), 2930 (2).

XIII. 21b. Mesaconsaures Natrium
TRUMPY[321] (wässer. Lösg.)
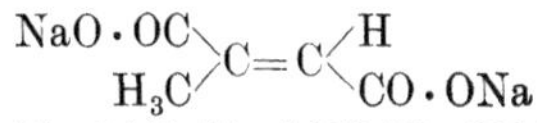
$\Delta\nu$ = 1210 (1?), 1267 (2), 1401 (2), 1449 (2), 1653 (5), 2916 (2).

XIII. 22a. Maleinsaures Natrium
TRUMPY[321] (wässer. Lösg.)
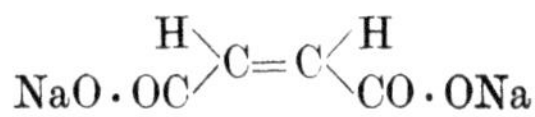
$\Delta\nu$ = 1405 (3), 1646 (4).

XIII. 22b. Fumarsaures Natrium
TRUMPY[321] (wässer. Lösg.)
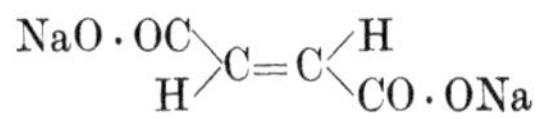
$\Delta\nu$ = 1277 (3), 1407 (3), 1656 (4).

XIII. 23a. Maleinsaurer Dimethylester
DADIEU-KOHLRAUSCH-PONGRATZ[390] (F)
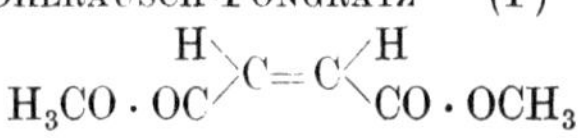
$\Delta\nu$ = (245) (2), (341) (2*b*), (462) (1), (493) ($^1/_2$), 606 (2), (643) (2), 864 (6), 993 (2*sb*), 1010 (1), 1164 (5*b*), 1390 (2), 1448 (2*b*), 1650 (6), 1727 (8), 1843 (4), 2844 (3*b*), 2954 (7), 3011 (1), 3058 (5*b*).

XIII. 23b. Fumarsaurer Dimethylester
DADIEU-KOHLRAUSCH-PONGRATZ[390] (F)
geschmolzen und in $CHCl_3$ gelöst
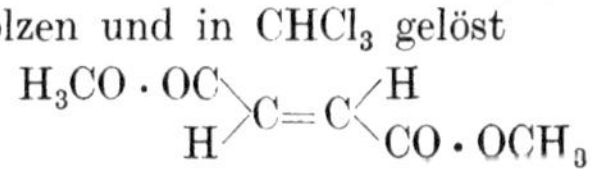
$\Delta\nu$ = (331) (1), (594) ($^1/_2 b$), 892 (2), (954) ($^1/_2$), (997) (1*b*), (1036) (1), 1206 (1*b*), 1261 (1*b*), 1440 ($^1/_2$), (1635) (2), (1650) (5), (1724) (6), 2936 (2), (3070) (1?).

XIII. 24a. Maleinsaurer Diäthylester
FFOLLIOT[291], DADIEU-KOHLRAUSCH-PONGRATZ[390] (F)
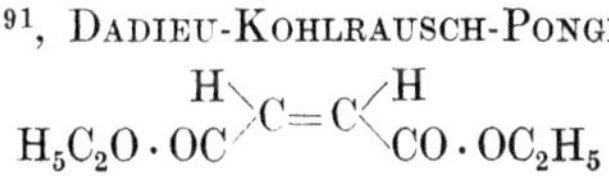
$\Delta\nu^{390}$ = 248 (1), 386 (2*b*), 474 (1), 593 (2), 861 (4), 970 (3), 1030 (4*b*), 1107 (4, dopp.), 1167 (4), 1212 (2), 1270 (2), 1280 (2), 1450 (5*b*), 1653 (8*sb*), 1724 (10), 1840 (0?), 2832 (1), 2934 (5), 2979 (5*b*), 3053 (4*b*).

XIII. 24b. Fumarsaurer Diäthylester
FFOLLIOT[291], DADIEU-KOHLRAUSCH-PONGRATZ[390] (F)

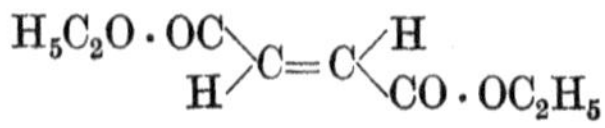

$\Delta\nu^{390}$ = 246 (2*b*), 863 (4), 889 (3), 1032 (3*b*), 1113 (3*b*), 1170 (1/4), 1206 (4*b*), 1259 (3), 1372 (2*sb*), 1459 (4*b*), 1640 (4), 1657 (8), 1722 (8*b*), (2828) (0), 2935 (4*b*), 2984 (4*b*), 3062 (4).

XIII. 25a. Isocrotonsäuremethylester
DADIEU-KOHLRAUSCH-PONGRATZ[390] (F)

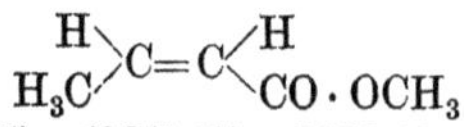

$\Delta\nu$ = 358 (3*b*), 521 (3), 734 (3), 890 (5), (921) (1), 1013 (2), 1040 (2), 1192 (2), 1245 (3), (1283) (1), 1367 (2), (1405) (1), 1444 (4*b*), (1644) (10), (1715) (5*b*), 2920 (3*b*), 2950 (3*b*), 3046 (2).

XIII. 25b. Crotonsäuremethylester
DADIEU-KOHLRAUSCH-PONGRATZ[390] (F)

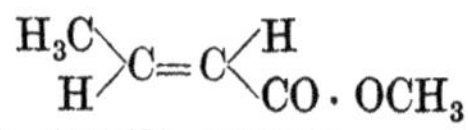

$\Delta\nu$ = 210 (1/2), 336 (1/2), 387 (5), 450 (1), 495 (1), 723 (2), 844 (3), 905 (1), 935 (1), 986 (1/2), 1044 (2, dopp.), 1107 (2), 1183 (3), 1201 (1/2), (1264) (1/2), 1293 (4), 1375 (4), 1444 (5*b*), 1655 (8), 1715 (2), 2826 (1/2*b*), 2917 (5), 2950 (4), 3031 (3).

XIII. 26. Zimtaldehyd
VENKATESWARAN-BHAGAVANTAM[235]

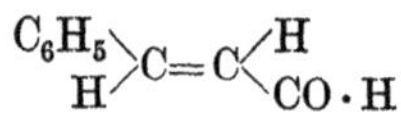

$\Delta\nu$ = 610 (1), (841) (1), (999) (5), 1124 (6), 1183 (1), 1332 (5), 1391 (2), (1440) (0), 1603 (8), 1676 (7), (2947) (3), (3016) (6), (3093) (3).

XIII. 27. Dibromäthylen $C_2H_2Br_2$ (Isomerengemisch)
DADIEU-KOHLRAUSCH-PONGRATZ[390] (F)
$\Delta\nu$ = (122) (5?), 217 (10), 370 (5), 453 (4), 582 (10), 746 (7), 1153 (6), 1240 (7), 1576 (6), 3084 (1).

XIII. 28a. Isocrotonsäure
DADIEU-KOHLRAUSCH-PONGRATZ[390] (F) (geschmolzen)

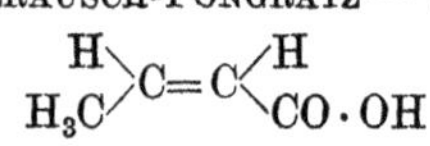

$\Delta\nu$ = 338 (5*b*), 546 (3), 720 (3), 822 (2), 882 (5), 971 (1/2), 1045 (3*b*), 1223 (6*b*), 1253 (2), 1295 (4*b*), 1365 (2), 1395 (3), 1432 (2), 1459 (4), 1645 (12), 2865 (2*b*), 2919 (12*b*), 2982 (2), 3050 (2*b*).

XIII. 28b. Crotonsäure
DADIEU-KOHLRAUSCH-PONGRATZ[390] (F)

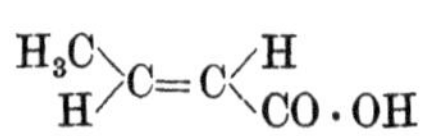

$\Delta\nu$ = 412 (3*b*), (675) (3*b*), 847 (3), (900) (2), (985) (1), (1046) (2), (1103) (1), (1210) (1*b*), 1281 (2), 1303 (5), 1381 (4), 1427 (2), 1448 (4), 1652 (10*b*), (2840) (0), 2920 (3), 2956 (1), 2980 (1), 3044 (3*b*).

XIII. 29a. β-Chlorisocrotonsäure
DADIEU-KOHLRAUSCH-PONGRATZ[390] (F) (in $CHCl_3$)

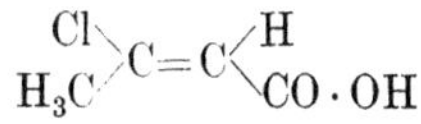

$\Delta\nu$ = 464 (2*b*), (546) (0), (585) (1/4), 869 (1), 918 (1), 1012 (1/2), 1097 (0), 1121 (1), 1283 (2), 1323 (1/2), 1371 (2), 1418 (3), 1631 (8*b*), 2924 (1).

XIII. 29b. β-Chlorcrotonsäure
DADIEU-KOHLRAUSCH-PONGRATZ[390] (F) (in $CHCl_3$)

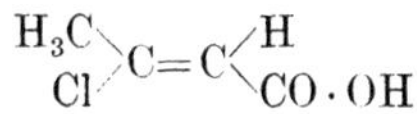

$\Delta\nu$ = 418 (2*sb*), 841 (1), 938 (1/2), 1034 (1), 1103 (1), 1283 (1), 1375 (3), 1437 (2), 1644 (10*b*), 2922 (4).

XIV. Acetylenkohlenwasserstoffe und Derivate.

XIV. 1. Acetylen HC≡CH
DAURE[73, 200] (gel. in Aceton); SEGRÉ[318] (gasf.); VENKATESACHAR-SIBAIYA[364] (gasf.), BHAGAVANTAM[413] (P) (gasf.)
$\Delta\nu$ (gelöst) = 1960 (3), 3320 (1)
$\Delta\nu$[318] (gasf.) = 1979, 3372.

XIV. 2. Butylacetylen (n) (Hexin 1), HC≡C · $(CH_2)_3 \cdot CH_3$
BOURGUEL-DAURE[284, 356]
$\Delta\nu$ = (345) (m.), (386) (s.), (633) (s.), (815) (s.), (1024) (s.s.), 1058 (m.), 1105 (m.), (1300) (s.), (1327) (s.), (1434) (st., *b*), (1453) (m., *b*), 2121 (st.), 2870 (m.), 2908 (st., *b*), (2920) (st., *b*), 2934 (st., *b*), 2965 (m.), (3308) (s.).

XIV. 3. Amylacetylen (n) (Heptin 1) HC≡C$(CH_2)_4 \cdot CH_3$
BOURGUEL-DAURE[284, 356]
$\Delta\nu$ = (345) (m.), (633) (s., *b*), (835) (s.), (1033) (s., *b*), 1069 (m.), 1112 (m.), (1304) (m.), (1332) (s.), (1439) (st., *b*), (1462) (m., *b*), 2121 (st.), 2868 (m., *b*), 2916 (st., *b*), 2966 (m., *b*), (3308) (s.).

XIV. 4. Hexylacetylen (n) (Octin 1) HC≡C$(CH_2)_5 \cdot CH_3$
BOURGUEL-DAURE[284, 356]
$\Delta\nu$ = (345) (m.), (638) (s.), (1019) (s.), (1077) (m.), (1120) (m.), (1313) (m.), (1336) (s.), (1439) (st., *b*), (1453) (m., *b*), 2121 (st.), 2862 (m., *b*), 2912 (st., *b*), 2931 (st., *b*), 2968 (m., *b*), 3308 (s.).

XIV. 5. Methyl-n-Amylacetylen $H_3C \cdot C{\equiv}C(CH_2)_4 \cdot CH_3$
BOURGUEL-DAURE[284, 356]
$\Delta\nu$ = (376) (m.st.), (1062) (s.), (1105) (m.), (1299) (m.), (1327) (s.), 1384 (m.st.), (1439) (m.st.), (1453) (m.), 2233 (st.), 2305 (st.), 2858 (m., *b*), 2920 (st., *b*), 2965 (m., *b*).

XIV. 6. Methyloktinoat $H_3C \cdot (CH_2)_4C{\equiv}C \cdot CO \cdot OCH_3$
BOURGUEL-DAURE[284, 356]
$\Delta\nu$ = (371) (m.st.), (442) (s.), (462) (s.,) (583) (s.), (751) (s.), (820) (s.), (903) (s.), (952) (m.st.), (1018) (s.), (1067) (s.), (1100) (s.), (1257) (m.), (1302) (s.), (1327) (s.), (1434) (m.st., *b*), (1462) (m., *b*), (1604) (s.s.), (1713) (st.), 2239 (s.st.), (2864) (m., *b*), (2916) (m.st., *b*), (2964) (m., *b*).

XIV. 7. Dimethylpropargylalkohol $HC{\equiv}C \cdot C(CH_3)_2(OH)$
BOURGUEL-DAURE[284, 356]
$\Delta\nu$ = 185 (m.st.), 408 (m.), 558 (m.), 709 (m.st.), (891) (m.), (931) (s.), (962) (m.), 1134 (s.), 1174 (m.), 1359 (s.), 1455 (m.st., *b*), 2119 (st.), 2868 (s.), 2936 (st., *b*), 2986 (st.), 3303 (s.).

XIV. 8. Phenylacetylen $HC{\equiv}C \cdot C_6H_5$
BOURGUEL-DAURE[284, 356]
$\Delta\nu$ = 166 (m.st.), 356 (m.), (467) (s.), (517) (s.), (533) (m.), (623) (m.), 766 (m.st.), 1000 (st.), (1029) (s.), 1158 (s.), (1178) (m.), (1195) (st.), (1336) (s.s.), 1392 (s.s.), (1444) (s.), (1494) (s.), 1601 (s.st.), 2111 (s.st.), 3059 (m.st.), (3294) (s.).

XIV. 9. Methylphenylacetylen $H_3C \cdot C{\equiv}C \cdot C_6H_5$
BOURGUEL-DAURE[284, 356]
$\Delta\nu$ = (155) (m.), (294) (m.), (386) (m.st.), (401) (s.), (517) (s.), (533) (m.), (623) (s.), (702) (s.), (761) (s.), (971) (m.st.), 1000 (m.st.), (1033) (s.), (1162) (m.), (1179) (m.), 1262 (st.), (1322) (s.s.), (1383) (m.), (1444) (s.), (1494) (s.), 1599 (s.st.), 2213 (s.st.), (2253) (s.st.), (2904) (s.), (2920) (st.), (2956) (s.), (3055) (m.st.).

XIV. 10. Benzylacetylen $HC{\equiv}C \cdot CH_2 \cdot C_6H_5$
BOURGUEL-DAURE[284, 356]
$\Delta\nu$ = (217) (m.), (320) (st.), (603) (s.), (623) (s.), (800) (s.), (815) (s.), 1000 (st.), (1033) (s.), (1081) (s.s.), (1158) (s.), (1181) (m.), (1200) (m.), (1276) (s.), (1290) (m.), (1350) (s.), (1425) (s.), (1499) (s.), 1601 (st.), 2120 (st.), (2896) (st.), (2920) (m.), 3059 (m.st.).

XIV. 11. Chlorophenylacetylen $ClC{\equiv}C \cdot C_6H_5$
BOURGUEL-DAURE[284, 356]
$\Delta\nu$ = (284) (s.), (366) (m.st.), (502) (s.), (522) (m.), (623) (s.), (766) (s.), (884) (m.), 1000 (st.), (1158) (s.), (1176) (s.), (1247) (st.), (1485) (s.), 1601 (s.st.), 2224 (s.st.), (3059) (m.).

XV. Benzol und Monoderivate.

XV. 1. Benzol C_6H_6
RAMAN-KRISHNAN[12, 37], CABANNES-DAURE[17], PRINGSHEIM-ROSEN[30], WOOD[45, 72, 344] (He), MEGGERS-LANGER[68], DADIEU-KOHLRAUSCH[125], MENZIES[150], GANESAN-VENKATESWARAN[158],

FUJIOKA[168], BÄR[186], LANGER-MEGGERS[189], DAURE[200], SÖDERQVIST[207], REYNOLDS-WILLIAMS[234], DABADGHAO[326], BHAGAVANTAM[346, 351] (P), CLEETON-DUFFORD[376] (He), NISI[396], HANLE[392] (P), BÄR[393] (P)

$\Delta\nu$ (Mittel) = 605 (3), 849 (1), 991 (10), 1178 (3), 1584 (3*b*), 1506 (1), [2460, 2597, 2617, 2784, 2928], 2947 (2), 3047 (1), 3060 (5), 3162 (0), 3185 (3).

XV. 2. Toluol $C_6H_5 \cdot CH_3$

PRINGSHEIM-ROSEN[30], RAMAN-KRISHNAN[37], DADIEU-KOHLRAUSCH[95], PETRIKALN-HOCHBERG[140], GANESAN-VENKATESWARAN[158], FUJIOKA[168], LANGER-MEGGERS[189], DAURE[200], SÖDERQVIST[207], REYNOLDS-WILLIAMS[234], NISI[396]

$\Delta\nu$ (Mittel) = 217 (4), 333 (0), 520 (2), 622 (2), 786 (4), 1002 (4), 1029 (1), 1154 (1), 1209 (3), 1378 (1), 1430 (0?), 1604 (2*b*), 2920 (1), 2981 (0), 3054 (5*b*).

XV. 3. Äthylbenzol $C_6H_5 \cdot CH_2 \cdot CH_3$

DADIEU-KOHLRAUSCH[154], GANESAN-VENKATESWARAN[158], SÖDERQVIST[207]

$\Delta\nu$ (Mittel) = 153 (4*b*), 482 (2), 547 ($^1/_2$), 620 (2), 768 (4), 962 (2), 1003 (8), 1029 (3), 1157 (3*b*), 1203 (2*b*), 1384 (0), 1440 (3*b*), 1604 (5), 2933 (3*b*), 2962 ($^1/_2$*b*), 3002 (0), 3052 (5*b*), 3063 (0).

XV. 4. Chlorbenzol $C_6H_5 \cdot Cl$

PRINGSHEIM-ROSEN[30], DADIEU-KOHLRAUSCH[130], LANGSETH[143], FUJIOKA[168], BHAGAVANTAM-VENKATESWARAN[232], CLEETON-DUFFORD[376] (He)

$\Delta\nu$ (Mittel) = 195 (5), 295 (2), 418 (8), 615 (6), 704 (8), 742 (0), 836 (1), 1001 (10), 1021 (6), 1082 (6), 1123 (3), 1156 (4), 1382 (0), 1581 (6), [2140, 2736], 3066 (10), 3168 (1?).

XV. 5. Benzylchlorid $C_6H_5 \cdot CH_2 \cdot Cl$

PETRIKALN-HOCHBERG[140], DADIEU-KOHLRAUSCH[154], CLEETON-DUFFORD[376] He)

$\Delta\nu$ (Mittel) = 140 (2), 272 (0), 329 (0), 472 (1), 619 ($^1/_2$), 673 (3*b*), 769 ($^1/_2$), 810 (1), 1000 (3), 1034 (1), 1159 ($^1/_2$), 1211 (2), 1265 (2), 1600 (1*b*), 2965 (1*b*), 3054 (2*b*).

XV. 6. Benzoylchlorid $C_6H_5 \cdot CO \cdot Cl$

DADIEU-KOHLRAUSCH[154]

$\Delta\nu$ = 161 (3*b*), 314 (3), 412 (1), 505 (3), 615 (3), 670 (3), 771 ($^1/_2$), 1003 (6), 1028 (2), 1168 (3*b*), 1206 (3*b*), 1592 (6), 1744 (4), 3067 (4*b*).

XV. 7. Benzotrichlorid $C_6H_5 \cdot CCl_3$

PETRIKALN-HOCHBERG[140], DADIEU-KOHLRAUSCH[244]

$\Delta\nu$ (Mittel) = 117 (5*b*), 239 (2*b*), 261 (2*b*), 308 (2), 362 (2*b*), 410 (8), 629 (5), 719 (2*b*), 785 (3*b*), 999 (4), 1031 (2), 1157 ($^1/_2$), 1184 (6), 1596 (4), 3070 (5).

XV. 8. Brombenzol $C_6H_5 \cdot Br$
PETRIKALN-HOCHBERG[104], DADIEU-KOHLRAUSCH[130], FUJIOKA[168], BHAGAVANTAM-VENKATESWARAN[232], CLEETON-DUFFORD[376] (He)
$\Delta\nu$ (Mittel) = 181 (3), 230 (0), 250 (1), 314 (4), 608 (1), 670 (1), 1000 (4), 1022 (2), 1069 (2), 1159 (1*b*), 1369 ($^1/_2$), 1576 (2*b*), 3060 (5*b*).

XV. 9. Jodbenzol $C_6H_5 \cdot J$
DADIEU-KOHLRAUSCH[130, 373] (F)
$\Delta\nu$ = 168 (4*b*), 267 (7), 610 (3), 655 (4), 998 (7), 1012 (4), 1055 (2), 1158 (2), 1568 (5), 3054 (2).

XV. 10. Anilin $C_6H_5 \cdot NH_2$
DADIEU-KOHLRAUSCH[130, 316], BONINO-BRÜLL[180], REYNOLDS-WILLIAMS[234], PAL-SEN GUPTA[262]
$\Delta\nu$ (Mittel) = 233 (3), 385 (3), 530 (3), 615 (3), 762 (2), 813 (5*b*), 993 (10), 1028 (5), 1153 (3), 1270 (4), 1600 (10), 3046 (4), 3360 (3*b*), 3423 (2*b*).

XV. 11. Benzylamin $C_6H_5 \cdot CH_2 \cdot NH_2$
DADIEU-KOHLRAUSCH[244]
$\Delta\nu$ = 477 (2*b*), 622 (4), 784 (4*b*), 1001 (8), 1028 (2), 1156 (4*sb*), 1201 (4), 1460 (3*sb*), 1580 (1), 1606 (4), 3055 (8*b*), 3311 (2*b*), 3385 (0).

XV. 12. Phenylhydrazin $C_6H_5 \cdot NH \cdot NH_2$
PAL-SEN GUPTA[262]
$\Delta\nu$ = (259) (0), (433) (0), 815 (3), 999 (3), 1028 (2), (1158) (1), (1279) (6), 1603 (3), (2305) (0), 3051 (4), (3366) (6*b*).

XV. 13. Dimethylanilin $C_6H_5 \cdot N(CH_3)_2$
DADIEU-KOHLRAUSCH[154], BONINO-BRÜLL[180]
$\Delta\nu$ = 738 (2), 804 (5?), (942) (2?), 990 (5), 1028 (4), 1155 (5?), 1350 (1), (1445) ($^1/_2$), 1598 (5*b*), 2913 ($^1/_2$), 3052 (5).

XV. 14. Methylphenylnitramin $C_6H_5 \cdot N(CH_3)NO_2$
DADIEU-KOHLRAUSCH[316] (in ätherischer Lösg.)
$\Delta\nu$ = (329) (1), 443 (3), 600 (4), 950 (8*b*), 1017 (0), 1124 (8), 1164 (2), 1321 (2), 1388 (1), 1563 (2*b*), (3044) (2).

XV. 15. Phenylmercaptan $C_6H_5 \cdot SH$
VENKATESWARAN[330]
$\Delta\nu$ = 194 (5), 282 (2), 415 (3), 596 (0), 618 (3), 695 (3), 730 (0*b*), 918 (4), 1000 (10), 1024 (4), 1071 (0), 1092 (3), 1118 (3), 1157 (2), 1361 (1), 1432 (0), 1502 (0*b*), 1584 (5), 2573 (7), 2945 (1*b*), 3059 (8).

XV. 16. Phenol $C_6H_5 \cdot OH$
DADIEU-KOHLRAUSCH[130], PETRIKALN-HOCHBERG[140], GANESAN-VENKATESWARAN[158], FUJIOKA[168]
$\Delta\nu$ (Mittel) = 235 (2), 526 (2), 614 (2), 758 ($^1/_2$), 813 (3*b*), 1002 (5), 1024 (3), 1170 (3), 1598 (3), 3059 (5*b*).

XV. 17. Benzylalkohol $C_6H_5 \cdot CH_2 \cdot OH$
DADIEU-KOHLRAUSCH[154], HOWLETT[394]
Δν = 610 (0), 794 (0), 1000 (3), (1093) (1), 1196 (1), (1365) (0), 1594 (2), 3050 (3*b*).

XV. 18. Benzonitril $C_6H_5 \cdot CN$
PETRIKALN-HOCHBERG[140], DADIEU-KOHLRAUSCH[154]
Δν[154] = 170 (4*b*), 379 (0), (460) (1/2), 545 (1), 619 (1), 754 (2*b*), 998 (5), 1175 (2), 1190 (3), 1595 (4), 2227 (5), 3063 (4*b*).

XV. 19. Benzylnitril $C_6H_5 \cdot CH_2 \cdot CN$
PETRIKALN-HOCHBERG[140], DADIEU-KOHLRAUSCH[274], HOWLETT[394]
Δν (Mittel) = (224) (1*b*), (359) (1), (482) (3), 620 (2), 805 (2*b*), 1007 (4), 1030 (1), 1187 (2), 1412 (1/4), 1597 (2*sb*), 2252 (3), 2918 (2*b*), 3057 (4*b*).

XV. 20. Nitrobenzol $C_6H_5 \cdot NO_2$
DADIEU-KOHLRAUSCH[130], GANESAN-VENKATESWARAN[158], FUJIOKA[168], REYNOLDS-WILLIAMS[234]
Δν (Mittel) = 183 (3), 408 (1/2), 604 (1/2), 792 (1/2), 853 (2), 1000 (3), 1112 (3), 1341 (7), 1526 (2), 1587 (4), 3052 (1*b*).

XV. 21. Phenylnitromethan $C_6H_5 \cdot CH_2 \cdot NO_2$
DADIEU-JELE-KOHLRAUSCH[389] (F)
Δν = 259 (3), 380 (1), 470 (3), 623 (4), 774 (3), 848 (4), 894 (4), 1005 (8), (1029) (3), (1160) (2), (1197) (3), (1308) (3), (1367) (5), 1547 (3), (1596) (5), (2970) (0), (3059) (4*b*).

XV. 22. Phenyltrimethylen
LESPIEAU-BOURGUEL[299, 357] 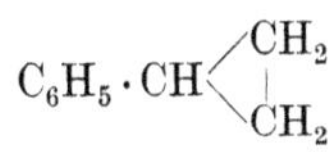
Δν = (165) (m.st.), (375) (s.), 623 (m.), 729 (m.), 816 (s.), 871 (s.), 902 (m.st.), 999 (st.), 1026 (s.), 1156 (s.), 1185 (s.), 1220 (m.st.), 1375 (m.st.), (1429) (s.s.), 1463 (m.), (1604) (st.), 3007 (m.), 3061 (st.).

XV. 23. Anisol (Phenylmethyläther) $C_6H_5 \cdot O \cdot CH_3$
DADIEU-KOHLRAUSCH[130], GANESAN-VENKATESWARAN[158], ÔKUBO-HAMADA[166], FUJIOKA[168]
Δν (Mittel) = (200) (2), 258 (2), 440 (3*b*), 529 (1/2), 610 (2), 784 (4), 994 (5), 1030 (2*b*), 1060 (?), 1150 (1), 1176 (3*b*), 1242 (3*b*), (1298) (1*b*), 1453 (1*b*), 1593 (4), 2948 (3*b*), 3060 (5*b*).

XV. 24. Benzaldehyd $C_6H_5 \cdot CO \cdot H$
DADIEU-KOHLRAUSCH[130], PETRIKALN-HOCHBERG[140], VENKATESWARAN-BHAGAVANTAM[235], PAL-SEN GUPTA[262]
Δν (Mittel) = 239 (1*b*), 439 (4), 615 (3), 648 (1), 752 (0), 827 (3), 1001 (8), 1023 (1), 1164 (5), 1203 (6), 1392 (1), 1456 (0), 1597 (10), 1700 (7), 3063 (5*b*).

XV. 25. Acetophenon $C_6H_5 \cdot CO \cdot CH_3$
DADIEU-KOHLRAUSCH[130], GANESAN-VENKATESWARAN[158]
$\Delta\nu^{130}$ = 161 (4), 388 (1), 613 (3), 731 (3), 946 (1), 999 (5), 1025 (3), 1074 (4), 1155 (1), 1263 (3), 1483 ($^1/_2$), 1597 (6), 1679 (5), 2923 (4*b*), 3063 (4*b*).

XV. 26. Phenylisocyanat $C_6H_5 \cdot NCO$
DADIEU[368]
$\Delta\nu$ = 246 (4), (490) (1), 616 (2), 759 (2), 1007 (7), 1026 (1), 1109 (3), 1157 (2), 1440 (5), 1510 (4), 1596 (8), 3070 (5*b*).

XV. 27. Phenylsenföl $C_6H_5 \cdot NCS$
PAL-SEN GUPTA[262], PETRIKALN-HOCHBERG[280], DADIEU[368]
$\Delta\nu$ (Mittel) = 245 (5), 354 (3), 494 (2), 621 (3), 689 (3*b*), 752 (3), 1003 (8), 1168 (5), 1244 (12), 1488 (4), 1590 (12), (2086 $\pm$ 50) (4*b*), 2772 (2), 3063 (2).

XV. 28. Benzoesäure $C_6H_5 \cdot CO \cdot OH$
DADIEU-KOHLRAUSCH[210, 244, 269] in verschied. Lösungsmitteln
$\Delta\nu$ = 172 (1), 612 (3), 787 (2*b*), 998 (5), 1185 (2), 1279 (2), 1601 (5), 1670 (3), 3068 (5*b*).

XV. 29. Benzoesaures Methyl $C_6H_5 \cdot CO \cdot OCH_3$
DADIEU-KOHLRAUSCH[210]
$\Delta\nu$ = 212 (3*b*), 353 (3), 613 (3), 670 (1), 812 (3), 1000 (7), 1023 (1), 1082 (1), 1110 (2), 1160 (1), 1278 (4), (1312) (1), 1452 (1*b*), 1602 (10), 1723 (8), 2950 (4), 3070 (5).

XV. 30. Benzoesaures Äthyl $C_6H_5 \cdot CO \cdot OC_2H_5$
DADIEU-KOHLRAUSCH[210]
$\Delta\nu$ = 184 (4*b*), 334 (5), 614 (4), 670 (1), 775 (1), 846 (4), 1001 (10), 1029 (2), 1106 (3), (1162) (2), 1276 (5), 1310 (1), 1368 (1*b*), 1394 ($^1/_2$), 1454 (2*b*), 1602 (10), 1720 (9), 2929 (5*b*), 2981 (3), 3072 (6*b*).

XV. 31. Diphenyl $C_6H_5 \cdot C_6H_5$
DADIEU-KOHLRAUSCH[210], WOOD[344]
$\Delta\nu$ = (263) (1*b*), (308) (1), 397 (2), 611 (1), 731 (2), 833 (2), 994 (5), 1022 (2), 1146 (1), 1191 (1), 1230 (1), 1283 (5), 1501 (2), 1589 (3), 1609 (5), 3047 (8), [3170].

XV. 32. Diphenylamin $C_6H_5 \cdot NH \cdot C_6H_5$
DADIEU-KOHLRAUSCH[316] (in ätherischer Lösung)
$\Delta\nu$ = 232 (1*b*), 413 (3), 501 (2*sb*), 568 (2*b*), 630 (2*b*), 742 (4), 1000 (12), 1030 (5), 1181 (4), 1603 (12), 3064 (3*b*), 3355 (2).

XV. 33. Diphenyläther $C_6H_5 \cdot O \cdot C_6H_5$
DADIEU-KOHLRAUSCH[316]
$\Delta\nu$ = (231) (2), 309 (3), 615 (2*b*), 748 (3), 794 (1), 1005 (5), 1021 (1), 1153 (2), 1195 (3), 1590 (3*b*), 3062 (4*b*).

XV. 34. Benzophenon $C_6H_5 \cdot CO \cdot C_6H_5$
DADIEU-KOHLRAUSCH[154], KRISHNAMURTI[255]
$\Delta\nu$ = 227 (4*b*), 615 (3), 713 (2), 764 (1), 995 (6), (1022) (2), 1156 (5*b*), (1352) (0), 1592 (6), 1652 (5), 3052 (3*b*).

XV. 35. Aciphenylnitromethannatrium $C_6H_5 \cdot CH{=}NO \cdot ONa$
DADIEU-JELE-KOHLRAUSCH[389] (in stark alkalischer Lösung) (offenbar unvollständig)
$\Delta\nu$ = (707) (0?), 1002 (2), (1041) (1), (1181) (3), (1207) (2), (1442) (1), (1485) (1/2), 1552 (8*b*), (1582) (3), (2869) (1*b*).

XV. 36. Benzolsulfosäure $C_6H_5 \cdot SO_2 \cdot OH$
NISI[396]
$\Delta\nu$ = 323 (s.), 617 (s.), 747 (s.), 998 (st.), 1038 (s.), 1128 (m.), 1189 (s.s.), 1589 (m.), 1622 (m.), 3071 (m.).

XV. 37. Benzosulfochlorid $C_6H_5 \cdot SO_2 \cdot Cl$
NISI[396]
$\Delta\nu$ = 290 (s.), 371 (s.st.), 464 (s.), 581 (m.), 613 (m.), 715 (s.s.), 998 (st.), 1027 (s.), 1081 (m.), 1168 (st.), 1187 (st.), 1398 (st.), 1583 (st.), 3075 (st.).

Vgl. über Benzolverbindungen auch XIII. 9, 8, 10, 11, 26; XIV. 8, 9, 10, 11.

XVI. Mehrfach substituierte Benzole.

XVI. 1. Xylol $H_3C \cdot C_6H_4 \cdot CH_3$
BLEEKER[32] u. DADIEU-KOHLRAUSCH[130] an Isomerengemisch; DADIEU-KOHLRAUSCH[130], CZAPSKA[148], GANESAN-VENKATESWARAN[158], DAURE[200] an o, m, p.

1a. Orthostellung
$\Delta\nu$ (Mittel) = (177) (3?), 256 (3), 505 (2), 580 (3), 732 (5), 997 (2*b*), 1023 (1), 1052 (3), 1161 (1/2), 1221 (3*b*), 1378 (2), 1448 (2), 1599 (3*b*), 2880 (1), 2919 (3*b*), 3050 (4*b*)

1b. Metastellung
$\Delta\nu$ (Mittel) = 216 (1), 303 (1/2), 512 (1/2), 532 (3*b*), 728 (4*b*), 819 (1*b*), 1000 (4), (1030) (1), 1180 (1), 1245 (2), 1375 (2), 1448 (1*b*), 1603 (2), 2870 (1), 2917 (4), 3043 (4*b*)

1c. Parastellung
$\Delta\nu$ (Mittel) = 309 (3), 456 (3), 540 (0), 642 (2), 811 (1), 826 (5), 959 (1), 1019 (1/2*b*), 1183 (1), 1201 (4), 1386 (3), 1453 (2*b*), 1617 (3), 2867 (1), 2919 (4), 3045 (3*b*).

XVI. 2. Dichlorbenzol $Cl \cdot C_6H_4 \cdot Cl$
DADIEU-KOHLRAUSCH[130], MLODZIANOWSKA[325]

2a. Orthostellung
$\Delta\nu$ (Mittel) = 152 (3), 198 (2), 237 (2), 295 (0), 328 (2), 422 (2), 474 (3*b*), 624 (1/2), 657 (3), 744 (3), 1037 (2), 1105 (1), 1123 (1), 1158 (1/2), 1373 (1), 1572 (3), 3070 (5*b*)

2b. Metastellung
$\Delta\nu$ (Mittel) = 174 (3), 210 (5), 395 (4), 424 (2), 658 (3), 996 (8), 1028 (0), 1066 (3*b*), 1119 (4), 1575 (4*b*), 3074 (6*b*)

2c. Parastellung
$\Delta\nu$ (Mittel) = 297 (1), 329 (2), 624 (1), 685 ($^1/_2$), 743 (3), 1070 (1), 1105 (3), 1156 (0), 1371 (0*b*), 1573 (3*b*), 3065 (3*b*).

XVI. 3. Nitrotoluol $H_3C \cdot C_6H_4 \cdot NO_2$
GANESAN-VENKATESWARAN[158], REYNOLDS-WILLIAMS[234], MLODZIANOWSKA[325], DADIEU-JELE-KOHLRAUSCH[389] (F)

3a. Orthostellung
$\Delta\nu$ (Mittel) = 154 (6), 234 (4), (293) (3*b*), (389) (3*b*), (476) (2), 546 (4), 571 (4), 670 ($^1/_2$), 745 (0), 791 (5), 856 (1), 1047 (5), 1084 (2), 1155 (2*b*), 1197 (4), 1338 (10), 1409 ($^1/_2$), 1517 (3), 1578 (5), 1615 (1), 2935 (1), 3047 (1)

3b. Metastellung
$\Delta\nu$ (Mittel) = 169 (4), 220 (4), 359 (3), 400 (1), 506 (4), 674 (3), 793 (6), 1000 (6), 1095 (5), 1160 (3), 1213 (6), 1334 (20), 1452 (2), 1523 (4), 1580 (6), 1621 (2), 2922 (2), 3043 (2), 3073 (2)

3c. Parastellung
$\Delta\nu$ (Mittel) = 220 ($^1/_2$), 361 ($^1/_2$), 537 (1), 595 ($^1/_2$), 636 (3), 790 (1), 860 (4), 1105 (6), 1176 (1), 1207 (3), 1334 (20), 1422 ($^1/_2$), 1490 (2), 1521 (1), 1586 (6), 2925 (1), 3048 (2), 3080 ($^1/_2$).

XVI. 4. Toluidin $H_3C \cdot C_6H_4 \cdot NH_2$
MLODZIANOWSKA[325] (offenbar unvollständig in den hohen Frequenzen)

4a. Orthostellung
$\Delta\nu$ = 197 (2), 466 (1), 568 (2), 588 (2), 748 (5), 852 (1), 981 (1), 1040 (4), 1087 (1), 1154 (2), 1201 (2), 1273 (4), 1381 (1), 1433 (1), 1600 (3).

4b. Metastellung
$\Delta\nu$ = 225 (1), 535 (1), 742 (4), 998 (5), 1082 (1), 1158 (2), 1285 (3), 1379 (1), 1450 (2), 1605 (3)

4c. Parastellung
$\Delta\nu$ = 850 (2), 998 (2), 1158 (1), 1269 (2), 1381 (1), 1502 (1), 1625 (2).

XVI. 5. Chlortoluol $H_3C \cdot C_6H_4 \cdot Cl$
SCISLOWSKI[368a]

5a. Orthostellung
$\Delta\nu$ = (457) (2), (563) (5), (692) (5), (803) (4), 1048 (6), 1222 (3), (1295) (2), (1388) (2), (1409) (2), (1599) (3), (2930) (3), (3066) (5)

5b. Metastellung
$\Delta\nu$ = (258) (4), 523 (2), (613) (4), (692) (5), (1012) (6), (1060) (6), 1098 (3), 1222 (3), (1388) (2), (1599) (3), 2930 (3), (3066) (5)

5c. Parastellung
$\Delta\nu$ = (327) (4), (385) (3), (646) (3), 811 (5), 1097 (5), 1222 (3), (1388) (2), (1599) (2), 2930 (3), 3066 (5).

XVI. 6. Chlornitrobenzol $Cl \cdot C_6H_4 \cdot NO_2$
SCISLOWSKI[368a] (offenbar unvollständig)

6a. Orthostellung
$\Delta\nu$ = (146) (3), (215) (3), (389) (1), (462) (1), (618) (5), (658) (2), (735) (2), (782) (1), (846) (1), (1346) (1), (1577) (1), (1714) (1)

6b. Metastellung
$\Delta\nu$ = (123) (1), (175) (2), (215) (2), (324) (1), (389) (2), (419) (2), (618) (2), (664) (2), (742) (1), (879) (1), (924) (1), (1224) (3), (1346) (6), 1577 (4)

6c. Parastellung
$\Delta\nu$ = (123) (3), (215) (2), (389) (2), (678) (1), (735) (4), (782) (1), (864) (1), (1214) (3), (1346) (5), 1577 (3).

XVI. 7. Bromnitrobenzol $Br \cdot C_6H_4 \cdot NO_2$
SCISLOWSKI[368a] (offenbar unvollständig)

7a. Orthostellung
$\Delta\nu$ = (154) (7), (215) (7), (427) (6), (620) (2), (661) (3), (863) (5), (1072) (2)

7b. Metastellung
$\Delta\nu$ = (154) (4), (203) (4), (399) (3), (610) (1), (650) (2), (1010) (4), (1215) (4), (1347) (7), (1454) (1), (1527) (3), (1577) (4), (3054) (1)

7c. Parastellung
$\Delta\nu$ = (203) (2), (270) (1), (365) (1), (416) (2), (529) (1), (636) (3), (863) (1).

XVI. 8. Nitrobenzoesäure $HO \cdot OC \cdot C_6H_4 \cdot NO_2$
DADIEU-JELE-KOHLRAUSCH[389] (F) (Lösg. in Aceton)

8a. Orthostellung
$\Delta\nu$ = (186) (2), (419) (2), (593) (0), (637) (1), (688) (0), (853) (2), (1032) (4), (1143) (2*b*), 1355 (10*b*), (1536) (2), (1575) (3), (1602) (2), (3046) (4), (3079) (0)

8b. Metastellung
$\Delta\nu$ = (196) (2), (350) (0), (602) (0), (639) (2), (692) (1), (710) (1), (829) (0). (852) (0), (939) ($^1/_2$), (981) ($^1/_2$), (1001) (4), (1027) (0), (1141) (2), 1344 (10), (1530) (4), (1578) (4), (1612) (1), (3047) (3)

8c. Parastellung
$\Delta\nu$ = (306) (0), (623) (0), (1105) (1), 1344 (3), (1596) (2), (3047) (4).

XVI. 9. Nitrobenzaldehyd $H \cdot OC \cdot C_6H_4 \cdot NO_2$
DADIEU-JELE-KOHLRAUSCH[389] (F) (Lösg. in Alkohol) (unvollständig in den tiefen Frequenzen)

9b. Metastellung
$\Delta\nu$ = (732) (0), (816) (1), 1001 (3), (1099) ($^1/_2 b$) (1190) (3), (1233) ($^1/_4$), 1345 (8), (1383 (0), (1534) (3), (1576) (3), (1606) ($^1/_2$), (1698) (3), (3049) (4).

9c. Parastellung
$\Delta\nu$ = (237) (1), (614) (0), (1105) (3), (1343) (5b), (1490) ($^1/_2$), (1538) ($^1/_2$), (1597) (4), (1708) ($^1/_2 b$), (3047) (4) (3084) ($^1/_2$).

XVI. 10. o-Oxybenzaldehyd (Salicylaldehyd) $HO \cdot C_6H_4 \cdot CO \cdot H$
VENKATESWARAN-BHAGAVANTAM[235]
$\Delta\nu$ = (158) (0), (262) (0), (457) (1), (565) (1), (661) (0), (768) (2), (1029) (1), (1152) (1), (1230) (2), (1462) (2), (1581) (1), (1663) (2), (3093) (1).

XVI. 11. Anisaldehyd (Parastellung) $H_3CO \cdot C_6H_4 \cdot CO \cdot H$
VENKATESWARAN-BHAGAVANTAM[235]
$\Delta\nu$ = (607) (1), (645) (1), (769) (0), (794) (0), (837) (2), (859) (2), (1009) (0), (1050) (0), (1162) (2), (1400) (0), 1429 (3), (1470) (0), 1580 (6), 1602 (7), 1687 (7), 2924 (5), (2984) (4), (3024) (2), 3078 (2).

XVI. 12. Chlorphenol (Orthostellung) $Cl \cdot C_6H_4 \cdot OH$
REYNOLDS-WILLIAMS[234]
$\Delta\nu$ = 180 (7), 270 (4), 380 (3), 420 (2), 490 (3), 570 (2), 680 (3), 770 (2), 840 (5), 960 (1), 1030 (4), 1160 (3), 1260 (3), 1290 (3), 1580 (2), 3070 (3).

XVI. 13. Tolunitril (Orthostellung) $H_3C \cdot C_6H_4 \cdot CN$
DADIEU[368]
$\Delta\nu$ = 150 (4), 169 (8), 223 (4), 390 (1), 458 (5), 542 (5), (562) (1), 595 (2), 718 (7), 763 (2), 822 (3), 1045 (7), 1212 (8), (1381) (3), 1488 (2), (1573) (2), (1599) (7), 2225 (10), (2870) (?), 2924 (?), 3053 (?).

XVI. 14. Tolylsenföl (Parastellung) $H_3C \cdot C_6H_4 \cdot NCS$
DADIEU[368]
$\Delta\nu$ = 340 (3), 506 (2), 590 ($^1/_2$), 698 (3), 790 (5), (882) (2), 1023 (2), 1174 (10), 1244 (10), 1367 (3), 1437 (2), 1496 (7), (1573) (1), 1606 (10), 2103 (4b), 2172 (2), 2918 (2), 2976 (1), (3064) ($^1/_2$).

XVI. 15. Toluolsulfosäure (Parastellung) $H_3C \cdot C_6H_4 \cdot SO_2 \cdot OH$
NISI[396] (wahrscheinlich unvollständig)
$\Delta\nu$ = (781) (s.s.), (811) (s.), 1126 (m.), (1608) (s.), (2930) (s.), 3075 (s.).

XVI. 16. Mesitylen $C_6H_3 \cdot (CH_3)_3$
VENKATESWARAN-BHAGAVANTAM[235]
$\Delta\nu$ = (182) (0), 233 (1), 275 (0), 519 (3), 578 (6), 998 (8), 1036 (0), 1301 (3), 1380 (3), 1611 (1), (2730) (0), 2867 (2*b*), 2917 (7*b*), 3015 (2*b*), (3069) (0)

XVII. Kondensierte Systeme und Derivate.

XVII. 1. Naphthalin $C_{10}H_8$
PETRIKALN-HOCHBERG[104] (geschmolzen), DADIEU-KOHLRAUSCH[130] (Lösg. in CCl_4), BÄR[192] (kryst.)
$\Delta\nu^{104}$ = 516 (4), 763 (4), 1029 (4), 1157 (1), 1381 (5), 1463 (3), 1578 (3), 3063 (4)
$\Delta\nu^{130}$ = 505 (2), 610 (0), 936 (0), 1023 (2), 1142 (0), 1245 (0), 1377 (4), 1412 (0), 1573 (3), 3046 (1*b*).

XVII. 2. α-Bromnaphthalin $C_{10}H_7 \cdot Br$
DADIEU-KOHLRAUSCH[373] (F)
$\Delta\nu$ = 124 (3), 174 (4), 295 (3), 412 (1), (509) (3), 527 (5), 650 (3), 808 (4), 1014 (2), (1053) (3), (1143) (2*b*), (1247) (2), 1366 (15), (1428) (4), 1555 (6), 3050 (3).

XVII. 3. α-Naphthylisocyanat $C_{10}H_7 \cdot NCO$
DADIEU[368]
$\Delta\nu$ = (261) (1*b*), 459 (2), 522 (2), 550 (3*b*), 695 (2), 855 (3), 1069 (2), 1148 (2), 1380 (7), 1438 (3*b*), 1487 (2), 1513 (4), 1576 (6), 1623 ($^1/_4$), 3058 (2).

XVIII. Alicyclische und heterocyclische Verbindungen.

XVIII. 1. Cyclohexan C_6H_{12}; $H_2C\langle{CH_2-CH_2 \atop CH_2-CH_2}\rangle CH_2$
PETRIKALN-HOCHBERG[104], GANESAN-VENKATESWARAN[158], DAURE[200], BHAGAVANTAM[346] (P), DADIEU-KOHLRAUSCH-SEKA (F) (unveröffentlicht)
$\Delta\nu$ (Mittel) = 379 (1), 425 (2), 800 (8), 1028 (5), 1156 (1), 1267 (6), 1350 (1), 1441 (5), 2660 (2), 2695 (1), 2858 (12), 2887 (2), 2920 (5*b*), 2935 (5*b*).

XVIII. 2. Cyclohexanol $C_6H_{11} \cdot OH$; $H_2C\langle{CH_2-CH_2 \atop CH_2-CH_2}\rangle CH \cdot OH$
PETRIKALN-HOCHBERG[104], DADIEU-KOHLRAUSCH-SEKA (F) (unveröffentlicht)
$\Delta\nu$ (D.K.S.) = 402 (2), 446 (2), (473) (2), 552 (3), (586) (1), 787 (7), 836 (3), 1023 (4), 1047 (2), 1066 (2), 1139 (2), 1253 (4), 1298 (1), 1353 (2*b*), 1440 (4), (2653) (2), (2684) (1), 2855 (12), 2932 (12*b*).

XVIII. 3. Piperidin $H_2C\langle{CH_2-CH_2 \atop CH_2-CH_2}\rangle NH$; $C_5H_{10} \cdot NH$
BONINO-BRÜLL[181]
$\Delta\nu$ = (793) (1), 811 (2), (946) (1), 1041 (3), 1075 (2), (1172) (2), 1265 (2), 1429 (2), 2843 (2), 2936 (5), 3325 (3).

XVIII. 4. Dioxan 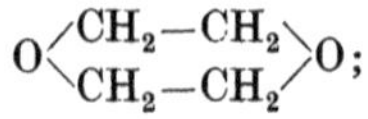 ; $C_4H_8O_2$

Villars[360]

$\Delta\nu$ = 291 (0), (434) (00), (519) (00), 837 (4), 1117 (1), (1214) (1), 1442 (2), 2720 (00), 2864 (3), 2967 (3).

XVIII. 5. Pyridin 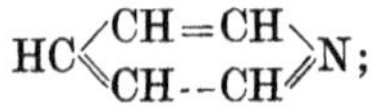 ; $C_5H_5 \cdot N$

Petrikaln-Hochberg[104], Ganesan-Venkateswaran[158], Ôkubo-Hamada[166], Bonino-Brüll[181], Venkateswaran[188], Cleeton-Dufford[376] (He)

$\Delta\nu$ (Mittel) = 606 (1), 651 (3), 884 (1), 990 (10), 1029 (10), 1155 (1), 1220 (2), 1379 (1), 1480 (2), 1580 (3), 3058 (5).

XVIII. 6. Picolin (Methylpyridin) 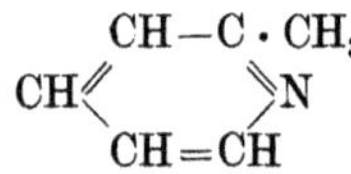 ; $C_5H_4N \cdot CH_3$

Ôkubo-Hamada[166]

$\Delta\nu$ = (86) (1), 216 (1), 473 (1), (556) (1), 637 (1), 811 (1), 900 (1), 994 (5), 1050 (3), 1152 (3), 1299 (1), 1386 (1), 1488 (1), 1599 (1), 3053 (3).

XVIII. 7. Chinolin $C_9H_7 \cdot N$; 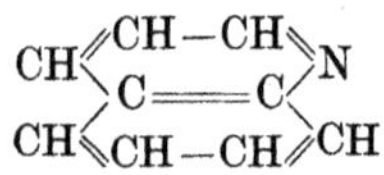

Ganesan-Venkateswaran[158]

$\Delta\nu$ = 248, 524, 796, 1370, 1580, 3041.

XVIII. 8. Pyrrol $C_4H_4 \cdot NH$; 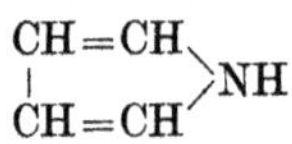

Venkateswaran[286]

$\Delta\nu$ = (530) (0), (628) (0), 704 (1), 843 (0*b*), 1003 (1), 1144 (8), 1202 (0), 1384 (4*b*), 1470 (3), (3057) (0), 3136 (6), 3308 (0*b*).

XVIII. 9. l-Pinen $C_{10}H_{16}$; 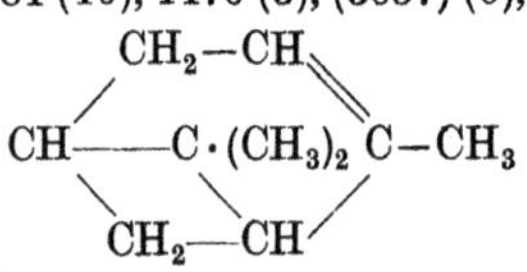

Bonino-Brüll[182]

Bhagavantam-Venkateswaran[216]

$\Delta\nu$ = (644) (2), 813 (3), (833) (2), (951) (2), 1030 (2), (1081) (5), (1264) (2), (1430) (3), 1549 (2), (2848) (5), 2928 (5), 3044 (2).

XVIII. 10. Menthen $C_{10}H_{18}$; 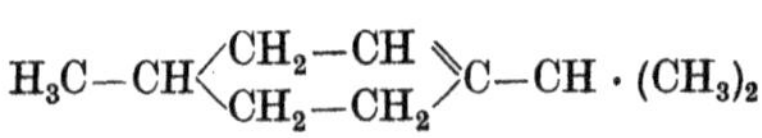

Bonino-Brüll[182]

$\Delta\nu$ = (442) (1), 962 (1), 1081 (5), 1448 (3), 1530 (2), (2848) (5), 2923 (5), 3048 (3).

XVIII. 11. Limonen $C_{10}H_{16}$; $H_3C-C\langle{}^{CH\ -CH_2}_{CH_2-CH_2}\rangle CH-C\langle{}^{CH_2}_{CH_3}$

LESPIEAU-BOURGUEL[299, 357]

$\Delta\nu$ = (434) (s.), (497) (s.), (526) (s.), (548) (s.), (638) (s.), (766) (m.st.), (801) (m.), (898) (m.), (927) (s.), (956) (s.s.), (1024) (s.), (1062) (s.), (1086) (s.), (1121) (s.), (1158) (m.), (1205) (s.s.), (1247) (s.s.), (1290) (s.), (1318) (s.), (1374) (m.), (1434) (st., *b*), (1453) (m., *b*), (1645) (st.), (1681) (st.), 2835 (m.st., *b*), 2882 (m.st., *b*), 2916 (st., *b*), 2931 (st., *b*), 2968 (m.), 2981 (s.), 3018 (s.), 3082 (s.).

XVIII. 12. Carvomenthen $C_{10}H_{18}$; $H_3C-C\langle{}^{CH\ -CH_2}_{CH_2-CH_2}\rangle CH-CH\cdot(CH_3)_2$

LESPIEAU-BOURGUEL[297, 357]

$\Delta\nu$ = (371) (s.), 411 (s.), (432) (s., *b*), (517) (s.), (548) (s.), (766) (st.), (801) (s.), (864) (m.), (908) (s.), (954) (s.), (1005) (s.), (1038) (s.), (1072) (s.), (1100) (s.), (1158) (m.), (1218) (s.s.), (1247) (s.s.), (1290) (s.), (1313) (m.), (1374) (m.st.), (1429) (st., *b*), (1462) (m., *b*), (1681) (st.), 2833 (m.), 2871 (m.st.), 2921 (st.), 2968 (m.), 3015 (s.).

XVIII. 13. Cyclohexen C_6H_{10}; $HC\langle{}^{CH\ -CH_2}_{CH_2-CH_2}\rangle CH_2$

LESPIEAU-BOURGUEL[297, 357]

DADIEU-KOHLRAUSCH-SEKA (nicht veröffentlicht)

$\Delta\nu$ (Mittel) = (176) (1), (273) (3*b*), 396 (5), 451 (2), 494 (2), 641 (1), (703) (2*b*), 825 (8), 873 (2), 905 (3), 968 (3), 1032 (2), 1069 (6), 1139 (0), 1220 (5), 1247 (1/2), 1272 (3), 1342 (3*b*), 1431 (8*b*), 1462 (4*b*), 1650 (6), 2821 (6), 2868 (3), 2914 (6), 2940 (6), 3024 (6*b*).

XVIII. 14. Thiophen C_4H_4S; $\begin{matrix}CH=CH\\ |\\ CH=CH\end{matrix}\rangle S$

VENKATESWARAN[286] (P)

$\Delta\nu$ = (452) (0), 607 (4), 752 (1*b*), 835 (6), 1035 (5), 1081 (4), 1361 (4), 1409 (6), 3083 (3), 3116 (2).

XIX. Metallorganische Verbindungen.

XIX. 1. Zinkmethyl $H_3C\cdot Zn\cdot CH_3$

VENKATESWARAN[286] (P)

$\Delta\nu$ = 506 (10), 617 (2*b*), 1165 (8), (1443) (0), 2883 (8*b*).

XIX. 2. Zinkäthyl $H_5C_2\cdot Zn\cdot C_2H_5$

VENKATESWARAN[286]

$\Delta\nu$ = 259 (0), 474 (10), 558 (1*b*), (933) (0*b*), 987 (0*b*), 1174 (10), 1334 (0), 1466 (0), 2874 (10*b*).

XIX. 3. Methylmagnesiumbromid (GRIGNARD) $H_3C\cdot Mg\cdot Br$

CLEETON-DUFFORD[376] (in Äther gelöst)

$\Delta\nu$ = 1131 (1).

XIX. 4. Methylmagnesiumjodid (GRIGNARD) $H_3C \cdot Mg \cdot J$
CLEETON-DUFFORD[376] (in Äther gelöst)
$\Delta\nu$ = 1076 (1).

XX. Halogenide.

XX. 1. Chlorwasserstoff HCl
WOOD[83, 91, 135, 327], SALANT-SANDOW[379] $\Delta\nu$ (gasf.) = 2886
DAURE[200], SALANT-SANDOW[379] $\Delta\nu$ (flüss.) = 2800
CARELLI-PRINGSHEIM-ROSEN[38], WOODWARD[380] $\Delta\nu$ (Lösg.) = —

XX. 2. Bromwasserstoff HBr
SALANT-SANDOW[221, 362, 379] $\Delta\nu$ (gasf.) = 2558
" " $\Delta\nu$ (flüss.) = 2487

XX. 3. Jodwasserstoff HJ
SALANT-SANDOW[362, 379] $\Delta\nu$ (gasf.) = 2233

XX. 4. Salmiak $NH_4 \cdot Cl$
PRINGSHEIM-YOST[172] $\Delta\nu$ (Lösg.) = —
SCHAEFER-MATOSSI-ADERHOLD[304] $\Delta\nu$ (kryst.) = 3040, 3092 (s., diff.)

XX. 5. Lithiumfluorid LiF
GERLACH[283] $\Delta\nu$ (Lösg.) = —
SCHAEFER[100] $\Delta\nu$ (kryst.) = —

XX. 6. Lithiumchlorid LiCl
KRISHNAMURTI[295] $\Delta\nu$ (kryst.) = —

XX. 7. Natriumfluorid NaF
SCHAEFER[100] $\Delta\nu$ (kryst.) = —

XX. 8. Natriumchlorid NaCl
CARRELLI-PRINGSHEIM-ROSEN[38], GERLACH[283] $\Delta\nu$ (Lösg.) = —
WOOD[45], KRISHNAMURTI[295] $\Delta\nu$ (kryst.) = —
RASETTI[409] $\Delta\nu$ (kryst.) = 165 — 365 (Band), 235 (Linie)

XX. 9. Kaliumchlorid KCl
GERLACH[283], WOODWARD[328] $\Delta\nu$ (Lösg.) = —

XX. 10. Kaliumjodid KJ
KRISHNAMURTI[295, 281] $\Delta\nu$ (kryst.) = —

XX. 11. Kaliumbromid KBr
MENZIES[184] $\Delta\nu$ (kryst.) = —

XX. 12. Cuprichlorid $CuCl_2$
KRISHNAMURTI[281] $\Delta\nu$ (kryst.) = —

XX. 13. Silberchlorid AgCl
KRISHNAMURTI[281] $\Delta\nu$ (kryst.) = —

XX. 14. Aurochlorid AuCl
KRISHNAMURTI[281] $\Delta\nu$ (kryst.) = —

XX. 15. Magnesiumchlorid $MgCl_2$
DAURE[73] $\Delta\nu$ (Lösg.) = —
KRISHNAMURTI[281] $\Delta\nu$ (kryst.) = —

XX. 16. Calciumchlorid $CaCl_2$
DAURE[73], GERLACH[283] $\Delta\nu$ (Lösg.) = —

XX. 17. Calciumbromid $CaBr_2$
DAURE[73] $\Delta\nu$ (Lösg.) = —

XX. 18. Bariumchlorid $BaCl_2$
KRISHNAMURTI[281, 295] $\Delta\nu$ (kryst.) = —

XX. 19. Zinkchlorid $ZnCl_2$
GERLACH[283] $\Delta\nu$ (Lösg.) = —
KRISHNAMURTI[281, 295] $\Delta\nu$ (kryst.) = 234 (s.)

XX. 20. Cadmiumchlorid $CdCl_2$
GERLACH[283], BRAUNE-ENGELBRECHT[320] $\Delta\nu$ (Lösg.) = —
KRISHNAMURTI[281] $\Delta\nu$ (kryst.) = —

XX. 21. Cadmiumbromid $CdBr_2$
KRISHNAMURTI[281] $\Delta\nu$ (kryst.) = —

XX. 22. Cadmiumjodid CdJ_2
BRAUNE-ENGELBRECHT[320] $\Delta\nu$ (Lösg.) = —
KRISHNAMURTI[281, 295] $\Delta\nu$ (kryst.) = 105 (s.), 345 (s.), 395 (s.)

XX. 23. Quecksilber-(Mercuri-)Chlorid $HgCl_2$
WOODWARD[328], BRAUNE-ENGELBRECHT[320] $\Delta\nu$ (Lösg.) = 320
KRISHNAMURTI[281, 295, 336] $\Delta\nu$ (kryst.) = 312 (st.), 381 (s.)

XX. 24. Kalomel (Mercuro-Chlorid) Hg_2Cl_2
KRISHNAMURTI[281, 295, 336]
$\Delta\nu$ (kryst.) = 167 (s.st.), 275 (st.), 295 (s.), 320 (s.s.)

XX. 25. Quecksilberbromid $HgBr_2$
BRAUNE-ENGELBRECHT[320] $\Delta\nu$ (Lösg.) = 205

XX. 26. Quecksilberjodid HgJ_2
BRAUNE-ENGELBRECHT[374] $\Delta\nu$ (Lösg.) = 150

XX. 27. Aluminiumchlorid $AlCl_3$
DAURE[73] $\Delta\nu$ (Lösg.) = —

XX. 28. Kohlenstofftetrachlorid CCl_4
Literatur vgl. II. 4
$\Delta\nu$ (Mittel) = 217 (8), 313 (8), 459 (8), 760 (3), 791 (3), 1537 (1).

XX. 29. Kohlenstofftetrabromid CBr_4
DADIEU-KOHLRAUSCH[373] (F)
$\Delta\nu$ = 123 (2), 183 (4), 265 (5), 667 (3*b*).

XX. 30. Siliciumchlorid $SiCl_4$
PRINGSHEIM-ROSEN[30], DAURE[58], BHAGAVANTAM[267, 271] (P), TRUMPY[363]
$\Delta\nu$ (Mittel) = 151 (5), 221 (5), 425 (10), 607 (2).

XX. 31. Titanchlorid $TiCl_4$
DAURE[58], BHAGAVANTAM[267, 271] (P), TRUMPY[363]
$\Delta\nu$ (Mittel) = 120 (4), 144 (1), 386 (6), 497 (2).

XX. 32. Thoriumchlorid $ThCl_4$
KRISHNAMURTI[281, 295] $\Delta\nu$ (kryst.) = —

XX. 33. Zinnchlorid $SnCl_4$
DAURE[58, 200], PETRIKALN-HOCHBERG[140], BHAGAVANTAM[267] (P), TRUMPY[363]
$\Delta\nu$ (Mittel) = 104 (5), 134 (6), 366 (10), 404 (6).

XX. 34. Zinnbromid $SnBr_4$
TRUMPY[363]
$\Delta\nu$ = 64 (2), 88 (3), 159 (? 0), 220 (4), 279 (3*b*).

XX. 35. Bleijodid PbJ_2
KRISHNAMURTI[281] $\Delta\nu$ (kryst.) = —

XX. 36. Phosphortrichlorid PCl_3
DAURE[58, 200], BHAGAVANTAM[267, 271] (P), NISI[396], TRUMPY[410]
$\Delta\nu$ = 190 (10), 258 (10), 340 (0), 484 (4), 511 (10), 590 (0), 1340 (0).

XX. 37. Phosphorpentachlorid PCl_5
KRISHNAMURTI[281]
$\Delta\nu$ (kryst.) = 248 (s.), 356 (m.), 405 (s.s.), 450 (s.).

XX. 38. Phosphortribromid PBr_3
DAURE[58, 200], TRUMPY[410]
$\Delta\nu$ = 116 (st.), 162 (m.), 380 (st.), 400 (st.).

XX. 39. Arsentrichlorid $AsCl_3$
DAURE[58, 200], BHAGAVANTAM[267] (P)
$\Delta\nu$ = 158 (8), 194 (6), 370 (6*b*), 405 (10).

XX. 40. Antimontrichlorid $SbCl_3$
DAURE[58, 73, 144, 200] $\Delta\nu$ (geschmolzen) = 130 (st.), 155 (m.), 320 (st.), 360 (st.)
KRISHNAMURTI[281] $\Delta\nu$ (kryst.) = 146 (s.), (166 (m.), 312 (m.), 338 (st.)

XX. 41. Wismuttrichlorid $BiCl_3$
DAURE[58, 144], BHAGAVANTAM[267] $\Delta\nu$ (Lösg.) = 108 (8*b*), 242 (2*b*), 289 (10*b*)
KRISHNAMURTI[281] $\Delta\nu$ (kryst.) = 153 (s.s.), 169 (s.), 242 (s.), 288 (s.).

XX. 42. K_2HgCl_4
BRAUNE-ENGELBRECHT[374] $\Delta\nu$ (Lösg.) = 266

XX. 43. K_2HgBr_4
BRAUNE-ENGELBRECHT[374] $\Delta\nu$ (Lösg.) = 166

XX. 44. K_2HgJ_4
BRAUNE-ENGELBRECHT[374] $\Delta\nu$ (Lösg.) = 126

XX. 45. Schwefelchlorür S_2Cl_2
MATOSSI-ADERHOLD[386], NISI[396]
$\Delta\nu$ = 110 (st.), 200 (m.), 247 (s.), 451 (s.st.).

XX. 46. Silicium Tetrabromid $SiBr_4$
TRUMPY[410] $\Delta\nu$ = 90 (3), 137 (3), 249 (4), 487 (1*b*).

XX. 47. Siliciumchloroform $SiHCl_3$
UREY-BRADLEY[408]
$\Delta\nu$ = 179 (st.), 250 (st.), 489 (s.st.), 587 (st.), 799 (st.), 2258 (st.).

XX. 48. Flußspat CaF_2
NISI[103], RASETTI[409] $\Delta\nu$ = 322 [7256, 7273, 7285, 7298].

XXI. A. Sauerstoffsäuren, Salze, Ester der Elemente der 4. Gruppe.

XXI. A 1. Kalkspat (Calcit, hexagonal) $CaCO_3$
LANDSBERG-MANDELSTAM[11, 28, 29], WOOD[45], KIMURA-UCHIDA[65], KRISHNAN[79], NISI[103], SCHAEFER-MATOSSI-ADERHOLD[174, 339], DAURE[200], EMBIRIKOS[338], VENKATESACHAR-SIBAIYA[364], BHAGAVANTAM[411], RASETTI[409]
$\Delta\nu$ (kryst.) = [147], 155 (st.), [161, 221], 282 (m.st.), 714 (s.), [771, 877], 1088 (s.st.), 1438 (s.s.), 1741 (s.s.), [7270, 7345, 7395, 7456].

XXI. A 2. Aragonit (rhombisch) $CaCO_3$
KIMURA-UCHIDA[65], SCHAEFER-MATOSSI-ADERHOLD[339], BHAGAVANTAM[411]
$\Delta\nu$ (kryst.) = 94 (1), 156 (2), 209 (1), 271 (3), 708 (0), 1087 (0).

XXI. A 3. Natriumcarbonat Na_2CO_3
EMBIRIKOS[338] $\Delta\nu$ (1n-Lösg.) = 1065

XXI. A 4. Kaliumcarbonat K_2CO_3
KIMURA-UCHIDA[65], DICKINSON-DILLON[96], LEONTOWITSCH[87], EMBIRIKOS[338] $\Delta\nu$[338] (1n-Lösg.) = 1067

XXI. A 5. Saures Kaliumcarbonat $KHCO_3$
DICKINSON-DILLON[96] $\Delta\nu$ (26% Lösg.) = 1035

XXI. A 6. Magnesit (hexagonal) $MgCO_3$
SCHAEFER-MATOSSI-ADERHOLD[339] $\Delta\nu$ (kryst.) = 1098 (s.)

XXI. A 7. Cerussit (rhombisch) $PbCO_3$
SCHAEFER-MATOSSI-ADERHOLD[339]
$\Delta\nu$ (kryst.) = 59 (st.), 74 (st.), 102 (s.), 118 (s.), 146 (s.), 177 (s.), 1052 (s.st.), 1362 (m.st.), 1476 (m.st.).

XXI. A 8. Quarz SiO_2
LANDSBERG-MANDELSTAM[11, 28, 29], PRINGSHEIM-ROSEN[30], RAO[35], KRISHNAN[40, 79], WOOD[45], NISI[103, 203], GROSS-ROMANOVA[126], MENZIES[150], HOLLAENDER-WILLIAMS[157], DAURE[200], NEY[397]
$\Delta\nu$ (kryst.) = [85, 106], 127 (st.), 207 (m.), 267 (s.), [321], 355 (s.), 404 (s.), 465 (st.), 702 (s.), [740], 802 (s.), 1070 (s.), [1111], 1164 (s.), [1227].

XXI. A 9. Topas $(AlF)_2 \cdot SiO_4$
KRISHNAN[79] $\Delta\nu$ = 1053
NISI[103] $\Delta\nu$ = 260, 911

XXI. A 10. Beryll $Be_3Al_2Si_6O_{18}$
NISI[203] $\Delta\nu$ = 642, 3602

XXI. A 11. Turmalin 4 $[(SiO_4)_2Al_2R_6]$ 1 $[(B_2O_5)_3 \cdot Al_2R_6]$
NISI[203] $\Delta\nu$ = 248, 401, 3473

XXI. A 12. Danburit $[SiO_6 \cdot SiO_2]B_2Ca$
NISI[203] $\Delta\nu$ = 615

XXI. B. Sauerstoffsäuren, Salze, Ester der Elemente der 5. Gruppe.

XXI. B 1. Salpetersäure HNO_3
CARRELLI-PRINGSHEIM-ROSEN[38], GANESAN-VENKATESWARAN[158], SCHAEFER-MATOSSI-ADERHOLD[174, 339], RAO[193, 270, 306], KINSEY[223], WOODWARD[287, 380], DADIEU-JELE-KOHLRAUSCH[389] (F)
$\Delta\nu$ (65% Säure) = [452 (1)], 636 (3), 689 (4), 953 (4*b*), 1044 (8), [1120 (2), 1306 (6*b*), [1444 ($^1/_2$*b*)], 1625 ($^1/_2$), 1668 (1).
DADIEU-KOHLRAUSCH[417] (F)
$\Delta\nu$ (100% Säure) = 607 (3*b*), 667 (4). 916 (4*sb*), 1292 (6*sb*), 1665 (3*b*), 1687 (2*b*), 3420 (Bde.).

XXI. B 2. Lithiumnitrat $LiNO_3$
GERLACH[249] $\Delta\nu$ (14n-Lösg.) = 1050
KRISHNAMURTI[248] $\Delta\nu$ (kryst. + 30% H_2O) = 233, 728, 1052, 1069, 1391.

XXI. B 3. Natriumnitrat $NaNO_3$
CARRELLI-PRINGSHEIM-ROSEN[38], DICKINSON-DILLON[96], GERLACH[249], STERLING-LAIRD[294], RAMASWAMY[322], PETRIKALN-HOCHBERG[202]
$\Delta\nu$ (Lösg.) = 721, 1049, 1361
SCHAEFER-MATOSSI-ADERHOLD[174, 339], BÄR[192], GERLACH[249], KRISHNAMURTI[248]
$\Delta\nu$ (kryst.) = 95 (s.), 183 (s.), 726 (s.), 1071 (s.st.), 1389 (st.), 1670 (s.s.).

XXI. B 4. Kaliumnitrat KNO_3
ges. Lösg.: RAMASWAMY[322]; geschmolzen: PETRIKALN-HOCHBERG[202]
$\Delta\nu$ (Lösg.) = 730, 1049, 1357
MENZIES[184], KRISHNAMURTI[248], GERLACH[249]
$\Delta\nu$ (kryst.) = 711, 1051, 1351

XXI. B 5. Kupfernitrat (Cupri) $Cu(NO_3)_2$
GERLACH[249]
$\Delta\nu$ (kryst. + 6 H_2O) = 1052,9; $\Delta\nu$ (kryst. + 9 H_2O) = 1044,4.

XXI. B 6. Silbernitrat $AgNO_3$
KRISHNAMURTI[248], GERLACH[249]
$\Delta\nu$ (kryst. anhydr.) = 1045, 1372.

XXI. B 7. Ammoniumnitrat $NH_4 \cdot NO_3$
CARRELLI-PRINGSHEIM-ROSEN[38], DAURE[23], DICKINSON-DILLON[96], RAMASWAMY[322] $\Delta\nu$ (Lösg.) = 728, 1050, 1361
BÄR[192], KRISHNAMURTI[248] $\Delta\nu$ (kryst.) = 709, 1043.

XXI. B 8. Berylliumnitrat $Be(NO_3)_2$
KRISHNAMURTI[248] $\Delta\nu$ (kryst. + 3 H_2O) = 1050
TRUMPY[406] $\Delta\nu$ (3n-Lösg.) = 1049,4

XXI. B 9. Magnesiumnitrat $Mg(NO_3)_2$
KRISHNAMURTI[248] $\Delta\nu$ (kryst. + 6 H_2O) = 1059
TRUMPY[406] $\Delta\nu$ (3n Lösg.) = 1049,0

XXI. B 10. Calciumnitrat $Ca(NO_3)_2$
DICKINSON-DILLON[96], RAMASWAMY[322], TRUMPY[406]
$\Delta\nu$ (ges. Lösg.) = 721, 1050
BÄR[192], KRISHNAMURTI[248], GERLACH[249]
$\Delta\nu$ (kryst. anhydr.) = 1064; $\Delta\nu$ (kryst. + 4 H_2O) = 1045.

XXI. B 11. Strontiumnitrat $Sr(NO_3)_2$
RAMASWAMY[322], TRUMPY[406] $\Delta\nu$ (ges. Lösg.) = 728, 1049, 1354
KRISHNAMURTI[248], GERLACH[249]
$\Delta\nu$ (kryst. anhydr.) = 1054; $\Delta\nu$ (kryst. + 4 H_2O) = 733, 1054;
$\Delta\nu$ (kryst. + 9 H_2O) = 1044.

XXI. B 12. Bariumnitrat $Ba(NO_3)_2$
RAMASWAMY[322] $\Delta\nu$ (ges. Lösg.) = 720, 1049, 1350
KRISHNAMURTI[248], GERLACH[249], SCHAEFER-MATOSSI-ADERHOLD[339] $\Delta\nu$ (kryst.) = 729, 1049, 1396

XXI. B 13. Zinknitrat $Zn(NO_3)_2$
KRISHNAMURTI[248] $\Delta\nu$ (kryst. + 30% H_2O) = 1044
TRUMPY[406] $\Delta\nu$ (3n-Lösg.) = 1047,1

XXI. B 14. Cadmiumnitrat $Cd(NO_3)_2$
KRISHNAMURTI[248] $\Delta\nu$ (kryst. + 4 H_2O) = 1051

XXI. B 15. Mercurinitrat $Hg(NO_3)_2$
KRISHNAMURTI[248] $\Delta\nu$ (kryst.) = 1021, 1038

XXI. B 16. Mercuronitrat $Hg_2(NO_3)_2$
KRISHNAMURTI[248] $\Delta\nu$ (kryst. + H_2O) = 174, 1042

XXI. B 17. Aluminiumnitrat $Al_2(NO_3)_6$
KRISHNAMURTI[249], RAMASWAMY[322]
$\Delta\nu$ (kryst. + H_2O) = 1048, 1057
TRUMPY[406] $\Delta\nu$ (3n-Lösg.) = 1049

XXI. B 18. Bleinitrat $Pb(NO_3)_2$
RAMASWAMY[322] $\Delta\nu$ (gesätt. Lösg.) = 730, 1047
KRISHNAMURTI[248], GERLACH[249]
$\Delta\nu$ (kryst. anhydr.) = 155, 728, 1046, 1396

XXI. B 19. Thoriumnitrat $Th(NO_3)_4$
KRISHNAMURTI[248] $\Delta\nu$ (kryst. + 4 H_2O) = 1038

XXI. B 20. Wismutnitrat $Bi(NO_3)_3$
KRISHNAMURTI[248] $\Delta\nu$ (kryst. + 5 H_2O) = 1037

XXI. B 21. Mangannitrat $Mn(NO_3)_2$
KRISHNAMURTI[248] $\Delta\nu$ (kryst. + 4 H_2O) = 1040

XXI. B 22. Methylnitrat $H_3C \cdot O \cdot NO_2$
DADIEU-JELE-KOHLRAUSCH[389] (F)
$\Delta\nu =$ (353) (3), 580 (10), (663) (4), (708) (1/4), 860 (8), (994) (2), (1170) (1), 1276 (8), (1430) (4b), (1630) (3b), (2900) (0), (2931) (0), (2965) (4b).

XXI. B 23. Äthylnitrat $H_5C_2 \cdot O \cdot NO_2$
DADIEU-JELE-KOHLRAUSCH[389] (F)
$\Delta\nu =$ 384 (6), 571 (6b), (651) (1), (703) (1), 863 (5), (1015) (1b), (1092) (1), (1117) (1), 1272 (5), (1359) (2), 1444 (4), (1622) (3b), 2942 (2b), 2989 (3b).

XXI. B 24. Propylnitrat $H_7C_3 \cdot O \cdot NO_2$
DADIEU-JELE-KOHLRAUSCH[389] (F)
$\Delta\nu =$ 307 (2), 351 (4), 452 (3), 568 (1), (603) (3), 700 (2), 858 (7b), (1038) (3b), (1116) (1/4b), (1274) (10), (1375) (1b), (1448) (5b), (1625) (4), (2943) (4b), (2977) (1).

XXI. B 25. Butylnitrat $H_9C_4 \cdot O \cdot NO_2$
DADIEU-JELE-KOHLRAUSCH[389] (F)
$\Delta\nu =$ (274) (2), (320) (3b), (372) (1/2), (434) (1), 569 (5), (605) (3), (698) (3), (832) (6), (872) (4), (902) (2), (961) (1), (1058) (3), (1121) (2), 1274 (10), (1376) (2), (1447) (8b), (1624) (5), (2921) (5b), (2953) (3).

XXI. B 26. Äthylnitrit $H_5C_2 \cdot O \cdot NO$
DADIEU-JELE-KOHLRAUSCH[389] (F)
$\Delta\nu =$ (188) (1?), 373 (2), 415 (1), 525 (1), 593 (5), 791 (2b), (921) (2), (995) (1/2), (1034) (1/2), (1100) (2), (1238) (1), (1449) (4b), (1641) (5), (2948) (2b), (2979 ()1).

XXI. B 27. Propylnitrit $H_7C_3 \cdot O \cdot NO$
DADIEU-JELE-KOHLRAUSCH[389] (F)
$\Delta\nu =$ (294) (0), (334) (1/2), (455) (2), 594 (4), 832 (3), (886) (2b), (1048) (2b), (1119) (1), (1275) (2), (1445) (6), (1640) (6), (2947) (5b), 2986 (1).

XXI. B 28. Butylnitrit $H_9C_4 \cdot O \cdot NO$
DADIEU-JELE-KOHLRAUSCH[389] (F)
$\Delta\nu =$ (275) (1/2), (323) (1), 506 (1), 597 (3b), (677) (1/2), (696) (1), (796) (2), (833) (3), (881) (1), (1016) (2), (1123) (2), (1225) (1), (1292) (4), (1438) (6b), 1640 (5), (2915) (5), (2937) (3b).

XXI. B 29. Anorganische Nitrite $Me \cdot NO_2$
CARRELLI-PRINGSHEIM-ROSEN[38], DADIEU-JELE-KOHLRAUSCH[389] (Lösg.), BÄR[192] (kryst.)
Lösg.[389] $NaNO_2$: $\Delta\nu =$ (588) (2), (655) (1b), (715) (1/2), (814) (2b), (1220) (1/4b), (1324) (4, sb), (3420) (H_2O-Bande)
KNO_2: $\Delta\nu =$ (596) (1b), (658) (0), (710) (1/2), (816) (2), (1208) (0), (1321) (4, sb), (3416) (H_2O-Bande)

$Ca(NO_2)_2$: $\Delta\nu$ = (596) (3*b*), 663 (2*b*), (714) (2), (825) (2*b*), (1231) (1), (1327) (5*b*), (3404) (H_2O-Bande)

$Ba(NO_2)_2$: $\Delta\nu$ = 592 (2*b*), (649) (1/2), (710) (1), (811) (1/2), (1325) (3*b*)

kryst.[192] $NaNO_2$: $\Delta\nu$ = 1333

XXI. B 30. Orthophosphorsäure H_3PO_4
NISI[205] $\Delta\nu$ (25—84% Lösg.) = 505 (m.), 905 (st.).

XXI. B 31. Primäres Natriumphosphat NaH_2PO_4
NISI[205] $\Delta\nu$ (38% Lösg.) = 358 (s.), 518 (m.), 889 (st.), 1061 (m.)

XXI. B 32. Ammoniumphosphat $(NH_4)_3PO_4$
SCHAEFER-MATOSSI-ADERHOLD[339] $\Delta\nu$ (kryst.) = 924

XXI. B 33. Natriumvanadat Na_3VO_4
NISI[205] $\Delta\nu$ (14% Lösg.) = 870

XXI. B 34. Natriumarsenat Na_3AsO_4
NISI[205] $\Delta\nu$ (7% Lösg.) = 837

XXI. B 35. Methylnitrit $H_3C \cdot O \cdot NO$
DADIEU-JELE-KOHLRAUSCH[389] (F) (verflüssigt)
$\Delta\nu$ = 364 (2*b*), 580 (4*b*), 610 (2*b*), 833 (3), (977) (0), (1431) (2*sb*), (1603) (3), (1648) (3), (2944) (4).

XXI. B 36. Isoamylnitrit $(H_3C)_2HC \cdot (CH_2)_2 \cdot O \cdot NO$
DADIEU-JELE-KOHLRAUSCH[389] (F)
$\Delta\nu$ = (326) (0), (417) (1), (513) (1), 603 (4*b*), (687) (1), (761) (4*b*), (788) (4*b*), (913) (1*b*), (948) (1), (1015) (1), (1050) (1), (1123) (2*b*), (1164) (2*b*), (1284) (1/2*b*), (1349) (1*b*), (1452) (6*b*), 1646 (5), (2879) (4), (2933) (1), (2965) (3).

XXI.. B 37. Phosphoroxychlorid $POCl_3$
NISI[396] (P)
$\Delta\nu$ = 192 (s.st.), 270 (st.), 339 (s.st.), 485 (s.st.), 585 (m.), 1295 (st.).

XXI. C. Sauerstoffsäuren, Salze, Ester der Elemente der 6. Gruppe.

XXI. C 1. Schwefelsäure H_2SO_4
MUKHERJEE-SEN GUPTA[88], GANESAN-VENKATESWARAN[158], SCHAEFER-MATOSSI-ADERHOLD[174], PRINGSHEIM-JOST[172], NISI[205], TAYLOR[VII], WOODWARD[380]
$\Delta\nu^{205}$ = 414 (m.), 564 (st.), 740 (s.), 911 (st.), 1043 (m.), 1170 (m.), 1366 (m.), 1517 (s.).

XXI. C 2. Lithiumsulfat Li_2SO_4
NISI[205] $\Delta\nu$ (18% Lösg.) = 442 (s.), 593 (s.), 984 (st.), 1110 (m.
EMBIRIKOS[338] $\Delta\nu$ (kryst. + 1 H_2O) = 1003 · 2;
$\Delta\nu$ (2n-Lösg.) = 999 · 4; $\Delta\nu$ (1n-Lösg.) = 989 · 0.

XXI. C 3. Natriumsulfat Na_2SO_4
MUKHERJEE-SEN GUPTA[88], NISI[205], RAMASWAMY[322], TAYLOR[VII]
$\Delta\nu^{322}$ (gesätt. Lösg.) = 460 (2), 615 (1), 981 (4), 1101 (0)
KRISHNAMURTI[312] $\Delta\nu$ (kryst. anhydr.) = 995.

XXI. C 4. Kaliumsulfat K_2SO_4
NISI[205], RAMASWANY[322]
$\Delta\nu^{322}$ (gesätt. Lösg.) = 457 (2), 619 (1), 981 (4), 1090 (0)
KRISHNAMURTI[312] $\Delta\nu$ (kryst.) = 981.

XXI. C 5. Lithium-Kaliumsulfat $LiKSO_4$
SCHAEFER-MATOSSI-ADERHOLD[339]
$\Delta\nu$ (kryst. anhydr.) = 1012 (m.st.), 1110 (s.).

XXI. C 6. Ammoniumsulfat $(NH_4)_2SO_4$
DICKINSON-DILLON[96], PRINGSHEIM-YOST[172], NISI[205], RAMASWAMY[322], EMBIRIKOS[338] (Lösg.)
$\Delta\nu$ (Lösg., Mittel) = 454 (2), 618 (1), 982 (4), 1107 (0), 1285 (0)
KRISHNAMURTI[312], EMBIRIKOS[338] (kryst.)
$\Delta\nu$ (kryst.) = 447 (s.), 623 (s.), 974 (st.).

XXI. C 7. Kupfersulfat $CuSO_4$
MUKHERJEE-SEN GUPTA[88], HOLLAENDER-WILLIAMS[176]
$\Delta\nu^{176}$ (Lösg.) = 607 (m.st.), 729, 977 (st.), 1472, 1671
HOLLAENDER-WILLIAMS[176], KRISHNAMURTI[312], SCHAEFER-MATOSSI-ADERHOLD[339]
$\Delta\nu^{312}$ (kryst. + $5\,H_2O$) = 449 (s.), 618 (s.), 980 (s.), 1143 (s.s.).

XXI. C 8. Magnesiumsulfat $MgSO_4$
MUKHERJEE-SEN GUPTA[88], NISI[205], RAMASWAMY[322], EMBIRIKOS[338]
$\Delta\nu$ (Lösg., Mittel) = 456 (2), 617 (1), 982 (4), 1116 (0)
KRISHNAMURTI[312], EMBIRIKOS[338]
$\Delta\nu$ (kryst. + $7\,H_2O$) = 985.

XXI. C 9. Calciumsulfat (Gips) $CaSO_4 + 2\,H_2O$
KRISHNAN[79], SCHAEFER-MATOSSI-ADERHOLD[174, 339], HOLLAENDER-WILLIAMS[176], NISI[203], KRISHNAMURTI[312]
$\Delta\nu$ (kryst. + $2\,H_2O$, Mittel) = 412 (m.), 489 (s.s.), 619 (s.s.), 670 (s.), 1009 (s.st.), 1131 (m.).

XXI. C 10. Strontiumsulfat $SrSO_4$
KRISHNAMURTI[312] $\Delta\nu$ (kryst.) = 999 (m.).

XXI. C 11. Bariumsulfat $BaSO_4$ (Baryt, kryst. anhydr.)
HOLLAENDER-WILLIAMS[176], NISI[203], KRISHNAMURTI[312], SCHAEFER-MATOSSI-ADERHOLD[339]
$\Delta\nu$ (kryst., Mittel) = 456 (st.), 618 (s.), 641 (s.), 985 (st.), 1142 (m.).

XXI. C 12. Zinksulfat $ZnSO_4$
NISI[205], RAMASWAMY[322], EMBIRIKOS[338]
$\Delta\nu$ (Lösg.) = 454 (2), 620 (1), 982 (4), 1106 (0)
KRISHNAMURTI[312]: $\Delta\nu$ (kryst. + $7\,H_2O$) = 978 (st.);
EMBIRIKOS[338]: $\Delta\nu$ (kryst. + $7\,H_2O$) = 992.

XXI. C 13. Cadmiumsulfat $CdSO_4$
NISI[205], RAMASWAMY[322], EMBIRIKOS[338]
$\Delta\nu$ (Lösg.) = 451 (2), 621 (1), 983 (4), 1108 (0)
KRISHNAMURTI[312], EMBIRIKOS[338]
$\Delta\nu$ (kryst. + $^8/_3$ H_2O) = 447 (s.s.), 1004 (st.), 1120 (s.s.).

XXI. C 14. Quecksilbersulfat $HgSO_4$
KRISHNAMURTI[312]
$\Delta\nu$ (kryst.) = 499 (m.), 986 (m.), 1042 (m.).

XXI. C 15. Aluminiumsulfat $Al_2(SO_4)_3$
MUKHERJEE-SEN GUPTA[88], RAMASWAMY[322]
$\Delta\nu$ (Lösg.) = 457 (2), 614 (1), 980 (4), 1104 (0).

XXI. C 16. Kaliumalaun $K_2Al_2(SO_4)_4 + 24\ H_2O$
HOLLAENDER-WILLIAMS[176]
$\Delta\nu$ (Lösg.) = 607 (m.), 977 (st.), 2248 (m.?)
KRISHNAMURTI[312], SCHAEFER-MATOSSI-ADERHOLD[339]
$\Delta\nu$ (kryst. + 24 H_2O) = 457 (s.s.), 989 (m.), 1108 (s.s.).

XXI. C 17. Mangansulfat $MnSO_4$
EMBIRIKOS[338]: $\Delta\nu$ = 1n-Lösg.) = 988
KRISHNAMURTI[312], EMBIRIKOS[338]
$\Delta\nu$ (kryst. + 4 H_2O) = 988; $\Delta\nu$ (kryst. + 5 H_2O) = 994.

XXI. C 18. Eisensulfat $FeSO_4$
KRISHNAMURTI[312, 336]
$\Delta\nu$ (gesätt. Lösg.) = 381 (s.s.), 673 (s.s.), 978 (m.)
$\Delta\nu$ (kryst. + 7 H_2O) = —.

XXI. C 19. Nickelsulfat $NiSO_4$
KRISHNAMURTI[312, 336] $\Delta\nu$ (kryst. + 7 H_2O) = —

XXI. C 20. Uranylsulfat $UO_2 \cdot SO_4$
PRINGSHEIM-YOST[172] $\Delta\nu$ (gesätt. Lösg. in H_2SO_4) = 870

XXI. C 21. Saures Kaliumsulfat $KHSO_4$
NISI[205]: $\Delta\nu$ (12% Lösg.) = 427 (s.), 593 (s.), 978 (m.), 1048 (st.)

XXI. C 22. Überschwefelsaures Ammonium $(NH_4)_2S_2O_8$
NISI[205]: $\Delta\nu$ (25% Lösg.) = 216 (s.), 322 (s.), 557 (m.), 836 (st.), 971 (s.), 1027 (s.), 1076 (st.), 1290 (m)

XXI. C 23. Natriumsulfit Na_2SO_3
NISI[205]: $\Delta\nu$ (16% Lösg.) = 968 (m).

XXI. C 24. Kaliumsulfit K_2SO_3
DICKINSON-DILLON[96]: $\Delta\nu$ (52% Lösg.) = 988;
NISI[205]: $\Delta\nu$ (20% Lösg.) = 968.

XXI. C 25. Thionylchlorid $SOCl_2$
MATOSSI-ADERHOLD[386], NISI[396] (P)
$\Delta\nu$ = 192 (st.), 282 (st.), 343 (s.st.), 443 (st.), 488 (st.), 1229 (m.

XXI. C 26. Dimethylsulfit $SO(OCH_3)_2$
MATOSSI-ADERHOLD[386]
$\Delta\nu$ = 410 (s.), 443 (s.), 583 (s.), 692 (s.), 732 (s.), 978 (s.), 1059 (s.), 1200 (s.), 1440 (s.), 2950 (st.), 3000 (s.).

XXI. C 27. Diäthylsulfit $SO(OC_2H_5)_2$
MATOSSI-ADERHOLD[386], NISI[396] (P)
$\Delta\nu$ = 410 (s.), 581 (s.), 723 (m.), 737 (m.), 823 (s.s.), 890 (s.s.), 944 (s.s.), 1003 (m.), 1099 (m.), 1204 (st.), 1277 (s.), 1447 (m.), 2870 (s.), 2934 (m.), 2980 (m.).

XXI. C 28. Natriumthiosulfat $Na_2S_2O_3$
PRINGSHEIM-YOST[172], NISI[205]
$\Delta\nu$ (Lösg.) = 335 (s.), 448 (st.), 665 (m.), 998 (st.), 1129 (m.).

XXI. C 29. Unterschwefligsaures Natrium $Na_2S_2O_4$
NISI[205]: $\Delta\nu$ (17% Lösg.) = 407 (s.), 458 (s.), 983 (m.), 1057 (m.)

XXI. C 30. Natriummetabisulfit $Na_2S_2O_5$
NISI[205]
$\Delta\nu$ (17% Lösg.) = 236 (st.), 426 (m.), 571 (s.), 652 (m.), 1015 (s.), 1054 (st.).

XXI. C 31. Dithionsaures Natrium $Na_2S_2O_6$
PRINGSHEIM-YOST[172]
$\Delta\nu$ (gesätt. Lösg.) = 279 (s.), 709 (m.), 1090 (st.).

XXI. C 32. Kaliumpyrosulfat $K_2S_2O_7$
NISI[205]: $\Delta\nu$ (12% Lösg.) = 585 (s.), 980 (m.), 1052 (m.).

XXI. C 33. Chlorsulfonsäure $Cl \cdot SO_2 \cdot Cl$
NISI[205] (P), MATOSSI-ADERHOLD[386]
$\Delta\nu$ (Mittel) = 194 (s.s.), 306 (m.), 414 (s.st.), 485 (s.), 513 (m.), 564 (s.), 615 (m.), 724 (s.), 812 (s.), 920 (m.), 1170 (m.), 1430 (s.).

XXI. C 34. Sulfurylchlorid Cl_2SO_2
NISI[205], MATOSSI-ADERHOLD[386], NISI[396] (P)
$\Delta\nu^{386}$ = 209 (st.), 274 (m.), 355 (s.), 385 (m.), 408 (s.st.), 556 (st.), 1182 (m.), 1410 (s.).

XXI. C 35. Natriumselenat Na_2SeO_4
NISI[205]: $\Delta\nu$ (17% Lösg.) = 335 (s.), 432 (s.), 830 (st.).

XXI. C 36. Saures Kaliumselenat $KHSeO_4$
PRINGSHEIM-YOST[172] $\Delta\nu$ = 339, 852.

XXI. C 37. Magnesium-Ammonium-Selenat $Mg(NH_4)_2(SeO_4)_2 + 6\,H_2O$
SCHAEFER-MATOSSI-ADERHOLD[339] $\Delta\nu$ (kryst.) = 833

XXI. C 38. Selenige Säure H_2SeO_3
PRINGSHEIM-YOST[172] $\Delta\nu$ = 695, 885.

XXI. C 39. Tellursäure $H_2TeO_4 + 2\,H_2O$
NISI[205] $\Delta\nu$ (15% Lösg.) = 648 (st.).

XXI. C 40. Natriumchromat Na_2CrO_4
NISI[205] $\Delta\nu$ (13% Lösg.) = 855.

XXI. C 41. Natriummolybdat Na_2MoO_4
NISI[205]: $\Delta\nu$ (17% Lösg.) = 330 (m.), 845 (m.), 898 (st.).

XXI. C 42. Ammoniummolybdat $(NH_4)_2MoO_4$ [3 $(NH_4)_2O$, 7 MoO_3, 4 H_2O]
NISI[205]: $\Delta\nu$ (10% Lösg.) = 890 (m.), 944 (st.)
KRISHNAMURTI[349]
$\Delta\nu$ (kryst.) = 216 (s.), 356 (s.s.), 880 (m.), 932 (st.).

XXI. C 43. Natriumwolframat Na_2WO_4
NISI[205] $\Delta\nu$ (20% Lösg.) = 931
KRISHNAMURTI[349] $\Delta\nu$ (kryst.) + 2 H_2O = 928

XXI. C 44. Kaliumwolframat K_2WO_4
NISI[205] $\Delta\nu$ (26% Lösg.) = 933.

XXI. D. Sauerstoffsäuren, Salze, Ester der Elemente der 7. Gruppe.

XXI. D 1. Natriumchlorat $NaClO_3$
DICKINSON-DILLON[96]
$\Delta\nu$ (51% Lösg.) = 479 (m.), 611 (s.), 932 (st.)
DAURE[200], KRISHNAMURTI[349], SCHAEFER-MATOSSI-ADERHOLD[339]
$\Delta\nu$ (kryst., Mittel) = 126 (st.), [177], 483 (st.), 625 (s.), 934 (s.st.), 970 (s.s.), 987 (s.), 1026 (s.).

XXI. D 2. Kaliumchlorat $KClO_3$
KRISHNAMURTI[349]
$\Delta\nu$ (kryst.) = 482 (s.), 935 (m.), 971 (s.).

XXI. D 3. Bariumchlorat $Ba(ClO_3)_2$
KRISHNAMURTI[349]
$\Delta\nu$ (kryst. + H_2O) = 495 (s.), 618 (s.s.), 914 (m.), 930 (st.).

XXI. D 4. Natriumbromat $NaBrO_3$
KRISHNAMURTI[349], SCHAEFER-MATOSSI-ADERHOLD[339]
$\Delta\nu$ (kryst., Mittel) = 357 (s.), 370 (s.), 799 (s.st.), 836 (m.)
DICKINSON-DILLON[96]
$\Delta\nu$ (26% Lösg.) = 367 (m.), 810 (st.).

XXI. D 5. Kaliumbromat $KBrO_3$
KRISHNAMURTI[349]
$\Delta\nu$ (kryst.) = 357 (s.), 778 (m.), 790 (st.), 834 (s.s.).

XXI. D 6. Cadmiumbromat $Cd(BrO_3)_2$
SCHAEFER-MATOSSI-ADERHOLD[339] $\Delta\nu$ (kryst.) = 787.

XXI. D 7. Jodsäure HJO_3
DICKINSON-DILLON[96], NISI[205]
$\Delta\nu$ (Lösg.) = 323 (m., *b*), 393 (s.), 801 (st., *b*)
KRISHNAMURTI[349]
$\Delta\nu$ (kryst.) = 327 (m.), 633 (st.), 713 (st.), 781 (st.).

XXI. D 8. Kaliumjodat KJO_3
KRISHNAMURTI[349]
$\Delta\nu$ (kryst.) = 733 (st.), 751 (s.st.), 784 (m., *b*), 808 (m., *b*).

XXI. D 9. Perchlorsäure $HClO_4$
DICKINSON-DILLON[96], TAYLOR[VII], NISI[205]
$\Delta\nu$ (Lösg.) = 462 (m.), 625 (m.), 937 (st.), 1116 (m.).

XXI. D 10. Natriumperchlorat $NaClO_4$
KRISHNAMURTI[349] $\Delta\nu$ (kryst. + H_2O) = 948 (st.).

XXI. D 11. Ammoniumperchlorat $NH_4 \cdot ClO_4$
KRISHNAMURTI[349] $\Delta\nu$ (kryst.) = 462 (s.), 633 (s.s.), 933 (st.).

XXI. D 12. Kaliumperjodat KJO_4
NISI[205], KRISHNAMURTI[349]
$\Delta\nu$ (kryst.) = 702 (s.), 800 (m.), 841 (s.).

XXII. Oxyde und Hydroxyde.

XXII. 1. Wasser H_2O
RAO[35], CARRELLI-PRINGSHEIM-ROSEN[38], VENKATESWARAN-KARL[50], POKROWSKI[53], MEYER[76, 256, 257, 288], KRISHNAN[79], KINSEY[146], DADIEU-KOHLRAUSCH[152], GANESAN-VENKATESWARAN[158], SCHAEFER-MATOSSI-ADERHOLD[174, 339], RAO[193, 323], DAURE[200], NISI[203, 205], GERLACH[211, 283], PRINGSHEIM-SCHLIVITCH[231], RAMASWAMY[322], SPECCHIA[378], BHAGAVANTAM[268], BRUNETTI-OLLANO[399]

Die Angaben divergieren. Gesichert dürfte für reines (nicht angesäuertes, nicht im Krystall gebundenes) Wasser sein: $\Delta\nu$ = 3420 (Doppelbande, mit ungefähr 180 cm^{-1} Abstand der Maxima), vgl. Text §§ 42 bis 45, 52.

XXII. 2. Wasserstoffsuperoxyd H_2O_2
VENKATESWARAN[383] $\Delta\nu$ (Lösg. in H_2O) = 875 (st.), 903 (s.).

XXII. 3. Kohlenoxyd CO
RASETTI[86, 89] $\Delta\nu$ (Gas) = 2155.

XXII. 4. Kohlendioxyd CO_2
RAMAN[7], RAMDAS[27], RASETTI[86], DICKINSON-DILLON-RASETTI[155], BHAGAVANTAM[413] (P)
$\Delta\nu^{155}$ (Gas) = 1265 (1), 1285 (10), 1388 (15), 1408 (1).
BÄR[192]: $\Delta\nu$ (fest) = —.

XXII. 5. Stickoxyd NO
RASETTI[138, 142, 307] $\Delta\nu$ (Gas) = — [Nur Rotationslinien].

XXII. 6. Stickoxydul N_2O
MCLENNAN-SMITH-WILHELM[375] $\Delta\nu$ (flüss.) = 1281,5, 2223,5
RAMAN[7], DICKINSON-DILLON-RASETTI[155]
$\Delta\nu$ (Gas) = 1282
BHAGAVANTAM[413] $\Delta\nu$ (Gas) = 1283, 2226

XXII. 7. Schwefeldioxyd SO_2
BHAGAVANTAM[365] $\Delta\nu$ (gasf.) = 1154
HARKINS-GANS-BOWERS[258] $\Delta\nu$ (Lösg.) = 1136
DICKINSON-WEST[253], BHAGAVANTAM[267, 271], NISI[396]
$\Delta\nu$ (flüss.) = 525 (0), 1146 (10), 1340 (0)

XXII. 8. Schwefeltrioxyd SO_3
BHAGAVANTAM[268]
SO_3: $\Delta\nu$ (flüss.) = 535 (4), 1068 (10), 1403 (4b)
S_2O_6: $\Delta\nu$ (flüss.) = 290 (4), 370 (6), 666 (1), 697 (1), 1271 (7), 1489 (1).

XXII. 9. Natriumhydroxyd NaOH
WOODWARD[387] $\Delta\nu$ (Lösg.) = 3615
KRISHNAMURTI[350] $\Delta\nu$ (kryst.) = 3630 (st.)

XXII. 10. Kaliumhydroxyd KOH
WOODWARD[387] $\Delta\nu$ (Lösg.) = 3606

XXII. 11. Strontiumhydroxyd $Sr(OH)_2$
KRISHNAMURTI[350] $\Delta\nu$ (kryst. + 8 H_2O) = 3484

XXII. 12. Bariumhydroxyd $Ba(OH)_2$
KRISHNAMURTI[350] $\Delta\nu$ (kryst. + 8 H_2O) = 3417

XXII. 13. Stickstoffdioxyd $(NO_2)_2$
MENZIES-PRINGLE[412] (−80°) $\Delta\nu$ = 275 (st.)

XXIII. Verschiedenes.

XXIII. 1. Schwefelkohlenstoff CS_2
RAMAN-KRISHNAN[49], PETRIKALN-HOCHBERG[104], GANESAN-VENKATESWARAN[132, 158], SCHAEFER-MATOSSI-ADERHOLD[174], BHAGAVANTAM[267, 271, 365], KRISHNAMURTI[297], MATOSSI-ADERHOLD[386]
$\Delta\nu$ (flüss., Mittel) = 412 (0), 647 (0), 655 (10), 798 (2), [848 (0)], 1229 (0), 1577 (0).

XXIII. 2. Ammoniak NH_3
WOOD[124, 135], DICKINSON-DILLON-RASETTI[155]
$\Delta\nu$ (Gas) = 3334
CARRELLI-PRINGSHEIM-ROSEN[38]
$\Delta\nu$ (Lösg.) = 3314 (3), 3385 (3)
DICKINSON-DILLON-RASETTI[155], BHAGAVANTAM[267, 268]
$\Delta\nu$ (flüss., Zimmertemp.) = 1070 (0), 3216 (2), 3300 (4), 3380 (0)
DAURE[73, 200]
$\Delta\nu$ (flüss., tiefe Temp.) = 1070 (s.), 1580 (s.), 3210 (st.), 3310 (st.), 3380 (st.).

XXIII. 3. Natriumazid NaN_3
PETRIKALN-HOCHBERG[104] $\Delta\nu$ (wässer. Lösg.) = 1221.

XXIII. 4. Schwefelwasserstoff SH_2
BHAGAVANTAM[334] $\Delta\nu$ (Gas) = 2615; $\Delta\nu$ (flüss.) = 2578.

XXIV. Elemente.

XXIV. 1. Wasserstoff H_2
RASETTI[138, 142] $\Delta\nu$ (Gas) = 4162
MCLENNAN-MCLEOD[82], MCLENNAN-SMITH-WILHELM[134]
$\Delta\nu$ (flüss.) = 4149.

XXIV. 2. Diamant

Ramaswamy[261, 279], Bhagavantam[292, 313, 345], Robertson-Fox[332]

$\Delta\nu^{345}$ = (kryst.) 1158 (0), 1288 (00), 1332 (10), 1382 (00), 1431 (00), 1480 (00), 1585 (00).

XXIV. 3. Stickstoff N_2

Rasetti[138, 142], Bhagavantam[413] — $\Delta\nu$ (Gas) = 2331

McLennan-McLeod[82] — $\Delta\nu$ (flüss.) = 2330.

XXIV. 4. Sauerstoff O_2

Rasetti[138, 142], Bhagavantam[413] — $\Delta\nu$ (Gas) = 1555

McLennan-McLeod[82] — $\Delta\nu$ (flüss.) = 1552.

XXIV. 5. Phosphor P_4 (gelb)

Bhagavantam[267] $\Delta\nu$ (in H_2O) = 374 (1), 468 (3), 607 (6).

XXIV. 6. Schwefel S_2—S_{16}

Krishnamurti[297, 336], Matossi-Aderhold[386]

$\Delta\nu$ (Lösg. in CS_2) = 149, 216, 474

$\Delta\nu$ (kryst.) = 85 (m.), 154 (st.), 183 (s.s.), 218 (st.), 245 (s.), 432 (s.), 472 (st.).

XXIV. 7. Chlor Cl_2

Bhagavantam[267], Dadieu-Kohlrausch[373]

$\Delta\nu$ (verflüss.) = 556.

X. Literatur.

Die Literatur ist — soweit dies möglich war — chronologisch geordnet, und zwar gewöhnlich nach dem Datum des Einlangens bei der betreffenden Zeitschrift. Der Arbeitsinhalt ist schlagwortartig angegeben. Arbeiten, die nur mittelbar mit dem S.R.E. zusammenhängen, sind als Fußnoten im Text zitiert. Die Veröffentlichungen ab Nr. 391 kamen erst während der Korrektur zur Kenntnis des Verf.; sie sind nicht chronologisch geordnet und z. T. in Zusätzen bei der Korrektur, z. T. im Nachtrag berücksichtigt.

Zusammenfassende Artikel.

I. Pringsheim, P., Naturwissenschaften **16**, 597, 1928.
II. Darrow, K. D., The Bell System Technical Journal **8**, 64, 1929.
III. Ganesan, A. S., Indian Journ. of Phys. **4**, 281, 1929 (Bibliographie bis VII. 1929).
IV. Schaefer, Cl., F. Matossi, Fortschr. d. Chem., Phys. phys. Chem. **20**, Nr. 6, 1929.
V. Joos, G., Hdb. d. Experimentalphysik XXII, 413, 1929.
VI. Pringsheim, P., Hdb. d. Physik XXI, 607, 1929.
VII. *Faraday-Congress 1929* (Autoren: Raman, Wood, McLennan, Cabannes, Daure, Menzies) Trans. Far. Soc. **25**, 781, 1929.

VIII. DADIEU, A., K. W. F. KOHLRAUSCH, Chem. Ber. **63**, 251, 1930.
IX. CABANNES, J., Conf. d'actualités scient. et industr. Paris 1930.
X. BHAGAVANTAM, S., University Press, Calcutta 1930 (Bibliographie bis VI. 1930).
XI. SMEKAL, A., Z. f. Elektrochemie **36**, 618, 1930.
XII. DADIEU, A., Z. f. angew. Chem. **43**, 800, 1930.
XIII. DADIEU, A., K. W. F. KOHLRAUSCH, Journ. opt. Soc. Am. **21**, 286, 1931.
XIV. KOHLRAUSCH, K. W. F., Phys. Z. **32**, 385, 1931.
XV. SCHAEFER, CL., F. MATOSSI, Das ultrarote Spektrum, Struktur d. Materie X, Springer, 1930.

Originalliteratur.

1. SMEKAL, A., Naturwiss. **11**, 873, 1923, Zur Quantentheorie der Dispersion. (15. IX. 1923)
2. HERZFELD, K., Z. f. Phys. **23**, 341, 1924 [vgl. auch G. WENTZEL, Z. f. Phys. **22**, 193, 1924], Corpusculartheorie von Interferenz und Streuung. (21. II. 1924)
3. KRAMERS, H. A., W. HEISENBERG, Z. f. Phys. **31**, 681, 1925, Quantentheorie der Lichtstreuung. (5. I. 1925)
4. SMEKAL, A., Z. f. Phys. **32**, 241, 1925; **34**, 81, 1925, Metastationäre Zustände. (27. III., 13. VIII. 1925)
5. RAMAN, C. V., K. S. KRISHNAN, Nature **121**, 501, 1928, Eine neue Art von Sekundärstrahlung. (16. II. 1928)
6. RAMAN, C. V., Nature **121**, 619, 1928, Frequenzänderung der Lichtstreuung. (8. III. 1928)
7. RAMAN, C. V., Indian J. of Phys. **2**, 387, 1928, Eine neue Strahlung. (16. III. 1928)
8. RAMAN, C. V., K. S. KRISHNAN, Nature **121**, 711, 1928, Optisches Analogon zum Comptoneffekt. (22. III. 1928)
9. ROCARD, Y., C. R. **186**, 1107, 1928, Eine neue Streustrahlung. (23. IV. 1928)
10. CABANNES, J., C. R. **186**, 1201, 1928, Eine neue optische Erscheinung. (30. IV. 1928)
11. LANDSBERG, G., L. MANDELSTAM, Naturwiss. **16**, 557, 772, 1928, Eine neue Erscheinung bei Lichtstreuung in Krystallen. (5. V. 1928)
12. RAMAN, C. V., K. S. KRISHNAN, Ind. J. of Phys. **2**, 399, 1928, Eine neue Art von Streuspektren. (7. V. 1928)
13. LANDSBERG, G., L. MANDELSTAM, Journ. of the Russ. phys. chem. Soc. **60**, 335, 1928, Eine neue Erscheinung bei Lichtstreuung. (10. V. 1928)
14. RAMAN, C. V., K. S. KRISHNAN, Nature **122**, 12, 1928, Die negative Absorption der Strahlung. (15. V. 1928)
15. RAMDAS, L. A., Nature **122**, 57, 1928, Der S.R.E. und das Spektrum des Zodiakallichtes. (29. V. 1928)
16. ROCARD, Y., Journ. de phys. **9**, 104, 1928, Molekülmodelle, klassische und Quantenstreutheorie, S.R.E. (1. VI. 1928)

17. Cabannes, J., P. Daure, C. R. **186**, 1533, 1928, Spektroskopische Untersuchung der Streustrahlung. (4. VI. 1928)
18. Cotton, A., C. R. **186**, 1475, 1928, Bemerkungen zu Nr. 17. (4. VI. 1928)
19. Raman, C. V., K. S. Krishnan, Nature **122**, 169, 1928, Polarisation der Streustrahlung. (14. VI. 1928)
20. Carrelli, A., Linc. Rend. (6) **8**, 155, 1928, Theorie der Intensitätsverteilung im S.R.E. (17. VI. 1928)
21. Cabannes, J., C. R. **186**, 1714, 1928, Klassische Theorie des S.R.E. (18. VI. 1928)
22. Bogros, A., Y. Rocard, C. R. **186**, 1712, 1928, Inkohärenz der verschobenen Streustrahlung. (18. VI. 1928)
23. Daure, P., C. R. **186**, 1833, 1928, Polarisation der verschobenen Streulinien. (25. VI. 1928)
24. Smekal, A., Naturwiss. **16**, 612, 1928, Ramans Entdeckung und Smekals Voraussage. (26. VI. 1928)
25. Davis Bergen, D. P. Mitchell, Phys. Rev. **32**, 331, 1928, Verschobene Linien bei Streuung von Röntgenstrahlung. (VI. 1928)
26. Raman, C. V., K. S. Krishnan, Nature **122**, 278, 1928, S.R.E. und ultrarote Molekularspektra. (5. VII. 1928)
27. Ramdas, L. A., Ind. Journ. of Phys. **3**, 131, 1928, S.R.E. in Gasen und Dämpfen. (7. VII. 1928)
28. Landsberg, G., L. Mandelstam, C. R. **187**, 109, 1928, S.R.E. in Quarz und Kalkspat. (9. VII. 1928)
29. Landsberg, G., L. Mandelstam, Z. f. Phys. **50**, 769, 1928, Lichtstreuung an Krystallen. (12. VII. 1928)
30. Pringsheim, P., B. Rosen, Z. f. Phys. **50**, 741, 1928, S.R.E. in organischen Flüssigkeiten. (20. VII. 1928)
31. Ruark, A., Nature **122**, 312, 1928, Vorschlag zur Entscheidung über die Inkohärenz des S.R.E. (20. VII. 1928)
32. Bleeker, C. E., Z. f. Phys. **50**, 781, 1928, S.R.E. in Xylol. (23. VII. 1928)
33. Kornfeld, H., Naturwiss. **16**, 653, 1928, Bemerkung zu Nr. 11. (27. VII. 1928)
34. Born, M., Naturwiss. **16**, 673, 1928, Zur Theorie des S.R.E. (2. VIII. 1928)
35. Rao, R., Ind. Journ. of Phys. **3**, 123, 1928, S.R.E. in Krystallen. (2. VIII. 1928)
36. Venkateswaran, S., Ind. Journ. of Phys. **3**, 105, 1928, S.R.E. in Glycerin-Wasser-Gemischen. (3. VIII. 1928)
37. Raman, C. V., K. S. Krishnan, Proc. Roy. Soc. Lond. **122**, 23, 1929, Eigenschaften des Streuspektrums. (7. VIII. 1928)
38. Carrelli, A., P. Pringsheim, B. Rosen, Z. f. Phys. **51**, 511, 1928, S.R.E. in wässerigen Lösungen und Polarisation. (9. VIII. 1928)
39. Saha, M. N., D. S. Kothari, G. R. Toshniwal, Nature **122**, 398, 1928, S.R.E. und Resonanzspektren. (14. VIII. 1928)
40. Krishnan, K. S., Nature **122**, 477, 1928, R.S.E. an Quarz. (16. VIII. 1928)

41. Martin, W. H., Nature **122**, 506, 1928, S.R.E. in Phenol-Wasser-Gemischen (Inkohärenz). (20. VIII. 1928)
42. Venkateswaran, S., Nature **122**, 506, 1928, S.R.E. und innere Reibung. (20. VIII. 1928)
43. Krishnan, K. S., Nature **122**, 650, 1928, S.R.E. und Temperatureinfluß. (6. IX. 1928)
44. Wood, R. W., Nature **122**, 349, 1928, S.R.E. mit kurzer Expositionszeit. (IX. 1928)
45. Wood, R. W., Phil. Mag. **6**, 729, 1928, S.R.E. in verschiedenen Substanzen. (8. IX. 1928)
46. Venkateswaran, S., Phil. Mag. **7**, 597, 1929, S.R.E. in organischen Fettsäuren. (6. X. 1928)
47. Oldenberg, O., Z. f. Phys. **51**, 605, 1928, Zusammenwirken von Stoß und Strahlung. (10. X. 1928)
48. Cabannes, J., C. R. **187**, 654, 1928, Polarisation der verschobenen Streustrahlung. (15. X. 1928)
49. Raman, C. V., S. K. Krishnan, Nature **122**, 882, 1928, Linienverbreiterung durch induzierte Rotation. (18. X. 1928)
50. Venkateswaran, S., A. Karl, Z. f. phys. Chem. B. **1**, 466, 1928, S.R.E. in Alkoholen. (18. X. 1928)
51. Cabannes, J., Y. Rocard, Journ. de phys. **10**, 52, 1929, klassische Theorie des S.R.E. (23. X. 1928)
52. Krishnan, K. S., Nature **122**, 961, 1928, Deutung der Ergebnisse von Nr. 25 als S.R.E. (25. X. 1928)
53. Pokrowski, G. I., Z. f. Phys. **52**, 448, 1928, S.R.E. in Wasser. (30. X. 1928)
54. Langer, R. M., J. O. S. A. Supplem. **17**, 24, 1928, Vortrag über S.R.E. (2. XI. 1928)
55. Daure, P., C. R. **187**, 826, 1928, Intensitätsverhältnis von blau- und rotverschobenen Linien. 5. XI. 1928)
56. Ponte, M., Y. Rocard, C. R. **187**, 828, 1928, Deutung der Ergebnisse von Nr. 25 als S.R.E. (5. XI. 1928)
57. Darrow, K. D., Science **68**, 488, 1928, Über Streuung von Lichtquanten mit Frequenzänderung. (16. XI. 1928)
58. Daure, P., C. R. **187**, 940, 1928, S.R.E. in Tri- und Tetrachloriden. (19. XI. 1928)
59. Czerny, M., Naturwiss. **17**, 12, 1929, S.R.E. und Ultrarot-Absorption in Quarz. (27. XI. 1928)
60. Lindemann, F. A., T. G. Keeley, N. R. Hall, Nature **122**, 921, 1928, Polarisation der verschobenen Streulinien. (28. XI. 1928)
61. Daure, P., Revue d'Optique **7**, 450, 1928, Lichtstarker Spektrograph für S.R.E. (XI. 1928)
62. Brickwedde, F. G., M. F. Peters, Phys. Rev. **33**, 116, 1929, Temperatureinfluß auf S.R.E. in Quarz. (1. XII. 1928)
63. Langer, R. M., W. F. Meggers, Phys. Rev. **33**, 115, 1929, S.R.E. in Flüssigkeiten. (1. XII. 1928)
64. Posejpal, V., C. R. **187**, 1046, 1928, S.R.E., Ultrarot-Absorption und Fluorescenzbanden in Benzol. (3. XII. 1928)

65. Kimura, M., Y. Uchida, Scient. Pap. Inst. phys. chem. Res. Tokyo **11**, 199, 1929, S.R.E. in Krystallen. (5. XII. 1928) – Jap. Journ. Phys. **5**, 97, 1928, S.R.E. in Krystallen. (5. XII. 1928)
65b. Rao, R., Nature **123**, 87, 1929, S.R.E. in Wasser. (10. XII. 1928)
66. Bogros, A., Y. Rocard, Journ. de phys. **10**, 72, 1929, Lichtstreuung bei kritischem Punkt. (24. XII. 1928)
67. Landsberg, G., M. Leontowitsch, Z. f. Phys. **53**, 439, 1929, Temperatureinfluß auf Intensität der Streulinien in Quarz. (27. XII. 1928)
68. Meggers, W. F., R. M. Langer, Phys. Rev. **33**, 287, 1929, Unabhängigkeit der Frequenzverschiebung von Erregerfrequenz. (28. XII. 1928)
69. Hartley, R. V. L., Phys. Rev. **33**, 289, 1929, Mechanisches Modell für S.R.E. (28. XII. 1928)
70. Kennard, E. H., Phys. Rev. **33**, 289, 1929, Klassische Theorie des S.R.E. (28. XII. 1928)
71. Wood, R. W., Phys. Rev. **33**, 294, 1929, He-Röhre als Erregerlicht für S.R.E. (28. XII. 1928)
72. Wood, R. W., Phil. Mag. **6**, 1282, 1928, S.R.E. bei hoher Dispersion. (XII. 1928)
72a. Gerlach, W., Annal. d. Phys. **1**, 301, 1929, Breite der Ramanlinien. (XII. 1928)
73. Daure, P., C. R. **188**, 61, 1929, S.R.E. in verschiedenen Substanzen. (2. I. 1929)
74. Langer, R. M., Nature **123**, 345, 1929, Ramanfrequenzen als Differenzen von ultraroten Absorptionsfrequenzen. (4. I. 1929)
75. Cabannes, J., C. R. **188**, 249, 471, 1929, Polarisation der verschobenen Streustrahlung in Quarz. (14. I. 1929)
76. Meyer, E. H. L., Phys. Z. **30**, 170, 1929, S.R.E. in Wasser. (20. I. 1929)
77. Carrelli, A., Linc. Rend. **9**, 165, 1929, Cim. (N. S.) **6**, 164, 1929, theoretische und experimentelle Intensität im S.R.E. (20. I. 1929)
78. Wawilow, S. J., L. A. Tummermann, Z. f. Phys. **54**, 270, 1929, Ein Fall von Photoluminescenz. (24. I. 1929)
79. Krishnan, K. S., Ind. Journ. of Phys. **4**, 131, 1929, S.R.E. in Krystallen. (25. I. 1929)
80. Allen, H. S., Nature **123**, 127, 1929, S.R.E. im Viellinienspektrum des Wasserstoffs? (I. 1929)
81. Coblentz, W. W., Phil. Mag. **7**, 203, 1929, S.R.E. und Ultrarot-Absorption in Kalkspat. (I. 1919)
82. McLennan, J. C., J. H. McLeod, Nature **123**, 160, 1929, Trans. Roy. Soc. Can. III/3 **22**, 413, 1928; **23**, 19, 1929, S.R.E. in verflüssigtem Wasserstoff, Sauerstoff, Stickstoff. (II. 1929)
83. Wood, R. W., Nature **123**, 166, 1929, R.S.E. in gasförmigem HCl. (II. 1929)
84. Rossi, B., Linc. Rend. **9**, 319, 1929, S.R.E. und Einsteins negative Absorption. (3. II. 1929)
85. Ellis, J. W., Nature **123**, 205, 1929, S.R.E. in Wasser. (9. II. 1929)
86. Rasetti, F., Nature **123**, 205, 1929, S.R.E. in Gasen (CO, CO_2) (9. II. 1929)

87. LEONTOWITSCH, M., Z. f. Phys. **54**, 155, 1929, S.R.E. in K_2CO_3-Lösung. (11. II. 1929)
88. MUKHERJEE, S. K., P. N. SEN GUPTA, Ind. Journ. of Phys. **3**, 503, 1929, S.R.E. in Schwefelsäure und Sulfaten. (12. II. 1929)
89. RASETTI, F., Proc. Nat. Acad. Amer. **15**, 234, 1929, Nuovo Cim. **6**, 356, 1929, S.R.E. und KRAMERS-HEISENBERGs Dispersionstheorie. (17. II. 1929)
90. CZERNY, M., Z. f. Phys. **53**, 317, 1929, Zum S.R.E. in Quarz. (19. II. 1929)
91. WOOD, R. W., Nature **123**, 279, 1929, Die „missing line" im Ramanspektrum des HCl-Gases. (II. 1929)
92. VENKATESWARAN, S., Proc. of the Inst. of Chem. India 1929, S.R.E. und Konstitution der Moleküle. (21. II. 1929)
93. BONHOEFFER, K. F., P. HARTECK, Naturwiss. **17**, 182, 1929, Para- und Ortho-Wasserstoff im S.R.E. (24. II. 1929)
94. MARVIN, H. H., Phys. Rev. **33**, 952, 1929, S.R.E. und Ultrarotspektrum in CCl_4 und $SiCl_4$. (25. II. 1929)
95. DADIEU, A., K. W. F. KOHLRAUSCH, Wien. Ber. **138**, 41, 1929, Monatshefte f. Chemie **52**, 220, 1929, I. S.R.E. in organischen Fettsäuren und Estern. (28. II. 1929)
96. DICKINSON, R. G., R. T. DILLON, Proc. Nat. Acad. Amer. **15**, 334, 1929, S.R.E. in Lösungen ionisierter Substanzen. (28. II. 1929)
97. DAS, PANCHANON, Nature **123**, 607, 1929, S.R.E. und induzierte Fluorescenz. (28. II. 1929)
98. ROSSI, B., Nuovo Cim. **6**, 157, 1929, Theorie des S.R.E. (II. 1929)
99. AMALDI, E., E. SEGRÉ, Linc. Rend. **9**, 407, 1929, Theorie des S.R.E. (III. 1929)
100. SCHAEFER, CL., Z. f. Phys. **54**, 153, 1929, Schwingungsasymmetrie und Intensität. (4. III. 1929)
101. MITCHELL, P., Phys. Rev. **33**, 871, 1929, Feinstruktur der Röntgenstreustrahlung und S.R.E. (4. III. 1929)
102. DIEKE, G. H., Nature **123**, 564, 1929, Über die Unterschiede zwischen Raman- und Ultrarotspektrum. (8. III. 1929)
103. NISI, H., Proc. Imp. Acad. Tokyo **5**, 127, 1929, S.R.E. in Krystallen. (12. III. 1929)
104. PETRIKALN, A., J. HOCHBERG, Z. f. phys. Chem. B. **3**, 217, 405, 1929, S.R.E. in organischen Substanzen. (12. III. 1929)
105. RASETTI, F., Nature **123**, 757, 1929, Auswahlregeln beim S.R.E. (15. III. 1929)
106. BAILEY, C. R., Nature **123**, 410, 1929, S.R.E. und Ultrarot-Absorption in CO_2. (III. 1929)
107. DADIEU, A., K. W. F. KOHLRAUSCH, Naturwiss. **17**, 366, 1929, S.R.E. in isomeren organischen Substanzen. (21. III. 1929)
108. CABANNES, J., P. SALVAIRE, C. R. **188**, 907, 1929, Verbreiterung der unverschoben gestreuten Linie. (25. III. 1929)
109. PARLIN, A., Phys. Rev. **34**, 81, 1929, S.R.E. und Ultrarotspektrum in Quarz. (30. III. 1929)
110. MANNEBACK, C., Naturwiss. **17**, 364, 1929, Diskussion der KRAMERS-HEISENBERGschen Dispersionsformel. (III. 1929)

111. Bonino, G. B., Z. f. Phys. **54**, 803, 1929, S.R.E. und Ultrarotspektrum in $C_2H_2Cl_2$ und $C_2H_2Cl_4$. (III. 1929)
112. Rasetti, F., Proc. Nat. Acad. Amer. **15**, 411, 1929, S.R.E. und Fluorescenzspektrum in O_2. (2. IV. 1929)
113. Williams, J. W., A. Hollaender, Proc. Nat. Acad. Amer. **15**, 421, 1929, S.R.E. in Aceton. (6. IV. 1929)
114. Hill, E. L., E. C. Kemble, Proc. Nat. Acad. Amer. **15**, 387, 1929, Theorie des S.R.E. (9. IV. 1929)
115. Petrikaln, A., Z. f. phys. Chem. B. **3**, 360, 1929, S.R.E. und Struktur- und Bindungsfragen. (12. IV. 1929)
116. Fujioka, Y., Nature **124**, 11, 1929, Temperatureinfluß auf Linienbreite. (15. IV. 1929)
117. Cabannes, J., C. R. **188**, 1041, 1929, S.R.E. in Kalkspat. (15. IV. 1929)
118. Podolsky, B., Nature **123**, 761, 1929, Die Schrödingergleichung für H-Atome im Strahlungsfeld. (15. IV. 1929)
119. Coblentz, W. W., R. Stair, Phys. Rev. **33**, 1092, 1929, S.R.E. und Ultrarotabsorptoin in CCl_4. (19. IV. 1929)
120. Kemble, E. C., E. L. Hill, Phys. Rev. **33**, 1096, 1929, Theorie des S.R.E. (19. IV. 1929)
121. Langer, R. M., Phys. Rev. **33**, 1097, 1929, Theorie des S.R.E. (19. IV. 1929)
122. Langer, R. M., Phys. Rev. **33**, 1100, 1929, S.R.E. in Seignettesalz. (19. IV. 1929)
123. Salant, E. O., Phys. Rev. **33**, 1096, 1929, S.R.E. in verflüssigtem HCl. (19. IV. 1929) — Salant, E. O., A. Sandow, Science **69**, 357, 1929, S.R.E. in verflüssigtem HCl. (19. IV. 1929)
124. Wood, R. W., Phys. Rev. **33**, 1097, 1929, S.R.E. in Gasen und Flüssigkeiten. (19. IV. 1929)
125. Dadieu, A., K. W. F. Kohlrausch, Phys. Z. **30**, 384, 1929, Beiträge zur Kenntnis des S.R.E. (20. IV. 1929)
126. Gross, E., M. Romanowa, Z. f. Phys. **55**, 744, 1929, S.R.E. in amorphen Körpern. (27. IV. 1929)
127. Amaldi, E., Linc. Rend. **9**, 876, 1929, Theorie des S.R.E. (5. V. 1929)
128. Segré, E., Linc. Rend. **9**, 887, 1929, Theorie des S.R.E. (5. V. 1929)
129. Landsberg, G., L. Mandelstam, russ. Journ. f. Phys. VI, 155, 1929. Zur Theorie der molekularen Lichtzerstreuung. (7. V. 1929)
130. Dadieu, A., K. W. F. Kohlrausch, Wien. Ber. **138**, 335, 1929, II. S.R.E. in Benzolderivaten. Monatshefte f. Chem. **52**, 379, 1929. (10. V. 1929)
131. Rasetti, F., Proc. Nat. Acad. Amer. **15**, 515, 1929, S.R.E. in zweiatomigen Gasen. (13. V. 1929)
132. Ganesan, A. S., S. Venkateswaran, Nature **124**, 57, 1929, S.R.E. in Schwefelkohlenstoff. (23. V. 1929)
133. Ghosh, P. N., P. C. Mahanti, Nature **124**, 230, 1929, Optisch inaktive Schwingungen im S.R.E. (27. V. 1929)
134. McLennan, J. C., H. D. Smith, J. O. Wilhelm, Trans. Roy. Soc. Canada **23**, 247, 279, 1929, S.R.E. in α- und β-Wasserstoff und in verflüssigtem Methan. (V. 1929)

135. Wood, R. W., Phil. Mag. **7**, 744, 1929, S.R.E. in gasförmigem HCl und NH_3. (V. 1929)
136. Wood, R. W., Phil. Mag. **7**, 859, 1929, Journ. Frankl. Inst. **208**, 617, 1929, Das Heliumrohr als Lichtquelle für Streuversuche. (V. 1929)
137. Kothari, D. S., Nature **124**, 90, 1929, S.R.E. und die Fraunhoferschen Linien. (1. VI. 1929)
138. Rasetti, F., Nature **124**, 93, 1929, S.R.E. in gasförmigen Kohlenwasserstoffen. (1. VI. 1929)
139. Daure, P., C. R. **188**, 1492, 1929, S.R.E. in verflüssigten Gasen. (3. VI. 1929)
140. Petrikaln, A., J. Hochberg, Z. f. phys. Chem. B. **4**, 299, 1929, S.R.E. in organischen Substanzen. (10. VI. 1929)
141. Dadieu, A., K. W. F. Kohlrausch, Wien. Ber. **138**, 419, 1929, Monatshefte f. Chem. **52**, 396, 1929, III. Versuch zur Deutung der Ramanspektren. (13. VI. 1929)
142. Rasetti, F., Phys. Rev. **34**, 367, 1929, S.R.E. in zweiatomigen Gasen. (15. VI. 1929)
143. Langseth, A., Nature **124**, 92, 1929, Beziehung zwischen S.R.E und ultraviolettem Absorptionsspektrum. (16. VI. 1929)
144. Daure, P., C. R. **188**, 1605, 1929, Photometrische Studien am S.R.E. (17. VI. 1929)
145. Deodhar, D. B., Z. f. Phys. **57**, 570, 1929, S.R.E. und Viellinienspektrum des Wasserstoffes. (17. VI. 1929)
146. Kinsey, E. L., Phys. Rev. **34**, 541, 1929, S.R.E. in Wasser. (21. VI. 1929)
147. Rasetti, F., Phys. Rev. **34**, 548, 1929, S.R.E. in zweiatomigen Gasen. (21. VI. 1929)
148. Czapska, W., C. R. **189**, 32, 1929, S.R.E. in den Isomeren des Xylols. (24. VI. 1929)
149. Whitelaw, N. G., Phys. Rev. **34**, 376, 1929, S.R.E. in Ketonen. (26. VI. 1929)
150. Menzies, A. C., Phil. Mag. **8**, 504, 1929, Polarisation der Ramanlinien. (27. VI. 1929)
151. Bär, R., Helv. Phys. Acta **2**, 154, 1929, Eine lichtstarke Versuchsanordnung. (29. VI. 1929)
152. Dadieu, A., K. W. F. Kohlrausch, Naturwiss. **17**, 625, 1929, S.R.E. in Wasser. (1. VII. 1929)
153. Ghosh, P. N., P. C. Mahanti, Phys. Z. **30**, 531, 1929, S.R.E. und die Struktur dreiatomiger Moleküle. (1. VII. 1929)
154. Dadieu, A., K. W. F. Kohlrausch, Wien. Ber. **138**, 607, 1929, Monatshefte f. Chem. **53/54**, 282, 1929, IV. S.R.E. in Benzolderivaten. (4. VII. 1929)
155. Dickinson, R. G., R. T. Dillon, F. Rasetti, Phys. Rev. **34**, 582, 1929, S.R.E. in mehratomigen Gasen. (5. VII. 1929)
156. Krishnamurti, P., Thesis, Calcutta University 1929, Studien über Ramanspektra. (5. VII. 1929)
157. Hollaender, A., J. W. Williams, Phys. Rev. **34**, 380, 1929, S.R.E. in Glas. (6. VII. 1929)

158. GANESAN, A. S., S. VENKATESWARAN, Indian Journ. of Phys. **4**, 196, 1929, S.R.E. in organischen Substanzen. (12. VII. 1929)
159. ORNSTEIN, L. S., J. REKVELD, Z. f. Phys. **57**, 539, 1929, Phys. Rev. **34**, 720, 1929, Das MAXWELL-BOLTZMANNsche Verteilungsgesetz und die Intensitätsverteilung im S.R.E. (20. VII. 1929)
160. POSEJPAL, V., C. R. **189**, 159, 1929, Fluorescenz und ultrarote Absorption. (22. VII. 1929)
161. DICKINSON, R. G., R. T. DILLON, Proc. Nat. Acad. Amer. **15**, 695, 1929, S.R.E. in Gips. (27. VII. 1929)
162. HEITLER, W., G. HERZBERG, Naturwiss. **17**, 673, 1929, Zum S.R.E. in Ortho- und Parawasserstoff. (28. VII. 1929)
163. SHAPIRO, C. V., Nature **124**, 372, 1929, Ramanspektrum und Fluorescenz in Benzol. (29. VII. 1929)
164. GHOSH, P. N., P. C. MAHANTI, Nature **124**, 92, 1929, S.R.E. in CO_2. (VII. 1929)
165. HICKS, W. M., Phil. Mag. **8**, 109, 1929, Der Kern als Strahler. (VII. 1929)
166. ÔKUBO, J., H. HAMADA, Sc. Rep. Tohoku Univ. **18**, 601, 1929, S.R.E. in organischen Substanzen. (VII. 1929)
167. DILLON, R. T., R. G. DICKINSON, Proc. Nat. Acad. Amer. **15**, 699, 1929, S.R.E. in Aceton. (1. VIII. 1929)
168. FUJIOKA, Y., Sc. Pap. Inst. Phys. Chem. Rec. Tokyo **11**, 205, 1929, S.R.E. in organischen Substanzen. (10. VIII. 1929)
169. LANDSBERG, G., L. MANDELSTAM, Z. f. Phys. **58**, 251, 1929, S.R.E. bei hohen Temperaturen. (10. VIII. 1929)
170. LANDSBERG, G., K. WULFSOHN, Z. f. Phys. **58**, 95, 1929, Intensität der an Quarz gestreuten Strahlung. (10. VIII. 1929)
171. VAN VLECK, J. H., Proc. Nat. Acad. Amer. **15**, 754, 1929, Auswahlregeln beim S.R.E. (13. VIII. 1929)
172. PRINGSHEIM, P., M. YOST, Z. f. Phys. **58**, 1, 1929, S.R.E. in wässerigen Lösungen. (16. VIII. 1929)
173. BARNES, R. B., Nature **124**, 300, 1929, Feinstruktur der Ultrarot-Absorption und S.R.E. (24. VIII. 1929)
174. SCHAEFER, CL., F. MATOSSI, H. ADERHOLD, Phys. ZS. **30**, 581, 1929, S.R.E. in Krystallen. (25. VIII. 1929)
175. BONINO, G. B., L. BRÜLL, Z. f. Phys. **58**, 194, 1929, S.R.E. in Cis- und Transform des $C_2H_2Cl_2$. (28. VIII. 1929)
176. HOLLAENDER, A., J. W. WILLIAMS, Phys. Rev. **34**, 994, 1929, S.R.E. in Sulfatkrystallen und Lösungen. (29. VIII. 1929)
177. COSTER, D., I. NITTA, W. J. THIJSSEN, Nature **124**, 230, 1929, S.R.E. bei Röntgenstrahlstreuung. (VIII. 1929)
178. BONINO, G. B., L. BRÜLL, Gazz. chim. Ital. **59**, 643, 1929, S.R.E. in halogenisierten Kohlenwasserstoffen. (VIII. 1929)
179. BONINO, G. B., L. BRÜLL, Gazz. chim. Ital. **59**, 660, 1929, S.R.E. in gesättigten Kohlenwasserstoffen und Olefinen. (VIII. 1929)
180. BONINO, G. B., L. BRÜLL, Gazz. chim. Ital. **59**, 668, 1929, S.R.E. in Anilin, Dimethylanilin. (VIII. 1929)
181. BONINO, G. B., L. BRÜLL, Gazz. chim. Ital. **59**, 675, 1929, S.R.E. in Pyridin, Piperidin. (VIII. 1929)

182. Bonino, G. B., L. Brüll, Gazz. chim. Ital. **59**, 728, 1929, S.R.E. in Pinen, Menthen. (VIII. 1929)
183. Kast, W., Z. f. Phys. **58**, 519, 1929, S.R.E. bei Röntgenstrahlstreuung. (14. IX. 1929)
184. Menzies, A. C., Nature **124**, 511, 1929, Krystallpulver-Methode. (23. IX. 1929)
185. Ziemecki, S. L., K. Narkiewicz-Jodko, Naturwiss. **17**, 876, 1929, S.R.E. bei Opalescenz. (26. IX. 1929)
186. Bär, R., Phys. Z. **30**, 856, 1929, Ramanspektrum von Benzol bei hoher Lichtstärke. (28. IX. 1929)
187. Snow, C. P., Phil. Mag. **8**, 369, 1929, S.R.E. und ultrarote Absorption. (IX. 1929)
188. Venkateswaran, S., Journ. phys. chem. **34**, 145, 1930, S.R.E. in Pyridin. (IX.? 1929)
189. Langer, R. M., W. F. Meggers, Bur. of Stand. Journ. of Res. **4**, 711, 1930, S.R.E. in organischen Substanzen. (1. X. 1929)
190. Mecke, R., T. Wildt, Z. f. Phys. **59**, 501, 1930, S.R.E. im Spektrum der Sonnencorona. (3. X. 1929)
191. Placzek, G., Z. f. Phys. **58**, 585, 1929, Intensität im S.R.E.; Theorie. (5. X. 1929)
192. Bär, R., Nature **124**, 692, 1929, Krystallpulver-Methode. (9. X. 1929)
193. Rao, R., Nature **124**, 762, 1929, S.R.E. und elektrolytischer Dissoziationsgrad. (9. X. 1929)
194. Podolsky, B., V. Rojansky, Phys. Rev. **34**, 1367, 1929, Theorie des S.R.E. für wasserstoffähnliche Atome. (11. X. 1929)
195. Finkelnburg, W., Z. f. Phys. **58**, 425, 1929, Der angebliche S.R.E. im Wasserstoffspektrum. (12. X. 1929)
196. Rasetti, F., Nature **124**, 791, 1929, Intensitäten im S.R.Rotationsspektrum des N_2. (20. X. 1929)
197. Ziemecki, S. L., K. Narkiewicz-Jodko, Phil. Mag. **9**, 299, 1930, S.R.E. bei Opalescenz; vgl. Nr. 185. (21. X. 1929)
198. Venkatesachar, B., L. Sibaiya, Nature **124**, 838, 1929, Ramanspektra in Gasen, die den Hg-Bogen umspülen. (24. X. 1929)
199. Dadieu, A., K. W. F. Kohlrausch, Wien. Ber. **138**, 635, 1929, Monatshefte f. Chem. **55**, 58, 1930, V. S.R.E. in organischen Substanzen mit CO und CC-Doppelbindung. (24. X. 1929)
200. Daure, P., Annal. de phys. **12**, 375, 1929, Studien zum S.R.E. (X. 1929)
201. Kaplan, J., Phys. Rev. **34**, 1393, 1929, Über den angeblichen S.R.E. im sekundären Wasserstoffspektrum. (4. XI. 1929)
202. Petrikaln, A., J. Hochberg, Z. f. Phys. **59**, 114, 1929, S.R.E. in hochschmelzenden Substanzen. (11. XI. 1929)
203. Nisi, H., Proc. Imp. Acad. Tokyo **5**, 407, 1929, S.R.E. in Krystallen. (12. XI. 1929)
204. Henri, V., O. R. Howell, Proc. Roy. Soc. Lond. **128**, 190, 1930, S.R.E. in Phosgen. (14. XI. 1929)
205. Nisi, H., Jap. Journ. of Phys. **5**, 119, 1929, S.R.E. in Sulfaten. (15. XI. 1929)

206. KOHLRAUSCH, K. W. F., Wien. Anz. 1929, 287, S.R.E. und chemische Bindekraft. (21. XI. 1929)
207. SÖDERQVIST, J., Z. f. Phys. **59**, 446, 1930, S.R.E. in organischen Substanzen. (25. XI. 1929)
208. DADIEU, A., K. W. F. KOHLRAUSCH, Chem. Ber. **63**, 251, 1930, S.R.E. und Chemie. (2. XII. 1929)
209. ANDREWS, D. H., Phys. Rev. **34**, 1626, 1929, Frequenzverteilung im Ramanspektrum. (10. XII. 1929)
210. DADIEU, A., K. W. F. KOHLRAUSCH, Wien. Ber. **138**, 799, 1929, Monatshefte f. Chem. **55**, 201, 1930, VI. S.R.E. in organischen Substanzen. (12. XII. 1929)
211. GERLACH, W., Naturwiss. **18**, 68, 1930, S.R.E. und Konstitution des Wassers. (13. XII. 1929)
212. MANDELSTAM, L., G. LANDSBERG, M. LEONTOWITSCH, Z. f. Phys. **60**, 334, 1930, Die klassische Theorie der molekularen Lichtstreuung in festen Körpern. (13. XII. 1929)
213. TAMM, I., Z. f. Phys. **60**, 345, 1930, Quantentheorie der molekularen Lichtstreuung in festen Körpern. (13. XII. 1929)
214. LANDSBERG, G., L. MANDELSTAM, Z. f. Phys. **60**, 364, 1930, S.R.E. in Quarz bei hoher Temperatur. (13. XII. 1929)
215. MAJUNDAR, R. C., D. S. KOTHARI, Nature **125**, 165, 1930, Die Rolle des Zwischenniveaus beim S.R.E. (17. XII. 1929)
216. BHAGAVANTAM, S., S. VENKATESWARAN, Nature **125**, 237, 1930, S.R.E. in optisch aktiven Substanzen. (28. XII. 1929)
217. POKROWSKI, G. I., E. A. GORDON, Ann. d. Phys. **4**, 488, 1930, Intensität, Polarisation und Ablenkungswinkel beim S.R.E. (30. XII. 1929)
218. ZAHRADNICEK, J., B. VLACH, Z. f. Phys. **60**, 402, 1930, Apparatur zum S.R.E. (2. I. 1930)
219. DADIEU, A., K. W. F. KOHLRAUSCH, Naturwiss. **18**, 154, 1930, Konstitution des Ammoniaks. (4. I. 1930)
220. BIRGE, R. T., C. R. JEPPESEN, Nature **125**, 463, 1930, Das Trägheitsmoment von H_2. (10. I. 1930)
221. SALANT, E. O., A. SANDOW, Phys. Rev. **35**, 214, 1930, S.R.E. in flüssigem HCl, HBr. (13. I. 1930)
222. KRONIG, R. L., Naturwiss. **18**, 205, 1930, Das anormale Verhalten des Stickstoffkerns. (15. I. 1930)
223. KINSEY, E. L., Phys. Rev. **35**, 284, 1930, S.R.E. in HNO_3-Lösungen. (16. I. 1930)
224. GERLACH, W., Naturwiss. **18**, 182, 1930, S.R.E. für gelöste und krystallisierte Nitratsalze. (17. I. 1930)
225. BORYSCHANSKAJA, F., G. LANDSBERG, Naturwiss. **18**, 183, 1930, S.R.E. in Absorption und der Ursprung der FRAUNHOFERschen Linien. (18. I. 1930)
226. CARRELLI, A., Nature **125**, 201, 1930, Der S.R.E. im Röntgenbereich. (20. I. 1930)
227. SNOW, C. P., Phys. Rev. **35**, 563, 1930, Die Eigenfrequenzen der Radikale im S.R.E. (27. I. 1930)

228. MANNEBACK, C., Nature **125**, 88, 1930, Theoretische Intensität der Ramanlinien von zweiatomigen Gasen. (I. 1930)
229. RAO, R., Proc. Roy. Soc. Lond. **127**, 279, 1930, S.R.E. in HNO_3-Lösungen. Dissoziationsgrad. (I. 1930)
230. KISHI, I., Mem. Coll. Sci. Kyoto A **13**, 163, 1930, S.R.E. in HNO_3 und wässerigen Nitratlösungen. (I.? 1930)
231. PRINGSHEIM, P., S. SCHLIVITCH, Z. f. Phys. **60**, 581, 1930, S.R.E. in Wasser. (1. II. 1930)
232. BHAGAVANTAM, S., S. VENKATESWARAN, Proc. Roy. Soc. Lond. **127**, 360, 1930, S.R.E. in organischen Halogenderivaten. (3. II. 1930)
233. SCHAEFER, CL., Z. f. Phys. **60**, 586, 1930, Deutung der Ramanlinien in XCl_4. (5. II. 1930)
234. REYNOLDS, N. B., J. W. WILLIAMS, Journ. Frankl. Inst. **210**, 41, 1930, S.R.E. in organischen Substanzen. (10. II. 1930)
235. VENKATESWARAN, S., S. BHAGAVANTAM, Proc. Roy. Soc. Lond. **128**, 252, 1930, S.R.E. in Aldehyden. (10. II. 1930)
236. WOOD, R. W., Nature **125**, 464, 1930, Ramanlinien des Hg-Dampfes in der Hg-Lampe. (15. II. 1930)
237. LEONTOWITSCH, M., Z. f. Phys. **61**, 548, 1930, Theorie der Polarisation im S.R.E. (18. II. 1930)
238. ANDREWS, D. H., Phys. Rev. **35**, 662, 1930, Die Frequenzverteilung im Ramanspektrum. (21. II. 1930)
239. ANDREWS, D. H., J. C. SOUTHARD, Phys. Rev. **35**, 670, 1930, Ramanfrequenzen und spezifische Wärme. (21. II. 1930)
240. BARNES, R. B., Phys. Rev. **35**, 666, 1930, Absorptionsbanden bei hoher Auflösung und S.R.E. (21. II. 1930)
241. TAYLOR, A. M., Phys. Rev. **35**, 668, 1930, S.R.E. und Assoziation. (21. II. 1930)
242. WOOD, R. W., Phys. Rev. **35**, 670, 1930, Ramanapparatur für geringe Substanzmengen. (21. II. 1930)
243. CARRELLI, A., Z. f. Phys. **61**, 632, 1930, Der elektronische S.R.E. (23. II. 1930)
244. DADIEU, A., K. W. F. KOHLRAUSCH, Wien. Ber. **139**, 77, 1930, Monatshefte f. Chem. **55**, 379, 1930, VII. S.R.E. in organischen Substanzen. (27. II. 1930)
245. MANNEBACK, C., Z. f. Phys. **62**, 224, 1930, **65**, 574, 1930. Intensität und Polarisation der Streustrahlung zweiatomiger Moleküle. (1. III. 1930)
245a. CARRELLI, A., Rend. di Napoli **36**, 61, 1930, Intensitätsverhältnisse im S.R.E. (1. III. 1930)
246. ORNSTEIN, L. S., J. REKVELD, Z. f. Phys. **61**, 593, 1930, Frequenzabhängigkeit der Intensität der Ramanlinien. (7. III. 1930)
247. RASETTI, F., Z. f. Phys. **61**, 598, 1930, Rotations-Ramanspektrum von N_2, O_2. (10. III. 1930)
248. KRISHNAMURTI, P., Indian Journ. of Phys. **5**, 1, 1930, Krystallpulvermethode; anorganische Nitrate. (14. III. 1930)
249. GERLACH, W., Annal. d. Phys. **5**, 196, 1930, S.R.E. in krystallinen und gelösten Nitratsalzen. (22. III. 1930)

250. Reynolds, N. B., F. Benford, Rev. Scient. Instr. N. S. **1**, 413, 1930, Apparatur. (24. III. 1930)
251. Muskat, N., Phys. Rev. **35**, 1262, 1930, Dispersionsformel für symmetrischen Kreisel. (28. III. 1930)
252. Gerlach, W., Nature **125**, 819, 1930, S.R.E. in krystallinen und gelösten Nitraten. (31. III. 1930)
253. Dickinson, R. G., S. St. West, Phys. Rev. **35**, 1126, 1930, S.R.E. in SO_2. (31. III. 1930)
254. Austin, J. B., Nature **125**, 464, 1930, S.R.E. in verflüssigten Gasen; „Assoziationsschwingungen". (III. 1930)
255. Krishnamurti, P., Nature **125**, 463, 1930, Krystallpulvermethode. (III. 1930)
256. Meyer, E. H. L., Phys. Z. **31**, 510, 1930, S.R.E. in Wasser. (III. 1930)
257. Meyer, E. H. L., J. Port, Phys. Z. **31**, 509, 1930, S.R.E. in Wasser. (III. 1930)
258. Harkins, W. D., D. M. Gans, H. E. Bowers, Nature **125**, 464, 1930, S.R.E. in SO_2-Lösungen. (III. 1930)
259. Kohlrausch, K. W. F., Naturwiss. **18**, 527, 1930, Ramanspektrum und Molekülbau. (4. IV. 1930)
260. Ray, B. B., Nature **125**, 746, 1930, S.R.E. bei Röntgenstrahlen. (8. IV. 1930)
261. Ramaswamy, C., Nature **125**, 704, 1930, S.R.E. in Diamant. (10. IV. 1930)
262. Pal, N. N., P. N. Sen Gupta, Indian Journ. of Phys. **5**, 13, 1930, S.R.E. in organischen und anorganischen Substanzen. (11. IV. 1930)
263. Das, Panchanon, Z. f. Phys. **63**, 224, 1930, S.R.E. und Resonanzstrahlung. (13. IV. 1930)
264. Rao, R., Nature **125**, 600, 1930, S.R.E. in Wasser. (19. IV. 1930)
265. Trumpy, B., Z. f. Phys. **62**, 806, 1930, S.R.E. in Alkoholreihe. (22. IV. 1930).
266. Ray, B. B., Nature **125**, 856, 1930, S.R.E. bei Röntgenstrahlen. (23. IV. 1930)
267. Bhagavantam, S., Indian Journ. of Phys. **5**, 35, 1930, S.R.E. in einigen Elementen und einfachen Molekülen. (23. IV. 1930)
268. Bhagavantam, S., Indian Journ. of Phys. **5**, 48, 1930, Einfluß von Polymerisation und Assoziation. (23. IV. 1930)
269. Dadieu, A., K. W. F. Kohlrausch, Phys. Z. **31**, 514, 1930, S.R.E. in binären Gemischen. (24. IV. 1930)
270. Kettering, C. F., L. W. Shutts, D. H. Andrews, Phys. Rev. **35**, 1422, 1930, Molekülmodelle. (25. IV. 1930)
271. Bhagavantam, S., Indian Journ. of Phys. **5**, 59, 1930, Polarisation in S.R.E. (26. IV. 1930)
272. Robertson, R., J. J. Fox, Nature **125**, 704, 1930, S.R.E. im Diamant. (1. V. 1930)
273. Radakovic, M., Wien. Ber. **139**, 107, 1930, VIII. Berechnung einfacher Molekülmodelle. (2. V. 1930)
274. Dadieu, A., K. W. F. Kohlrausch, Wien. Ber. **139**, 165, 1930, Monatshefte f. Chemie **56**, 461, 1930, IX. S.R.E. in organischen Substanzen. (2. V. 1930)

275. SEGRÉ, E., Linc. Rend. **11**, 825, 1930, Theorie des S.R.E. (5. V. 1930)
276. BHAGAVANTAM, S., Indian Journ. of Phys. **5**, 73, 1930, S.R.E. und Molekülstruktur. (5. V. 1930)
277. BELL, R. M., W. R. FREDRICKSON, Nature **125**, 892, 1930, S.R.E. in verdünnten H_2SO_4-Lösungen. (9. V. 1930)
278. DADIEU, A., K. W. F. KOHLRAUSCH, Chem. Ber. **63**, 1657, 1930, S.R.E. bei konjugierter Doppelbindung. (12. V. 1930)
279. RAMASWAMY, C., Indian Journ. of Phys. **5**, 97, 1930, S.R.E. in Diamant. (12. V. 1930)
280. PETRIKALN, A., J. HOCHBERG, Z. f. phys. Chem. B **8**, 440, 1930, S.R.E. der Cyangruppe. (13. V. 1930)
281. KRISHNAMURTI, P., Indian Journ. of Phys. **5**, 113, 1930, S.R.E. in krystallinen anorganischen Chloriden. (22. V. 1930)
282. SIMON, F., Nature **125**, 855, 1930, S.R.E. und Ultrarot-Absorption in Diamant. (24. V. 1930)
283. GERLACH, W., Phys. Z. **31**, 695, 1930, S.R.E. in Wasser. (25. V. 1930)
284. BOURGUEL, M., P. DAURE, C. R. **190**, 1298, 1930, S.R.E. und Acethylenbindung. (2. VI. 1930)
285. VENKATESWARAN, S., S. BHAGAVANTAM, Indian Journ. of Phys. **5**, 129, 1930, S.R.E. in Aminen und Alkoholen. (7. VI. 1930)
286. VENKATESWARAN, S., Indian Journ. of Phys. **5**, 145, 1930, S.R.E. in metallorganischen und heterocyclischen Verbindungen. (7. VI. 1930)
287. WOODWARD, L. A., Nature **126**, 58, 1930, S.R.E. in HNO_3. (10. VI. 1930)
288. MEYER, E. H. L., Phys. Z. **31**, 699, 1930, S.R.E. in Wasser. (11. VI. 1930)
289. GROSS, E., Z. f. Phys. **63**, 685, 1930, Wellenlängenänderung durch elastische Wellen. (11. VI. 1930)
290. WEILER, J., Verh. D. phys. Ges. **11**, 29, 1930, Grundlinienverbreiterung und Anisotropie. (12. VI. 1930)
291. FFOLLIOTT, C. F., Phys. Rev. **36**, 367, 1930, S.R.E. in geometrisch Isomeren. (13. VI. 1930)
292. BHAGAVANTAM, S., Nature **126**, 168, 1930, S.R.E., Fluorescenz und Farbe im Diamant. (14. VI. 1930)
293. FRANKLIN, D., E. R. LAIRD, Phys. Rev. **36**, 147, 1930, S.R.E. in Trimethyläthylen. (14. VI. 1930)
294. STERLING, V., E. R. LAIRD, Phys. Rev. **36**, 148, 1930, S.R.E. in $NaNO_3$-Lösungen. (14. VI. 1930)
295. KRISHNAMURTI, P., Nature **125**, 892, 1930, S.R.E. in krystallinen Halogensalzen. (14. VI. 1930)
296. GROSS, E., Naturwiss. **18**, 718, 1930, Nature **126**, 201, 1930, Lichtmodulation durch elastische Wellen. (20. VI. 1930)
297. KRISHNAMURTI, P., Indian Journ. of Phys. **5**, 105, 1930, S.R.E. in Schwefel. (21. VI. 1930)
298. KETTERING, C. F., L. W. SHUTTS, D. H. ANDREWS, Phys. Rev. **36**, 531, 1930, Molekülmodelle. (21. VI. 1930)
299. LESPIEAU, BOURGUEL, C. R. **190**, 1504, 1930, S.R.E. bei Äthylenbindung. (23. VI. 1930)

300. Lewis, A. B., Phys. Rev. **36**, 568, 1930, Molekülschwingungen. (23. VI. 1930)
301. Andrews, D. H., Phys. Rev. **36**, 544, 1930, S.R.E. und Molekülstruktur. (23. VI. 1930)
302. Yates, R. C., Phys. Rev. **36**, 555, 1930, S.R.E. und homöopolare Bindung. (23. VI. 1930)
303. Yates, R. C., Phys. Rev. **36**, 563, 1930, Schwingung eines Benzolmodells. (23. VI. 1930)
304. Schaefer, Cl., F. Matossi, H. Aderhold, Phys. Z. **31**, 801, 1930, Polarisation der Ramanlinien in Krystallen. (VI. 1930)
305. Ziemecki, S. L., C. R. Krakau 1930, Nr. 7, Apparatur. (VI.? 1930)
306. Rao, R., Proceed. Amsterdam **33**, 632, 1930, S.R.E. und elektrolytische Dissoziation in HNO_3-Lösungen. (VI.? 1930)
307. Rasetti, F., Cim. **7**, 261, 1930, S.R.E. in NO-Gas. (VI.? 1930)
308. Breit, G., E. O. Salant, Phys. Rev. **36**, 871, 1930, S.R.E. für flüssigen und Gaszustand. (1. VIII. 1930)
309. Sirkar, S. C., Ind. Journ. of Phys. **5**, 159, 1930, Intensitätsmessungen. (1. VII. 1930)
310. Matossi, F., Z. f. Phys. **64**, 34, 1930, Polarisation und Krystallstruktur. (2. VII. 1930)
311. Mecke, R., Z. f. Phys. **64**, 173, 1930, Molekülschwingungen. (2. VII. 1930)
312. Krishnamurti, P., Ind. Journ. of Phys. **5**, 183, 1930, S.R.E. in Krystallpulvern (Sulfate). (3. VII. 1930)
313. Bhagavantam, S., Ind. Journ. of Phys. **5**, 169, 1930, S.R.E. in Diamant. (3. VII. 1930)
314. Ziemecki, S. L., Bull. intern. Acad. Polon. A, 309, 1930, Apparatur für S.R.E. (7. VII. 1930)
315. Kinsey, E. L., J. W. Ellis, Phys. Rev. **36**, 603, 1930, Elektrolytische Dissoziation und ultrarote Absorption. (9. VII. 1930)
316. Dadieu, A., K. W. F. Kohlrausch, Wien. Ber. **139**, 459, 1930, Monatshefte f. Chemie **57**, 225, 1931. X. Mitt. S.R.E. in Aminen. (10. VII. 1930)
317. Reinicke, R., Wien. Anz. 1903, 192, Nr. 17, Deutungsversuche. (10. VII. 1930)
318. Segré, E., Linc. Rend. **12**, 226, 1930, Intensitätsverteilung im Rotationsspektrum. (vgl. Lit. 275). (11. VII. 1930)
319. Venkateswaran, S., Nature **126**, 434, 1930, S.R.E. in Mercaptanen. (12. VII. 1930)
320. Braune, H., G. Engelbrecht, Z. f. phys. Chem., Abt. B, **10**, 1, 1930, S.R.E. in $HgCl_2$, $HgBr_2$. (17. VII. 1930)
321. Trumpy, B., Z. f. Phys. **64**, 777, 1930, S.R.E. an geometrisch Isomeren. (18. VII. 1930)
322. Ramaswamy, C., Ind. Journ. of Phys. **5**, 193, 1930, S.R.E. in Sulfat- und Nitratlösungen. (20. VII. 1930)
323. Rao, R., Proc. Roy. Soc. **130**, 489, 1930, S.R.E. in H_2O; Temperatur und Elektrolyteinfluß. (21. VII. 1930)
324. Buttolph, Rev. Scient. Instr. **1**, 650, 1930, Apparatur für S.R.E. (23. VII. 1930)

325. Mlodzianowska, H., Z. f. Phys. **65**, 124, 1930, S.R.E. in disubstituierten Benzolen. (28. VII. 1930)
326. Dabadghao, W. M., Ind. Journ. of Phys. **5**, 207, 1930, S.R.E. bei hoher Dispersion. (26. VII. 1930)
327. Wood, R. W., G. H. Dieke, Phys. Rev. **35**, 1355, 1930, Rotations-Ramanspektrum in HCl. (30. VII. 1930)
328. Woodward, L. A., Phys. Z. **31**, 792, 1930, S.R.E. in schwach ionisierten Salzen. (30. VII. 1930)
329. Krishnamurti, P., Nature **126**, 169, 1930, S.R.E. und Paramagnetismus. (VII. 1930)
330. Venkateswaran, S., Ind. Journ. of Phys. **5**, 219, 1930, S.R.E. in Mercaptanen. (1. VIII. 1930)
331. Bailey, C. R., A. B. D. Cassie, Nature **126**, 350, 1930, S.R.E. in CS_2. (5. VIII. 1930)
332. Robertson, R., J. J. Fox, Nature **126**, 279, 1930, S.R.E. in Diamant. (7. VIII. 1930)
333. Gingrich, N. S., Phys. Rev. **36**, 1050, 1930, S.R.E. bei Röntgenstreuung. (7. VIII. 1930)
334. Bhagavantam, S., Nature **126**, 502, 1930, S.R.E. in SH_2. (9. VIII. 1930)
335. Ball, G. N., Z. f. Phys. **66**, 257, 1930, S.R.E. in $X \cdot CH_3$. (12. VIII. 1930)
336. Krishnamurti, P., Ind. Journ. of Phys. **5**, 587, 1930, Cd-Bogen als Erregerlicht. (18. VIII. 1930)
337. Sirkar, S. C., Ind. Journ. of Phys. **5**, 593, 1930, Intensitätsmessungen. (21. VIII. 1930)
338. Embirikos, N., Z. f. Phys. **65**, 266, 1930, S.R.E. in krystallisierten und gelösten Carbonaten. (24. VIII. 1930)
339. Schaefer, Cl., F. Matossi, H. Aderhold, Z. f. Phys. **65**, 289, 1930, S.R.E. in Krystallen. (26. VIII. 1930)
340. Schaefer, Cl., F. Matossi, H. Aderhold, Z. f. Phys. **65**, 319, 1930, Polarisationsverhältnisse bei Krystallen. (26. VIII. 1930)
341. Harkins, W. D., H. E. Bowers, Amer. Chem. Soc. **52**, 4170, 1930, Kontinuum im S.R.E. (8. IX. 1930)
342. Werth, M., Phys. Rev. **36**, 1096, 1930, Intensitätsfragen. (5. IX. 1930)
343. Wood, R. W., Phys. Rev. **36**, 1421, 1930, Experimentelle Technik. (15. IX. 1930)
344. Wood, R. W., Phys. Rev. **36**, 1431, 1930, S.R.E. in Benzol und Diphenyl. (15. IX. 1930)
345. Bhagavantam, S., Ind. Journ. of Phys. **5**, 573, 1930, S.R.E. in Diamant. (15. IX. 1930)
346. Bhagavantam, S., Ind. Journ. of Phys. **5**, 603, 1930, Polarisationsmessungen. (16. IX. 1930)
347. Pal, N. N., P. N. Sen Gupta, Ind. Journ. of Phys. **5**, 609, 1930, Kontinuum beim S.R.E. (18. IX. 1930)
348. Pal, N. N., P. N. Sen Gupta, Ind. Journ. of Phys. **6**, 611, 1930, Gruppenfrequenzen. (18. IX. 1930)

349. Krishnamurti, P., Ind. Journ. of Phys. **5**, 633, 1930, S.R.E. für XO_3- und XO_4-Gruppe (Krystallpulver). (20. IX. 1930)
350. Krishnamurti, P., Ind. Journ. of Phys. **5**, 663, 1930, S.R.E. in Hydroxyden, Cyaniden (Krystallpulver). (22. IX. 1930)
351. Bhagavantam, S., Ind. Journ. of Phys. **5**, 615, 1930, Schwingungen des Benzolringes. (22. IX. 1930)
352. Dadieu, A., Naturwiss. **18**, 895, 1930, S.R.E. in Blausäure. (24. IX. 1930)
353. Sirkar, S. C., Ind. Journ. of Phys. **5**, 663, 1930, Intensitätsmessungen. (24. IX. 1930)
354. Gross, E., Nature **126**, 400, 603, 1930, Lichtmodulation durch elastische Wellen. (IX. 1930)
355. Bonino, G. B., P. Cella, Nature **126**, 915, 1930, Rotationsfrequenzen im S.R.E. von Pinen. (IX. 1930)
356. Bourguel, M., P. Daure, Bull. Soc. Chim. **47/48**, 1349, 1930, S.R.E. in Acetylenen. (3. X. 1930)
357. Lespieau, R., M. Bourguel, Bull. Soc. Chim. **47/48**, 1365, 1930, S.R.E. in Äthylenen. (3. X. 1930)
358. Ornstein, L. S., J. Rekveld, Z. f. Phys. **65**, 719, 1930, Intensitätsmessungen. (4. X. 1930)
359. Kastler, A., C. R. **191**, 565, 1930, S.R.E. in optisch aktiven Substanzen. (6. X. 1930)
360. Villars, D. S., Journ. Amer. Chem. Soc. **52**, 4612, 1930, S.R.E. in Dioxan. (14. X. 1930)
361. Placzek, G., Proc. Amsterdam **33**, 832, 1930, S.R.E. beim kritischen Punkt. (25. X. 1930)
362. Salant, E. O., A. Sandow, Phys. Rev. **36**, 1591, 1930, S.R.E. in HBr-, HJ-Gas. (25. X. 1930)
363. Trumpy, B., Z. f. Phys. **66**, 790, 1930, S.R.E. in XY_4 und gemischten Halogeniden. (31. X. 1930)
364. Venkatesachar, B., L. Sibaiya, Ind. Journ. of Phys. **5**, 747, 1931, Apparatur. (5. XI. 1930)
365. Bhagavantam, S., Nature **126**, 995, 1930, S.R.E. in HCN, CO_2, CS_2. (7. XI. 1930)
366. Sutherland, G. B. B. M., Nature **126**, 916, 1930, S.R.E. in Hydrazin. (11. XI. 1930)
367. Rasetti, F., Z. f. Phys. **66**, 646, 1930, S.R.E. in NO. (12. XI. 1930)
368. Dadieu, A., Wien. Ber. **139**, 629, 1930, Monatshefte f. Chemie **57**, 437, 1931. XI. S.R.E. in Cyanverbindungen. (13. XI. 1930)
368a. Scislowski, Sz., C. R. Soc. Pol. de phys. **5**, 267, 1930, S.R.E. in zweifach substituierten Benzolen. (20. XI. 1930)
369. Pestemer, M., Wien. Ber. **139**, 667, 1930, Monatshefte f. Chemie **57**, 469, 1931. XII. S.R.E. in organischen Chlorderivaten. (20. XI. 1930)
370. Vacher, M., C. R. **191**, 1121, 1930, Feinstruktur der Grundlinien. (8. XII. 1930)
371. Cabannes, J., C. R. **191**, 1123, 1930, Feinstruktur der Grundlinien. (8. XII. 1930)
372. Placzek, G., W. R. van Wijk, Z. f. Phys. **67**, 582, 1931, Polarisationsmessungen. (11. XII. 1930)

373. Dadieu, A., K. W. F. Kohlrausch, Wien. Ber. **139**, 717, 1930, Monatshefte f. Chemie **57**, 488, 1931. XIII. S.R.E. in organischen Halogenderivaten. (18. XII. 1930)
374. Braune, H., G. Engelbrecht, Z. f. phys. Chem. B. **11**, 409, 1931, S.R.E. in Salzlösungen. (19. XII. 1930)
375. McLennan, J. C., H. D. Smith, J. O. Wilhelm, Trans. Roy. Soc. Can. III, **24**, 197, 1930, S.R.E. in flüssigem N_2O. (22. XII. 1930)
376. Cleeton, C. D., R. T. Dufford, Phys. Rev. **37**, 362, 1931, S.R.E. in organischen Halogenderivaten. (29. XII. 1930)
377. Segré, E., Cim. **7**, 380, 1930, Theorie der Rotations-Linienintensitäten für zweiatomige Moleküle. (XII. 1930)
378. Specchia, O., Cim. **7**, 388, 1930, S.R.E. in H_2O. (XII. 1930)
379. Salant, E. O., A. Sandow, Phys. Rev. **37**, 373, 1931, S.R.E. in HCl, HBr, HJ. (3. I. 1931)
380. Woodward, L. A., Phys. Z. **32**, 212, 1931, S.R.E. und elektrolytische Dissoziation. (6. I. 1931)
381. Thatte, V. N., A. S. Ganesan, Nature **127**, 306, 1931, S.R.E. in organischen Sulfiden. (12. I. 1931)
382. Lindsay, G. A., Nature **127**, 305, 1931, S.R.E. bei Röntgenstrahlen. (17. I. 1931)
383. Venkateswaran, S., Nature **127**, 406, 1931, S.R.E. in H_2O_2. (17. I. 1931)
384. Barker, E. F., Phys. Rev. **37**, 330, 1931, Vorschlag zur Spektrographierung der Rotationslinien. (28. I. 1931)
385. Ney, M., C. R. Mens. Acad. Polon. 1931, Nr. 2, Verbreiterung der Streulinien. (I. 1931)
386. Masotti, F., H. Aderhold, Z. f. Phys. **68**, 683, 1931, S.R.E. in organischen Schwefelverbindungen. (13. II. 1931)
387. Woodward, L., Phys. Z. **32**, 261, 1931, S.R.E. des OH-Ions. (3. II. 1931)
388. Kohlrausch, K. W. F., Wien. Anz. 1931, p. 54, Additivität der Bindekräfte. (26. II. 1931)
389. Dadieu, A., F. Jele, K. W. F. Kohlrausch, Wien. Ber. **140**, 1931 (im Druck). XIV. S.R.E. in Nitrokörpern, Nitraten und Nitriten. (30. IV. 1931)
390. Dadieu, A., K. W. F. Kohlrausch, A. Pongratz, Wien. Ber. **140**, 1931 (im Druck). XV. S.R.E. bei geometrisch Isomeren. (21. V. 1931)
391. West, W., M. Farnsworth, Trans. Faraday Soc. **27**, 145, 1931, S.R.E. in organischen Chlorderivaten. (12. XI. 1930)
392. Hanle, W., Naturwissen. **19**, 375, 1931, Zirkularpolarisation im S.R.E. (12. III. 1931)
393. Bär, R., Naturwissen. **19**, 463, 1931, Zirkularpolarisation im S.R.E. (3. V. 1931)
394. Howlett, L. E., Canad. Journ. of Res. **4**, 80, 1931, S.R.E. in Glykolen und Nitrilen. (5. XII. 1930)
395. Bonino, G. B., L. Brüll, Linc. Rend. **13**, 275, 1931, S.R.E. an Cis-Trans-Dichloräthylen. (1. II. 1931)
396. Nisi, H., Jap. Journ. of Phys. **6**, 1 (1930, S.R.E. in Substanzen mit SO- und SO_2-Gruppe. (2. X. 1930)

397. Ney, M. J., Z. f. Phys. **61**, 554, 1931, Temperatureinfluß im Quarz. (9. II. 1931)
398. Kastler, A., C. R. **192**, 1032, 1931, Erklärung der Wasser- und Ammoniakbanden. (27. IV. 1931)
399. Brunetti, B., Z. Ollano, Linc. Rend. **12**, 522, 1930, Die Wasserbanden in Elektrolytlösungen. (2. XI. 1930)
400. Meyer, E. H. L., Phys. Z. **32**, 293, 1931, S.R.E. und Assoziation der Moleküle. (7. I. 1931)
401. Hulubei, H., Y. Cauchois, C. R. **192**, 935, 1931, Apparatur. (III. 1931)
402. Wood, R. W., Phys. Rev. **37**, 1022, 1931, Versuchsanordnung. (II. 1931)
403. Houston, W. V., C. M. Lewis, Phys. Rev. **37**, 227, 1931, und Proc. Nat. Acad. Amer. **17**, 229, 1931, Rotations-Ramanspektrum von CO_2. (XII. 1930)
404. Rekveld, J., Z. f. Phys. **68**, 543, 1931, Abhängigkeit der Intensität von der Erregerfrequenz. (9. II. 1931)
405. Yates, R. C., Phys. Rev. **37**, 716, 1931, Berechnung der Schwingungen von Dreimassenmodellen. (19. I. 1931)
406. Trumpy, B., Kong. Norske Vidensk. Selsk. Forh. III, 159, 1931, Die inaktive NO_3-Frequenz. (8. XII. 1930)
407. Göppert-Mayer, M., Ann. d. Phys. (5) **9**, 273, 1931, Elementarakte mit zwei Quantensprüngen. (7. XII. 1930)
408. Urey, H. C., C. A. Bradley, Phys. Rev. **37**, 843, 1931, S.R.E. in Siliciumchloroform. (11. III. 1931)
409. Rasetti, F., Nature **127**, 626, 1931, S.R.E. in NaCl, CaF_2, $CaCO_3$. (18. III. 1931)
410. Trumpy, B., Z. f. Phys. **68**, 675, 1931, S.R.E. in $SiBr_4$ und Gemischen $PCl_3 + PBr_3$. (13. II. 1931)
411. Bhagavantam, S., Z. f. Krystall. **77**, 43, 1931, S.R.E. in Aragonit, Calcit. (21. XI. 1930)
412. Menzies, A. C., C. O. Pringle, Nature **127**, 707, 1931, S.R.E. in festem $(NO_2)_2$. (31. III. 1931)
413. Bhagavantam, S., Nature **127**, 817, 1931, S.R.E. in gasförmigem H_2C_2, N_2O, CO_2, O_2, N_2. (18. IV. 1931)
414. Ornstein, L. S., J. Rekveld, Z. f. Phys. **68**, 257, 1931, Übergangswahrscheinlichkeiten im S.R.E. (19. I. 1931)
415. Weiler, J., Z. f. Phys. **68**, 782, 1931, Linienverbreiterung im S.R.E. (27. II. 1931)
416. Imanishi, S., Nature **127**, 782, 1931, S.R.E. in Hydrazin. (17. IV. 1931)
417. Dadieu, A., K. W. F. Kohlrausch, A. Pongratz (im Druck), S.R.E. in 100% Salpetersäure und Dibromäthylen. (VI. 1931)

XI. Nachträge.

Nr. 1. Die Formel $\Delta\nu = B\,(4m + 4)$ für die Verschiebung der Rotations-Ramanlinien im S.R.E. für die CH_2-Gruppe in Pinen kommt nach einer freundlichen brieflichen Mitteilung

G. B. BONINOS dadurch zustande, daß diese Gruppe nicht als ein Rotator im Raum, sondern als Rotator in der Ebene angesetzt wird. Dies deshalb, weil die Methylengruppe infolge ihrer Bindung an die Nachbargruppen als ein Rotator mit starrer Achse anzusehen sei. Für einen solchen ist (vgl. etwa SOMMERFELD, wellenmechanischer Ergänzungsband zu „Atombau und Spektrallinien" S. 21 und 22) die Energie nicht durch $E_j = \frac{h^2}{8\pi^2 J} j(j+1)$, sondern durch $E'_j = \frac{h^2}{8\pi^2 J} j^2$ gegeben.

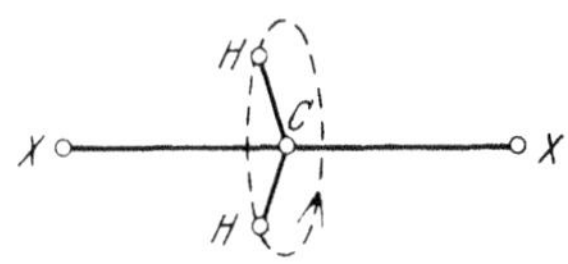

Für den Smekalsprung $j \to j+2$ wird dann:

$$\Delta\nu = \frac{1}{h}[E'_{j+2} - E'_j] = \frac{h}{8\pi^2 J}(4m+4) = B(4m+4).$$

Nr. 2. WEILER[415] berichtet über eingehende quantitative Intensitätsmessungen an den Grundlinienverbreiterungen (vgl. die §§ 28 und 29). Das Ergebnis wird in der Zusammenfassung folgendermaßen dargestellt:

1. Die Verbreiterung der Grundlinien im Streuspektrum organischer Flüssigkeiten ist gleichlaufend mit der molekularen Anisotropie. Sie wird geringer in der Reihenfolge Benzol-Cyclohexen-Cyclohexan-Cyclopentan.

2. Für Benzol, dessen Verbreiterung am stärksten ist und deswegen für die genauere Untersuchung ein bequemes Objekt ist, ist diese abhängig von der eingestrahlten Frequenz. Sie wächst in der Reihenfolge von 5461 über 4358 nach 4047 Å.

3. Die Form der Verbreiterung kann nicht durch unaufgelöste Rotationslinien, für deren Intensität der BOLTZMANNsche Gewichtsfaktor der Ausgangsniveaus maßgebend ist, erklärt werden.

4. Die Linienmitte ist durch eine „Intensitätsspitze" charakterisiert, die mit einem Streugefäß mit absolut schwarzem Hintergrund sichergestellt werden konnte.

5. Für geringer anisotrope Flüssigkeiten rückt die Verbreiterung um einen annähernd konstanten Betrag von Frequenzeinheiten zur Linienmitte.

6. Die von E. GROSS in unmittelbarer Nähe der primären Frequenz beobachteten Streulinien können nicht mit den hier untersuchten Streufrequenzen in größerem Abstand in Zusammenhang gebracht werden.

Nr. 3. Das Verhalten der Ramanlinien bei Erregung durch zirkular polarisiertes Licht.

HANLE[392] und BÄR[393] berichten über die merkwürdige und theoretisch derzeit ganz ungeklärte Erscheinung, daß bei Erregung durch zirkularpolarisiertes Licht einige der verschobenen Streulinien in demselben, andere *im umgekehrten* Sinn zirkularpolarisiert sind und ein dritter Teil depolarisiert ist. Dabei muß *in* der Richtung des einfallenden Lichtes oder unter einem Winkel von 180° gegen dieselbe beobachtet werden. BÄR verwendet die in Abb. 15, S. 36 beschriebene Anordnung und beschreibt seine Ergebnisse*:

„Während man bei der Beobachtung senkrecht zum einfallenden Licht keine Unterschiede im Ramanspektrum erwarten kann, ob man nun natürliches oder zirkularpolarisiertes Licht einstrahlt, gibt die Parallel-Versuchsmethode die Möglichkeit, zu untersuchen, in welchem Maße bei der Einstrahlung von zirkularpolarisiertem Licht dieser Polarisationszustand bei den einzelnen Ramanlinien erhalten bleibt. Man muß erwarten, daß diejenigen Ramanlinien, welche bei der Senkrecht-Beobachtung linear polarisiert sind, bei zirkularem eingestrahlten Licht zirkularpolarisiert bleiben, während man bei den übrigen Linien um so weniger von der Zirkularpolarisation des eingestrahlten Lichtes bemerken sollte, je größer bei der Senkrecht-Beobachtung die Depolarisation ist. Während nun die linear polarisierten Linien dieses vorauszusehende Verhalten auch tatsächlich zeigen, erhält man bei den depolarisierten Linien teilweise unerwartete Resultate. Die Versuchsanordnung war hier die in Abb. 15 beschriebene, nur daß das einfallende Licht noch durch ein Nicol linear polarisiert und dann durch ein für die Hg-Linie 4358 Å geschliffenes Viertelwellenlängenplättchen aus Glimmer zirkular polarisiert wurde. Das Ramanlicht passierte zuerst ein ebensolches Glimmerplättchen und wurde dann durch einen Kalkspatkeil in zwei Komponenten nach zwei aufeinander senkrecht stehenden Schwingungsrichtungen zerlegt. Die Versuchsresultate an Tetrachlorkohlenstoff sind: Die bei Senkrecht-Beobachtung linear polarisierte Linie $\Delta\nu = 459\ \mathrm{cm}^{-1}$ zeigt die erwartete Zirkularpolarisa-

* Herr BÄR war so freundlich, dem Verf. Einsicht in die Korrekturbogen einer demnächst in der Helvet. Phys. Act. erscheinenden Mitteilung zu gewähren, der die nachfolgende Beschreibung fast wörtlich entnommen ist.

tion der anregenden Linie. Die beiden depolarisierten Linien $\Delta\nu = 217$, Depolarisationsfaktor $\varrho = 0,75$ (Zahlenwerte nach Bhagavantam) und $\Delta\nu = 313$, $\varrho = 0,8$, sowie die bei dieser Dispersion nicht aufgelöste Doppellinie $\Delta\nu = 762-792$, $\varrho = 0,75$ sind stark nach der entgegengesetzten Richtung zirkular polarisiert. Man sieht ferner, daß Stokes'sche und Anti-Stokes'sche Linien auch bei dieser normalen Polarisation wieder denselben Polarisationszustand haben.

Bei Benzol erhält man folgende Versuchsresultate: Im richtigen Sinn polarisiert ist, wie zu erwarten, die Linie $\Delta\nu = 990\ \text{cm}^{-1}$ $\varrho = 0$ (Zahlenwerte nach Cabannes, a. a. O.), außerdem aber auch die Linie $\Delta\nu = 3060$, $\varrho = 0,6$. Im umgekehrten Sinn polarisiert sind die Linien $\Delta\nu = 600$, $\varrho = 1$, $\Delta\nu = 1590$, $\varrho = 1$ und die ebenfalls unpolarisierte, asymmetrische Verbreiterung der unverschobenen Rayleighlinie.

Verschiedene Kontrollexperimente zeigten, daß der bisher nur an diesen beiden Substanzen untersuchte Effekt der Umkehrung des Polarisationssinnes reell ist und nicht etwa durch ungleiche Schwächung der beiden Lichtkomponenten beim Passieren der Prismen und Linsen vorgetäuscht sein kann. Der bündigste Beweis für die Realität ist aber, daß das neben dem Ramanlicht immer mehr oder weniger auftretende Fluorescenzlicht der bestrahlten Substanz (besonders beim Benzol stark sichtbar) sich als vollkommen unpolarisiert ergibt.

Unabhängig von jeder Theorie dieses Effektes sieht man, daß statt der Phasenverschiebung $+\pi/2$ der beiden Komponenten der erregenden Linie die beiden Komponenten einer solchen Ramanlinie die Phasenverschiebung $-\pi/2$ haben, es besteht also im ganzen eine Phasenverschiebung π zwischen den beiden Komponenten, wenn man auf gleiche Phase der erregenden Strahlung bezieht.

Zur Erklärung muß man dem Molekül in bezug auf das betreffende $\Delta\nu$ sicher eine Asymmetrie zuschreiben, was aber begründet ist, da der Effekt nur bei depolarisierten Linien beobachtet wird. Wenn man im einfachsten Fall eine Rotationssymmetrie des Moleküls annimmt, so kann einfallendes linear polarisiertes Licht Schwingungen veranlassen in Richtung der Molekülachse sowie in der dazu senkrechten Ebene. Während nun zur Erklärung einer bloßen Depolarisation die einfache Annahme genügt, daß nur eine dieser beiden Schwingungen auftritt, ist zur Erklärung der umgekehrten Zirkularpolarisation die Annahme des Auftretens beider Schwingungen wohl sicher notwendig, und zwar mit einer festen Phasendifferenz ($=\pi$). Dann findet bei einfallendem linear polarisierten Licht natürlich ebenfalls Depolarisation statt; die letztere ist also eine notwendige, aber keine hinreichende Bedingung für die Umkehrung der Richtung der Zirkularpolarisation. Diese Umkehrung kommt nun unter gewissen einschränkenden Bedingungen für die Lage der Molekülachse relativ zur Einfallsrichtung des Lichtes dadurch zustande, daß von der einen Komponente des einfallenden Lichtstrahls die achsenparallele und von der anderen die achsensenkrechte Schwingung stärker angeregt wird. Es ist zur Erklärung also die Annahme von mehrdimensionalen Oscillatoren notwendig. In der Tat hat DENNISON bei der Berechnung des ultraroten Spektrums des Methans, das gleich gebaut ist wie CCl_4, gefunden, daß von den vier Grundschwingungen des Moleküls drei, und zwar gerade diejenigen, bei denen beim CCl_4 der anomale Effekt stattfindet, mehrdimensional sind.“

Nr. 4. Das Ramanspektrum der wasserfreien Salpetersäure.

DADIEU-KOHLRAUSCH[417] konnten dank dem Entgegenkommen von Prof. KLEMENC in Wien Ramanspektren an 100proz. Salpetersäure aufnehmen; die reine Säure wurde vormittags im Laboratorium von Prof. KLEMENC in dessen Spezialapparatur hergestellt, in einer Kältemischung nach Graz gebracht und in ein bereitgestelltes Aufnahmerohr gefüllt; nach Abschmelzen desselben wurde am Abend des gleichen Tages mit der Exposition begonnen. Es wurden zwei Aufnahmen mit durch Chinosol gefiltertem Licht, die eine mit breitem, die andere mit engem Spalt, gemacht, ohne daß sich die Substanz während der insgesamt 35 Stunden dauernden Belichtungszeit nennenswert verfärbte. Es ergaben sich in beiden Fällen fast untergrundfreie Streuspektren; die gemessenen Ramanlinien an 100proz. Säure sind im folgenden den an 65proz. Säure gefundenen (vgl. §§ 62 und 64) gegenübergestellt:

65%	$\Delta\nu =$	454 (1),	635 (3),	686 (4),	949 (4*b*),	1120 (1),	1047 (5),
100%	$\Delta\nu =$	—	607 (3*b*),	667 (4),	916 (4*sb*),	—	—

65%	$\Delta\nu =$	1120 (1),	1302 (5),	1625 ($^1/_2$),	1668 (1)	
100%	$\Delta\nu =$	—	1292 (6*sb*),	1665 (3*b*),	1687 (2*b*),	3420 (Bd)

Es ergibt sich daher: In wasserfreier Säure verschwindet die zum NO_3-Ion gehörige Frequenz 1047 *vollkommen*; auf den Aufnahmen ist auch nicht die Spur davon zu sehen. Ferner tritt die zur NO_2-Gruppe gehörige Frequenz $\omega_1 = 1665$ viel deutlicher hervor als in nicht wasserfreier Säure, ist ebenso wie dort aufgespalten und ein wenig nach höheren Werten verschoben. Die tiefen Frequenzen sind dagegen alle nach niedrigeren Werten verschoben. Endlich zeigt sich eine sonst scharfe gestreute Quecksilberlinie auffallend verbreitert und verstärkt, was vielleicht durch Überlagerung der Streufrequenz $\Delta\nu = 3420$, die zur OH-Schwingung gehört, zu verstehen ist. Sieht man von der Verdoppelung der Linien 607, 667 und 1665, 1687 ab, so verhält sich das Spektrum so, wie es von einem Molekül der Form $OH \cdot NO_2$ („Pseudosäure" nach HANZSCH) zu erwarten ist. Hinweise, daß neben dieser Form noch eine zweite Molekülform in der reinen Säure vorhanden ist, fehlen. (Wenn man nicht etwa obige ungeklärte Verdoppelung als einen solchen Hinweis auffassen will.)

Nr. 5. Nachweis der Bildung von Mischmolekülen.

TRUMPY[410] hat seine Versuche über den Nachweis der Bildung von Mischmolekülen mit Hilfe des S.R.E. (vgl. § 63) fortgesetzt und die Systeme $SiBr_4 + SiCl_4$ und $PCl_3 + PBr_3$ untersucht. Im ersten Fall waren die Versuche negativ, es traten beim Mischen der Ausgangssubstanzen keine Linien auf, die nicht schon in den Komponenten enthalten gewesen wären. Im zweiten Falle traten in den Mischungen $2\,PCl_3 + PBr_3$ bzw. $PCl_3 + 2\,PBr_3$ neue Frequenzen auf, deren Intensitätsvariation die folgende Zuordnung ermöglichte.

Zu PCl_2Br: $\Delta\nu = 236, 292, 453$; zu $PClBr_2$: $\Delta\nu = 214, 332, 425$.

XII. Namen- und Sachverzeichnis.

(Es bedeuten die geradstehend gedruckten Ziffern die Seitenzahlen im Text; die *kursiv* gedruckten Ziffern beziehen sich bei Namen auf die Nummer des Literaturnachweises in Abschnitt X, bei Substanzen auf die Nummer und Seitenzahl der Substanztabelle in Abschnitt IX.)

GPSR Compliance

The European Union's (EU) General Product Safety Regulation (GPSR) is a set of rules that requires consumer products to be safe and our obligations to ensure this.

If you have any concerns about our products, you can contact us on ProductSafety@springernature.com

In case Publisher is established outside the EU, the EU authorized representative is:

Springer Nature Customer Service Center GmbH
Europaplatz 3
69115 Heidelberg, Germany

Batch number: 10682427

Printed by Printforce, the Netherlands